Zu allen Inhalten mit diesem Icon stehen Ihnen in unserem Online-Angebot die **Grafiken aus dem Buch** zur Verfügung, die Sie zur Bearbeitung von Aufgaben benötigen.

Rufen Sie dazu folgende Adresse in Ihrem Browser auf:
**www.westermann.de/biologie-heute-12-152035**
oder nutzen Sie den folgenden **QR-Code**:

westermann

# BIOLOGIE HEUTE 12 gA/eA

**Bayern**

**Herausgegeben von**
Nicole Frank

BIOLOGIE HEUTE 12 gA/eA

Bayern

**Herausgeberin:**
Nicole Frank

**Autoren:**
Dominik Bichler
Nicole Frank
Susanne Harz
Dr. Jan Hörnig
Stefan Mandl
Dr. Dominik Müller
Nina Prähofer
Nina Riedl
Ute Schmitzer
Daniela Schramm

westermann GRUPPE



Druck A1 / Jahr 2024
Alle Drucke der Serie A sind inhaltlich unverändert.

**Redaktion:** Dr. Sabine Klonk
**Illustrationen:** Atelier tigercolor Tom Menzel, Klingberg; BC GmbH Verlags- und Medien-, Forschungs- und Beratungsgesellschaft Ingelheim, Gall, Eike, Enkirch; Grabowski, Yvonne, Wuppertal; Herzig, Wolfgang, Essen; Karnath, Brigitte, Wiesbaden; Lüddecke, Liselotte, Hannover; Mall, Karin, Berlin; Saile, Stefanie, Berlin; Scheid, Walther-Maria, Berlin; Wolff, Kai, Dortmund
**Umschlaggestaltung:** Janssen Kahlert Design & Kommunikation GmbH
**Layout:** Typo Concept GmbH, Hannover
**Druck und Bindung:** Westermann Druck GmbH, Georg-Westermann-Allee 66, 38104 Braunschweig

ISBN 978-3-14-**152035**-4

Inhalt

## Verhaltensökologie 250

# Operatoren – Arbeitsanweisungen

In Prüfungsaufgaben wird durch **Operatoren** eine exakt definierte Arbeitsanweisung angegeben. Die hier aufgelisteten Operatoren entsprechen denen, die auch in den Abituraufgaben verwendet werden.

Ableiten: auf der Grundlage von Erkenntnissen oder Daten sachgerechte Schlüsse ziehen

Abschätzen: durch begründete Überlegungen Größenwerte angeben

Analysieren: unter einer gegebenen Fragestellung wichtige Bestandteile, Eigenschaften oder Zusammenhänge herausarbeiten; Untersuchen beinhaltet unter Umständen zusätzlich praktische Anteile

Aufstellen, Formulieren: chemische Formeln, Gleichungen, Reaktionsgleichungen in Form von Wortgleichungen oder Formelgleichungen oder Reaktionsmechanismen entwickeln

Aufstellen einer Hypothese: eine fachlich fundierte Vermutung über einen unbekannten Sachverhalt formulieren, auf der Grundlage von Beobachtungen, Experimenten, Untersuchungen oder Aussagen

Angeben, Nennen: Formeln, Regeln, Sachverhalte, Begriffe oder Daten ohne Erläuterung aufzählen beziehungsweise wiedergeben

Auswerten: Beobachtungen, Daten, Einzelergebnisse oder Informationen in einen Zusammenhang stellen, gegebenenfalls zu einer Gesamtaussage zusammenführen und daraus Schlussfolgerungen ziehen

Begründen: Gründe oder Argumente für eine Vorgehensweise oder einen Sachverhalt nachvollziehbar darstellen

Berechnen: eine Berechnung ausgehend von einem Ansatz darstellen

Beschreiben: Beobachtungen, Strukturen, Sachverhalte, Methoden, Verfahren oder Zusammenhänge strukturiert und unter Verwendung der Fachsprache in eigenen Worten formulieren

Beurteilen: ein zu fällendes Sachurteil ist mithilfe fachlicher Kriterien begründen

Bewerten: ein zu fällendes Werturteil unter Berücksichtigung gesellschaftlicher Werte und Normen begründen.

Darstellen: Strukturen, Sachverhalte oder Zusammenhänge strukturiert und unter Verwendung der Fachsprache formulieren beziehungsweise strukturiert wiedergeben, auch mithilfe von Zeichnungen und Tabellen

Diskutieren: Argumente, Sachverhalte und Beispiele zu einer Aussage oder These einander gegenüberstellen und abwägen

Erklären: einen Sachverhalt nachvollziehbar und verständlich zum Ausdruck bringen, indem man ihn auf Regeln und Gesetzmäßigkeiten zurückführt

Erläutern: einen Sachverhalt veranschaulichend darstellen und durch Beispiele oder zusätzliche Informationen verständlich machen

Ermitteln: eine Lösung, ein Ergebnis oder einen Zusammenhang rechnerisch, grafisch oder experimentell bestimmen

Herleiten: mithilfe bekannter Gesetzmäßigkeiten einen Zusammenhang zwischen chemischen beziehungsweise physikalischen Größen herstellen

Interpretieren, Deuten: naturwissenschaftliche Ergebnisse, Beschreibungen und Annahmen vor dem Hintergrund einer Fragestellung oder Hypothese in einen nachvollziehbaren Zusammenhang bringen

Ordnen: Begriffe oder Gegenstände auf der Grundlage bestimmter Merkmale systematisch einteilen

Planen: zu einem vorgegebenen Problem (auch experimentelle) Lösungswege oder eine Experimentieranleitung entwickeln und dokumentieren

Skizzieren: Sachverhalte, Prozesse, Strukturen oder Ergebnisse übersichtlich und auf das Wesentliche reduziert grafisch darstellen

Untersuchen: Sachverhalte oder Phänomene mithilfe fachspezifischer Arbeitsweisen erschließen

Vergleichen: Gemeinsamkeiten und Unterschiede kriteriengeleitet herausarbeiten

Zeichnen: Objekte anschaulich und grafisch exakt darstellen

# Konzeption des Buches

## Fachwissen erwerben, vernetzen und anwenden

**Grundtexte**
- vermitteln fundiertes Fachwissen
- Hervorgehobene Fachbegriffe helfen bei der Aneignung der Fachsprache

**Fotos** veranschaulichen die Phänomene.

**Problemfragen** leiten die Bearbeitung ein.

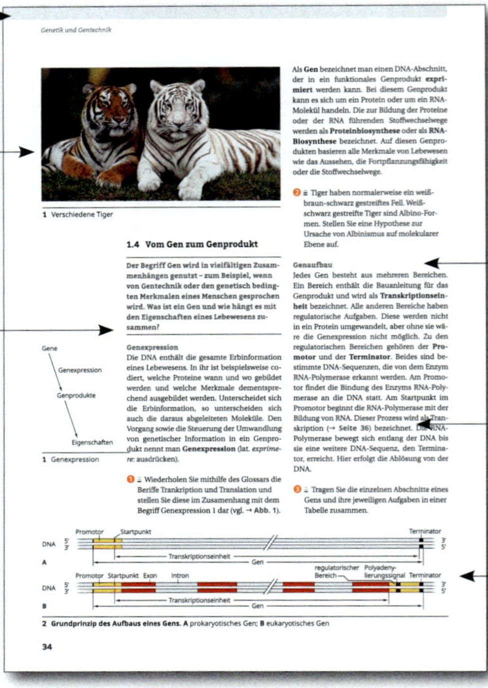

*Genetik und Gentechnik*

1 Verschiedene Tiger

Als **Gen** bezeichnet man einen DNA-Abschnitt, der in ein funktionales Genprodukt **exprimiert** werden kann. Bei diesem Genprodukt kann es sich um ein Protein oder um ein RNA-Molekül handeln. Die zur Bildung der Proteine oder der RNA führenden Stoffwechselwege werden als **Proteinbiosynthese** oder als **RNA-Biosynthese** bezeichnet. Auf diesen Genprodukten basieren alle Merkmale von Lebewesen wie das Aussehen, die Fortpflanzungsfähigkeit oder die Stoffwechselwege.

2 Tiger haben normalerweise ein weiß-braun-schwarz gestreiftes Fell. Weiß-schwarz gestreifte Tiger sind Albino-Formen. Stellen Sie eine Hypothese zur Ursache von Albinismus auf molekularer Ebene auf.

### 1.4 Vom Gen zum Genprodukt

**Der Begriff Gen wird in vielfältigen Zusammenhängen genutzt – zum Beispiel, wenn von Gentechnik oder den genetisch bedingten Merkmalen eines Menschen gesprochen wird. Was ist ein Gen und wie hängt es mit den Eigenschaften eines Lebewesens zusammen?**

**Genexpression**
Die DNA enthält die gesamte Erbinformation eines Lebewesens. In ihr ist beispielsweise codiert, welche Proteine wann und wo gebildet werden und welche Merkmale dementsprechend ausgebildet werden. Unterscheidet sich die Erbinformation, so unterscheiden sich auch die daraus abgeleiteten Moleküle. Den Vorgang sowie die Steuerung der Umwandlung von genetischer Information in ein Genprodukt nennt man **Genexpression** (lat. *exprimere*: ausdrücken).



1 Genexpression

1 Wiederholen Sie mithilfe des Glossars die Beriffe Trankription und Translation und stellen Sie diese im Zusamenhang mit dem Begriff Genexpression 1 dar (vgl. → Abb. 1).

**Genaufbau**
Jedes Gen besteht aus mehreren Bereichen. Ein Bereich enthält die Bauanleitung für das Genprodukt und wird als **Transkriptionseinheit** bezeichnet. Alle anderen Bereiche haben regulatorische Aufgaben. Diese werden nicht in ein Protein umgewandelt, aber ohne sie wäre die Genexpression nicht möglich. Zu den regulatorischen Bereichen gehören der **Promotor** und der **Terminator**. Beides sind bestimmte DNA-Sequenzen, die von dem Enzym RNA-Polymerase erkannt werden. Am Promotor findet die Bindung des Enzyms RNA-Polymerase an die DNA statt. Am Startpunkt im Promotor beginnt die RNA-Polymerase mit der Bildung von RNA. Dieser Prozess wird als Transkription (→ **Seite 36**) bezeichnet. Die RNA-Polymerase bewegt sich entlang der DNA bis sie eine weitere DNA-Sequenz, den Terminator, erreicht. Hier erfolgt die Ablösung von der DNA.

3 Tragen Sie die einzelnen Abschnitte eines Gens und ihre jeweiligen Aufgaben in einer Tabelle zusammen.



**2 Grundprinzip des Aufbaus eines Gens. A** prokaryotisches Gen; **B** eukaryotisches Gen

34

**Ein Buch für gA und eA**
Alle Textabschnitte, einzelne Aufgaben und materialgebundene Aufgaben **für das erhöhte Anforderungsniveau** sind mit einem ⓔ gekennzeichnet. Im Falle ganzer eA-Kapitel ist der Kopfbalken der Seite dunkler gestaltet. Der Abschluss ist jeweils durch das Symbol ⓔ gekennzeichnet.

**Zwischenüberschriften** erleichtern die Strukturierung des Fachwissens.

**Seitenverweise** vernetzten die Inhalte innerhalb des Buches.

**Grafiken** unterstützen das Verstehen des vermittelten Wissens.

Alle **Aufgaben** sind konsequent mit den verbindlichen Operatoren formuliert. Eine Liste dieser Operatoren befindet sich auf Seite 7.

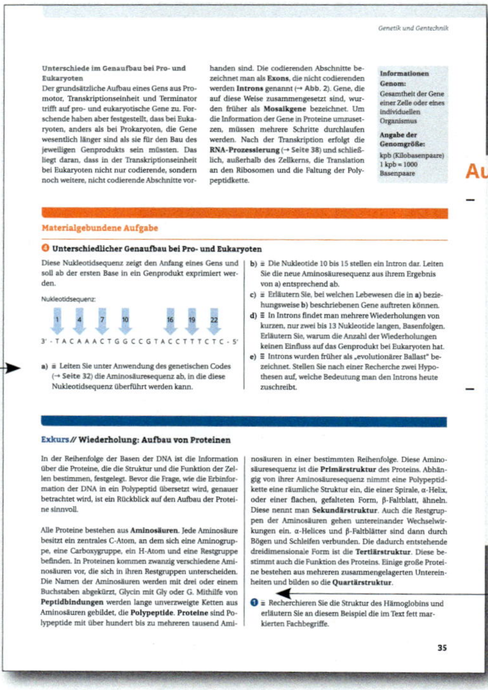

*Genetik und Gentechnik*

**Unterschiede im Genaufbau bei Pro- und Eukaryoten**
Der grundsätzliche Aufbau eines Gens aus Promotor, Transkriptionseinheit und Terminator trifft auf pro- und eukaryotische Gene zu. Forschende haben aber festgestellt, dass bei Eukaryoten, anders als bei Prokaryoten, die Gene wesentlich länger sind als sie für den Bau des jeweiligen Genprodukts sein müssten. Das liegt daran, dass in der Transkriptionseinheit bei Eukaryoten nicht nur codierende, sondern noch weitere, nicht codierende Abschnitte vorhanden sind. Die codierenden Abschnitte bezeichnet man als **Exons**, die nicht codierenden werden **Introns** genannt (→ **Abb. 2**). Gene, die auf diese Weise zusammengesetzt sind, wurden früher als **Mosaikgene** bezeichnet. Um die Information der Gene in Proteine umzusetzen, müssen mehrere Schritte durchlaufen werden. Nach der Transkription erfolgt die **RNA-Prozessierung** (→ **Seite 38**) und schließlich, außerhalb des Zellkerns, die Translation an den Ribosomen und die Faltung der Polypeptidkette.

**Informationen**
**Genom:**
Gesamtheit der Gene einer Zelle oder eines individuellen Organismus
**Angabe der Genomgröße:**
kpb (Kilobasenpaare)
1 kpb = 1000 Basenpaare

**Materialgebundene Aufgabe**

**4 Unterschiedlicher Genaufbau bei Pro- und Eukaryoten**

Diese Nukleotidsequenz zeigt den Anfang eines Gens und soll ab der ersten Base in ein Genprodukt exprimiert werden.

Nukleotidsequenz:



a) Leiten Sie unter Anwendung des genetischen Codes (→ **Seite 32**) die Aminosäuresequenz ab, in die diese Nukleotidsequenz überführt werden kann.

b) Die Nukleotide 10 bis 15 stellen ein Intron dar. Leiten Sie die neue Aminosäuresequenz aus ihrem Ergebnis von a) entsprechend ab.

c) Erläutern Sie, bei welchen Lebewesen die in **a)** beziehungsweise **b)** beschriebenen Gene auftreten können.

d) In Introns findet man mehrere Wiederholungen von kurzen, nur zwei bis 13 Nukleotide langen, Basenfolgen. Erläutern Sie, warum die Anzahl der Wiederholungen keinen Einfluss auf das Genprodukt bei Eukaryoten hat.

e) Introns wurden früher als „evolutionärer Ballast" bezeichnet. Stellen Sie nach einer Recherche zwei Hypothesen auf, welche Bedeutung man den Introns heute zuschreibt.

**Exkurs // Wiederholung: Aufbau von Proteinen**

In der Reihenfolge der Basen der DNA ist die Information über die Proteine, die die Struktur und die Funktion der Zellen bestimmen, festgelegt. Bevor die Frage, wie die Erbinformation der DNA in ein Polypeptid übersetzt wird, genauer betrachtet wird, ist ein Rückblick auf den Aufbau der Proteine sinnvoll.

Alle Proteine bestehen aus **Aminosäuren**. Jede Aminosäure besitzt ein zentrales C-Atom, an dem sich eine Aminogruppe, eine Carboxygruppe, ein H-Atom und eine Restgruppe befinden. In Proteinen kommen zwanzig verschiedene Aminosäuren vor, die sich in ihren Restgruppen unterscheiden. Die Namen der Aminosäuren werden mit drei oder einem Buchstaben abgekürzt, Glycin mit Gly oder G. Mithilfe von **Peptidbindungen** werden lange unverzweigte Ketten aus Aminosäuren gebildet, die **Polypeptide**. **Proteine** sind Polypeptide mit über hundert bis zu mehreren tausend Aminosäuren in einer bestimmten Reihenfolge. Diese Aminosäuresequenz ist die **Primärstruktur** des Proteins. Abhängig von ihrer Aminosäuresequenz nimmt eine Polypeptidkette eine räumliche Struktur ein, die einer Spirale, α-Helix, oder einer flachen, gefalteten Form, β-Faltblatt, ähneln. Diese nennt man **Sekundärstruktur**. Auch die Restgruppen der Aminosäuren gehen untereinander Wechselwirkungen ein. α-Helices und β-Faltblätter sind dann durch Bögen und Schleifen verbunden. Die dadurch entstehende dreidimensionale Form ist die **Tertiärstruktur**. Diese bestimmt auch die Funktion des Proteins. Einige große Proteine bestehen aus mehreren zusammengelagerten Untereinheiten und bilden so die **Quartärstruktur**.

1 Recherchieren Sie die Struktur des Hämoglobins und erläutern Sie an diesem Beispiel die im Text fett markierten Fachbegriffe.

35

**Aufgaben**
- In den Text eingestreute Aufgaben und materialgebundene Aufgaben dienen zum Erwerb von Inhalten (verbindliche Aufgaben sind gekennzeichnet mit **VL**) sowie zur Reorganisation und zum Transfer des Erlernten.
- Werden zur Bearbeitung Grafiken oder Tabellen benötigt, so sind diese mit einem **Stiftsymbol** (✎) gekennzeichnet und stehen auf der Landingpage (siehe Innentitel) zum Download bereit.

Das **Anforderungsniveau** von Aufgaben wird ausgewiesen.

Ein umfangreiches **Glossar** und **Register** ermöglichen den schnellen Zugriff auf wichtige Fachbegriffe und Inhalte.

## Wissen sichern, anwenden und übertragen

### Praktika
- leiten mit klaren Anweisungen zum selbstständigen Experimentieren an
- führen zur Planung eigenständiger hypothesengeleiteter Experimente hin
- sind mit einer Sicherheitsleiste nach der aktuellen GHS-Verordnung (siehe Seite 311 ff.) ausgestattet
- Die Gefährdungsbeurteilungen befinden sich im gedruckten Lehrermaterial und in den digitalen Unterrichtsmaterialien der BiBox.

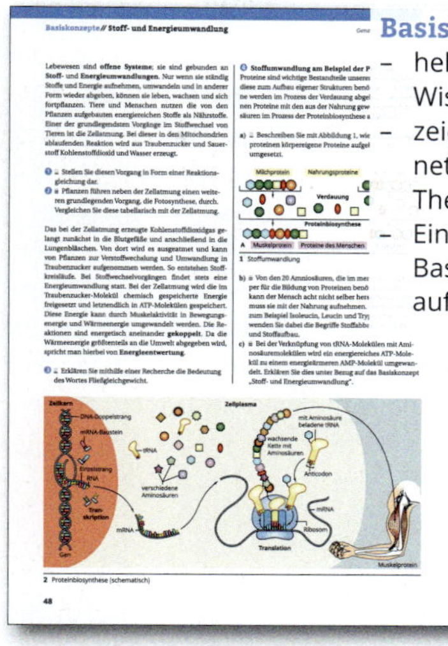

### Basiskonzepte
- helfen, das biologische Wissen zu strukturieren
- zeigen die vielfache Vernetzung der biologischen Themen auf
- Eine Übersicht über die Basiskonzepte befindet sich auf den Seiten 10 und 11.

### Methoden
- stellen fachspezifische Arbeitstechniken vor, die den Erkenntnisgewinn unterstützen

### Exkurse
- ergänzen das Thema durch zusätzliche interessante Aspekte
- greifen aktuelle Inhalte auf
- informieren über Berufsfelder aus dem Bereich Biologie

### Wissen kompakt
- fasst wesentliche Inhalte des Kapitels in strukturierter Form zusammen
- ermöglicht eine gezielte Wiederholung des Lernstoffes und eine Selbstüberprüfung

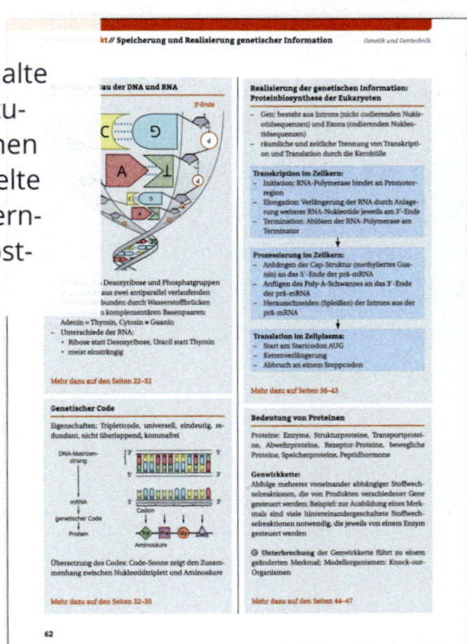

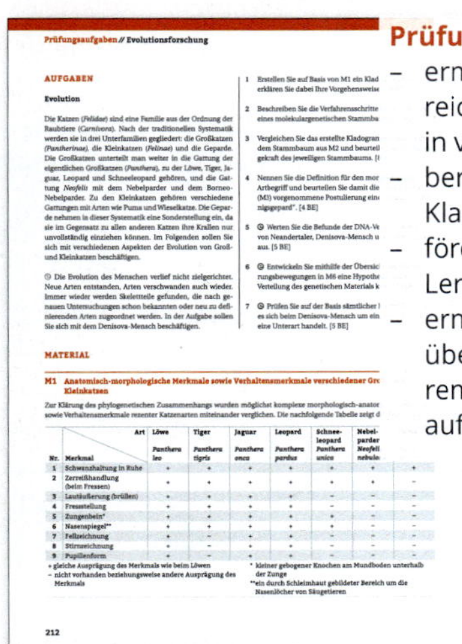

### Prüfungsaufgaben
- ermöglichen ein variantenreiches Üben von Aufgaben in veränderten Kontexten
- bereiten gezielt auf Klausuren vor
- fördern nachhaltiges Lernen
- ermöglichen eine Selbstüberprüfung unter anderem mithilfe der Lösungen auf den Seiten 298 bis 310

# Die Basiskonzepte in der Biologie

Alle heute auf der Erde vorkommenden Lebewesen stammen von einzelligen Urlebewesen ab, die vor etwa 3,8 Milliarden Jahren existierten. Deshalb stehen alle Lebewesen und biologischen Systeme miteinander in Beziehung. Die Evolution bildet den allumfassenden Rahmen für die Entstehung, Wandlung und Entfaltung des Lebens. Aus diesem Grund lassen sich in der Vielfalt und Komplexität der biologischen Systeme und Phänomene gemeinsame Prinzipien und grundlegende Muster erkennen. Diese werden als **Basiskonzepte** zusammengefasst und beschrieben. Sie ermöglichen in der großen Fülle biologischer Phänomene und Themen eine Struktur zu erkennen und den Zugang zu neuen Themen und Problemstellungen zu finden. Außerdem verdeutlichen sie die Vernetzung der unterschiedlichen Themen und Systemebenen.

### Struktur und Funktion

Lebewesen und Lebensvorgänge sind an Strukturen gebunden. Diese Strukturen stehen im engen Zusammenhang mit ihrer Funktion. Der Zusammenhang von Struktur und Funktion ist auf verschiedenen Systemebenen, von den Molekülen bis zur Biosphäre, relevant und gilt für Lebewesen und Lebensvorgänge. *In der Reihenfolge der Basen (Struktur) der DNA wird die Bau- und Betriebsanleitung für die Zelle (Funktion) und damit für das Lebewesen festgelegt.*

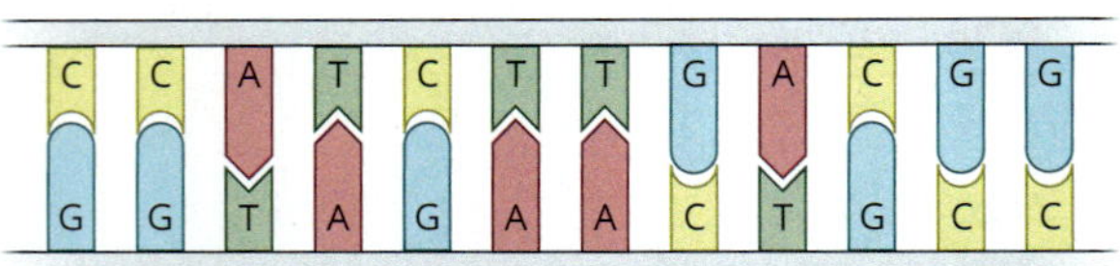


**1** Modell der DNA

### Stoff- und Energieumwandlung

Lebewesen und biologische Systeme sind offene Systeme. Alle Lebensprozesse benötigen Energie und laufen unter Energieumwandlungen ab. Stoffe und Energie werden aus der Umgebung aufgenommen und umgewandelt, Stoffe sowie Energie werden an die Umgebung abgegeben. *Die mit der Nahrung aufgenommenen Proteine werden bei der Verdauung in Aminosäuren zerlegt. Im Prozess der Proteinbiosynthese entstehen daraus neue Proteine.*

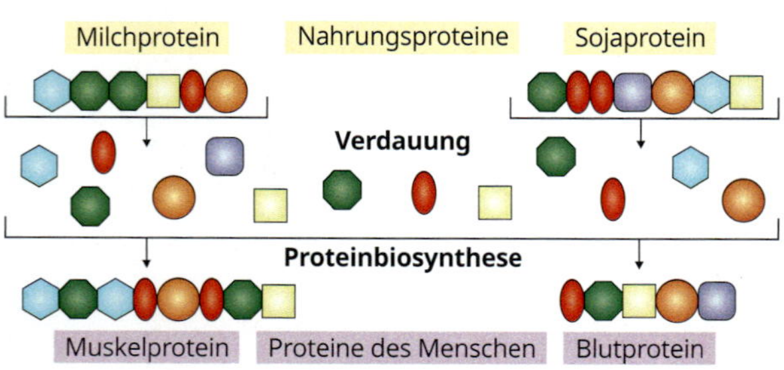


**2** Nahrungsprotein wird zu körpereigenem Protein

### Information und Kommunikation

Lebewesen nehmen Informationen aus der Umgebung auf, verarbeiten und speichern diese, reagieren darauf und kommunizieren miteinander. Informationen werden weitergeleitet. In einem vielzelligen Organismus sind alle Organe, Gewebe, Zellen und auch deren Bestandteile beständig an der Kommunikation beteiligt. *Mithilfe des genetischen Codes wird in der Proteinbiosynthese die Reihenfolge der Basen der DNA in die Reihenfolge der Aminosäuren eines Proteins umgesetzt.*

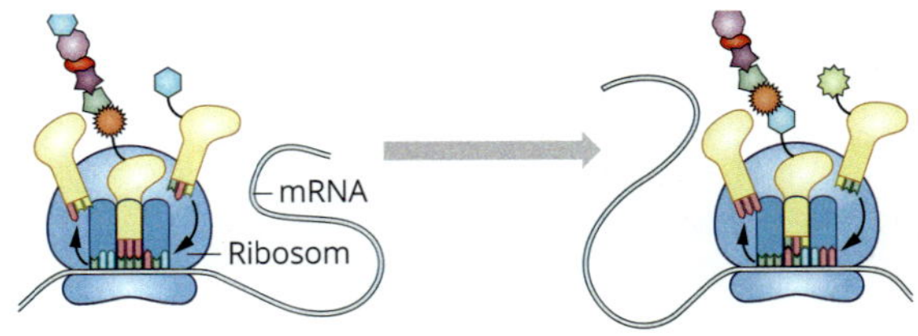


**3** Ausschnitt aus der Proteinbiosynthese

### Steuerung und Regelung

Lebende Systeme halten Zustände durch Regulation in Grenzen aufrecht, auch wenn innere und äußere Faktoren sich kurzfristig ändern. Innere Zustände werden aufrechterhalten oder funktionsbezogen verändert. *Die Häufigkeit und Dauer der Umsetzung eines Gens in ein Protein wird in der Zelle durch zahlreiche Mechanismen wie zum Beispiel chemische Veränderungen reguliert.*

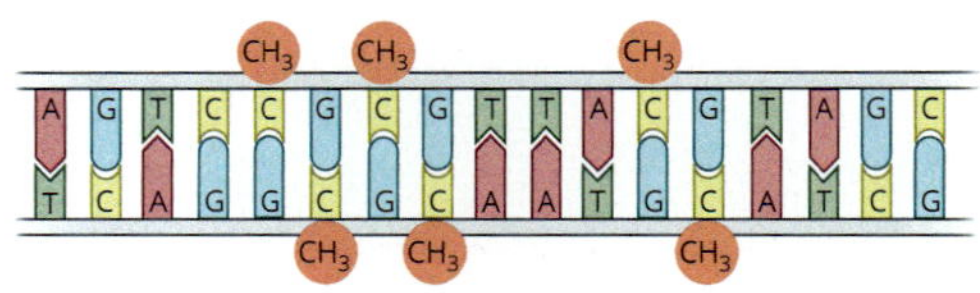


**4** chemisch veränderte DNA

### Individuelle und evolutive Entwicklung

Lebende Systeme verändern sich über verschiedene Zeiträume im Zusammenhang mit Umwelteinflüssen. Die individuelle Entwicklung von Lebewesen und die Weitergabe ihrer genetischen Information durch Fortpflanzung sind die Grundlage für evolutive Entwicklung. Sexuelle Fortpflanzung führt zur Rekombination von genetischem Material und erhöht die genetische Variation. *Während des Zellzyklus wird die genetische Information der Zelle verdoppelt und auf die Tochterzellen verteilt.*

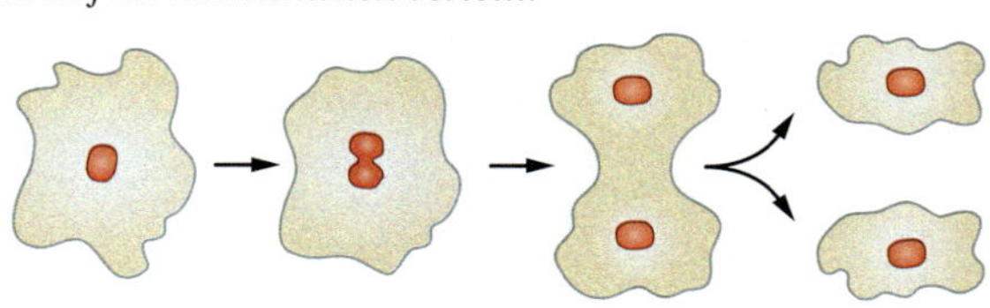

**5** Teilung einer Zelle

Auf den folgenden Seiten werden die Basiskonzepte ausführlich erklärt:



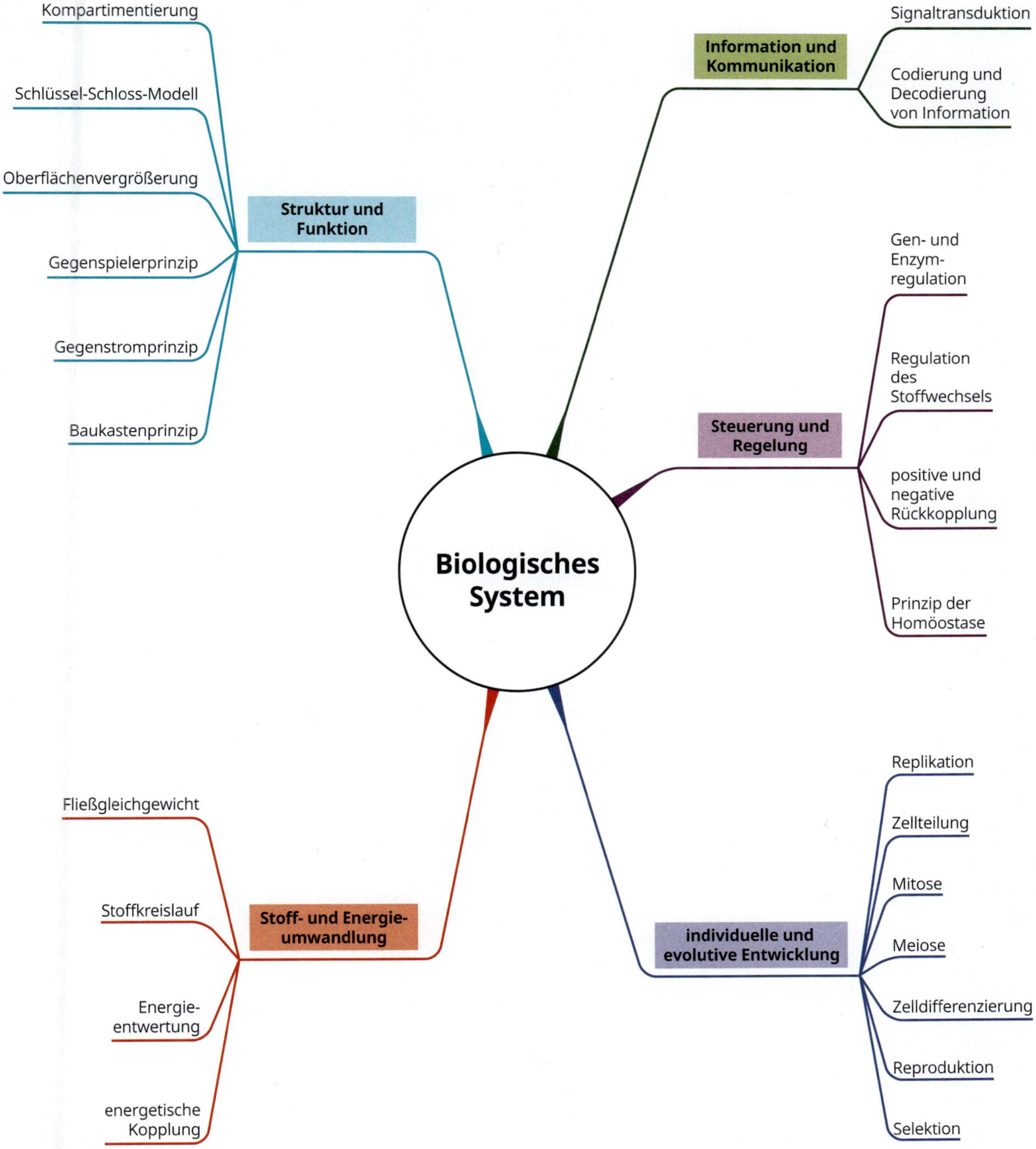


**6** Basiskonzepte mit Beispielen für dazugehörige Prinzipien

**1** Pantoffeltierchen mit Wimpern im Elektronenmikroskop

Die **Biologie** (gr. *bios:* Leben, *logos:* Lehre) ist eine Naturwissenschaft. Sie befasst sich mit Lebewesen und untersucht deren Aufbau, Lebensweise, ihr Verhalten, ihre Entwicklung und Abstammung. Ziel der Biologie ist es, die Phänomene und Gesetzmäßigkeiten von Lebewesen sowie ihre Beziehungen zueinander zu verstehen.

Biologie ist eine empirische Wissenschaft, das heißt, sie gewinnt ihre Erkenntnisse aus beschreibbaren oder messbaren Beobachtungen und aus Experimenten. Der Weg des naturwissenschaftlichen **Erkenntnisgewinns** besteht aus mehreren Schritten.

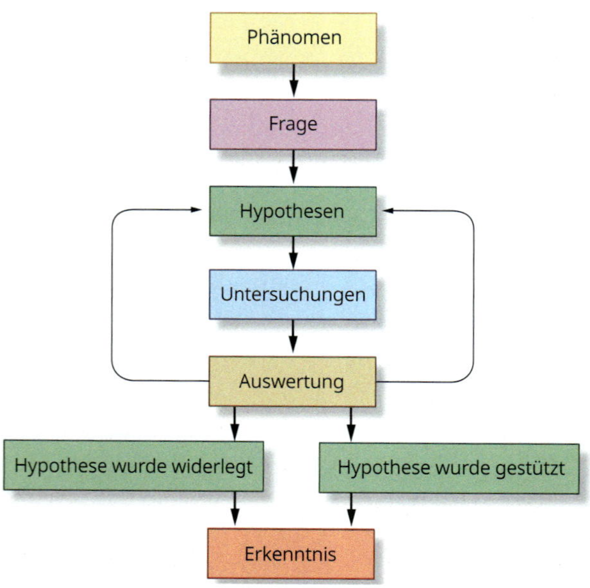


**2** Weg des naturwissenschaftlichen Erkenntnisgewinns

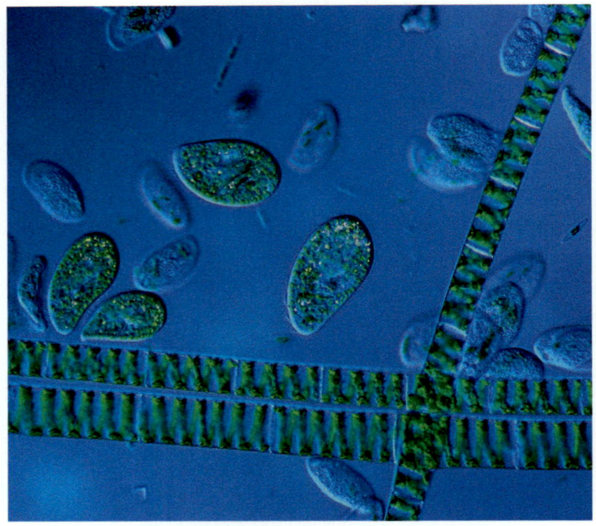

**3** Pantoffeltierchen stoßen auf Hindernis (LM-Aufnahme)

## Phänomen

Am Anfang des naturwissenschaftlichen Erkenntnisgewinns steht eine Beobachtung, ein **Phänomen**.

Sie haben Einzeller der Gattung *Plasmodium* als Krankheitserreger bereits kennengelernt. Ein anderer häufig anzufindender Einzeller ist das sogenannte „Pantoffeltierchen" (→ **Abb. 1**), ein Einzeller der Gattung *Paramecium*. Es besteht aus einer einzigen 50 bis 300 Mikrometer großen Zelle, die man gerade noch mit bloßem Auge, aber gut im Lichtmikroskop (LM) sehen kann. Es eignet sich daher gut für Untersuchungen. Pantoffeltierchen findet man im Süßwasser von Tümpeln und Teichen. Sie schwimmen durch den Schlag der Wimpern, die ihre Körperoberfläche bedecken. Beim Mikroskopieren kann beobachtet werden, dass sie ihre Schwimmrichtung ändern, wenn sie auf ein Hindernis stoßen.

## Frage

Erscheint dem Beobachter etwas an dem Phänomen unverständlich, sodass er es näher untersuchen möchte, muss er zunächst eine konkrete Frage dazu formulieren. Zu dem Phänomen „Pantoffeltierchen ändern ihre Schwimmrichtung, wenn sie auf ein Hindernis stoßen", könnten verschiedene Fragen formuliert werden: Wie nimmt das Pantoffeltierchen die Berührung wahr? Wo nimmt ein Pantoffeltierchen an seinem Körper Berührungen wahr? Wie ändert es die Schwimmrichtung? Folgende Frage wurde ausgewählt:

Wo nimmt ein Pantoffeltierchen an seinem Körper Berührungen wahr?

## Hypothese

Zur Beantwortung der Frage formuliert man eine **Hypothese**, also eine vorläufige, noch nicht bewiesene Erklärung des Phänomens. Zu der Frage „Wo nimmt das Pantoffeltierchen am Körper Berührungen wahr?" könnten folgende Hypothesen aufgestellt werden:

> Pantoffeltierchen nehmen Berührungen
> a) überall am Körper wahr.
> b) nur im vorderen Bereich des Körpers wahr.
> c) nur im hinteren Bereich des Körpers wahr.
> d) nur im mittleren Bereich des Körpers wahr.

Hypothesen müssen so formuliert werden, dass sie überprüfbar sind. Wenn die Hypothese zutrifft, dann lässt sich eine bestimmte Beobachtung machen.

> Wenn das Pantoffeltierchen die Berührungen überall am Körper wahrnimmt, dann müsste es immer die Schwimmrichtung ändern, wenn man es an verschiedenen Körperbereichen berührt.

## Untersuchungen

Hypothesen werden in der Biologie vor allem durch naturwissenschaftliche **Untersuchungen** überprüft. Dabei kann es sich um Beobachtungen, Vergleiche oder Experimente handeln. Ein naturwissenschaftliches Experiment besteht aus einem oder mehreren Versuchsansätzen, bei denen jeweils eine **Variable** gezielt verändert wird und alle übrigen Variablen konstant bleiben. Hinzu kommt ein Kontrollansatz, bei dem alle Variablen konstant gehalten werden. Diese Untersuchungen müssen so beschrieben werden, dass sie von anderen Wissenschaftlern **reproduziert**, das bedeutet wiederholt, werden können. Hierbei müssen die Beobachtungen planmäßig durchgeführt, gemessen und protokolliert werden.

> Zur Überprüfung der Hypothesen wird ein Experiment geplant und durchgeführt, bei dem ein Pantoffeltierchen mit einer Pinselspitze jeweils an unterschiedlichen Stellen des Körpers leicht berührt wird. Im Kontrollansatz wird es nicht berührt. Temperatur- und Lichtverhältnisse werden jeweils nicht verändert. Dabei wird im Lichtmikroskop beobachtet, ob es auf die Berührung reagiert und die Schwimmrichtung ändert.

1 ≡ Nennen Sie zwei Variablen, die bei dem im Kasten beschriebenen Experiment kontrolliert werden müssen.
2 ≡ Erstellen Sie eine Tabelle, in der die Beobachtungen des Experiments kriteriengeleitet dokumentiert werden können.
3 ≡ Erläutern Sie, was man im Zusammenhang mit dem Erkenntnisgewinn unter **Reproduzierbarkeit** versteht.

## Auswertung

In der Auswertung vergleicht man die im Experiment gewonnenen Beobachtungen mit den Hypothesen und überprüft, ob sie widerlegt oder gestützt werden.

> In dem Experiment konnte beobachtet werden, dass das Pantoffeltierchen nur dann die Schwimmrichtung änderte, wenn es im vorderen Körperbereich berührt wurde.

Eine gestützte Hypothese gilt aber nicht als bewiesen; sie könnte durch eine andere Beobachtung noch **falsifiziert**, also widerlegt, werden. Wird eine Hypothese durch ein neues Versuchsergebnis widerlegt, muss sie verworfen oder modifiziert werden.

4 ≡ Formulieren Sie die mit diesen Beobachtungen gestützte Hypothese als Wenn-dann-Satz.
5 ≡ Formulieren Sie eine Beobachtung, die diese Hypothese falsifizieren würde.

## Erkenntnis – Wissen – Theorie

Durch das Experiment gewinnt man die **Erkenntnis**, *dass Pantoffeltierchen bei leichten Berührungen im vorderen Körperbereich die Schwimmrichtung ändern*. Die auf diesem Weg im Labor gewonnenen Erkenntnisse dürfen nicht verallgemeinert, also zum Beispiel auf die Realität im Freiland oder auf andere Tierarten übertragen werden. Dafür müssen immer zusätzliche Experimente durchgeführt werden.

Erst wenn Hypothesen immer wieder unabhängig voneinander gestützt werden, akzeptiert man ihre Aussagen als biologisches **Wissen**. Hat eine gut gesicherte Hypothese zudem einen großen Erklärungswert für unterschiedliche Phänomene, wird sie zur naturwissenschaftlichen **Theorie**. Auch für Theorien gilt, dass sie zwar gestützt und widerlegt, aber nicht endgültig bewiesen werden können.

6 ≡ Begründen Sie, ob es sich bei den folgenden Aussagen um eine Beobachtung, eine Hypothese, eine Theorie oder um Wissen handelt.
- Pantoffeltierchen sind Einzeller.
- Beim Mikroskopieren schwimmen Pantoffeltierchen aus dem lichtdurchstrahlten Feld des Objektträgers heraus.
- Pantoffeltierchen nehmen Licht und Wärme wahr.
- Licht schädigt Pantoffeltierchen.

7 ≡ Der Name „Pantoffeltierchen" weist auf die frühere Zuordnung der Einzeller im System der Lebewesen hin. Recherchieren Sie die heutige Einordnung und stellen Sie daran die Vorläufigkeit des Wissens dar.
8 ≡ Diskutieren Sie mit einem Partner die Grenzen und Möglichkeiten des Erkenntnisgewinnungsprozesses sowie der gewonnen Erkenntnisse in der Biologie.

Um größere Aufgaben wie das Lernen für das Abitur oder das Erarbeiten einer umfangreichen Präsentation in einer vorgegebenen Zeit bewältigen zu können, ist es wichtig, die Arbeit zu organisieren. Dabei ist es sinnvoll, die Zeit, die zur Verfügung steht, gut einzuteilen. Dies bezeichnet man als **Zeitmanagement.** Man unterscheidet zwei Phasen: die **Planungsphase** und die **Arbeitsphase.**

### Die Planungsphase

Eine klare Planung im Vorfeld ermöglicht effektives Arbeiten. Dafür eignen sich, je nach Anforderungen und der Persönlichkeitsstruktur, verschiedene Methoden. Es scheint so, dass diese Planung Zeit kostet, aber nach einer guten Planung können Sie die Arbeiten Stück für Stück erledigen und behalten den Überblick. **Es lohnt sich also!**

**A Aufgaben priorisieren**

Um Aufgaben nach Prioritäten zu sortieren, hilft das ABC-Prinzip:

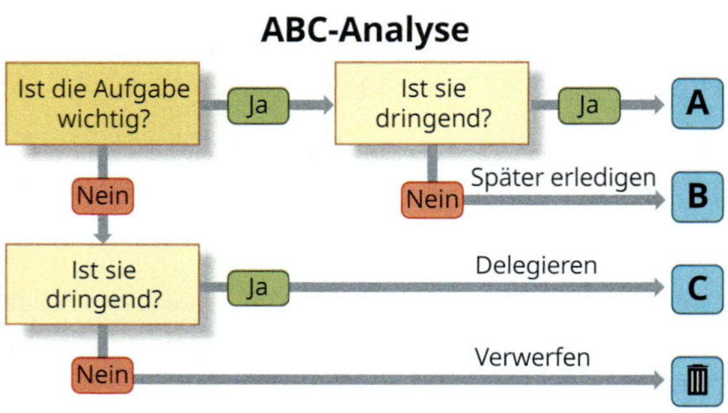


**B Die ALPEN-Methode**

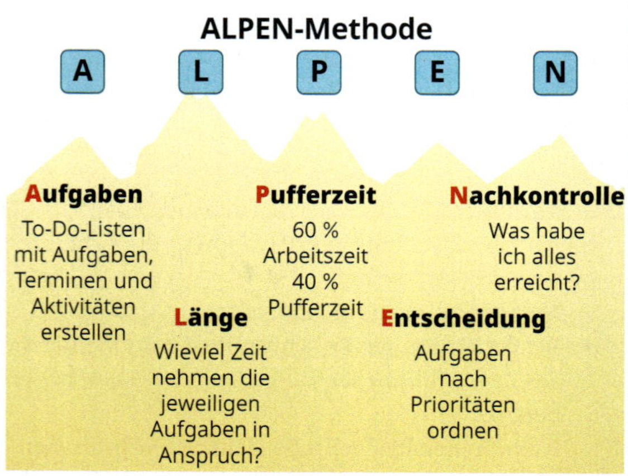


- **A**ufgaben aufschreiben
- **L**änge einschätzen
- **P**ufferzeiten einplanen
- **E**ntscheidungen über Prioritäten
- **N**achkontrolle regelmäßig während Arbeitsphase

**C Die SMART-Methode**

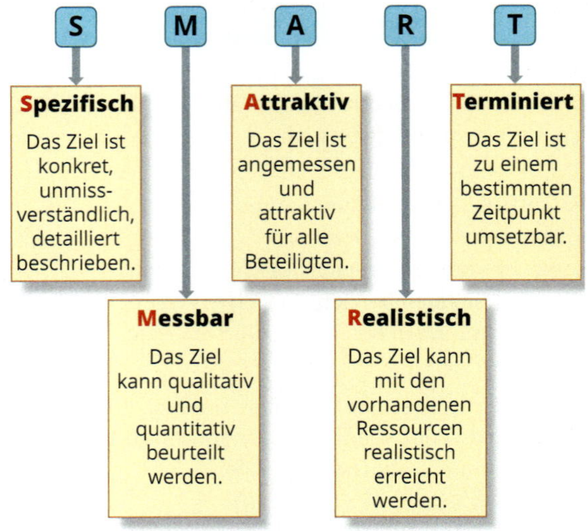


- **S**pezifisch – Was ist das Ziel der Arbeit? Ist es sinnvoll, Zwischenziele zu definieren?
- **M**essbar – Woran erkenne ich, dass ich das Ziel erreiche? Was sind die Bewertungskriterien? Ein Punktesystem? Von der Lehrkraft gestellte Anforderungen?
- **A**ttraktiv – Ist das Ziel attraktiv, also aussichtsreich und Erfolg versprechend für mich? Kann ich es wirklich erreichen?
- **R**ealistisch – Ist das Erreichen des Ziels in der angegebenen Zeit realisierbar? Ist es ein hohes Ziel oder vielleicht doch ein unmögliches Ziel?
- **T**erminiert – Sind Abgabetermine vorgegeben?

Wichtig ist, zu hinterfragen: Rechtfertigt das Ergebnis den Arbeitsaufwand?

**D Die ROADMAP (Meilenstein-Diagramm)**

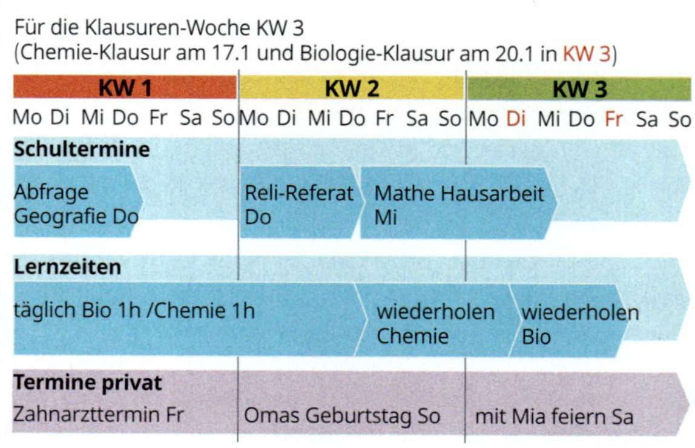


Balkendiagramm: Auflistung der Aufgaben in Balkenform (Y-Achse) im Verlauf der Zeit (X-Achse)

**1 Methoden des Zeitmanagements. A** Aufgaben priorisieren; **B** ALPEN-Methode; **C** SMART-Methode; **D** ROADMAP

### Die Arbeitsphase

Eine Arbeitsphase kann viele Tage dauern. Dann ist der Blick auf die physiologische Arbeitskurve eines Tages gut.

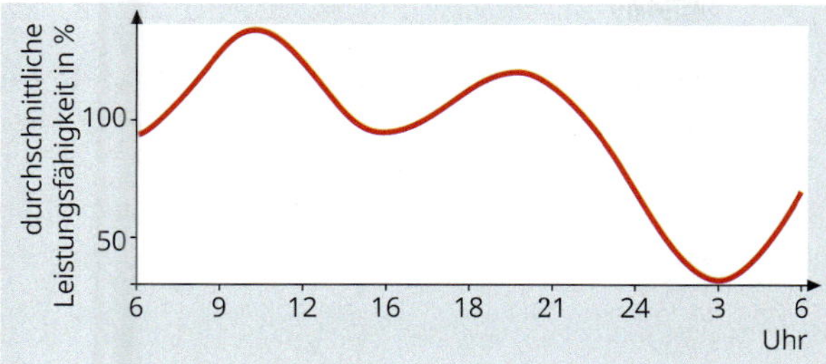


**2** Physiologische Arbeitskurve

1 ≡ Beschreiben Sie die physiologische Arbeitskurve.
2 ≡ Beobachten Sie für einige Tage Ihre persönliche Leistungsfähigkeit und erstellen Sie Ihre Leistungskurve.
3 ≡ Reflektieren Sie Ihre eigene Leistungsfähigkeit im Tagesverlauf und vergleichen Sie diese mit der dargestellten physiologischen Arbeitskurve.
4 ≡ In der Schlafforschung unterscheidet man „Eulen-“ und „Lerchentypen“. „Lerchen“ stehen gerne früh auf und sind in den Morgenstunden am aktivsten. „Eulen“ schlafen bevorzugt lange und zeigen ihre höchste Leistungsfähigkeit in den Abend- und Nachtstunden. Begründen Sie, zu welcher der Gruppen Sie sich zählen und was das für Ihren Tagesplan bedeutet.
5 ≡ Erstellen Sie zu zweit mit digitalen Hilfsmitteln eine ROADMAP für die Vorbereitungen zur Abifeier. Hier einige Hinweise: Überlegen Sie zunächst, welche Aufgaben in welcher Reihenfolge von wem erledigt werden müssen und wieviel Zeit dafür benötigt wird. Hilfreich kann es dabei sein, quasi von hinten anzufangen: „Das Schulfest ist am 7. Juli. Am Tag vorher müssen die Bühne und die Bierbänke aufgebaut werden. An dem Tag müssen auch die Getränke geliefert werden …“
6 ≡ Erstellen Sie eine Planung für die Vorbereitung auf die nächste Klausurphase. Reflektieren Sie dabei, welche der vorgestellten Methoden für Sie persönlich am geeignetsten erscheint. Die „goldenen Regeln“ (3) helfen!
7 ≡ Beim Lernen für Klausuren hilft das Pomodoro-Prinzip. Notieren Sie mittels einer Recherche das Prinzip.

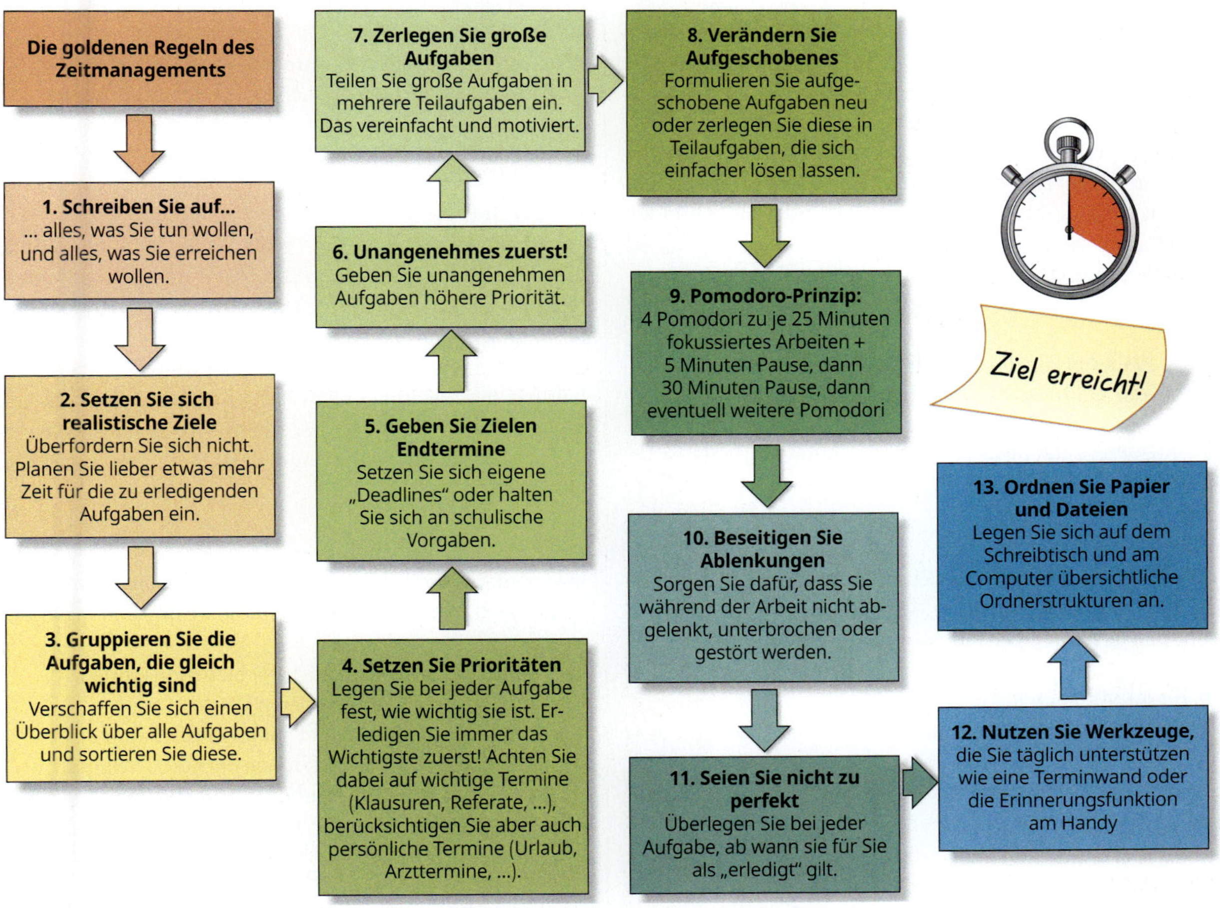


**3** Die goldenen Regeln des Zeitmanagements

Ein Vortrag stellt eine große Herausforderung dar. Zum einen sollen viele Informationen übermittelt werden, zum anderen sollen diese aber auch so präsentiert werden, dass die Zuhörer sie aufnehmen und möglichst viele davon behalten können. Deshalb ist es entscheidend, den Inhalt gut aufzubereiten und als Redner glaubwürdig und kompetent zu wirken. Um dies zu erreichen sollte man sich an folgendem orientieren:

### Der Vortrag

Im schulischen wie auch im beruflichen Kontext werden bei Vorträgen hohe Anforderungen an den Inhalt und an die Präsentation gestellt. Dauert der Vortrag zu lange oder fehlt ein roter Faden, so verliert man das Interesse des Publikums. Deshalb sollte ein Vortrag gründlich vorbereitet und klar strukturiert sein.

**Die Einleitung:**
Zu Beginn eines Vortrages muss das **Interesse** der Zuhörenden geweckt werden. Dies gelingt am besten mit einer kreativen, überraschenden Idee. Dabei gilt es stets die Interessen der Zuhörenden zu bedenken und dennoch zügig zur Leitfrage hinzuführen.

**Der Hauptteil:**
Dieser Abschnitt ist der Kern des Vortrages. Wählen Sie die wichtigsten Aspekte eines Themas bzw. die stärksten Argumente aus. Stützen Sie Behauptungen durch Beispiele, Vergleiche, Modelle oder Experimente und veranschaulichen Sie zum Beispiel durch den Einsatz **digitaler Medien**. Achten Sie darauf, ihre Argumente miteinander zu verbinden und logisch anzuordnen. Denn anhand eines roten Fadens fällt nicht nur Ihnen der Vortrag leichter, auch die Zuhörenden können Ihren Ausführungen besser folgen.

**1** ≡ Beim Einsatz digitaler Medien wird empfohlen, sich an der KISS-Regel zu orientieren. Recherchieren Sie diese Regel und diskutieren Sie über ihre Bedeutung für die Erstellung einer digitalen Präsentation zu einem Vortrag.

**Der Schluss:**
Am Ende sollte eine kurze Zusammenfassung stehen, die auf die Leitfrage abschließend eingeht und das Thema zum Beispiel in einen größeren Zusammenhang einordnet.

### Wissenschaftlich argumentieren

Eine wissenschaftliche Argumentation basiert auf gut ausgearbeiteten und belegbaren Argumenten, die logisch verknüpft eine Gesamtargumentation zu einer Leitfrage ergeben. Dabei kann jedes Argument nach dem Muster Behauptung – Begründung – Konklusion aufgebaut werden. Unter einer Konklusion versteht man eine schlussfolgernde Aussage, die sich logisch aus Behauptung und Begründung ergibt.

**Beispielargumentation:**
Behauptung: Der Einsatz von gentechnisch veränderten Organismen in der Landwirtschaft ist vorteilhaft.
Begründung: Eine Studie kam 2014 zu dem Schluss, dass die Einführung gentechnisch veränderter Pflanzensorten den Einsatz von Pestiziden um 37 Prozent reduzierte bei gleichzeitiger Steigerung des Ertrags um 22 Prozent und der Gewinne um 68 Prozent.
Konklusion: Somit wirkt sich der Einsatz von Gentechnik vorteilhaft auf die Landwirtschaft aus.

**2** ≡ Erstellen Sie zu zweit einen kreativen Einstieg in einen Vortrag zum Thema: „Genetisch veränderte Organismen“. Präsentieren Sie ihren Einstieg.

**3** Testen Sie die Wirkung von Argumenten zur These: „Der Einsatz von Gentechnik in der Pflanzenzüchtung ist vorteilhaft!“

**a)** ≡ Formulieren Sie zu zweit drei stützende Argumente.
**b)** ≡ Legen Sie eine Reihenfolge der Argumente fest.
**c)** ≡ Tragen Sie sich gegenseitig die Argumente in der festgelegten Reihenfolge vor.
**d)** ≡ Diskutieren Sie die Reihenfolge zu zweit und legen Sie eine gemeinsame Reihenfolge fest.
**e)** ≡ Stellen Sie einer anderen Zweiergruppe ihre Argumente in der gewählten Reihenfolge vor.
**f)** ≡ Vergleichen Sie die Argumente und Reihenfolgen. Diskutieren Sie über Gemeinsamkeiten und Unterschiede.
**g)** ≡ Erörtern Sie in der Vierergruppe Gegenargumente.

### Der Redner/die Rednerin

Manchen Leuten würde man einfach alles glauben, andere hingegen geben sich die größte Mühe und können einen dennoch nicht überzeugen. Das gesamte Auftreten beeinflusst unsere Einschätzung des Vortragenden. Dieses ist eine Mischung aus Blicken, Gesten, der Mimik, der Körperhaltung, der Kleidung und der Art und Weise, wie etwas gesagt wird. Deshalb gilt es, bei einem Vortrag seine gesamte Körpersprache zu nutzen und dem Publikum angepasst einzusetzen.

**4 Die Wirkung der Stimme**

**a)** ≡ Untersuchen Sie die Wirkung ihrer Stimme. Sprechen Sie dazu den Satz „Ich habe mir heute den Zeh in der Tür eingeklemmt“
- mit Sprechpausen nach verschiedenen Worten.
- mit Betonung verschiedener Worte.
- mit kräftiger/schwacher/lauter/leiser Stimme.

Zum besseren Vergleich können Sie die Sätze auch mit dem Handy aufnehmen und dann abspielen.

**b)** ≡ Beschreiben Sie jeweils ihre Beobachtungen und erstellen Sie eine Liste mit Empfehlungen für einen Redner oder eine Rednerin.
**c)** ≡ Recherchieren Sie das Berufsbild Logopäde/Logopädin.

### 5 Aspekte der Körpersprache

Folgende Abbildungen zeigen Personen, die durch verschiedenen Haltungen etwas ausdrücken:

**1** Beispiele für Körpersprache

**a)** ≡ Beschreiben Sie, wie diese Gestik, Mimik und Körperhaltung jeweils auf Sie wirkt.

**b)** ≡ Recherchieren Sie, wie diese Beispiele der Körpersprache professionell gedeutet werden.

**c)** ≡ „Was jemand denkt, merkt man weniger an seinen Ansichten als an seinem Verhalten.“ Erläutern Sie diese Aussage.

### 6 Der Einfluss von Gestik

**a)** ≡ Halten Sie zwei kurze Vorträge mit einer Dauer von etwa einer Minute zu einem vorgegebenen Thema. Dabei gelten folgende Vorgaben:
- Vortrag 1: Ein Stift muss die ganze Zeit über mit beiden Händen festgehalten werden,
- Vortrag 2: Der Stift muss nur mit einer Hand gehalten werden.

**b)** ≡ Beschreiben Sie ihre Empfindungen während des Vortrags.

### 7 Raumverhalten

**a)** ≡ Halten Sie drei kurze Vorträge wie in Aufgabe 6. Legen Sie dabei auf den Boden ein DIN-A4-Blatt zunächst zentral vor das Publikum. Dabei gilt:
- Vortrag 1: DIN-A4-Blatt nicht verlassen
- Vortrag 2: DIN-A4-Blatt nicht betreten
- Vortrag 3: DIN-A4-Blatt seitlich zum Publikum

**b)** ≡ Beschreiben Sie Ihre Empfindungen während der drei Vorträge.

**Tipp:** Üben Sie Ihren Vortrag. Nehmen Sie mit dem Smartphone ein Video auf und achten Sie beim Anschauen auf **Körpersprache, Gestik und Mimik**.

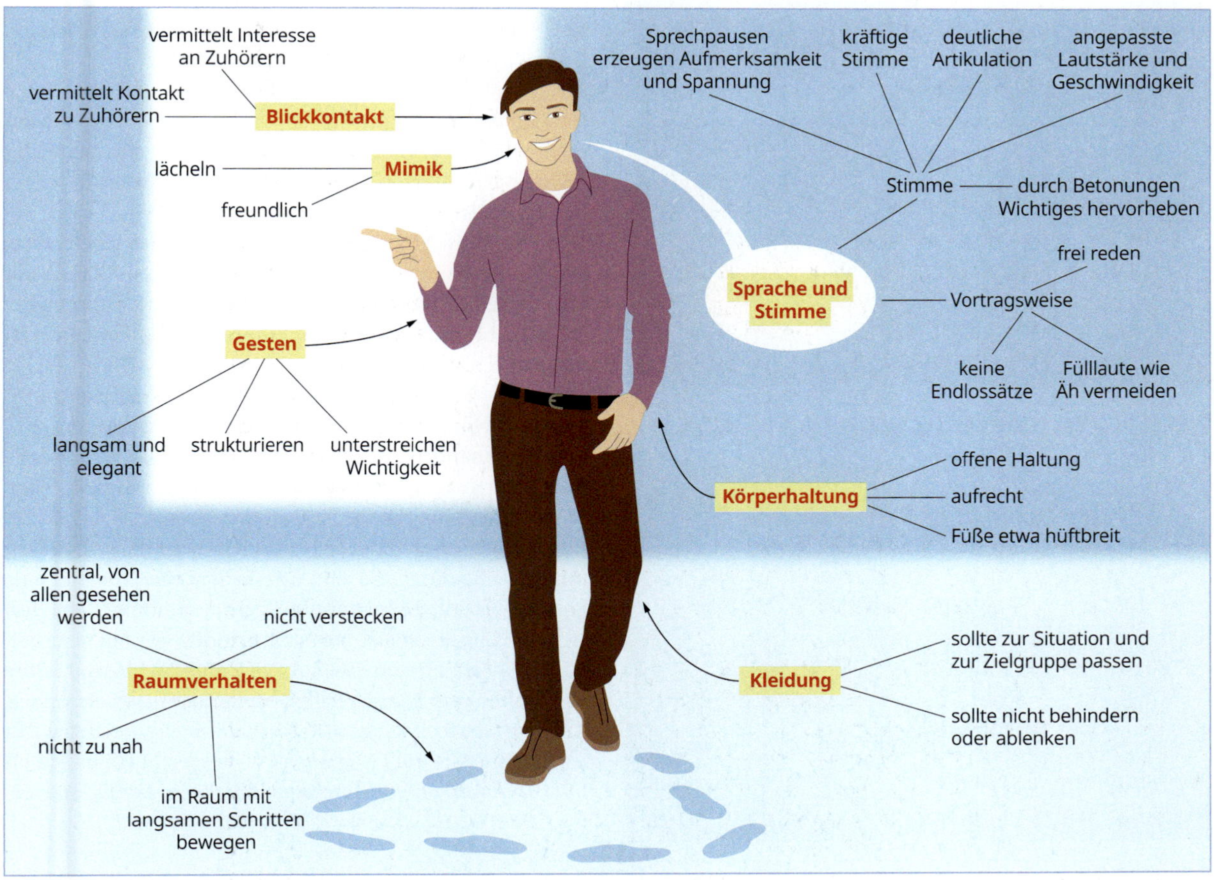


**2** Hinweise für eine gelungene Präsentation

# Die Vernetzung von Systemebenen

1 Systemebene: Biosphäre (Erde)

2 Systemebene: Ökosystem (Beispiel Moor)

3 Systemebene: Lebensgemeinschaft (Beispiel Eidechse, Moos)

Um Zugänge zu der enormen Vielfalt des Lebens zu finden und um biologisches Wissen zu strukturieren, können Ausschnitte aus der Natur als biologisches System betrachtet werden. Dabei werden Merkmale, die Systeme charakterisieren, modellhaft auf den Ausschnitt der Natur, etwa ein Ökosystem, eine Lebensgemeinschaft oder eine Zelle, übertragen.

### Allgemeine Merkmale eines Systems

Unter einem **System** versteht man ein geordnetes Ganzes, das aus verschiedenen Elementen besteht, die eng zusammenwirken. Räder, Nabe, Kette, Rahmen und Lenker sind beispielsweise Elemente des Systems Fahrrad. Betrachtet man einen einzelnen Organismus, etwa einen Menschen, als System, so sind seine Organe die Systemelemente. Nur durch ein präzises und geregeltes Zusammenwirken der verschiedenen Elemente ist ein System funktionsfähig. Fällt ein relevantes Systemelement, etwa ein Auge, aus, büßt das System Organismus wesentliche Eigenschaften ein. Ein auf einem Auge blinder Mensch hat beispielsweise große Probleme beim gezielten Greifen, da sein räumliches Sehen eingeschränkt ist.

1 ≡ Vergleichen Sie das technische System Fahrrad mit dem biologischen System Organismus.

Durch das Zusammenwirken der verschiedenen Systemelemente hat ein System Eigenschaften, die die einzelnen Elemente nicht besitzen. So kann ein Mensch zwar mit jedem seiner beiden Augen sehen, aber erst mit beiden Augen zusammen kann er räumlich sehen. Die Eigenschaft eines Systems ist also mehr als die Summe der Eigenschaften der einzelnen Elemente. Dieses Auftreten neuer Systemeigenschaften bezeichnet man als **Emergenz** (lat. *emergo:* auftauchen).

### Typische Merkmale eines biologischen Systems

Kennzeichnend für biologische Systeme ist ihre spezielle Abgrenzung von der Umgebung. Beispielsweise sind Zellen durch ihre Zellmembranen begrenzt. Trotzdem stehen sie in ständigem Stoff-, Energie- und Informationsaustausch mit der Umgebung. Sie sind **offene Systeme**. Obwohl eine ausgewachsene Zelle ständig Stoffe aufnimmt, verändert sich ihr Volumen meist nicht, denn Stoffe werden verarbeitet und Reste ausgeschieden. Die Zufuhr und der Abfluss von Stoffen und Energie halten sich in der Regel die Waage. In biologischen Systemen stellt sich also ein Gleichgewicht ein, das ständig in Bewegung ist. Man spricht daher von einem **dynamischen Gleichgewicht** oder **Fließgleichgewicht**.

Biologische Systeme zeichnen sich außerdem dadurch aus, dass sie ihre innere Ordnung eigenständig entwickeln und aufrechterhalten. So entstehen aus einer befruchteten Eizelle durch Zellteilungen unzählige embryonale Zellen, die sich selbstständig zu einem vollständigen Organismus formieren. Man spricht von **Selbstorganisation.** Ein weiteres Merkmal biologischer Systeme ist die **Reproduktion**. Viele biologische Systeme wie Zellen und Organismen können sich reproduzieren, fortpflanzen und vermehren.

### Hierarchie der Systemebenen

Biologische Systeme können auf verschiedenen Ebenen beschrieben werden. Zum Beispiel kann man eine Zelle, einen Organismus aber auch ein Ökosystem als biologisches System beschreiben. Dabei kann jedes einzelne Biosystem zugleich Element eines übergeordneten Biosystems sein. Je nachdem, auf welcher Organisationsebene des Lebens man den Ausschnitt der Natur betrachtet, unterscheidet man zwischen verschiedenen **Systemebenen**. Diese Systemebenen sind miteinander vernetzt.

Das umfassendste biologische System ist die **Biosphäre**. Ihre Systemelemente sind die verschiedenen Ökosysteme der Erde, wie etwa Moore, Seen und Wälder. Diese Ökosysteme sind durch Stoffkreisläufe und Energieflüsse miteinander verbunden. Ein **Ökosystem** ist eine Einheit aus Lebensraum und Lebensgemeinschaften.

Diese Lebensgemeinschaften befinden sich also wiederum auf einer darunter stehenden Systemebene. Das Nahrungsnetz stellt die Verbindung zwischen den zugehörigen Lebewesen, den „Systemelementen", her und grenzt dieses Biosystem von anderen Lebensgemeinschaften ab. Auf der folgenden Systemebene befinden sich die Organismen. Ein **Organismus** besteht aus verschiedenen Organen. Ein **Organ** wiederum umfasst verschiedene Gewebe als Systemelemente. Ein **Gewebe** besteht aus Zellen des gleichen Typs mit ähnlicher Funktion.

Die Systemelemente einer **Zelle** sind die Organellen. Die **Organellen** wiederum sind aus Biomolekülen aufgebaut und selbst **Biomoleküle,** wie etwa Proteine, können als System betrachtet werden. Ihre Eigenschaften erklären sich nicht, wenn man lediglich die Eigenschaften ihrer Bausteine addiert. Emergenz tritt beispielsweise auf, wenn Aminosäuren zu Proteinen reagieren.

2 ≡ Verdeutlichen Sie an einem Beispiel, dass ein Biosystem seine Systemeigenschaften verliert, wenn relevante Systemelemente zerstört werden.

3 ≡ Stellen Sie an einem selbstgewählten Beispiel die Vernetzung der Systemebenen von der Molekular- bis zur Biosphärenebene dar. Arbeiten Sie in Partnerarbeit.

**4** Systemebene: Organismus (Beispiel Moospflanze)

**5** Systemebene: Organ (Beispiel Blätter einer Moospflanze)

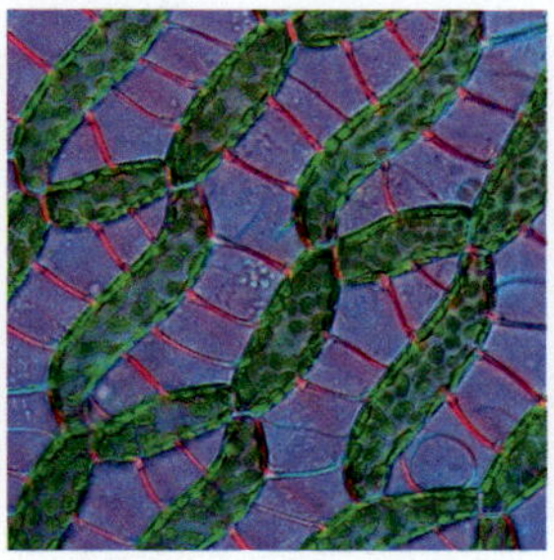

**6** Systemebene: Gewebe (Beispiel Moospflanze)

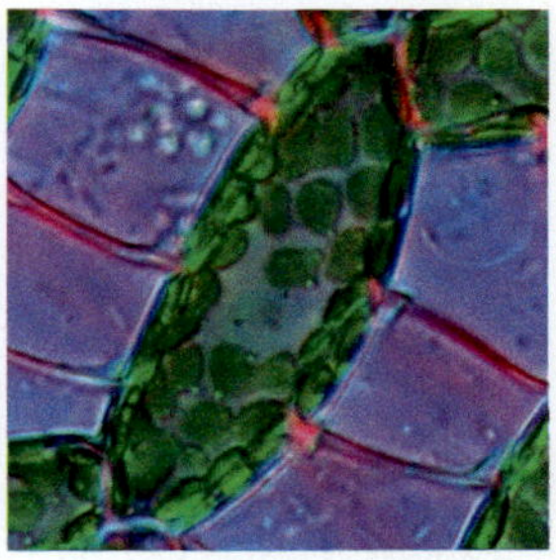

**7** Systemebene: Zelle (Beispiel Moospflanze)

**8** Systemebene: Organell (Beispiel Chloroplast)

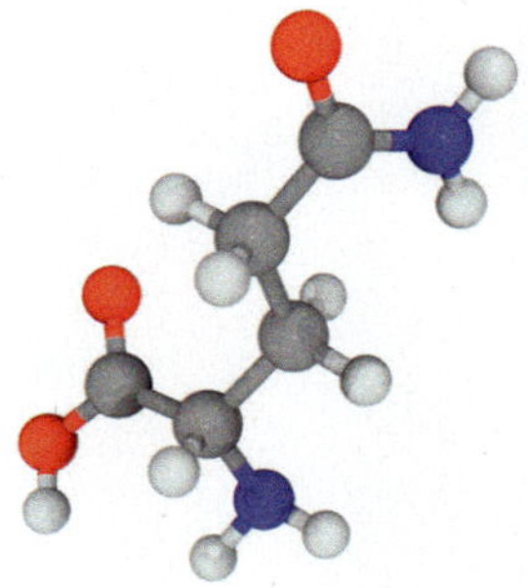

**9** Systemebene: Biomolekül (Beispiel Aminosäure)

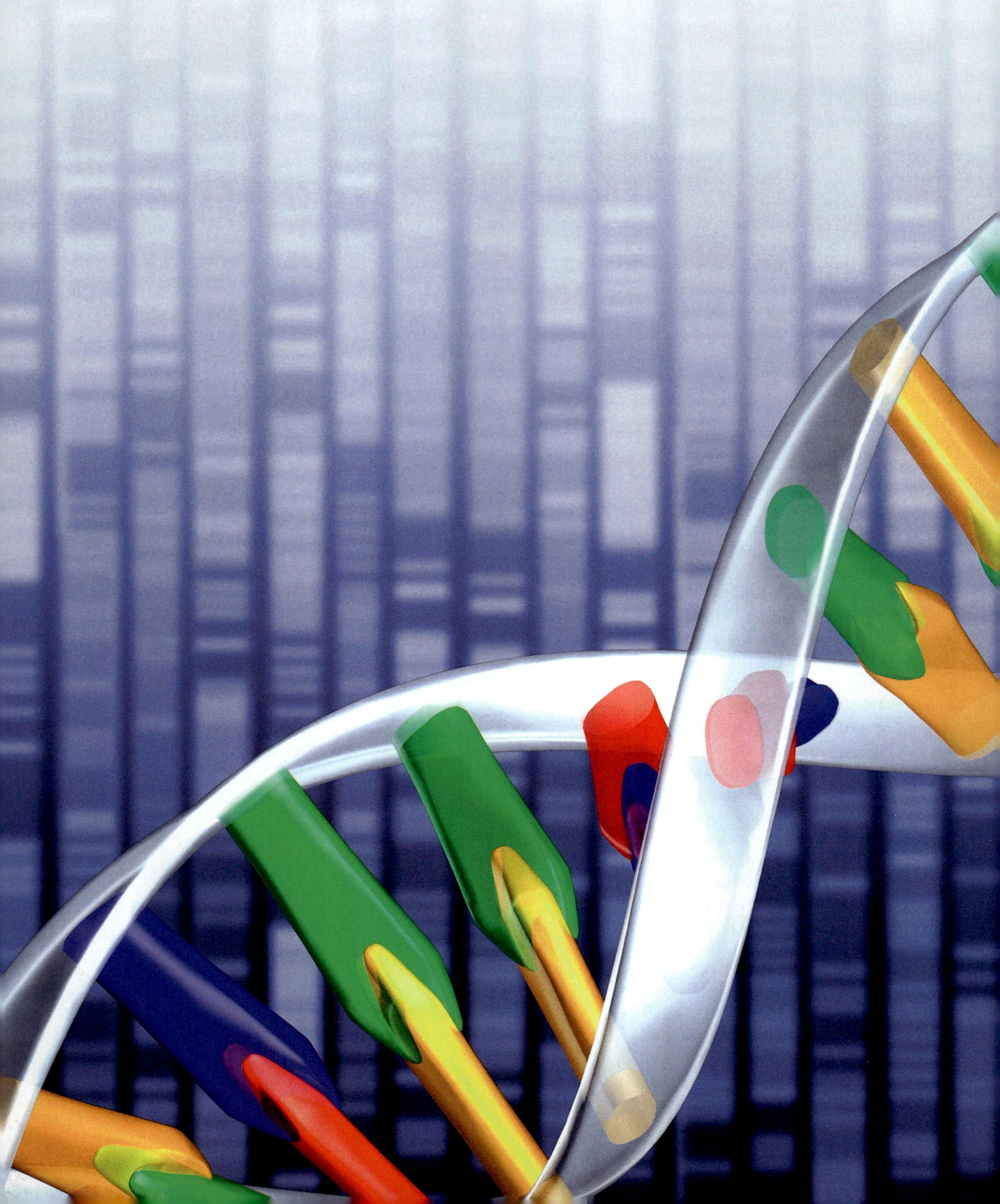

**Darstellung der DNA (Schema). Die DNA ist der Träger der Erbinformation. Modellhaft kann man sich die DNA wie eine verdrehte Strickleiter vorstellen. Die Sprossen der Leiter sollen die Basen der DNA darstellen. In ihrer Reihenfolge ist die Erbinformation verschlüsselt.**

# Genetik und Gentechnik

1 Speicherung und Realisierung genetischer Information

2 Die Regulation der Genaktivität

3 Vervielfältigung genetischer Information

4 Neukombination und Veränderung genetischer Information

5 Weitergabe genetischer Information

6 Genetik menschlicher Erkrankungen und DNA-Analytik

# 1 Speicherung und Realisierung genetischer Information

## 1.1 Zellkern und Ribosomen

**Sie haben die Zelle als grundlegende Struktur- und Funktionseinheit aller Lebewesen bereits kennengelernt. In den Zellen finden sich zahlreiche Organellen wie der Zellkern und die Ribosomen. Wie sind diese aufgebaut und welche Funktionen übernehmen sie in der Zelle?**

### Bau des Zellkerns

Den Feinbau einer Zelle kann man heute mit modernen Mikroskopen sichtbar machen. Dabei fällt bei eukaryotischen Zellen der Zellkern als besonders gut sichtbare Struktur auf.

1 Wiederholen Sie die Unterschiede von prokaryotischen und eukaryotischen Zellen und fertigen Sie dazu eine Tabelle an. Führen Sie dazu eine Recherche im Internet durch.

**Hinweis:**
Nutzen Sie für alle Rechercheaufgaben des Buches die Hinweise auf Seite 96.

Der **Zellkern** oder **Nukleus** (lat. *nucleus:* Kern) liegt im Zellplasma der Zelle und ist unter dem Lichtmikroskop zu erkennen. Er ist kugelig und misst bei Säugetierzellen etwa 5 bis 16 µm im Durchmesser. Die **Kernhülle** grenzt den Zellkern vom Zellplasma ab. Sie besteht aus einer inneren und einer äußeren Membran und steht mit dem **Endoplasmatischen Retikulum** (kurz **ER**) der Zelle in enger Verbindung. An diesem Membransystem laufen zahlreiche Stoffwechselvorgänge ab. Die Kernmembran ist von vielen, etwa 60 bis 100 nm großen Kernporen durchbrochen. Diese Kernporen ermöglichen den kontrollierten Stoff- und Informationsaustausch zwischen dem Kernplasma und dem Zellplasma.

**Informationen zur Mikroskopie**

**EM:** **E**lektronen**m**ikroskopie; Objekte werden mit Elektronen bestrahlt, die sehr kleine Strukturen auflösen können

**TEM:** **T**ransmissions**e**lektronen**m**ikroskopie; Sonderform der Elektronenmikroskopie, bei dem ausreichend dünne Objekte von einem Elektronenstrahl durchdrungen werden

**REM:** **R**aster**e**lektronen**m**ikroskopie; dünner Elektronenstrahl wird über das Objekt geführt; durch Abtasten, das **Rastern,** entsteht ein räumliches Bild von der Objektoberfläche

Im Zellkern befinden sich ein oder mehrere **Zellkernkörperchen** oder **Nukleoli** (lat. *nucleolus*: Kernchen; Plural *nucleoli*). Sie sind für die Herstellung der Ribosomen zuständig. Außerdem befindet sich dort, eingebettet im wässrigen Kernplasma, ein Gewirr aus fädigen Strukturen, das als **Chromatin** bezeichnet wird. Es besteht aus Proteinen und **D**esoxyribo**n**uklein**s**äure, abgekürzt DNS, auch bekannt als DNA (engl. ***d****esoxyribo****n****ucleic* ***a****cid*). Die DNA enthält die Erbinformation, die alle Vorgänge der Stoff- und Energieumwandlung, des Wachstums und der Entwicklung steuert.

2 Erstellen Sie digital eine Tabelle der Fachbegriffe mit Erklärungen und führen Sie diese während der Arbeit mit diesem Buch kontinuierlich weiter.

### Funktionen des Zellkerns

Bei jeder Zellteilung wird die gesamte Erbinformation an die Tochterzellen weitergegeben. Dabei wird die DNA zunächst im Zellkern verdoppelt und anschließend bei der Zellteilung auf die Tochterzellen verteilt. Außerdem regu-

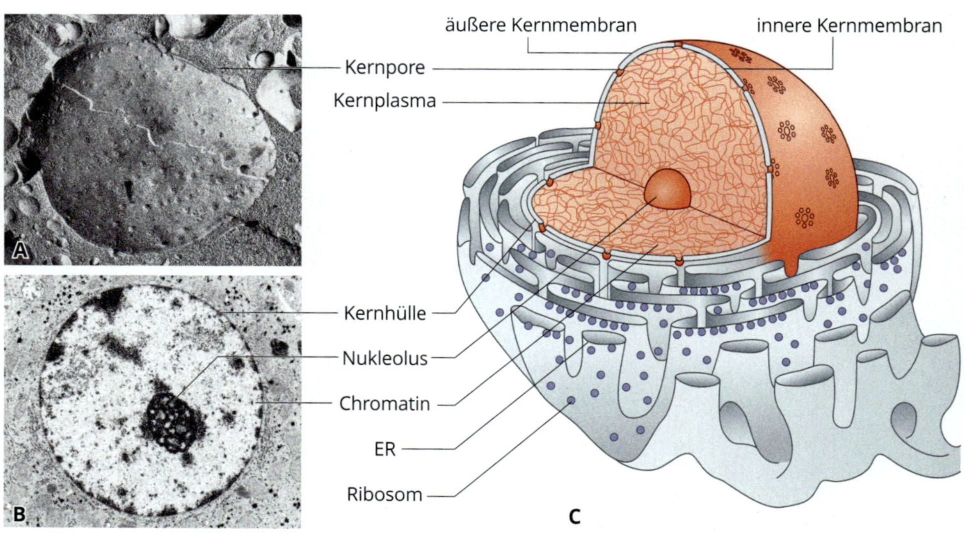


**1 Zellkern (Durchmesser etwa 10 µm). A** REM-Aufnahme; **B** TEM-Aufnahme; **C** Schema

liert der Zellkern die Stoffwechselvorgänge, indem er die für die **Proteinbiosynthese** im Zellplasma benötigte Erbinfomation bereitstellt. Dabei wird immer genau der Teil der Erbinformation durch die Kernmembran aus dem Zellkern in Form von einzelsträngiger Ribonukleinsäure (mRNA) ins Zellplasma befördert, der für die Synthese des gerade benötigten Proteins erforderlich ist.

**3** ≡ Erythrozyten, die roten Blutkörperchen, besitzen keinen Zellkern. Erklären Sie, welche Prozesse in ihnen deshalb nicht ablaufen können.

**Bau und Funktion der Ribosomen**
**Ribosomen** (Größe: 15 – 30 nm) erscheinen unter dem Mikroskop als kleine Körperchen. Ihr Name leitet sich von **Ribo**nukleinsäure und dem Wort **Soma** (griech. *soma:* Körper) ab. Sie bestehen aus Ribonukleinsäuren und Proteinen, haben keine umhüllende Membran und kommen frei im Zellplasma oder gebunden an die Strukturen des ER vor. Ribosomen bestehen aus zwei Untereinheiten, die einzeln von den Nukleoli gebildet werden. Durch die Kernporen gelangen sie in das Zellplasma, wo sie sich zusammenlagern und an der Proteinbiosynthese beteiligt sind.

**Kompartimentierung in der Zelle**
Eukaryotische Zellen sind in verschiedene Reaktionsräume, sogenannte **Kompartimente,** gegliedert. Beispiele für Kompartimente, die durch Membranen abgetrennt sind, sind der Zellkern und die Mitochondrien. Auch das Zellplasma wird als eigenes Kompartiment angesehen. In diesen abgegrenzten Räumen können unterschiedliche biochemische Vorgänge gleichzeichtig und unabhängig voneinander ablaufen. Für jede Stoffwechselreaktion sind bestimmte Bedingungen wie spezifische Enzyme, Stoffkonzentrationen und pH-Werte notwendig. Diese können in den unterschiedlichen Kompartimenten einer Zelle jeweils für die verschiedenen Stoffwechselreaktionen bereitgestellt werden. Um die Reaktionsgeschwindigkeit zu erhöhen, werden in dem jeweiligen Kompartiment die benötigten Stoffe in höherer Konzentration bereitgestellt. Auch die Membranen im Zellinneren sind durch eingelagerte Enzyme direkt an den Stoffwechselreaktionen beteiligt.

**4** ≡ Wiederholen Sie das Prinzip des Zusammenhangs von Struktur und Funktion und erläutern Sie es an der Kompartimentierung in der Zelle.

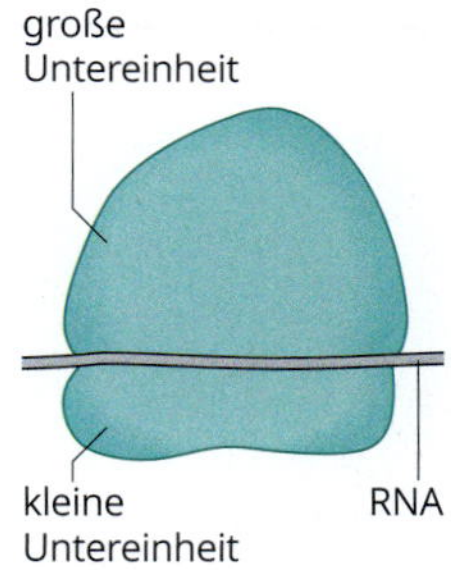


**2** Ribosom (Schema):

**Größe der Ribosomen:** angegeben in Svedberg (Einheit S, Maß für die Größe von Partikeln, die sich aus dem Sedimentationsverhalten ergibt):

Prokaryoten: 70S (Untereinheiten 30S und 50S);

Eukaryoten: 80S (Untereinheiten 40S und 60S)

## Materialgebundene Aufgabe

### 5 Blick in eine Zelle

Das Bild zeigt die TEM-Aufnahme einer Plasmazelle. Diese Zellen gehören zum Immunsystem. Wenn ein Erreger in einen Körper eingedrungen ist, produzieren sie in kurzer Zeit große Mengen spezifischer Proteine, sogenannte Antikörper.

**a)** ≡ Benennen Sie die Zellstrukturen in der angefärbtenTEM-Abbildung einer Plasmazelle anhand der Ziffern.

**b)** ≡ In der Plasmazelle fällt das Membransystem des Endoplasmatischen Retikulums besonders ins Auge. Erläutern Sie den Zusammenhang dieser Struktur mit der Funktion der Plasmazelle.

**c)** ≡ Wiederholen und erläutern Sie am Beispiel des Endoplasmatischen Retikulums dieser Plasmazelle das Prinzip der Oberflächenvergrößerung.

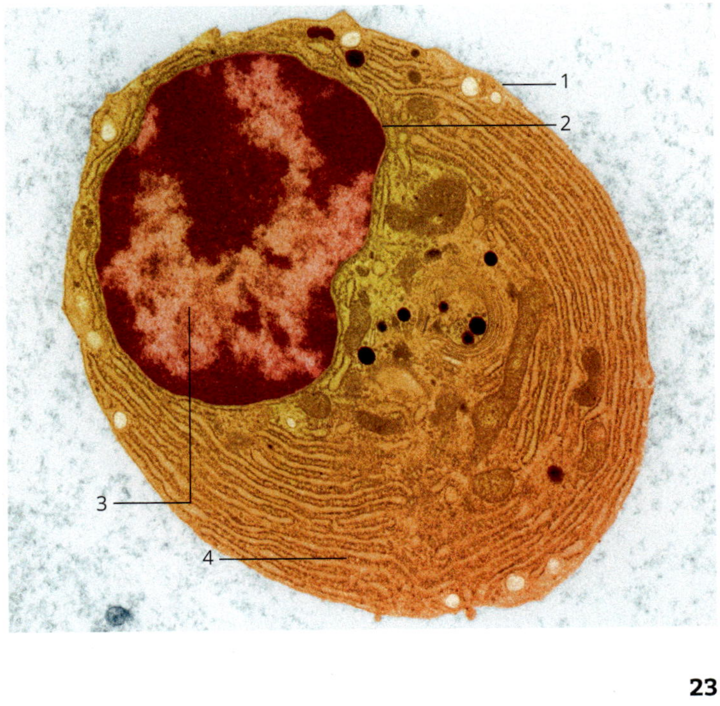

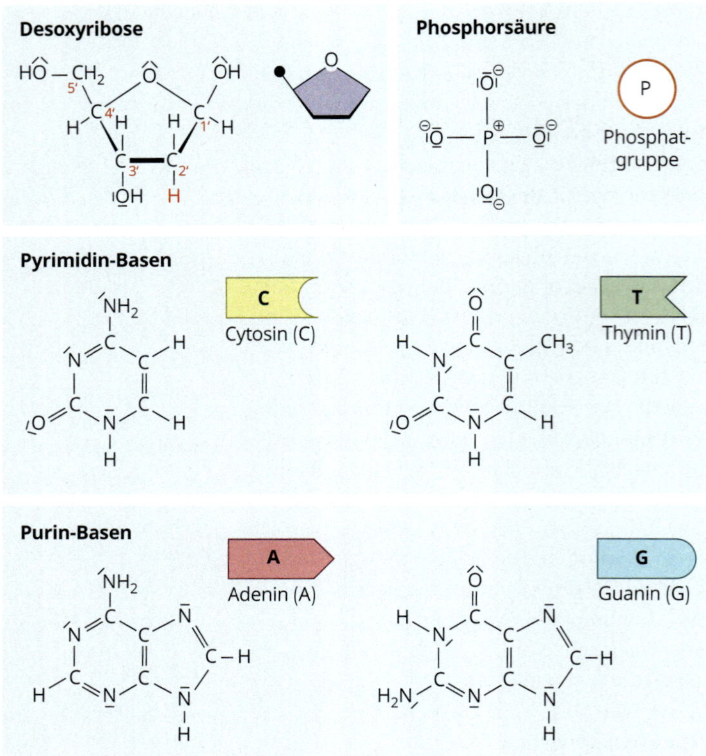


**1** Molekulare Bausteine der DNA (Formel und Symbolschreibweise)

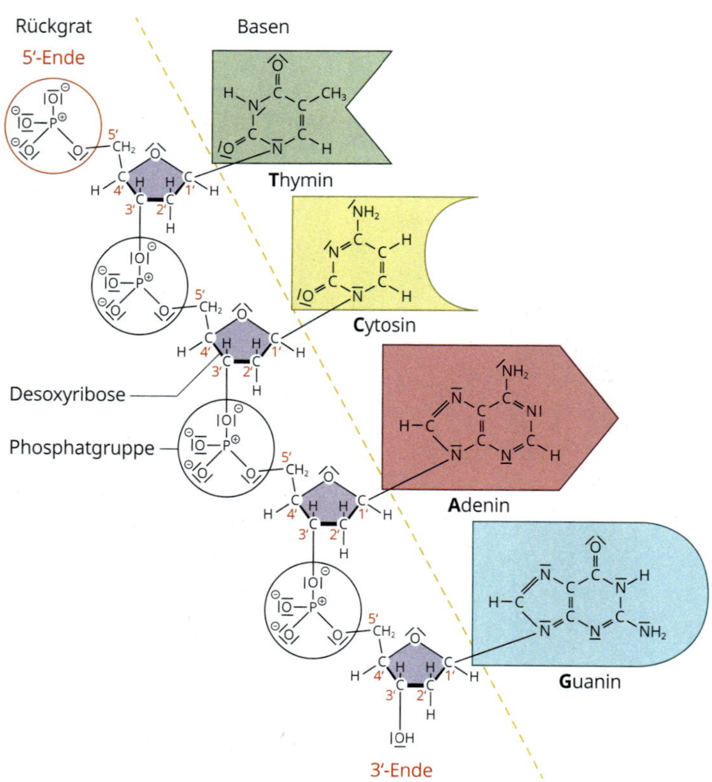


**2** Aufbau eines Polynukleotid-Stranges

## 1.2 Aufbau der DNA und der RNA

**Der Grundbaustein aller Lebewesen ist die Zelle. Im Zellkern der Zelle befindet sich die Erbinformation. Träger der Erbinformation sind die Nukleinsäuren. Wie sind diese aufgebaut?**

### Molekülbausteine der DNA

Ende des 19. Jahrhunderts konnten Albrecht Kossel und Kollegen zeigen, dass das Makromolekül **Desoxyribonukleinsäure** durch vielfache Verknüpfung von Monomerbausteinen entsteht, die man als **Nukleotide** bezeichnet. Ein Nukleotid setzt sich aus drei Molekülen zusammen: Das zu den Kohlenhydraten gehörende Molekül **Desoxyribose** ist mit einem Molekül Phosphorsäure, gebunden als **Phosphatgruppe** bezeichnet, und mit einem von vier organischen Basenmolekülen verknüpft. Diese organischen **Basenmoleküle**, kurz **Basen**, enthalten neben Kohlenstoffatomen auch Stickstoffatome und werden in zwei Gruppen eingeteilt: **Pyrimidin-Basen** enthalten einen einfachen Sechsring. Zu ihnen gehören die Basen **Cytosin (C)** und **Thymin (T)**. **Purin-Basen** bestehen aus einem größeren Doppelringsystem. Zu ihnen gehören die Basen **Adenin (A)** und **Guanin (G)**.

Um die Verknüpfung der Moleküle im Nukleotid genauer beschreiben zu können, werden die Kohlenstoffatome des Kohlenhydrats von 1' bis 5' durchnummeriert. Am 1'-Kohlenstoffatom des Desoxyribosemoleküls ist in einem Nukleotid immer eine der vier Basen gebunden. Liegt eine Verknüpfung einer Base mit einem Kohlenhydrat vor, spricht man von einem **Nukleosid**.

### Verknüpfung zum Polynukleotidstrang

Die gebundene Phosphatgruppe kann durch eine weitere Verknüpfung an das 3'-Kohlenstoffatom eines anderen Desoxyribosemoleküls binden. Es entsteht das **Phosphat-Desoxyribose-Rückgrat**, an dem die organischen Basen ansetzen. So entsteht eine lange Kette aus Nukleotiden, der **Polynukleotidstrang**. Der Strang endet auf der einen Seite mit einer nicht mehr weiter verknüpften Hydroxygruppe am 3'-Kohlenstoffatom des letzten Desoxyribosemoleküls. Dies wird das **3'-Ende** genannt. Am anderen Ende des Rückgrats bildet eine Phosphatgruppe am 5'-Kohlenstoffatom den Abschluss, das **5'-Ende**.

Nukleotide unterscheiden sich also nur in den gebundenen Basen. Sie werden in einer Kurzschreibweise mit den Buchstaben A, C, G und T bezeichnet. Der Ausschnitt des Polynukleotid-Stranges in Abbildung 2 kann somit als 5'-TCAG-3' angegeben werden.

**1** ≡ Stellen Sie den Polynukleotid-Strangabschnitt 5'-CAT-3' als Strukturformel und in symbolischer Schreibweise dar.

### Raumstruktur der DNA

Die DNA besteht aus zwei Polynukleotidsträngen, die sich umeinander winden. Man spricht von einer **DNA-Doppelhelix**. Dabei liegen die Kohlenhydrat-Phosphat-Rückgrate in entgegengesetzter Richtung, also **antiparallel** zueinander. Das 5'-Ende des einen Stranges liegt neben dem 3'-Ende des anderen. Der Zusammenhalt der beiden Stränge entsteht durch **Wasserstoffbrücken**. Je eine Purinbase bindet an eine Pyrimidinbase. Zwischen Adenin und Thymin treten zwei, zwischen Cytosin und Guanin drei Wasserstoffbrücken auf. Die Zusammenlagerung der nach dem Schlüssel-Schloss-Modell jeweils passenden Basen nennt man **komplementäre Basenpaarung**.

**2** ≡ Beschreiben Sie den Aufbau der DNA-Doppelhelix (→ **Abb. 3**).

**3** ≡ Erläutern Sie, warum die DNA häufig mit einer Strickleiter verglichen wird.

**4** ≡ Erklären Sie in Partnerarbeit den Unterschied zwischen dem 3'- und dem 5'-Ende.

**5** ≡ Geben Sie den komplementären DNA-Strang zu 5'-AATTGTGAGGCGGATA-3' an und erklären Sie daran den Begriff der komplementären Basenpaarung.

### Perspektivwechsel

Die Molekularbiologen James WATSON und Francis CRICK werteten die Ergebnisse verschiedener Forscher, unter anderem von Rosalind FRANKLIN und Erwin CHARGAFF, aus und stellten darauf basierend im Jahr 1953 ein Modell der Raumstruktur der DNA vor.

**6 Die „dark lady" der DNA?**

**a)** ≡ Recherchieren Sie im Internet zu Rosalind FRANKLINS Beitrag zur Aufklärung der Doppelhelixstruktur der DNA und den Umgang anderer mit diesen Erkenntnissen.

**b)** ≡ Nehmen Sie Stellung zum Verhalten (siehe Aufgabe **a**) von WATSON und CRICK.

## Materialgebundene Aufgabe

**7 Gesetzmäßigkeiten aus der Basenverteilung**

Einen wichtigen Hinweis auf die räumliche Struktur der DNA lieferten Untersuchungen des Biochemikers Erwin CHARGAFF. Er hatte beobachtet, dass jeder Organismus eine für ihn typische prozentuale Verteilung der vier verschiedenen Basen aufweist. Daneben stellte er bestimmte Regelmäßigkeiten fest.

| | Organismus | A | G | C | T |
|---|---|---|---|---|---|
| 1 | Mais | 26,8 | 22,8 | 23,2 | 27,2 |
| 2 | Oktopus | 33,2 | 17,6 | 17,6 | 31,6 |
| 3 | Huhn | 28,0 | 22,0 | 21,6 | 28,4 |
| 4 | Ratte | 28,6 | 21,4 | 20,5 | 28,4 |
| 5 | Mensch | 29,3 | 20,7 | 20,0 | 30,0 |
| 6 | Phage | 24,0 | 23,3 | 21,5 | 31,2 |

**a)** ≡ Stellen Sie die Daten der Tabellenzeilen 1–5 in einem übersichtlichen Diagramm dar.

**b)** ≡ Formulieren Sie anhand der Daten die Gesetzmäßigkeiten bei der Basenverteilung.

**c)** ≡ Vergleichen Sie die Daten der verschiedenen Lebewesen.

**d)** ≡ Erläutern Sie, inwiefern CHARGAFFS Erkenntnisse zur Aufklärung der DNA-Struktur beigetragen haben.

**e)** ≡ Phagen sind Viren, die Bakterien befallen. Stellen Sie eine Hypothese zur Nukleinsäure des hier beschriebenen Phagen auf.

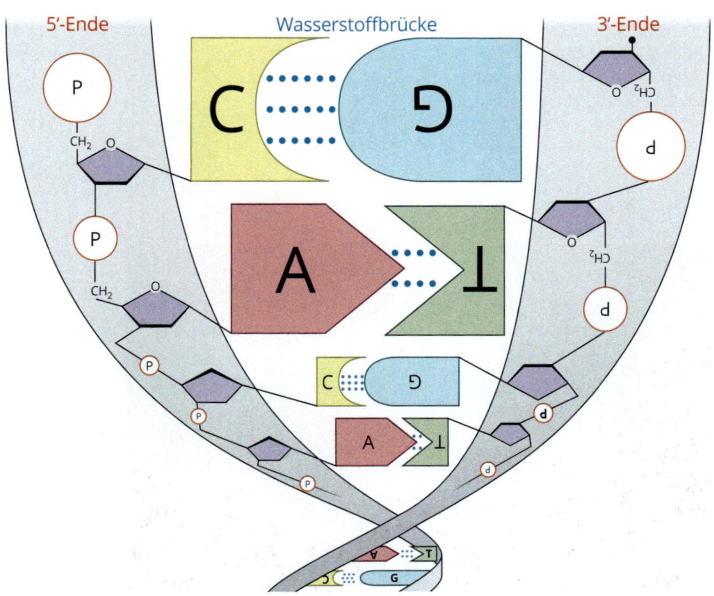


**3** Modell der DNA-Doppelhelix

1 James WATSON und Francis CRICK an ihrem DNA-Modell

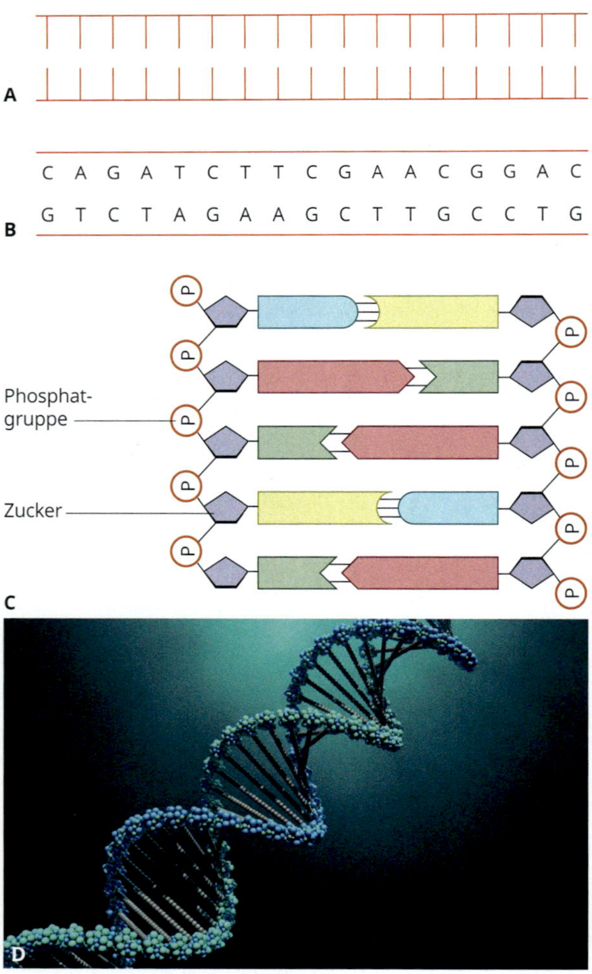


2 Verschiedene Modelle der DNA

## Modelltypen

In der Biologie werden Modelle genutzt, um den Aufbau und die Funktion von biologischen Objekten oder Zusammenhänge in häufig sehr komplexen biologischen Systemen zu zeigen. Materielle Modelle, die den Aufbau eines Objekts möglichst naturgetreu zeigen, werden als **Strukturmodelle** bezeichnet. Steht die Darstellung der Funktionsweise im Vordergrund, spricht man von **Funktionsmodellen**. **Denkmodelle** werden verwendet, wenn gedankliche Zusammenhänge dargestellt werden sollen. Sie werden auch ideelle Modelle genannt.

James WATSON und Francis CRICK erstellten 1953 ein Modell der DNA.

1 Ordnen Sie das in Abbildung 1 gezeigte DNA-Modell von WATSON und CRICK begründet einem Modelltyp zu.

## Modellkritik

Zur Arbeit mit Modellen gehört auch die **Modellkritik**. Man prüft, inwieweit die dargestellten Strukturen oder Funktionen den Verhältnissen im realen Objekt entsprechen und wo Abweichungen vorliegen. Die Modellkritik dient dazu, sich Vereinfachungen und absichtliche Hervorhebungen der Modelle bewusst zu machen und so unzutreffende Vorstellungen zu vermeiden. Modelle werden in der Regel zu einem bestimmten Zweck entwickelt und können Stärken und Schwächen haben. Daraus ergibt sich die Notwendigkeit, Modelle kritisch zu betrachten und weiterzuentwickeln. Dies zeigt auch die Vorläufigkeit des naturwissenschaftlichen Erkenntnisprozesses.

2 Beschreiben Sie die DNA-Modelle in Abbildung 2.

3 Diskutieren Sie zu zweit über Stärken und Schwächen der einzelnen Modelle.

4 Wählen Sie gemeinsam jeweils das am besten geeignete Modell dieser Seite aus, um
- den Doppelstrangcharakter der DNA,
- die komplementäre Basenpaarung nach dem Schlüssel-Schloss-Modell,
- den Bau der DNA auf Teilchenebene oder
- die dreidimensionale Struktur der DNA zu zeigen.

5 Beschreiben Sie am Beispiel der DNA-Modelle **A–D** die Weiterentwicklung von Modellen.

6 Recherchieren Sie im Internet drei 3D-Modelle der DNA und vergleichen Sie diese mit dem gegebenen Modell in Abbildung 2. Prüfen Sie dabei die Übereinstimmung verschiedener Quellen oder Darstellungsformen im Hinblick auf deren Aussagen und vergleichen Sie diese tabellarisch im Hinblick auf die dargestellten und nicht dargestellten Strukturen.

7 Bewerten Sie anhand der gefundenen Modelle den Einsatz digitaler Modelle. Gehen Sie auf Vor- und Nachteile dieser Darstellungsform ein.

## Praktikum // DNA-Modell

### ❶ Bau eines DNA-Modells

**Material:** 2 Schnurstücke (je 50 cm); 10 Sechskantschraubenmuttern; doppelseitiges Klebeband; 10 Unterlegscheiben; 10 Drahtstücke (5 cm); Kombizange; Stativmaterial; 4 verschiedenfarbige wasserlösliche Filzstifte
**Durchführung (zu zweit):**
- Fädeln Sie je fünf Sechskantschraubenmuttern auf ein Schnurstück und befestigen Sie sie mit Knoten in etwa gleichen Abständen. Dies stellt das Rückgrat der DNA dar.
- Befestigen Sie je ein kurzes Drahtstück an einer Unterlegscheibe und biegen Sie das zweite Ende zu einem Haken. Dieser wird in eine Sechskantschraubenmutter eingehängt.
- Diesen Aufbau benötigen Sie zweimal.
- Die Unterlegscheiben eines Stranges bekleben Sie noch mit einem kurzen Stück doppelseitigen Klebebandes.
- Kombinieren Sie jetzt die beiden Stränge, indem Sie die Unterlegscheiben durch das doppelseitige Klebeband verbinden.
- Mithilfe des Stativmaterials können Sie Ihr DNA-Modell aufhängen.

**a)** ☰ Ordnen Sie jedem Bauteil Ihres Modells (Schnur, Schraubenmutter, Draht mit Unterlegscheibe) einen Bestandteil der DNA zu.
**b)** ☰ Ändern Sie ihr Modell so ab, dass die komplementäre Basenpaarung ersichtlich wird.
**c)** ☰ Vergleichen Sie ihr Modell mit dem Modell der DNA-Doppelhelix nach Watson und Crick. Sammeln Sie mindestens drei Unterschiede und Gemeinsamkeiten.
**d)** ☰ Der Aufbau der DNA wird häufig als strickleiterförmig beschrieben. Vergleichen Sie dieses sogenannte Strickleiter-Modell mit dem von Ihnen erstellten Modell.
**e)** ☰ Diskutieren Sie den Einsatz des Klebebandes. Gehen Sie dabei auf alternative Möglichkeiten der Strangverknüpfung, zum Beispiel durch Magnete, ein.
**f)** ☰ Überlegen Sie weitere Verbesserungsmöglichkeiten für das Modell. Stellen Sie sich dabei folgende Fragen:
- Welchen Aspekt oder welche Aspekte bildet Ihr Modell in Ihren Augen noch nicht hinreichend ab?
- Wie könnten Sie diesen Aspekt besser darstellen?

**g)** ☰ Erstellen Sie eine Anleitung zum Bau des verbesserten Modells, indem Sie eine Materialliste mit möglichst einfachen Materialien sowie die Schritte der Durchführung beschreiben.
**h)** ☰ Bauen Sie das verbesserte Modell und protokollieren Sie Ihr Vorgehen.
**i)** ☰ Wiederholen Sie Aufgabe **c** mit dem neuen Modell und beurteilen Sie Ihre Verbesserungen.

## Basiskonzept // Struktur und Funktion

Lebewesen und Lebensvorgänge sind an **Strukturen** gebunden, die in engem Zusammenhang mit ihrer **Funktion** stehen. Dieser Zusammenhang wird am Beispiel der DNA deutlich: Die organischen Basen der DNA besitzen eine bestimmte Molekülstruktur, die die Ausbildung von Wasserstoffbrücken zu jeweils einer anderen organischen Base ermöglicht. Die komplementären Basen passen zueinander wie ein Schlüssel zum Schloss. Man spricht vom **Schlüssel-Schloss-Modell**. Durch diese Basenpaarung wird die Ausbildung der DNA-Doppelhelix ermöglicht und das DNA-Molekül so stabilisiert, dass es seine Funktion als Informationsspeichermolekül erfüllen kann. Zudem ist durch diesen DNA-Aufbau auch eine identische Vervielfältigung möglich.

Die DNA ist aus wenigen und bei allen Lebewesen in nahezu unveränderter Form auftretenden Bausteinen aufgebaut. Durch die variable Länge und die unterschiedliche Abfolge der organischen Basen der DNA werden unendlich viele verschiedene Kombinationen erzeugt. Geringe Änderungen in der Struktur führen zu einem anderen Informationsinhalt der DNA und so zu Molekülen, die sich in ihrer Funktion für den Organismus unterscheiden. Durch Kombination von wenigen Grundbausteinen können viele komplexe Systeme mit speziellen Funktionen aufgebaut werden. Dies bezeichnet man als **Baukastenprinzip**.

Verschiedene biologische Prinzipien wie das Schlüssel-Schloss-Modell oder das Baukastenprinzip sind also auf den Zusammenhang von Struktur und Funktion zurückzuführen. Dies ermöglicht Forschenden ein Herangehen an Fragestellungen aus zwei Richtungen. Bekannte Funktionen können auf bestimmte Strukturen zurückgeführt oder erforschte Strukturen mit bestimmten Funktionen in Verbindung gebracht werden.

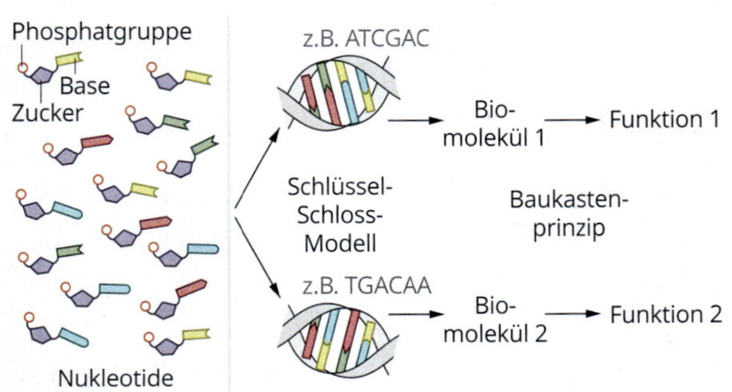


**1** Basiskonzept Struktur und Funktion

❶ ☰ Erläutern Sie an Beispielen, inwiefern die Prinzipien der Oberflächenvergrößerung und der Kompartimentierung ebenfalls zum Basiskonzept „Struktur und Funktion" gehört.

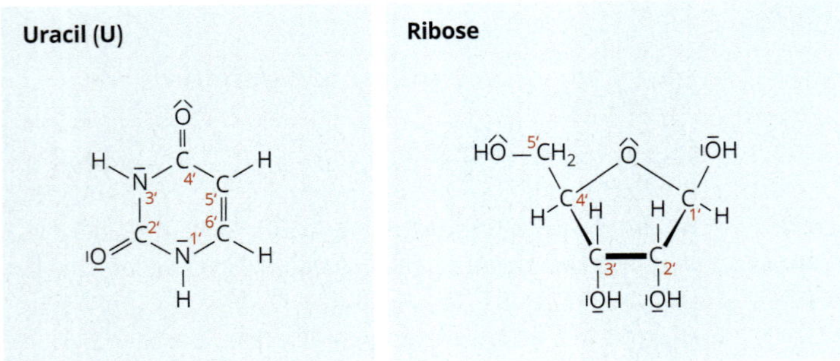


**4** Besondere Bausteine der RNA

## RNA – der DNA sehr ähnlich

Der zweite Nukleinsäuretyp, der in Zellen zu finden ist, heißt **Ribonukleinsäure** (engl. *ribonucleic acid*, kurz RNA). Der Aufbau ist dem der DNA sehr ähnlich. Es handelt sich ebenfalls um einen Polynukleotid-Strang, allerdings tritt als Kohlenhydratbaustein Ribose auf und anstelle der Base Thymin findet man das strukturell sehr ähnliche Uracil. Die RNA liegt nur in einzelsträngiger Form vor.

**8** ≡ Beschreiben Sie den Aufbau eines RNA-Nukleotids.

**9** ≡ Skizzieren Sie einen RNA-Abschnitt. Verwenden Sie dafür eine modellhafte Darstellung, die, soweit möglich, die von der DNA bekannten Symbole benutzt.

**10** ≡ Vergleichen Sie die RNA- mit den DNA-Bausteinen in einer Tabelle.

## Raumstruktur der RNA

Der RNA-Einzelstrang liegt meist nicht in langgestreckter Form, sondern in sich gefaltet vor. Durch die Paarung komplementärer Basen unterschiedlicher Bereiche eines RNA-Stranges entstehen teilweise doppelsträngige Strukturen. Man bezeichnet diese auch als **Haarnadelstrukturen**. Diese Bereiche wechseln mit Schleifen oder Bereichen ohne komplementärer Basenpaarung ab. Die hierdurch entstehende Struktur wird als **Sekundärstruktur** bezeichnet und durch die Wasserstoffbrücken zwischen den komplementären Basen stabilisiert.

## VL Materialgebundene Aufgabe

**11 RNA: Haarnadelstruktur (A) und tRNA (B)**

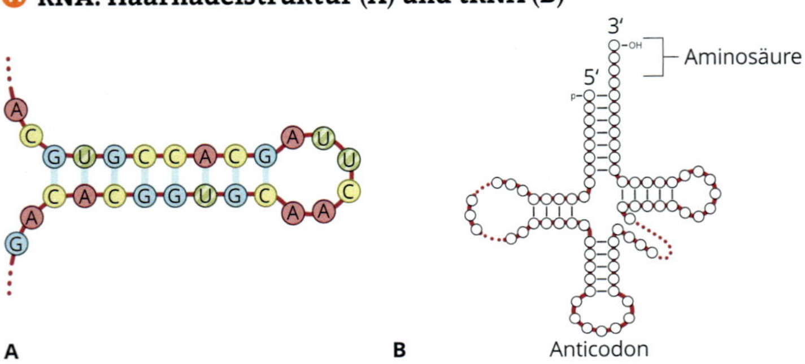


**a)** ≡ Beschreiben Sie die Modelle der RNA.

**b)** ≡ Vergleichen Sie dieses RNA-Modell mit einem entsprechenden Modell zum Bau der DNA auf Seite 26.

## Exkurs // Der Aufbau eines Ribosoms

Ribosomen sind Zellbestandteile ohne Biomembran, die bei der Bildung von Proteinen eine wichtige Rolle übernehmen. Sie bestehen aus **ribosomaler RNA** (kurz **rRNA**) und mehreren Proteinen. Die eukaryotischen Ribosomen werden aus vier rRNAs, der 5S-, 5,8S-, 18S- und 28S-rRNA, gebildet. An diese lagern sich Proteine an und bilden so die große und kleine Untereinheite des 80S-Ribosoms.

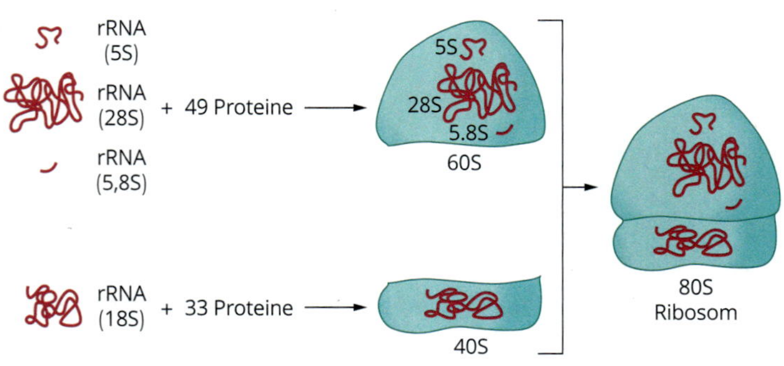


**1** Aufbau eines Ribosoms (S: Svedberg-Einheit)

## Ausblick: Bedeutung der RNA

Ribonukleinsäuren erfüllen vielfältige Funktionen in Lebewesen. Verschiedene Arten von RNA sind an der Proteinbiosynthese, also der Umsetzung der genetischen Information in Proteine, beteiligt. Die **messenger-RNA**, kurz **mRNA** (engl. *messenger*: Bote), stellt als DNA-Abschrift die Informationsgrundlage der Proteinbildung dar. Diese mRNA gelangt im Zellplasma zu den Ribosomen, an deren Aufbau die **ribosomale-RNA**, kurz **rRNA**, beteiligt ist. Durch die **transfer-RNA**, kurz **tRNA** (engl. *transfer*: Übertragung), werden die bei der Proteinbiosynthese benötigten Aminosäuren bereitgestellt (→ **Aufg. 11, Abb. B**). Zudem bilden die Ribonukleinsäuren das Genom von RNA-Viren. Auch bei verschiedenen gentechnischen Anwendungen wie in der Medizin (→ **Seite 56 ff.**) oder bei der CRISPR/Cas-Methode (→ **Seite 127 ff.**) sind RNA-Moleküle von Bedeutung.

## ⓬ Untersuchung von Nukleinsäurematerial

Von drei sehr verschiedenartigen Organismen wurden je 120 Basenpaare lange Nukleinsäurestücke auf ihre Basenzusammensetzung untersucht. Das Ergebnis ist in dem Diagramm dargestellt. Bei den Organismen handelt es sich um den Menschen, um *Escherichia coli* (→ **Abb. A**), ein Bakterium mit einer Länge von 45 µm, das unter anderem im menschlichen Darm zu finden ist, und um einen Bakteriophagen (→ **Abb. B**). Bakteriophagen sind eine Gruppe von Viren, die auf Bakterien als Wirtszellen spezialisiert sind, diese befallen und sich in ihnen vermehren. Der Durchmesser des Kopfstücks, fachsprachlich **Capsid**, des hier abgebildeten Phagen beträgt etwa 60 nm.

In Bakterien wie *Escherichia coli* treten Restriktionsenzyme auf. Diese dienen der Abwehr von Bakteriophagen, indem sie die Nukleinsäureketten, die von den Phagen in die Bakterienzelle eingeschleust werden, erkennen und an speziellen DNA-Sequenzen zerschneiden. Somit können sich die Phagen nicht mehr in der Bakterienzelle vermehren.

**a)** Werten Sie das Diagramm in Abbildung **C** aus. Vergleichen Sie die Basenverteilungen zwischen den Lebewesen.
**b)** Beschreiben Sie die Nukleinsäurestücke begründet mit den Worten DNA/RNA sowie einzelsträngig/doppelsträngig.
**c)** Diskutieren Sie Ihr Ergebnis zu zweit.
**d)** Recherchieren Sie im Internet Beispiele für das Auftreten von einzelsträngiger DNA.
**e)** Ordnen Sie einem der drei Organismen das 120 Nukleotide umfassende Nukleinsäurestück aus Abbildung **D** begründet zu.
**f)** Stellen Sie die Nukleotide 85 – 91 auf Teilchenebene dar. Berücksichtigen Sie dabei auch die dargestellte Sekundärstruktur.
**g)** „RNA kann wie DNA ebenfalls als doppelsträngiges Molekül vorliegen. Sie weist dabei die typischen Merkmale einer Watson-Crick-Helix auf". Nehmen Sie zu dieser Aussage begründet Stellung. Verwenden Sie als Grundlage einen 20 Nukleotide umfassenden Abschnitt des in Abbildung **D** dargestellten Nukleinsäurestücks.
**h)** Ordnen Sie das dargestellte Nukleinsäuremodell (→ **Seite 26**) einem Modelltyp zu.
**i)** Vergleichen Sie Stärken und Schwächen der Modelldarstellung in einer Tabelle.
**j)** In der Gentechnik werden spezielle Enzyme verwendet, um Nukleinsäuren gezielt zu zerschneiden. Begründen Sie anhand des Basiskonzeptes „Struktur und Funktion", dass diese Enzyme nur entweder DNA oder RNA zerschneiden können.

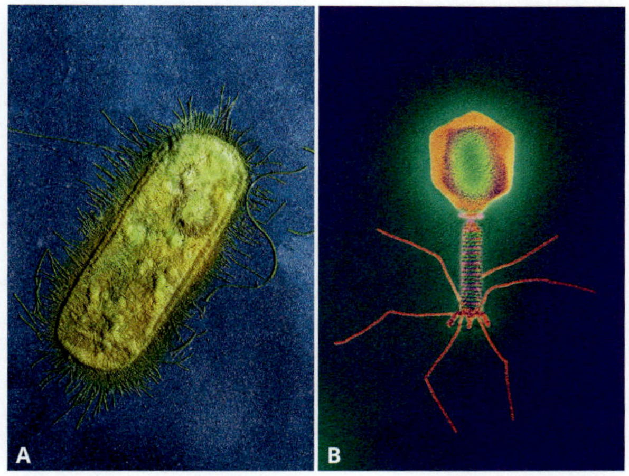


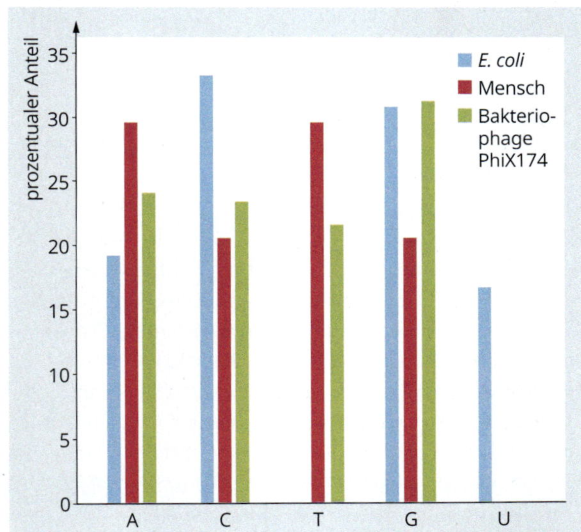

C

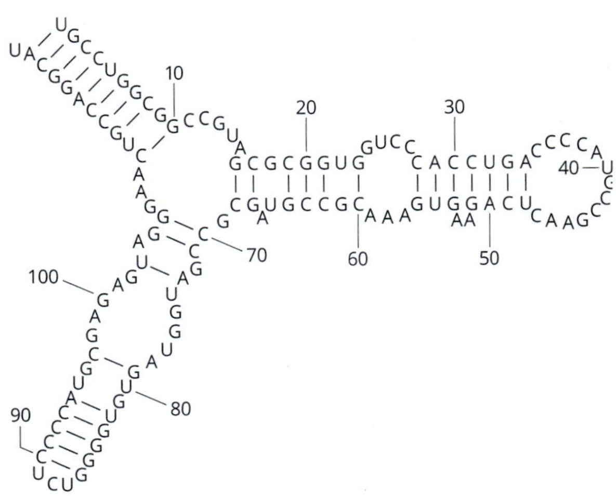

D

*Hinweis:* Die Erklärung der Sicherheitssymbole finden Sie auf den Seiten 311 ff.

## ❶ Experiment 1: DNA-Isolierung aus pflanzlichem Gewebe

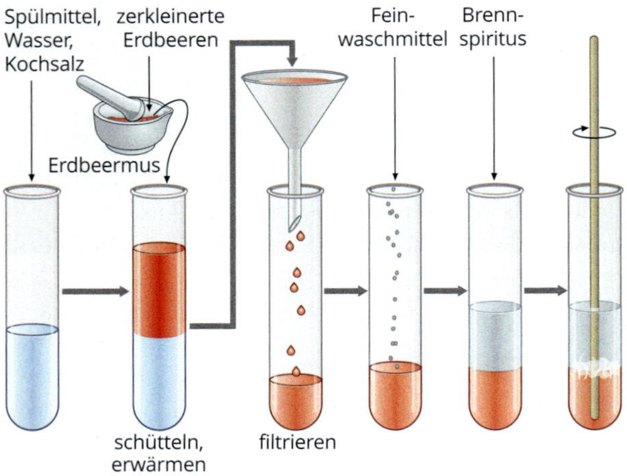


**Material:** Becherglas mit Wasser; 3 Pipetten; 2 Reagenzgläser mit Stopfen; Waage; Trichter; Kaffeefilter; Tropfpipette; Mörser; Küchenmesser, Schneidebrett; Löffel; Wasserbad; Thermometer; Uhr; Kochsalz; eisgekühlter Brennspiritus (GHS02, GHS05); Spülmittel; Feinwaschmittel; Erdbeeren (oder Tomaten, Bananen, Zwiebeln, Paprika)

**Durchführung:** Geben Sie in das Reagenzglas 1 ml Spülmittel, 4 ml Wasser und etwa 1 g Kochsalz. Verschließen Sie das Reagenzglas und schütteln Sie den Inhalt so lange, bis sich das Salz gut aufgelöst hat. Zerreiben Sie drei bis vier Erdbeeren im Mörser zu einem Mus. Geben Sie einen Löffel des Erdbeermuses zu der vorbereiteten Lösung in das Reagenzglas. Schütteln Sie das verschlossene Reagenzglas gut durch. Erwärmen Sie die Mischung für etwa fünf Minuten bei 60 °C im Wasserbad. Filtrieren Sie die Lösung in ein zweites Reagenzglas und fangen Sie etwas Filtrat (etwa 1 cm hoch) im Reagenzglas auf. Geben Sie einige Körnchen des Feinwaschmittels zum Filtrat. Schwenken Sie das Filtrat vorsichtig, bis sich das Waschpulver aufgelöst hat. Überschichten Sie das Filtrat vorsichtig mit 3 ml eiskaltem Brennspiritus. Färben Sie die DNA wie in Experiment 3 beschrieben.

**a)** ≡ Erklären Sie mit einer Recherche die Funktion der Schritte der DNA-Isolierung: Mörsern der geschnitten Erdbeeren, Zugabe des Spülmittels, Zugabe des proteasehaltigen Feinwaschmittels, Wärmebehandlung.

**b)** ≡ Fertigen Sie zur Dokumentation, Auswertung und Veranschaulichung der Beobachtungen ein Versuchsprotokoll an. Nutzen Sie dazu digitale Hilfsmittel wie ein Texterfassungsprogramm und eine Kamera.

## ❷ Experiment 2: DNA-Isolierung aus tierischem Gewebe

**Material:** Trinkglas; Kochsalz; Waage; Wasser; Holzspatel; Messzylinder; Reagenzglas; Pipette; Zellen der Mundschleimhaut; Feinwaschmittel; Reagenzglas; eisgekühlter Brennspiritus (GHS02, GHS05); Becherglas mit Eiswürfeln

**Durchführung:** Außerhalb des Fachraums: Lösen Sie in einem Trinkglas etwa 1 g Kochsalz in 100 ml Wasser. Reiben Sie etwa 20 Minuten nach der letzten Mahlzeit mit einem neuen Holzspatel mehrmals kräftig über die Innenseite der Wange und spülen Sie dann den Mund intensiv mit einem Schluck der Salzlösung. Geben Sie diese Spüllösung in ein Reagenzglas zur weiteren Verarbeitung im Fachraum. Lösen Sie in der Lösung im Reagenzglas einige Körnchen Feinwaschmittel. Überschichten Sie diese Lösung dann mit 3 ml eiskaltem Brennspiritus, stellen Sie sie für fünf Minuten auf Eis und verarbeiten Sie sie dann in Experiment 3 weiter.

**a)** ≡ Führen Sie das Experiment wie beschrieben durch und erstellen Sie ein Protokoll.

**b)** ≡ Erläutern Sie, warum die Isolierung von DNA aus Mundschleimhautzellen weniger aufwendig ist als aus pflanzlichen Zellen.

## ❸ Experiment 3: Anfärbung der DNA aus den Experimenten 1 und 2

**Material:** 3 Pipetten; Methylenblaulösung als Nachweisreagenz für DNA; Petrischale; Becherglas mit Wasser; Uhr

**Durchführung:** Saugen Sie die Schlieren, die sich in den Versuchen 1 und 2 zwischen der Lösung und dem Brennspiritus gebildet haben, mit einer Pipette auf und überführen Sie sie in eine Petrischale. Entfernen Sie die Restflüssigkeit durch Abgießen oder mithilfe einer Pipette. Geben Sie die Methylenblau-Lösung auf die Schlieren und lassen sie sie fünf Minuten einwirken. Saugen Sie danach die Methylenblau-Lösung ab und spülen Sie die Probe mit Wasser, indem Sie mehrmals frisches Wasser mit einer Pipette dazugeben und absaugen. Eine verbleibende Blaufärbung ist der DNA-Nachweis.

**a)** ≡ Wenn sich in Ihren Proben keine DNA nachweisen lässt, analysieren Sie mögliche Fehlerquellen und leiten daraus Maßnahmen zur Fehlervermeidung ab.

**b)** ≡ Früher verwendete man in Schulversuchen oft Ethydiumbromid für die Anfärbung von DNA. Recherchieren Sie zu diesem Farbstoff und erläutern Sie, warum dieser heute nicht mehr verwendet wird.

## ⑬ Erkenntnisgewinnung

Woher weiß man eigentlich, dass die DNA der Träger der Erbinfomation ist? Mitte des 19. Jahrhunderts untersuchten Wissenschaftler die chemische Zusammensetzung von Zellkernen. Dabei wurde bereits 1869 eine Gruppe von Makromolekülen gefunden, die man **Nukleinsäuren** nannte. Ihr bekanntester Vertreter ist die **DNA**. Aus anderen Untersuchungen war bekannt, dass im Zellkern stets auch Proteine enthalten sind. DNA und Proteine kamen daher als mögliche Träger der Erbinformation infrage.

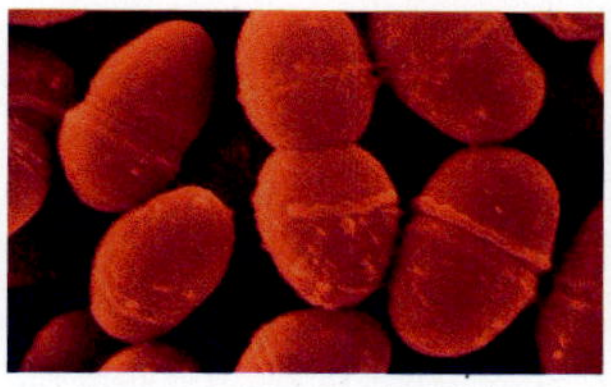

**1** Streptococcus

Der Bakteriologe Frederick GRIFFITH untersuchte zu Beginn des 20. Jahrhunderts Bakterien der Gattung Streptococcus, Erreger von gefährlichen Lungenentzündungen. Mikroskopisch konnte er zwei Varianten des Bakteriums unterscheiden. Bei der einen sind jeweils zwei Bakterienzellen von einer Schleimschicht aus Polysacchariden umgeben. Bakterien dieser Variante haben eine glatt (engl.: *smooth*) erscheinende Oberfläche und werden S-Bakterien genannt. Der anderen Variante fehlt die Schleimkapsel, ihre Oberfläche ist rau (engl.: *rough*). Solche Bakterien heißen R-Bakterien. GRIFFITH führte mehrere Versuche durch. Injizierte GRIFFITH einer Maus S-Bakterien, so starb sie. In ihrem Blut ließen sich lebende S-Bakterien nachweisen (→ **Abb. 2, A**).

**a)** ≡ Beschreiben Sie die Versuche (→ **Abb. 2 B – D**) von GRIFFITH anhand der Abbildung.

**b)** ≡ Formulieren Sie eine Fragestellung aus den Beobachtungen des Experiments.

**c)** ≡ Stellen Sie eine Hypothese zur Erklärung der Beobachtungen auf.

Oswald AVERY griff 1944 die Ergebnisse von GRIFFITH wieder auf. Er isolierte aus dem Homogenat von durch Hitze abgetöteten S-Bakterien die Proteine. Gab er eine Mischung von Proteinen und DNA in eine Nährstofflösung mit R-Bakterien, so fand er nach einiger Zeit sowohl R- als auch S-Bakterien. Dieser Ansatz (1) diente ihm als Kontrollansatz. Weitere Ansätze versetzte er mit Enzymen, die jeweils Proteine (2), RNA (3) oder DNA (4) abbauten. Nach der Zugabe lebender R-Zellen entstanden in drei Ansätzen (1, 2, 3) lebende S-Bakterien, nur im vierten Ansatz nicht.

**d)** ≡ Erstellen Sie zu den Versuchen von AVERY eine Planungsskizze in Anlehnung an Abbildung 2.

**e)** ≡ Berücksichtigen Sie bei Ihrer Planung das Variablengefüge. Überlegen Sie, welche Variablen wie Nährstoffzugabe, verwendeter Bakterienstamm und andere konstant gehalten werden müssen und welche Sie ändern.

**f)** ≡ Erläutern Sie das Ergebnis des Experiments.

**g)** ≡ AVERY folgerte, dass die DNA die stoffliche Grundlage für die Übertragung der Information der Bildung einer Schleimkapsel ist. Erklären Sie diese Aussage.

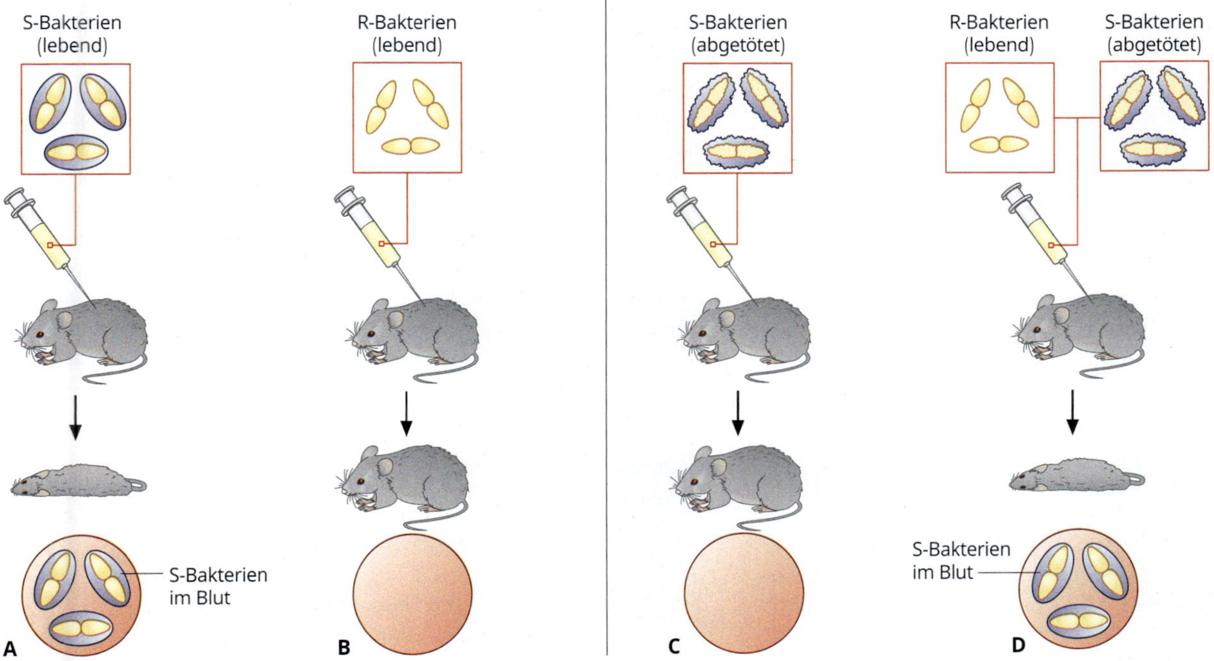


**2** Versuche von GRIFFITH. **A – D** Versuchsansätze

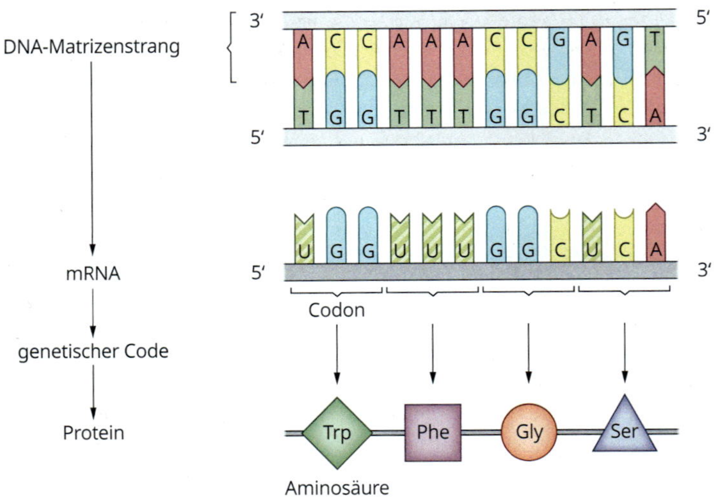


**1** Realisierung genetischer Information

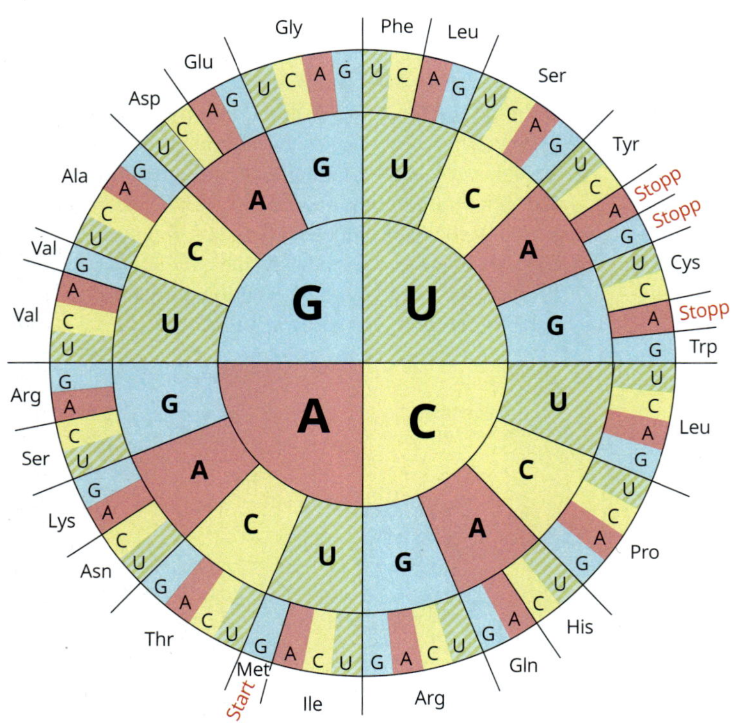


**2** Code-Sonne

| | | |
|---|---|---|
| Ala = Alanin, A | Gly = Glycin, G | Pro = Prolin, P |
| Arg = Arginin, R | His = Histidin, H | Ser = Serin, S |
| Asn = Asparagin, N | Ile = Isoleucin, I | Thr = Threonin, T |
| Asp = Asparaginsäure, D | Leu = Leucin, L | Trp = Tryptophan, W |
| Cys = Cystein, C | Lys = Lysin, K | Tyr = Tyrosin, Y |
| Gln = Glutamin, Q | Met = Methionin, M | Val = Valin V |
| Glu = Glutaminsäure, E | Phe = Phenylalanin, F | |

**3** Abkürzungen und Ein-Buchstabencode der 20 Aminosäuren

## 1.3 Der genetische Code – Übersetzungsvorschrift für die DNA

**Die DNA ist ein Informationsspeichermolekül, dessen Übersetzung in die Bausteine von Lebewesen, zum Beispiel in Proteine, nur mit einer Übersetzungsvorschrift möglich ist. Wie setzt sich der genetische Code zusammen und wie wird er angewendet?**

### Der genetische Code

In allen Lebewesen wird genetische Information in der Basensequenz der DNA in RNA und weiter in Aminosäuresequenzen, also Proteine, übersetzt. Hierbei erfolgt die Verknüpfung der 20 verschiedenen Aminosäuren nicht wahllos, sondern nach einer bei fast allen Lebewesen gültigen, universellen Übersetzungsvorschrift. Diese bezeichnet man als **genetischen Code**. Da es nur vier verschiedene Nukleotide in der DNA gibt, kann nicht ein einziges Nukleotid die Information für den Einbau einer Aminosäure enthalten. Diese Information benötigt mindestens drei Nukleotide.

**1** ≡ Erläutern Sie, dass man für die eindeutige Zuordnung von 20 Aminosäuren mindestens drei Basen kombinieren muss, indem Sie für ein und zwei zusammengehörige Nukleotide jeweils alle Kombinationsmöglichkeiten aufstellen.

Dreifachfolgen von Nukleotiden, sogenannte **Tripletts**, bieten insgesamt 64 verschiedene Kombinationsmöglichkeiten. Somit kann jeder Aminosäure eindeutig ein solches Basentriplett zugeordnet werden. Allerdings ergeben sich deutlich mehr Kombinationsmöglichkeiten als Aminosäuren, sodass manche, biologisch wichtigere, Aminosäuren von mehr als einem Triplett codiert werden. Man bezeichnet den genetischen Code deshalb als degeneriert. Da die Tripletts nacheinander abgelesen werden und die Tripletts lückenlos aneinandergrenzen, sagt man zudem, dass der genetische Code nicht überlappend und kommafrei ist.

**2** ≡ Nennen Sie die sechs Besonderheiten des genetischen Codes und erklären Sie diese in eigenen Worten.

### Die Code-Sonne

Nur einer der beiden DNA-Stränge wird abgelesen. Dieser verläuft in 3' → 5'-Richtung. Durch Anknüpfung komplementärer Nukleotide entsteht aus dieser Vorlage die mRNA, die dann in 5'→3'-Richtung triplettweise übersetzt wird. Die Zuordnung der RNA-Basentripletts, auch als **Codons** bezeichnet, zu den Aminosäuren kann zum Beispiel einer diagrammartigen Darstellung, der Code-Sonne (→ **Abb. 2**), entnommen werden. Diese ist von innen nach außen zu lesen. So codiert beispielsweise das Triplett 5'-UGG-3' für die Aminosäure Tryptophan (Trp).

**3** ≡ Überprüfen Sie alle ermittelten Aminosäuren in Abbildung 1 mithilfe der Code-Sonne.

**4** ≡ Diskutieren Sie zu zweit, ob es sich bei der in Abbildung 1 angegebenen RNA-Sequenz um die einzig mögliche handelt, die zu diesen Aminosäuren führt.

**5** ≡ Leiten Sie aus den angegebenen Aminosäuren eine alternative Ausgangs-DNA ab.

Das Codon AUG dient als Startpunkt und bewirkt immer den Einbau von Methionin als erster Aminosäure in einem Protein. Die Codons UAA, UAG und UGA codieren nicht für eine Aminosäure, hier wird die Kettenverlängerung abgebrochen. Man nennt diese **Stoppcodons**.

## Materialgebundene Aufgabe

### 6 Erforschung und Darstellung des genetischen Codes

Den Biochemikern M. Nirenberg und H. Matthaei gelang 1961 die Übersetzung des ersten Codons. Zur Entschlüsselung des genetischen Codes brachen sie Zellen von *Escherichia coli* auf und extrahierten deren DNA und RNA vollständig. Dieser zellfreie Extrakt enthielt die Ribosomen und Nukleotide, die für die Proteinbildung notwendig sind. Zu dem Extrakt wurde ein von den Forschenden im Labor synthetisiertes mRNA-Molekül mit gezielt festgelegter Sequenz gegeben. Die synthetisierte mRNA wurde im Extrakt in ein Polypeptid umgesetzt. Dieses wurde isoliert und seine Aminosäuresequenz bestimmt. Auf diese Weise wurden viele verschiedene mRNA-Sequenzen untersucht.

a) ≡ Beschreiben Sie das in der Abbildung **A** dargestellte Experiment.

b) ≡ Werten Sie die in der Tabelle **B** dargestellten Ergebnisse mithilfe der Code-Sonne in Abbildung 2 aus.

c) ≡ Stellen Sie das Vorgehen zur Aufklärung der Codons UUU und GGG sowie die Ergebnisse mithilfe der Code-Sonne dar.

d) ≡ Ermitteln Sie anhand der Versuchsergebnisse in der Tabelle **B** die Codons für die betreffenden Aminosäuren und begründen Sie.

e) ≡ Überprüfen Sie auf Basis der Ergebnisse des Experiments möglichst viele Eigenschaften des genetischen Codes.

f) ≡ Der genetische Code kann nicht nur in Form der Code-Sonne (→ **Seite 32, Abb. 2**), sondern auch in tabellarischer Form (**C**) dargestellt werden. Überprüfen Sie Ihre Ergebnisse aus Aufgabe 5 auch mit der tabellarischen Darstellung. Vergleichen Sie Ihre Ergebnisse.

g) ≡ Prüfen Sie die beiden Darstellungsformen im Hinblick auf die Übereinstimmung.

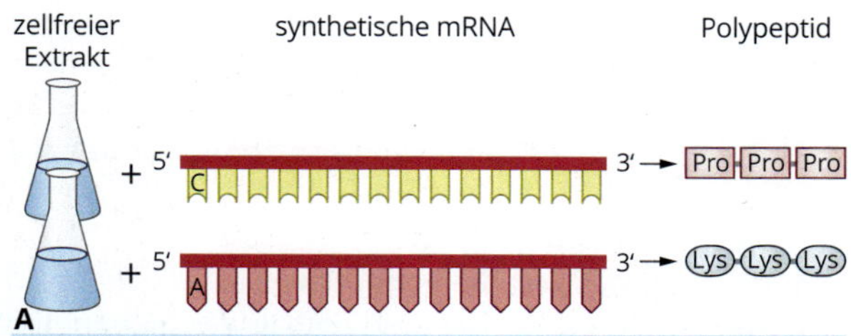


**A**

| Basensequenz der mRNA | Aminosäuresequenzen der entstandenen Peptide |
|---|---|
| 5' – ACACACACACACA... – 3' | Thr–His–Thr–His–... und His–Thr–His–Thr–... |
| 5' – AACAACAACAA... – 3' | Asn–Asn–Asn–Asn–... und Thr–Thr–Thr–Thr–... und Gln–Gln–Gln–Gln–... |
| 5' – ACCACCACCAC... – 3' | Thr–Thr–Thr–Thr–... und Pro–Pro–Pro–Pro–... und His–His–His–His–... |

**B**

| erste Base (5'-Ende) | zweite Base: U | | C | | A | | G | | dritte Base (3'-Ende) |
|---|---|---|---|---|---|---|---|---|---|
| U | UUU | Phe | UCU | Ser | UAU | Tyr | UGU | Cys | U |
| | UUC | | UCC | | UAC | | UGC | | C |
| | UUA | Leu | UCA | | UAA | Stopp | UGA | Stopp | A |
| | UUG | | UCG | | UAG | | UGG | Trp | G |
| C | CUU | Leu | CCU | Pro | CAU | His | CGU | Arg | U |
| | CUC | | CCC | | CAC | | CGC | | C |
| | CUA | | CCA | | CAA | Gln | CGA | | A |
| | CUG | | CCG | | CAG | | CGG | | G |
| A | AUU | Ile | ACU | Thr | AAU | Asn | AGU | Ser | U |
| | AUC | | ACC | | AAC | | AGC | | C |
| | AUA | | ACA | | AAA | Lys | AGA | Arg | A |
| | AUG | Met/Start | ACG | | AAG | | AGG | | G |
| G | GUU | Val | GCU | Ala | GAU | Asp | GGU | Gly | U |
| | GUC | | GCC | | GAC | | GGC | | C |
| | GUA | | GCA | | GAA | Glu | GGA | | A |
| | GUG | | GCG | | GAG | | GGG | | G |

**C**

**1** Verschiedene Tiger

## 1.4 Vom Gen zum Genprodukt

**Der Begriff Gen wird in vielfältigen Zusammenhängen genutzt – zum Beispiel, wenn von Gentechnik oder den genetisch bedingten Merkmalen eines Menschen gesprochen wird. Was ist ein Gen und wie hängt es mit den Eigenschaften eines Lebewesens zusammen?**

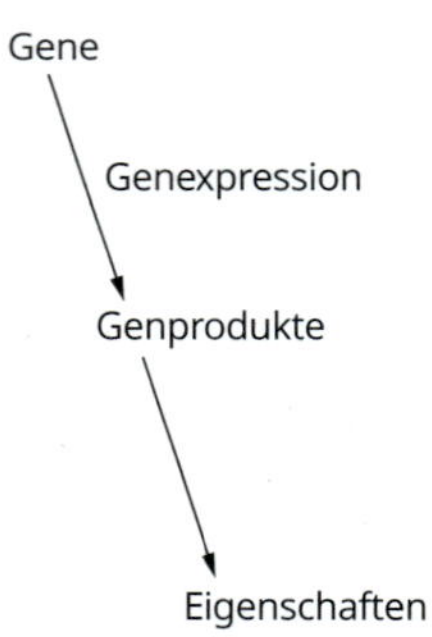


**2** Genexpression

### Genexpression

Die DNA enthält die gesamte Erbinformation eines Lebewesens. In ihr ist beispielsweise codiert, welche Proteine wann und wo gebildet werden und welche Merkmale dementsprechend ausgebildet werden. Unterscheidet sich die Erbinformation, so unterscheiden sich auch die daraus abgeleiteten Moleküle. Den Vorgang sowie die Steuerung der Umwandlung von genetischer Information in ein Genprodukt nennt man **Genexpression** (lat. *exprimere*: ausdrücken).

**1** ≡ Wiederholen Sie mithilfe des Glossars die Begriffe Transkription und Translation und stellen Sie diese im Zusammenhang mit dem Begriff Genexpression dar.

Als **Gen** bezeichnet man einen DNA-Abschnitt, der in ein funktionales Genprodukt **exprimiert** werden kann. Bei diesem Genprodukt kann es sich um ein Protein oder um ein RNA-Molekül handeln. Die zur Bildung der Proteine oder der RNA führenden Stoffwechselwege werden als **Proteinbiosynthese** oder als **RNA-Biosynthese** bezeichnet. Auf diesen Genprodukten basieren alle Merkmale von Lebewesen wie das Aussehen, die Fortpflanzungsfähigkeit oder die Stoffwechselwege.

**2** ≡ Tiger haben normalerweise ein weiß-braun-schwarz gestreiftes Fell. Weiß-schwarz gestreifte Tiger sind Albino-Formen. Stellen Sie eine Hypothese zur Ursache von Albinismus auf molekularer Ebene auf.

### Genaufbau

Jedes Gen besteht aus mehreren Bereichen. Ein Bereich enthält die Bauanleitung für das Genprodukt und wird als **Transkriptionseinheit** bezeichnet. Alle anderen Bereiche haben regulatorische Aufgaben. Diese werden nicht in ein Protein umgewandelt, aber ohne sie wäre die Genexpression nicht möglich. Zu den regulatorischen Bereichen gehören der **Promotor** und der **Terminator**. Beides sind bestimmte DNA-Sequenzen, die von dem Enzym RNA-Polymerase erkannt werden. Am Promotor findet die Bindung des Enzyms RNA-Polymerase an die DNA statt. Am Startpunkt im Promotor beginnt die RNA-Polymerase mit der Bildung von RNA. Dieser Prozess wird als Transkription (→ **Seite 36**) bezeichnet. Die RNA-Polymerase bewegt sich entlang der DNA bis sie eine weitere DNA-Sequenz, den Terminator, erreicht. Hier erfolgt die Ablösung von der DNA.

**3** ≡ Tragen Sie die einzelnen Abschnitte eines Gens und ihre jeweiligen Aufgaben in einer Tabelle zusammen.

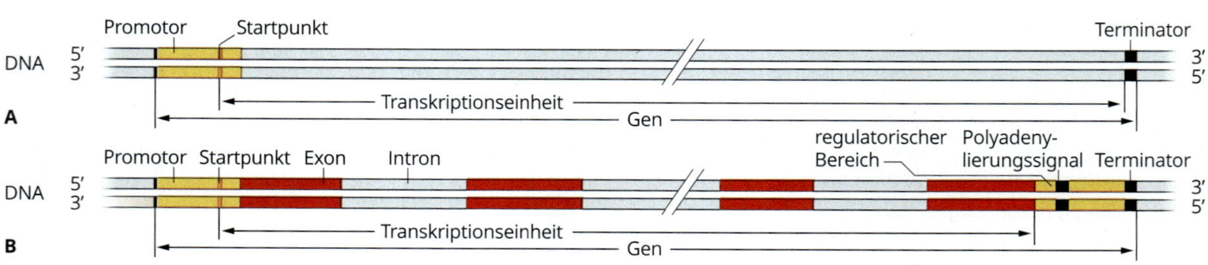


**2 Grundprinzip des Aufbaus eines Gens. A** prokaryotisches Gen; **B** eukaryotisches Gen

**Unterschiede im Genaufbau bei Pro- und Eukaryoten**

Der grundsätzliche Aufbau eines Gens aus Promotor, Transkriptionseinheit und Terminator trifft auf pro- und eukaryotische Gene zu. Forschende haben aber festgestellt, dass bei Eukaryoten, anders als bei Prokaryoten, die Gene wesentlich länger sind als sie für den Bau des jeweiligen Genprodukts sein müssten. Das liegt daran, dass in der Transkriptionseinheit bei Eukaryoten nicht nur codierende, sondern noch weitere, nicht codierende Abschnitte vorhanden sind. Die codierenden Abschnitte bezeichnet man als **Exons**, die nicht codierenden werden **Introns** genannt (→ **Abb. 2**). Gene, die auf diese Weise zusammengesetzt sind, wurden früher als **Mosaikgene** bezeichnet. Um die Information der Gene in Proteine umzusetzen, müssen mehrere Schritte durchlaufen werden. Nach der Transkription erfolgt die **RNA-Prozessierung** (→ **Seite 38**) und schließlich, außerhalb des Zellkerns, die Translation an den Ribosomen und die Faltung der Polypeptidkette.

**Informationen**

**Genom:**
Gesamtheit der Gene einer Zelle oder eines individuellen Organismus

**Angabe der Genomgröße:**
kpb (Kilobasenpaare)
1 kpb = 1000 Basenpaare

## Materialgebundene Aufgabe

### 4 Unterschiedlicher Genaufbau bei Pro- und Eukaryoten

Diese Nukleotidsequenz zeigt den Anfang eines Gens und soll ab der ersten Base in ein Genprodukt exprimiert werden.

Nukleotidsequenz:

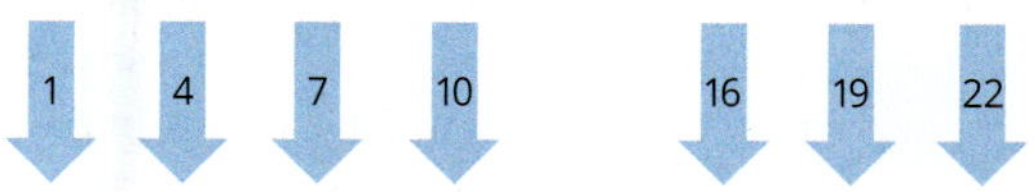


3' - T A C A A A C T G G C C G T A C C T T T C T C - 5'

**a)** ≡ Leiten Sie unter Anwendung des genetischen Codes (→ **Seite 32**) die Aminosäuresequenz ab, in die diese Nukleotidsequenz überführt werden kann.

**b)** ≡ Die Nukleotide 10 bis 15 stellen ein Intron dar. Leiten Sie die neue Aminosäuresequenz aus ihrem Ergebnis von a) entsprechend ab.

**c)** ≡ Erläutern Sie, bei welchen Lebewesen die in **a)** beziehungsweise **b)** beschriebenen Gene auftreten können.

**d)** ≡ In Introns findet man mehrere Wiederholungen von kurzen, nur zwei bis 13 Nukleotide langen, Basenfolgen. Erläutern Sie, warum die Anzahl der Wiederholungen keinen Einfluss auf das Genprodukt bei Eukaryoten hat.

**e)** ≡ Introns wurden früher als „evolutionärer Ballast" bezeichnet. Stellen Sie nach einer Recherche zwei Hypothesen auf, welche Bedeutung man den Introns heute zuschreibt.

## Exkurs // Wiederholung: Aufbau von Proteinen

In der Reihenfolge der Basen der DNA ist die Information über die Proteine, die die Struktur und die Funktion der Zellen bestimmen, festgelegt. Bevor die Frage, wie die Erbinformation der DNA in ein Polypeptid übersetzt wird, genauer betrachtet wird, ist ein Rückblick auf den Aufbau der Proteine sinnvoll.

Alle Proteine bestehen aus **Aminosäuren**. Jede Aminosäure besitzt ein zentrales C-Atom, an dem sich eine Aminogruppe, eine Carboxygruppe, ein H-Atom und eine Restgruppe befinden. In Proteinen kommen zwanzig verschiedene Aminosäuren vor, die sich in ihren Restgruppen unterscheiden. Die Namen der Aminosäuren werden mit drei oder einem Buchstaben abgekürzt, Glycin mit Gly oder G. Mithilfe von **Peptidbindungen** werden lange unverzweigte Ketten aus Aminosäuren gebildet, die **Polypeptide**. **Proteine** sind Polypeptide mit über hundert bis zu mehreren tausend Aminosäuren in einer bestimmten Reihenfolge. Diese Aminosäuresequenz ist die **Primärstruktur** des Proteins. Abhängig von ihrer Aminosäuresequenz nimmt eine Polypeptidkette eine räumliche Struktur ein, die einer Spirale, α-Helix, oder einer flachen, gefalteten Form, β-Faltblatt, ähneln. Diese nennt man **Sekundärstruktur**. Auch die Restgruppen der Aminosäuren gehen untereinander Wechselwirkungen ein. α-Helices und β-Faltblätter sind dann durch Bögen und Schleifen verbunden. Die dadurch entstehende dreidimensionale Form ist die **Tertiärstruktur**. Diese bestimmt auch die Funktion des Proteins. Einige große Proteine bestehen aus mehreren zusammengelagerten Untereinheiten und bilden so die **Quartärstruktur**.

**1** ≡ Recherchieren Sie die Struktur des Hämoglobins und erläutern Sie an diesem Beispiel die im Text fett markierten Fachbegriffe.

## 1.5 Die Proteinbiosynthese der Eukaryoten

**Die Weitergabe der in DNA gespeicherten Erbinformation kann folgendermaßen zusammengefasst werden: DNA → RNA → Protein. Wie laufen die einzelnen Schritte ab und welche Zellbestandteile sind daran beteiligt?**

**Informationen**

**Matrize:**
Gussform für die Erzeugung von Druckvorlagen; *hier:* Vorlage für die komplementäre mRNA

**codogen:**
Codon generierend, Eigenschaft des DNA-Strangs der in mRNA transkribiert wird

### Transkription – Bildung der mRNA

Die aus Exons und Introns aufgebauten Gene der Eukaryoten werden zunächst durchgängig in RNA transkribiert. Unter **Transkription** (lat. *transcribere*: umschreiben) versteht man die Synthese einer RNA anhand einer DNA als Bauanleitung. Im Fall der Proteinbiosynthese entsteht dabei mRNA (→ **Seite 28 ff**). Der Ablauf der Transkription kann in drei Teilschritte untergliedert werden: **Initiation**, **Elongation** und **Termination**.

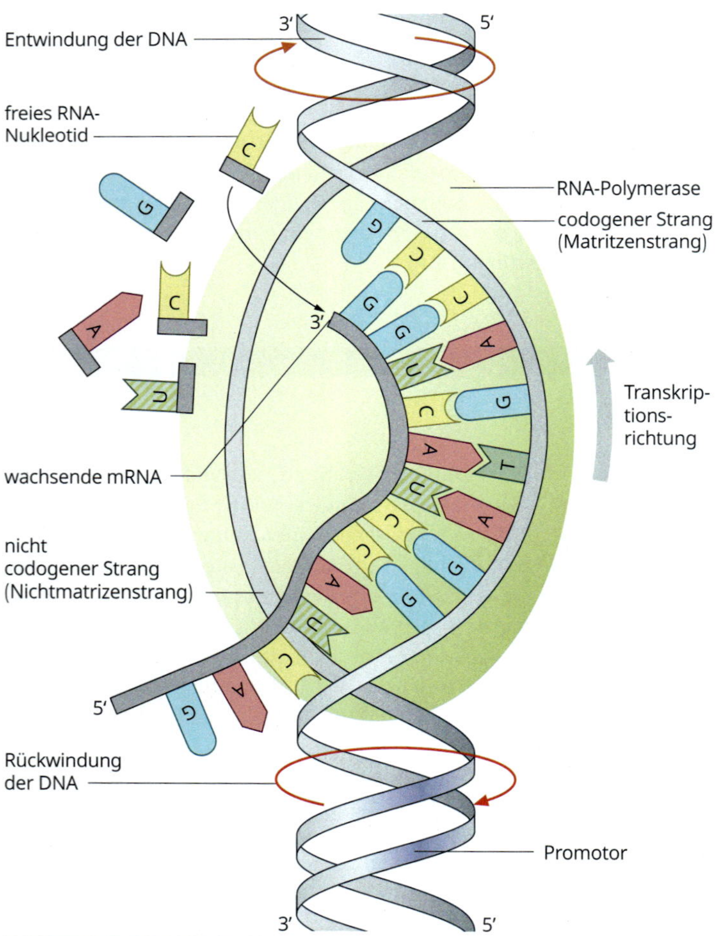


**1** RNA-Synthese bei der Transkription

### Start der Transkription – Initiation

Vor dem eigentlichen Gen befindet sich die **Promotorregion**. Diese stellt die Bindungsstelle für das Enzym RNA-Polymerase dar und legt sowohl den **codogenen Strang** als auch den Startpunkt der Transkription fest. Dieser codogene Strang wird auch als **Matrizenstrang** bezeichnet. Bei eukaryotischen Genen bildet ein Sequenzbereich mit der Basenabfolge -TATAAA-, die **TATA-Box**, den Beginn der Promotorregion. Bei der Initiation lagert sich die RNA-Polymerase an die Promotorregion an, entwindet die DNA-Stränge und beginnt am Startpunkt mit der Anlagerung der RNA-Nukleotide (→ **Seite 67**).

1 In eukaryotischen Zellen werden drei RNA-Polymerasen unterschieden. Für die Proteinbildung ist die RNA-Polymerase II verantwortlich. Recherchieren Sie, welche Aufgaben die beiden anderen RNA-Polymerasen haben.

2 Erstellen Sie nach einer Recherche eine Skizze der Lage der TATA-Box auf der DNA. Beschriften Sie 5'- und 3'-Ende sowie Matrizenstrang, Nichtmatrizenstrang und Promotor.

### Verlängerung der mRNA – Elongation

Die Verlängerung, die Elongation, der RNA erfolgt durch Anlagerung weiterer RNA-Nukleotide jeweils am 3'-Ende. Als Vorlage dafür dient der codogene DNA-Strang, an dem sich die RNA-Polymerase in 5'-Richtung entlang bewegt. Dabei trennt sie die Wasserstoffbrücken zwischen den beiden DNA-Einzelsträngen auf einer Strecke von circa 20 Basenpaaren. Dies geschieht mit einer Rate von etwa 40 Nukleotiden pro Sekunde. Hinter dem Enzym löst sich der RNA-Strang von der DNA und diese wird wieder zur Doppelhelix gewunden.

### Ende der Transkription – Termination

Die Transkription endet nicht am Stoppcodon. Innerhalb des regulatorischen Bereichs vor dem Terminator wird noch eine besondere Sequenz, das **Polyadenylierungssignal**, transkribiert, das für den späteren Reifungsprozess benötigt wird. Die so gebildete mRNA ist eine Vorstufe der funktionsfähigen mRNA. Man bezeichnet sie als **prä-mRNA** (lat. *prä*: vor). Erst nach weiteren Reifungsprozessen entsteht daraus die mRNA (→ **Seite 38**). Die Transkription endet am Terminator, dort löst sich die RNA-Polymerase endgültig von der DNA ab.

## 3 Transkription bei Eukaryoten

Eine Genexpression kann mit einem RNA- oder Aminosäureprodukt enden. Bei der Transkription wird dabei jeweils eine Abschrift der DNA in Form von RNA erstellt.

a) Ordnen Sie die Teilschritte A–D in die richtige Reihenfolge und stellen Sie den Vorgang der Transkription in Ihrem Heft (✎) dar.
b) Ordnen Sie den Abbildungen **A–D** die drei Teilschritte der Transkription zu und beschreiben Sie die dargestellten Vorgänge.
c) Erläutern Sie die Vorgänge bei der Transkription unter Verwendung der erstellten Skizzen. Verwenden Sie dabei folgende Begriffe: Promotor • TATA-Box • Transkriptionseinheit • Polyadenylierungssignal • RNA-Polymerase.
d) Diskutieren Sie zu zweit das in der Abbildung verwendete Modell zur Darstellung des DNA-Doppelstranges. Beleuchten Sie dabei Möglichkeiten, Grenzen sowie eventuelle Fehlerquellen dieses Modells.
e) Entwickeln Sie ein verbessertes Modell, in dem Sie diskutieren, welche weiteren Informationen Sie im Modell hilfreich fänden und ergänzen Sie dementsprechend die Darstellung in Ihrem Heft.

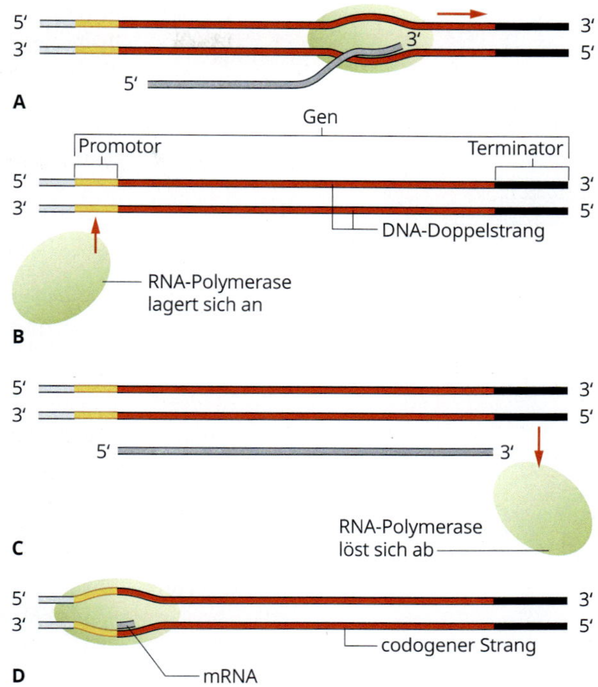


## 4 Promotor- und Terminatorregion

Durch Röntgenstrahlung wird die TATA-Box-Sequenz der Promotorregion des dargestellten Gens verändert.

a) Leiten Sie Auswirkungen auf die Transkription des Gens und auf die Bildung des Genproduktes ab.
b) Diskutieren Sie zu zweit, ob Veränderungen in der Terminatorregion die gleichen Auswirkungen auf die Genexpression hätten.

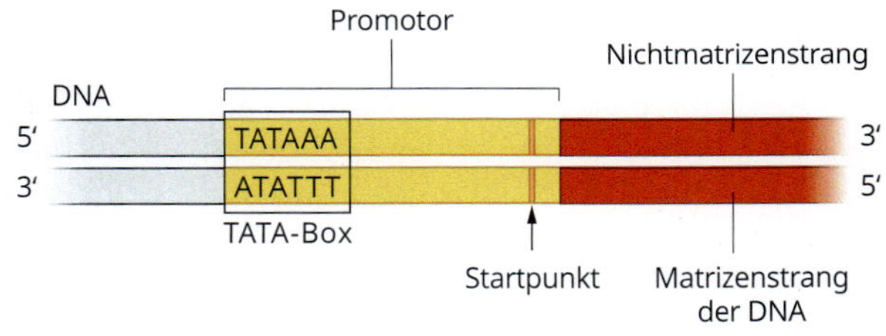


## 5 Die RNA-Polymerase II

Die RNA-Polymerase II ist das zentrale Werkzeug der Transkription. Ihre Struktur und Wirkungsweise sind inzwischen gut untersucht, sodass 3D-Darstellungen möglich sind.

a) Vergleichen Sie Abbildung 1 (→ **Seite 36**) und die hier gezeigte Darstellung der RNA-Polymerase. Halten Sie Gemeinsamkeiten und Unterschiede tabellarisch fest.
b) Beurteilen Sie die beiden in Aufgabe **a** verglichenen Abbildungen hinsichtlich ihrer Eignung, den Vorgang der Transkription zu veranschaulichen. Verfassen Sie hierfür eine kritische Stellungnahme mit begründeter Entscheidung für eine der Abbildungen.
c) Erläutern Sie anhand der Abbildung, dass das Basiskonzept „Struktur und Funktion" bei der Transkription von großer Bedeutung ist.

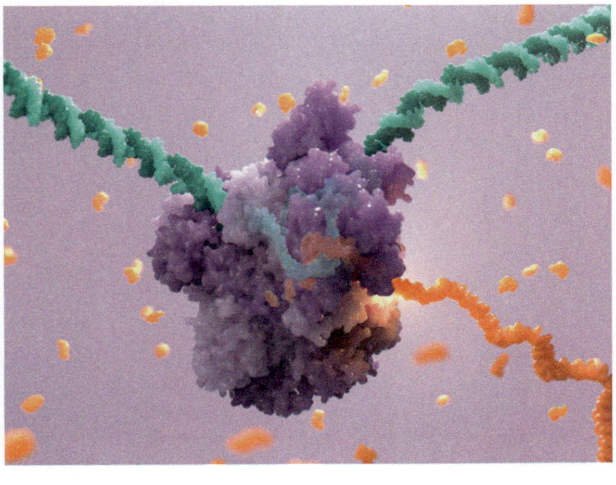

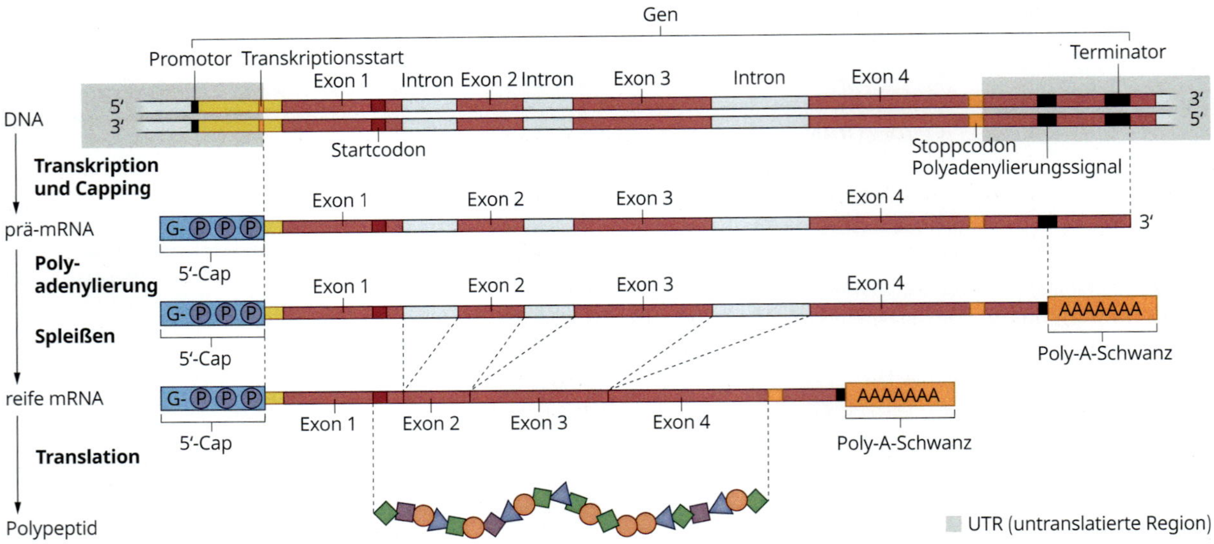


**2** Transkription, RNA-Prozessierung und Translation

**RNA-Prozessierung**
Durch die Transkription entsteht eine Vorstufe der mRNA, die **prä-mRNA**. Aus dieser wird im Zellkern in mehreren Reifungsschritten die reife mRNA gebildet. Diese wird dann aus dem Zellkern transportiert. Zu diesem Reifungsprozess, auch **RNA-Prozessierung** genannt, gehören drei verschiedene Prozesse:

1. Beim **Capping** wird schon während der Transkription am 5'-Ende ein verändertes Guanin-Nukleotid als sogenannte 5'-Cap-Struktur angefügt. Diese Struktur schützt die RNA schon kurz nach ihrer Bildung wie eine Kappe vor enzymatischem Abbau, ist für den Transport der reifen mRNA durch die Kernporen von Bedeutung und fungiert als Bindestelle für das Ribosom bei der Translation.

**6** Recherchieren Sie den Aufbau und die Verknüpfung der 5'-Cap-Struktur.

**7** Erläutern Sie die Schutzwirkung der 5'-Cap-Struktur gegenüber Ribonukleasen, die eine Nukleotidabspaltung vom 5'-Ende eines RNA-Stranges katalysieren. Nehmen Sie dabei Bezug auf das Basiskonzept „Struktur und Funktion".

2. Um das 3'-Ende ebenfalls vor dem Abbau durch Ribonukleasen zu schützen, wird die prä-mRNA im Bereich des Polyadenylierungssignals nach Beendigung der Transkription geschnitten. Am neuen 3'-Ende werden bis zu 200 Adenin-Nukleotide angefügt, der **Poly-A-Schwanz**. Dieser kennzeichnet das 3'-Ende der mRNA. Die Verknüpfung der Nukleotide verläuft wie bei der normalen RNA-Synthese in 5'→3'-Richtung. Im Gegensatz zur Transkription ist dazu kein Matrizenstrang notwendig. Wie die 5'-CAP-Struktur schützt dieser Poly-A-Schwanz vor enzymatischem Abbau.

Anhand dieser beiden Endstrukturen erkennt die Zelle, ob ein mRNA-Molekül intakt ist. Nur wenn diese beiden Enden der mRNA vorhanden sind, wird sie vom Zellkern durch die Kernporen ins Zellplasma transportiert.

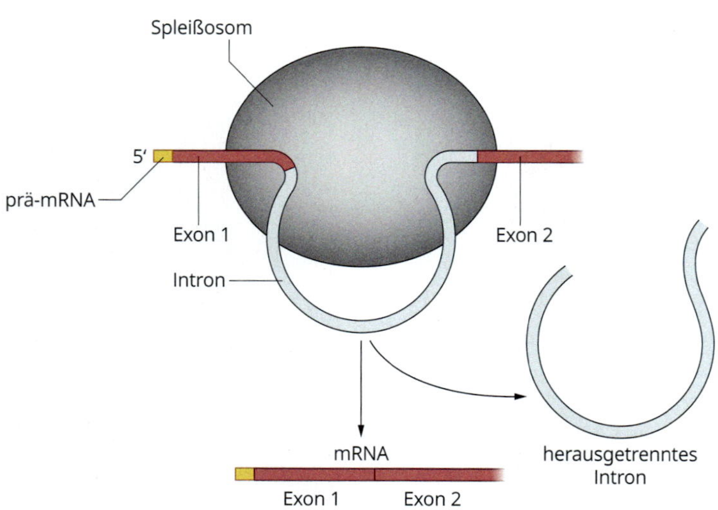


**3** Spleißvorgang an einem Spleißosom

3. Aus der so veränderten prä-mRNA werden in einem weiteren Schritt die Intronsequenzen, deren Länge zwischen 10 und 100 000 Nukleotiden variieren kann, entfernt. Dies nennt man **Spleißen**. Introns werden anhand kurzer Nukleotidfolgen an ihrem Anfang und Ende, den Spleißstellen, genau erkannt. Das Spleißen erfolgt durch **Spleißosomen**. Diese Komplexe aus RNA-Molekülen und Proteinen lagern sich an die Spleißstellen an, wodurch das Intron in eine Schlaufe gelegt wird. Das Spleißosom katalysiert dann sowohl das Herausschneiden des Introns aus dem RNA-Strang als auch die Verknüpfung der beiden Exons miteinander. Nach dem Spleißen werden die reifen RNAs ins Zellplasma transportiert. Die Intron-RNAs werden entweder im Zellkern abgebaut oder sie üben als RNA-Molekül andere, zum Beispiel regulatorische, Funktionen aus.

Alle prä-RNAs wie prä-mRNAs, prä-rRNAs und prä-tRNAs durchlaufen diesen Spleißvorgang. Das Capping und die Polyadenylierung erfolgen dagegen nur an den prä-mRNAs der proteincodierender Gene, wodurch eine translatierbare, reife mRNA entsteht.

## Materialgebundene Aufgaben

### 8 mRNA-Bildung in Eukaryoten

Ein Gentechniker führt ein Experiment durch: Er bringt ein menschliches Gen in Bakterienzellen ein mit dem Ziel, das entsprechende Genprodukt von den Bakterien exprimieren zu lassen. Er stützt seinen Versuch auf die Annahme, dass der genetische Code universell ist und somit bei eukaryotischen, menschlichen und auch bei prokaryotischen, bakteriellen Zellen gilt. Das von den Bakterien produzierte Protein ist jedoch funktionsuntüchtig und deutlich länger als das von eukaryotischen Zellen hergestellte Genprodukt.

a) ≡ Beschreiben Sie Verlauf und Funktionen der RNA-Prozessierung in Eukaryoten.
b) ≡ Skizzieren Sie ausgehend von dem dargestellten Gen die prä-mRNA und eine reife mRNA.
c) ≡ Berechnen Sie die Größe der prä-mRNA, der mRNA und des resultierenden Polypeptids.
d) ≡ Diskutieren Sie zu zweit, ob eine andere DNA-Sequenz zum gleichen Polypeptid führen könnte.
e) ≡ Begründen Sie die Bildung des funktionslosen Genprodukts durch die Bakterien.

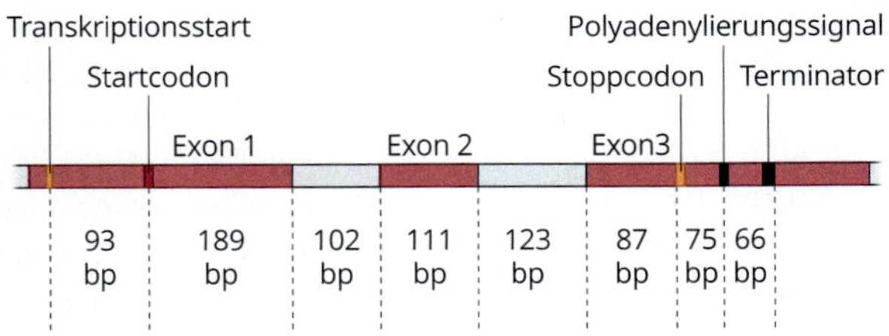


### 9 Polyadenylierung und Umwelteinflüsse

Nur etwa 30 Prozent der menschlichen prä-mRNA-Moleküle werden mit einem Poly-A-Schwanz versehen. Der Grad an Polyadenylierung hängt von vielen Faktoren ab. So führt Stress beim Menschen zu einer geringeren Polyadenylierungsrate von prä-mRNA, die zur Bildung eines für die Blutgerinnung wichtigen Stoffes benötigt wird.

a) ≡ Erläutern Sie die Bedeutung des Polyadenylierungsprozesses in einem Lebewesen.
b) ≡ Ordnen Sie die Abbildungen der Zellen 1 und 2 begründet einem gestressten oder ungestressten Menschen zu.
c) ≡ Erläutern Sie die Auswirkungen von Stress auf die Blutgerinnung eines Menschen.
d) ≡ Stellen Sie eine Hypothese zur Bedeutung der Beeinflussung der Polyadenylierung durch Umwelteinflüsse auf.

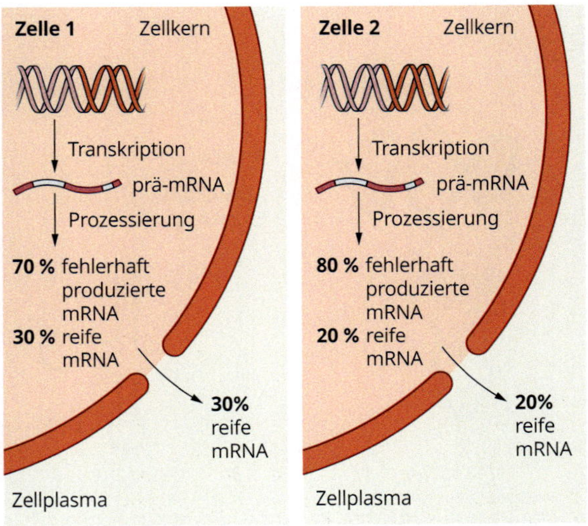

### Die Translation

Im Zellplasma erfolgt die Übertragung der genetischen Information, die in Form einer Nukleotidsequenz vorliegt, in eine Aminosäureabfolge. Transkription und Translation (lat. *translatare*: übersetzen) sind bei Eukaryoten also räumlich und zeitlich getrennt.

### Bedeutung der tRNA-Moleküle

tRNA-Moleküle (→ **Seite 28**) haben alle nahezu denselben Aufbau. Im dreidimensionalen Modell ähnelt die Struktur einem gespiegelten „L"(→ **Abb. 4A**), die zweidimensionale Struktur wird als **Kleeblattform** (→ **Abb. 4B**) bezeichnet. Ein tRNA-Molekül kann am 3'-Ende des kurzen Arms eine Aminosäure binden, dieser Bereich wird als **Aminosäurebindungsstelle** bezeichnet. Welche Aminosäure dort gebunden ist, hängt von der als **Anticodon** bezeichneten, drei Nukleotide umfassenden Sequenz am langen Arm ab. Durch dieses Anticodon erfolgt die komplementäre Basenpaarung mit einem Codon der mRNA. Ein spezielles Enzym, die **tRNA-Synthetase,** belädt die tRNA-Moleküle mit der passenden Aminosäure. Die Aminosäuren werden von den tRNA-Molekülen zu den Ribosomen transportiert.

### Feinbau der Ribosomen

Ribosomen setzen sich aus zwei Untereinheiten zusammen. Die kleine Untereinheit besitzt eine Bindungsstelle für die mRNA. Die große Untereinheit verfügt über drei Bindungsstellen für tRNA-Moleküle. An die **A-Stelle** bindet jeweils ein mit einer Aminosäure beladenes tRNA-Molekül. An der **P-Stelle** erfolgt die von der Aktivität des Ribosoms katalysierte Verknüpfung der wachsenden Polypeptidkette mit der nächsten Aminosäure. Die dafür notwendige **Peptidyltransferase** ist in der Oberfläche der großen ribosomalen Untereinheit lokalsiert. Es handelt sich dabei um ein **Ribozym**, also eine RNA, die wie ein Enzym wirkt. Das entladene tRNA-Molekül verlässt über die **E-Stelle** das Ribosom.

**10** ≡ Begründen Sie die katalytische Funktion von RNA am Beispiel der Peptidyltransferase. Nehmen Sie Bezug auf das Basiskonzept „Struktur und Funktion".

### Start der Translation – Initiation

Die Translation beginnt, indem sich die mRNA mit dem 5'-Cap an die kleine Untereinheit des Ribosoms anlagert. Diese Untereinheit bewegt sich in Richtung 3'-Ende der mRNA, bis sie auf das **Startcodon** AUG im ersten Exon trifft. Bindet ein tRNA-Molekül mit dem Anticodon an das Startcodon, lagert sich die große Untereinheit des Ribosoms an. Das Ribosom ist funktionsbereit.

### Kettenverlängerung – Elongation

Dieses initiale tRNA-Molekül besetzt die P-Stelle des Ribosoms (→ **Seite 23**). An die benachbarte A-Stelle lagert sich ein weiteres tRNA-Molekül, dessen Anticodon komplementär zum nächsten Codon der mRNA ist, an. Die erste Aminosäure wird durch die Peptidyltransferase an die Aminosäure des tRNA-Moleküls an der A-Stelle gebunden. Es entsteht ein Dipeptid. Nun schiebt sich das Ribosom um ein Codon auf der mRNA weiter. Beide tRNA-Moleküle werden dadurch um eine Stelle verlagert. Das jetzt unbeladene Start-tRNA-Molekül verlässt über die E-Stelle das Ribosom

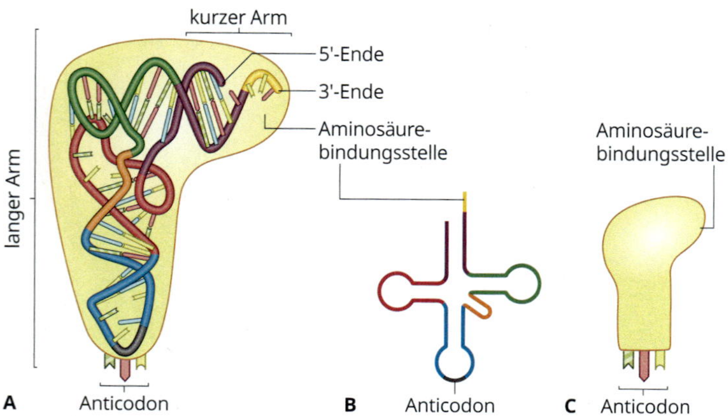


**4 Struktur der tRNA. A** Raumstruktur; **B** Kleeblattstruktur; **C** Schema

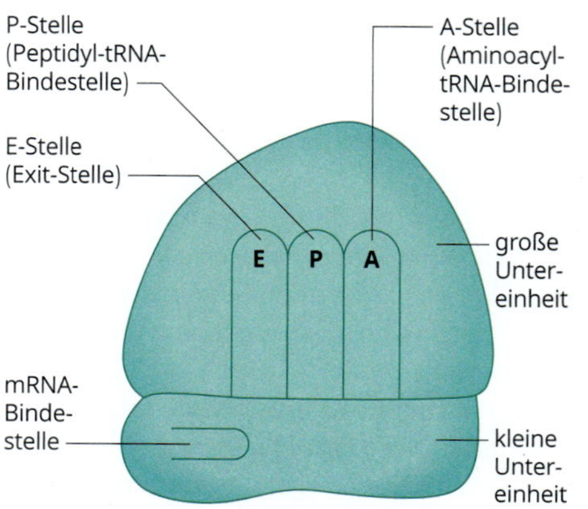


**5** Schematischer Feinbau eines Ribosoms

und kann neu beladen werden. Das tRNA-Molekül, das von der A- zur P-Stelle verlagert wurde, trägt das Dipeptid. Die A-Stelle wird neu besetzt und der Vorgang wiederholt sich.

### Kettenabbruch – Termination

Gelangt eines der **Stoppcodons** UAA, UAG oder UGA an die A-Stelle, so kann kein tRNA-Molekül binden, da die entsprechenden Anticodons fehlen. Dies führt zum Abbruch der Translation. Das Ribosom zerfällt in seine Untereinheiten, die Aminosäurekette wird frei.

### Posttranslationale Modifikation

Häufig ist die entstehende Aminosäurekette noch nicht das endgültige Produkt. Erst wenn diese Aminosäurekette durch nachfolgende **posttranslationale Modifikationen** wie durch das Anheften von Phosphatgruppen oder durch die Faltung zu einer endgültigen dreidimensionalen Raumstruktur verändert worden ist, spricht man von einem **Protein**, das seine Funktion im Organismus erfüllen kann. Die Proteinbiosynthese ist somit abgeschlossen.

## VL Materialgebundene Aufgabe

### 11 Ablauf der Translation

**a)** Benennen Sie die Abschnitte **A–C**.

**b)** Ordnen Sie den mit Ziffern gekennzeichneten Strukturen folgende Begriffe zu: Polypeptid • tRNA • kleine Untereinheit des Ribosoms • Dipeptid • große Untereinheit des Ribosoms • Aminosäure • reife mRNA.

**c)** Erläutern Sie jeweils die durch Pfeile dargestellten Vorgänge.

**d)** Leiten Sie unter Zuhilfenahme der Code-Sonne (→ **Seite 32**) die Aminosäuresequenz des von dieser mRNA codierten Polypeptids ab (Vergrößerung in **C**).

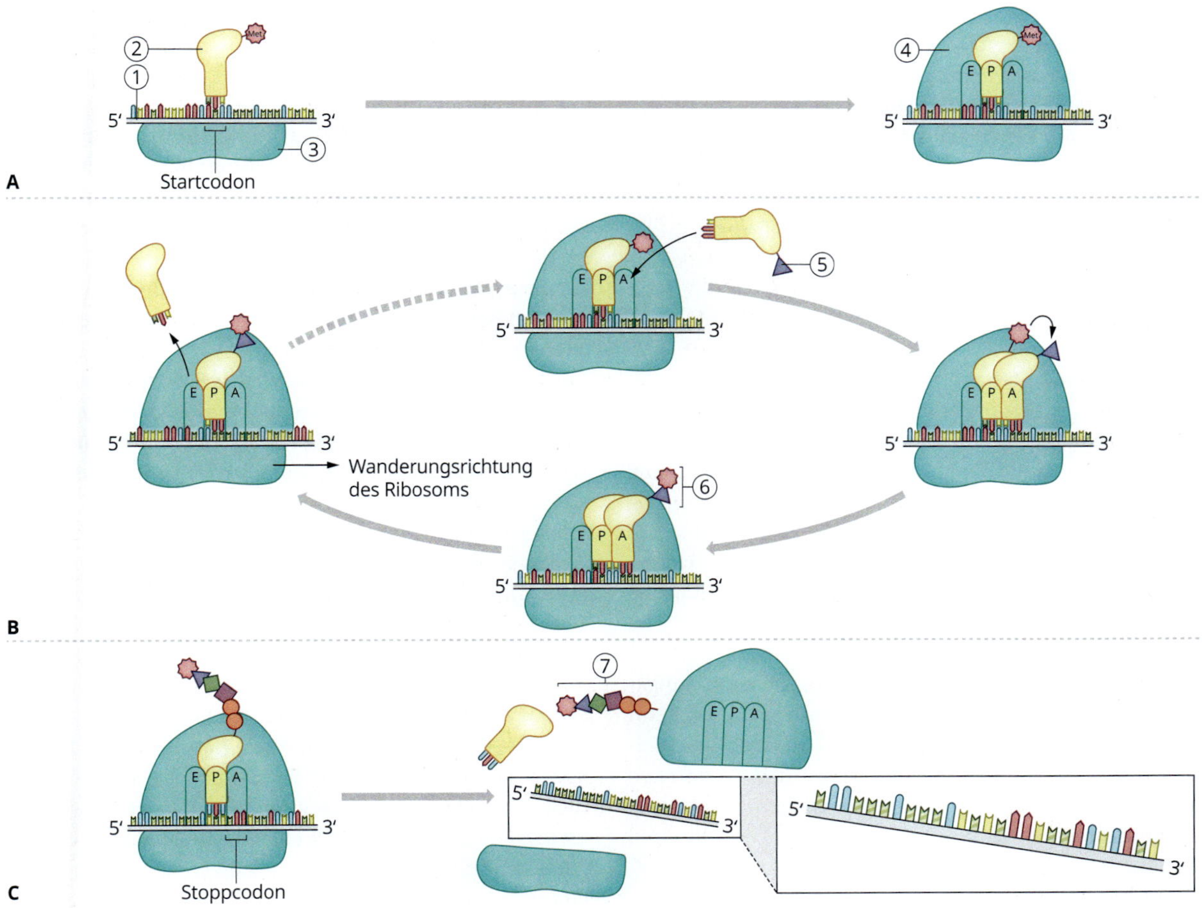

Die einzelnen Aufgaben einer Prüfungsarbeit unterscheiden sich stark im Schwierigkeitsgrad. Es gibt „leichte" Fragestellungen, die im Unterricht genau in dieser Form besprochen wurden oder deren Lösung dem Hefteintrag entspricht. Daneben gibt es Aufgaben, bei denen das Verständnis von Sachverhalten benötigt wird sowie solche, in denen man erlerntes Wissen und Fähigkeiten auf unbekannte Themenbereiche anwenden muss oder bei denen Probleme gelöst werden müssen. Die verschiedenen Schwierigkeitsgrade werden dabei **Anforderungsbereiche** (AFB) genannt.

**Anforderungsbereiche:**

AFB I: **Reproduktion**: Abfrage von Wissen
AFB II: **Reorganisation**: Abfrage vom Verständnis des Wissens
AFB III: **Transfer**: Wissen reproduzieren, Verständnis aufzeigen und das Gelernte in neuen Zusammenhängen anwenden (Beurteilung/Synthese/Analyse/Anwendung)

### Besondere Herausforderung Transferaufgaben

Bei Transferaufgaben geht es darum, das Wissen, also bestimmte Vorgänge, Ereignisse und Zusammenhänge, auf andere Sachverhalte zu übertragen. Spezielle Hinweise zu diesen Aufgaben finden Sie auf → **Seite 114**.

### Aufgabenstellung erfassen und einschätzen

Jede Aufgabe beginnt mit einem Operator, also der Arbeitsanweisung, die angibt, was bei der einzelnen Aufgabe genau zu tun ist. Sie sind weitgehend standardisiert (→ **Seite 7**).

**Tipp:**

Meist steht ein Operator direkt am Beginn der Aufgabenstellung. Unterstreichen Sie den Operator und prüfen Sie sorgfältig, ob vielleicht ein weiterer Operator in der Aufgabestellung enthalten ist.

### Bewertungseinheiten

In Prüfungsaufgaben finden Sie nach der Aufgabenstellung eine Angabe zu den **Bewertungseinheiten** (**BE**). Diese können Ihnen eine gute Orientierung auf die erwartete Lösung geben. Wenn beispielsweise eine Skizze mit Beschriftung 6 BE ergibt, so können Sie davon ausgehen, dass 6 Beschriftungen erwartet werden. Bei einer Aufgabe mit 4 BE wird eine kürzere Antwort erwartet werden, als bei einer Aufgabe mit 12 BE.

Die Anforderungsbereiche I und II, die „einfacheren" Aufgaben, stehen in den Prüfungen deutlich im Vordergrund. Mit der Wiedergabe von erlerntem Wissen, einfachen Beschreibungen und der Anwendung von Wissen und Fertigkeiten sind in der Regel mindestens 60 Prozent aller Punkte zu erlangen. Bearbeiten Sie diese Aufgaben also sorgfältig und ausführlich. Auch in Biologie gilt: Üben! Hilfreich sind folgende Schritte:

### Schritt 1: Aufgabe verstehen

Lesen Sie zunächst die Aufgabenstellung wiederholt durch, bis Sie sie verstanden haben. Achten Sie auf den Operator. Manchmal sind in der Aufgabestellung wichtige Zusatzinformationen versteckt, die sie zur Lösung der Aufgabe benötigen. Manchmal sind in einem Satz auch weitere Anforderungen verborgen.

*Beispiel Seite 40, Aufgabe 10: Begründen Sie die katalytische Funktion von RNA am Beispiel der Peptidyltransferase. Nehmen Sie Bezug auf das Basiskonzept „Struktur und Funktion".*

*Hinweise: Operator Begründen, es soll um die katalytische Funktion der RNA gehen, in der Lösung soll auf ein Basiskonzept Bezug genommen werden*

### Schritt 2: Für eine Lösungsstrategie beziehungsweise eine Vorgehensweise entscheiden

Aufgaben stehen immer in einem Kontext, das heißt sie gehören zu einem bestimmten Rahmenthema. Bestimmte themenbezogene **Schlüsselbegriffe** im Text dienen oft schon als Hinweis für eine mögliche Lösung. Das Bewusstmachen dieser Schlüsselwörter unterstützt darin, in der Antwort die geeigneten Fachbegriffe zu nutzen.

*Schlüsselwörter: RNA, katalytisch, Struktur und Funktion*

*Hinweis: Der Zusammenhang von „katalytisch" und dem Basiskonzept „Struktur und Funktion" weist auf das Schlüssel-Schloss-Modell hin.*

### Schritt 3: Lösung formulieren

Bei den Lösungen sollte die Antwort in Bezug zur Ausgangsfrage formuliert werden. Wichtig dabei ist, sich nicht verleiten zu lassen, die Fragestellung als Antwortsatz umzuschreiben. Bei der Lösung sollten Sie außerdem jeden Einzelschritt kurz kommentieren. Dadurch erkennen Sie, ob bekannte Regeln angewandt und Ideen konkretisiert werden. In der vorgeschlagenen Lösung sind die wichtigen Begriffe gefettet.

*Lösung: Die Peptidyltransferase ist ein **Ribozym**, es handelt sich also um Ribonukleinsäure, die eine Reaktion katalysiert. Enzyme wirken nach dem **Schlüssel-Schloss-Modell.** Das bedeutet, sie können in der Regel ihre **Funktion** nur bei einem bestimmten Substrat umsetzen. Die **Struktur** des Enzyms ermöglicht nur einem spezifisch gebauten Stoff die Anlagerung am aktiven Zentrum. In diesem Fall sorgt die Struktur, die Lokalisation der enzymatischen Aktivität in der Oberfläche des Ribosoms, für die katalytische **Funktion**, die Bildung der Peptidbindung.*

### Schritt 4: Überprüfen des Ergebnisses

Lesen Sie die Fragestellung und Ihre Antwort durch. Hinterfragen Sie, ob Ihre Antwort Sinn ergibt. Sie können auch rückwärts denken und prüfen, ob Sie aus Ihrer Antwort die Fragestellung formulieren können. Manchmal ist es hilfreich, die Aufgabenstellung in Gedanken umzuformulieren und sich zu fragen, ob dies Einfluss auf die Lösung hat.

## ⓬ Insulinsynthese

Das Hormon Insulin wird bei Menschen in den **Betazellen** der Bauchspeicheldrüse gebildet. Die Transkriptionseinheit des Gens umfasst 1429 Nukleotide. Insulin besteht aus zwei Aminosäureketten, die über zwei Disulfidbrücken zusammengehalten werden. Die A-Kette besteht aus 21 Aminosäuren, die B-Kette aus 30 Aminosäuren. Insulin wird in Form einer inaktiven Vorstufe, dem **Proinsulin**, in Golgi-Vesikeln der Betazellen gespeichert. Diese Vorstufe enthält noch zwei weitere Ketten: eine Signalsequenz, die für den Transport des Proteins durch Membranen benötigt wird und eine weitere Sequenz, die C-Kette. Bevor das Insulin in das Blut freigesetzt wird, wird diese C-Kette enzymatisch aus dem Proinsulin entfernt. So entsteht das aktive Insulin.

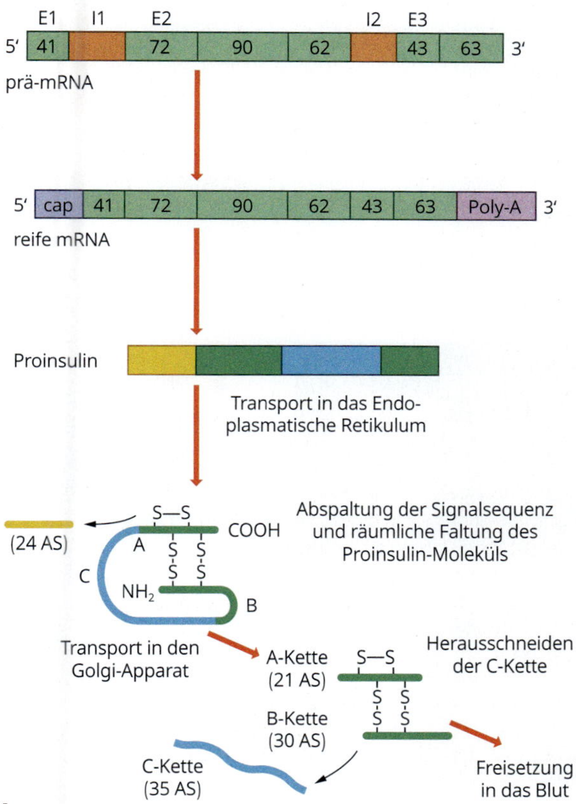


A

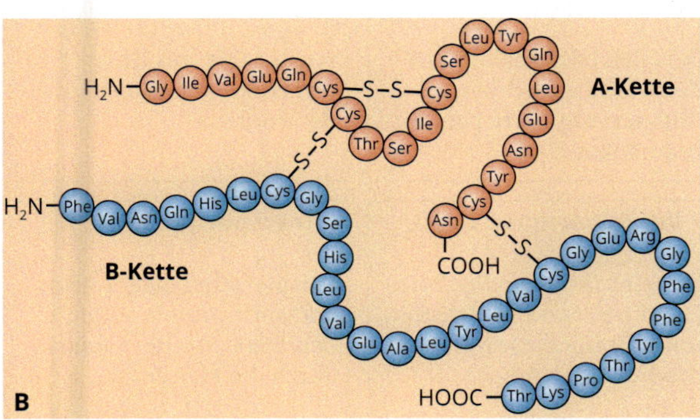


B

a) ≡ Beschreiben Sie die Bildung der prä-mRNA und der reifen mRNA zu Beginn der Insulinbildung.

b) ≡ Geben Sie begründet die Basensequenz aus der Tabelle an, die für die ersten Aminosäuren der A-Kette des Insulin-Gens codiert. Verwenden Sie dazu auch die Code-Sonne auf Seite 32.

| | **Basensequenz der DNA** |
|---|---|
| A | 5'-CCG TAA CAC CTT-3' |
| B | 5'-TTT GTC AAC CAG-3' |
| C | 3'-CCG TAA CAC CTT-5' |
| D | 3'-GAC CAA CTG TTT-5' |

c) ≡ Erstellen Sie ein Fließschema der Translation. Erklären Sie an diesem, dass keine der Basensequenzen A–D den Startpunkt der Translation darstellen kann.

d) ≡ Bei der Expression des Insulin-Gens findet die posttranslationale Modifikation des Genprodukts statt. Aus Betazellen können fünf verschieden lange Produkte des Insulin-Gens isoliert werden. Geben Sie jeweils den Namen des Polypeptids sowie die enthaltene Anzahl an Aminosäuren an.

e) ≡ Stellen Sie eine Hypothese zur Funktion der C-Kette auf. Betrachten Sie dafür auch Abbildung **A**.

f) ≡ Beschreiben Sie die Struktur von Disulfidbrücken und recherchieren Sie deren Bedeutung für die Struktur von Proteinen (Abbildung **B**, mit vereinfachter symbolischer Darstellung der Aminosäuren).

g) ≡ Diskutieren Sie die Folgen für das Genprodukt, wenn Intron 1 oder Intron 2 in der reifen mRNA noch vorhanden sind. Leiten Sie anschließend mithilfe von Abbildung **C** die Folgen für den Organismus ab.

h) ≡ Um die körpereigene Insulinproduktion zu ermitteln, kann man die Menge der C-Ketten im Blut messen. Formulieren Sie eine Je-desto-Beziehung zum Zusammenhang zwischen Insulin- und C-Kettenmenge im Blut.

i) ≡ Recherchieren Sie, ob fehlerhaftes Spleißen mit der Entstehung von Diabetes in Zusammenhang steht.

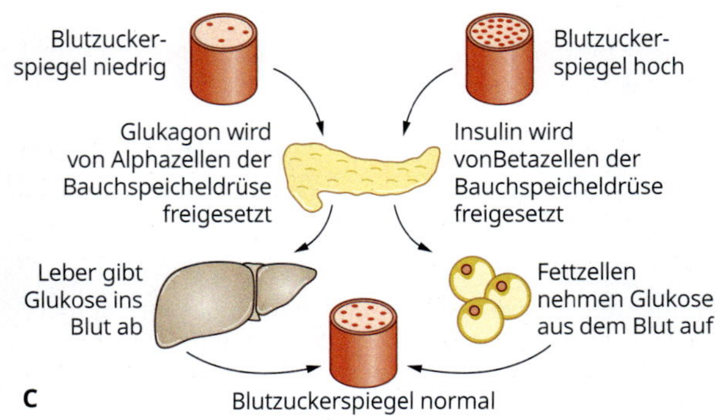


C

## 1.6 Die Bedeutung von Proteinen als Genprodukte

**Im menschlichen Körper finden sich mehr als 100.000 unterschiedliche Proteine, die durch Proteinbiosynthese gebildet werden können. Doch welche Bedeutung haben Proteine für einen Organismus beziehungsweise für das Leben?**

### Funktionsvielfalt von Proteinen

Der Aufbau von Proteinen aus 20 verschiedenen Aminosäuren, die in beliebiger Reihenfolge und Anzahl zu Polypeptiden verknüpft werden können, erklärt die große Vielfalt natürlich vorkommender Proteinstrukturen. Diese Formenvielfalt ermöglicht auch die Erfüllung sehr vieler verschiedener Aufgaben. So machen Proteine mehr als 50 Prozent der Trockenmasse der meisten Zellen aus und in Lebewesen sind nahezu alle ablaufenden Prozesse von Proteinen abhängig.

Manche Proteine, die Enzyme, katalysieren chemische Reaktionen, wodurch diese hochspezifisch beschleunigt oder bei den im Körper herrschenden Bedingungen überhaupt erst ermöglicht werden. Andere Proteine sind strukturgebend, also für den Aufbau der Zellen unverzichtbar und wieder andere sind an Transportvorgängen, Bewegungsvorgängen, der zellulären Kommunikation oder der Abwehr fremder Substanzen und Organismen beteiligt.

## Materialgebundene Aufgabe

### 1 Proteinvielfalt im Überblick

a) Ordnen Sie die Illustrationen **A–H** je einer der beschriebenen Proteingruppen **1–8** zu.

b) Beschreiben Sie die jeweilige Darstellung und nennen Sie deren Vor- und Nachteile.

c) Recherchieren Sie zu jeder Gruppe ein weiteres Beispiel und beschreiben Sie dessen Funktion.

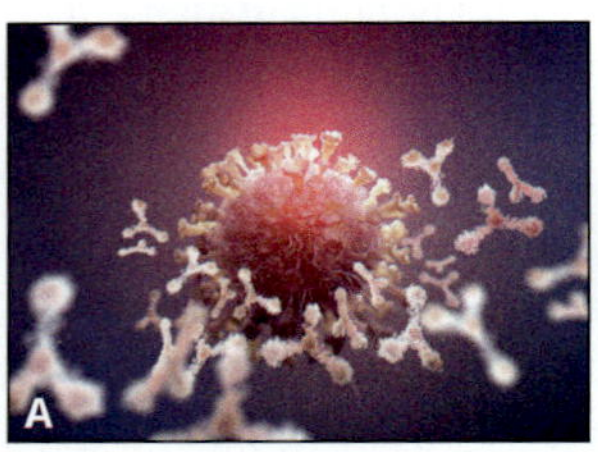


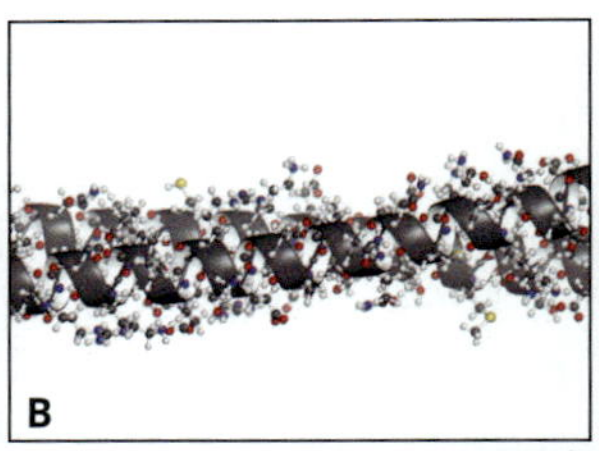


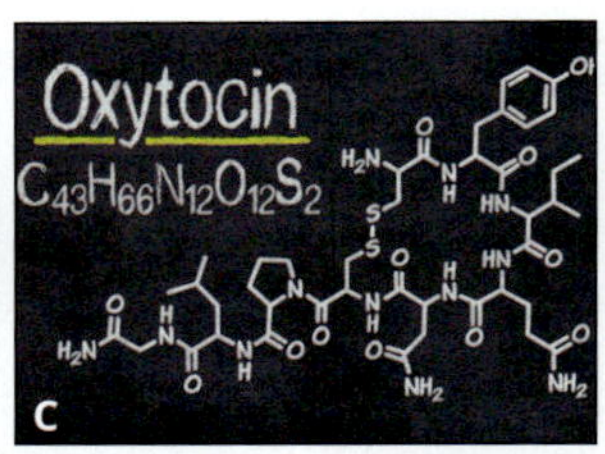


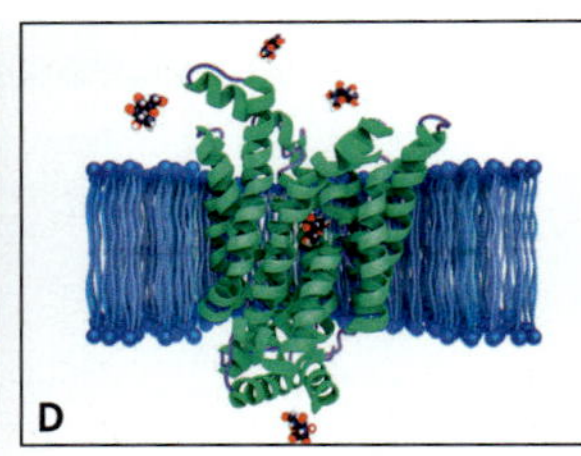


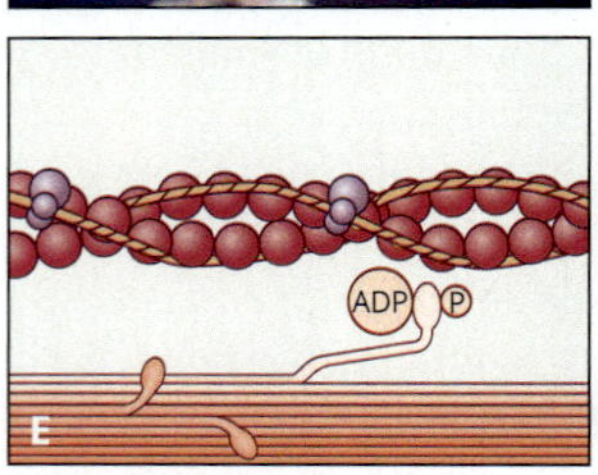


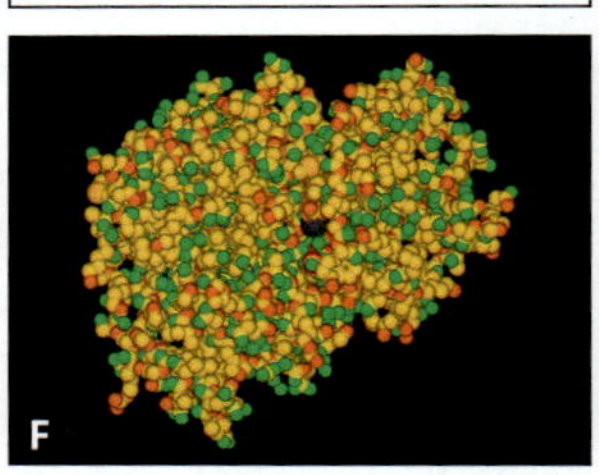

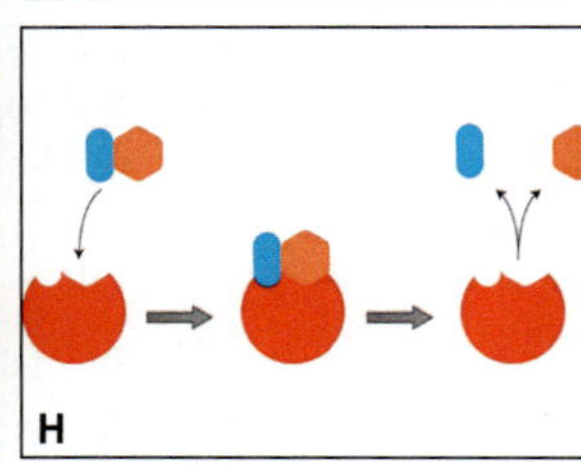


**1 Rezeptorproteine**

Beispiel: Insulinrezeptoren binden Insulin, wodurch in der Zelle eine Wirkung entsteht.

**2 Enzyme**

Beispiel: Nukleasen spalten Nukleinsäuren in ihre Bruchstücke.

**3 Abwehrproteine (Immunglobuline)**

Beispiel: Immunglobuline der Klasse IgD wirken als Antigenrezeptor bei der Immunreaktion.

**4 Strukturproteine**

Beispiel: Keratine sind Faserproteine, aus denen Haare, Federn oder Nägel gebildet werden.

**5 Bewegliche Proteine**

Beispiel: Myosin bewirkt im Zusammenspiel mit Aktin die Muskelkontraktion.

**6 Speicherproteine**

Beispiel: Casein in Säugetiermilch ist die Hauptquelle für Aminosäuren von Säugetieren.

**7 Peptidhormone**

Beispiel: Oxytocin löst beim Geburtsprozess Wehen aus und stimuliert die Milchproduktion.

**8 Transportproteine**

Beispiel: Ein eingebettetes Transportprotein sorgt für den Transport der Glucose durch die Membran.

## 2 Das Zellskelett eukaryotischer Zellen

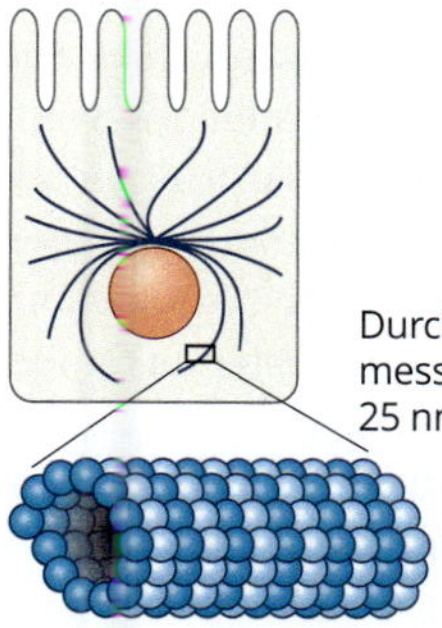


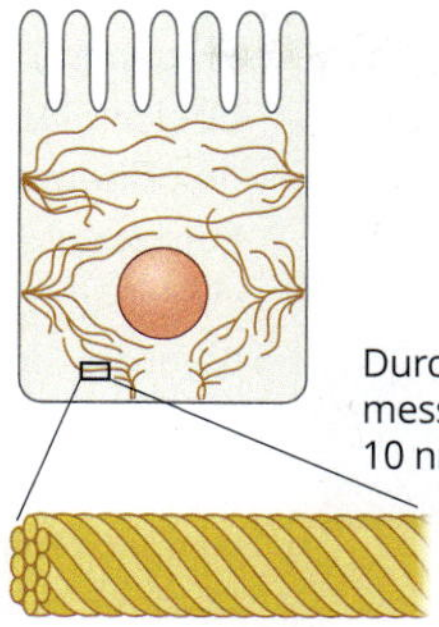


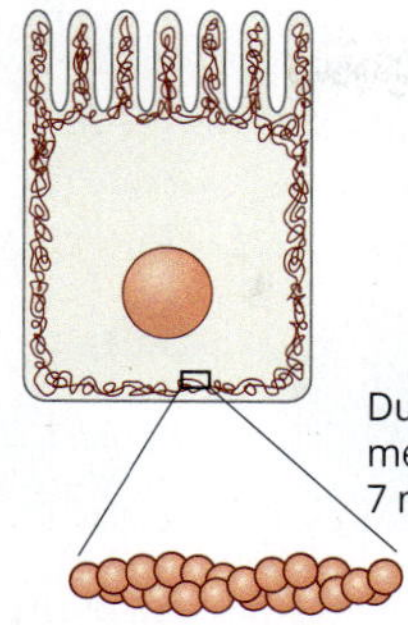


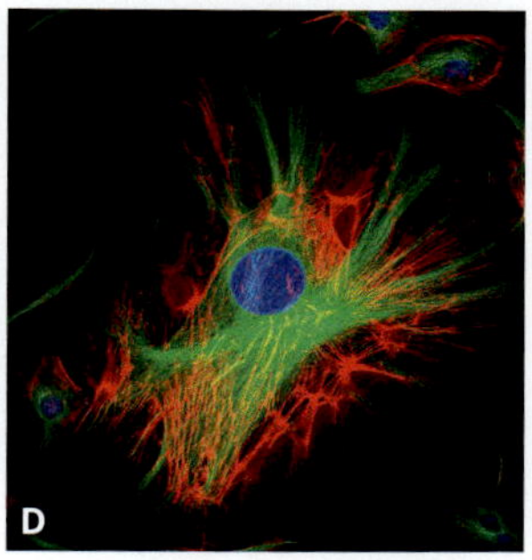


**Information 1:**
Eukaryotische Zellen besitzen ein sogenanntes Zellskelett. Dieses besteht aus drei verschiedenen fadenförmigen Proteinstrukturen, den **Mikrotubuli**, den **Aktin**- sowie den **Intermediärfilamenten**

**Information 2:**
Mikrotubuli sind hohle Röhren aus dem Protein Tubulin und bilden Wege für den Transport von Stoffen in der Zelle oder die Bewegung der Zellorganellen. Sie spielen eine Rolle bei der Mitose.

**Information 3:**
Aktinfilamente sind Fasern aus dem Protein Aktin, die meist eine netzartige, dynamisch veränderbare Struktur unterhalb der Zellmembran bilden. Sie stabilisieren die äußere Form der Zelle.

**Information 4:**
Als Intermediärfilamente werden Fasern verschiedener Proteine bezeichnet, die ein Stützgerüst innerhalb der Zelle bilden. Sie dienen der mechanischen Stabilisierung der Zelle.

**a)** ≡ Ordnen Sie den drei dargestellten Schemazeichnungen begründet je eine Proteinstruktur zu.

**b)** ≡ Vergleichen Sie die drei Proteinstrukturen tabellarisch miteinander.

**c)** ≡ Erläutern Sie die Bedeutung des Zellskeletts für eine Zelle und einen Organismus.

**d)** ≡ Beschreiben Sie Abbildung **D** und leiten Sie eine Beschriftung für die verschiedenfarbig dargestellten Zellbestandteile ab.

**e)** ≡ Beurteilen Sie die Bezeichnung dieser Proteinstrukturen als „Skelett“. Recherchieren Sie weitere Eigenschaften, bis Sie zu einem Urteil gekommen sind.

## 3 Mukoviszidose – ein Protein als Ursache

Bei diesem Krankheitsbild, auch **zystische Fibrose** genannt (weitere Informationen → **Seite 161**), wird in vielen Organen des Körpers ein zäher Schleim gebildet. Dieser lässt sich nur schwer abhusten und behindert in den Bronchien der Lunge die Atmung. Außerdem schafft dieser Schleim einen guten Nährboden für Bakterien, die zum Beispiel immer wieder Lungenentzündungen hervorrufen.

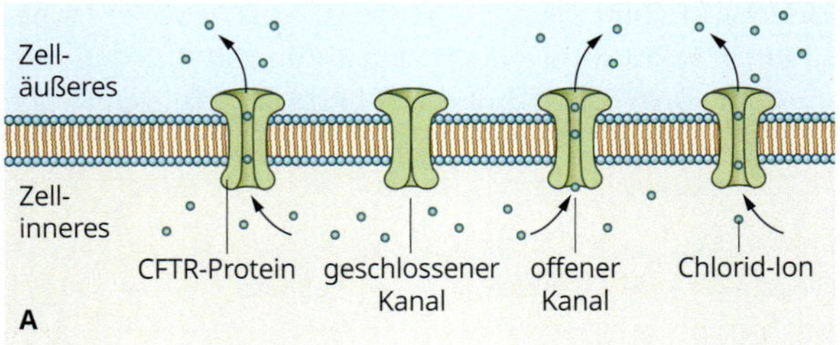


**Erkrankungsklasse**

| normal | I | III | IV | V |
|---|---|---|---|---|
| funktionales CFTR | kein funktionales CFTR | CFTR-Kanal öffnet nur kurz | defekter Kanal | kaum funktionales CFTR |
| normale mRNA | instabile mRNA | veränderte mRNA | veränderte mRNA | häufig fehlgebildete mRNA |
| normal, keine Mutation | Nonsense-Mutation | Missense-Mutation | Missense-Mutation | defektes Spleißen |

**a)** ≡ Leiten Sie aus der Abb. **A** die Funktion des CFTR-Proteins ab und geben Sie dessen Proteingruppe an.

**b)** ≡ Stellen Sie die normale Bildung des CFTR-Proteins in einem Flussdiagramm dar.

**c)** ≡ Bei Erkrankungen der Klasse V (→ **Tabelle**) treten Fehler beim Spleißen auf. Erläutern Sie, wie dies zum Krankheitsbild der zystischen Fibrose führen kann.

**d)** ≡ Formulieren Sie eine Hypothese, die das Fehlen des CFTR-Chlorid-Ionentransporters bei einer Klasse-I-Fibroseerkrankung auf DNA-Ebene erklärt.

**e)** ≡ Vergleichen Sie Klasse-III- und -IV-Erkrankungen hinsichtlich der Schwere der Erkrankung.

*Hinweis:* Bei einer Missense-Mutation wird aufgrund einer falschen Base in der DNA eine falsche Aminosäure in das Protein eingebaut, bei einer Nonsense-Mutation entsteht durch eine falsche Base ein Stopp-Codon (→ **Seite 116**).

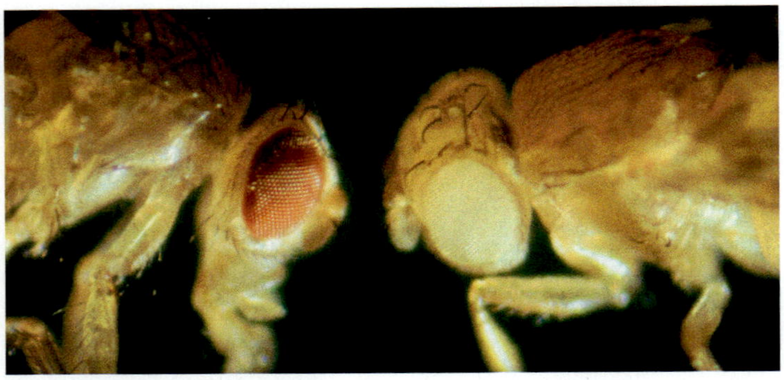

**1** *Drosophila melanogaster*: rotäugig Wildtyp (li), weißäugig (re)

**Genwirkketten**

Fruchtfliegen der Gattung *Drosophila melanogaster* haben normalerweise rötliche Komplexaugen. Dieses für uns sichtbare charakteristische Merkmal wird durch das Zusammenwirken von drei Genen erreicht. Die Expression jedes dieser Gene führt zur Bildung eines Enzyms, das jeweils einen Stoffwechselschritt ausgehend von der Aminosäure Tryptophan über ein Zwischenprodukt bis hin zur Synthese des Endprodukts, eines roten Farbstoffmoleküls, katalysiert. Dieses wird im Komplexauge eingelagert und führt zu dessen roter Färbung. Sind die Genprodukte mehrerer Gene für die Ausprägung eines Merkmals über einen gemeinsamen Stoffwechselweg verantwortlich, so nennt man dies **Genwirkkette**. Die meisten Merkmale sind das Ergebnis von komplexen Genwirkketten.

4 ≡ Erstellen Sie ein Flussdiagramm zur Darstellung der beschriebenen Genwirkkette.

5 ≡ Formulieren Sie eine Hypothese, mit der das Auftreten weißäugiger Fruchtfliegen erklärt werden kann.

## VL Materialgebundene Aufgabe

### 6 Erforschung von Genwirkketten

George Beadle und Edward Tatum experimentierten mit dem Brotschimmelpilz *Neurospora crassa*. Dieser Pilz kann sämtliche für seinen Stoffwechsel benötigten Aminosäuren selbst herstellen und daher auf einem Minimalmedium ohne Zusatz von Aminosäuren wachsen. Beadle und Tatum bestrahlten Kulturen dieses Pilzes mit Röntgenstrahlung, wodurch die DNA des wildtypischen Pilzes an zufälligen Stellen beschädigt wurde. Diese Beschädigungen wirkten sich auf zahlreiche Merkmale des Pilzes, zum Beispiel seine Fähigkeit zur Herstellung der Aminosäure Arginin, aus. Es fanden sich jetzt neben dem Wildtyp-Stamm sogenannte Mangelmutanten. So bezeichnet man Stämme, die nur bei Zugabe bestimmter Aminosäuren wachstumsfähig waren.

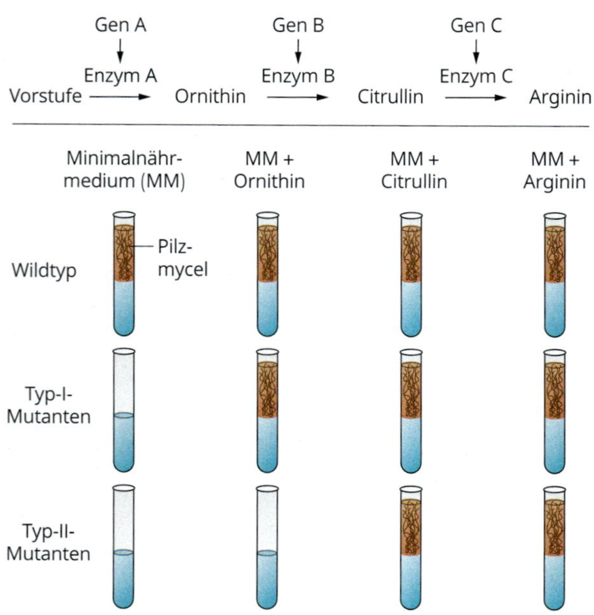


**a)** ≡ Skizzieren Sie den Stoffwechselweg mit Bezug auf das Basiskonzept „Struktur und Funktion".

**b)** ≡ Erläutern Sie eine Auswirkung der Röntgenbestrahlung auf den Stoffwechselweg, indem sie ihre Darstellung entsprechend erweitern. Vergleichen Sie Ihre Ergänzung mit der anderer Mitlernender.

**c)** ≡ Stellen Sie einen Zusammenhang zwischen dem Wachsen des Wildtyp-Stammes auf Minimalnährmedium und dem dargestellten Stoffwechselweg her.

**d)** ≡ Leiten Sie aus den Versuchsergebnissen die bei den Typ-I und II-Mutanten jeweils betroffenen Gene ab.

**e)** ≡ Ein weiterer Mangelmutantentyp-III kann Citrullin nicht zu Arginin umsetzen. Geben Sie begründet das für diesen Typ notwendige Wachstumsmedium an.

**f)** ≡ Der „normale" Brotschimmel hat alle nötigen Enzyme, damit er auf jedem Medium wachsen kann. Vergleichen Sie mit einer Recherche die Bedeutung der Wörter „Wildtyp" und „normal".

**g)** ≡ Bewerten Sie die Korrektheit der Aussage aus Aufgabe **f** aus biologischer Sicht.

**ⓔ Unterbrechung von Genwirkketten**

Unterbrechungen von Genwirkketten führen zu veränderten Merkmalen wie Stoffwechselerkrankungen beim Menschen. Um die dazugehörenden Genwirkketten zu erforschen, können durch Bestrahlung zufällige Mangelmutanten erzeugt werden. Heute ist es auch möglich, gezielt einzelne Gene abzuschalten. Dies wird als Gen-Knockout und ein derart veränderter Organismus als **Knock-out-Organismus** bezeichnet (engl. *knock-out*: außer Gefecht setzen). So wurden bei Mäusen Gene deaktiviert, sodass sie Symptome zeigen wie Menschen mit Fettleibigkeit. An diesen Knock-out-Mäusen lässt sich die Wirkung von Medikamenten gegen Fettleibigkeit untersuchen.

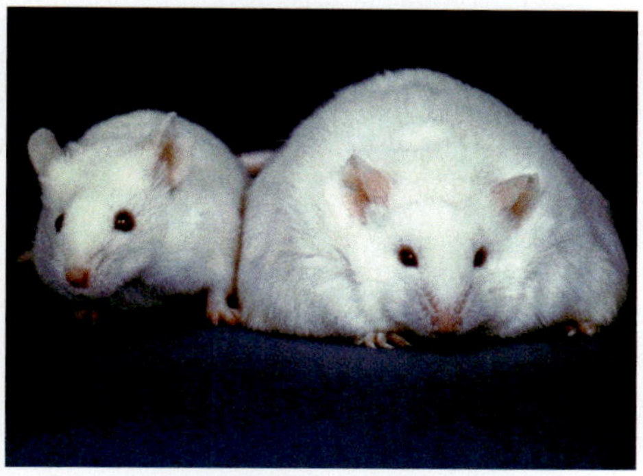

**2** Gesunde Maus (links im Bild) neben einer Knockout-Maus (rechts im Bild), deren Fettleibigkeit auf einem gezielt herbeigeführten Genverlust beruht.

## VL Materialgebundene Aufgabe

### 7 ⓔ Stoffwechselerkrankungen beim Menschen

Die Aminosäure Phenylalanin ist beim Menschen Ausgangsstoff verschiedenster Stoffwechselprodukte. Hieran sind unterschiedliche Genwirkketten beteiligt. Fallen Gene aus, können unterschiedliche Stoffwechselerkrankungen entstehen.

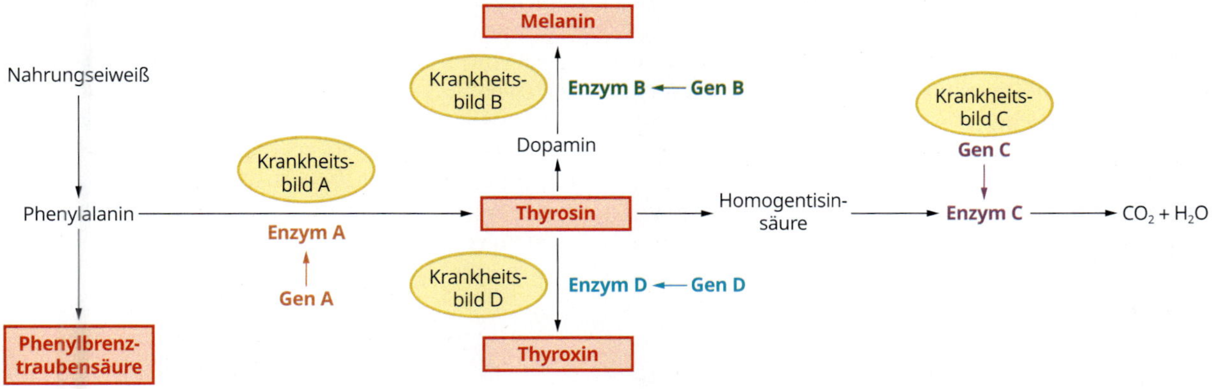


Bei dem als **Phenylketonurie,** abgekürzt PKU, bezeichneten Krankheitsbild liegt ein Defekt des Gens A vor, das das Enzym Phenylalanin-Hydroxylase exprimiert (weitere Informationen → **Seite 166**). Dieses wandelt Phenylalanin in Tyrosin um. Findet diese Reaktion nicht statt, entsteht stattdessen das Abbauprodukt Phenylbrenztraubensäure, das die Entwicklung von Gehirnzellen beeinträchtigt. Geistige Entwicklungsstörungen zeigen sich bei Kindern mit unbehandelter PKU bereits ab dem vierten Lebensmonat. Sie erlernen kaum das Sprechen, ihr Schädel weist ein vermindertes Wachstum auf und ihr Intelligenzquotient ist stark unterdurchschnittlich. Sie zeigen zudem Verhaltensauffälligkeiten und weisen häufig eine auffallend helle Hautfarbe sowie blaue, selten auch rote Augen auf. Neugeborene in Deutschland werden heute routinemäßig auf das Vorliegen dieser Krankheit hin getestet.

**a)** ≡ Ordnen Sie die Phenylketonurie einem der Krankheitsbilder A–D zu.

**b)** ≡ Melanin ist das farbgebende Pigment der Haut, Haare und Iris des Menschen. Erklären Sie anhand einer Genwirkkette die Notwendigkeit einer Tyrosineinnahme bei PKU zur Vermeidung eines Melaninmangels.

**c)** ≡ Nennen Sie die resultierenden Auswirkungen und das Krankheitsbild, wenn die Tyrosineinnahme unterbleibt.

**d)** ≡ Wird PKU diagnostiziert, muss eine lebenslange besondere Ernährung eingehalten werden. Dadurch können die Symptome weitgehend verhindert werden. Leiten Sie aus dem Schema Kernpunkte einer PKU-Diät ab.

**e)** ≡ Recherchieren Sie die drei anderen Krankheitsbilder. Vergleichen Sie in einer Tabelle Ursachen, Symptome und Therapiemöglichkeiten der vier Krankheitsbilder. ⓔ

Lebewesen sind **offene Systeme**; sie sind gebunden an **Stoff-** und **Energieumwandlungen**. Nur wenn sie ständig Stoffe und Energie aufnehmen, umwandeln und in anderer Form wieder abgeben, können sie leben, wachsen und sich fortpflanzen. Tiere und Menschen nutzen die von den Pflanzen aufgebauten energiereichen Stoffe als Nährstoffe. Einer der grundlegendsten Vorgänge im Stoffwechsel von Tieren ist die Zellatmung. Bei dieser in den Mitochondrien ablaufenden Reaktion wird aus Traubenzucker und Sauerstoff Kohlenstoffdioxid und Wasser erzeugt.

1 Stellen Sie diesen Vorgang in Form einer Reaktionsgleichung dar.
2 Pflanzen führen neben der Zellatmung einen weiteren grundlegenden Vorgang, die Fotosynthese, durch. Vergleichen Sie diese tabellarisch mit der Zellatmung.

Das bei der Zellatmung erzeugte Kohlenstoffdioxidgas gelangt zunächst in die Blutgefäße und anschließend in die Lungenbläschen. Von dort wird es ausgeatmet und kann von Pflanzen zur Verstoffwechslung und Umwandlung in Traubenzucker aufgenommen werden. So entstehen Stoffkreisläufe. Bei Stoffwechselvorgängen findet stets eine Energieumwandlung statt. Bei der Zellatmung wird die im Traubenzucker-Molekül chemisch gespeicherte Energie freigesetzt und letztendlich in ATP-Molekülen gespeichert. Diese Energie kann durch Muskelaktivität in Bewegungsenergie und Wärmeenergie umgewandelt werden. Die Reaktionen sind energetisch aneinander **gekoppelt**. Da die Wärmeenergie größtenteils an die Umwelt abgegeben wird, spricht man hierbei von **Energieentwertung**.

3 Erklären Sie mithilfe einer Recherche die Bedeutung des Wortes Fließgleichgewicht.

**4 Stoffumwandlung am Beispiel der Proteine**
Proteine sind wichtige Bestandteile unserer Nahrung, da wir diese zum Aufbau eigener Strukturen benötigen. Die Proteine werden im Prozess der Verdauung abgebaut, körpereigene Proteine mit den aus der Nahrung gewonnenen Aminosäuren im Prozess der Proteinbiosynthese aufgebaut.

a) Beschreiben Sie mithilfe der Abbildung 1, wie aus Nahrungsproteinen körpereigene Proteine aufgebaut werden.

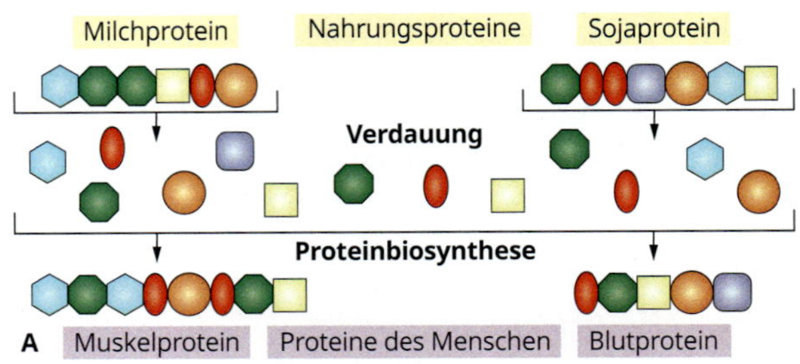


**1** Stoffumwandlung

b) Von den 20 Aminosäuren, die der Mensch für die Bildung von Proteinen benötigt, müssen einige mit der Nahrung aufgenommen werden, da der Mensch sie nicht selber bilden kann. Erläutern Sie, dass die Aufnahme von Proteinen für die Synthese der körpereigenen Proteine notwendig ist. Verwenden Sie dabei die Begriffe Stoffabbau, Stoffumbau und Stoffaufbau.
c) Bei der Verknüpfung von tRNA-Molekülen mit Aminosäuremolekülen wird ein energiereiches ATP-Molekül zu einem energieärmeren AMP-Molekül umgewandelt. Erklären Sie dies unter Bezug auf das Basiskonzept „Stoff- und Energieumwandlung“.

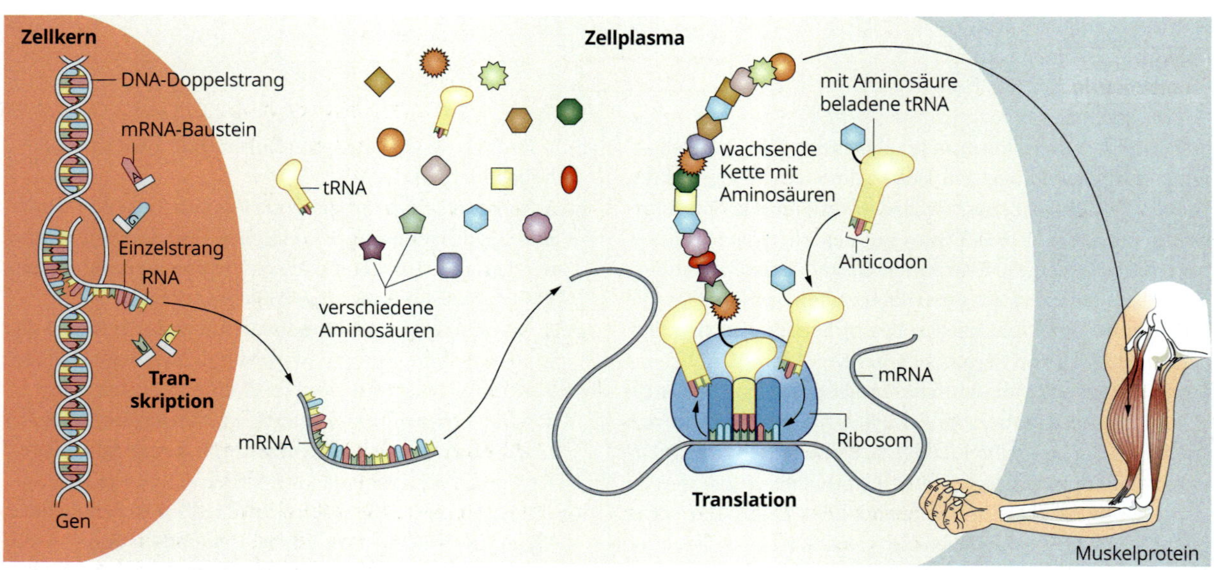


**2** Proteinbiosynthese (schematisch)

## ⊖ 1.7 Proteinvielfalt durch alternatives Spleißen

**Die menschliche Erbinformation enthält zwischen 20 000 und 30 000 Gene. Schätzungen zufolge ist der menschliche Körper aber in der Lage, über eine halbe Million verschiedener Proteine herzustellen. Wie ist dies möglich?**

### Alternatives Spleißen

Lange galt in der Genetik die „Ein Gen – Ein Polypeptid-Hypothese" als gesichert. Die vergleichsweise geringe Anzahl menschlicher Gene im Vergleich zur hohen Anzahl an im Körper auftretenden Polypeptiden zeigt, dass die „Ein Gen – Ein Polypeptid-Hypothese" nicht zutreffen kann.

**1** ≡ Recherchieren Sie die Entstehung und Weiterentwicklung der „Ein Gen – Ein Polypeptid"-Hypothese und erstellen Sie eine digitale Präsentation dazu.

Die große Zahl an Proteinen wird erreicht, da ein Gen nicht nur die Information für ein Polypeptid enthält, sondern für mehrere Polypeptide codieren kann. Voraussetzung dafür ist der Aufbau der eukaryotischen Gene aus Introns und Exons. Die mRNA kann dadurch aus unterschiedlichen Elementen der prä-mRNA zusammengesetzt werden. Man bezeichnet dies als **alternatives Spleißen**. So können bei der Entfernung von Introns im Spleißvorgang auch verschiedene Exons entfernt werden oder eine Spleißstelle kann übersprungen werden. Die so gebildeten mRNA-Spleißvarianten unterscheiden sich, weswegen dann verschiedene Genprodukte entstehen. Die Genprodukte unter scheiden sich in der Länge der Aminosäureketten und auch deren räumlicher Faltung, (→ **Exkurs S. 35**) oft symbolisch dargestellt als Spiralen oder Pfeile.

**2** ≡ Diskutieren Sie die Folgen verschiedener Genprodukte für den Organismus.

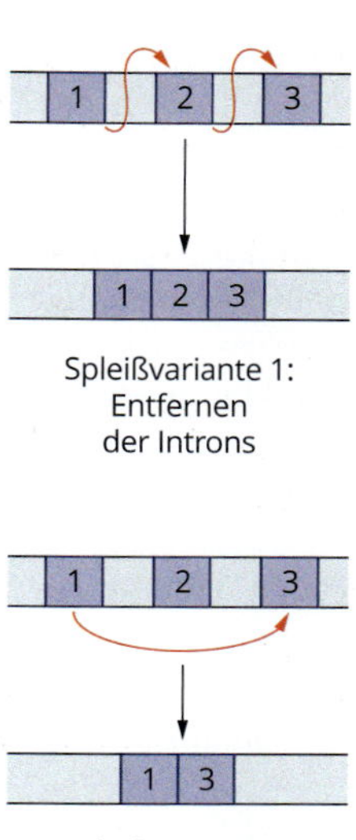


**1** Alternatives Spleißen

## VL Materialgebundene Aufgabe

### 3 Mechanismus des alternativen Spleißens

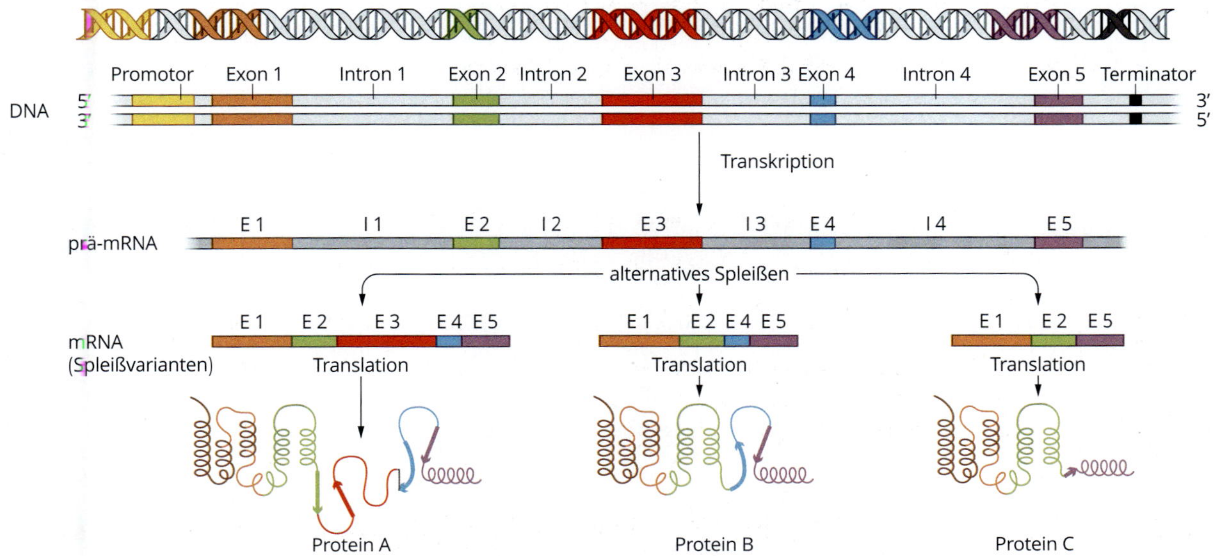


a) ≡ Beschreiben Sie den Vorgang der Genexpression für Protein A.

b) ≡ Skizzieren Sie den Spleißvorgang am Spleißosom, der zur mRNA für Protein B führt.

c) ≡ Erstellen Sie eine Skizze für zwei weitere mRNA-Spleißvarianten.

d) ≡ Diskutieren Sie zu zweit und unter Bezug auf das Basiskonzept „Struktur und Funktion" Gemeinsamkeiten und Unterschiede der drei Proteine A–C.

e) ≡ Bewerten Sie folgende Aussage: „Protein A und B erfüllen unterschiedliche Funktionen, da Sie durch alternatives Spleißen aus einem Gen entstanden sind."

## 4 Antikörperbildung durch alternatives Spleißen

Antikörper sind Proteine, die im Immunsystem eingesetzt werden, um Krankheitserreger wie Bakterien, Viren oder Parasiten zu neutralisieren. Sie werden von einer Klasse weißer Blutzellen, den Plasmazellen, produziert und sind in der Lage, das Antigen, also ein Oberflächenprotein der Krankheitserreger, spezifisch zu binden. Für eine nahezu unbegrenzte Anzahl von Antigenen muss jeweils der passende Antikörper gebildet werden.

a) ≡ Definieren Sie die Begriffe „Antikörper" und „Antigen".

b) ≡ Beschreiben Sie den in Abbildung **A** dargestellten Aufbau eines Antikörpers.

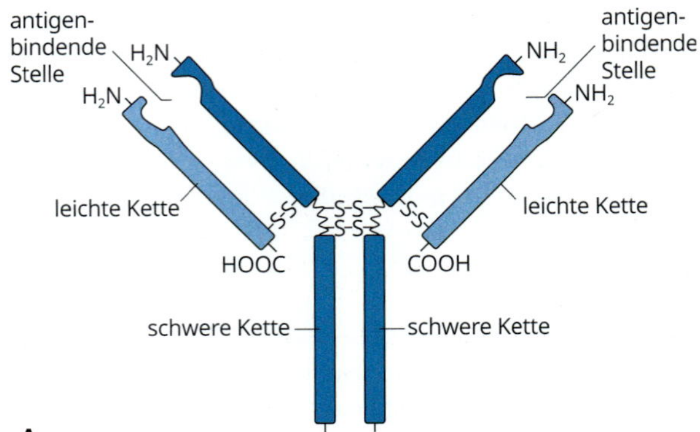

A

Der N-terminale Bereich der schweren und der leichten Kette bildet die Bindungsstelle für das Antigen. Beide Ketten (Abbildungen **B** und **C**) werden aus Elementen der variablen V-, der verbindenden J- und einem bis mehreren C-Regionen gebildet, die jeweils von eigenen Exons codiert werden. Bei den schweren Ketten kommt eine D-Region hinzu. Von diesen Regionen gibt es unterschiedlich viele verschiedene Varianten.

Zum Immunsystem gehören B-Zellen, die in ihrer Membran Antikörper verankert haben. Erst nach Kontakt mit einem Antigen differenzieren diese B-Zellen zu Plasmazellen. Diese geben Antikörper ins Blut ab. Abbildung **D** erklärt die Bildung der verschiedenen Antikörpertypen.

c) ≡ Abbildung **B** zeigt den Ausschnitt aus dem Gen der leichten Kette eines Antikörpers. Erstellen Sie eine mögliche mRNA für die Bildung der VJC-Domänen (Begriffsklärung → **Seite 51**) eines Antikörpers.

d) ≡ Leiten Sie aus den verfügbaren Exons die Anzahl an Variationsmöglichkeiten der leichten Kette ab.

e) ≡ Die schwere Kette der Antikörper weist noch mehr Möglichkeiten der Variationen auf. Erläutern Sie diese Aussage basierend auf Abbildung **C**.

f) ≡ Recherchieren Sie, welche weiteren Variationsmöglichkeiten dazu führen, dass es viele Milliarden Möglichkeiten zur Bildung von Antikörpern gibt.

g) ≡ Werten Sie die Abbildung **D** aus und erläutern Sie die Bildung der beiden unterschiedlichen Antikörpertypen.

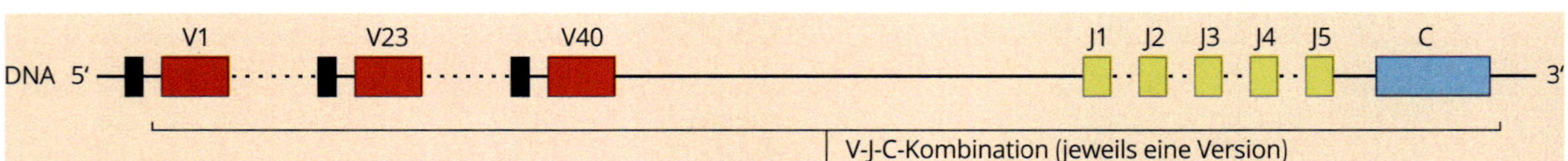

B

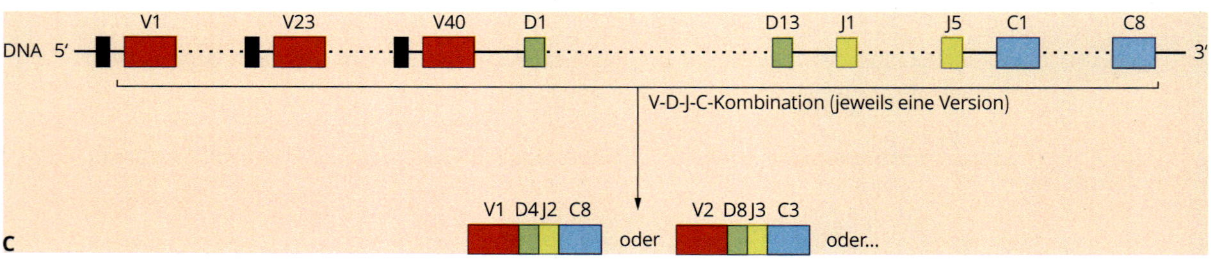

C

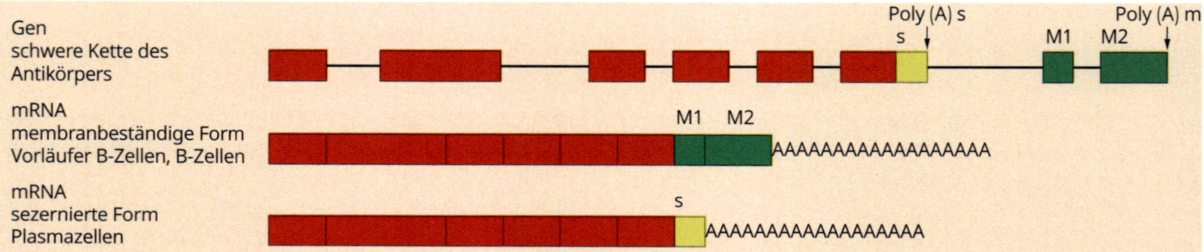

D

**Proteinvielfalt und Evolution**

Alternatives Spleißen ermöglicht nicht nur die Bildung einer großen Vielfalt funktionell ähnlicher Proteine, sondern es ist auch die Grundlage für die Entstehung von Proteinen mit unterschiedlichen Eigenschaften. Viele Proteine bestehen aus mehreren **Domänen**. Das sind Abschnitte, die sich nach der Translation eigenständig in ihre endgültige dreidimensionale Struktur falten, meist von einem Exon codiert werden und unterschiedliche Funktionen haben. Eine Proteindomäne kann Bestandteil verschiedener Proteine sein, die sich untereinander in der Kombination ihrer jeweils anderen Domänen unterscheiden. Diese Proteine gleichen sich dann in einer Funktion, unterscheiden sich aber in anderen. Proteine sind also nach einem **Baukastenprinzip** aufgebaut (→ **Seite 27**).

**5** ≡ Recherchieren Sie die Zelltypen, in denen CD53 (→ **Abb. 2**) exprimiert wird

Durch den modularen Aufbau von Proteinen aus Domänen und das alternative Spleißen ist es möglich, eine im Rahmen der Evolution entstandene funktionierende Domäne vielseitig einzusetzen. So kann durch unterschiedliche Kombination von Exons eine große Proteinvielfalt mit unterschiedlichsten Funktionen und Eigenschaften geschaffen werden. Prokaryoten verfügen nicht über diese Möglichkeit der Exonkombination durch alternatives Spleißen.

**6** ≡ Erklären Sie, warum bei Prokaryoten kein alternatives Spleißen abläuft.

Die Entstehung neuer Proteine wird durch diesen modularen Aufbau deutlich beschleunigt. Durch eine veränderte Regulation des Spleißvorganges sind Neukombinationen möglich. Hierbei ist die Wahrscheinlichkeit, dass das Genprodukt funktionsfähig ist, höher, wenn durch Mutationen der codierenden DNA-Sequenzen Veränderungen stattfinden.
Verschiedene Proteine führen zu verschiedenen Merkmalen. Somit wird die Anzahl an auftretenden Merkmalen durch das alternative Spleißen stark erhöht. Die dadurch erhöhte Zahl der Variationen in einer Organismengruppe bildet die Grundlage für Evolutionsprozesse, da der Selektion vielfältige Ansatzpunkte geboten werden. Somit wird die Anpassung von Eukaryoten an veränderte Lebensbedingungen erleichtert und beschleunigt.

**2** Schematische Darstellung des Oberflächenproteins CD53; Rot: extrazelluläre Domänen; Orange: vier Transmembrandomänen

## Materialgebundene Aufgabe

### 7 Fibronectin

Fibronectin spielt bei zellulären Vorgängen wie Adhäsion, Migration, Proliferation und Differenzierung eine Rolle. Es besteht aus Wiederholungen dreier Proteindomänen. Diese werden auch im Plasminogen-Aktivatorprotein (Typ I), in Proteinen der Blutgerinnung (Typ II), Zelloberflächenrezeptoren und Proteinen der extrazellulären Matrix (Typ III) gefunden. Die Exone EIIIA und EIIIB kodieren für Domänen, die Fibronectin an die Zelloberfläche binden.

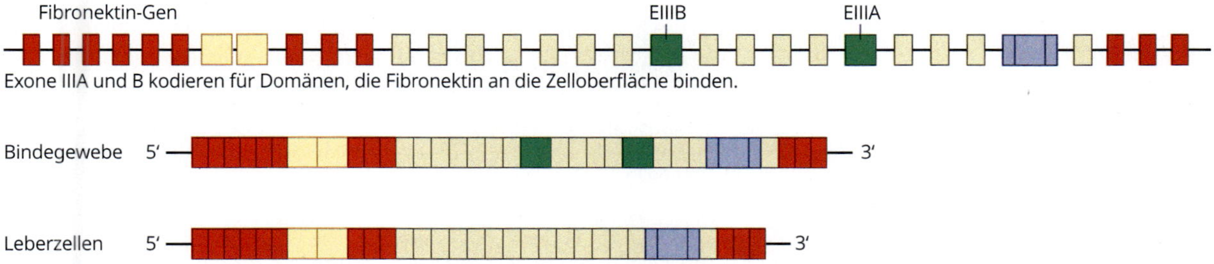


**a)** ≡ Klären Sie Ihnen unbekannte Begriffe aus dem Informationstext mit einer Recherche.
**b)** ≡ Stellen Sie die Unterschiede im Spleißvorgang zur Erzeugung der abgebildeten Fibronectin-mRNAs dar.
**c)** ≡ Begründen Sie die Aussage: „Durch alternatives Spleißen erhöht sich die genetische Variation".
**d)** ≡ Diskutieren Sie den Vorteil mehrerer Fibronectin-Varianten in verschiedenen Organen des Körpers und mit verschiedenen Funktionen.
**e)** ≡ Stellen Sie eine Hypothese zu evolutiven Vorteilen auf, die sich durch das alternative Spleißen des Fibronectin-Gens ergeben.

## VL Materialgebundene Aufgabe

**1 Viren greifen für ihre Vermehrung in die Proteinbiosynthese von Wirtszellen ein**

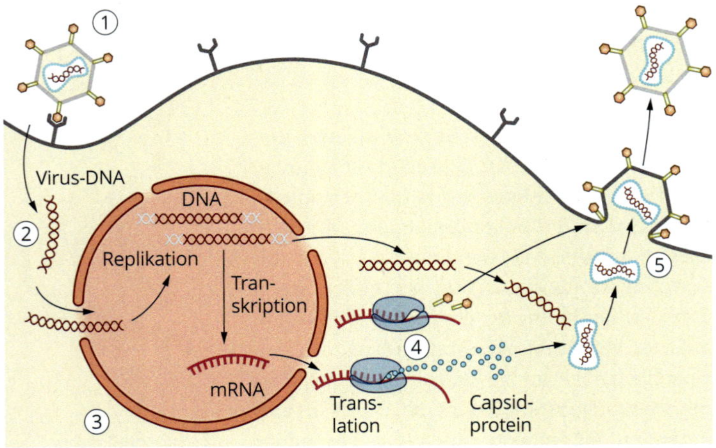


Die Vermehrung von Viren erfolgt ausschließlich mithilfe von pro- und eukaryotischen Wirtzellen (vereinfachte Darstellung).

**a)** ≡ Beschreiben Sie anhand der Abbildung die Vermehrung von Viren, hier Pockenviren, unter Berücksichtigung des Eingriffs in die Proteinbiosynthese des Wirtes.

**b)** ≡ Beurteilen Sie unter Beachtung des Basiskonzepts „Individuelle und evolutive Entwicklung" (→ **Seite 204**) die Einordnung von Viren zu den Lebewesen.

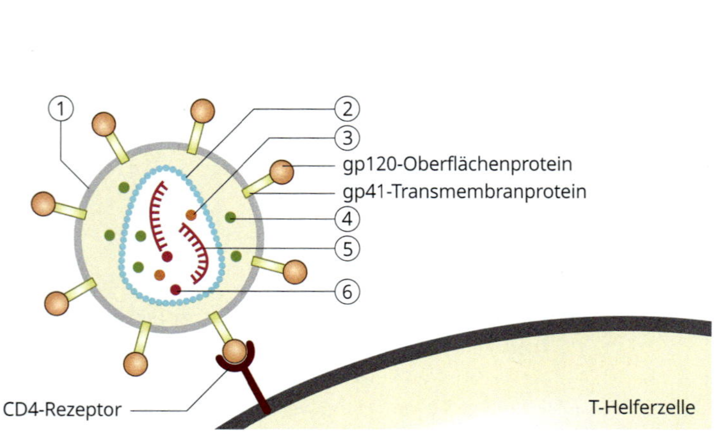


**1** Andocken des HI-Virus an die T-Helferzelle

## 1.8 Eingriff von Viren in die Proteinbiosynthese

**Viren werden oft als intrazelluläre Parasiten bezeichnet. Wie kommt es zu dieser Bezeichnung?**

**Überblick: Viren**

Viren sind zwischen 16 nm bis 300 nm große Krankheitserreger. Da sie keinen eigenen Stoffwechsel aufweisen, schleusen sie ihre Erbsubstanz in die Wirtszelle ein. In der Wirtszelle wird die Erbsubstanz vervielfältigt. An den Ribosomen der Wirtszelle werden die Virusproteine synthetisiert. Anschließend werden die Viren zusammengebaut und freigesetzt.

**Das HI-Virus**

Die Wirtszellen des **Human Immunodeficiency Virus**, abgekürzt **HI-Virus**, sind Zellen des menschlichen Immunsystems. Eine Infektion mit dem HI-Virus führt zur Schwächung des Immunsystems und letztendlich zum „erworbenen Immunschwäche-Syndrom", abgekürzt **AIDS** (engl. ***A**cquired **I**mmune **D**eficiency **S**yndrome*).

**Aufbau des HI-Virus**

Das HI-Virus (→ **Abb. 1**) gehört zu den RNA-Viren. Die äußere Hülle des HI-Virus besteht aus einer Phospholipiddoppelschicht mit Proteinen ①. Im Inneren befindet sich das aus Proteinen aufgebaute **Capsid** ②, dass die RNA ⑤ sowie die Enzyme reverse Transkriptase ⑥ und Integrase ③ enthält. Eine viruusspezifische Protease ④ befindet sich im gesamten Viruspartikel. Die HI-Viren können nach Infektion der Wirtszelle ihr Genom nicht direkt in die DNA der Wirtszelle integrieren, da ihre Erbinformation als RNA vorliegt. Mithilfe der im Capsid befindlichen Enzyme können die HI-Viren ihre RNA aber in eine Form überführen, die in das Wirtsgenom integriert werden kann.

**2** ≡ Beschreiben Sie den Aufbau des HI-Virus (→ **Abb. 1**).

**3** ≡ Beim HI-Virus handelt es sich um ein Retrovirus. Die Erbinformation liegt, anders als beim in Aufgabe 1 dargestellten Pockenvirus, in Form von RNA vor. Erläutern Sie die Problematik bei der Infektion der Wirtszelle.

**4** ≡ Recherchieren Sie die Bedeutung der Abkürzungen gp120 und gp41.

**Befall der Wirtszelle**

Die Wirtszellen der HI-Viren, die T-Helferzellen und die Makrophagen, besitzen in der Zellmembran ein charakteristisches Oberflächenprotein, den **CD4**-Rezeptor. Bindet das Virus mit dem Oberflächenprotein **gp120** an diesen Rezeptor (→ **Abb. 1**), so verschmilzt die Virushülle mit der Zellmembran der T-Helferzelle. Das Capsid gelangt in die Wirtszelle und löst sich dort auf. Die Virus-RNA und die viralen Proteine wie die Integrasen und Proteasen können dadurch in der T-Helferzelle freigesetzt werden.

**Reverse Transkription**

Durch die Freisetzung des Enzyms reverse Transkriptase in der Wirtzelle wird dieses aktiviert. Die reverse Transkriptase katalysiert das Umschreiben der viralen RNA in einzelsträngige **copyDNA** (abgekürzt cDNA, → **Randspalte**). Zeitgleich wird ein dazu komplementärer DNA-Einzelstrang erstellt und die virale RNA abgebaut. Aus dem viralen RNA-Genom ist eine dopplesträngige **cDNA** entstanden, die nur gencodierende Bereiche enthält.

**5** ≡ Begründen Sie, dass das für die Umschreibung der RNA in cDNA notwendige Enzym reverse Transkriptase heißt.

**Integration der HI-Viren-DNA**

Nach der Bildung der viralen cDNA wird mithilfe der viralen Integrase das HI-Virus-Genom in das Genom der T-Helferzellen eingebaut. Es entsteht ein sogenanntes **Provirus**. Dies bezeichnet einen Zustand, in dem die Virus-DNA in das Wirtsgenom integriert ist. Das Provirus verbleibt im Organismus und wird bei jeder Zellteilung an die Tochterzellen weitergegeben. Dies wird als **Latenzphase** bezeichnet. In dieser Phase ist die **Viruslast**, die Anzahl nachweisbarer Virusbestandteile, gering oder unter der Nachweisgrenze. Dem Immunsystem gelingt es meist mehrere Jahre, durch die Bildung spezifischer Antikörper die massenhafte Vermehrung der HI-Viren abzuwehren. Das Provirus kann durch das Immunsystem oder auch durch Medikamente nicht entfernt werden. Diese Latenzphase erstreckt sich mitunter über Jahre. Der Patient ist dann zwar infiziert und für andere ansteckend, er spürt aber zunächst keine Symptome der Erkrankung.

**6** ≡ Formulieren Sie eine Hypothese zur Bedeutung des Provirus.

**7** ≡ Erläutern Sie folgende Aussage: „In der Latenzphase vermehrt sich das Virus durch Zellteilungen der T-Helferzellen."

**Information T-Helferzellen:**
in der Thymusdrüse gebildet, sind an der humoralen Immunantwort beteiligt, leiten nach der Erkennung eines Antigens die Immunantwort ein

**Information cDNA:**
(engl.: *complementary DNA*, deutsch komplementäre DNA) DNA-Abschnitt, der als komplementäre Kopie einer bestimmten RNA-Sequenz synthetisiert wurde

## VL Materialgebundene Aufgabe

### 8 Ablauf der reversen Transkription

Die reverse Transkriptase hat zwei aktive Zentren. Sie kann als Polymerase die Verknüpfung von Nukleotiden katalysieren oder als Ribonuklease RNA abbauen.

**a)** ≡ Beschreiben Sie die Schritte der reversen Transkription. Verwenden Sie die Begriffe „RNA-abhängige DNA-Polymerase", „Ribonuklease" und „DNA-abhängige DNA-Polymerase".

**b)** ≡ Nennen Sie zu folgendem RNA-Abschnitt „5'-CGAUUACCGGAAUAGGUA-3' "des HIV-Genoms das Ergebnis der reversen Transkription.

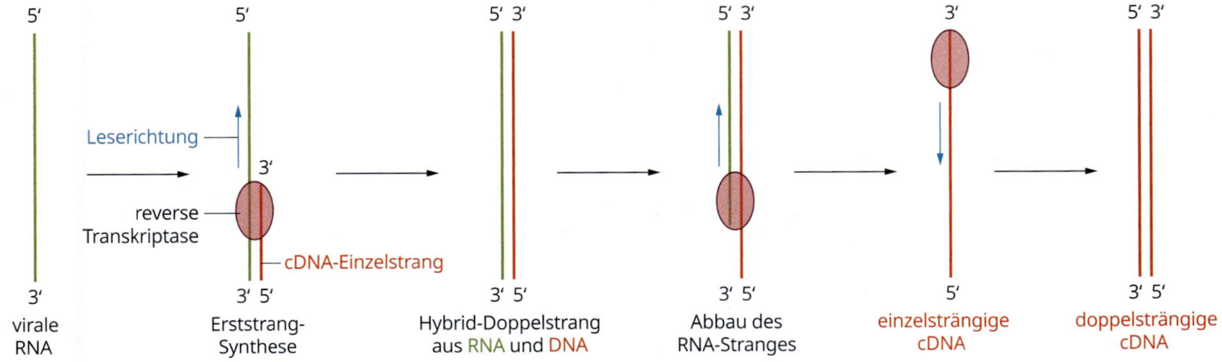

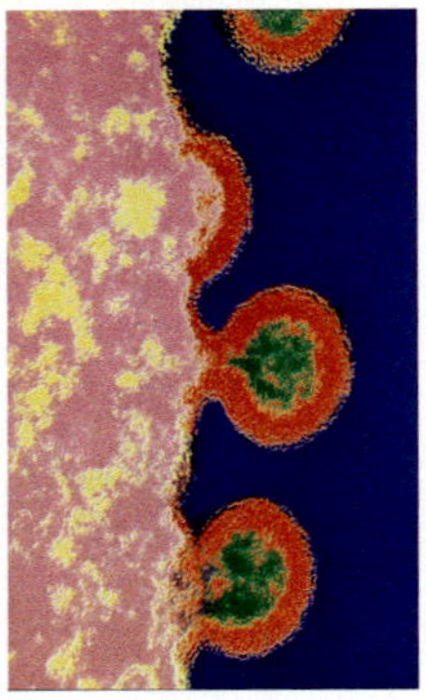

2 Knospung des HI-Virus

**Expression des HIV-Genoms und Virusvermehrung**

Meist erst Jahre nach der Infektion beginnt, oft ausgelöst durch einen Infekt, die Vermehrung von HI-Viren im Körper. Dazu werden die in die DNA der T-Helferzelle integrierten viralen Gene in Proteine umgesetzt. Im ersten Schritt, der Transkription, wird die integrierte virale genetische Information des HI-Virus durch die RNA-Polymerase der Wirtszelle abgelesen. Dabei entsteht eine mRNA der viralen Gene. In der nachfolgenden Translation an den Ribosomen der T-Helferzelle werden virale Vorläuferproteine gebildet, die später noch modifiziert werden. Diese viralen Vorläuferproteine lagern sich an bestimmten Stellen der Zellmembran der T-Helferzelle zusammen und verursachen eine Ausknospung der Membran. Dabei werden die noch nicht infektiösen, unreifen HI-Viren abgeschnürt und freigesetzt. Die ursprüngliche Wirtszelle, die T-Helferzelle, wird dabei zerstört. Im anschließenden Reifungsprozess der unreifen Viren bewirkt die viruseigene Protease die Spaltung der Vorläuferproteine. Dabei werden die capsidbildenden Proteine, die reverse Transkriptase und die Integrase freigesetzt. Schließlich entstehen reife Viruspartikel, die alle für einen weiteren Infektionszyklus benötigten Proteine enthalten. Diese HI-Viren können nun weitere T-Helferzellen befallen. Auf diese Weise kommt es zu einer Vermehrung der HI-Viren mit gleichzeitiger Abnahme der T-Helferzellen.

## VL Materialgebundene Aufgabe

### 9 Vermehrungszyklus des HI-Virus

a) ≡ Beschreiben Sie anhand der Abbildung die Vermehrung der HI-Viren unter Berücksichtigung des Eingriffs in die Proteinbiosynthese des Wirtes.

b) ≡ Erläutern Sie die Besonderheiten des Vermehrungszyklus der HI-Viren im Vergleich zu den Pockenviren (→ **Seite 52, Aufg. 1**). Stellen Sie die Unterschiede in einer Tabelle dar.

c) ≡ Überprüfen Sie diese Darstellung mittels einer Recherche in drei Quellen und identifizieren Sie Unterschiede oder Fehler.

d) ≡ Diskutieren Sie Möglichkeiten und Grenzen von Modellen.

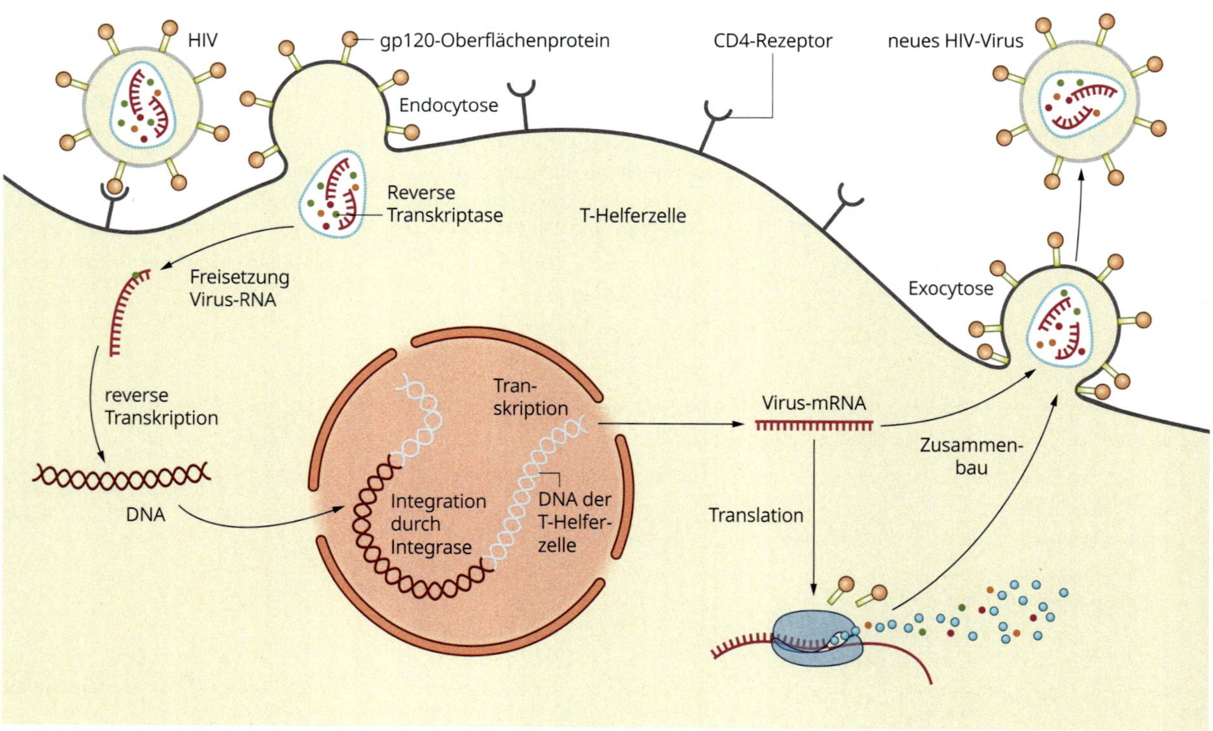

**Auswirkung auf den Wirt**

In den ersten Wochen nach der Ansteckung steigt die Viruslast zunächst schnell an. Viele Personen bemerken diese Infektion gar nicht, da sie nur milde Symptome wie bei einer Erkältung spüren. Diese Krankheitszeichen verschwinden rasch wieder. Danach beginnt die Latenzphase, die oft jahrelang symptomlos verläuft. Dennoch führt diese HIV-Infektion zu einer fortschreitenden Abnahme der Zahl der T-Helferzellen. Diese haben eine Schlüsselrolle bei der spezifischen Abwehr. Sie bilden spezielle regulatorische Proteine, mit denen sie weitere Zellen des Abwehrsystems, die B-Lymphozyten und die T-Killerzellen, aktivieren.

10 ≡ Bilden Sie Zweiergruppen. Wiederholen Sie mittels einer Recherche den Unterschied der humoralen und zellulären Abwehr und erklären Sie sich die Rolle der T-Helferzellen bei den Prozessen. Legen Sie dazu entsprechende Flussdiagramme an.

Hat die massenhafte Vermehrung der HI-Viren begonnen, dann bricht infolge der fortschreitenden Zerstörung der T-Helferzellen das Immunsystem zusammen. Die Betroffenen erkranken an bestimmten Formen der Lungenentzündung, Pilzerkrankungen sowie sonst eher seltenen Tumorerkrankungen. Diese Spätfolgen der HIV-Infektion bezeichnet man als **AIDS**. Die Anzahl der T-Helferzellen sinkt von einem Normalwert von 600 bis 1000 Zellen pro $mm^3$ Blut über einen Zeitraum von mehreren Jahren auf null. Ohne Behandlung liegt die Lebenserwartung HIV-infizierter Personen bei unter 10 Jahren.

**Eingriffe in den Vermehrungszyklus**

Für die Vermehrung der HI-Viren sind die folgenden Schritte notwendig: Befall der Wirtszelle, reverse Transkription der viralen RNA, Integration der DNA in die Erbsubstanz der Wirtszelle und Expression der Gene in der Proteinbiosynthese. Daraus ergeben sich mehrere therapeutische Ansätze. Bei der Kombinationstherapie werden mehrere Wirkstoffe parallel eingesetzt. Ziel der Therapie ist, die Viruslast im Körper zu verringern.

11 ≡ Seit einigen Jahren kann durch die Präexpositionsprophylaxe einer späteren HIV-Infektion vorgebeugt werden. Recherchieren Sie und beschreiben Sie die Funktionsweise dieser Medikamente.

## VL Materialgebundene Aufgaben

### 12 Ablauf einer HIV-Infektion

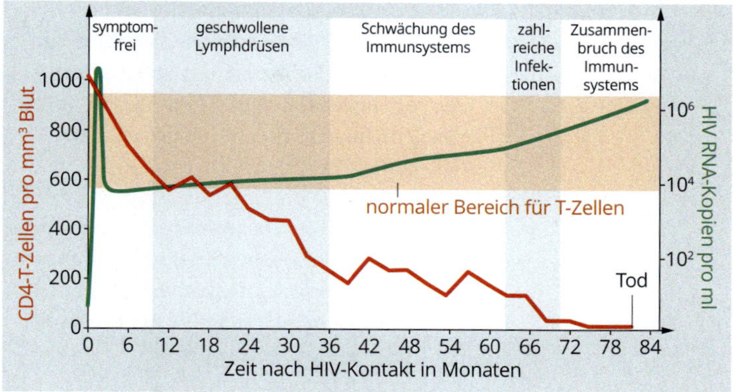


a) ≡ Beschreiben Sie den Verlauf einer unbehandelten HIV-Infektion unter Verwendung der Abbildung.

b) ≡ „Ich benutze keine Kondome, ich bin ja topfit." Bewerten Sie unter Bezug auf Aufgabe **a** diese Aussage.

### 13 Mögliche Therapieansätze zur Behandlung einer HIV-Infektion

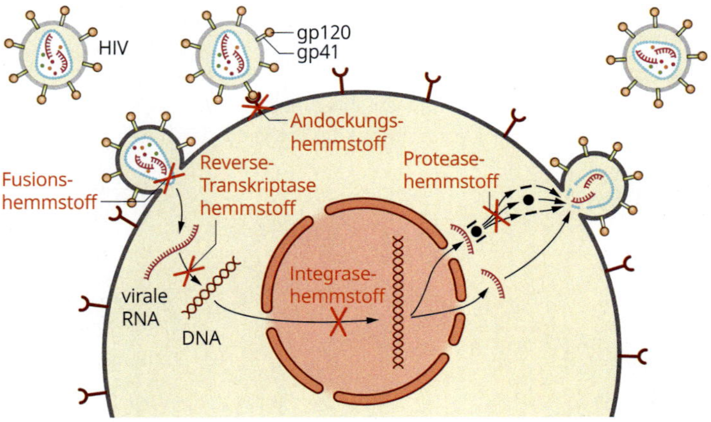


a) ≡ Erläutern Sie anhand der Abbildung fünf mögliche Therapieansätze bei einer HIV-Infektion

b) ≡ Durch Verabreichung dieser Medikamente treten oft unerwünschte Nebenwirkungen wie Durchfall auf. Erklären Sie mithilfe einer Recherche die Ursache solcher Nebenwirkungen.

c) ≡ In der HIV-Therapie werden die genutzten Medikamente häufig neu zusammengestellt. Beurteilen Sie dieses Vorgehen unter dem Aspekt der Koevolution (→ **Glossar**).

d) ≡ Erklären Sie, warum es bisher nicht gelungen ist, Impfstoffe gegen HIV zu entwickeln.

e) ≡ Die Lebenserwartung von HIV-Patienten konnte in den letzten Jahren deutlich verlängert werden, eine echte Heilung ist aber bisher nicht möglich. Stellen Sie eine Hypothese auf.

## ⊖ 1.9 Die regulatorische Wirkung von RNA auf die Proteinbiosynthese

**Für den Ablauf der Proteinbiosynthese werden verschiedene RNA-Moleküle benötigt. In den letzten Jahren wurden weitere Formen von RNA-Molekülen entdeckt, die einen regulatorischen Einfluss auf die Proteinbiosynthese haben. Wie wirken diese RNA-Moleküle?**

**1** ≡ Erstellen Sie eine beschriftete Zeichnung von einem Ribosom im Moment einer ablaufenden Proteinbiosynthese und zeichnen Sie die beteiligten RNA-Moleküle ein.

### Sense und Antisense

Bei der Transkription bewegt sich die RNA-Polymerase am codogenen Strang der DNA, dem **Sense-Strang** (engl. *sense*: Sinn), in 3'-5'-Richtung und verbindet die sich komplementär zur Basensequenz des Stranges anlagernden Nukleotide zu einem mRNA-Strang. Den komplementären, nichtcodierenden DNA-Strang, der von 5' nach 3' orientiert ist, nennt man **Antisense-Strang** (engl. *antisense*: Gegensinn). Auch an diesem kann die RNA-Polymerase Bereiche ablesen. Die gebildeten RNA-Stücke bezeichnet man als **Antisense-RNA** (kurz **aRNA**). Diese sind komplementär zu proteincodierenden mRNA-Molekülen.

### Natürliche Antisense-RNA

Antisense-RNA-Moleküle kommen in Zellen vieler Organismen natürlich vor. Die zugehörige DNA-Sequenz wird als **Antisense-Gen** bezeichnet. Beim Menschen konnten bisher etwa 1600 Antisense-Gene identifiziert werden. Ein Antisense-Gen umfasst wichtige regulatorische Basensequenzen der dazugehörenden Gene und ist Teil des Genoms. Die Transkription der Antisense-Gene führt zu aRNA-Molekülen, die nicht in Proteine übersetzt werden. aRNA-Moleküle können die Proteinbiosynthese regulieren.

## VL Materialgebundene Aufgabe

### 2 Die Bildung und Wirkung von aRNA

Die Abbildung zeigt schematisch die Bildung von aRNA-Molekülen. Das Schema verdeutlicht die Vorgänge der Transkription eines Gens und des zugehörenden Antisense-Gens.

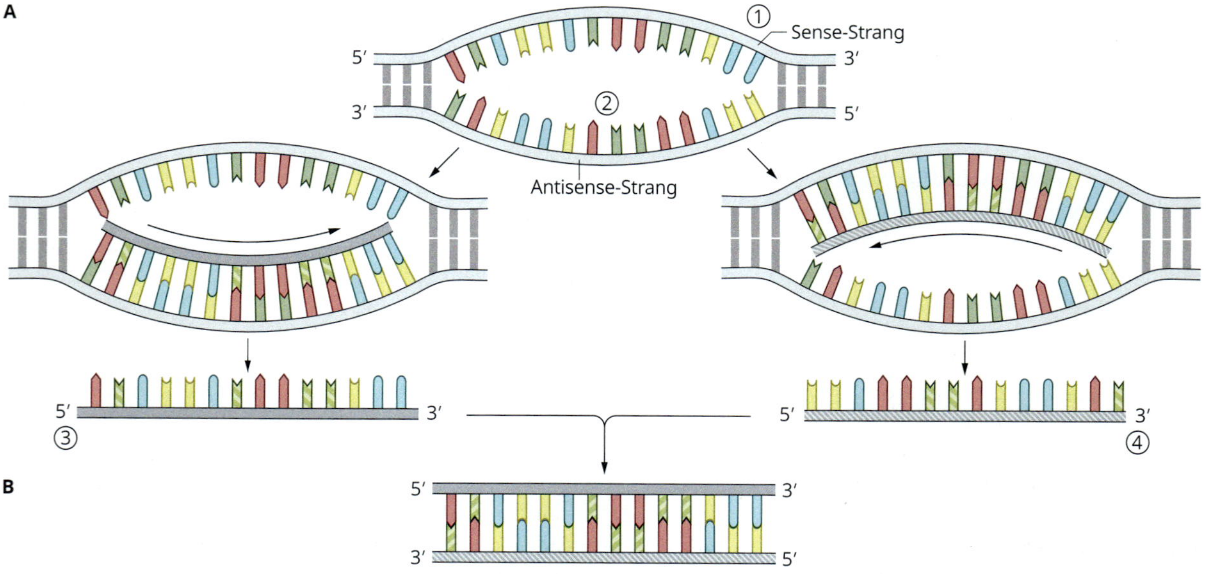


**a)** ≡ Benennen Sie die Strukturen 1 bis 4.

**b)** ≡ Beschreiben Sie unter Verwendung von Fachsprache die mit **A** und **B** gekennzeichneten Vorgänge.

**c)** ≡ Stellen Sie eine Hypothese auf, welche Auswirkung das bei Vorgang **B** gebildete Molekül auf die Proteinbiosynthese hat.

**Die Wirkung der Antisense-RNA-Moleküle**
Wird während der Transkription in einer Zelle sowohl die mRNA eines Gens als auch die zugehörende aRNA gebildet, dann lagern sich diese an komplementären Stellen zusammen. So entstehen aRNA/mRNA-Doppelstrangabschnitte. Dadurch wird der nächste Schritt der Proteinbiosynthese, die Translation der mRNA, verhindert und es wird kein Protein hergestellt. Da dies eine Möglichkeit der Genregulation nach (lat. *post:* nach) der Transkription ist, spricht man von **posttranskriptionaler Genregulation**.

## VL Materialgebundene Aufgabe

### ❸ Der molekulare Wirkmechanismus von aRNA

aRNA-Moleküle sind komplementär zu bestimmten Bereichen der mRNA des transkribierten Gens. Diese Bereiche beinhalten genregulatorische Regionen, also Sequenzen, die für die nachfolgende Proteinexpression und Bildung des Proteins notwendig sind. Diese RNA-Bereiche können beispielsweise Bindestelle für Spleißfaktoren und Ribosombindestellen sein. Es konnte gezeigt werden, dass aRNA-Moleküle an diesen genannten Stellen mit der mRNA in Wechselwirkung treten.
Die Abbildung zeigt schematisch Sequenzen von aRNA-Molekülen (**A**) sowie einer mRNA (**B**).

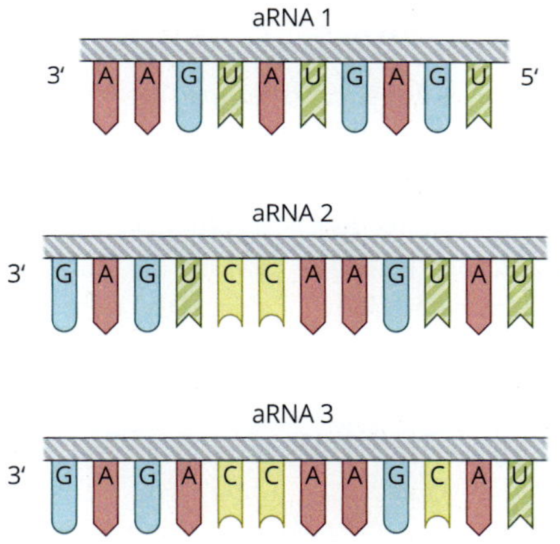


A

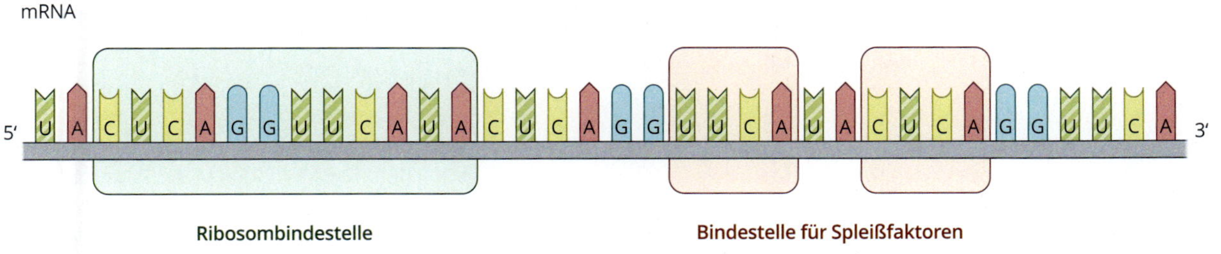


B

**a)** ☰ Suchen Sie zueinander komplementäre Nukleotidsequenzen und zeichnen Sie zwei mögliche RNA-Doppelstrang-Moleküle.

**b)** ☰ Beschreiben Sie die Notwendigkeit von Ribosombindestellen der mRNA und die Wirkung der aRNA.

**c)** ☰ Erstellen Sie ein Flussdiagramm zum Grundprinzip des Spleißens der RNA.

**d)** ☰ Erläutern Sie die Wirkung von Antisense-RNA auf die Proteinbiosynthese unter Mitverwendung des Flussdiagramms aus Aufgabe c.

**e)** ☰ Recherchieren Sie, was mit den gebildeten RNA-Doppelstrangmolekülen in der Zelle geschieht.

**f)** ☰ Erläutern Sie am Beispiel der RNA-Doppelstrangmoleküle die Basiskonzepte „Struktur und Funktion" und „Steuerung und Regelung".

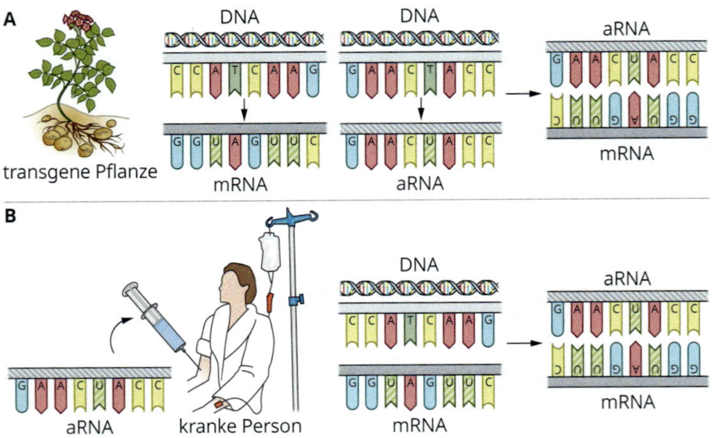


**1 Antisense-Technik in der Gentechnik. A** Einbau eines Antisense-Gens in die DNA; **B** direkte Injektion von aRNA-Sequenzen

### Künstliche Antisense-RNA und Gen-Knockdown

In der Gentechnik wird mithilfe von Antisense-RNA gezielt in die Genregulation eingegriffen. Dazu wird im Labor entweder die Antisense-Gensequenz oder direkt die Antisense-RNA synthetisiert und anschließend in den Organismus eingebracht. In beiden Fällen stammt der Ursprung der Antisense-RNA also nicht aus dem Genom des Organismus selbst. Die gebildete oder direkt eingebrachte aRNA bindet an die passende mRNA und verhindert so die Translation. Auf diese Weise wird die Expression eines Gens gestoppt, ohne dass dieses selbst verändert wird. Dieses Verfahren findet Anwendung im sogenannten **Knock-Down-Verfahren**.

## VL Materialgebundene Aufgabe

### ❹ Das Knock-Down-Verfahren am Beispiel der Kartoffel Amflora®

2010 kam mit der Amflora®-Kartoffel eine transgene Kartoffel auf den Markt, die Stärke für die Industrie liefern sollte. In dieser Kartoffelsorte wurde in die Stärkesynthese der Kartoffel eingegriffen. Stärke ist ein mithilfe des Enzyms Stärke-Synthetase (kurz Synthetase) aus Glucose aufgebautes Polysaccharid, das aus einer Mischung von Amylose und Amylopektin besteht. In der Industrie wird hauptsächlich Amylopektin aufgrund seiner Kleb- und Bindeeigenschaften gebraucht. Mithilfe der Antisense-RNA-Technik konnte die amylosefreie Amflora®-Kartoffel gezüchtet werden. Die Genehmigung zum Amflora®-Kartoffel-Anbau wurde aus juristischen Gründen 2013 zurückgezogen.

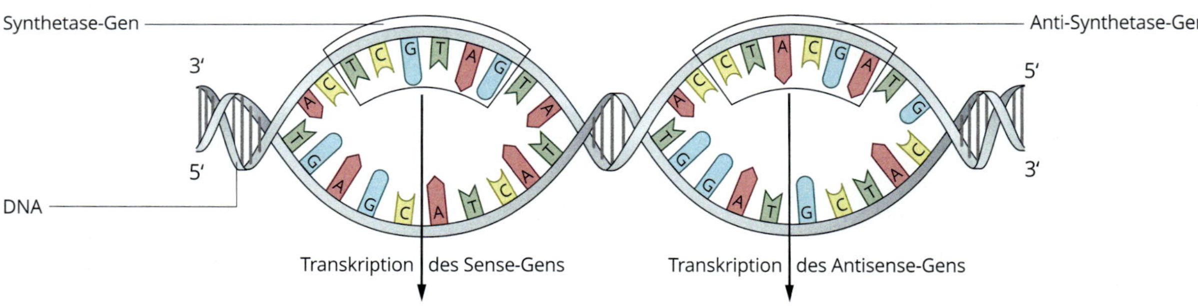


**a)** ≡ Skizzieren Sie nach einer Recherche die Moleküle von Amylose und Amylopektin in Symbolschreibweise.

**b)** ≡ Beschreiben Sie anhand des dargestellten DNA-Schemas den molekularen Ablauf der Transkription der Synthase- und Anti-Synthase-Gens bei der Amflora®-Kartoffel.

**c)** ≡ Stellen Sie exemplarisch die Sense- und Antisense-RNA-Sequenz auf und erklären den Knock-Down-Effekt im gezeigten Beispiel.

**d)** ≡ Stellen Sie eine Hypothese auf, warum die Antisense-Sequenz in unmittelbarer Nähe zum Sense-Gen eingebaut werden muss.

**e)** ≡ Erläutern Sie, warum ein Einbau eines Antisense-Gens in der Keimbahn erfolgen muss.

**f)** ≡ Analysieren Sie mittels einer Recherche, warum der Einsatz gentechnischer Methoden in der Pflanzenzucht unterschiedlich bewertet werden kann.

**g)** ≡ Analysieren Sie die Vertrauenswürdigkeit der für Aufgabe f verwendeten Quellen im Zusammenhang mit der Intention der Autorin oder des Autors.

**h)** ≡ Bewerten Sie unter Auswahl von drei der folgenden Kriterien „Humanität durch Bekämpfung von Hunger, Ressourcenschonung, Resistenzbildung, Störung des ökologischen Gleichgewichts, Gesundheitsschädigung" den Einsatz gentechnischer Methoden.

**i)** ≡ Bilden Sie sich auf der Grundlage der Recherche und Werte eine Meinung zum Einsatz gentechnischer Methoden in der Pflanzenzucht und begründen Sie diese.

### Ursache der Muskelatrophie

Bei der **spinalen Muskelatrophie**, abgekürzt **SMA**, sterben infolge des Mangels eines Proteins, des sogenannten SMN1-Proteins, motorische Nervenzellen im Rückenmark ab. Diese Nervenzellen sind dafür zuständig, Impulse gezielt an Muskelzellen weiterzugeben, wodurch eine Kontraktion der Muskelzellen erfolgt. Da Nervenzellen in Folge der Erkrankung absterben, werden weniger elektrische Impulse vom Rückenmark an die Muskeln weitergeleitet. Aufgrund der fehlenden Ansteuerung kommt es zur Verringerung der Muskelzellen. Der Muskel verkümmert und kann seine Aufgabe, zum Beispiel die Bewegung eines Arms, nicht mehr ausführen. Es kommt zu Muskelschwund und Lähmungen.

Die spinale Muskelatrophie beruht auf einer Genmutation im *SMN1*-Gen. Dieses befindet sich auf dem Chromosom 5 im SMN-Genlokus (engl. ***survival motor neuron***), in dem auch eine zweite, fast identische Kopie des Gens, das *SMN2*-Gen, liegt. Das *SMN2*-Gen unterscheidet sich durch ein Nukleotid im Exon 7 von *SMN1*-Gen. Bei der spinalen Muskelatrophie liegt eine Mutation im *SMN1*-Gen vor, sodass kein funktionsfähiges SMN-Protein gebildet wird. Über das *SMN2*-Gen wird zu 90 Prozent ein leicht verändertes SMN-Protein exprimiert, das instabil ist und leicht abgebaut wird.

**5** ≡ Recherchieren Sie in digitalen Quellen die Häufigkeit und die Symptome der spinalen Muskelatrophie.

## Materialgebundene Aufgabe

### 6 Einsatz der Antisense-Technik in der Medizin

**Nusinersen®** ist ein Medikament zur Behandlung der spinalen Muskelatrophie, das auf der aRNA-Technik basiert. Die Abbildung zeigt die molekulare Wirkung von **Nusinersen®** bei der Behandlung der SMA:

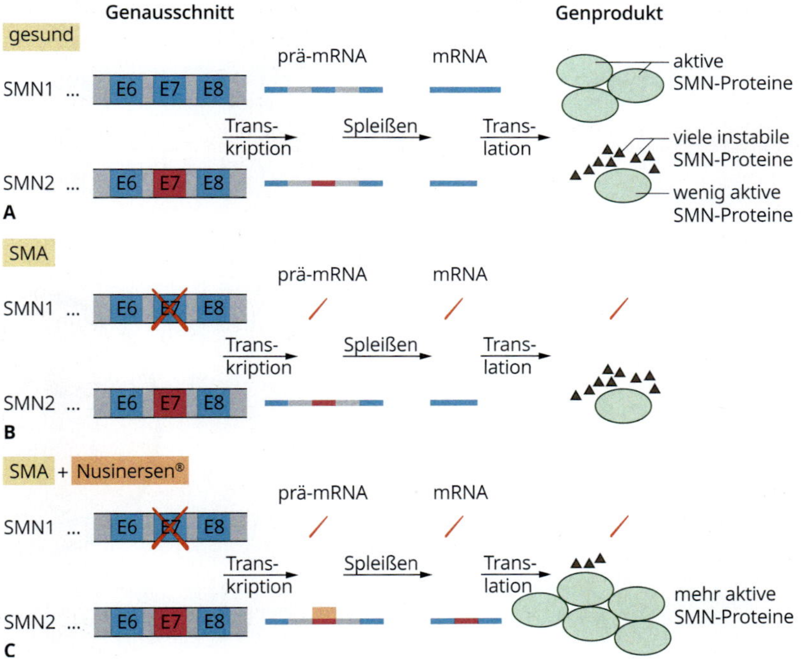


**a)** ≡ Beschreiben Sie anhand des Schemas (**A**, **B**) die Entstehung der spinalen Muskelatrophie (SMA).

**b)** ≡ Die Gene SMN1 und SMN2 unterscheiden sich nur in einem Exon. Stellen Sie eine Hypothese auf, wie man sich diese Tatsache bei der Therapie von SMA zu Nutze machen könnte.

**c)** ≡ Stellen Sie die Wirkungsweise von Nusinersen® (**C**) in einem Flussdiagramm dar.

**d)** ≡ Erläutern Sie die Wirkung von Nusinersen® auf die Proteinbiosynthese des SMN-Proteins.

**e)** ≡ Erklären Sie die Notwendigkeit für den möglichst schnellen Einsatz dieses Medikamentes nach der Diagnosestellung.

**f)** ≡ Nusinersen® muss zu Therapiebeginn in kurzen zeitlichen Abständen gegeben werden. Später muss es alle vier Monate injiziert werden. Recherchieren Sie Ursachen für diese Art der Therapie.

**g)** ≡ Leiten Sie anhand der beschriebenen Wirkung von Antisense-RNA auf die Proteinbiosynthese weitere Anwendungsmöglichkeiten in der Medizin ab. Führen Sie dazu eine Recherche durch und präsentieren Sie Ihre Ergebnisse in geeigneter Form.

**h)** ≡ Stellen Sie mittels einer Recherche Kriterien für die Bewertung des Einsatzes gentechnischer Methoden in der Medizin auf.

**i)** ≡ Beurteilen Sie mithilfe der in **h** gefundenen Kriterien die Chancen und Risiken gentechnischer Methoden in der Medizin.

**1** Alexander FLEMING

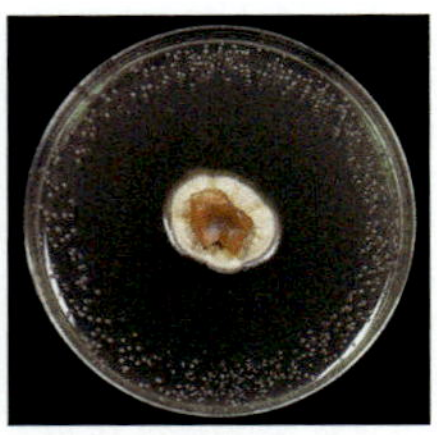

**2** Bakterienkultur: rund um die Verunreinigung durch einen Schimmelpilz wachsen keine Bakterien

## ⊖ 1.10 Die Wirkung von Antibiotika auf die Proteinbiosynthese bei Prokaryoten

**Antibiotika sind Medikamente, die gezielt gegen bakterielle Infektionen eingesetzt werden. Einige von ihnen nehmen Einfluss auf die Proteinbiosynthese bei Bakterien. Warum werden menschliche Zellen durch Antibiotika nicht geschädigt?**

### Zufallsentdeckung

Der Mediziner und Biologie Alexander FLEMING (1881–1955) forschte an Bakterien der Gattung *Staphylococcus,* die als Erreger von schweren Infektionen bekannt waren. Er bemerkte auf einer Bakterienkultur eine Verunreinigung durch den Schimmelpilz *Penicillinum chrysogenum* und stellte fest, dass sich die Bakterien im Umfeld des Schimmelpilzes nicht weiter vermehren konnten. FLEMING schlussfolgerte, dass der Schimmelpilz Stoffwechselprodukte ausschied, die das Wachstum der Bakterien hemmten. FLEMING untersuchte diese Substanz weiter und nannte sie später „Penicillin“, das erste **Antibiotikum**.

### Was sind Antibiotika?

Antibiotika (griech. *anti*: gegen; *bios*: Leben; Einzahl: Antibiotikum) im ursprünglichen Sinn sind von Mikroorganismen hergestellte Stoffwechselprodukte, die schon in geringer Konzentration das Wachstum anderer Mikroorganismen hemmen oder diese abtöten können. Heute werden auch in der Natur nicht vorkommende synthetisch oder gentechnisch hergestellte Wirkstoffe gegen Bakterien als Antibiotika bezeichnet.

❶ ≡ Beschreiben Sie anhand von Bild 2 die Wirkung eines Antibiotikums.

❷ ≡ Antibiotika gehören zu den sogenannten Sekundärmetaboliten. Recherchieren Sie die Bedeutung dieses Begriffs und leiten Sie daraus ab, warum Mikroorganismen diese Substanzen bilden.

### Proteinbiosynthese im Vergleich

Die Proteinbiosynthese bei pro- und eukaryotischen Zellen verläuft in einigen Aspekten unterschiedlich. Grund dafür ist der unterschiedliche Aufbau der jeweiligen Zellen, insbesondere das Fehlen des Zellkerns bei Porkaryoten.

## VL Materialgebundene Aufgabe

### ❸ Vergleich der Proteinbiosynthese bei Pro- und Eukaryoten

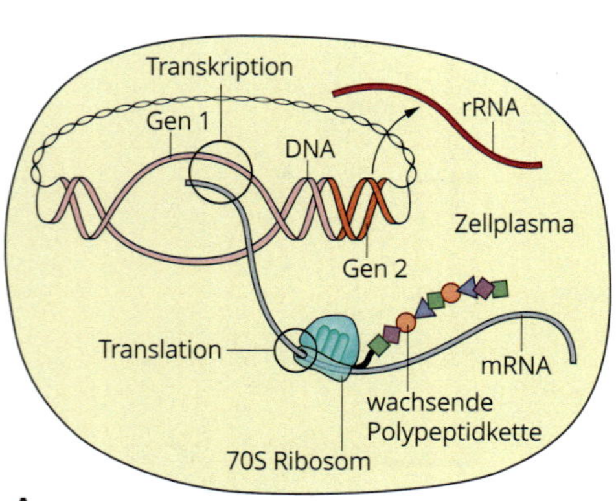


**A**

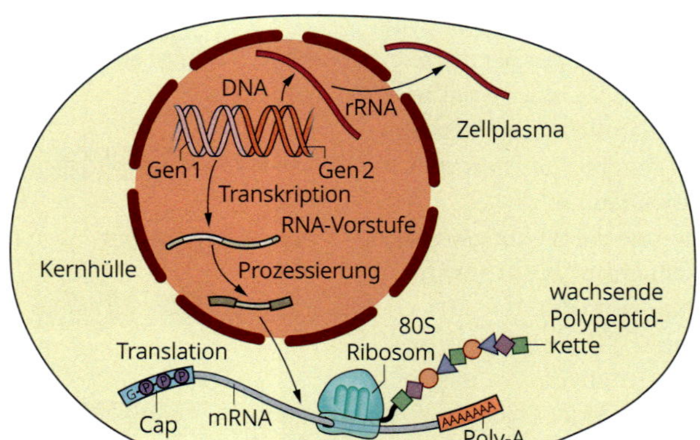


**B**

Die Abbildungen zeigen den Ablauf der Proteinbiosynthese in einer pro- (**A**) und einer eukaryotischen (**B**) Zelle. Die grundsätzlichen Vorgänge (→ **Seite 40**) am Ribosom sind vergleichbar. Aber es gibt einige Unterschiede:

**a)** ≡ Vergleichen Sie den Zellaufbau einer pro- und einer eukaryotischen Zelle.

**b)** ≡ Beschreiben Sie den Ablauf der Proteinbiosynthese bei Prokaryoten.

**c)** ≡ Vergleichen Sie tabellarisch den Ablauf der Proteinbiosynthese bei Pro- und Eukaryoten

**d)** ≡ Die Bildungsgeschwindigkeit von rRNA ähnelt sich bei Pro- und Eukaryoten, die von Proteinen unterscheidet sich deutlich. Erklären Sie diesen Sachverhalt.

**e)** ≡ Leiten Sie aus den Unterschieden zwischen der Proteinbiosynthese bei Prokaryoten und Eukaryoten mögliche Angriffsorte für Antibiotika bei Prokaryoten ab.

**Vielfalt der Antibiotika**

Heute gibt es eine Vielzahl verschiedener Antibiotika. Sie unterscheiden sich in der chemischen Struktur und in der Wirkungsweise. Ziel einer Antibiotikatherapie ist es immer, die bakteriellen Erreger zu bekämpfen, möglichst ohne die menschlichen Zellen zu beeinträchtigen. Diese Substanzen zielen daher auf Vorgänge oder Strukturen ab, die nur in Bakterienzellen zu finden sind.

**4** ≡ Stellen Sie eine Hypothese auf, welche bakteriellen Vorgänge oder Strukturen im Zusammenhang mit der Proteinbiosynthese sich als Angriffsorte für Antibiotika eignen könnten.

**5** ≡ Erläutern Sie mit Ihrem Wissen über die Vermehrung von Viren (→ **Seite 52**), warum Antibiotika bei viralen Erkrankungen wie Grippe oder Corona nicht verschrieben werden.

**Unerwünschte Wirkungen von Antibiotika**

Antibiotika wirken gezielt gegen bakterielle Krankheitserreger. Trotzdem treten bei der Behandlung von bakteriellen Infektionen häufig unerwünschte Nebenwirkungen wie Magen-Darm-Probleme in Form von Durchfall, Übelkeit und Bauchkrämpfen auf.

**6** ≡ Erstellen Sie eine Hypothese zur Ursache der Nebenwirkungen der Antibiotika.

## VL Materialgebundene Aufgabe

### 7 Wirkung von Antibiotika auf die Proteinbiosynthese von Prokaryoten

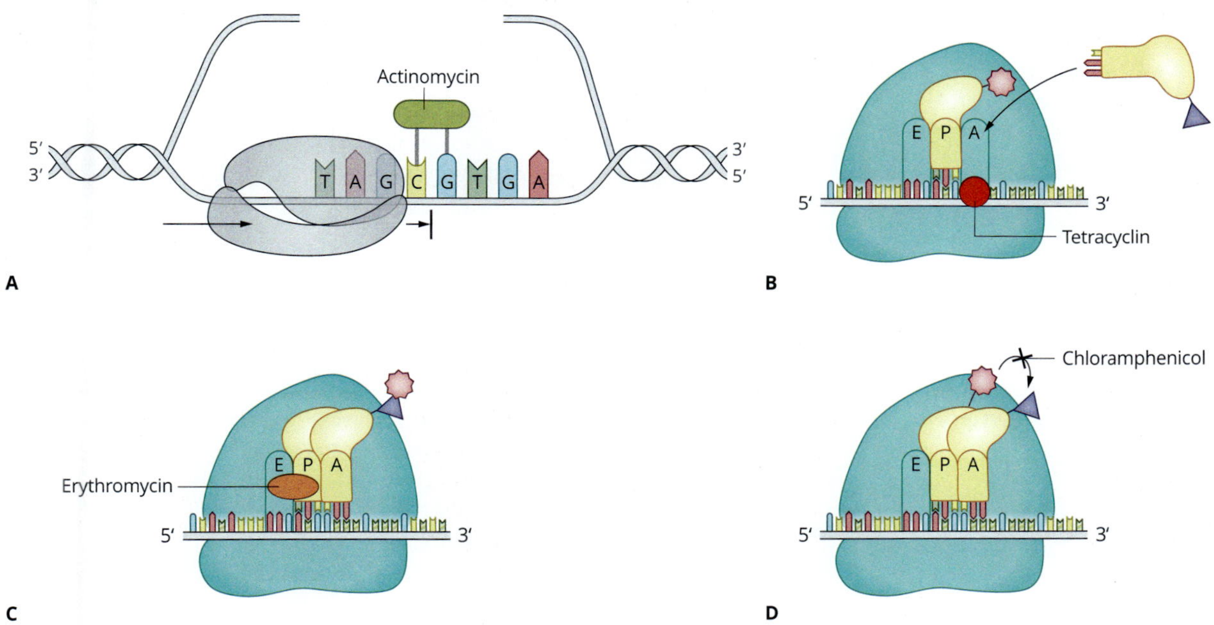


Die Antibiotika Actinomycin, Erythromycin, Chloramphenicol und Tetracyclin greifen an verschiedenen Stellen der Proteinbiosynthese der Prokaryoten an.

a) ≡ **Actinomycin** bindet an die Basen Guanin und Cytosin der DNA (**A**). Erklären Sie die Auswirkung dieses Antibiotikums auf Bakterien.

b) ≡ Actinomycin wurde nur kurzzeitig als Antibiotikum eingesetzt, da es trotz hoher Wirksamkeit gegenüber Bakterien auch die Proteinbiosynthese von menschlichen Zellen beeinträchtig und zelltoxisch wirkt. Erläutern Sie mögliche Ursachen der Toxizität.

c) ≡ **Tetracyclin** (**B**) bindet an der A-Stelle der 30S-Untereinheit des Ribosoms. Erklären Sie die Folgen der Gabe von Tetracyclin für die Translation.

d) ≡ **Erythromycin** (**C**) bindet an der P-Stelle der großen-Untereinheit, **Chloramphenicol** (**D**) an das katalytische Zentrum der Peptidyltransferase der 50S-Untereinheit des bakteriellen Ribosoms. Erläutern Sie jeweils die Auswirkungen auf die Proteinbiosynthese.

e) ≡ Begründen Sie die Selektivität der Wirkung der Antibiotika auf Prokaryoten in den Fällen **B–D** (Hinweis: → **Seite 23**).

## Molekularer Bau der DNA und RNA

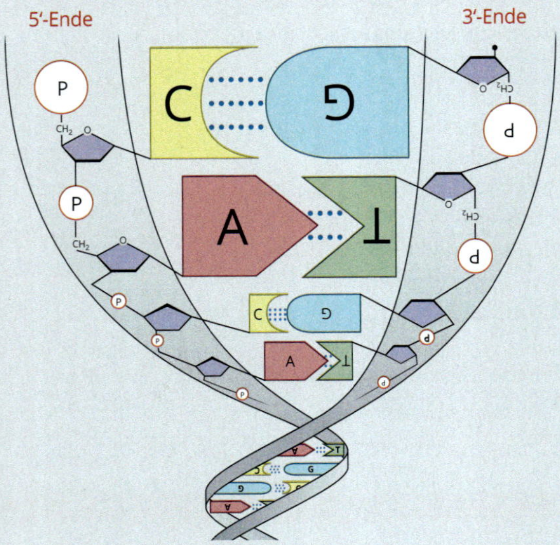


- Rückgrat aus Desoxyribose und Phosphatgruppen
- Doppelhelix aus zwei antiparallel verlaufenden Strängen verbunden durch Wasserstoffbrücken zwischen den komplementären Basenpaaren: Adenin = Thymin, Cytosin ≡ Guanin
- Unterschiede der RNA:
  - Ribose statt Desoxyribose, Uracil statt Thymin
  - meist einsträngig

Mehr dazu auf den Seiten 22–32

## Genetischer Code

Eigenschaften: Triplettcode, universell, eindeutig, redundant, nicht überlappend, kommafrei

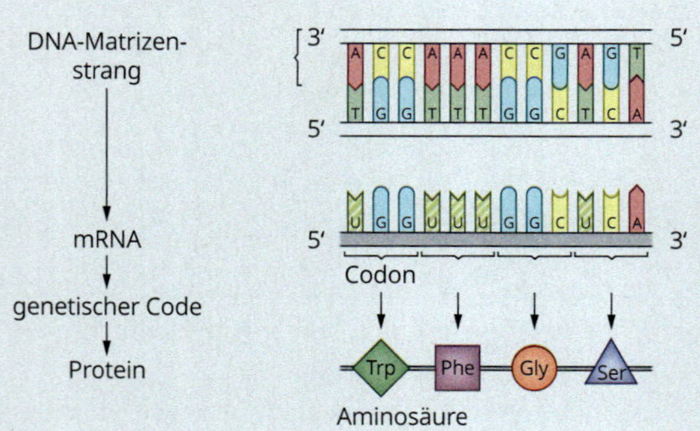


Übersetzung des Codes: Code-Sonne zeigt den Zusammenhang zwischen Nukleotidtriplett und Aminosäure

Mehr dazu auf den Seiten 32–35

## Realisierung der genetischen Information: Proteinbiosynthese der Eukaryoten

- Gen: besteht aus Introns (nicht codierenden Nukleotidsequenzen) und Exons (codierenden Nukleotidsequenzen)
- räumliche und zeitliche Trennung von Transkription und Translation durch die Kernhülle

**Transkription im Zellkern:**
- Initiation: RNA-Polymerase bindet an Promotorregion
- Elongation: Verlängerung der RNA durch Anlagerung weiterer RNA-Nukleotide jeweils am 3'-Ende
- Termination: Ablösen der RNA-Polymerase am Terminator

↓

**Prozessierung im Zellkern:**
- Anhängen der Cap-Struktur (methyliertes Guanin) an das 5'-Ende der prä-mRNA
- Anfügen des Poly-A-Schwanzes an das 3'-Ende der prä-mRNA
- Herausschneiden (Spleißen) der Introns aus der prä-mRNA

↓

**Translation im Zellplasma:**
- Start am Startcodon AUG
- Kettenverlängerung
- Abbruch an einem Stoppcodon

Mehr dazu auf Seiten 36–43

## Bedeutung von Proteinen

Proteine: Enzyme, Strukturproteine, Transportproteine, Abwehrproteine, Rezeptor-Proteine, bewegliche Proteine, Speicherproteine, Peptidhormone

**Genwirkkette:**
Abfolge mehrerer voneinander abhängiger Stoffwechselreaktionen, die von Produkten verschiedener Gene gesteuert werden; Beispiel: zur Ausbildung eines Merkmals sind viele hintereinandergeschaltete Stoffwechselreaktionen notwendig, die jeweils von einem Enzym gesteuert werden

⊖ **Unterbrechung** der Genwirkkette führt zu einem geänderten Merkmal; Modellorganismen: Knock-out-Organismen

Mehr dazu auf den Seiten 44–47

## ⊖ Proteinvielfalt durch alternatives Spleißen

Aus der prä-mRNA entstehen mRNAs, die in verschiedene Proteine übersetzt werden können.

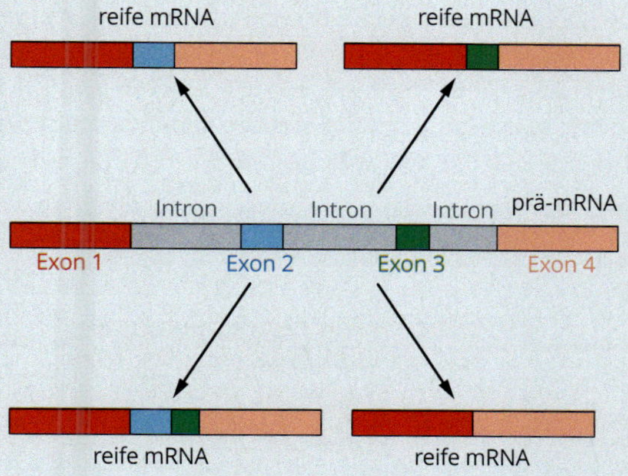


Verschiedene Proteine führen zu unterschiedlichen Merkmalen → unterschiedliche Selektionsmöglichkeiten → unterschiedliche Überlebenswahrscheinlichkeiten → Evolution

Mehr dazu auf Seiten 49–51

## ⊖ Eingriff von Viren in die Proteinbiosynthese

**Vermehrungszyklus von Viren:** Beispiel HI-Virus:
**Infektion** (Befall der T-Helferzelle über Bindung an CD4-Rezeptor, reverse Transkription schreibt RNA in DNA um)
↓
**Integration** (Virusgenom wird in Genom der Wirtszelle eingebaut)
↓
**Latenzphase** (Virusgenom wird nicht exprimiert)
↓
**Expression** (Virusgenom wird exprimiert, Bildung neuer Viren, Absterben der Wirtszelle)

- **Auswirkungen** auf den Wirt: Expression des HIV-Genoms und Virusvermehrung führen zur Abnahme der Zahl der T-Helferzellen, dadurch Ausbruch der Immunschwäche AIDS
- Eingriffe in den Vermehrungszyklus: **antiretrovirale Kombinationstherapie**, Vermehrung wird verzögert; Wirkung an verschiedenen Punkten des Vermehrungszyklus; Zeit bis zum Ausbruch von AIDS wird verlängert

Mehr dazu auf Seiten 52–55

## ⊖ Wirkung von Antisense-RNA (aRNA) auf die Proteinbiosynthese

- **aRNA**-Moleküle werden durch Transkription von Antisense-Genen gebildet und sind komplementär zu Abschnitten proteinbildender mRNA
- aRNA-Moleküle und komplementäre mRNA bilden aRNA / mRNA-Doppelstränge:
  - Bindung des aRNA-Moleküls an Bindestelle für Spleißfaktoren verhindert das korrekte Spleißen und Bildung eines veränderten Proteins (**posttranskriptionale** Genregulation)
  - Bindung des aRNA-Moleküls an Ribosombindestelle unterbindet die Wechselwirkung der mRNA mit dem Ribosom und die Translation findet nicht statt (**prätranslationale** Genregulation)
- **natürliche aRNA-Sequenzen** liegen im Genom von Organismen vor, Transkription führt zu nicht proteinbildenden aRNA-Molekülen
- **künstliche aRNA-Sequenzen** sind Sequenzen, deren Ursprung nicht im Genom des jeweiligen Organismus liegt. Sie können ins Genom eingebaut sein oder durch Injektion dem Organismus zugeführt werden.
- Einsatz von aRNA-Molekülen mit **Knock-Down-Verfahren, Beispiele:** transgene Amflora®-Kartoffel, Injektion von Nusinersen® (aRNA-Sequenzen) bei spinaler Muskelatrophie

Mehr dazu auf Seiten 56–59

## ⊖ Wirkung von Antibiotika auf die Proteinbiosynthese bei Prokaryoten

- **Antibiotika:** Stoffwechselprodukte von Pilzen oder Bakterien, die das Wachstum von Bakterien hemmen oder diese abtöten können

- Wirkorte von Antibiotika:
  - **Transkription:** beispielsweise bindet Actinomycin an die DNA-Basen Guanin und Cytosin und blockiert damit die Transkription
  - **Translation**: Tetracyklin: bindet an die 30S-Untereinheit, behindert die Bindung der Aminoacyl-tRNA; Erythromycin: bindet an die 50S-Untereinheit, verhindert den Transfer der Peptidyl-tRNA ; Choramphenicol: hemmt die Peptidyltransferase an der 50S-Untereinheit

Mehr dazu auf Seiten 60–61

## AUFGABE

### Überlappende Leseraster

Das XL-Exon des XL/Gs-Gens im Nervensystem ist Gegenstand intensiver Forschung. Es enthält den genetischen Code für das XL-Protein, das in verschiedenen Spezies wie Ratten, Mäusen und Menschen eingehend untersucht wurde. Die umfangreichen Forschungsaktivitäten im Zusammenhang mit diesem Protein haben bereits zu bedeutenden Erkenntnissen geführt und eröffnen vielversprechende Möglichkeiten, um die molekularen Mechanismen des Nervensystems besser zu verstehen. Die Untersuchung des XL-Proteins und seines zugehörigen Exons bietet einen wertvollen Einblick in die Funktion und Regulation von Hormonrezeptoren im Nervensystem. Durch das Studium dieser molekularen Komponente ergeben sich neue Perspektiven, um die Signalwege und Interaktionen von Hormonen im Gehirn zu entschlüsseln. Dies kann wiederum zu innovativen Ansätzen und potenziell bahnbrechenden Erkenntnissen in den Bereichen Medizin und Neurowissenschaft führen.

1 Beschreiben Sie den molekularen Aufbau der DNA. [6 BE]

2 Erläutern Sie die Eigenschaften des genetischen Codes und wie innerhalb eines DNA-Abschnittes mehrere Leseraster möglich sind. [8 BE]

3 Ordnen Sie je eine der in M3 gezeigte Aminosäuresequenzen dem XL- sowie dem ALEX-Protein mithilfe von M1 und M2 begründet zu. [6 BE]

4 Beschreiben Sie die Schritte der Methode der Immunfluoreszenz in einem Flussdiagramm (M4a). Beschreiben Sie die Verteilung der Proteine XL und ALEX in HeLa- und PC12-Zellen (M4b). Leiten Sie aus dem Ergebnis von M4b mit M2b strukturelle Gemeinsamkeiten der beiden Proteine XL und ALEX ab. [5 BE]

5 Erörtern Sie, ob zwei Proteine, die durch verschiedene Leseraster innerhalb eines Exons gebildet werden (wie in M1 gezeigt), ähnliche Eigenschaften haben müssen. [5 BE]

6 ⊖ Erläutern Sie den Unterschied zwischen der Bildung verschiedener Proteine durch alternatives Spleißen und durch verschiedene Leseraster. [6 BE]

7 ⊖ Erstellen Sie je eine Hypothese zu einem evolutionsbiologischen Vorteil und einem Nachteil, der durch die Bildung mehrerer Genprodukte aus einem DNA-Abschnitt entsteht. [4 BE]

## MATERIAL

### M1 XL-Exon

Um Erkenntnisse über das XL-Exon zu gewinnen, haben Forschende diesen DNA-Abschnitt genauer untersucht. Dabei wurde festgestellt, dass in der DNA-Sequenz des XL-Exons neben dem Leseraster für das XL-Protein noch ein weiteres Leseraster gefunden werden kann, das zum sogenannten ALEX-Protein exprimiert wird.

#### M1a Überlappende Leseraster

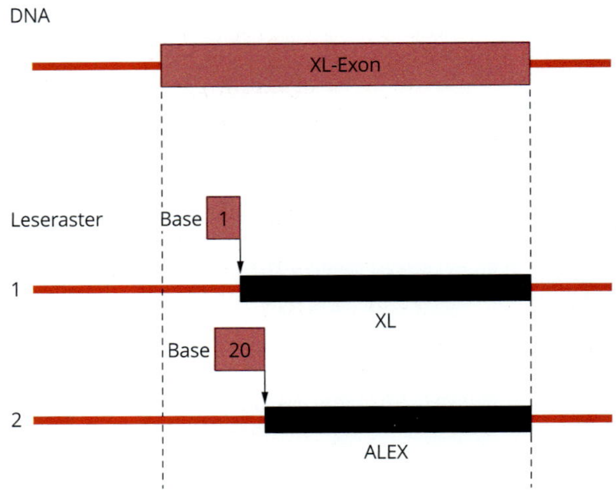


#### M1b Ausschnitt der DNA des nicht codognenen Stranges

Die DNA des XL-Exons wurde vollständig sequenziert, somit ist die Basensequenz bekannt. Hier werden die ersten 34 Basen gezeigt.

5‘ ATGCCCACCGATCTTCCGCATGCGGGCCCAGCTT 3‘

## M2 Code-Sonne

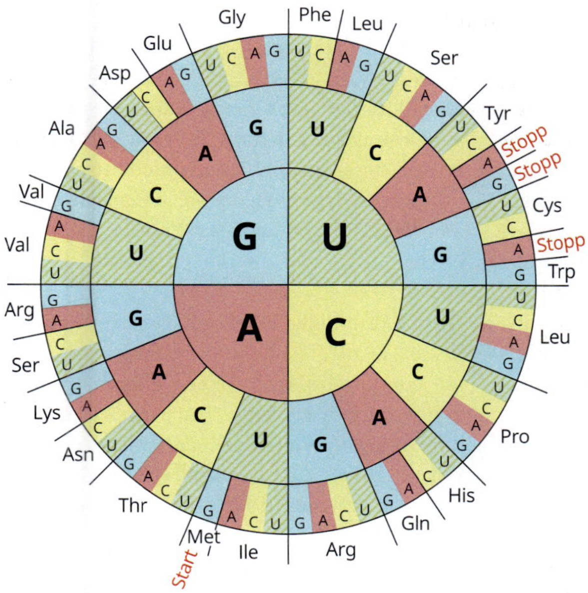


### M2a Eigenschaften von Aminosäuren

Die Aminosäuren haben je nach ihren Resten unterschiedliche chemische Eigenschaften. Man unterscheidet:

- **unpolare, hydrophobe** Aminosäuren: Alanin, Valin, Methionin, Leucin, Isoleucin, Prolin, Tryptophan, Phenylalanin
- **polare, neutrale** Aminosäuren: Tyrosin, Threonin, Glutamat, Glycin, Serin, Cystein, Asparagin
- **basische** Aminosäuren: Lysin, Arginin, Histidin
- **saure** Aminosäuren: Asparaginsäure, Glutaminsäure

(Hinweis: Zuordnung der Aminosäuren zu den Abkürzungen → **Seite 32**)

### M2b Verteilung von Proteinen an der Zellmembran

Zellmembranen bestehen aus besonderen Fettmolekülen, den Phospholipiden, und Proteinen. Die Phospholipide sind in einer Lipiddoppelschicht angeordnet. Darin sind ihre hydrophilen, wasserliebenden Bereiche nach außen, zur wässrigen Umgebung hin, ausgerichtet. Die hydrophoben, wasserabweisenden Bereiche sind nach innen gelagert. Ein Protein, das aus unpolaren Aminosäuren besteht, befindet sich im wesentlichen in der Zellmembran. Ein Protein, das aus polaren Aminosäuren besteht, befindet sich auf der Zellmembran.

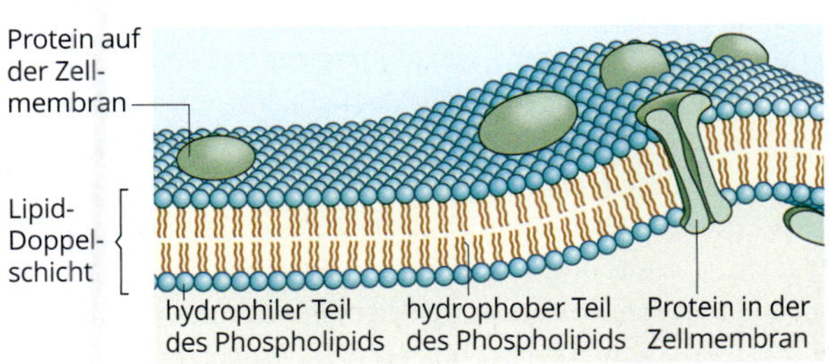


## M3 Die ersten Aminosäuren von Proteinen

Sequenz 1: Met Pro Thr Asp Leu

Sequenz 2: Met Pro Ala Glu His

Sequenz 3: Met Arg Ala Gln Leu

## M4 Nachweis von Proteinen

### M4a Labormethode Immunfluoreszenz

Proteine lassen sich durch Immunfluoreszenzfärbung nachweisen. Dabei wird ausgenutzt, dass Antikörper sowohl an Proteine, als auch an andere Antikörper binden können. Gebundene markierte Antikörper leuchten unter einem Fluoreszenzmikroskop auf, wodurch man ihre Verteilung in Zellen oder Geweben sichtbar machen kann.

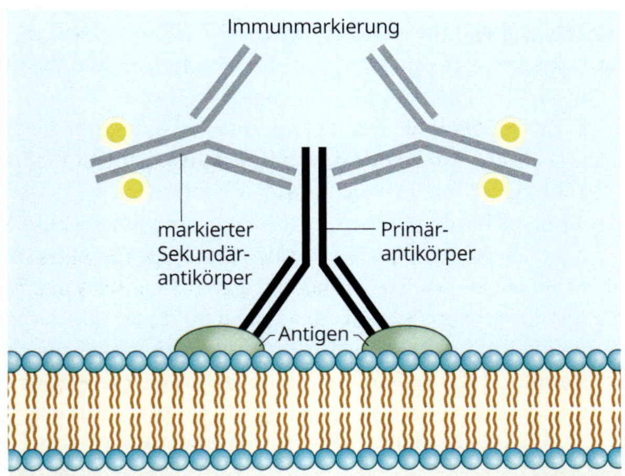


### M4b Versuch zu ALEX- und XL-Protein

In einem Versuch wurden die DNA für das XL-Protein und das ALEX-Protein zu zwei verschiedenen Zelltypen, PC12- und HeLa-Zellen, gegeben. Bei PC12-Zellen handelt es sich um neuronale Zellen, die in Zellkulturen gut kultiviert werden können und als Modellzellen für Nervenzellen gelten. HeLa-Zellen sind menschliche Epithelzellen eines Gebärmutterhalskrebses und die ersten menschlichen Zellen, aus denen eine stabile Zelllinie entstanden ist, die in der Forschung viel verwendet wird.

In beiden Zelltypen wurden die Gene jeweils exprimiert und die entsprechenden Proteine gebildet. Anschließend wurden die Zellen mittels Immunfluoreszenz untersucht. Als Kontrolle dient das Protein Weizenkeim-Agglutinin (WGA). Von diesem Protein weiß man, dass es sich in der Zellmembran befindet.

**Ergebnis:** In beiden Zelltypen wurden übereinstimmende Muster der Verteilung des WGA-Proteins, des ALEX-Proteins und des XL-Proteins nachgewiesen.

# 2 Die Regulation der Genaktivität

## Materialgebundene Aufgabe

### 2 Die differenzielle Aktivität der Globin-Gene

Hämoglobin, das sauerstofftransportierende Molekül der Erythrozyten, besteht aus vier Polypeptidketten, den Globinen. In den Entwicklungsphasen eines Menschen setzen sich die Hämoglobinmoleküle aus unterschiedlichen Polypeptidketten zusammen, die mit alpha (α), beta (β), gamma (γ), delta (δ), epsilon (ε) und zeta (ζ) bezeichnet werden. Diese unterscheiden sich in der Affinität, also der Stärke der Bindung, zum Sauerstoff. Während der ersten drei Monate der embryonalen Entwicklung erfolgt die Hämoglobinsynthese in den Zellen des Dottersacks, dann in den Leber- und Milzzellen und nach der Geburt im Knochenmark.

**a)** ≡ Beschreiben Sie mithilfe der Abbildungen **A** und **C** den Aufbau und die Zusammensetzung des Hämoglobinmoleküls in den verschiedenen Entwicklungsphasen.

**b)** ≡ Erklären Sie mit Bezug auf die Abbildungen **A–C** die differenzielle Genaktivität am Beispiel der Globinsynthese.

**c)** ≡ Das embryonale Hämoglobinmolekül hat durch die Zusammensetzung der Polypeptidketten eine höhere Sauerstoffaffinität als das Hämoglobinmolekül der Mutter. Erläutern Sie die Bedeutung dieser Tatsache für die Versorgung des Embryos mit Sauerstoff über die Plazenta. Recherchieren Sie gegebenenfalls die Funktion der Plazenta.

**d)** ≡ Stellen Sie den Zusammenhang zwischen den verschiedenen Systemebenen am Beispiel der Sauerstoffaffinität des Hämoglobins beim Embryo und bei der Mutter in einem Flussdiagramm dar. Verwenden Sie dazu die Ebenen Organismus, Organ, Zelle, molekulare und genetische Ebene. Erläutern Sie daran die unterschiedlichen Eigenschaften und die Anpassung des Menschen an seine Umgebung.

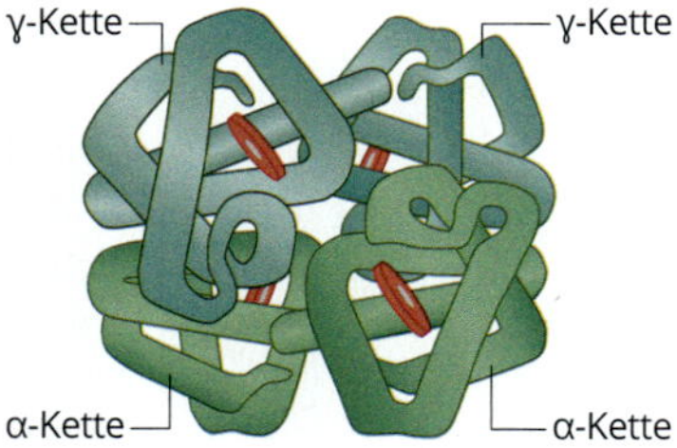


A

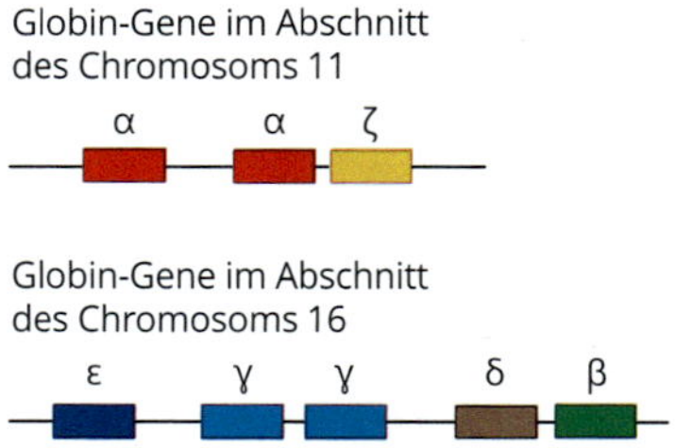


B

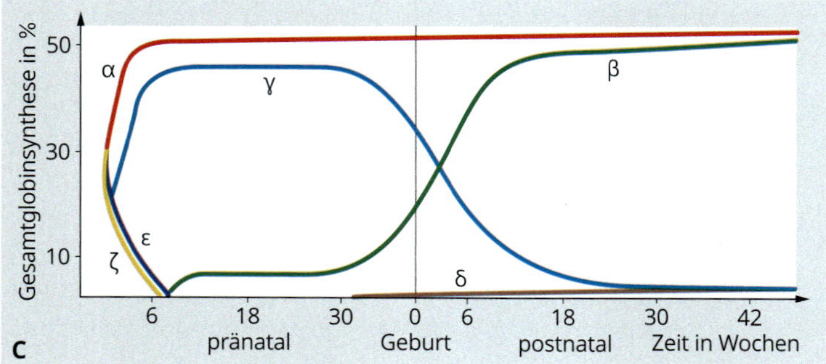


C

## 2.1 Die differenzielle Genaktivität

**Alle Zellen eines eukaryotischen Organismus stammen von einer befruchteten Eizelle, der Zygote, ab. Wie kann sich ausgehend von dieser Zygote ein vielzelliges Lebewesen mit unterschiedlichen Zelltypen entwickeln?**

### Unterschiedliche Eigenschaften der Zellen

Bis auf wenige Ausnahmen enthalten alle Zellen eines vielzelligen Organismus die gleiche genetische Ausstattung. Trotzdem besteht jeder Organismus aus vielen verschiedenen Zelltypen. Diese können sich sowohl in ihrer Struktur als auch in ihrer Funktion erheblich unterscheiden.

1 ≡ Nennen Sie drei verschiedene Zelltypen des menschlichen Körpers. Beschreiben Sie ihre Struktur und die jeweilige Funktion.

### Genexpression an verschiedenen Orten zu unterschiedlichen Zeiten

In den Zellen unterschiedlicher Zelltypen wird jeweils nur ein bestimmter Teil der Gene exprimiert, der andere Teil ist deaktiviert. Man bezeichnet dieses Phänomen als **differenzielle Genaktivität**. Diese ist die Ursache dafür, dass sich Zellen in einem vielzelligen Lebewesen in ihrer RNA- und Proteinzusammensetzung unterscheiden und somit differenzierte Zelltypen vorkommen.

Bestimmte Proteine sind für die grundlegenden Zellfunktionen unentbehrlich. Die für sie codierenden Gene bezeichnet man als **konstitutive Gene**. Sie sind immer aktiv und werden unabhängig von anderen Einflüssen mit relativ konstanter Geschwindigkeit exprimiert.

Im Gegensatz dazu werden andere Gene nur unter bestimmten Bedingungen, etwa in Abhängigkeit vom Nährstoffangebot oder von bestimmten Hormonkonzentrationen, exprimiert. Gene, die nach Bedarf an- und abgeschaltet werden, bezeichnet man als **regulierte Gene**. Durch diese Regulation der Genaktivität werden die Entwicklung und die Spezialisierung in lebendigen Systemen sowie eine flexible Anpassung des Organismus an die verschiedenen Umweltbedingungen ermöglicht.

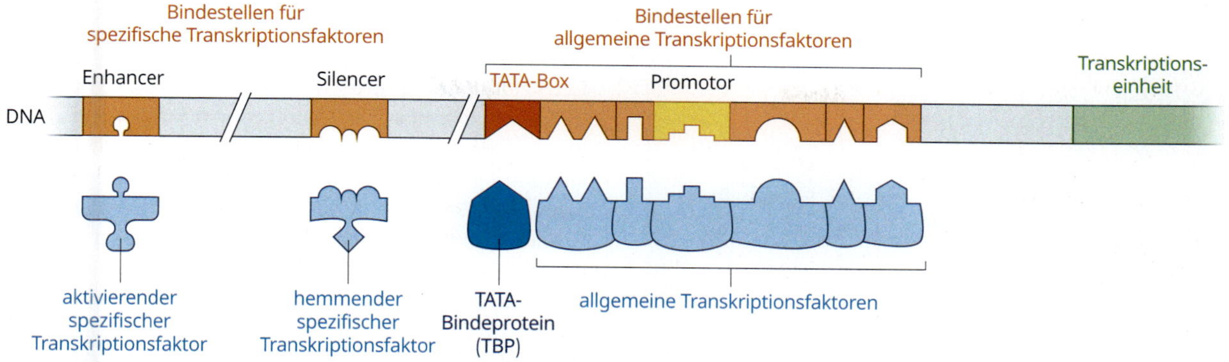


**1** Allgemeine und spezifische Transkriptionsfaktoren

## 2.2 Mechanismen zur Regulation der Genaktivität bei Eukaryoten

**Nahezu alle Zelle eine Organismus enthalten die gleiche Erbsubstanz. Wie werden die Gene an- und abgeschaltet?**

**Genregulation auf Ebene der Transkription**
Die Transkription der DNA wird durch die Bindung eine Proteins, des **TATA-Bindeproteins**, abgekürzt **TBP**, initiiert. Das TBP bindet an die TATA-Box (→ **Seite 36**) der DNA. Die Bindung des TBPs bewirkt eine partielle Entwindung der DNA. Erst durch diese Interaktion können sechs weitere Proteine, die **allgemeinen Transkriptionsfaktoren**, und die RNA-Polymerase an die DNA binden. Transkriptionsfaktoren, RNA-Polymerase und DNA bilden den **Transkriptionsinitiationskomplex**.

**1** ≡ Erstellen Sie eine beschrifteten Skizze des Transkriptionsinitiationskomplex.

Andere, **spezifische Transkriptionsfaktoren** ermöglichen, dass Gene mit unterschiedlicher Geschwindigkeit, auch **Transkriptionsrate** genannt, transkribiert werden. An dieser Interaktion ist ein vermittelnder Proteinkomplex beteiligt, der durch Kontakt zu verschiedenen Transkriptionsfaktoren weit entfernte Bereiche der DNA durch Schleifenbildung zueinander bringt. Wird durch diese Transkriptionsfaktoren die Bindungsfähigkeit der RNA-Polymerase und damit die Transkriptionsrate des Zielgens erhöht, wird der dazugehörige regulatorische DNA-Abschnitt als **Enhancer** (engl. *to enhance:* verbessern) bezeichnet. Wird die Transkriptionsrate verringert, nennt man den DNA-Abschnitt **Silencer** (engl. *silence*: Stille).

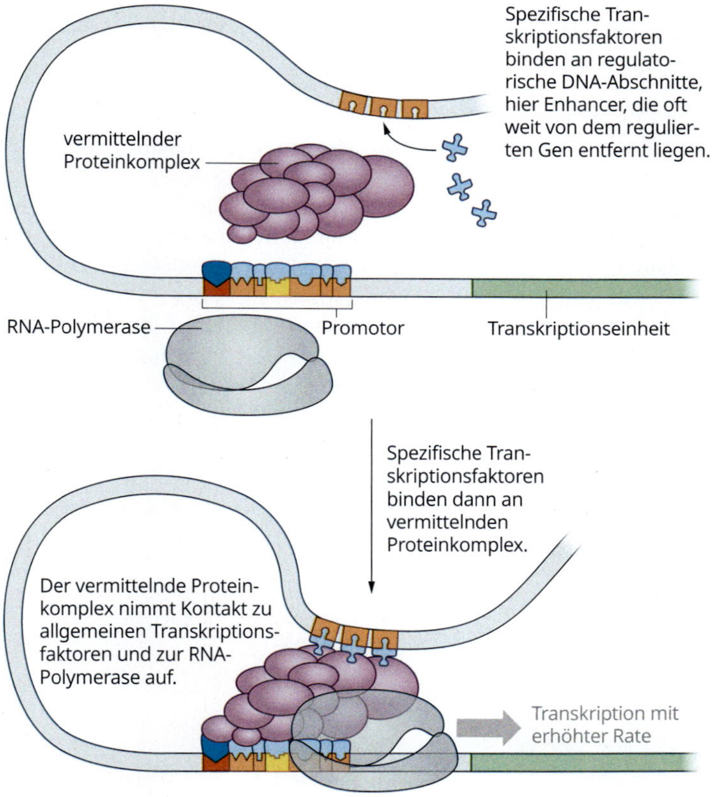


**2** Modell für die Wirkung der spezifischen Transkriptionsfaktoren

**2** ≡ Erklären Sie den Unterschied zwischen einem spezifischen Transkriptionsfaktor und einem Enhancer beziehungsweise einem Silencer.

**3** ≡ Manche Gene weisen statt einer TATA-Box eine GC-Box auf. Recherchieren Sie deren Sequenz, ihr Vorkommen und den gegenwärtigen Wissensstand zu deren Bedeutung.

## 4 Regulation der Genaktivität am Beispiel des Muskelwachstums bei Mäusen

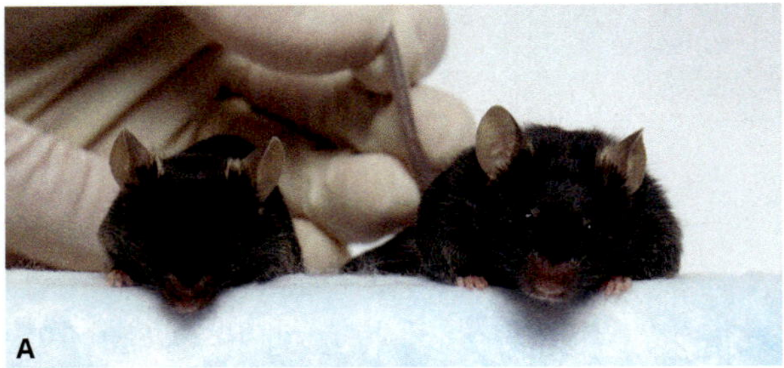
A

Eine Maus mit normalem (links) und eine mit übermäßigem Muskelwachstum (rechts)

Das Muskelwachstum bei Säugetieren wie etwa Mäusen wird hormonell gesteuert. Eine wichtige Rolle spielt dabei das Hormon Myostatin.

**a)** Beschreiben Sie den in der Abbildung **B** dargestellten allgemeinen Mechanismus zur Regulation der Genaktivität.

**b)** Skizzieren Sie mithilfe der Materialien A und B ein Modell von der Bindung des Myostatins an seinen Rezeptor bis zur Auswirkung auf die Zielgene.

**c)** Trotz gleicher genetischer Ausstattung von Zellen, können diese bei unterschiedlichen Umweltbedingungen unterschiedliche Eigenschaften aufweisen. Erklären Sie dies am Beispiel des Myostatins.

**d)** Stellen Sie eine Hypothese auf, wie es bei Mäusen zu einem überschießenden Muskelwachstum kommen kann.

**e)** Diskutieren Sie Möglichkeiten und Grenzen Ihres Modells aus Aufgabe **b** am Beispiel Muskelwachstum bei Mäusen.

### Material A
### Extrazelluläre Signale

In Eukaryoten muss die Genexpression in Geweben oder bestimmten Zelltypen so reguliert werden, dass die Enzymausstattung der Zellen optimal auf den Stoffwechsel abgestimmt ist. Dies wird durch Botenstoffe, wie zum Beispiel Hormone, ermöglicht. Die Hormone werden über das Blut transportiert und binden spezifisch an Rezeptoren in der Membran der Zielzellen. Diese Bindung löst eine intrazelluläre Signalkette in der Zielzelle aus, durch die letztlich Transkriptionsfaktoren aktiviert werden. Diese können dann im Zellkern entweder eine hemmende oder eine aktivierende Wirkung auf die Zielgene ausüben. So ist es möglich, dass eine Vielzahl von Zielgenen durch die Signalwirkung eines einzigen Hormons gehemmt oder auch aktiviert werden kann.

### Material B
### Myostatin

Das Wachstum der Skelettmuskulatur wird durch das Hormon Myostatin reguliert. Myostatin bindet nach dem Schlüssel-Schloss-Modell an den Rezeptor der Zielzellen und löst eine intrazelluläre Signalkette aus. Als Folge werden in den Zielzellen spezifische Transkriptionsfaktoren aktiv. Diese hemmen die Gene, deren Produkte für das Muskelwachstum verantwortlich sind. Myostatin wird durch ein Gen codiert und in Muskelzellen durch Proteinbiosynthese hergestellt und ausgeschüttet. Die Expression des Myostatin-Gens ist im Muskel ab einer Stunde nach einem Training stark vermindert. Eine erhebliche Verminderung der Myostatin-Ausschüttung liegt 24 Stunden nach dem Training vor. Ein wichtiger Antagonist von Myostatin ist das Protein Follistatin, das an Myostatin binden kann.

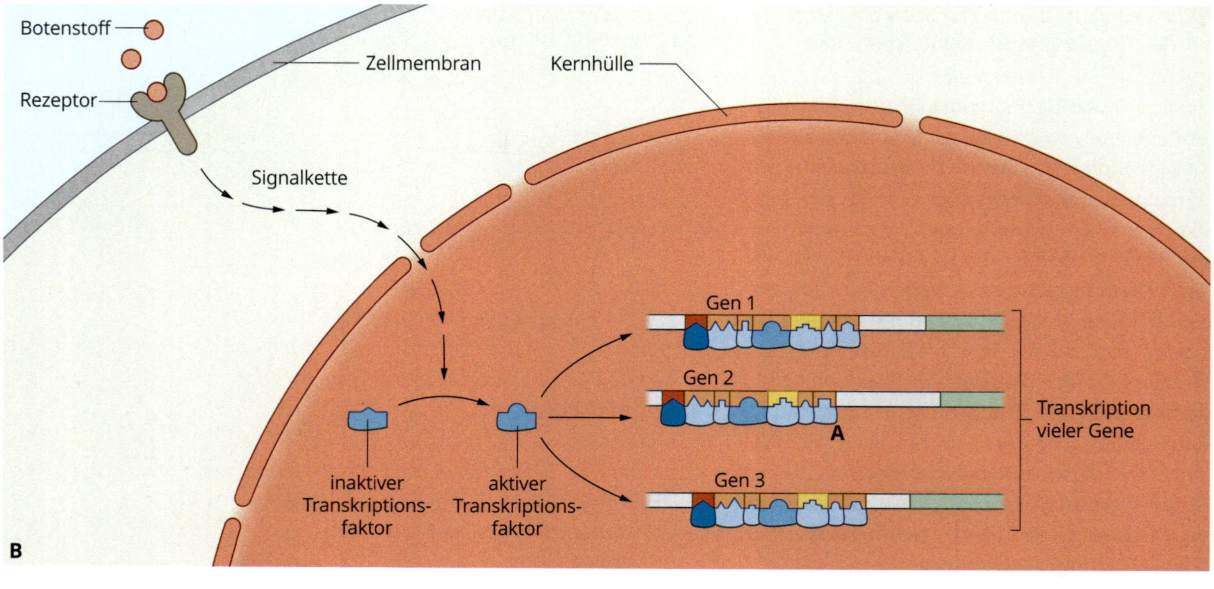

B

## 2.3 Epigenetische Modifikation

**Obwohl eineiige Zwillinge das gleiche genetische Material besitzen, können sie sich im Aussehen und in ihren Eigenschaften unterscheiden. Wie lässt sich das auf der Ebene der Moleküle erklären?**

### Epigenetik

Forschungen an eineiigen Zwillingen belegen: Die Eigenschaften eines Menschen werden nicht allein durch die genetische Ausstattung bestimmt. Sie werden auch durch Umweltfaktoren, wie etwa durch Ernährung oder psychische Belastung, beeinflusst. In der **Epigenetik**, einem Fachbereich der Biologie, wird untersucht, wie Umweltfaktoren Gene in ihrer Aktivität beeinflussen, ohne die Basensequenz der DNA zu verändern. Dabei wirken molekulare Regulationsmechanismen, die als **epigenetische Modifikationen** bezeichnet werden.

1 ≡ Vergleichen Sie den Forschungsschwerpunkt der Genetik und der Epigenetik.

### DNA-Methylierung

Eine der wichtigsten epigenetischen Regulationsmechanismen ist die **DNA-Methylierung**. Dabei werden nach erfolgter DNA-Synthese Methylgruppen ($-CH_3$) an Basen der DNA angehängt, bei den meisten Pflanzen und Tieren an Cytosin. Dadurch wird verhindert, dass die nachfolgenden Gensequenzen exprimiert werden. So kann auf epigenetischem Weg ein Gen abgeschaltet werden. Inaktive DNA weist häufig einen hohen Methylierungsgrad auf im Vergleich zu DNA, die aktiv transkribiert wird.

Studien an eineiigen Zwillingen zeigen, dass sich die Methylierungsmuster von dreijährigen Zwillingen kaum unterscheiden, bei fünfzigjährigen Zwillingen weisen sie jedoch deutliche Unterschiede auf. Diese sind umso stärker ausgeprägt, je verschiedener die Lebenswege der beiden Zwillinge sind. Die unterschiedliche Umwelt wirkt sich demnach auf das Methylierungsmuster aus. Dieses beeinflusst die Aktivität ihrer Gene, sodass die Zwillinge trotz identischer genetischer Ausstattung unterschiedliche Eigenschaften zeigen.

2 ≡ Recherchieren Sie die Funktion der DNA-Methylase und der Demethylase im Zusammenhang mit der Reversibilität der DNA-Methylierung.

**1** Eineiige Zwillinge

### Materialgebundene Aufgabe

**3 DNA-Methylierung bei der Entwicklung von Bienen**

Die Untersuchung von Bienen macht deutlich, wie der Umweltfaktor „Ernährung" epigenetische Veränderungen und somit die Entwicklung von Lebewesen beeinflussen kann. Die Bienenköniginnen und die Bienenarbeiterinnen entwickeln sich aus Eiern, die in der Regel genetisch identisch sind. Nur durch unterschiedliche Fütterung entwickelt sich aus einer Bienenlarve eine fertile Königin oder eine sterile Arbeiterin.

**a)** ≡ Beschreiben Sie den in Abbildung **A** gezeigten Mechanismus zur Regulation der Genaktivität.

**b)** ≡ Erläutern Sie mithilfe von Abbildung **B** den Einfluss des Umweltfaktors „Ernährung" auf die Entwicklung von Bienen.

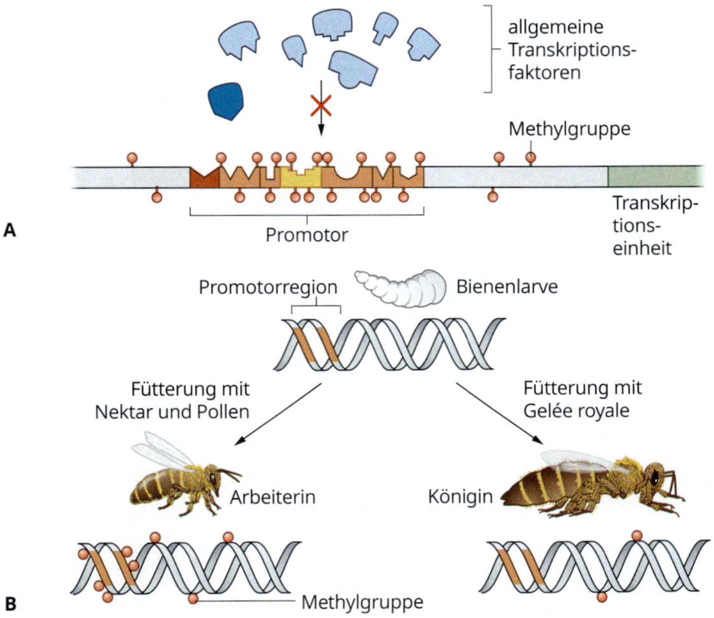

## VL Materialgebundene Aufgaben

### 5 Inaktivierung von X-Chromosomen bei Katzen

Schildpattkatzen sind weibliche Tiere mit einer typischen Dreifarbigkeit. Rot oder Schwarz wird durch ein Gen auf dem X-Chromosom bestimmt. Für dieses Gen gibt es zwei Allele, eines für rote und eines für schwarze Fellfarbe. Das Allel für die weiße Farbe liegt auf einem Autosom.

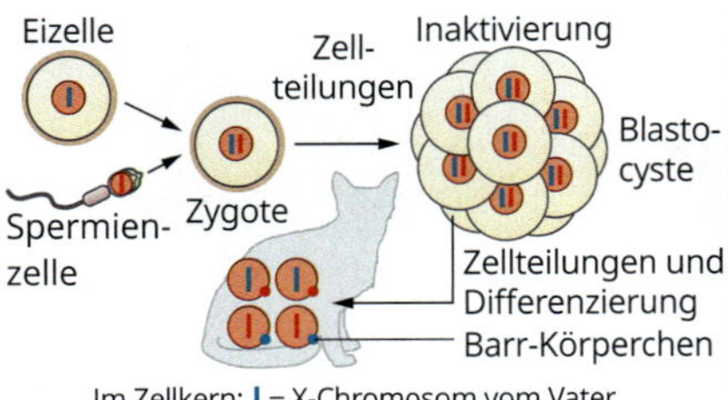


A

C

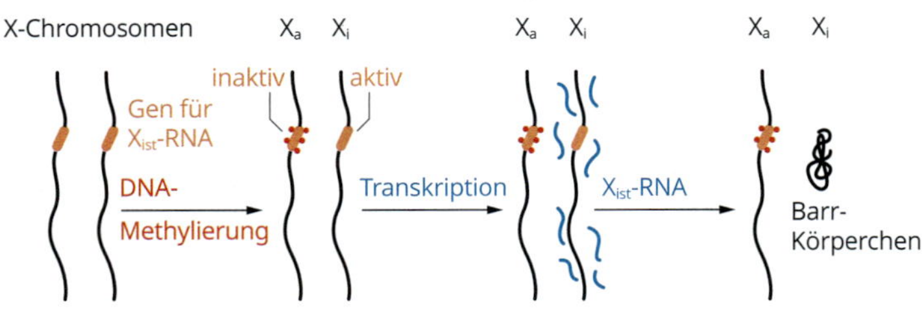


B $X_a$: aktives X-Chromosom $X_i$: inaktiviertes X-Chromosom $X_{ist}$: *X-inactive specific transcript*

**a)** ≡ Beschreiben Sie den Mechanismus der Inaktivierung des X-Chromosoms auf zellulärer (**A**) und chromosomaler (**B**) Ebene.

**b)** ≡ Erklären Sie die Dreifarbigkeit bei weiblichen Schildpattkatzen auf chromosomaler und zellulärer Ebene.

**c)** ≡ Begründen Sie, warum Kater weiß-rot oder schwarz-weiß, aber nicht dreifarbig gefärbt sein können.

### 6 e Histonmodifikation

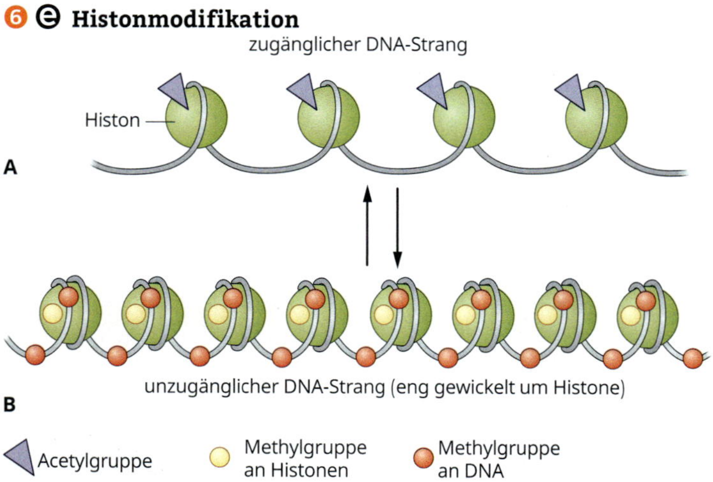


**a)** ≡ Beschreiben Sie die Histonmodifikationen in **A** und **B**.

**b)** ≡ Stellen Sie Hypothesen zu den Auswirkungen dieser Modifikationen auf die Genaktivität auf. e

### Inaktivierung des X-Chromosoms

Bei Eukaryoten ist die DNA um Proteine, die **Histone**, gewunden. Sie stabilisieren den DNA-Doppelstrang und ermöglichen eine Verdichtung der DNA (→ **Seite 88**), die Einfluss auf die Transkription haben kann. Epigenetische Veränderungen an diesen Histonen führen zu Veränderungen der Genaktivität. Ein Beispiel dafür ist die **Inaktivierung des X-Chromosoms** bei weiblichen Säugetieren. Diese besitzen zwei X-Chromosomen (→ **Seite 108**), wobei bereits während der Embryonalentwicklung in jeder Zelle eines davon inaktiviert wird. Dabei ist es dem Zufall überlassen, welches X-Chromosom das ist. Auf den X-Chrosomomen befindet sich ein Gen, das für eine spezielle RNA, die **Xist-RNA** (engl. ***X-inactive specific transcript***) codiert. Die Bindung von Xist-RNA-Molekülen an ein X-Chromosom löst zusammen mit weiteren Faktoren eine chemische Modifizierung der Histone aus, die zu einer dichten Verpackung der DNA führt. Das so inaktivierte X-Chromosom ist im Lichtmikroskop als sogenanntes **Barr-Körperchen** erkennbar. Der aktive oder inaktive Zustand des mütterlichen oder väterlichen X-Chromosoms wird bei den anschließenden Zellteilungen an die Tochterzellen weitergegeben. So entsteht in weiblichen Individuen ein Mosaik aus Zellen mit aktiven und inaktiven X-Chromosomen.

4 ≡ Stellen Sie eine Hypothese zur Bedeutung der Inaktivierung des X-Chromosoms auf.

### e Histonmodifikation

Die DNA liegt in der Zelle in kondensierter Form vor. Dabei spielt die Wicklung der DNA um die Histone eine entscheidende Rolle. Die Histone sind durch einen hohen Anteil basischer Aminosäuren positiv geladen, die DNA ist unter natürlichen Bedingungen negativ geladen. Zwischen der DNA und den Histonen besteht wegen der unterschiedlichen Ladungen eine starke Anziehungskraft. Eine Veränderung dieser Packungsdichte der DNA wird durch Histonmodifikationen ermöglicht. Dabei werden Methylgruppen ($–CH_3$) oder Acetylgruppen ($–COCH_3$) an die Histone gebunden oder abgespalten. Durch diese Modifikationen ändern sich die Anziehungskräfte zwischen DNA und Histonen, wodurch sich der Verpackungsgrad der DNA ändert.

## 7 Die RNA-Interferenz

Auch die RNA-Interferenz wird häufig zur epigenetischen Regulation gezählt. Darunter versteht man den zielgerichteten Abbau von mRNA, wodurch die Translation und somit die Synthese eines bestimmten Proteins verhindert wird. So wird die Genaktivität effektiv reguliert. An der RNA-Interferenz sind unter anderem spezielle RNA-Moleküle und ein Proteinkomplex beteiligt. Diese RNA-Moleküle sind nur 20 bis 29 Nukleotide lang und werden daher **micro-RNA**, kurz miRNA, genannt. Zusammen mit einem Protein bildet die miRNA den **RISC-Proteinkomplex**.

Im menschlichen Gehirn kennt man mehr als 1800 regulatorische miRNAs, wie zum Beispiel die miRNA 135. In Studien konnte gezeigt werden, dass Menschen, die unter Depressionen leiden, eine geringere Konzentration dieser miRNA 135 im Blut haben als gesunde Menschen.

**a)** Beschreiben Sie die in Abbildung **A** dargestellte Bildung des RISC.

**b)** Erläutern Sie mithilfe der Abbildung **B** die RNA-Interferenz als Mechanismus zur Regulation der Genaktivität.

**c)** Diskutieren Sie, ob es sich bei der RNA-Interferenz durch miRNA um eine epigenetische Regulation handelt.

**d)** Recherchieren Sie den Zusammenhang zwischen der miRNA 135 und dem Auftreten von Depressionen. Stellen Sie diesen in einem Flussdiagramm grafisch dar.

**e)** Stellen Sie eine Hypothese auf, wie die RNA-Interferenz genutzt werden könnte, um Krankheiten wie die Depression gezielt zu therapieren.

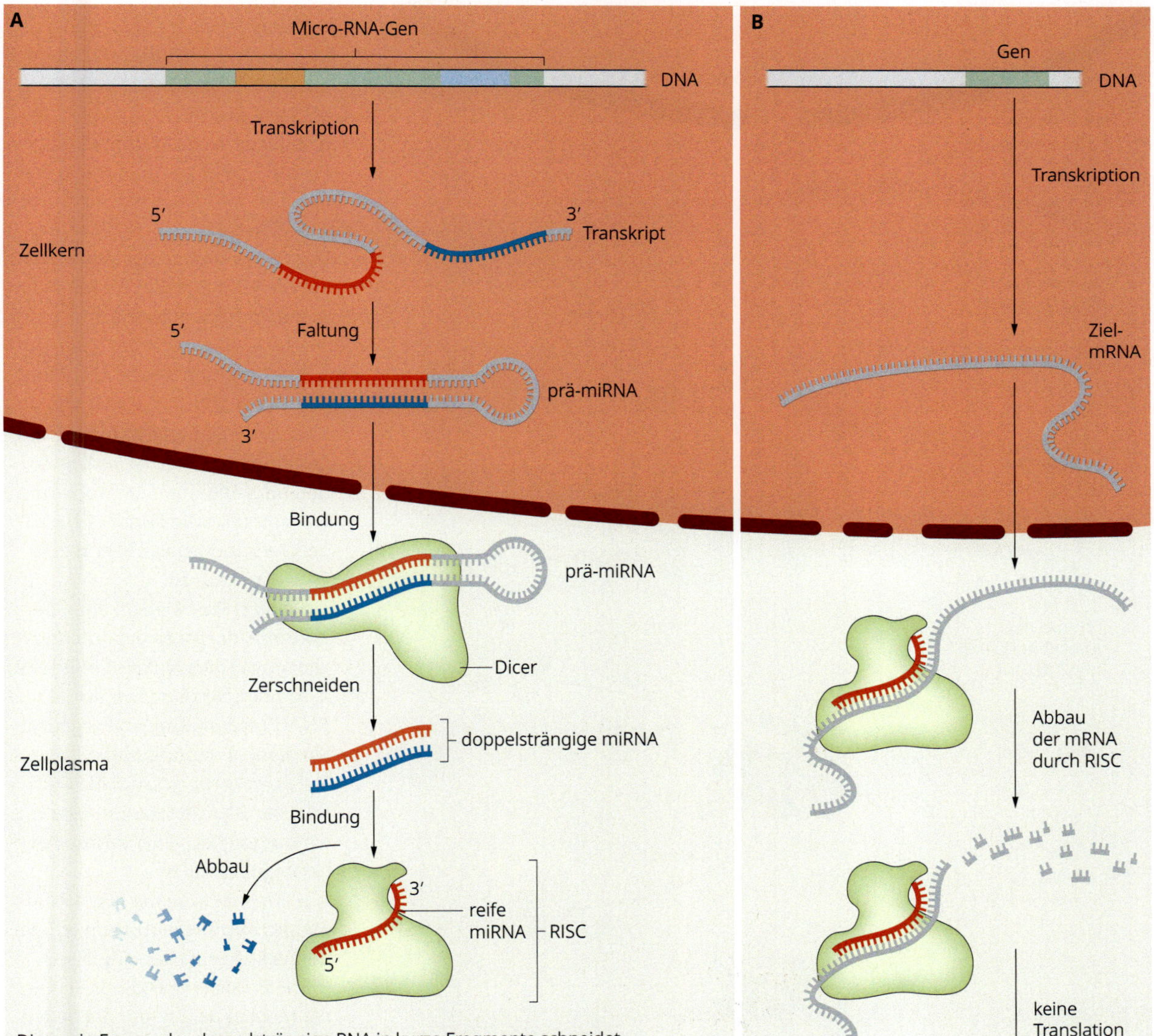


Dicer: ein Enzym, das doppelsträngige RNA in kurze Fragmente schneidet
RISC: RNA-induced silencing complex

## 8 Überblick über die Ebenen der Genregulation

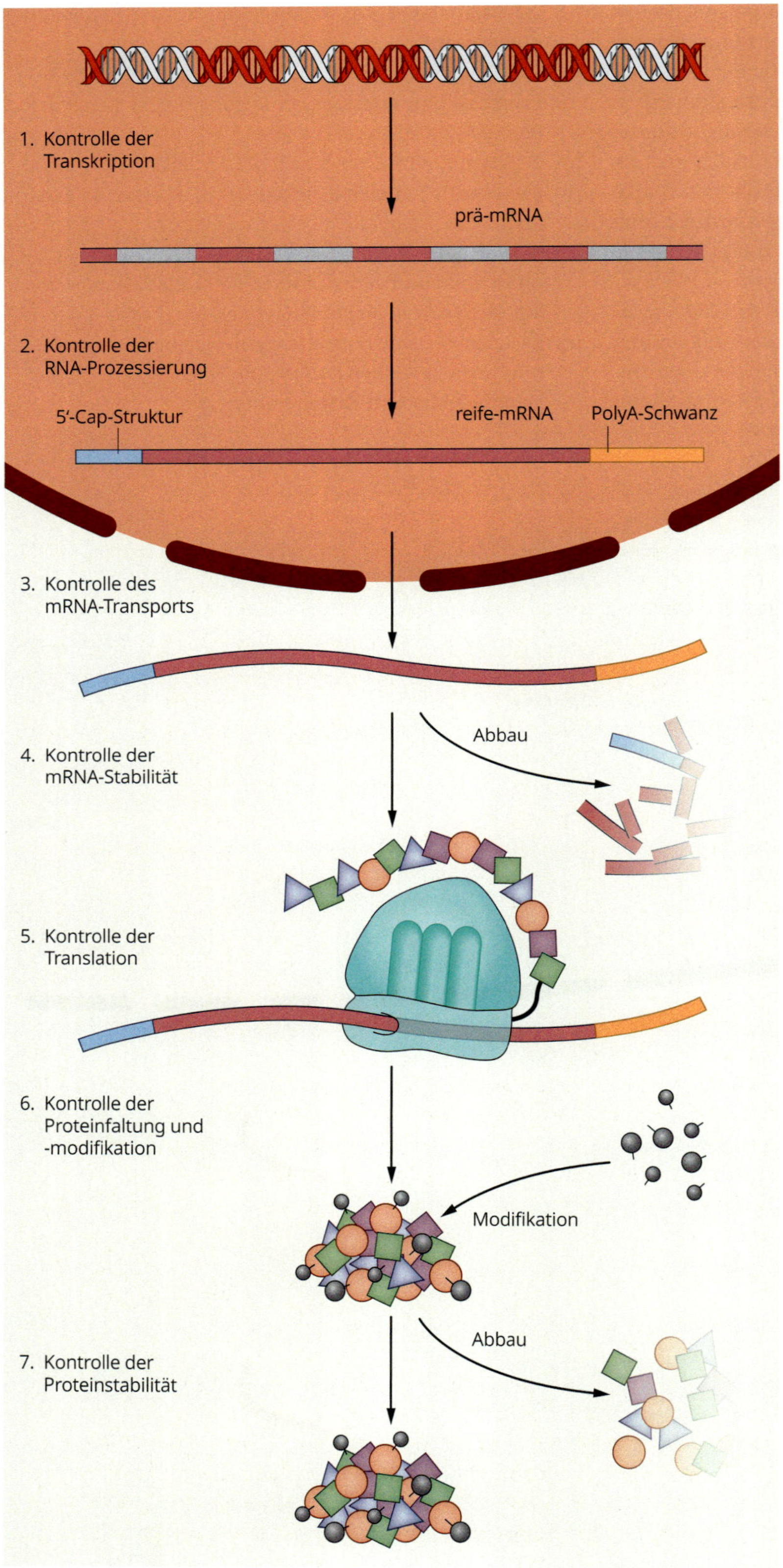


Bei Eukaryoten sind die Prozesse der Proteinbiosynthese zeitlich und räumlich getrennt und umfassen viele Teilschritte. Grundsätzlich kann bei jedem Teilschritt des gesamten Ablaufs eine Regulation der Genexpression stattfinden. Hierbei werden verschiedene Ebenen unterschieden:

DNA-Ebene:
- Regulationsmechanismen, die sich auf die Transkription auswirken (→ **Seite 67 ff.**)
- epigenetische Modifikation (→ **Seite 69 ff.**)

RNA-Ebene:
- Regulationsmechanismen, die sich auf die Translation auswirken (→ **Seite 38 ff.**)
- ⊖ epigenetische Modifikation (→ **Seite 69 ff.**)

Protein-Ebene:
- Regulationsmechanismen, die sich auf die Bildung eines funktionsfähigen Proteins auswirken

**a)** Übernehmen Sie die Abbildung in Ihr Heft (✎) so, dass Sie viel Platz für Ergänzungen haben und beschreiben Sie die grundlegenden Informationen der Abbildung.

**b)** Ordnen Sie die Punkte 1 bis 7 den verschiedenen Ebenen der Genregulation zu.

**c)** Nennen Sie Möglichkeiten der Kontrolle der Transkription und ergänzen Sie diese in der Abbildung.

**d)** Nennen Sie drei Prozesse der RNA-Prozessierung und ergänzen Sie diese in der Abbildung.

**e)** Erläutern Sie, warum die Kontrolle der RNA-Prozessierung ein wirkungsvoller Mechanismus der Genregulierung ist.

**f)** ⊖ Ergänzen Sie die Regulationsmöglichkeiten der Antisense-RNA und des alternativen Spleißens.

**g)** Stellen Sie eine Hypothese über die Möglichkeiten und die Bedeutung der Regulationsmechanismen auf der Ebene der Proteine auf.

**Prof. Dr. Anja Holtmann:** „Ich habe zunächst Molekularbiologie studiert und mich dann auf den Bereich Humangenetik und Epigenetik spezialisiert. Am Uniklinikum leite ich nun eine Forschungsgruppe, die sich mit den epigenetischen Veränderungen bei Leukämien beschäftigt."

**Was ist Epigenetik?**
„Epigenetik beschäftigt sich mit Mechanismen der Vererbung, die über die reine Basenabfolge des DNA-Stranges hinausgehen. In der Epigenetik untersucht man, wie Einflüsse von außen auf unsere Gene einwirken und wie Gene reguliert werden. Epigenetische Veränderungen sind dynamisch und von unterschiedlichen Bedingungen, wie zum Beispiel Ernährung, Stress sowie Medikamenten, abhängig. Die Epigenetik kann zum besseren Verständnis der Entstehung von Krankheiten beitragen und neue Möglichkeiten der Diagnose und Behandlung eröffnen."

**Welche Inhalte umfasst das Studium?**
„Um den Beruf der Epigenetikerin beziehungsweise des Epigenetikers ausüben zu können, gibt es mehrere Wege, die über verschiedene Studiengänge mit unterschiedlicher Schwerpunktsetzung laufen. An einen Bachelorstudiengang der Biologie oder Biochemie können sich verschiedene Masterstudiengänge anschließen. Im Bachelorstudium der Biologie werden vor allem grundlegende Inhalte aus den Bereichen der Mikrobiologie, Zellbiologie, Physiologie oder Genetik behandelt. Aber auch Kenntnisse der organischen und physikalischen Chemie werden hier vermittelt. Neben den theoretischen Inhalten werden auch verschiedene Arbeitstechniken im Labor erlernt, wie etwa das sterile Arbeiten mit Zellkulturen. Die eigentliche Spezialisierung erfolgt dann im Masterstudium, in dem unterschiedliche Schwerpunkte gesetzt werden können. Ein Weg zur Epigenetikerin beziehungsweise zum Epigenetiker ist zum Beispiel das Masterstudium im Bereich der Genetik und molekularen Pathologie oder der Zell- und Entwicklungsbiologie. Eine andere Möglichkeit ist die Spezialisierung im Bereich der Humangenetik und daran anschließend im Bereich der Epigenetik. Hier werden dann spezielle Arbeitstechniken erlernt, wie zum Beispiel die DNA-Chip-Analyse. Außerdem werden spezifische Inhalte aus der Tumorgenetik und Bioinformatik behandelt. Zudem lernt man viele weitere spezielle Themenbereiche kennen, wie die Epigenetik auf DNA- und Proteinebene und die Molekularbiologie der RNA."

**Warum gefällt mir das Arbeiten als Epigenetikerin beziehungsweise als Epigenetiker?**
„Mein Beruf ist sehr abwechslungsreich und spannend. Die Erforschung neuer Therapieansätze für die Behandlung von Krebserkrankungen gibt mir das Gefühl, etwas Sinnvolles zu tun. Dabei ist es eine besondere Herausforderung, sich durch fehlgeschlagene Experimente nicht entmutigen zu lassen und immer wieder nach neuen Möglichkeiten der Problemlösung zu suchen. Das macht das Arbeiten in der epigenetischen Forschung so kreativ. Als Epigenetikerin arbeite ich mit vielen Wissenschaftlern aus anderen Forschungsgebieten an Universitäten oder Unikliniken zusammen, wie zum Beispiel aus der Gentechnik, Biochemie oder Bioinformatik. Meine tägliche Arbeit ist dadurch sehr vielfältig und nie langweilig. Auf internationalen Kongressen habe ich die Möglichkeit, mich mit anderen Wissenschaftlern und Wissenschaftlerinnen auf meinem Forschungsgebiet auszutauschen. Dabei ist das Beherrschen der englischen Sprache eine wichtige Vorraussetzung."

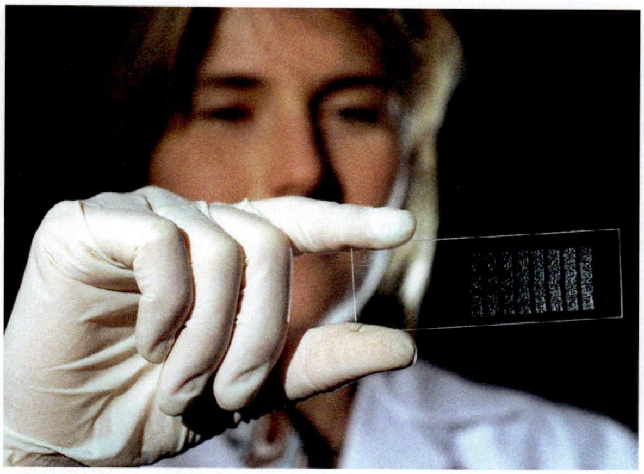

**1** Prof. Dr. Anja Holtmann im Labor

**Wo arbeiten Epigenetikerinnen / Epigenetiker?**
„Die Einstellungsmöglichkeiten für Epigenetikerinnen beziehungsweise Epigenetiker sind sehr vielfältig. Nach dem Masterabschluss kann man sich bei Industrie- und Wirtschaftsunternehmen bewerben. Möchte man in der Forschung und Entwicklung arbeiten, so sollte man nach dem Masterabschluss noch eine Promotion anschließen. Der Doktortitel gilt als Nachweis der Fähigkeit zum selbstständigen wissenschaftlichen Arbeiten und ermöglicht darüber hinaus, Führungsverantwortung zu übernehmen. Neben der Tätigkeit an Universitäten und Unikliniken gibt es auch die Möglichkeit, in öffentlichen Einrichtungen oder im nationalen sowie internationalen Patentwesen zu arbeiten."

**1** Nennen Sie Kompetenzen, die Prof. Dr. Anja Holtmann auszeichnen, sodass sie den Beruf der Epigenetikerin erfolgreich ausüben kann.

**2** Recherchieren Sie, an welchen Hochschulen die Masterstudiengänge mit Spezialisierung im Bereich Epigenetik angeboten werden.

**3** Stellen Sie eine Liste von Bewertungskriterien auf, mit deren Hilfe Sie für sich selber eine Einschätzung vornehmen können, ob das Studium und der Beruf der Epigenetikerin beziehungsweise des Epigenetikers für Sie infrage käme.

## 2.4 Die Bedeutung der Stammzellen in Forschung und Medizin

**Hautzellen altern und werden geschädigt, deshalb müssen sie regelmäßig erneuert werden. Welche Rolle spielen dabei Stammzellen und welche Bedeutung haben diese in Forschung und Medizin?**

**Wortbedeutungen:**
**somatisch:** (griech. *soma:* Körper) körperlich
**multipotent:** (lat. *multus*: viel, *potentia*: Kraft, Vermögen) Bezeichnung für Stammzellen, die sich zu verschiedenen Zelltypen einer Zelllinie entwickeln können

### Stammzellen sind undifferenzierte Zellen

Genregulierung führt zu differenzierten Zellen, die spezifische Funktionen in einem Organismus übernehmen. Diese ausdifferenzierten **somatischen Zellen** können sich nicht mehr weiter teilen, müssen jedoch in bestimmten Zeitabständen erneuert werden. Hautzellen der Epidermis zum Beispiel werden ungefähr alle 28 Tage erneuert, da sie chemischen Stoffen, UV-Strahlung und extremen Temperaturen ausgesetzt sind und dadurch beschädigt werden oder absterben. Die Regeneration übernehmen **Stammzellen**, noch undifferenzierte Zellen, die sich in unterschiedliche Zelltypen differenzieren können. Die epidermalen Stammzellen der Haut können sich zu allen anderen Hautzellen der Epidermis differenzieren, sie sind **multipotent**.

### Embryonale und adulte Stammzellen

Epidermale Stammzellen zählen zu den **adulten Stammzellen**. Diese finden sich in zahlreichen Geweben oder Organsystemen eines Organismus. Sie können sich beliebig vermehren und dabei ihre Multipotenz behalten oder sich unter dem Einfluss verschiedener Faktoren differenzieren. Neben den adulten Stammzellen gibt es die **embryonalen Stammzellen**. Diese sind zunächst **totipotent**, das heißt, sie können zu einem vollständigen Lebewesen heranreifen. Bereits nach wenigen Zellteilungen während der Embryonalentwicklung, im Stadium der **Blastozyste**, sind die embryonalen Stammzellen nur noch **pluripotent** und können sich zwar in unterschiedlichste Zelltypen differenzieren, jedoch nicht mehr einen vollständigen Organismus bilden.

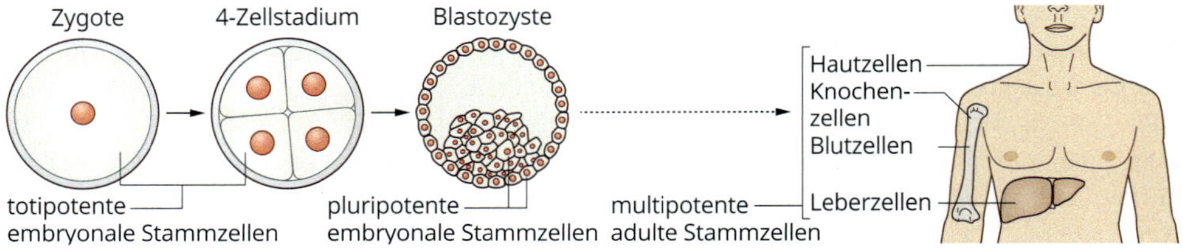


1 Eigenschaften embryonaler und adulter Stammzellen

## VL Materialgebundene Aufgabe

### ❶ Stammzellen der Haut

Forscher haben verschiedene Stammzellen in der Haut identifiziert, die für die Regeneration der Haut zuständig sind. Hinweis: Die adulten Stammzellen der Basalzellschicht (rechte Abbildung) werden epidermale Stammzellen genannt.

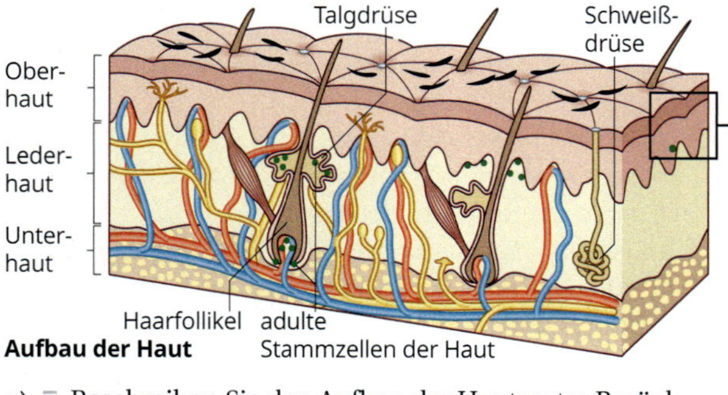


Aufbau der Haut

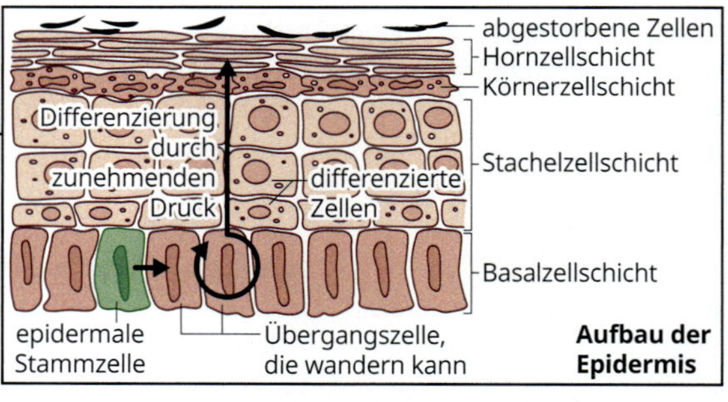


Aufbau der Epidermis

a) ☰ Beschreiben Sie den Aufbau der Haut unter Berücksichtigung der Lokalisation der Stammzellen.
b) ☰ Erklären Sie die Begriffe embryonale und adulte Stammzellen am Beispiel der Hautstammzellen.
c) ☰ Erläutern Sie den Prozess der Hautregeneration auf den Systemebenen Zelle, Gewebe und Organ.
d) ☰ Stellen Sie eine Hypothese auf, wie das Wissen um Hautstammzellen in der Medizin genutzt werden kann.

**Stammzellen in Forschung und Medizin**
Der US-amerikanische Professor Howard GREEN entdeckte während eines missglückten Experiments an Maustumoren, dass Hautstammzellen auch außerhalb des Körpers wachsen können. 1983 sorgte er für Schlagzeilen, als er das Leben zweier Brüder im Alter von fünf und sieben Jahren rettete, die durch einen Unfall über 97 Prozent ihrer Haut schwer verbrannt hatten. Er entnahm den Patienten jeweils epidermale Stammzellen aus unversehrter Haut, vervielfältigte diese und züchtete im Labor neue Haut, die der Haut des Patienten entsprach und somit im Gegensatz zu gespendeter Haut nicht abgestoßen wurde. Heute findet diese kostspielige Methode Einsatz in der Behandlung schwerer Verbrennungen und Verätzungen.

**2** Die auf diese Weise gezüchtete Haut entspricht nicht dem Aufbau einer natürlichen Haut. Begründen Sie diese Tatsache.

2020 gelang es Wissenschaftlern erstmals, vollständige menschliche Haut zu züchten, die auch Schweißdrüsen, Talgdrüsen und Haarfollikel enthielt, wobei sie als Grundlage embryonale Stammzellen nutzten. Die Gewinnung embryonaler und damit pluripotenter Stammzellen ist jedoch ethisch stark umstritten und in Deutschland rechtlich nicht möglich.

**3** Recherchieren Sie die Kernaussagen des Embryonenschutzgesetzes in Deutschland zum Umgang mit embryonalen Stammzellen.

**Induzierte pluripotente Stammzellen (iPS)**
Pluripotente Stammzellen können mit einer neuen Technik auch aus adulten Zellen gewonnen werden. Dies gelang erstmals ebenfalls bei Hautzellen: Der japanische Wissenschaftler YAMANAKA schleuste in Hautzellen mithilfe von Viren Gene für Transkriptionsfaktoren ein. Diese Gene sind in Hautzellen normalerweise abgeschaltet. Als Folge entstanden Stammzellen, die wieder eine Pluripotenz aufwiesen. Die Entdeckung dieser **induzierten pluripotenten Stammzellen (iPS)** eröffnet neue Möglichkeiten in der Forschung und in der medizinischen Anwendung, vor allem im Zusammenhang mit Zellen, die aus Nabelschnurblut gewonnen werden. Diese Zellen sind gut geeignet für die Reprogrammierung zu induzierten pluripotenten Stammzellen und haben den Vorteil, dass sie keine altersbedingten genetischen oder epigenetischen Veränderungen aufweisen, wie es bei adulten Hautzellen der Fall sein kann.

**4** Stellen Sie die verschiedenen Stammzelltypen und ihre Eigenschaften in einem Schema dar.

## VL Materialgebundene Aufgabe

### 5 Die Bedeutung der induzierten pluripotenten Stammzellen in Forschung und Medizin

Stammzellen können in vielen Bereichen in Forschung und Medizin eingesetzt werden.

**a)** Beschreiben Sie zunächst die Anwendungsmöglichkeiten von iPS mithilfe der Abbildung.
**b)** Recherchieren Sie in Gruppen konkrete Anwendungen der iPS-Technik zu verschiedenen Erkrankungen in digitalen Medien. Achten Sie dabei auf die Vertrauenswürdigkeit der verwendeten Quellen und die Intention der Autorinnen und Autoren. Präsentieren Sie die Ergebnisse.
**c)** Bewerten Sie die Bedeutung und den Einsatz von Stammzellen für die Forschung und medizinische Anwendungen aus ethischer Sicht (→ **Seite 76**).
**d)** Reflektieren Sie Ihren Bewertungsvorgang aus Aufgabe **c**. Diskutieren Sie dazu in Ihrem Kurs und stellen Sie gemeinsam Bewertungskriterien auf.

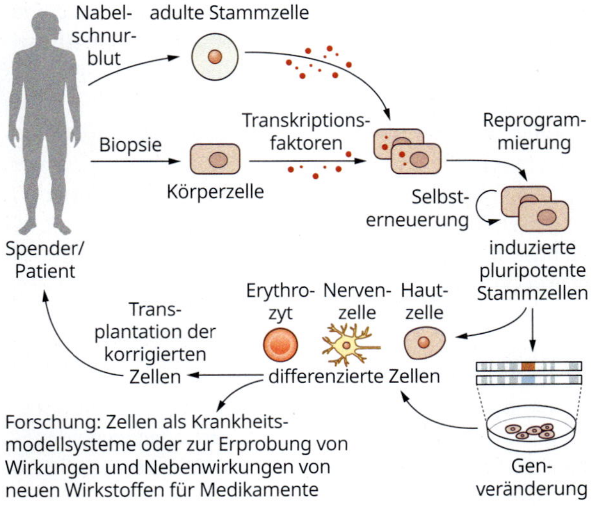

**1** Ein an Leukämie erkranktes Mädchen

**Die Eltern eines an Leukämie erkrankten Mädchens stehen vor einer großen Entscheidungsfindung: Wie können sie ihr Kind retten?**

**Leukämie – eine unheilbare Krankheit?**

Jährlich erkranken etwa 600 Kinder und Jugendliche an Leukämie. Bei dieser Krankheit, die auch als Blutkrebs bezeichnet wird, werden vermehrt funktionsuntüchtige Vorläuferzellen der weißen Blutzellen gebildet, die sich im Knochenmark ausbreiten und in andere Organe eindringen können. Für die Behandlung von Leukämie stehen Chemotherapie, verschiedene Medikamente sowie eine **Stammzelltransplantation** von Stammzellen zur Verfügung. Stammzellen können durch eine **Knochenmarkspende** oder über **Nabelschnurblut** gewonnen werden.

**Die Rettung durch das Geschwisterchen?**

Oft ist es nicht möglich, passende adulte Stammzellen über eine **Spenderdatenbank** zu finden, da sehr wenig Menschen in einer Datenbank registriert sind. Eine neuere Möglichkeit, geeignete Stammzellen zu gewinnen, ist die Zeugung eines Geschwisterchens mittels **In-vitro-Fertilisation**. Dabei werden Eizellen der Mutter von jeweils einer Spermienzelle des Vaters befruchtet. Aus den befruchteten Eizellen, den Zygoten, werden über eine **Präimplantationsdiagnostik (PID)** solche ausgewählt, die dem kranken Kind genetisch möglichst ähnlich sind, und der Mutter implantiert. Die anderen Zygoten werden verworfen. Nach der Geburt des Geschwisterchens können aus dem Nabelschnurblut Stammzellen gewonnen werden. Dieses Verfahren ist in Deutschland verboten.

**1** ≡ Die Eltern des Kindes überlegen, im Ausland ein Rettungsgeschwisterkind zu zeugen. Beurteilen Sie spontan: Wie würden Sie sich in der Situation entscheiden?

**2** ≡ Sammeln Sie die verschiedenen Meinungen in Ihrem Kurs und halten Sie diese schriftlich fest.

Um eine begründete Entscheidung fällen zu können, kann es helfen, das Problem zu analysieren und ethisch zu bewerten. Folgendes Beispiel zeigt, wie Sie vorgehen können.

**1. Schritt: Die Entscheidungsfrage – Wo liegt das moralisch-ethische Problem?**

Das hier vorliegende Problem ist vielschichtig. Eine wichtige Frage ist die nach der Schutzwürdigkeit des Embryos.

- Formulieren Sie eine konkrete Entscheidungsfrage.

**2. Schritt: Die Hintergrundinformationen – Welche sachlichen Kriterien liegen vor?**

Um diese Entscheidungsfrage begründet beantworten zu können, müssen zunächst **sachliche Kriterien** gesammelt und **Pro- und Kontraargumente** formuliert werden.

- Analysieren Sie den Sachverhalt und recherchieren Sie Fakten und Hintergrundinformationen.
- Formulieren Sie mindestens drei Pro- und Kontraargumente zur Entscheidungsfrage.

**3. Schritt: Die Handlungsoptionen – Welche Ziele bzw. Zwecke sollen verfolgt werden?**

Auf Grundlage der Hintergrundinformationen stehen den beteiligten Personen oder Personengruppen verschiedene Handlungsoptionen zur Auswahl. Jede Option führt zu unterschiedlichen Folgen.

- Formulieren Sie mindestens zwei verschiedene Handlungsoptionen und ihre Folgen für die beteiligten Personen.

**4. Schritt: Die Werteebene – Welche ethischen Werte liegen vor?**

**Ethische Werte** sind die Leitlinien, an denen ein Mensch sein Handeln und Urteilen ausrichten kann. Sie kennen einige Werte aus dem Ethik- oder Religionsunterricht.

- Nennen Sie jeweils mindestens fünf verschiedene Werte für die unterschiedlichen Handlungsoptionen. Der Wertepool kann Ihnen weiterhelfen.

**Wertepool:** Würde, Gerechtigkeit, Vertrauen, Gleichberechtigung, Freiheit, Gesundheit, Leben, Lebensqualität, Liebe, Ehrlichkeit, Wahrhaftigkeit, Hilfsbereitschaft, Mitbestimmung, Aufrichtigkeit, Chancengleichheit, Selbstbestimmung, Respekt

**5. Schritt: Die Wertehierarchie – Wie werden die verschiedenen Werte gewichtet?**

Menschen haben unterschiedliche Wertvorstellungen und messen diesen Werten unterschiedliche Bedeutung bei. Deshalb kann die Antwort auf die Entscheidungsfrage unterschiedlich ausfallen. Eine persönliche Rangfolge der Werte ist daher für eine Bewertung notwendig.

- Stellen Sie eine persönliche Rangfolge der Werte für die verschiedenen Handlungsoptionen auf.

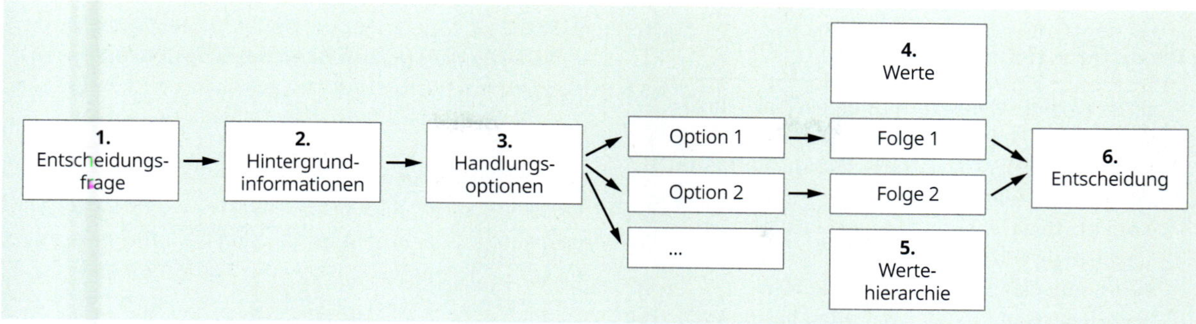


**2** Übersicht: Vorgehensweise beim Treffen einer ethisch begründeten Entscheidung

### 6. Schritt: Die Entscheidung – Wie lautet die begründete Entscheidung?

Nach sorgfältiger Abwägung der jeweiligen ethischen Werte kann eine Entscheidung für eine der Handlungsoptionen getroffen und mit den eigenen Wertvorstellungen begründet werden.

- Wägen Sie die Handlungsoptionen ab und treffen Sie eine begründete Entscheidung.
- Argumentieren Sie wissenschaftlich zum Sachverhalt nach dem in Abbildung 3 gezeigte Schema einer ethischen Argumentation.

**3** Schema einer ethischen Argumentation

**3** Eine mögliche Argumentation der Eltern könnte lauten: *Die geeigneten Embryonen könnten für die Therapie des kranken Kindes verwendet werden. Die ungeeigneten Embryonen werden verworfen (D1). Das Leben des kranken Kindes könnte gerettet werden und es könnte gesund leben. Dabei wird jedoch das potentielle Leben der nicht benötigten Embryonen zerstört (D2). Der Wert des Lebens an sich hat einen höheren Stellenwert. Das potentielle Leben eines Embryos darf nicht für die Gesundheit eines anderen Lebewesens zerstört werden (N). Das Gewinnen der Stammzellen durch In-vitro-Fertilisation ist keine Option, das Leben des kranken Kindes zu retten (C).*

**a)** ≡ Vollziehen Sie die Vorgehensweise einer ethischen Argumentation mithilfe des Schemas nach.

**b)** ≡ Unterscheiden Sie an diesem Beispiel zwischen deskriptiven und normativen Aussagen.

**4** Die Eltern entscheiden sich für die Zeugung eines Rettungsgeschwisterkindes.

**a)** ≡ Führen Sie eine ethische Argumentation durch, die diese Entscheidung begründet.

**b)** ≡ Betrachten Sie die Situation aus den Perspektiven der Eltern, des Rettungsgeschwisterkindes und des kranken Kindes und formulieren Sie jeweils eine mögliche Meinung für die beteiligten Personen.

**c)** ≡ Reflektieren Sie Ihre Meinung aus Aufgabe 1 und korrigieren Sie gegebenenfalls Ihren eigenen Standpunkt. Treffen Sie dann eine persönliche, begründete Entscheidung, wie Sie an der Stelle der Eltern handeln würden nach dem Schema in Abbildung 2.

**d)** ≡ Tauschen Sie sich im Kurs über die Entscheidung aus und vergleichen Sie die jetzigen Meinungen mit denen aus Aufgabe 2. Hat sich Ihre Meinung verändert? Wieso?

**5** Rettungsgeschwisterkinder werden in den Medien oft mit „Designerbabys“ in einem Zuge erwähnt.

**a)** ≡ Recherchieren Sie, was unter dem Begriff „Designerbaby“ verstanden wird.

**b)** ≡ Reflektieren Sie die gesellschaftlichen Folgen der Möglichkeit, Designerbabys zu zeugen. Bewerten Sie dann diesen Einsatz der Stammzellforschung aus ethischer Sicht.

**6** Ethisch weniger kritisch als die Zeugung von Rettungsgeschwisterchen ist die in Deutschland erlaubte Gewinnung von Stammzellen aus Spenderdatenbanken.

**a)** ≡ Recherchieren Sie das Vorgehen bei einer Stammzellspende und ihre Risiken für den Spendenden.

**b)** ≡ „Die Vertretbarkeit eines Mittels hängt auch davon ab, welche Alternativen zur Verfügung stehen.“ Interpretieren Sie diese Aussage im Hinblick auf die alternative Gewinnung von Stammzellen über Spenderdatenbanken gegenüber der Zeugung von Rettungsgeschwistern.

**c)** ≡ Stammzellen spenden – ja oder nein? Treffen Sie eine ethisch begründete Entscheidung zu dieser Entscheidungsfrage.

## Die differenzielle Genaktivität

- **differenzielle Genaktivität:** In den Zellen unterschiedlicher Zelltypen wird jeweils nur ein bestimmter Teil der Gene exprimiert; sie führt zu differenzierten Zelltypen.
- **konstitutive Gene:** sind immer aktiv und werden unabhängig von anderen Einflüssen mit relativ konstanter Geschwindigkeit exprimiert
- **regulierte Gene:** werden nur unter bestimmten Bedingungen, etwa in Abhängigkeit vom Nährstoffangebot oder von bestimmten Hormonkonzentrationen, exprimiert

Durch Regulation der Genaktivität weisen Zellen trotz gleicher genetischer Ausstattung unterschiedliche Eigenschaften auf. So wird eine flexible Anpassung an Umweltbedingungen sowie eine Entwicklung und Spezialisierung in lebendigen Systemen möglich.

Mehr dazu auf der Seite 66

## Regulation der Genaktivität bei Eukaryoten

- **Transkriptionsfaktoren:** Proteine, die an die DNA binden und auf die Transkription eines Gens oder mehrerer Gene wirken
- **allgemeine Transkriptionsfaktoren:** binden an DNA-Sequenzen am Promotor, sodass die RNA-Polymerase an diesen bindet und die Transkription starten kann
- **spezifische Transkriptionsfaktoren:** binden an regulatorische DNA-Abschnitte, die oft weit entfernt vom regulierten Gen liegen; erhöht der spezifische Transkriptionsfaktor die Transkriptionsrate, wird der dazugehörige DNA-Abschnitt als **Enhancer** bezeichnet, verringert er sie, so spricht man von einem **Silencer**

## Wirkung der spezifischen Transkriptionsfaktoren:

- aktivierender spezifischer Transkriptionsfaktor:

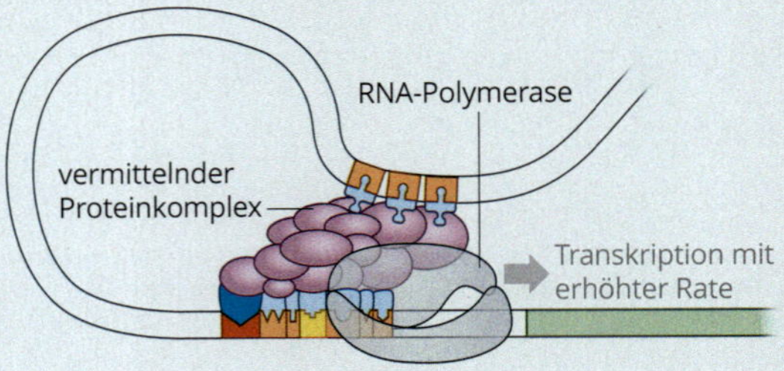


- hemmender spezifischer Transkriptionsfaktor:

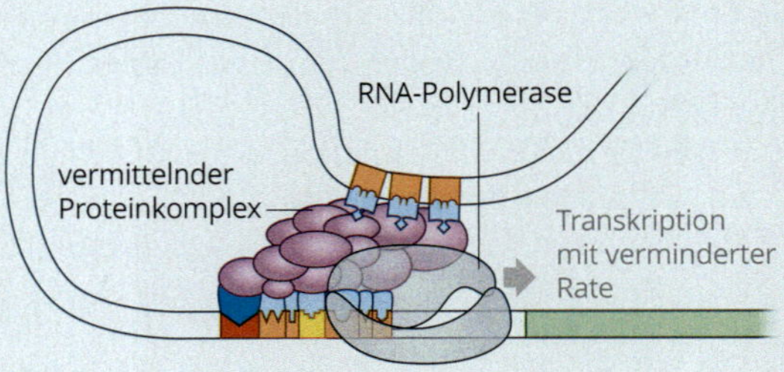


Mehr dazu auf den Seiten 67–68

## Epigenetik

Fachbereich der Biologie, in dem untersucht wird, wie Umweltfaktoren Gene in ihrer Aktivität beeinflussen, ohne die Basensequenz der DNA zu verändern. Die dabei wirkenden molekularen Regulationsmechanismen sind **epigenetische Modifikationen**.

**Beispiele:** DNA-Methylierung, Inaktivierung des X-Chromosoms

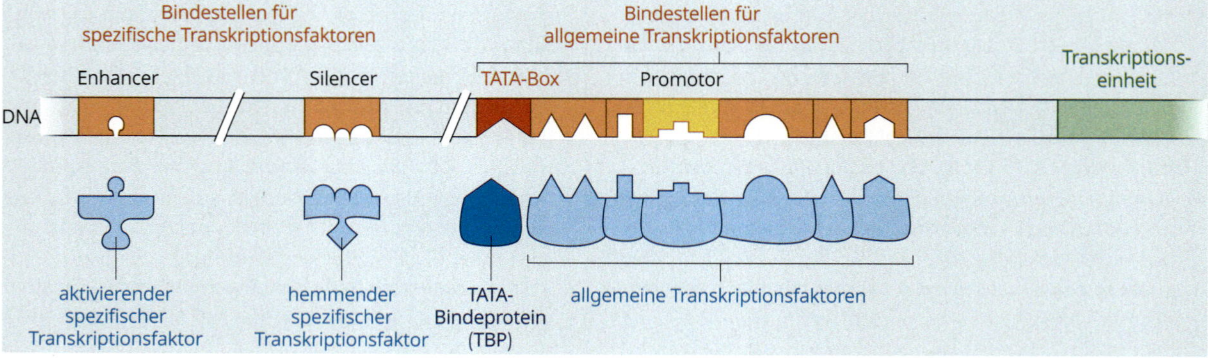

- **DNA-Methylierung:** nach erfolgter DNA-Synthese werden Methylgruppen (-$CH_3$) an Basen der DNA angehängt; wird dadurch verhindert, dass nachfolgende DNA-Sequenzen exprimiert werden, werden Gene abgeschaltet

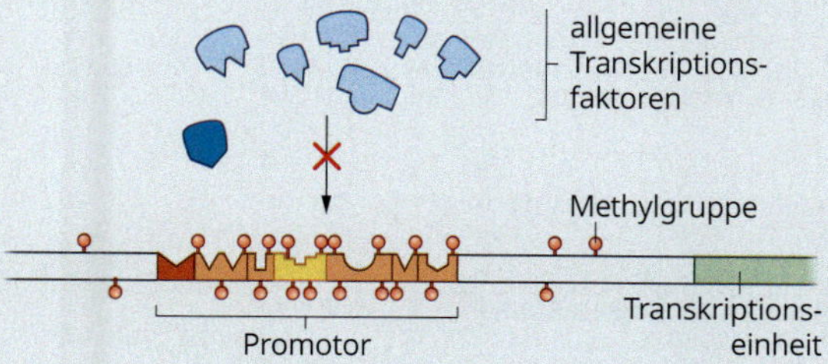


- **Inaktivierung des X-Chromosoms:** bei weiblichen Säugetieren wird eines der beiden Geschlechtschromosomen inaktiviert; Xist-RNA-Moleküle und eine Modifikation der Histone lösen zusammen eine dichte Verpackung der DNA aus, wodurch das X-Chromosom inaktiviert und das Barr-Körperchen gebildet wird

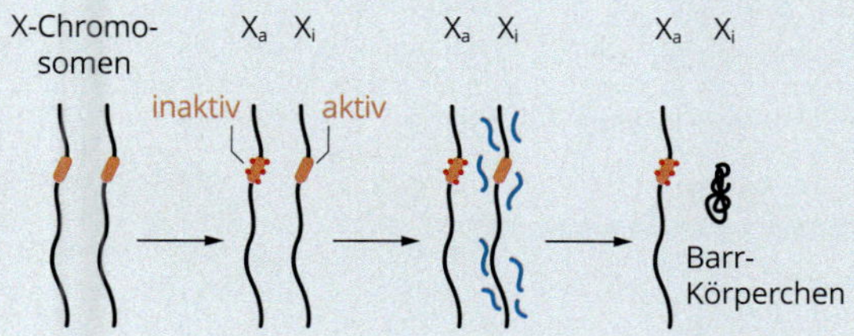


- ⊖ **Histonmodifikation:** Methylgruppen (-$CH_3$) oder Acetylgruppen (-$COCH_3$) binden an Histone (grün in der Abbildung) oder werden abgespalten; erhöht sich dadurch die Anziehungskraft zwischen Histonen und DNA, so erhöht sich der Verpackungsgrad der DNA, wodurch die Transkription verhindert und die DNA inaktiviert wird

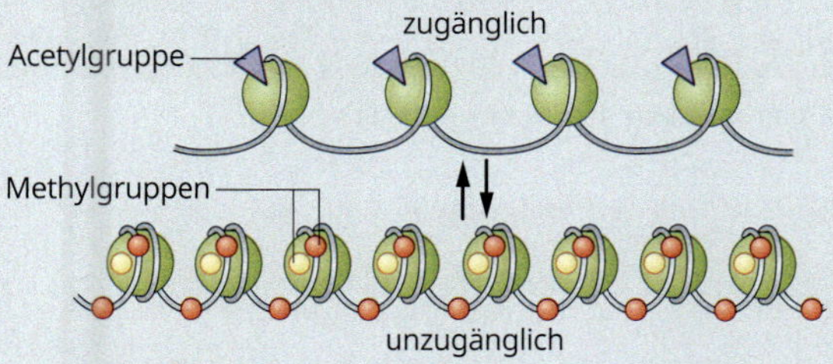


- ⊖ **RNA-Interferenz:** zielgerichteter Abbau von mRNA, wodurch die Translation und somit die Synthese eines bestimmten Proteins verhindert wird; daran sind micro-RNA-Moleküle und der sie enthaltende RISC-Proteinkomplex beteiligt

Mehr dazu auf den Seiten 69 ff.

*Ergänzung:* **Überblick**

**Regulation der Genaktivität (Seite 72):**
- **DNA-Ebene:** Transkriptionsfaktoren (allgemeine, Enhancer, Silencer) (Seite 67 f. ), epigenetische Modifikation (Seite 69)
- **RNA-Ebene:** Capping, Polyadenylierung (Seite 36 ff.), ⊖ epigenetische Modifikation (Seite 71)

## Embryonale und adulte Stammzellen als noch undifferenzierte Zellen

- **Stammzellen**: noch undifferenzierte Zellen, die sich in unterschiedliche Zelltypen differenzieren können
- **embryonale Stammzellen**: stammen vom Embryo und sind zunächst **totipotent**; werden sie der Blastozyste entnommen, sind sie nur noch **pluripotent**
- **adulte Stammzellen:** finden sich in Geweben eines Organismus und sind **multipotent**
- **induziert pluripotente Stammzellen:** werden durch Reprogrammierung mithilfe von Transkriptionsfaktoren aus adulten Zellen gewonnen; besonders geeignet sind dafür Zellen aus Nabelschnurblut
- **Bedeutung der Stammzellen:**

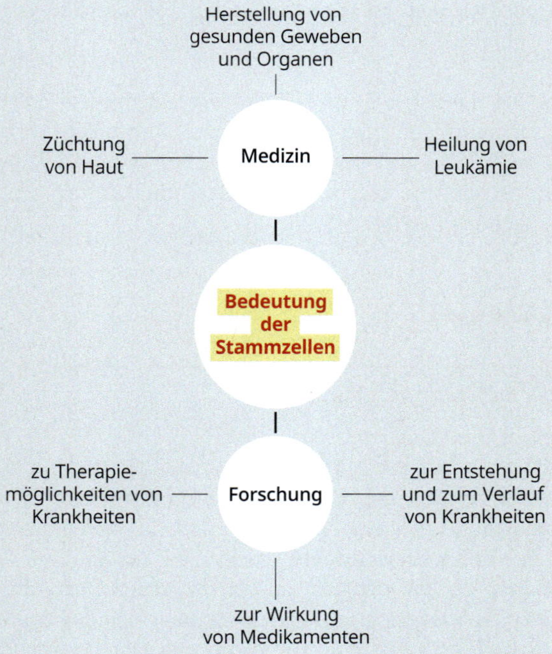


Mehr dazu auf den Seiten 74–77

## AUFGABE

### Forschung an der Maus

Mäuse werden in der Wissenschaft als Modellorganismen eingesetzt. An ihnen lassen sich Grundlagen zur Regulation der Genaktivität sowie zur Stammzelltechnik erforschen.

**1** Nennen Sie drei Mechanismen zur Regulation der Genaktivität und beschreiben Sie den Mechanismus, der zu den unterschiedlich gefärbten Mäusen (M1a, M1b, M1c) führt. [6 BE]

**2** Beschreiben Sie die Versuchsbeobachtungen in M1d und interpretieren Sie diese unter Verwendung von M1b auf drei verschiedenen Systemebenen im Hinblick auf die Bedeutung der Umwelt für die Entwicklung der Mäuse mit dem veränderten Agouti-Gen. [7 BE]

**3** Erläutern Sie den Unterschied zwischen embryonalen und induziert pluripotenten Stammzellen am Beispiel der Mäuse und beurteilen Sie die Bedeutung dieser Stammzellen in Forschung und Medizin (M2, M3). [7 BE]

**4** Beschreiben Sie allgemein die Wirkung eines spezifischen Transkriptionsfaktors unter Mitverwendung einer beschrifteten Skizze und stellen Sie eine Hypothese über die Wirkung der in M3 beschriebenen Transkriptionsfaktoren OSKM bei der Bildung von induziert pluripotenten Stammzellen auf. [10 BE]

**5** Interpretieren Sie die Forschungsergebnisse zur Erzeugung von induziert pluripotenten Stammzellen und bewerten Sie aus ethischer Sicht die Forschung an Mäusen auf Grundlage von je zwei Pro- und Kontraargumenten (M3). [10 BE]

## MATERIAL

### M1 Fellfarbe von Mäusen

#### M1a Agouti Gen

Mäuse besitzen im Wildtyp die charakteristisch braune Agouti-Farbe. Diese Ausprägung der Fellfarbe wird durch das Agouti-Gen beeinflusst. Es steuert die Verteilung von gelbem Phaeomelanin und schwarzem Eumelanin in den Haaren. Bei der Wildform sind die einzelnen Haare durch einen speziellen Haarwachstumszyklus gebändert, wodurch die braune Agouti-Farbe entsteht. Eine Variante des Agouti-Gens wird als agouti viable yellow, kurz Avy, bezeichnet. Bei dieser Variante liegt vor dem Agouti-Gen ein Steuerungselement, das IAP, das die Expression des Agouti-Gens beeinflusst (M1a). Mäuse mit der Avy-Variante können bei gleicher genetischer Ausstattung unterschiedlich gefärbt sein, von gelb über gescheckt bis hin zu Agouti-farben (M1b). Gelbe Mäuse sind fettleibig, träge und anfällig für Krankheiten. Agouti-farbene Mäuse mit Avy sind im Vergleich dazu schlank und gesund. (M1c)
In einem Versuch wurden gelben, trächtigen Avy-Mäusen Folsäure-Präparate verabreicht (M1d).

#### M1b Genregulation

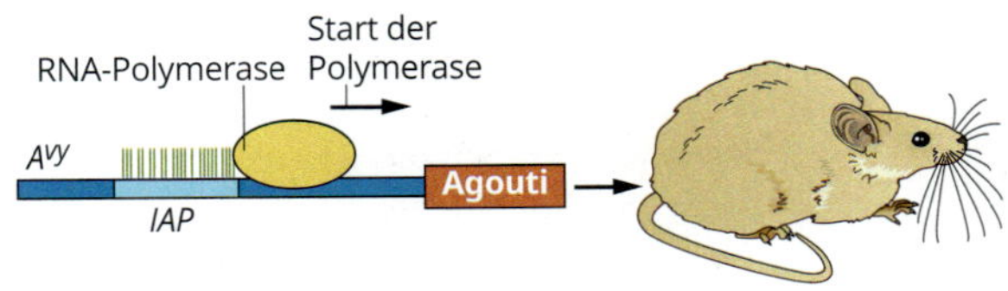


A

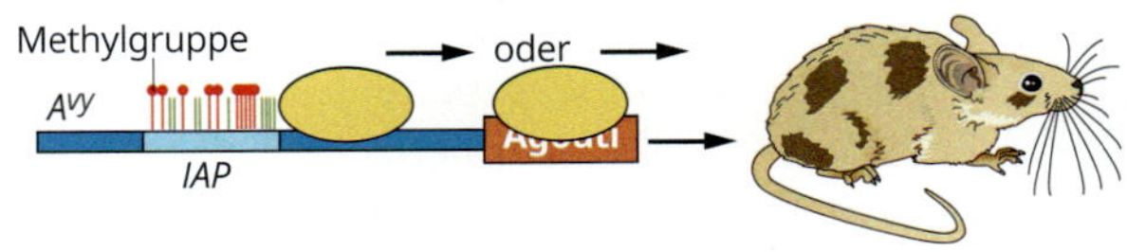


B

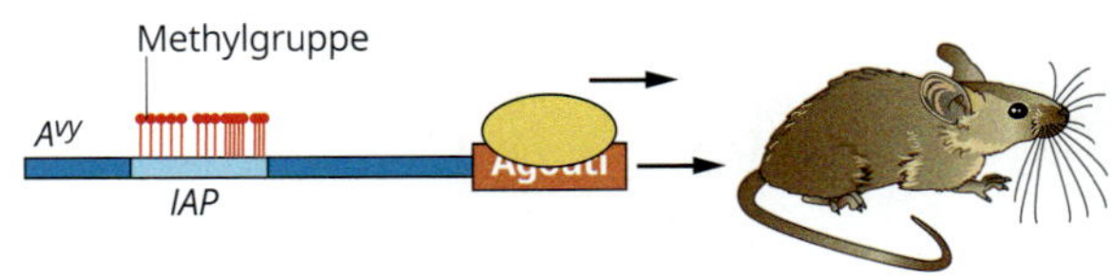


C

#### M1c Verschiedene Mäuse

**Mäuse:** A Hausmaus, B Agouti-Maus

#### M1d Einfluss der Nahrung

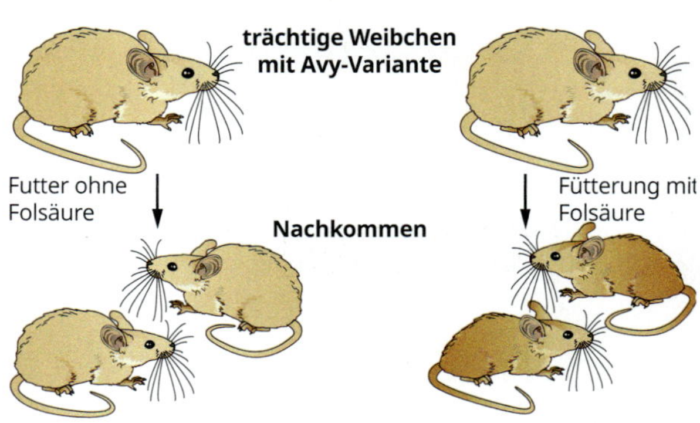

## M2 Mäuse in der Gentechnik

### M2a Krankheitsmodelle

Mäuse können als Krankheitsmodelle genutzt werden, indem in ihr Erbgut ein zu untersuchendes Krankheitsgen eingeschleust wird. Die Fellfarbe (siehe M1) fungiert dabei als Nachweis für das eingebaute Gen. Aus der Blastozyste einer Agouti-farbenen Maus werden embryonale Stammzellen (ES-Zelle) entnommen und in vitro vermehrt. Nach dem Einbau des gewünschten Krankheitsgens werden diese ES-Zellen in die Blastozyste einer schwarzen Maus verpflanzt. Aus dieser Blastozyste entstehen Mäusejunge, die aus Zellen der Blastozyste bestehen und aus Zellen, die von den veränderten ES abstammen. Da sie aus Zellen bestehen, die von zwei verschiedenen Organismen abstammen, werden sie als Chimären bezeichnet. Werden Chimären mit schwarzen Mäusen gekreuzt, so entstehen Mäuse mit unterschiedlichen Fellfarben. Die Mäuse, die die charakteristische Agouti-Farbe besitzen, tragen das zu untersuchende Gen. Mit diesen Mäusen können weitere Untersuchungen durchgeführt werden.

### M2b Nachweis des Gentransfers

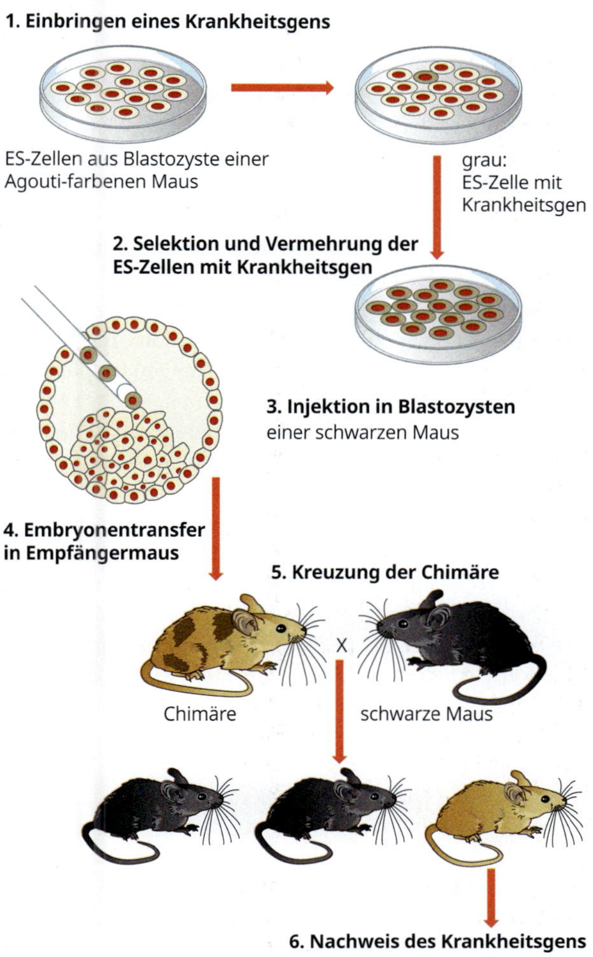


## M 3 Stammzellforschung an Mäusen

### M3a Transkriptionsfaktoren

Bei Untersuchungen an Mäusen entdeckte der Wissenschaftler Yamanaka, dass die vier spezifischen Transkriptionsfaktoren Oct4, Sox2, Klf4 und cMyc, kurz OSKM, für die Erzeugung von induziert pluripotenten Stammzellen (iPS) benötigt werden. Neuere Studien an Mäusen überprüfen die Wirkung dieser Transkriptionsfaktoren auf die Qualität der iPS.

### M3b Qualität der iPS

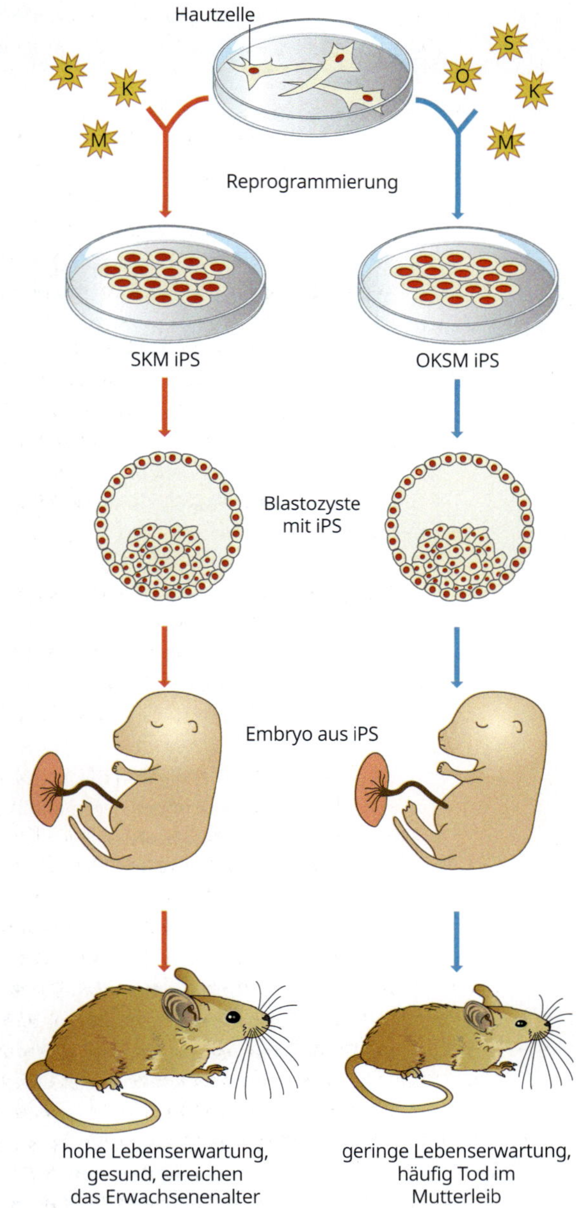


OSKM: Abkürzungen für Transkriptionsfaktoren
O = Oct4  S = Sox2  K = Klf4  M = cMyc

# 3 Vervielfältigung genetischer Information

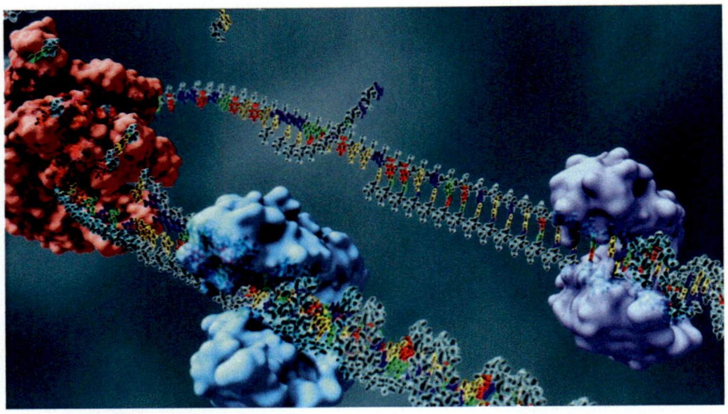

**1** Modell der Replikation der DNA

## 3.1 Modelle der DNA-Replikation

**Bevor sich eine Zelle teilt, muss zunächst die Erbinformation verdoppelt werden. Dadurch wird gewährleistet, dass die sich bildenden Tochterzellen die gleichen Erbinformationen enthalten. Wie wird die DNA im Zellkern verdoppelt?**

**1** Wiederholen Sie mittels einer Recherche die biologische Bedeutung der Zellteilung.

**Möglichkeiten der Replikation**

Die von WATSON und CRICK gefundene Struktur der DNA lässt zunächst offen, wie die Verdopplung der DNA, die **Replikation**, auf molekularer Ebene abläuft. Drei Möglichkeiten sind denkbar: Beim **konservativen** Mechanismus (lat. *conservare*: bewahren) würde das DNA-Molekül als Vorlage zur Neusynthese einer komplett neuen Doppelhelix dienen. Verliefe die Synthese dagegen nach dem **semikonservativen** Mechanismus (lat. *semi*: halb), so würde jedes Tochtermokekül je eine Polynukleotidkette der Ausgangs-DNA und einen neu synthestisierten Teilstrang enthalten. Bei der dritten Variante, der **dispersiven** Replikation (lat. *dispergere*: zerstreuen), würde jeder der vier Teilstränge teils aus ursprünglicher und teils aus neu synthetisierter DNA bestehen.

**2** Die komplementäre Basenpaarung ist eine Grundvoraussetzung für die Verdopplung der DNA. Begründen Sie, inwieweit dies die Fragestellung nach der Art der DNA-Replikation einschränkt.

**Erkenntnisgewinnung: Das MESELSON-STAHL-Experiment**

Matthew MESELSON und Franklin STAHL führten 1958 ein berühmt gewordenes Experiment durch, das die Frage nach der richtigen Modellvorstellung der DNA-Replikation beantworten sollte. Als Versuchsorganismus wählten sie das Bakterium *Escherichia coli*. Dies bot sich wegen der kurz aufeinander folgenden und synchronen Teilung der Zellen an. Sie verwendeten die Methode der Isotopenmarkierung, das heißt, sie arbeiteten mit zwei unterschiedlich schweren Stickstoffisotopen, $^{14}N$ und $^{15}N$.

**3** Erläutern Sie Gründe für die Verwendung von Bakterien bei dem Experiment.

MESELSON und STAHL kultivierten die Bakterien in einem Nährmedium mit einer Stickstoffquelle, die anstelle des üblichen leichten $^{14}N$-Isotops nur das schwere $^{15}N$-Isotop enthielt. Dieses Stickstoffisotop wird von den Bakterien zur Synthese der DNA genutzt und folglich in die DNA eingebaut. Nach mehreren Zellteilungen enthielten die Bakterien in dem Versuch dadurch nur noch die schwere $^{15}N/^{15}N$-DNA. MESELSON und STAHL isolierten diese $^{15}N/^{15}N$-DNA aus den Bakterien und führten damit ein **Dichtegradienten-Zentrifugation** durch. Die schwere $^{15}N/^{15}N$-DNA dieser Bakterien sammelte sich während einer Dichtegradienten-Zentrifugation im unteren Bereich an einer ihrer Dichte entsprechenden Stelle im Zentrifugenröhrchen. MESELSON und STAHL überführten danach Bakterien mit schwerer $^{15}N/^{15}N$-DNA in ein Nährmedium mit leichten $^{14}N$-Isotopen. Nach 20 Minuten, der Dauer einer Zellteilung, entnahmen Sie eine Probe, isolierten die DNA und führten eine Dichtegradienten-Zentrifugation durch. Nach weiteren 20 Minuten, also einer weiteren Zellteilung in leichtem $^{14}N$-Nährmedium, wurde die DNA wieder isoliert und zentrifugiert. Aus diesen Versuchen konnten die Wissenschaftler wichtige Erkenntnisse gewinnen.

**4 Isotope des Stickstoffs**

**a)** Erläutern Sie mithilfe einer Recherche den Begriff Isotop am Beispiel $^{14}N$ und $^{15}N$.

**b)** Ermitteln Sie mithilfe des molekularen Aufbaus der DNA (→ **Seite 24, Abb. 2**) wo $^{15}N$ eingebaut wurde.

## 5 Fragestellung: Modelle der DNA-Replikation

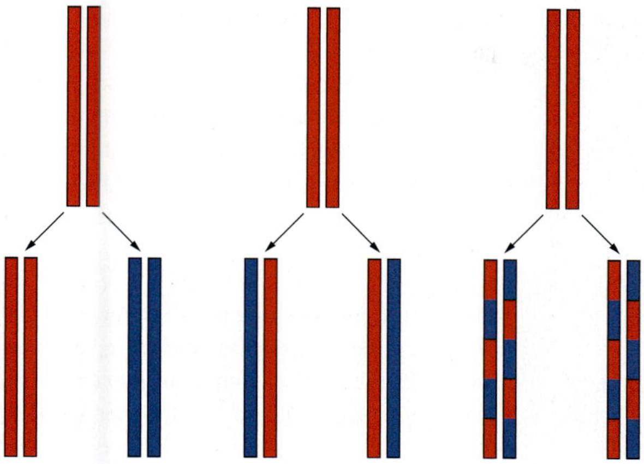


**a)** Beschreiben Sie die Modellvorstellungen der konservativen, der semikonservativen und der dispersiven Replikation mithilfe des Textes auf Seite 82 und der Abbildung. Gehen Sie dabei auf die Bedeutung der Farben rot und blau ein.

**b)** Zeichnen Sie die entstehenden vier DNA-Stränge der 2. Generation für jedes Modell, indem Sie die Zeichnung nach unten hin fortsetzen.

**c)** Beschreiben Sie die Stärken und Schwächen dieser Modelldarstellung der Replikation.

## 6 Im Labor: Dichtegradienten-Zentrifugation

Um Zellbestandteile genauer untersuchen zu können, werden die Zellen in einer Lösung vorsichtg zerkleinert. Nach diesem Prozess, der Homogenisierung, sind die meisten Zellbestandteile noch intakt. Durch die Dichtegradienten-Zentrifugation kann man dann Zellbestandteile, wie beispielsweise verschiedene Organellen oder sogar Moleküle, nach ihrer unterschiedlichen Dichte auftrennen. Dafür füllt man in Zentrifugenröhrchen eine Lösung, deren Dichte von oben nach unten zunimmt. Während der einmaligen Zentrifugation ordnen sich die Zellbestandteile in derjenigen Dichtezone an, die ihrer eigenen Dichte entspricht.

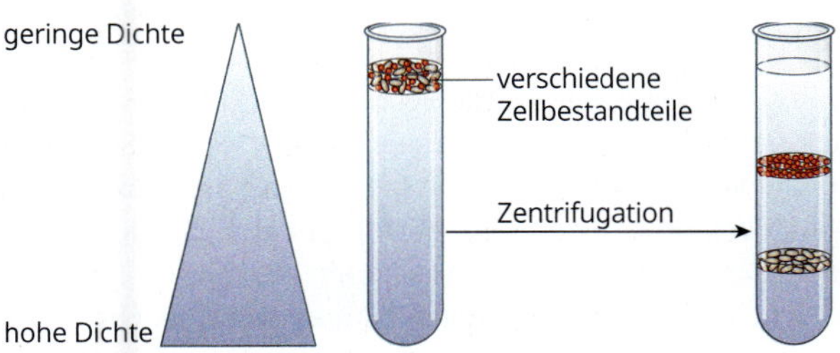


**a)** Erklären Sie das vorsichtige Vorgehen beim Zerkleinern der Zellen.

**b)** Recherchieren Sie die Bedeutung der Dichtegradiententenzentrifugation als wichtige Methode der Zellbiologie.

## 7 Untersuchung: Meselson-Stahl-Experiment

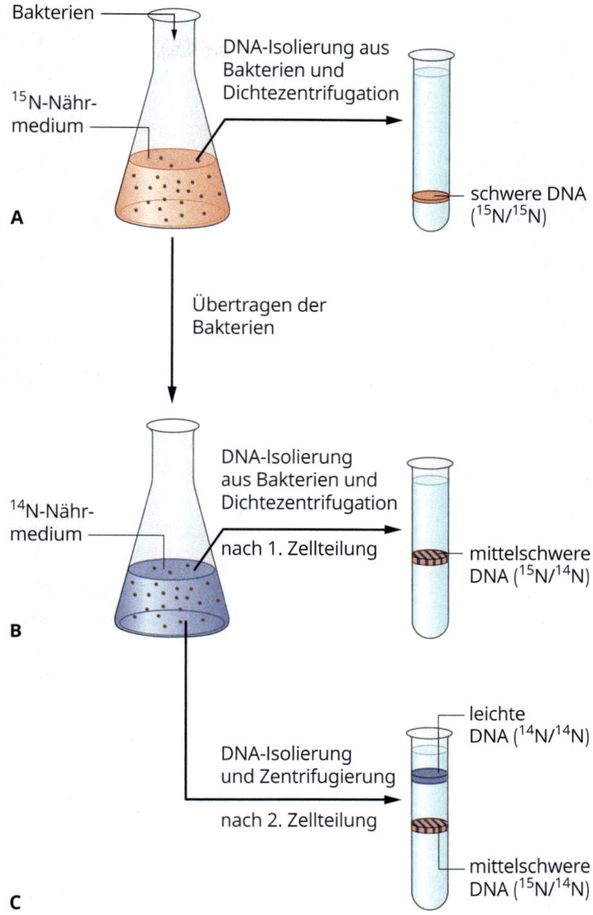


**a)** Formulieren Sie die Fragestellung, die die Wissenschaftler Meselson und Stahl mit den Untersuchungen beantworten wollten.

**b)** Beschreiben und erklären Sie die Durchführung und die Versuchsbeobachtungen des Meselson-Stahl-Experiments anhand der Abbildungen A–C.

**c)** Erstellen Sie für die Versuchsansätze A, B und C jeweils eine Skizze der Zusammensetzung des Doppelstranges. Orientieren Sie sich an der Abbildung von Aufgabe 5.

**d)** Geben Sie die Lage der bakteriellen DNA im Zentrifugenröhrchen des Meselson-Stahl-Experiments nach der ersten und zweiten Zellteilung an, wenn der Replikationsmechanismus (1) dispersiv und (2) konservativ wäre und begründen Sie jeweils Ihre Vermutungen.

**e)** Geben Sie das erwartete Bandenmuster bei einer semikonservativen Replikation nach einer dritten Zellteilung in $^{14}$N-Nährmedium an und begründen Sie Ihren Vorschlag.

**f)** Erläutern Sie begründet, welche Schlussfolgerungen zum Mechanismus der Replikation Meselson und Stahl aus diesen Versuchen geschlossen haben.

**Methode: Umgang mit Sachtexten**

1. Überblick verschaffen: Text überfliegen. Was ist bekannt, was ist neu, worum geht es in dem Text?
2. Sinnabschnitte erkennen: Ist der Text schon gegliedert? Helfen die Zwischenüberschriften zum Verständnis?
3. Schlüsselwörter rausschreiben und erklären
4. Restunklarheiten durch Recherche klären

## 3.2 Natürliche DNA-Replikation

**Durch den semikonservativen Replikationsmechanismus wird die DNA identisch verdoppelt. Wie erfolgt dies auf molekularer Ebene?**

### Die Replikation

An der Replikation der DNA sind neben freien Nukleotiden, aus denen die neuen Einzelstränge gebildet werden, Startermoleküle und verschiedene Enzyme beteiligt.

1. Der folgende Text beschreibt den Vorgang der Replikation. Eränzen Sie bei der Lektüre des Textes Ihre in Kapitel 1 begonnene Tabelle (→ **Seite 22**), indem Sie die Fachbegriffe und ihre Bedeutung festhalten.

### Initiation – Beginn der Replikation

Die Replikation beginnt an einer bestimmten DNA-Sequenz, dem **Replikationsursprung.** Dort lagert sich das Enzym **Helicase** an. Es entwindet die DNA-Doppelhelix, trennt unter ATP-Vebrauch die Wasserstoffbrücken der komplentären Basenpaare und so die Einzelstränge voneinander. Dadurch kommt es in anderen Bereichen der DNA zur Überdrillung. Diese löst das Enzym **Topoisomerase**. Es durchtrennt einen der beiden DNA-Stränge und lässt die DNA um den verbliebenen Strang bis zur Entspannung rotieren.

Durch die Auflösung der Wasserstoffbrücken weichen die Zucker-Phosphat-Stränge auseinander und es entsteht eine Replikationsblase. Spezielle **Einzelstrangbindende-Proteine** lagern sich an und verhindern, dass die beiden Einzelstränge sich gleich wieder durch Wasserstoffbrücken verbinden. An den beiden Enden der Replikationsblase laufen die Einzelstränge wieder Y-förmig zusammen. Diese Stelle heißt **Replikationsgabel**.

### Elongation – Synthese der neuen Stränge

Zunächst werden 20 bis 30 RNA-Nukleotide an die Einzelstränge angelagert und durch das Enzym **RNA-Primase** verknüpft. Diese Nukleotide dienen im Folgenden als Startermoleküle. Man bezeichnet diese als **Primer**. Im Gegensatz zur DNA-Polymerase benötigt die RNA-Primase selbst kein Startmolekül. Die im Plasma frei vorliegenden Nukleotide lagern sich nun komplementär an den Einzelstrang an. Anschließend sorgt die **DNA-Polymerase** für die Verknüpfung der am 3'-Ende des Primers neu angelagerten Nukleotide. Allerdings kann die DNA-Polymerase nur an das 3'-Ende eines Polynukleotids Nukleotide anbinden. Da die beiden Einzelstränge der DNA antiparallel verlaufen, kann das Enzym nur an einem der beiden Einzelstränge **kontinuierlich** in Richtung Replikationsgabel arbeiten. Den so gebildeten neuen Einzelstrang nennt man **Leitstrang**.

Am anderen Einzelstrang wird der neue Einzelstrang in entgegengesetzter Richtung, also von der Replikationsgabel weg, synthetisiert. Diesen neuen Einzelstrang nennt man **Folgestrang**. An ihm werden mit dem Fortschreiten der Replikationsgabel immer wieder neue Primer gebildet, an deren 3´-Enden die DNA-Polymerase Nukleotide anhängt. Anschließend werden die Primer entfernt und die so entstehenden Lücken im Folgestrang mit komplementären DNA-Nukleotiden ersetzt. So entstehen zwischen den Primern komplementär zum Leitstrang DNA-Stücke des neuen Einzelstranges. Die einzelnen DNA-Stücke bezeichnet man nach ihrem Entdecker als **Okazaki-Fragmente**. Diese werden durch das Enzym **Ligase** zu einem durchgehenden DNA-Einzelstrang verknüpft. Die DNA-Replikation verläuft am Folgestrang mit Unterbrechungen, man sagt **diskontinuierlich**.

### Termination – Abschluss der Replikation

Die Replikation des Leitstranges endet automatisch, wenn das Ende dieses Leitstranges ereicht wird. Der diskontinuierliche Folgestrang kann bei der linear vorliegenden DNA der Eukaryoten nicht bis zum Ende synthetisiert werden. Sobald der letzte Primer eingesetzt ist, kann dieser nicht mehr durch DNA-Nukleotide ersetzt werden, weil dafür der Startpunkt davor fehlt. Dadurch verkürzen sich diese DNA-Enden mit jeder Zellteilung.

Die DNA-Stränge besitzen an den Enden jeweils eine lange sich mehrere tausend Mal wiederholende Sequenz wie die Nukleotidsequenz 5'–TTAGGG–3'. Diese gesamte Sequenz wird als **Telomer** bezeichnet. Wenn diese Telomere nach vielen Replikationen eine kritische Länge von etwa 4000 Kilobasenpaaren unterschreiten, findet keine Replikation mehr statt. Die Zellen teilen sich nicht mehr. Insofern wird den Telomeren aktuell eine gewisse Rolle bei Alterungsprozessen zugeschrieben.

## 2 Mechanismus der Replikation

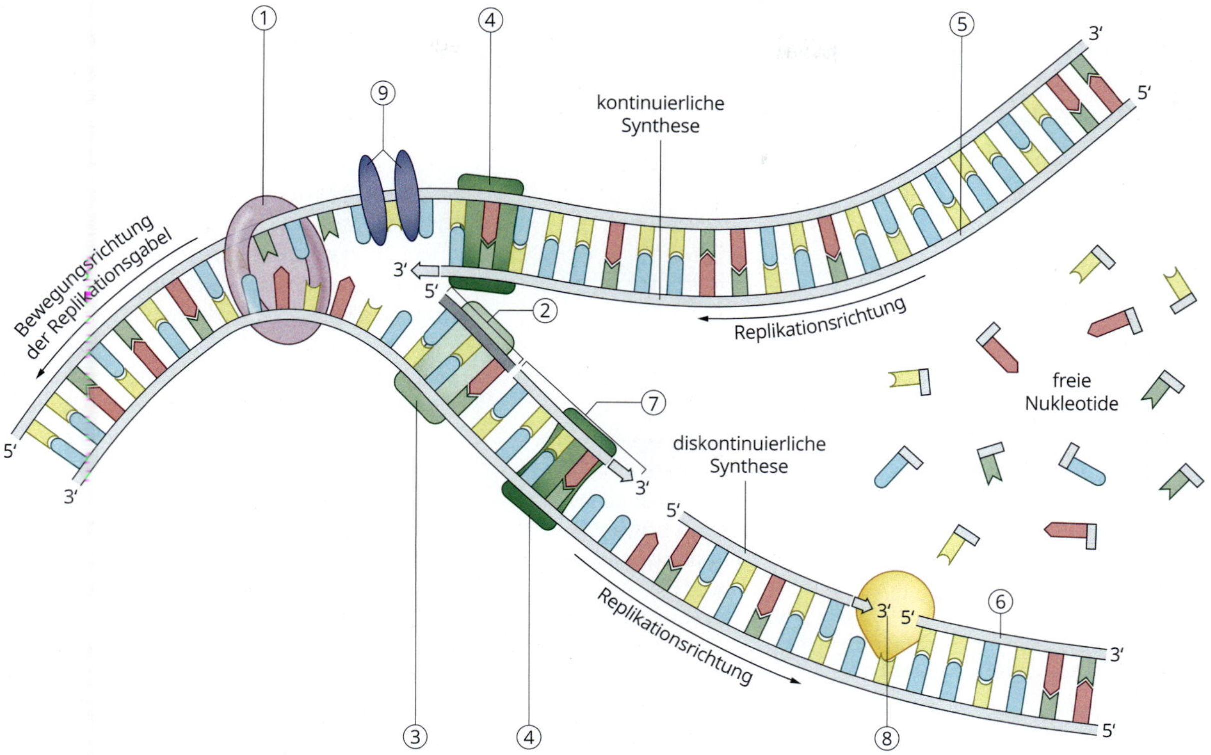


a) ≡ Übertragen Sie die Grafik in Ihr Heft (✎) und beschriften Sie die Nummern 1–9 mithilfe Ihres Glossars aus Aufgabe 1.

b) ≡ Beschreiben Sie die DNA-Replikation anhand der Abbildung und des Textes.

c) ≡ Erläutern Sie, inwieweit die Replikation als Beispiel für das Basiskonzept „Struktur und Funktion" herangezogen werden kann.

d) ≡ Die Replikation der DNA wird modellhaft oft mit einem Reißverschluss verglichen. Bewerten Sie diese Modellvorstellung, indem Sie Stärken und Schwächen des Modells aufzeigen.

e) ≡ Der Vorgang der Replikation wird häufig mit der Transkription (→ **Seite 36 f.**) verwechselt. Vergleichen Sie tabellarisch beide Prozesse in Bezug auf den Zeitpunkt, den Ort, die Funktion und das Produkt.

## 3 Replikation bei Pro- und Eukaryoten im Vergleich

Der grundsätzliche Ablauf der Replikation ist bei Eukaryoten und Prokaryoten sehr ähnlich. Unterschiede ergeben sich aber aufgrund des in den Abbildungen gezeigten unterschiedlichen Baus der jeweiligen DNA.

a) ≡ Vergleichen Sie den Unterschied im Aufbau der DNA von Pro- und Eukaryoten.

b) ≡ Stellen Sie eine Hypothese zur Termination der Replikation bei Prokaryoten auf.

c) ≡ Die Fruchtfliege *Drosophila melanogaster* hat ein Genom von 62000 kbp, verteilt auf 4 Chromosomen, die Replikation des gesamten Genoms dauert 3 Minuten. Beim Bakterium *Escherichia coli* dauert die Replikation des Genoms von 4600 kbp etwa 20 Minuten. Die Replikationsgeschwindigkeiten sind dabei in etwa gleich. Stellen Sie eine Hypothese zur Ursache des Unterschieds der Replikationsdauer bei den Organismen auf.

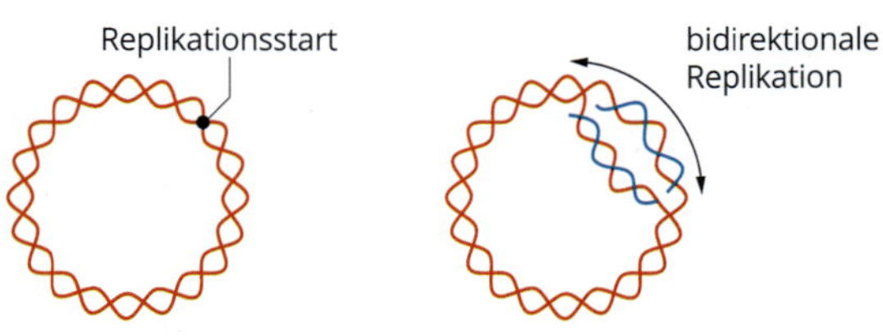


**A** Replikation in Prokaryoten

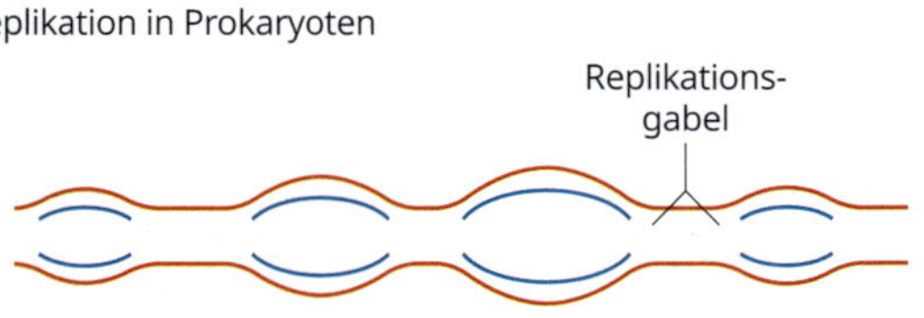


**B** Replikation in Eukaryoten

## VL Materialgebundene Aufgaben

### ❹ ⓔ Reparatur von Fehlern bei der DNA-Replikation

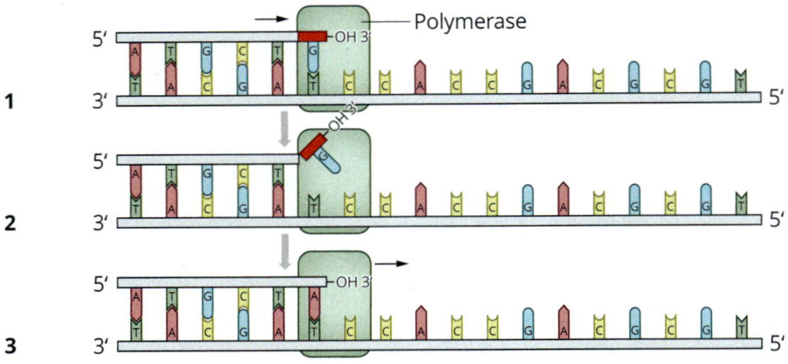


**a)** ≡ Beschreiben Sie die Schritte des in der Abbildung gezeigten Vorgangs des Korrekturlesens durch die DNA-Polymerase.

**b)** ≡ Eine Nuklease ist ein Enzym, das Nukleinsäuren spaltet. Die DNA-Polymerase bei Prokaryoten wird aufgrund ihrer in Schritt 2 der Abbildung dargestellten Aktivität auch 3'-5'-Exonuklease genannt. Erläutern Sie diese Bezeichnung.

### ❺ ⓔ Basenexzisionsreparatur

In jeder Zelle treten täglich tausende chemische Modifikationen wie Oxidationen auf. Diese werden durch die Basenexzisionsreparatur beseitigt (lat. *excisio*: das Herausschneiden).

**a)** ≡ Ordnen Sie den Schritten 1 bis 3 der Abbildung die folgenden Vorgänge zu:
- **A:** Erkennen von Nukleotiden ohne Base, Aufschneiden des Zucker-Phosphatrückgrats, Entfernen der umliegenden Nukleotide
- **B:** Einfügen der korrekten Nukleotide, Verknüpfung des Phosphatrests und der Desoxyribose
- **C:** Erkennen und Entfernen der modifizierten Base

**b)** ≡ Beschreiben Sie mithilfe der Abbildung und den Informationen aus Aufgabe **a** den Prozess der Basenexzisionsreparatur. Achten Sie dabei auf die Bezeichnungen der jeweiligen Enzyme.

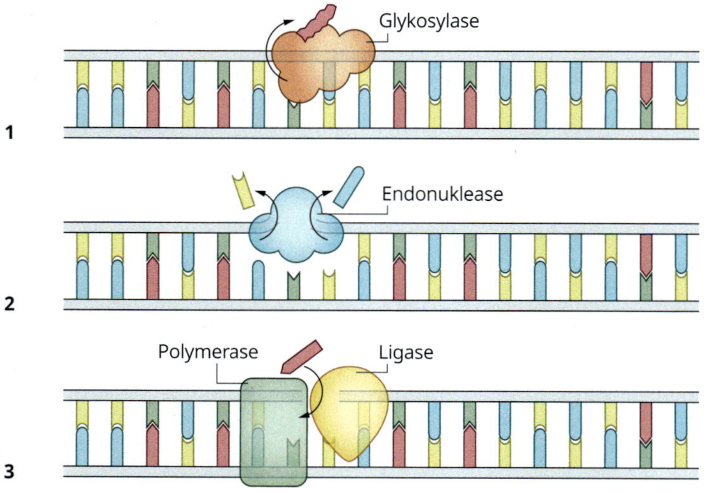


### ⓔ Reparaturvorgänge bei der natürlichen DNA-Replikation

Die identische Verdopplung der DNA mithilfe der DNA-Polymerase ist ein für das Überleben eines Organismus unbedingt notwendiger Prozess. Das Prinzip der komplementären Basenpaarung gewährleistet ein hohes Maß an Sicherheit, die Erbinformation bei der Verdopplung der DNA wirklich identisch zu replizieren. Untersuchungen zeigen aber, dass es bei etwa 1 von 100 000 Nukleotiden zu einer Fehlpaarung kommt. Aber was passiert, wenn bei der DNA-Replikation Fehler auftreten?

Viele DNA-Polymerasen besitzen in einem Molekül verschiedene enzymatische Aktivitäten, zum Beispiel neben der Polymerase-Aktivität auch eine **Exonuklease**-Aktivität. Diese Exonuklease-Aktivität ermöglicht es der DNA-Polymerase selbst, direkt nach Einbau eines neuen Nukleotids eine Art **Korrekturlesemechanismus** (engl. *proof reading* von *proof*: prüfen, *to read*: lesen) durchzuführen. Wird dabei eine enständige, fehlerhafte Basenpaarung erkannt, so wird das falsch eingefügte Nukleotid von der Polymerase direkt entfernt und durch das richtige ersetzt. Erst dann wird die Replikation fortgesetzt.

Einige wenige Fehlpaarungen entgehen diesem ersten Kontrollmechanismus der DNA-Polymerase. Daher prüfen direkt im Anschluss an die Neusynthese andere Enzyme, die **Endonukleasen**, ob fehlerhafte Basenpaarungen innerhalb der DNA übersehen wurden. Enzyme erkennen den Originalstrang und entfernen innerhalb des neusynthetisierten Stranges die fehlgepaarten Nukleotide. Anschließend fügt eine Polymerase die richtigen Nukleotide ein und die Lücke wird durch die Ligase wieder geschlossen. Auch DNA-Schädigungen einzelner oder mehrerer Basen durch chemische oder physikalische Einflüsse können auf diese Weise repariert werden.

### ❻ ⓔ Reparatur von DNA-Schäden

**a)** ≡ Stellen Sie Hypothesen für mögliche Folgen auf, die für die Zelle, die Proteinbiosynthese oder den Organismus entstehen, wenn Fehler der Replikation den Reparaturmechanismen der Zelle entgehen.

**b)** ≡ Beschreiben Sie die Bedeutung der Reparaturenzyme bei der natürlichen DNA-Replikation. ⓔ

## 3.3 Künstliche DNA-Replikation

**Kleinste Spuren von DNA lassen sich heutzutage im Labor künstlich vervielfältigen. Wie erfolgt diese Vervielfältigung und zu welchem Zweck wird sie eingesetzt?**

Die **Polymerase-Kettenreaktion** (engl. *polymerase chain reaction*), kurz **PCR**, ist eine Methode, mit der man kurze DNA-Sequenzen vervielfältigen kann. Sie basiert auf Teilschritten der DNA-Replikation in Zellen.

### Benötige Komponenten

Für eine PCR werden neben der Ausgangs-DNA folgende Komponenten benötigt: DNA-Polymerase, ein Gemisch der vier DNA-Nukleotide sowie zwei Primer. Diese besitzen kurze Basensequenzen von 15 bis 25 Nukleotiden, die komplementär zum Anfang und Ende der DNA-Sequenz sind, die vervielfältigt werden soll. Diese Primer werden künstlich hergestellt. Deshalb kann die PCR nur zur Vervielfältigung von DNA-Abschnitten eingesetzt werden, deren Anfangs- und Endsequenzen bekannt sind. Bei der PCR kommt eine Polymerase zum Einsatz, die auch bei hohen Temperaturen nicht denaturiert. Diese sogenannte *Taq*-Polymerase wird aus dem Bakterium *Thermus aquaticus* gewonnen. Es lebt in heißen Quellen und besitzt ein Temperaturoptimum von 72 °C.

### Durchführung

Zur Durchführung der PCR werden alle Komponenten in einem Reaktionsgefäß gemischt und in ein Heiz-/Kühlgerät, den sogenannten Thermocycler, gegeben. Dieses Gerät stellt automatisch innerhalb kurzer Zeit die für eine PCR jeweils erforderlichen Temperaturen ein. Ein Zyklus dauert etwa fünf Minuten. Dies bedeutet, dass mit dieser Technologie innerhalb weniger Stunden viele Millionen Kopien eines bestimmten DNA-Abschnitts hergestellt werden können.

## VL Materialgebundene Aufgabe

### 1 Grundprinzip der PCR

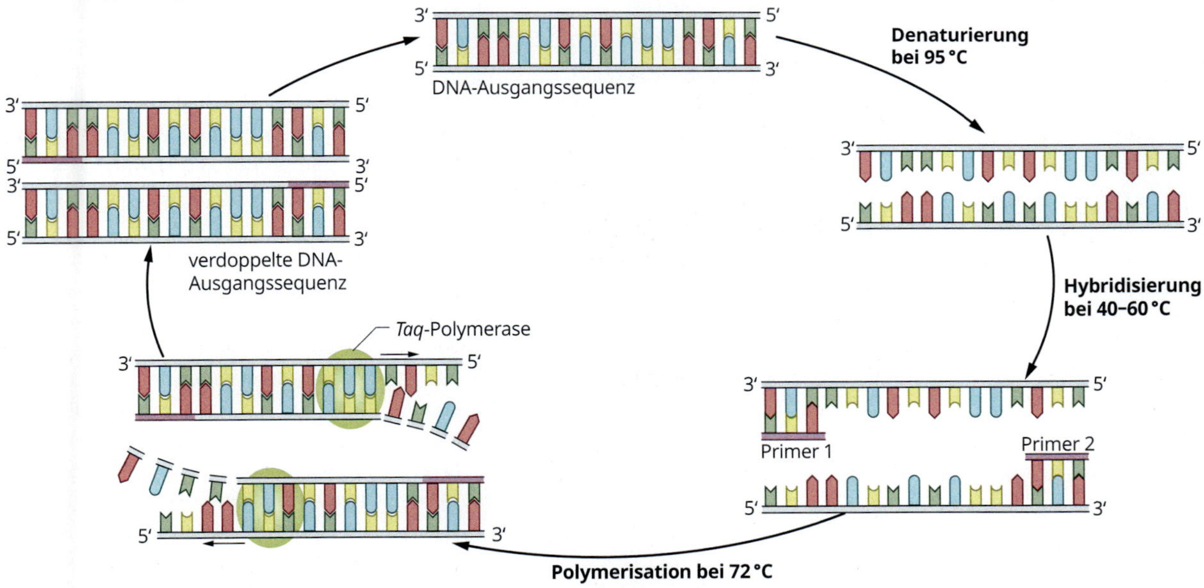


Ein PCR-Zyklus besteht aus drei Schritten, die bei unterschiedlichen Temperaturen ablaufen: Der erste Schritt, die **Denaturierung**, läuft bei etwa 95 °C ab.

**a)** ☰ Erläutern Sie die Notwendigkeit des ersten Schrittes der PCR anhand der Struktur der DNA.

**b)** ☰ Beschreiben Sie die drei Schritte der PCR.

**c)** ☰ Erst durch die Entdeckung der *Taq*-Polymerase wurde die PCR möglich. Begründen Sie diesen Sachverhalt.

**d)** ☰ Vergleichen Sie den natürlichen Prozess der DNA-Replikation (→ **Seite 84 ff.**) mit dem technischen Prozess der PCR und erklären Sie dabei Probleme und Lösungen in der technischen Umsetzung natürlicher Prozesse.

## Materialgebundene Aufgaben

### 1 Fachbegriffe rund ums Chromosom wiederholen

Chromosom • Chromatid • Ein-Chromatid-Chromosom • Zwei-Chromatid-Chromosom • Zentromer • Arbeitsform • Transportform

a) Wiederholen Sie mithilfe des Glossars im vorliegenden Buch die Begriffe im Wortspeicher.

b) Erstellen Sie eine beschriftete Skizze eines Zwei-Chromatid-Chromosoms.

### 2 VL Die Verpackung der DNA

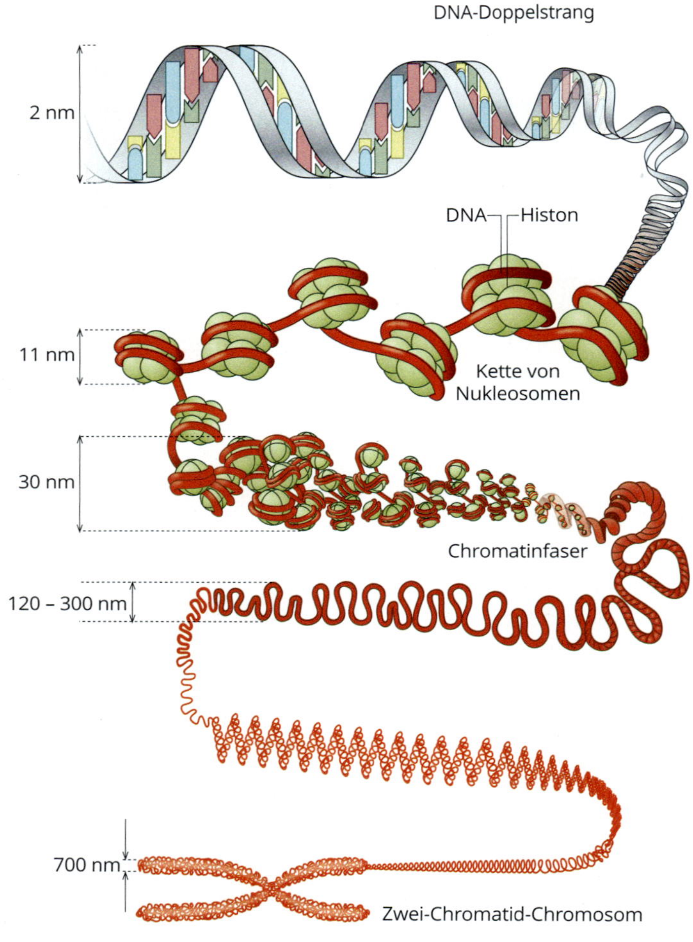


a) Beschreiben Sie die stufenweise Verdichtung der DNA unter Verwendung folgender Begriffe: Zwei-Chromatid-Chromosom, Nukleosom, DNA-Doppelstrang, Histon.

b) Histone sind positiv geladene Proteine. Erklären Sie mithilfe dieser Information und Ihrem Wissen zum Aufbau der DNA die Bildung der Nukleosomen.

c) Begründen Sie die Notwendigkeit der Verdichtung der DNA vor der Zellteilung bei Eukaryoten im Gegensatz zu Prokaryoten.

## 3.4 Die Organisation der DNA

**Bisher wurde die Replikation der DNA auf molekularer Ebene betrachtet. Um zu verstehen, wie die Verdopplung und anschließende Verteilung des Erbmaterials bei einer Zellteilung auf zellulärer Ebene abläuft, muss man sich zunächst mit der Struktur der DNA in der Zelle beschäftigen. Wie liegt die DNA in der Zelle vor?**

### Verdichtung der DNA

Die Erbsubstanz der Eukaryoten besteht aus vielen einzelnen DNA-Strängen, die im Zellkern in den Phasen des Zellwachstums als langestreckte Fäden in der **Arbeitsform** vorliegen. Bei der Zellteilung wird der DNA-Faden etwa um den Faktor 10 000 zur **Transportform** verdichtet. So enthält das größte menschliche Chromosom einen DNA-Doppelstrang mit einer Länge von etwa 8 cm. Dieser kann so stark verpackt werden, dass er nur noch eine Länge von 10 µm besitzt.

Für die erste Stufe der DNA-Verpackung sind besondere Proteine, die **Histone,** verantwortlich. Das DNA-Molekül windet sich in regelmäßigen Abständen jeweils zweimal um einen kugeligen Komplex aus acht Histonen. Diese Struktur nennt man **Nukleosom**. Auf ein Nukleosom folgt jeweils ein Stück freie DNA. Die Nukleosomen reihen sich perlschnurartig zu einer regelmäßigen Kette mit einem Durchmesser von 11 nm auf. Die Kombination aus DNA-Strang und Proteinen nennt man **Chromatin**.

Durch diese Form der Verpackung wird das DNA-Molekül um den Faktor 7 verkürzt. Diese Verkürzung nennt man **Kondensation**. Die nächste Verkürzung erfolgt durch Wechselwirkungen zwischen verschiedenen Nukleosomen. Es entsteht eine verdrillte **Chromatinfaser**, die einen Durchmesser von 30 nm hat. Durch weiteres Verdrillen verkürzt sich das ursprüngliche DNA-Molekül um den Faktor 14. Jetzt wird das Zwei-Chromatid-Chromosom im Lichtmikroskop erkennbar. Die beiden Chromatiden eines Chromosoms bezeichnet man auch als **Schwesterchromatiden**.

Alle Aufwindungen und Faltungen, die wissenschaftlich noch nicht endgültig geklärt sind, führen insgesamt zu einer Verkürzung auf etwa 1/10 000 der ursprünglichen Länge.

## 3.5 Der Zellzyklus

**In einem Zellzyklus finden neben der Zellteilung auch Wachstums- und Synthesephasen statt. Wie läuft dieser Zellzyklus ab?**

### Die Vermehrung von Zellen

Zellen entstehen immer aus anderen Zellen. Daher wachsen Organismen, indem sich ihre Zellen immer wieder teilen. Bei der eukaryotischen Zellteilung entstehen dabei zwei Tochterzellen, die die gleiche Ausstattung an Erbsubstanz, Organellen und Zellplasma aufweisen wie die Mutterzelle. Alle Zellbestandteile müssen vor der Teilung verdoppelt und während der Teilung gleichmäßig verteilt werden. Jede teilungsaktive Zelle durchläuft dazu den **Zellzyklus**.

### Die Phasen des Zellzyklus

Ein Zellzyklus gliedert sich in zwei Abschnitte: Die Vorbereitung auf die Teilung in der längeren **Interphase** und die sehr viel kürzer dauernde eigentliche Teilung. Die Interphase wird weiter unterteilt in die **$G_1$**-, **S**- und **$G_2$**-Phase. In der $G_1$-Phase werden neue Proteine, Membranbestandteile und Organellen gebildet. Außerdem wächst die Zelle. In der nächsten Phase, der Synthesephase oder **S**-Phase, wird die chromosomale DNA verdoppelt. Dabei werden aus Ein-Chromatid-Chromosomen Zwei-Chromatid-Chromosomen. In der **$G_2$**-Phase werden Vorbereitungen für die Teilung getroffen und die Zelle vergrößert sich weiter. Die nun anschließende Teilungsphase wird untergliedert in die Kernteilung, die **Mitose**, und die Teilung der Zelle, die **Cytokinese**. Während der Mitose wird die zuvor verdoppelte DNA auf die beiden entstehenden Tochterkerne aufgeteilt. Danach, in der Cytokinese, geschieht Ähnliches mit den Zellorganellen und dem Zellplasma, das zum Schluss von der Zellmembran wieder vollständig umgeben wird. Danach geht eine Tochterzelle entweder erneut in die $G_1$-Phase, also in den Zellzyklus, und teilt sich wieder, oder in die **$G_0$-Phase** über und teilt sich nicht mehr. Einige Zelltypen, wie etwa Leberzellen, können auf entsprechende Signale hin wieder in den Zellzyklus eintreten.

❶ ≡ Begründen Sie die im Vergleich zur Mitose lange Dauer der Interphase.

❷ ≡ Skizzieren Sie die Phasen des Zellzyklus in einem Schema, das den Zykluscharakter des Vorgangs widerspiegelt.

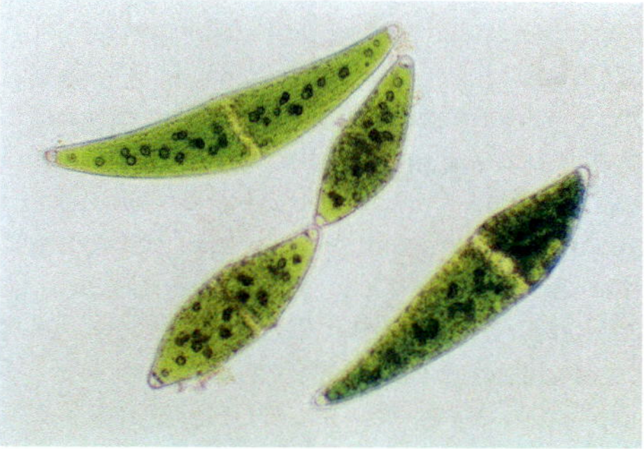

**1** Grünalgen der Gattung Closterium in verschiedenen Stadien der Zellteilung

## VL Materialgebundene Aufgabe

### ❸ Zellzyklus

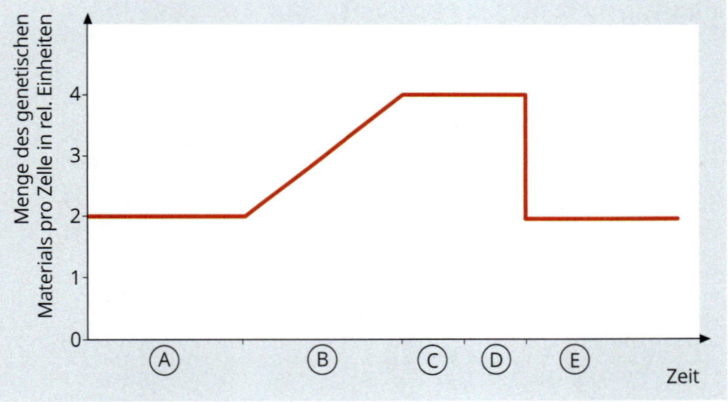


In der Grafik ist die relative Menge des genetischen Materials während der verschiedenen Phasen des Zellzyklus dargestellt.

**a)** ≡ Beschreiben und erklären Sie die Veränderungen im Zellzyklus.

**b)** ≡ Benennen Sie die Abschnitte A bis E mit den entsprechenden Phasen des Zellzyklus $G_1$, S, $G_2$, Mitose und Cytokinese (Mehrfachzuordnung möglich). Ordnen Sie die Zustandsformen der Chromosomen zu: Chromatin, Ein-Chromatid-Chromosomen, Zwei-Chromatid-Chromosomen.

**Information:** Die Häufigkeit, mit der sich Zellen teilen, ist vom Zelltyp und dem betreffenden Lebewesen abhängig. Während sich die Zellen eines menschlichen Embryos alle 30 Minuten teilen können, teilen sich Dünndarmzellen etwa alle 12 Stunden und Leberzellen meist gar nicht mehr. Sie werden erst durch Schädigung zur Teilung angeregt. Die Zellen des Herzmuskels sowie Nervenzellen können sich gar nicht mehr teilen.

**c)** ≡ Stellen Sie Hypothesen über die im Text genannten unterschiedlichen Teilungshäufigkeiten verschiedener Zelltypen an.

**d)** ≡ Bei der Reifung der Erythrozyten verkümmert der Zellkern. Erläutern Sie, was das für die Teilungsfähigkeit dieser Zellen bedeutet.

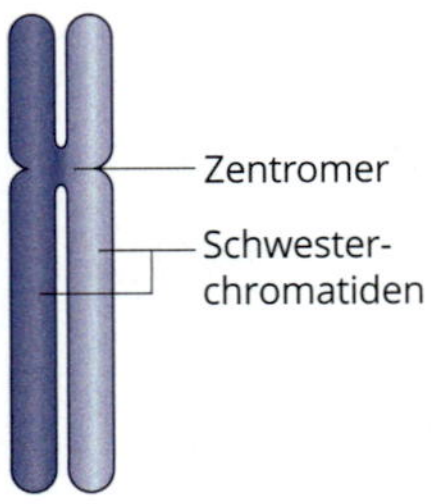


**2** Zwei-Chromatid-Chromosom

**Prinzip der Kern- und Zellteilung**

Während der Interphase wird die DNA identisch verdoppelt. Die Chromosomen liegen als Zwei-Chromatid-Chromosomen vor und sind mikroskopisch erkennbar. In jeder Zelle gibt es ein für die Kernteilung wichtiges Zellorganell, das **Zentrosom**, das zwei zylinderförmige **Zentriolen enthält.** Das Zentrosom wird während der S-Phase ebefalls verdoppelt.

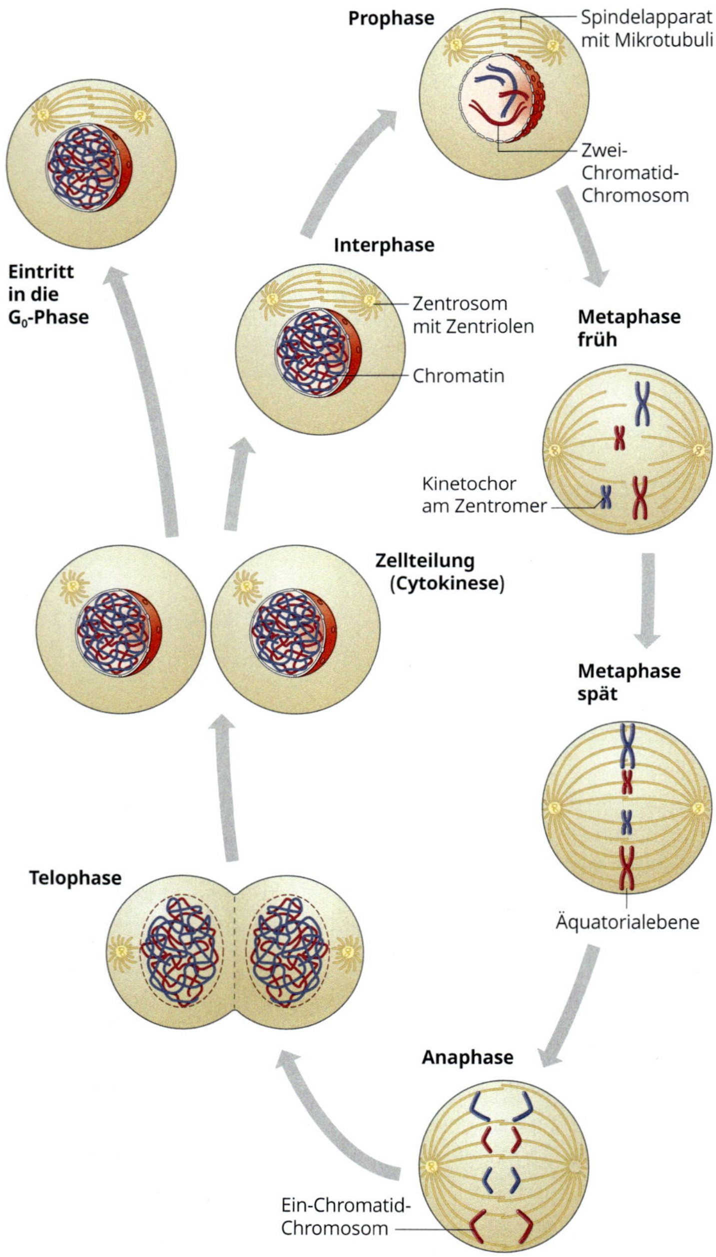


**3** Mitose und Cytokinese (schematisch) für je zwei Chromosomen mütterlicher (rot) und väterlicher (blau) Herkunft

Die nun folgende **Kernteilung**, die **Mitose**, ist ein kontinuierlich ablaufender Prozess, der zur besseren Übersicht in weitere Phasen eingeteilt wird. In der ersten Phase, der **Prophase**, beginnt sich die Kernhülle aufzulösen und das Chromatin verdichtet sich, es **kondensiert**. Jedes Chromosom liegt in dieser Phase als Zwei-Chromatid-Chromosom vor. Die beiden Zentrosomen wandern zu den Zellpolen. Zwischen ihnen bildet sich der **Spindelapparat** mit **Spindelfasern** aus. Diese bestehen aus röhrenförmig angeordneten Proteinen, den **Mikrotubuli**.

In der nächsten Phase, der **Metaphase**, kondensieren die Zwei-Chromatid-Chromosomen maximal zur Transportform. Jedes Schwesterchromatid eines Zwei-Chromatid-Chromosoms besitzt im Bereich des Zentromers eine Anheftungsstelle, das **Kinetochor**. Die Mikrotubuli der Spindelfasern heften sich nun an die Kinetochoren der Chromosomen. In der späten Metaphase liegen die Zentromere aller Chromosomen in einer Ebene in der Mitte der Zelle, der **Äquatorialebene**.

In der folgenden **Anaphase** verkürzen sich die Spindelfasern. Dadurch werden die Zwei-Chromatid-Chromosomen im Bereich des Zentromers getrennt und als Ein-Chromatid-Chromosomen zu den entgegengesetzten Polen bewegt. Am Ende der Anaphase befindet sich an beiden Zellpolen die gleiche Anzahl von Ein-Chromatid-Chromosomen wie in der Ausgangszelle.

In der **Telophase** wird der Spindelapparat abgebaut. Die Chromosomen werden dekondensiert und wieder Chromatin genannt. Um das Chromatin herum bildet sich in jeder der beiden entstehenden Tochterzellen eine neue Kernhülle. So sind zwei Zellkerne mit jeweils identischer genetischer Information entstanden. Im Rahmen der Cytokinese werden die Zellen durch die Bildung von neuen Zellmembranen in der Äquatorialebene voneinander getrennt. Jede Zelle enthält dann wieder ein Zentrosom.

**4** ≡ Erklären Sie die Schlüsselwörter des Textes zur Kern- und Zellteilung.

**5** ≡ Recherchieren Sie medizinische Diagnosen, die auf eine unbegrenzte mitotische Zellteilung bestimmter Zellen zurückzuführen sind.

## 6 Ablauf der Mitose

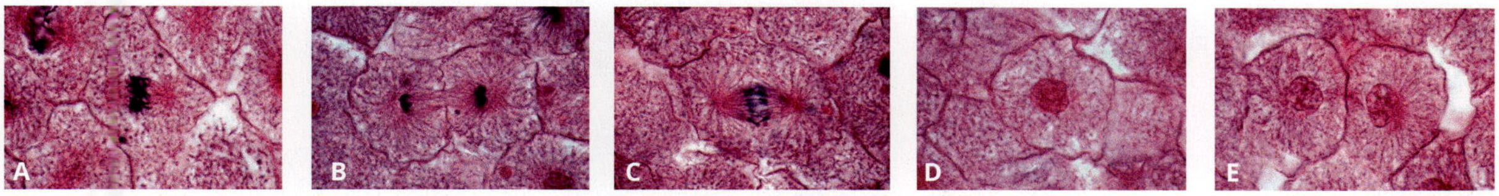


Die Abbildungen **A–E** zeigen mikroskopische Aufnahmen des kontinuierlichen Prozesses der Zellteilung bei Fischzellen in 450-facher Vergößerung.

**a)** ≡ Ordnen Sie den Abbildungen **A–E** jeweils die Phasen des Zellzyklus zu.

**b)** ≡ Erstellen Sie ein Flussdiagramm zum Ablauf des Zellzyklus. Beginnen und enden Sie in einer Interphase.

**c)** ≡ Sachverhalte können aus ultimater und aus proximater Sicht erklärt werde. Recherchieren Sie die Bedeutung dieser beiden Sichtweisen und erklären Sie dann die Veränderung der DNA-Struktur im Zusammenhang mit der Zellteilung aus ultimater und proximater Sicht. Hilfreich kann sein, sich zu überlegen, wozu diese Verpackung dient beziehungsweise wie diese Verpackung erreicht wird.

## 7 Der Zellzyklus im Überblick

Erstellen Sie bezugnehmend zur Abbildung eine tabellarische Übersicht zum Zellzyklus:

**a)** ≡ Ordnen Sie in der ersten Tabellenspalte den Buchstaben A–C der Grafik die Abschnitte Interphase, Mitose und Cytokinese des Zellzyklus zu.

**b)** ≡ Ordnen Sie in der zweiten Tabellenspalte den Buchstaben a–g der Grafik die Phasen des jeweiligen Abschnitts des Zellzyklus zu.

**c)** ≡ Beschreiben Sie in der dritten Tabellenspalte, welche Vorgänge beim genetischen Material in den jeweiligen Phasen des Zellzyklus ablaufen.

**d)** ≡ Beschreiben Sie in einer weiteren Spalte, welche Vorgänge in der Zelle in den jeweiligen Phasen des Zellzyklus sonst noch ablaufen.

**e)** ≡ Zeichnen Sie in der letzten Tabellenspalte für jede Phase die Chromosomenstruktur mit Beschriftung.

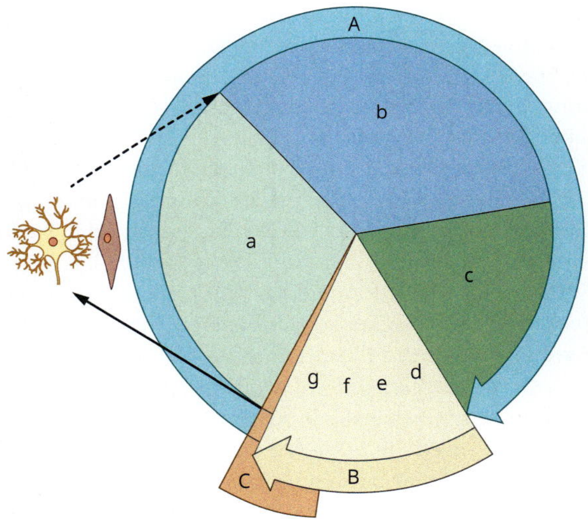


## 8 Die biologische Bedeutung der mitotischen Zellteilung

Mitotische Teilungen finden bei Einzellern und in Körperzellen statt. Die genetische Information wird dabei an die Tochterzellen unverändert weitergegeben. Die biologische Bedeutung der mitotischen Zellteilung wird in den drei nebenstehenden Texten angedeutet.

**a)** ≡ Erläutern Sie eines der genannten Beispiele mithilfe einer Recherche in analogen und digitalen Quellen.

**b)** ≡ Präsentieren Sie die Ergebnisse in der Gruppe mit geeigneten Medien. Tauschen Sie sich über die biologischen Sachverhalte aus.

**c)** ≡ Begründen Sie anschließend zusammenfassend anhand der Beispiele die wichtige Bedeutung der Chromosomenverteilung bei der Zellteilung.

**d)** ≡ Diskutieren Sie für jedes Beispiel die Folgen einer Fehlverteilung der Chromosomen.

**Ungeschlechtliche Reproduktion**
Einzeller wie Amöben und auch vielzellige Lebewesen wie manche Pflanzenarten können sich ungeschlechtlich fortpflanzen. Alle Nachkommen enthalten bei dieser Form …

**Wachstum**
Die Zellteilung ermöglicht auch bei der geschlechtlichen Fortpflanzung die Entwicklung eines Lebewesens aus einer befruchteten Eizelle. Durch Zellteilungen entwickelt sich daraus zunächst ein …

**Reparatur**
Die Erneuerung von Gewebe ist eine weitere Bedeutung der mitotischen Zellteilung. Dabei sind Stammzellen von besonderer Bedeutung …

## 1 Mikrofotos von Mitosestadien erstellen

*Hinweis:* Die Erklärung der Symbole finden Sie auf den Seiten 311 ff.

Setzt man eine Knoblauchzehe mit der Unterseite in eine Petrischale mit Wasser, beginnt die Zehe, Wurzeln auszutreiben. Die Wurzeln wachsen im vorderen Bereich der Wurzelspitze, dort sind viele Mitosestadien zu sehen.

**Material:** Knoblauchzehen; Petrischale; Wasser; Messer; Schere; Pinzette; 2 Pipetten; Ethanol (GHS02, GHS05); 50%ige Essigsäure (GHS05); Karminessigsäure (GHS05); 10%-ig Eisen(III)-chlorid ($FeCl_3$; GSH05, GHS07); Heizplatte; 2 Bechergläser; Objektträger; Deckgläser; Mikroskop; Smartphone oder Tablet (mit Adapter, falls vorhanden)

**Durchführung:**

*Vorbereitung:* Setzen Sie eine einzelne Knoblauchzehe in einer Petrischale in Wasser und schneiden Sie sie an der Unterseite ein. Nach 1 bis 3 Tagen bei Zimmertemperatur und ohne direkte Sonneneinstrahlung können Sie die gewachsenen Wurzeln erkennen.

*Fixieren:* Schneiden Sie 1 bis 2 cm lange Wurzeln ab und fixieren Sie diese in einem Becherglas in einem Gemisch von 3 Teilen Ethanol und 1 Teil 50%iger Essigsäure für 10 bis 24 Stunden.

*Färben:* Geben Sie die Wurzelstücke für 2 bis 3 Tage in ein Becherglas mit Karminessigsäure und $FeCl_3$ (5 ml 10%-iges Eisen(III)-chlorid pro 100 ml Karminessigsäure)

*Mazerieren:* Entnehmen Sie die Wurzelspitzen und kochen Sie sie in einem Becherglas in 50%iger Essigsäure kurz auf.

*Quetschen:* Legen Sie mit einer Pinzette einzelne Wurzelspitzen (1 bis 2 mm) in einen Tropfen 50%iger Essigsäure auf einen Objektträger, legen Sie ein Deckglas auf und quetschen Sie vorsichtig.

*Mikroskopieren* Sie die so erstellten Präparate sachgerecht. Berücksichtigen Sie dabei die rechts beschriebenen Mikroskopierregeln.

*Fotografieren* Sie durch das Okular möglichst nacheinander alle Mitosestadien.

Für die folgenden Arbeitsaufträge können Sie die Fotos ausdrucken oder nur digital weiterarbeiten.

**a)** ≡ Ordnen Sie die erstellten Fotos in der Reihenfolge der Mitosephasen.

**b)** ≡ Erklären Sie die Tatsache, dass nicht alle fotografierten Zellen eindeutig einer Phase zuzuordnen sind.

**c)** ≡ Erstellen Sie zu jedem Foto eine beschriftete Zeichnung. Beschriften Sie dabei die Ein-Chromatid- bzw. Zwei-Chromatid-Chromosomen.

**d)** ≡ Erstellen Sie eine digitale Präsentation, die den Ablauf der Mitose mithilfe der Fotos und den entsprechenden Zeichnungen zeigt.

Das **Mikroskopieren** ermöglicht es, Objekte, die mit bloßem Auge nicht zu erkennen sind, zu betrachten.

**Erstellen eines Mikrofotos:**

1. Schalten Sie die Beleuchtung des Mikroskops ein. Klemmen Sie den Objektträger so auf dem Objekttisch fest, dass das Objekt genau über dem Loch im Objekttisch mitten im Lichtstrahl liegt.
2. Stellen Sie am Objektrevolver das Objektiv mit der kleinsten Vergrößerung ein.
3. Blicken Sie nun von der Seite auf den Objekttisch. Drehen Sie langsam am Grobtrieb, sodass sich das Objektiv dem Präparat so weit wie möglich nähert. Vermeiden Sie dabei ein Aufsetzen der Objektivlinse auf den Objektträger. Blicken Sie dann durch das Okular und drehen Sie den Grobtrieb in die entgegengesetzte Richtung, bis sie das Objekt erkennen. Suchen Sie einen geeigneten Ausschnitt einer Zelle in einer Mitosephase. Stellen Sie dann mit dem Feintrieb das Bild scharf. Für eine stärkere Vergößerung wird der Objektisch wieder abgesenkt und das nächst größere Objektiv gewählt. Dann werden die unter 3 beschriebenen Schritte wiederholt.
4. Regulieren Sie mit der Blende den Lichtdurchlass, sodass das Bild gut ausgeleuchtet ist.
5. Aktivieren Sie am Handy oder Tablet die Kamerafunktion und halten Sie das Gerät mit der Kameralinse bündig auf das Okular. Aktivieren Sie, wenn möglich, den Selbstauslöser. Fotografieren Sie die gewählte Zelle.
6. Fotografieren Sie auf diese Weise verschiedene Mitosestadien. Dokumentieren Sie dabei für jedes Bild sorgfältig: Aufnahmedatum, Objekt der Aufnahme und Vergrößerung.
7. Übertragen Sie die Fotos in ein Präsentationsprogramm.

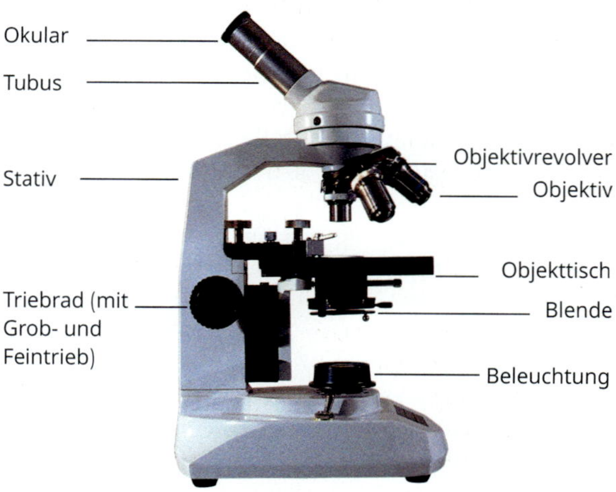


**1** Prinzip des Aufbaus eines Lichtmikroskops

## ⓔ 3.6 Tumorbildung – Kontrolle und Störungen des Zellzyklus

**Der Zellzyklus ist die Grundlage für eine kontrollierte Teilung von Zellen eines Organismus. Er wird durch ein Kontrollsystem reguliert. Wie arbeitet das Kontrollsystem und was passiert, wenn es gestört ist?**

### Das Kontrollsystem des Zellzyklus

Das **Kontrollsystem** sorgt dafür, dass die Vorgänge des Zellzyklus zeitlich aufeinander abgestimmt, in der richtigen Reihenfolge und nur einmal pro Zyklus ablaufen. Die Regulation erfolgt mithilfe von zelleigenen Signalproteinen, die bestimmte Enzyme inaktivieren, sodass die Vorgänge einer Phase beendet werden. Gleichzeitig leiten sie die nächste Zyklusphase ein, indem sie die dafür spezifischen Enzyme aktivieren. Jeweils an sogenannten **Kontrollpunkten** wird überprüft, ob der vorausgegangene Vorgang korrekt abgeschlossen wurde und ob Schäden vorliegen.

### $G_1$-Kontrollpunkt ($G_1$-KP)

Am $G_1$-Kontrollpunkt wird überprüft, ob das genetische Material unbeschädigt ist, bevor es in der S-Phase verdoppelt wird. Hierbei spielt das Signalprotein **p53** eine zentrale Rolle. Es wird auch als „Wächter der Erbsubstanz" bezeichnet. Bei Schäden des genetischen Materials bewirkt es, dass der Zellzyklus solange anhält, bis die Schäden repariert sind. Der Zellzyklus kann an dieser Stelle auch von Nachbarzellen beeinflusst werden. Die von ihnen abgegebenen **Wachstumsfaktoren** binden an Rezeptoren der Zellmembran und lösen je nach Art eine Kette von Reaktionen aus, die die Bildung der intrazellulären Signalproteine und somit die Zellteilung hemmen oder fördern. Außerdem erfolgt eine Überprüfung, ob die Zelle groß genug ist und ob genug Platz im Gewebe vorhanden ist. Wird der Zellzyklus an dieser Stelle nicht fortgesetzt, so geht die Zelle in die $G_0$-Phase über.

**2** ≡ Erläutern Sie die Vernetzung verschiedener Systemebenen am $G_1$-Kontrollpunkt.

### $G_2$-Kontrollpunkt ($G_2$-KP)

Am $G_2$-Kontrollpunkt wird überprüft, ob das genetische Material vollständig verdoppelt worden ist. Nur wenn keine Fehler festgestellt werden, wird die Mitose eingeleitet.

### M-Kontrollpunkt (M-KP)

In der Metaphase der Mitose wird am M-Kontrollpunkt überprüft, ob alle Chromosomen korrekt an die Spindelfasern angeheftet sind.

## VL Materialgebundene Aufgabe

### 1 Das Kontrollsystem des Zellzyklus

Zelleigene Signalproteine kann man sich wie eine „molekulare Bremse" vorstellen. Dadurch werden die Schritte des Zellzyklus „geprüft" und möglicherweise angehalten, um Schäden zu reparieren oder Vorgäng zu beenden.

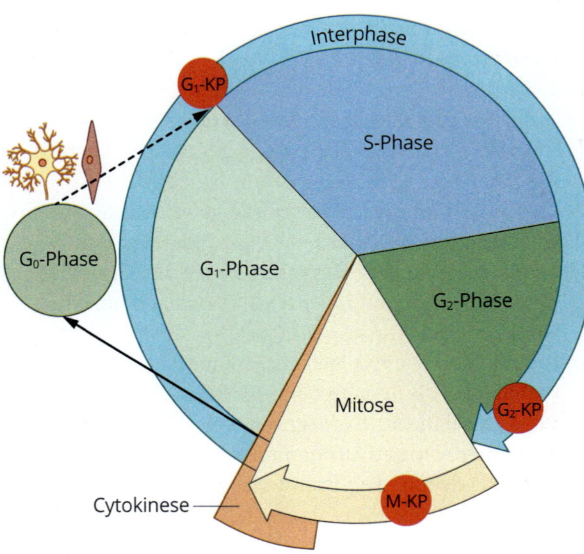


**a)** ≡ Ordnen Sie folgende „Fragestellungen" den in der Abbildung angegebenen Kontrollpunkten (KP) im Zellzyklus zu:

1. Wurde die DNA fehlerfrei verdoppelt?
2. Sind alle Chromosomen korrekt mit Spindelfasern verknüpft?
3. Ist die DNA beschädigt?
4. Ist das Zellvolumen ausreichend groß?
5. Ist Platz im umliegenden Gewebe für die Verdopplung der Zelle?

**b)** ≡ Stellen Sie jeweils eine Hypothese, zu den Folgen, wenn das Kontrollziel an den jeweiligen Punkten nicht erreicht wurde, auf.

**Gestörte Zellzykluskontrolle ist eine der Ursachen von Tumoren wie Krebs**

Derzeit erkranken jedes Jahr rund 500 000 Menschen in Deutschland neu an Krebs, rund 224 000 Menschen sterben jährlich daran. Damit ist Krebs nach den Herz-Kreislauferkrankungen die zweithäufigste Todesursache. Wenn der Zellzyklus einer Körperzelle derart gestört ist, dass sie sich stark vermehrt, kann ein **Tumor** im Körper entstehen. Ist dieser lokal begrenzt und wächst nicht in benachbartes Gewebe hinein, so handelt es sich um einen gutartigen Tumor. Ein bösartiger Tumor hingegen wächst in das benachbarte Gewebe ein. Zudem können sich einzelne Zellen von einem **Primärtumor** ablösen und durch das Blutgefäß- oder Lymphsystem im Körper verteilen und woanders festsetzen. Dann kann sich eine Tumorabsiedlung, eine Metastase (altgriech. *metástasis*: Wanderung), entwickeln. In beiden Fällen spricht man von **Krebs**.

Das Fortschreiten des Zellzyklus wird in gesunden Zellen reguliert, indem Signale aus der Umgebung auf das Zellzykluskontrollsystems übertragen werden. Zusätzlich gibt es Faktoren, die bei zu starker Schädigung der einzelnen Zelle einen programmierten Zelltod, die **Apoptose**, einleiten. Die molekulare Analyse verschiedener Krebsarten zeigt, dass bei Krebszellen oft diese zellulären Kontrollmechanismen für die Häufigkeit und die Zeitpunkte der Zellteilung defekt sind. Wenn diese Mechanismen versagen, entsteht Krebs.

## VL Materialgebundene Aufgabe

### ❸ Störung der Regulation des Zellzyklus durch Onkogene

Bei 20 bis 30 Prozent der beim Menschen vorkommenden Krebsarten wurden in den Krebszellen Veränderungen im *Ras*-Gen festgestellt. Das *Ras*-Gen codiert das Ras-Protein, das bei der Regulation von Wachstums- und Differenzierungsprozessen von Zellen eine wichtige Rolle spielt. Die Abbildung zeigt die Beteiligung des Ras-Proteins an der Regulation des Zellzyklus. Im Folgenden sollen Sie die Wirkung des extrazellulären Signals und des *Ras*-Gens auf den Zellzyklus sowie die Folgen einer Veränderung recherchieren und sachgerecht präsentieren. Gehen Sie dabei nach folgenden Schritten vor:

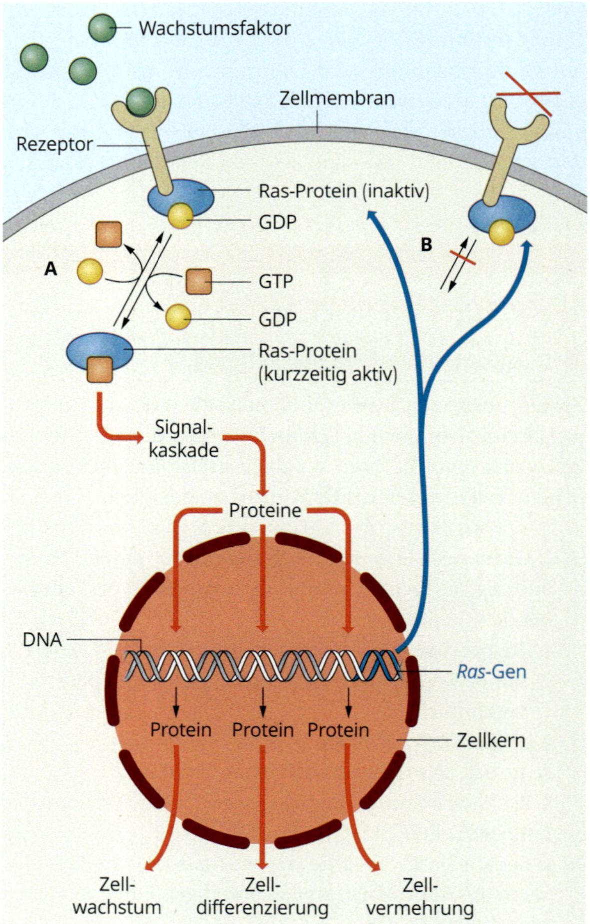


**a)** ≡ Recherchieren Sie in geeigneten Quellen folgende Begriffe: Guanosintriphosphat, Signalkaskade, Wachstumsfaktor, Onkogen.

**b)** ≡ Beschreiben Sie den in der Abbildung gezeigten Ablauf der Wirkung des *Ras*-Gens auf den Zellzyklus. Recherchieren Sie dazu auch in geeigneten Quellen zum *Ras*-Gen.

**c)** ≡ Das *Ras*-Gen wird im Normalzustand als Proto-Onkogen bezeichnet. Erläutern Sie diese Namensgebung.

**d)** ≡ Stellen Sie nun eine Hypothese über die Folgen auf, wenn eine Veränderung des *Ras*-Gens zu einem dauerhaft aktiven Ras-Protein führt.

**e)** ≡ Erläutern Sie die Folgen eines dauerhaft aktiven Ras-Proteins auf die Systemebenen Zelle und Gewebe und stellen Sie dabei die Vernetzung dieser Ebenen dar.

**f)** ≡ Erläutern Sie den Zusammenhang zwischen einer Signalkaskade und dem Basiskonzept „Steuerung und Regelung“ (→ **Seite 153**).

### Tumorsuppressorgene

Die Teilung und Entwicklung von Zellen wird nicht nur durch Proto-Onkogene kontrolliert, sondern auch durch weitere Mechanismen. Während des Zellzyklus gibt es Mechanismen, die DNA-Schäden erkennen und das Fortschreiten des Zellzyklus hemmen. Bei zu starker Schädigung der Einzelzelle können diese Faktoren die Apopotose einleiten. Das kontrollierte Absterben der Einzelzelle verhindert dann eine mögliche Krebsentstehung. Für solche Mechanismen sind **Tumorsuppressor-Gene,** auch **Anti-Onkogene** genannt, zuständig. Sie codieren für Proteine, die den Zellzyklus bremsen oder Apoptose-Mechanismen auslösen können.

Ein Beispiel ist das *p53*-Gen, welches das Protein p53 codiert (→ **Seite 93**). p53 ist ein instabiles, schnell abzubauendes Protein, das ständig neu synthetisiert wird. In gesunden Zellen liegt es in geringer Konzentration vor. Treten in einer Zelle Schäden an der DNA auf, dann wird das Genprodukt p53 nach seiner Translation verändert und stabilisiert. Seine Konzentration in der Zelle steigt. Das Protein p53 ist auch an der Aktivierung zahlreicher anderer Gene beteiligt.

Veränderungen im *p53*-Gen werden in etwa 50 Prozent aller menschlichen Tumorzellen gefunden. Im Zuge dieser Veränderungen kann sich die Raumstruktur des p53-Proteins so verändern, dass es selber nicht mehr auf zelluläre Signale reagiert oder nicht mehr die Bildung anderer Proteine anstößt. Zahlreiche Stoffe, Organismen oder auch der Einfluss von Strahlung können in der menschlichen DNA zu derartigen Veränderungen führen (→ **Seite 122**).

❹ ≡ Stellen Sie eine Hypothese zu den Folgen der Veränderung im *p53*-Gen bezüglich des Ablaufs der Apoptose auf.

### ❺ Krebs im Alter

Die Mehrzahl der Krebspatienten in Deutschland ist bereits im Rentenalter, wenn die Diagnose gestellt wird.

**a)** ≡ Stellen Sie eine Hypothese über die Zunahme der Krebserkrankungen mit dem Alter auf.

**b)** ≡ Identifizieren Sie ethische Fragestellungen, die sich bei der Behandlung hochaltriger Krebspatienten ergeben können.

## Materialgebundene Aufgaben

### ❻ VL Wirkung von Tumorsuppressor-Genen auf den Zellzyklus

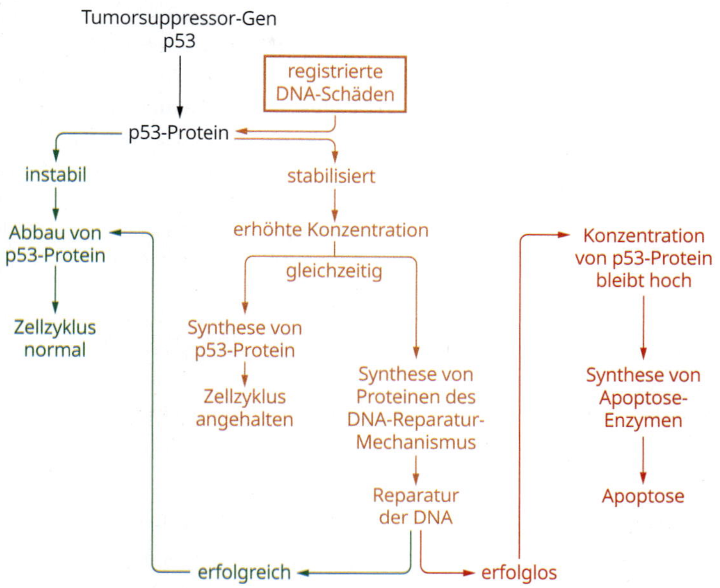


**a)** ≡ Erläutern Sie die Abbildung. Stellen Sie dabei den Wirkmechanismus des p53-Proteins heraus.

**b)** ≡ Nennen Sie die Kontrollpunkte des Zellzyklus, an denen nach Ihrer Einschätzung die Regulation durch p53-Proteine am sinnvollsten wäre. Begründen Sie Ihre Hypothese.

### ❼ Humane Papillomviren sind Onkoviren

Integration des Virus-Genoms in die Wirts-DNA

Infektion der Zelle

Bildung des viralen Proteins 6

virales Protein 6 bildet einen Proteinkomplex, der an das p53-Protein bindet und es zum Abbau markiert

Abbau des p53-Proteins

Humane Papillomviren sind DNA-Viren, die Zellen des Gebärmutterhalses infizieren können. Dabei bauen sie ihr Genom in die DNA der Wirtszellen ein und veranlassen die Produktion viraler Proteine (→ **Seite 52**).

**a)** ≡ Erstellen Sie ein Schaubild zum den Ablauf einer Infektion mit HPV bis zur Entstehung von Tumoren im Gebärmutterhals darstellt. Bringen Sie dazu die Textbruchstücke in eine sinnvolle Reihenfolge und ergänzen Sie weitere.

**b)** ≡ Humane Papillomviren können beim Geschlechtsverkehr übertragen werden. Heute gibt es einen Impfstoff gegen diese Erreger, der Jungen und Mädchen im Alter von 9 bis 14 Jahren empfohlen wird. Bewerten Sie mithilfe einer Recherche diese Empfehlung.

Das Internet sowie auch analoge Medien wie Zeitungen, Lexika und Fachbücher bieten eine riesengroße Fülle an Informationen. Auf einfache Weise können im Internet fehlerhafte und unbelegte Berichte verbreitet werden. Umso wichtiger ist es, eine sachgerechte, valide Recherche im Internet durchführen zu können. Bei aktuellen wissenschaftlichen Fragestellungen wie dem in der Entwicklung befindlichen Therapieansatz der **mRNA-Impfung gegen Krebs** reichen Zeitungen und Bücher oft nicht mehr aus. Beschäftigen Sie sich im Folgenden mit der sachgerechten **Recherche** im Internet. Arbeiten Sie zu zweit.

**Informationen erschließen:**
Um das Internet für wissenschaftliche Fragestellungen gezielt nutzen zu können, ist es wichtig, die Inhalte zielgerichtet zu finden.

**Fragestellung formulieren – Suchbegriffe auswählen**
Vor jeder Suche im Internet sollte man sich zunächst genau überlegen, wonach man sucht. Wie lautet die genaue Fragestellung? Als nächstes legen Sie die Suchbegriffe fest.
Einige **Tipps:**
- Verknüpfen Sie Begriffe mit „und" oder „oder" (oder auch engl. *and, or*)
- Wenn Sie einen Zusammenhang oder einen Begriff ausschließen möchten, dann geben Sie den gewünschten Suchbegriff ein und hängen Sie das Wort, das Sie ausschließen möchten, mit einem „–" (Minuszeichen) an.
- Mit „..." können Sie nach Eigennamen oder ganzen Textstücken oder Formulierungen suchen.

1 ≡ Formulieren Sie eine konkrete Frage rund um das Thema „mRNA-Impfstoff gegen Krebs".
2 ≡ Testen Sie die Tipps zu den Suchbegriffen mit einigen Wörtern wie Krebs, Impfung, mRNA, Krebsarten, Darmkrebs, Studien, Forschungsstand ...

**Zielgerichtete Recherche – Quellen auswählen**
Wenn Sie zu biologischen Sachverhalten zielgerichtet im Internet recherchieren und passende Quellen auswählen, so können Sie auf wissenschaftliche Suchmaschinen zurückgreifen. Sie finden diese, wenn Sie „wissenschaftliche Suchmaschinen" in das Suchfeld Ihres Browsers eingeben. Auch die Webseiten von Behörden wie Ministerien, Gesundheitsämtern oder Forschungseinrichtungen, Hochschulen und wissenschaftlichen Instituten helfen weiter. Sichern Sie sich Ihre Ergebnisse, indem Sie „Bookmarks", „Lesezeichen" oder „Favoriten" anlegen. So haben Sie ein persönliches Rechercheverzeichnis, auf das Sie immer wieder zurückgreifen können.

3 ≡ Erstellen Sie sich in Ihrem Browser eine Liste von Internetseiten, die relevante Informationen Ihrer Fragestellung liefern.

**Herkunft, Qualität und Vertrauenswürdigkeit prüfen**
Haben Sie Informationen gefunden, die Sie verwenden möchten, ist es wichtig, diese zu prüfen.

Fragen zu **Herkunft** und **Vertrauenswürdigkeit**:
- Gibt es ein Impressum der Webseite?
- Werden in den Texten Fakten oder Meinungen wiedergegeben? Intention des Autors oder der Autorin?
- Wissenschaftliche Texte sind oft von mehreren Personen verfasst. Finden Sie Informationen darüber?
- Wie aktuell ist die Webseite, gibt es ein Datum?
- Werden Quellenangaben aufgeführt?

Einige **Fragen zur Qualität:**
- Werden wissenschaftliche Fachbegriffe verwendet?
- In welcher Sprache ist der Text geschrieben? Wissenschaftliche Texte sind häufig in Englisch geschrieben, damit sie weltweit gelesen und geprüft werden können.
- Prüfen Sie immer verschiedene Quellen. Stimmen die Informationen überein?

4 ≡ Wählen Sie drei Quellen zu Ihrer Fragestellung aus und prüfen Sie diese nach den genannten Kriterien.

**Informationen austauschen:**
Wenn Sie die gefundene Informationen für eine Präsentation oder eine Hausarbeit verwenden möchten oder sich mit anderen darüber austauschen wollen, müssen Sie diese Quellen sowie verwendete Zitate korrekt angeben.

**Verwendete Quellen belegen**
Am besten führen Sie die verwendeten Quellen in alphabetischer Reihefolge in einer nummerierten Liste auf. Diese **Angaben** dürfen nicht fehlen:
- Name des Autors/der Autorin (wenn möglich)
- Titel der Internetseite und Internetadresse
- Datum, wann Sie die Seite besucht haben

**Zitate kennzeichnen**
Wenn Sie aus einer Veröffentlichung einen Absatz oder Satz verwenden möchten, so ist es wichtig, dies zu kennzeichnen. Beachten Sie diese **Hinweise**:
- Es muss immer klar erkenntlich sein, was Sie aus einer Quelle übernommen haben.
- Jedes Zitat muss auf eine Quelle zurückführbar sein. Hier können Sie die Nummern aus der oben erwähnten Liste verwenden.
- Ein Zitat darf nicht verändert werden. Wollen Sie ein Zitat ändern, beispielsweise kürzen, so kennzeichnen Sie das mit eckigen Klammern.

Geben Sie in eine **Suchmaschine** „richtig zitieren" ein, dann finden Sie zahlreiche Informationen zu dem Thema.

5 ≡ Erstellen Sie eine Präsentation zu den Ergebnissen der Recherche zu Ihrer Fragestellung rund um das Thema mRNA-Impfstoffe gegen Krebs.

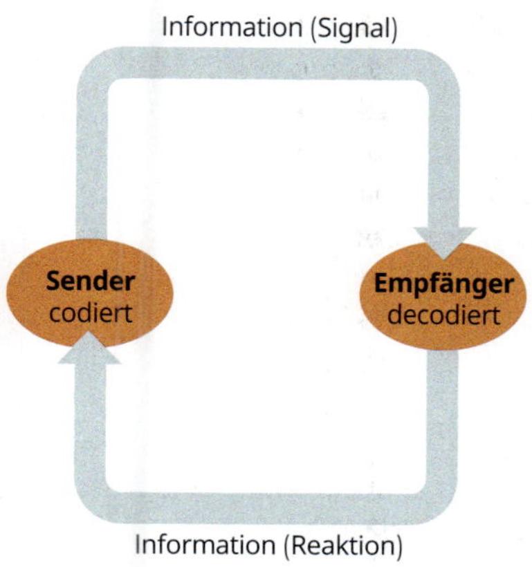


**1** Sender-Empfänger-Modell

Lebewesen nehmen ständig **Informationen** aus der Umwelt auf und verarbeiten sie. Sie speichern sie und reagieren darauf, etwa indem sie selbst Informationen an andere Lebewesen weitergeben.

Dieser Informationsfluss lässt sich mithilfe des **Sender-Empfänger-Modells** allgemein beschreiben: Der Sender einer Information verschlüsselt, also **codiert** diese und überträgt sie in Form eines Signals an den Empfänger. Die Informationsübertragung kann hierbei auf physikalischem Wege erfolgen wie zum Beispiel über Schallwellen oder elektromagnetische Wellen. Ein anderes Beispiel der Informationsübertragung ist die über chemische Moleküle, beispielsweise Proteine, Nukleinsäuren, Hormone und Neurotransmitter. Erreicht das verschlüsselte Signal den Empfänger, muss es von diesem **decodiert**, also entschlüsselt werden. Nur so ist die Information für den Empfänger von Nutzen und kann beispielsweise eine Reaktion auslösen.

**1** ≡ Erklären Sie das Sender-Empfänger-Modell anschaulich an einem selbst gewählten Beispiel.

Unter **Kommunikation** versteht man die wechselseitige Informationsübertragung. Information und Kommunikation finden auf allen Systemebenen der Biologie statt und vernetzen diese miteinander.

Auf Ebene der Organismen erfolgt die Kommunikation beispielsweise über Sprache, Warnfarben, Balzgesänge oder Pheromone. Letztere sind chemische Botenstoffe, die vor allem der **innerartlichen Kommunikation** dienen.

**2** ≡ Recherchieren Sie je einen Kommunikationsweg im Tierreich mit einem optischen, akustischen und chemischen Signal. Stellen Sie Ihre Beispiele in einem Kurzreferat dem Kurs vor und notieren Sie sich Beispiele aus den Vorträgen der anderen.

Bei der **Proteinbiosynthese** kann man die Zusammenhänge von Information und Kommunikation auf molekularer Ebene beobachten. So liegt die Information für die Aminosäuresequenz eines Proteins verschlüsselt in der Basensequenz eines oder mehrerer DNA-Abschnitte vor. Diese Information wird mithilfe der mRNA zu den Ribosomen transportiert und wird dort nach der Vorschrift des genetischen Codes entschlüsselt.

**3** ≡ Erläutern Sie das Basiskonzept „Information und Kommunikation" am Beispiel der Codierung und Decodierung der genetischen Information.

**4** ≡ Bewerten Sie die Modelldarstellung zum Basiskonzept „Information und Kommunikation" am Beispiel der Proteinbiosynthese in Abbildung 2.

### Zell-Zell-Kommunikation

Auch auf zellulärer Ebene findet Kommunikation statt. So kommunizieren Zellen in einem vielzelligen Organismus miteinander und koordinieren durch Botenstoffe ihre Zusammenarbeit. Eine solche Zell-Zell-Kommunikation spielt bei der Immunabwehr eine zentrale Rolle. Zum Beispiel aktivieren T-Helferzellen über Signalstoffe B-Lymphozyten und T-Lymphozyten. Auch die Wundheilung und Neubildung von Blutgefäßen sind komplexe Vorgänge, die nur funktionieren, wenn die Signalgebung der beteiligten Zellen untereinander Hand in Hand geht.

**5** ≡ Betrachten Sie die Abbildung der Aufgabe 6 auf Seite 95. Erläutern Sie die Kommunikation von Zellen untereinander.

**6** ≡ Recherchieren Sie zwei Beispiele für eine Zell-Zell-Kommunikation samt Botenstoff während der Wundheilung.

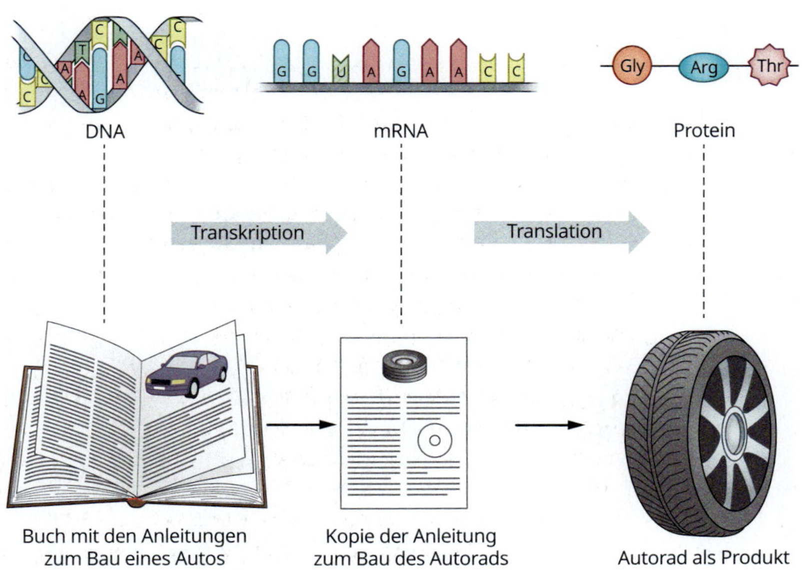


**2** Information und Kommunikation bei der Proteinbiosynthese (Modelldarstellung)

## Semikonservative Replikation der DNA

**Replikation:** Verdopplung der DNA

**Grundprinzip**
- DNA-Doppelstrang öffnet sich reißverschlussartig
- komplementäre Nukleotide lagern sich jeweils an die beiden Einzelstränge
- neue Doppelstränge bestehen jeweils aus einem alten und einem neu synthetisierten Einzelstrang → semikonservative Replikation

**MESELSON-STAHL-Experiment**
- Nachweis der semikonservativen Replikation
- Ablauf des Experiments: Kultivierung von Bakterien in Nährmedium mit $^{15}N$-Isotopen, Übertragung der Bakterien mit $^{15}N$-DNA in Nährmedium mit $^{14}N$-Isotopen; Isolierung der DNA nach einer Zellteilung; Dichtegradientenzentrifugation
- **Ergebnis** → eine Bande mit mittelschwerer DNA

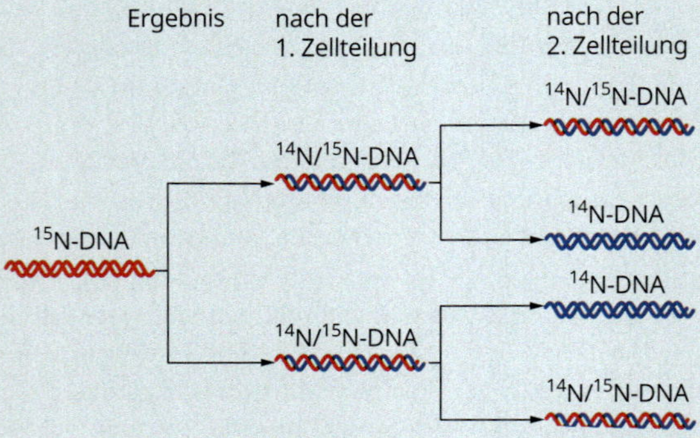


**Molekularer Mechanismus der Replikation**
- Helicase entwindet DNA-Doppelstränge
- Primerbildung
- DNA-Polymerase bindet Nukleotide an das 3′-Ende des Primers; kontinuierliche Neusynthese des Leitstrangs; diskontinuierliche Synthese des Folgestrangs, OKAZAKI-Fragmente
- Ligase verknüpft OKAZAKI-Fragmente

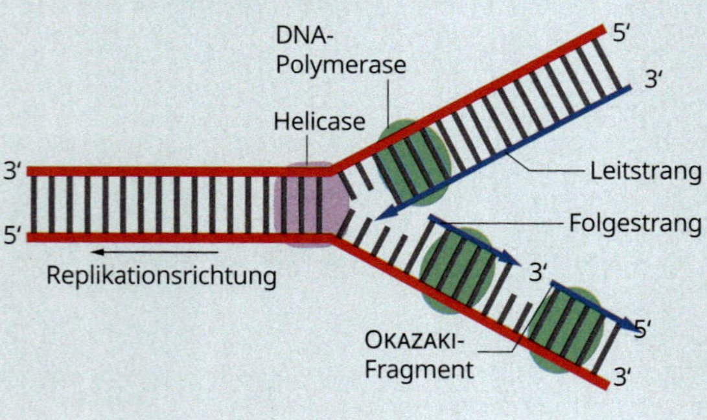


Mehr dazu auf den Seiten 82–85

## ⊖ DNA-Reparatur

DNA-Polymerase korrigiert während der Replikation eigene Einbaufehler (Exonuklease)
**Basenexzisionsreparatur:**
**Glykosylase** erkennt die fehlerhafte Base und entfernt sie, **Endonuklease** öffnet Zucker-Phosphat-Rückgrat an entstandener Basenlücke und entfernt benachbarte Basen, **Polymerase** fügt korrekte Basen ein, **Ligase** verknüpft Phosphatrest und Desoxyribose

Mehr dazu auf der Seite 86

## Polymerase-Kettenreaktion (PCR)

- Arbeitstechnik zur gezielten Vervielfältigung kurzer DNA-Abschnitte
- Mechanismus beruht auf der DNA-Replikation

**Ablauf:**
- I: Denaturierung: Trennung der DNA-Doppelstränge in Einzelstränge durch Erwärmung auf 95 °C
- II: Hybridisierung: Anlagerung der Primer bei 40–60 °C
- III: Polymerisation: *Taq*-Polymerase synthetisiert bei 72 °C neue DNA-Einzelstränge komplementär zu den Ausgangssträngen
- vielfache Wiederholung der Schritte 1, 2 und 3

**Anwendung:** Vervielfältigung kurzer DNA-Sequenzen

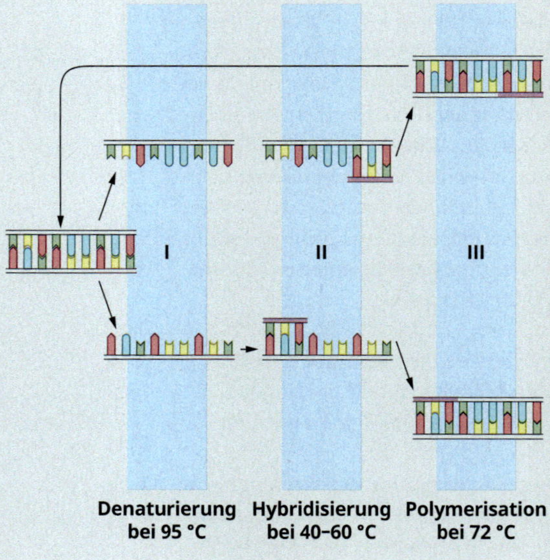


Mehr dazu auf Seite 87

## Chromosomenstruktur

DNA-Doppelstrang

↓

DNA Doppelstrang windet sich um Histone

→ **Nukleosom**

↓

Kette der Nukleosomen kondensiert zu

→ **Chromatinfaser**

↓

weitere Aufwindungen und Faltungen

→ **Zwei-Chromatid-Chromosom**

Mehr dazu auf der Seite 88

## Zellzyklus

**Ort:** alle wachsenden Zellen

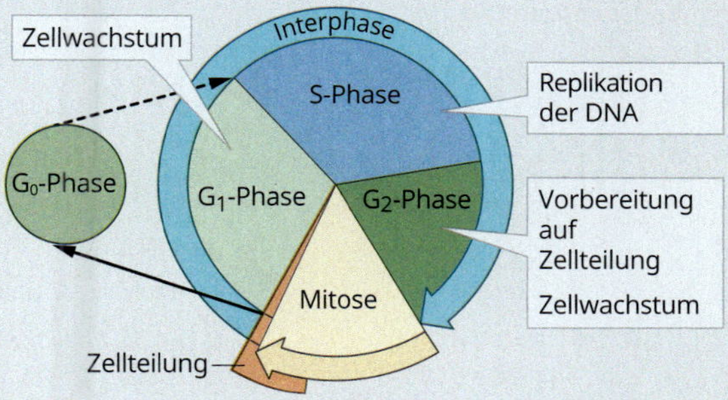


**Ablauf der Interphase**:
- $G_1$-Phase: Bildung neuer Proteine, Membranbestandteile und Organellen
- S-Phase: Synthesephase, Verdopplung der chromosomalen DNA (aus Ein-Chromatid-Chrosomsomen werden Zwei-Chromatid-Chromosomen)
- $G_2$-Phase: Vorbereitungen für die Teilung

**Ablauf der Kernteilung = Mitose**:
- **Prophase:** Auflösung der Kernmembran, Chromatin kondensiert, Ausbildung des Spindelapparates
- **Metaphase:** Kondensation zur Transportform, Anheftung der Spindelfasern am Kinetochor, Anordnung der Chromosomen in der Äquatorialebene
- **Anaphase:** Verkürzung der Spindelfasern, Trennung der Zwei-Chromatid-Chromosomen
- **Telophase:** Abbau des Spindelapparates, Dekondensation der Chromosomen, Kernhüllenbildung

**Abschluss:** Zellteilung = Cytokinese
**Ergebnis:** zwei Tochterzellen mit identischer Erbinformation

Mehr dazu auf den Seiten 89–92

## Bedeutung der mitotischen Zellteilung

**Wachstum:**
bei mehrzelligen Organismen **Wachstum** durch Zellteilungen; aus einer einzigen Eizelle entstehen zunächst identische Tochterzellen, die sich dann zu spezialisierten Zellen von Organen differenzieren
**Reparatur:**
beschädigtes Gewebe kann durch Zellteilungen repariert werden, nicht bei allen entwickelten Zelllinien möglich; Nervenzellen und Herzmuskelzellen teilen sich nach abgeschlossener Differenzierung nicht mehr, Hautzellen sind dazu in der Lage
**ungeschlechtliche Fortpflanzung:**
bei einzellige Lebewesen führt der Zellzyklus zur ungeschlechtlichen Fortpflanzung, alle Nachkommen enthalten identische genetische Informationen

Mehr dazu auf der Seite 91

## ⊖ Störungen des Zellzyklus und der Apoptose führen zur Tumobildung

- korrekter Ablauf des Zellzyklus wird an drei Kontrollpunkten überprüft
- bei Störungen Einleitung der Apoptose

**Ursachen und Auswirkungen von Störungen der Apoptose am Beispiel des Ras-Gens:**
- zu starke Schädigungen der einzelnen Zelle werden an Kontrollpunkten des Zellzyklus registriert; als Folge wird die **Apoptose** eingeleitet
- fällt dieser Kontrollmechanismus der Zellteilungen aus, so führt das zu unkontrolliertem Wachstum
- Ursache eines solchen Kontrollverlustes kann beispielweise die Veränderung eine Proto-Onkogens wie des *Ras*-Gens sein → **Tumorbildung**

**Ursachen und Auswirkungen von Störungen des Zellzyklus am Beispiel des p53-Gens:**
- Tumorsuppressorgene wie p53 können DNA-Schäden erkennen; codieren für Proteine, die den Zellzyklus bremsen oder Apoptose-Mechanismen auslösen können
- Veränderungen im p53-Gen führen zur Veränderung der Raumstruktur des p53-Proteins, sodass es nicht mehr auf zelluläre Signale reagiert oder nicht mehr die Bildung anderer Proteine anstößt → **Tumorbildung**

Mehr dazu auf den Seiten 93–95

## AUFGABEN

### Vervielfältigung von Nukleinsäuren

Der Zellzyklus besteht aus einer sich wiederholenden Abfolge charakteristischer Phasen. Die Chromosomen verändern währenddessen ihre Gestalt. Während der Interphase wird das genetische Material verdoppelt, die Polymerase-Kettenreaktion ist ein technisches Verfahren der DNA-Replikation.

**1** Vergleichen Sie die Chromosomenmodelle aus Draht in M1a mit den Wollfäden aus M1b und begründen Sie mithilfe der Darstellung in M1b, dass die DNA vor einer Zellteilung durch Replikarion verdoppelt werden muss. Erklären Sie die Aussage, dass Modelle nie richtig oder falsch sind, sondern sich unterschiedlich gut eignen, um komplexe Sachverhalte zu veranschaulichen. [8 BE]

**2** Erläutern Sie, welche Auswirkungen zu erwarten wären, wenn im Nährmedium der sich teilenden Bakterien jeweils ein großer Überschuss von Verbindung M2a oder M2b gegenüber den natürlichen Nukleotiden vorliegen würde. [8 BE]

**3** Benennen Sie die Abschnitte A bis E in M3 mit den entsprechenden Phasen eines Zellzyklus und geben Sie an, ob in den Phasen Ein-Chromatid-Chromosomen oder Zwei-Chromatid-Chromosomen vorliegen. Erklären Sie die Veränderung der Menge des genetischen Materials im Verlauf mehrerer Zellzyklen, wie sie in M3 dargestellt sind. [8 BE]

**4** Erklären Sie Gemeinsamkeiten und Unterschiede in der Entwicklung ungleich großer Tochterzellen in M4. Gehen Sie dabei auf die Vorgänge während der Phase des Zellzyklus ein. [6 BE]

**5** Beschreiben Sie die Versuchsdurchführung und die Versuchsbeobachtungen in M5 und erklären Sie diese. [4 BE]

**6** Ordnen Sie in M6 den Buchstaben A und B sowie den Ziffern 1 bis 4 die entsprechenden Begriffe der ablaufenden Vorgänge begründet zu und ermitteln Sie die Zahl der DNA-Kopien, die man nach einer Stunde PCR erhält. Gehen Sie dabei von einem DNA-Molekül als Ausgangssequenz aus. [8 BE]

## MATERIAL

### M1 Chromosomenmodelle

#### M1a Drahtmodell

Bei Chromosomen handelt es sich um Träger der Erbinformation. Je nach Zellphase liegen sie in einer mehr oder weniger komprimierten Gestalt vor.

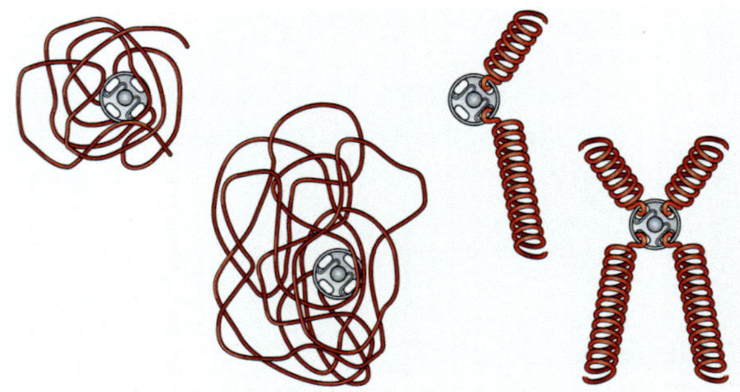

#### M1b Wollfadenmodell

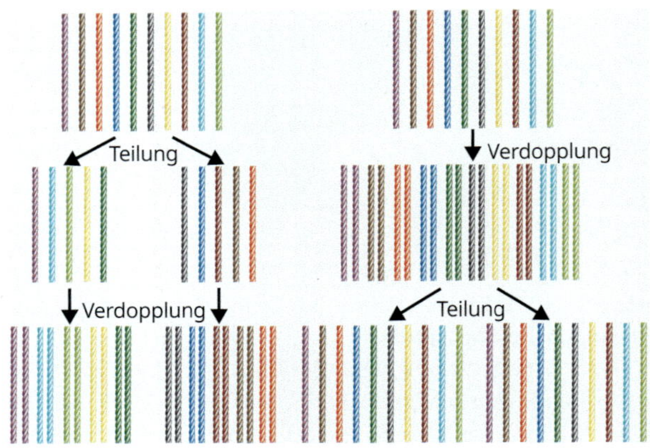


### M2 Replikation

Bei der Replikation bindet die DNA-Polymerase Nukleotide an das 3'-Ende von Polynukleotidsträngen. In einem Experiment wurden einer Bakterienkultur, die sich gerade in einer Teilungsphase befand, die in M2a und M2b gezeigten Verbindungen angeboten.

Didesoxycytosin-Triphosphat

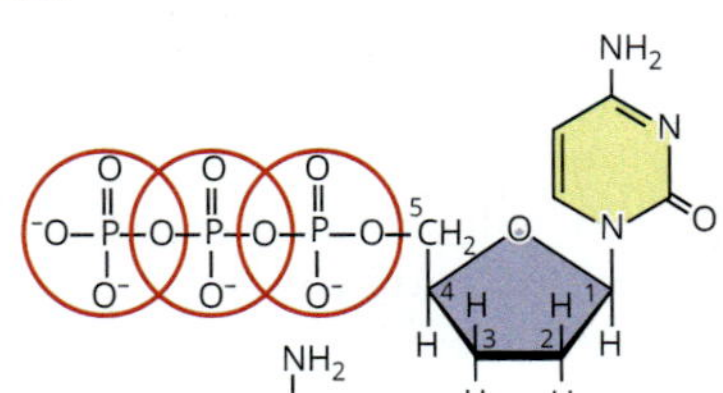

**M2a**

Didesoxycytosin-Monophosphat

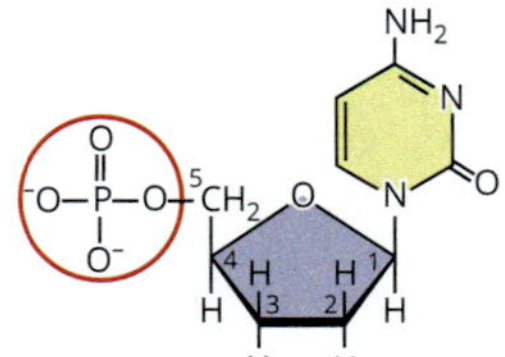

**M2b**

## M3 Phasen des Zellzyklus

Eine Zelle durchläuft verschiedene Aktivitätsphasen. Während der Kernteilung liegt das Augenmerk vor allem darauf, die identische genetische Information von einer Zellgeneration an die nächste Zellgeneration weiterzugeben. Im Zuge der Proteinbiosynthese hingegen wird die DNA abgelesen, um das entsprechende Genprodukt zu erhalten.

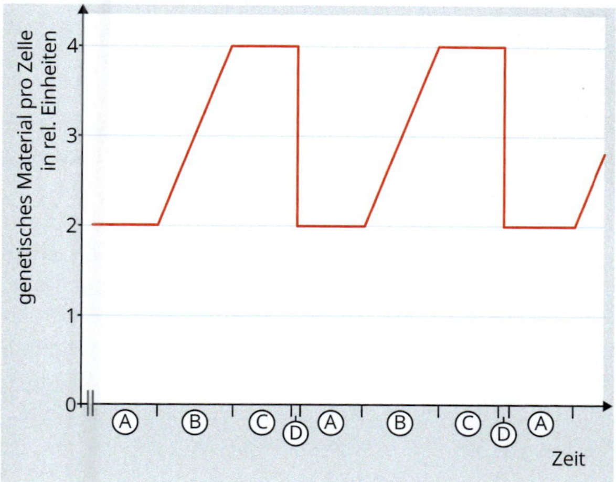


## M4 Kern-Plasma-Relation

Bei der mitotischen Teilung wird das Plasma in der Regel gleichmäßig auf beide Tochterzellen verteilt. Beide Zellen haben dann annähernd die gleiche Größe. In Zellkulturen wurden auch mitotische Teilungen beobachtet, die zu ungleich großen Zellen führten. Die Untersuchung der Zellzyklen solcher unterschiedlich großen Zellen ergab die folgenden Unterschiede:

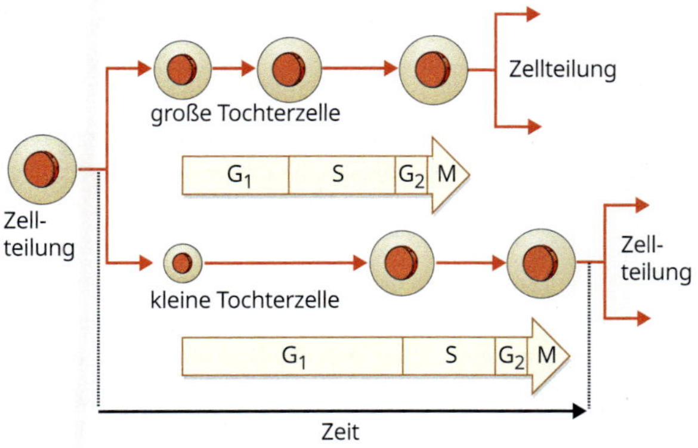


## M5 Signalmoleküle

In zwei Experimenten wurde die Frage untersucht, ob der Verlauf des Zellzyklus durch bestimmte Signalmoleküle im Zellplasma reguliert wird. Dazu wurden Säugetierzellen miteinander verschmolzen. Ihre Kerne befanden sich zu Beginn der Experimente in unterschiedlichen Phasen des Zellzyklus.

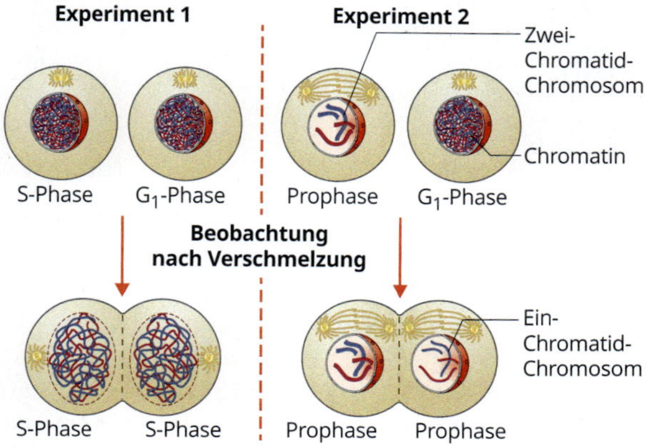


## M6 PCR

Mithilfe einer Polymerase-Kettenreaktion (PCR) können DNA-Abschnitte in sehr kurzer Zeit gezielt vervielfältigt werden. Diese DNA kann dann für weitere gentechnische Verfahren genutzt werden. Das Diagramm zeigt die Temperaturveränderungen (für (2) Mittelwert) im Verlauf einer PCR.

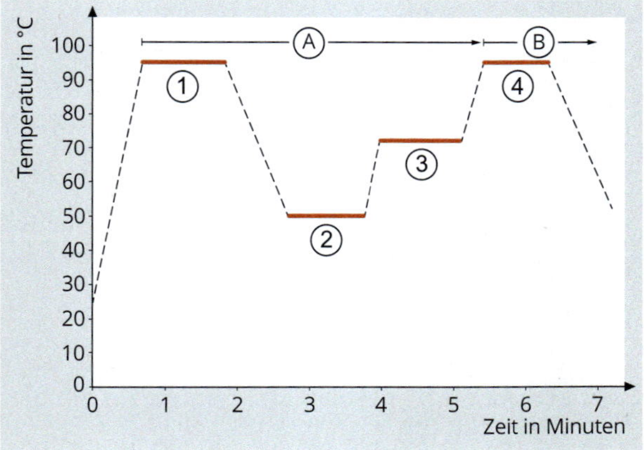

# 4 Neukombination und Veränderung genetischer Information

1 Familienähnlichkeit

## 4.1 Die Meiose

**Familienmitglieder sind sich oft äußerlich sehr ähnlich, zeigen aber manchmal deutliche Unterschiede. Wie ist dies zu erklären?**

### Materialgebundene Aufgabe

**3 Fachbegriffe rund um Zellteilungen wiederholen**

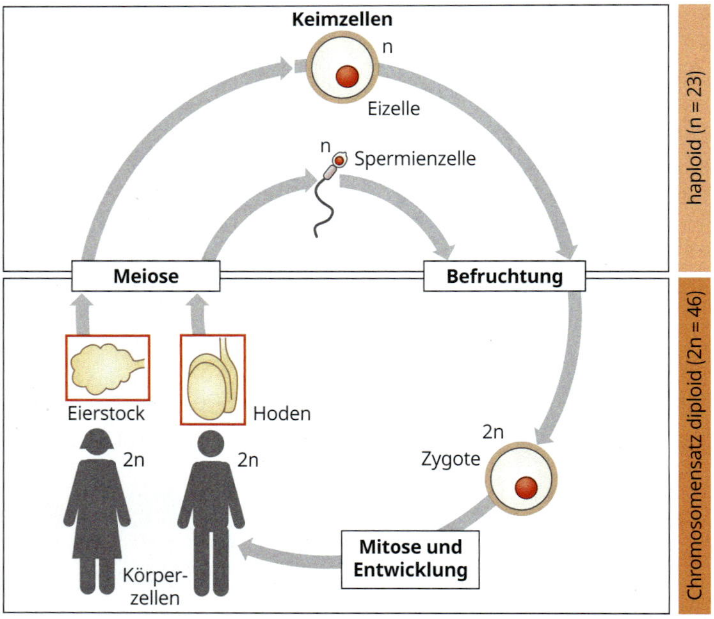


a) Vergleichen Sie kriteriengeleitet die Prozesse der Mitose und Meiose unter Nutzung der Fachbegriffe in einer Tabelle.

b) Begründen Sie die Notwendigkeit der Unterschiede zwischen Tochterzellen, die durch Mitose oder Meiose entstanden sind.

### Geschlechtliche Fortpflanzung

Unter geschlechtlicher oder sexueller Fortpflanzung versteht man eine Fortpflanzung, bei der die Nachkommen Gene zweier Elternteile erhalten. Voraussetzung dafür ist, dass **Keimzellen**, auch **Geschlechtszellen** genannt, gebildet werden und miteinander verschmelzen.

1 Nennen Sie die Namen der menschlichen Keimzellen und die Organe, in denen sie gebildet werden.

Wenn eine Spermienzelle in die Eizelle eingedrungen ist, kommt es zur Befruchtung. Dabei verschmelzen die Zellkerne beider Zellen, es entsteht eine Zygote. Aus dieser entsteht durch mitotische Teilungen ein vielzelliger Organismus mit Erbinformationen beider Elternteile.

### Chromosomen

Die Chromosomen (→ **Seite 88**) im Zellkern sind Träger der Erbinformation. Jeweils zwei Chromosomen einer Körperzelle haben eine ähnliche Gestalt. Man nennt sie **homologe Chromosomen**. Ein Chromosom eines solchen Paares stammt vom Vater, das andere von der Mutter. Diese beiden Chromosomen tragen die Baupläne für die gleichen Merkmale, zum Beispiel die Blutgruppe, in unterschiedlicher Ausprägung, also für die Blutgruppe A beziehungsweise B. Diese Ausprägungen bezeichnet man als **Allele**. Bei den Nachkommen entstehen neue Kombinationen der Allele.

2 Erstellen Sie eine beschriftete Skizze eines homologen Chromosomenpaars in der Metaphase der Mitose (→ **Seite 90**).

In den Zellkernen menschlicher Körperzellen liegt ein doppelter oder **diploider** Chromosomensatz, kurz **2n**, mit 46 Chromosomen vor. Würde sich der diploide Chromosomensatz auch in den Keimzellen befinden, besäße die befruchtete Eizelle einen vierfachen Chromosomensatz, kurz 4n. Um dies zu verhindern, muss der diploide Chromosomensatz bei der Bildung der Keimzellen auf den einfachen, **haploiden Chromosomensatz**, kurz 1n, halbiert werden. Dieser Vorgang findet im Verlauf von zwei Zellteilungen statt, die zusammen als **Meiose** bezeichnet werden.

## 4 Ablauf der Meiose

Vor Beginn der Meiose findet in der Interphase die Replikation der DNA (→ **Seiten 84, 89**) statt. Die eigentliche Meiose untergliedert sich in zwei Abschnitte: die **Reduktionsteilung** und die **Äquationsteilung**.

a) ≡ Ordnen Sie mit einer Recherche die folgenden Stichpunkte den mit Ziffern gekennzeichneten Phasen der Reduktionsteilung eines Chromosomensatz es von 2n = 4 zu. Erstellen Sie ein Flussdiagramm der Meiose in ausformulierten Sätzen:

**Telophase I:** Spindelfasern lösen sich auf, Kernteilung und anschließende Zellteilung, Kernhüllen
**Metaphase I:** Kernhülle ist aufgelöst, Äquatorialebene, Spindelapparat, Zentromer
**Anaphase I:** Spindelfasern verkürzen sich, homologe Zwei-Chromatid-Chromosomen, Zellpole, Trennung der Zwei-Chromatid-Chromosomen väterlicher und mütterlicher Herkunft, zufällig
**Prophase I:** Kondensation der Zwei-Chromatid-Chromosomen, homologe Chromosomen väterlicher und mütterlicher Herkunft lagern sich zusammen, Chromatidentetrade, Spindelapparat

b) ≡ Ergänzen Sie die entsprechenden Texte für die Phasen der Äquationsteilung.

c) ≡ Nennen Sie die Ergebnisse der Reduktions- und der Äquationsteilung und begründen Sie dabei diese Bezeichnungen.

d) ≡ Stellen Sie die Gemeinsamkeiten von Äquationsteilung und Mitose dar.

e) ≡ Beurteilen Sie die Richtigkeit der folgenden Aussagen:
- Nervenzellen und Keimzellen eines Organismus haben die gleiche Anzahl an Chromosomen.
- Meiosen sind für die Wundheilung verantwortlich.
- Enthält eine Eizelle 6 Chromosomen, ist das der haploide Chromosomensatz des Organismus.

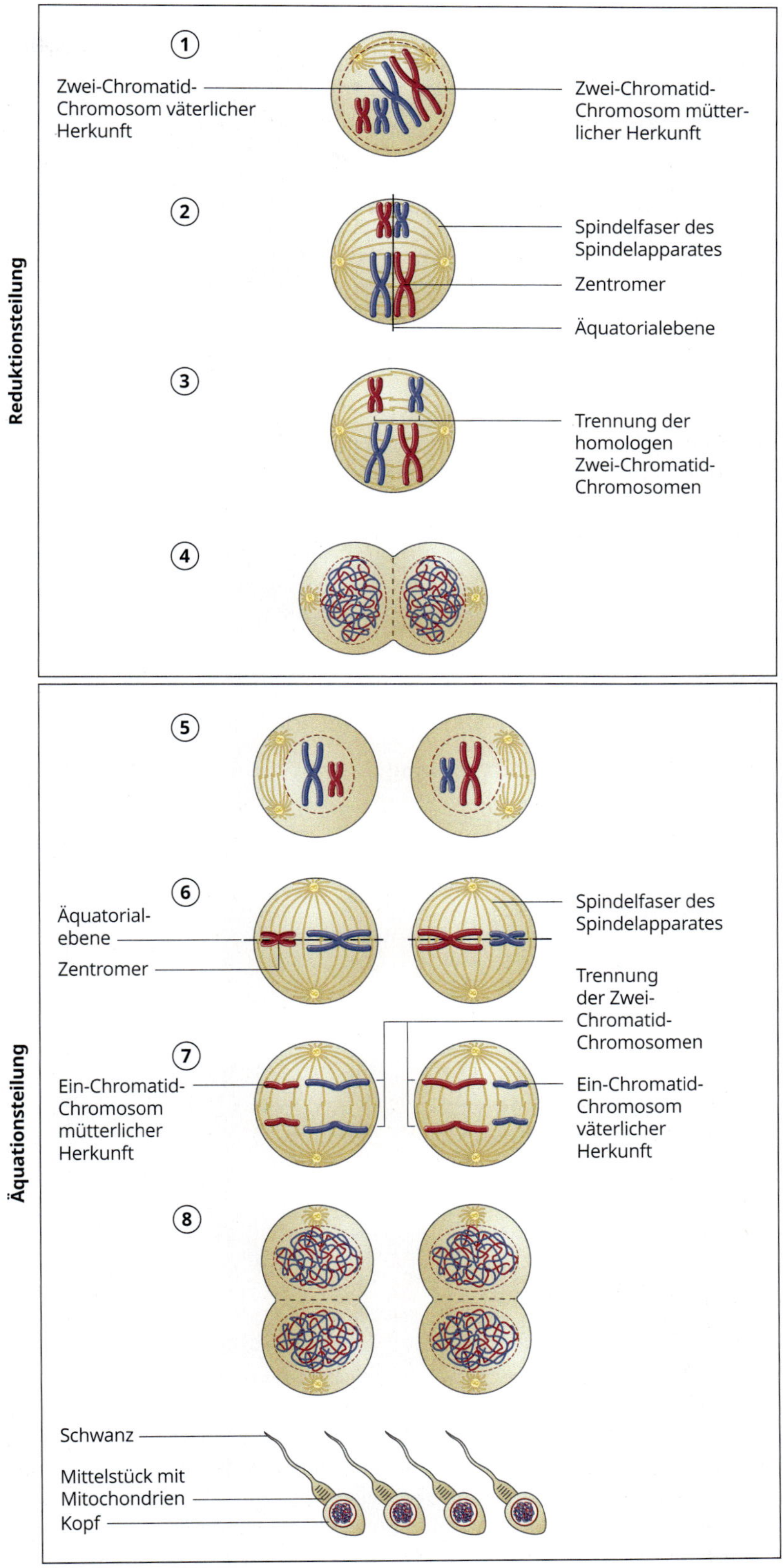

## Materialgebundene Aufgaben

### 5 Oogenese und Spermatogenese

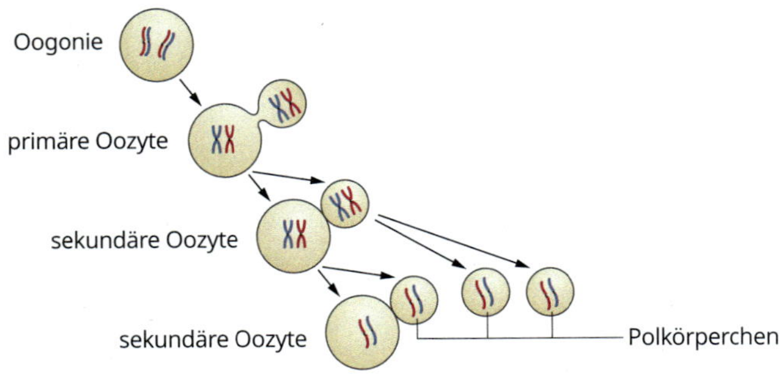


**a)** ≡ Beschreiben Sie den Ablauf der Oogenese (Schema).
**b)** ≡ Übertragen Sie die Zeichnung (✎) zur Oogenese in ihr Heft und ergänzen Sie die Ploidität (2n oder 1n) in jeder Zelle.
**c)** ≡ Erstellen Sie nach einer Recherche eine entsprechende Darstellung zur Entwicklung der Spermienzellen.
**d)** ≡ Stellen Sie eine Hypothese zum Ergebnis der Oogenese auf. Berücksichtigen Sie dabei auch das Basiskonzept „Struktur und Funktion".
**e)** ≡ Erklären sie die Bedeutung der Meiose für die geschlechtliche Fortpflanzung.

### 7 Die Abläufe bei der Befruchtung

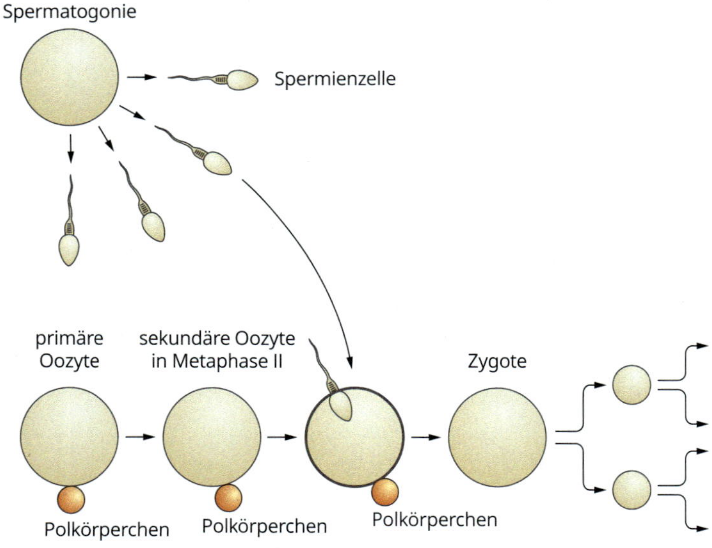


**a)** ≡ Die Abbildung zeigt modellhaft die Vorgänge der Befruchtung. Erläutern Sie mithilfe des Textes die Zufälligkeit der Befruchtung.
**b)** ≡ Übertragen Sie die Zeichnung (✎) in Ihr Heft und ergänzen Sie die Ploidität, 2n oder 1n, und die jeweils ablaufenden Prozesse, Mitose und Meiose, an entsprechender Stelle.
**c)** ≡ Stellen Sie in einer Skizze die Vererbung der mitochondrialen DNA über 5 Generationen dar.

### Spermatogenese und Oogenese

Die Bildung von Spermienzellen beim Mann, die **Spermatogenese**, erfolgt ausgehend von diploiden Urkeimzellen, auch **Spermatogonien** genannt. Bei der Spermatogenese im Hoden entstehen aus einer Spermatogonie im Prozess der Meiose vier gleich große Spermienzellen. Dieser Prozess beginnt mit der Pubertät und finden lebenslang kontinuierlich statt, sodass bei einem Samenerguss bis zu 200 Millionen Spermienzellen abgegeben werden.

Die Bildung von Eizellen bei der Frau, die **Oogenese**, erfolgt ausgehend von diploiden Urkeimzellen, auch **Oogonien**, genannt. Diese vermehren und entwickeln sich durch mitotische Teilungen zunächst zu diploiden primären Oozyten. Im weiteren Verlauf der Oogenese wird das Plasma ungleich geteilt: Die primäre Eizelle schnürt bei der Reduktionsteilung eine kleine Zelle ab, die den zweiten haploiden Chromosomensatz enthält und **Polkörperchen** genannt wird. Auch bei der Äquationsteilung wird das Plasma ungleich auf die Tochterzellen verteilt. Neben der Eizelle entsteht ein zweites Polkörperchen. Da das erste Polkörperchen sich auch noch einmal teilen kann, entstehen bis zu drei Polkörperchen.

Die Bildung der Eizellen beginnt bereits im Fetus, wird aber zunächst nicht zu Ende geführt. Erst mit Einsetzen des weiblichen Zyklus in der Pubertät wird sie wieder aufgenommen. Die Oogenese endet erst nach der Befruchtung mit der Abschnürung des zweiten Polkörperchens.

**6** ≡ Stellen Sie den Ablauf der Spermatogenese und der Oogenese vergleichend mithilfe eines Zeitstrahls dar. Beginnen Sie mit dem Fetus.

### Vererbung der mitochondrialen DNA

Bei der Befruchtung verschmilzt eine Eizelle, die viel Zellplasma mit allen darin enthaltenen Organellen wie Mitochondrien mitbringt, mit dem Kopf eines Spermiums. Die Mitochondrien enthalten Tausende Kopien ringförmiger DNA, die **mitochondriale DNA**. Darauf sind vor allem Proteine kodiert, die für die Enzyme der Atmungskette wichtig sind. Während die DNA im Zellkern der Zygote von beiden Eltern stammt, enthalten die Mitochondrien ausschließlich mütterliche Gene. Man spricht von **maternaler Vererbung** der mitochondrialen DNA.

**Rekombination**

Bei der Meiose kommt es zu einer Neuverteilung des genetischen Materials von Mutter und Vater, zur **Rekombination**. Zunächst werden in der Meiose die väterlichen und mütterlichen Chromosomen zufallsgemäß auf die Keimzellen aufgeteilt. Zu einer zusätzlichen Mischung kommt es bei der Befruchtung. Dabei erfolgt eine zufallsgemäße Neukombination von väterlichen und mütterlichen Chromosomen in der Zygote. Beide Vorgänge fasst man unter der Bezeichnung **interchromosomale Rekombination** zusammen (lat. *inter*: zwischen). Da in Eizellen und Spermienzellen mehrere Millionen Chromosomenkombinationen möglich sind, sind insgesamt viele Billionen Kombinationen möglich.

Zu einer weiteren Umverteilung der Erbinformation kann es während der Meiose in der Prophase der Reduktionsteilung kommen. Kommt es bei der Paarung der homologen Chromosomen zu Überkreuzungen zwischen den Nicht-Schwesterchromatiden und zu einem Stückaustausch, spricht man von **Crossing-over** (engl. *to cross*: kreuzen, *over*: über). Die Kreuzungsstelle wird als **Chiasma** bezeichnet. Dabei wird wechselseitig genetisches Material zwischen den ursprünglich mütterlichen und väterlichen Chromosomen ausgetauscht. Da dieser Austausch zu einer Neukombination genetischen Materials innerhalb von Chromosomen führt, spricht man von **intrachromosomaler Rekombination** (lat. *intra*: innerhalb). Beim Menschen kommt es zu zwei bis drei solcher intrachromosomalen Rekombinationen pro Chromosomenpaar.

**10** ≡ Beantworten Sie die Ausgangsfrage dieses Kapitels (→ **Seite 102**) unter Berücksichtigung des Basiskonzeptes „Individuelle und evolutive Entwicklung“.

**Informationen**

**Nicht-Schwesterchromatiden:** Chromatiden, die zu verschiedenen Zwei-Chromatid-Chromosomen eines homologen Chromosomenpaares gehören

**Chiasma:** (griech. *chiasma*: Kreuzung) in der Biologie eine Kreuzungsstelle zweier Strukturen, zum Beispiel zweier Nerven oder Muskeln, *hier* zweier Chromosomen

## VL Materialgebundene Aufgaben

### 8 Interchromosomale Rekombination

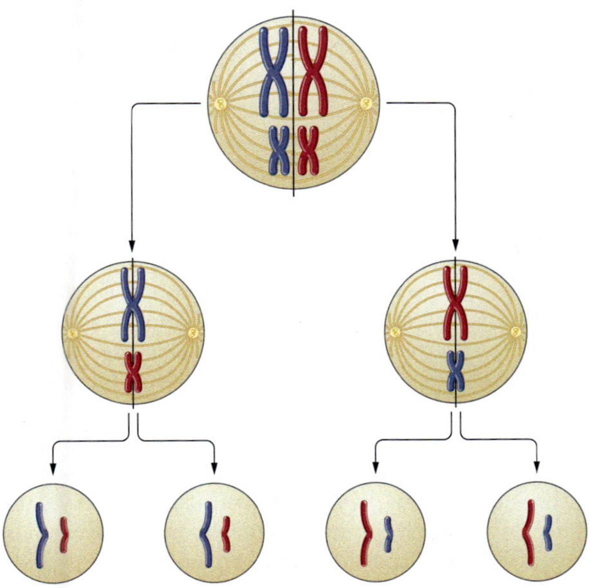

**a)** ≡ Beschreiben Sie unter Angabe der jeweiligen Phasenbezeichnungen die abgebildeten Vorgänge.

**b)** ≡ Beschreiben Sie die Folgen der interchromosomalen Rekombination.

**c)** ≡ Erstellen Sie eine mathematische Formel, mit der Sie die Anzahl der Kombinationsmöglichkeiten berechnen können und ermitteln Sie die Anzahl für den Menschen.

### 9 Intrachromosomale Rekombination

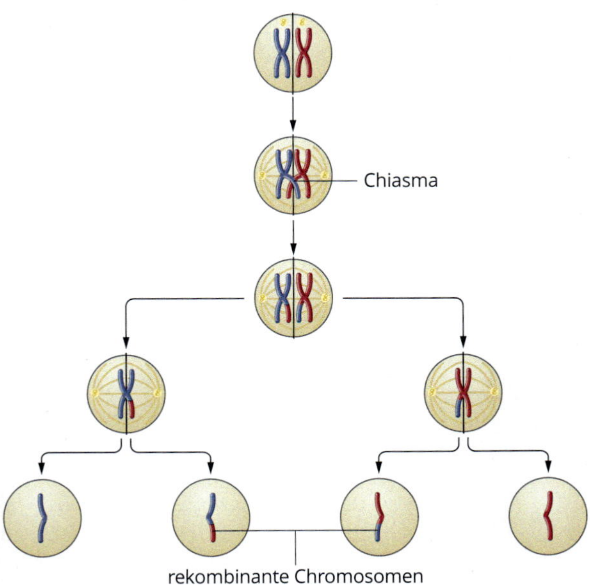


**a)** ≡ Beschreiben Sie unter Angabe der jeweiligen Phasenbezeichnungen die abgebildeten Vorgänge.

**b)** ≡ Beschreiben Sie die Folgen der intrachromosomalen Rekombination.

**c)** ≡ Begründen Sie die Tatsache, dass ein Crossing-over nur zwischen Abschnitten homologer Chromosomen erfolgen kann.

**1** Variation in einer Mäusepopulation

## 4.2 Bedeutung der Neukombination des genetischen Materials

**Warum können braune Mäuseeltern auch gefleckte Nachkommen zeugen und welche Rolle spielt dies für die Biodiversität und die Evolution?**

### Phänotypische Variation

In einer Mäusepopulation sieht keine Maus genauso aus wie eine andere. Sie unterscheiden sich in einer Vielzahl von Merkmalen, etwa Fellfarbe, Felldichte, Länge der Haare, Körpermasse, Anfälligkeit gegenüber Krankheiten, oder Nahrungsvorlieben. Dieses äußere Erscheinungsbild bezeichnet man als **Phänotyp**. Die Mäusepopulation zeigt also eine große **phänotypische Variation**. Der Phänotyp eines Lebewesens ist stets das Ergebnis der Wechselbeziehungen zwischen Umweltfaktoren und Genen. Die Körpermasse einer Maus ist beispielsweise davon abhängig, wie viel sie frisst. Solche Varianten im Erscheinungsbild, die durch Umwelteinflüsse zustande kommen und nicht erblich sind, nennt man **Modifikationen**. Sie stellen eine Ursache der phänotypischen Variation von Populationen dar.

Die Körpermasse einer Maus ist aber – ebenso wie andere Merkmale – nicht nur von der Ernährung abhängig, sondern auch davon, wie gut die Nahrung im Stoffwechsel abgebaut wird. Der Stoffwechsel ist davon abhängig, über welche Enzyme der Organismus verfügt. Diese Enzymausstattung wird durch seine genetische Ausstattung, man sagt den **Genotyp**, festgelegt. Eine wesentliche Grundlage der phänotypischen Variation ist also die **genetische Variation**. Sie ist die Basis für die Anpassung einer Art an Veränderungen der Umweltbedingungen und damit Grundvoraussetzung für Evolution.

**1** ≡ Erklären Sie den Unterschied zwischen phänotypischer und genetischer Variation.

### Entstehung der genetischen Variation

Ei- und Spermienzellen entstehen durch Meiose. Je mehr Chromosomenpaare ein Organismus besitzt, desto mehr Möglichkeiten gibt es unterschiedliche Zellen zu bilden. Beispielsweise kann jeder Mensch mit seinen 23 Chromosomenpaaren theoretisch $2^{23}$ oder 8,4 Millionen verschiedene Ei- beziehungsweise Spermienzellen bilden. Im zweiten Schritt der Meiose werden die Schwesterchromatiden getrennt. Die entstehenden Ein-Chromatid-Chromosomen werden auf die beiden Tochterzellen aufgeteilt. Zu Beginn der Meiose kann es zum Crossing-over kommen. Dabei tauschen homologe Chromosomen homologe Teilstücke aus. Dadurch erhöht sich zusätzlich die genetische Variation der Ei- und Spermienzellen. Bei der Befruchtung der Eizelle durch eine Spermienzelle werden die Erbanlagen neu kombiniert. Für die Kinder eines Ehepaars ergeben sich schon allein ohne Crossing-over-Ereignisse insgesamt mehr als $10^{13}$ Kombinationsmöglichkeiten. Dies entspricht dem Vieltausendfachen der gesamten Weltbevölkerung.

### Auswirkungen auf die Biodiversität

Ob eine Neukombination des Erbgutes für das Lebewesen eher positiv oder negativ ist, hängt von den Umweltbedingungen ab. Die Variation hat zur Folge, dass manche Lebewesen an die Umweltbedingungen besser angepasst sind und mehr fruchtbare Nachkommen produzieren. Dies führt zu einer besseren Angepasstheit von Individuen. Dies lässt sich am Beispiel der Mäuse gut erklären: Eine dunklere Fellfarbe ist für Mäuse, die auf dunklen Waldböden leben, positiv, für Mäuse, die auf einem hellen Sandboden leben, aber eher negativ, da Fressfeinde sie eher aufspüren können. Diesen Prozess bezeichnete DARWIN als natürliche Selektion (→ **Seite 215**). Das Ergebnis solcher Selektionsvorgänge können Artbildungsprozesse und so eine größere Biodiversität sein.

**2** ≡ Stellen Sie eine Hypothese auf, welchen Einfluss ein Fehlen der Rekombination auf die Evolutionsgeschwindigkeit hätte.

**Informationen**

**Genotyp:**
Gesamtheit der in den Genen festgelegten Erbinformationen beziehungsweise Allelkombinationen eines Lebewesens

**Phänotyp:**
äußeres Erscheinungsbild eines Lebewesens

**Biodiversität:**
Vielfalt des Lebens auf der Ebene der Gene, Arten und Ökosysteme

## ❸ Entstehung unterschiedlicher Keimzellen durch Rekombination

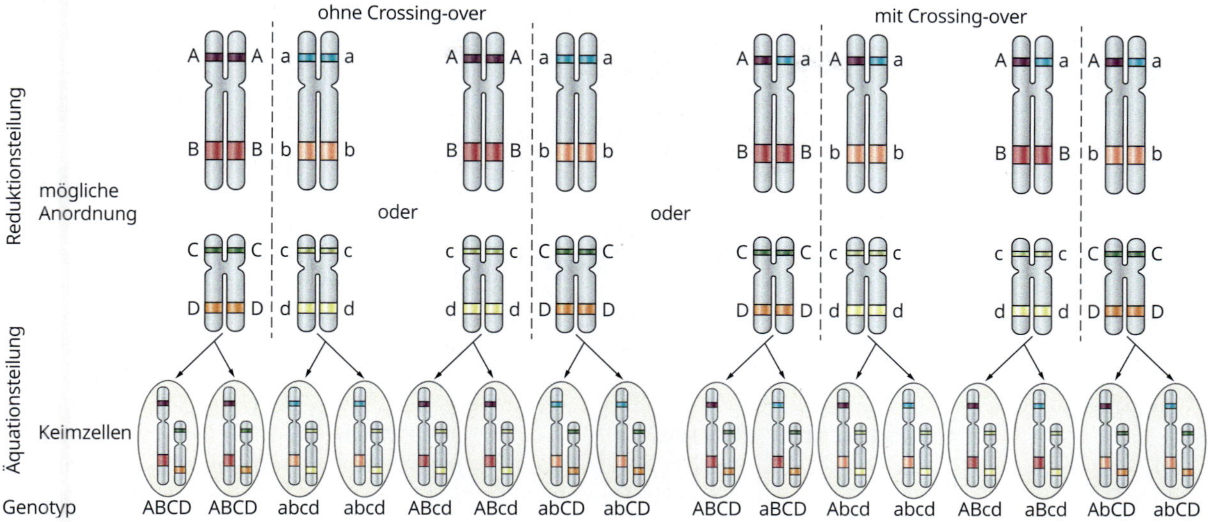


**a)** ≡ Erläutern Sie mithilfe der Abbildung den Begriff Chromatidentetrade.

**b)** ≡ Erklären Sie die Bedeutung der Buchstaben an den Chromatiden.

**c)** ≡ Beschreiben Sie die Vorgänge während der beiden Teilungen der Meiose.

**d)** ≡ Skizzieren Sie die Prozesse der geschlechtlichen Fortpflanzung, die im Anschluss an die in der Abbildung gezeigten Vorgänge ablaufen so, dass zwei Lebewesen mit unterschiedlichen Genotypen entstehen.

**e)** ≡ Erläutern Sie mithilfe der Abbildung die Bedeutung der Rekombination für die genetische Varibilität der Nachkommen bei der geschlechtlichen Fortpflanzung und damit für die Evolution und die zukünftige Biodiversität.

## ❹ Entstehung von Zwillingen

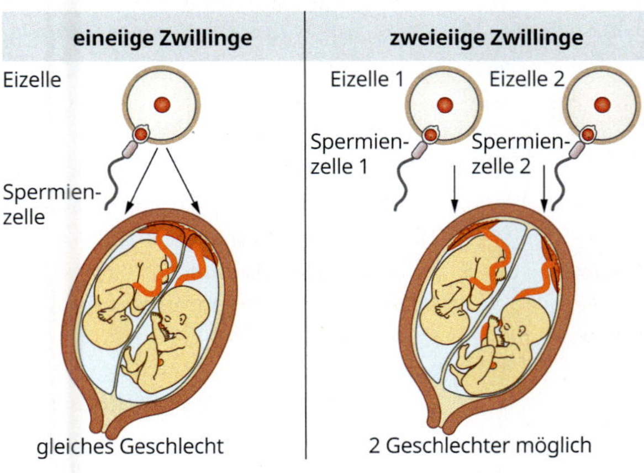


**a)** ≡ Erläutern Sie, welche Genotypen und Phänotypen Sie bei den abgebildeten Zwillingspaaren jeweils erwarten.

**b)** ≡ Formulieren Sie begündet Fragestellungen, die sich aus den Ergebnissen von Aufgabe **a** ergeben.

**c)** ≡ Recherchieren Sie Ergebnisse der Zwillingsfoschung zu den Themen Intelligenz, Anfälligkeit für bestimmte Krankheiten und Suchtverhalten.

**d)** ≡ Formulieren Sie mithilfe Ihrer Recherchen eine Aussage zur Bedeutung der Zwillingsfoschung für die genetische Forschung.

## ❺ Untersuchungen an Zwillingen

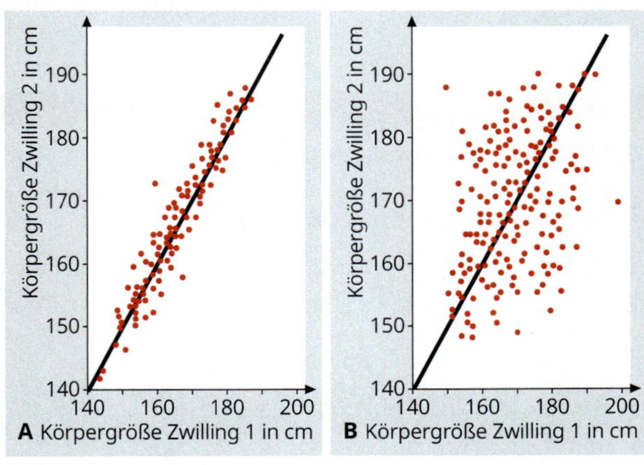


Die Diagramme zeigen die Ergebnisse von Messungen der Körpergröße an ausgewachsenen menschlichen Zwillingen.

**a)** ≡ Beschreiben Sie die Ergebnisse der Untersuchungen und ordnen Sie die Grafiken **A** und **B** begründet eineiigen oder zweieiigen Zwillingen zu.

**b)** ≡ Begründen Sie, dass die Ergebnisse sowohl für den Einfluss der Gene als auch für den Einfluss der Umwelt auf die Körpergröße sprechen.

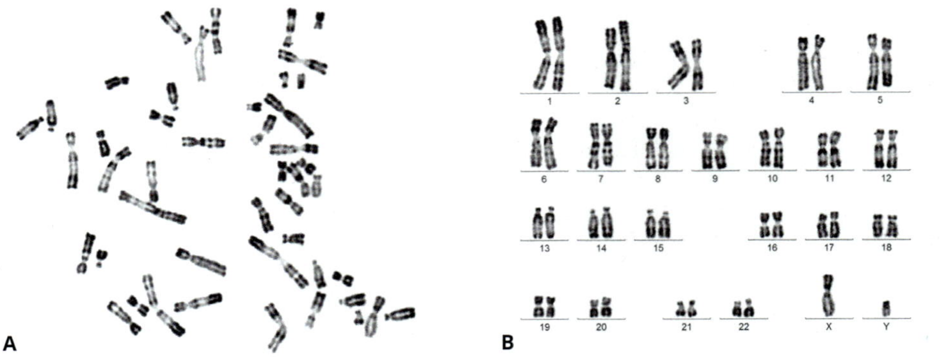


**1 Zwei-Chromatid-Chromosomen eines Menschen. A** ungeordnet; **B** geordnet im Karyogramm

## 4.3 Genommutationen

**Die Veränderung der Chromosomenanzahl hat schwerwiegende Auswirkungen auf den jeweiligen Organismus. Wie entstehen solche Abweichungen?**

**Information: Kurzschreibweise des Karyotyps:** Gesamtchromosomenzahl, Art der Geschlechtschromosomen

### Genom

Die Gesamtheit aller Chromosomen und damit die Gesamtheit aller Gene in einer Zelle bezeichnet man als **Genom**. Menschliche Zellen besitzen 46 Chromosomen, wobei jeweils 2 Chromosomen ein Paar bilden. 22 Chromosomenpaare, die **Autosomen**, tragen die Gene für die Entwicklung von geschlechtsunabhängigen Merkmalen. Diese Paare der Autosomen bezeichnet man jeweils als homologe Chromosomen (→ **Seite 102**). Ein weiteres Chromosomenpaar sind die **Gonosomen**, die unter anderem die Gene enthalten, welche die Entwicklung des Geschlechts steuern. In Zellen der Frauen findet man zwei gleich große X-Chromosomen, sie haben den **Karyotyp** 46, XX (→ **Randspalte**). Die Zellen der Männer haben ein X-Chromosom und ein kleineres Y-Chromosom. Der Karyotyp der Männer lautet 46, XY. Liegt in einer Zelle der Chromosomensatz vollständig vor, so spricht man von **Euploidie**. Ein Verfahren zur Bestimmung des Karyotyps ist die **Chromosomenanalyse**. Dabei werden die Anzahl und die Struktur der Chromosomen untersucht und in einem **Karyogramm** geordnet dargestellt.

❶ ≡ Stellen Sie nach einer Recherche den Ablauf der Erstellung eines Karyogramms in einem Flussdiagramm dar.

❷ ≡ Erklären Sie die Ordnungsprinzipien zur Erstellung eines Karyogramms (→ **Abb. 1**).

### Genommutationen

Liegt eine veränderte Anzahl der Chromosomen, eine **chromosomale Abweichung,** auch **Aneuploidie** vor, so bezeichnet man dies als **Genommutation**. Ursache ist eine fehlerhafte Meiose. Werden während der Reduktionsteilung die homologen Chromosomen oder im Verlauf der Äquationsteilung die Schwesterchromatiden nicht korrekt getrennt, so entstehen Keimzellen mit einem überzähligen oder einem fehlenden Chromosom. Man spricht von **Non-Disjunction** (engl. *disjunction*: Trennung). Diese Abweichung kann die Autosomen oder die Gonosomen betreffen.

## VL Materialgebundene Aufgabe

### ❸ Bildung aneuploider Keimzellen

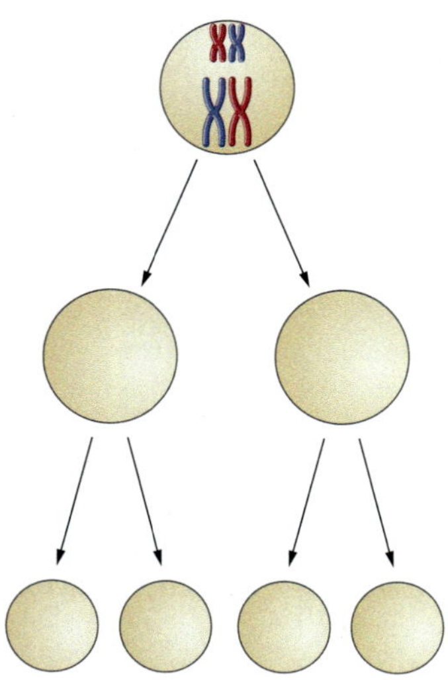

Das Schema deutet die Reduktionsteilung und die Äquationsteilung der Meiose mit zwei Chromosomenpaaren an.

a) ≡ Übertragen Sie das Schema in Ihr Heft (✎) und vervollständigen Sie eine normale Chromosomenverteilung in den Phasen der Meiose.

b) ≡ Markieren Sie in Ihrer Skizze mögliche Zeitpunkte von Fehlverteilungen.

c) ≡ Stellen Sie entsprechend die Bildung von Keimzellen mit einem überzähligen oder einem fehlenden Chromosom dar.

**Autosomale Abweichung – Trisomie 21**
Eine häufig vorkommende Genommutation ist die **Trisomie 21** (gr. *tri*: drei), bei der das Chromosom 21 im Chromosomensatz der Betroffenen dreimal vorliegt. Etwa eines von 700 Neugeborenen kommt in Deutschland mit Trisomie 21 zur Welt. Weltweit leben ungefähr 5 Millionen Menschen mit Trisomie 21. Dabei entstehen etwa 95 Prozent der Fälle durch eine Non-Disjunction während der Meiose.

**4** ≡ Trisomie 21 wird im Alltag auch als Down-Syndrom bezeichnet. Recherchieren Sie die Herkunft des Namens.

Liegt ein Chromosom dreifach vor, so ist dies eine Veränderung im Genotyp. Die Betroffenen haben von den Genen, die dort lokalisiert sind, drei Kopien. Werden diese Gene alle exprimiert, so liegen die dabei entstehenden Produkte, Proteine oder Ribonukleinsäuren, in dreifacher Menge vor. Diese Überproduktion kann für den Körper verschiedene Folgen haben, die sich im Phänotyp, also im äußeren Erscheinungsbild bemerkbar machen.

**5** ≡ Recherchieren Sie die möglichen Auswirkungen der Trisomie 21 auf den Phänotyp der Betroffenen.

**Leben mit Trisomie 21**
Oft liegen bei Menschen mit Trisomie 21 Fehlbildungen der inneren Organe sowie kognitive Beeinträchtigungen in unterschiedlicher Ausprägung vor. Durch die medizinische Behandlung ist die Lebenserwartung von 9 Jahren im Jahr 1929 auf heute etwa 60 Jahre gestiegen. Gezielte pädagogische und therapeutische Maßnahmen fördern Kinder mit Trisomie 21 in ihrer Individualentwicklung. Ein Großteil der Betroffenen besucht eine Förderschule. Die meisten erwerben dort Grundfähigkeiten wie Rechnen, Lesen und Schreiben und können in Wohngruppen nahezu selbstständig leben. Heute können Schülerinnen und Schüler mit Down-Syndrom **Inklusionsklassen** an Regelschulen besuchen. Manche schaffen einen Schulabschluss, erlernen einen Beruf oder absolvieren ein Studium.

**8** ≡ Inklusion ist die teilberechtigte Teilhabe aller Menschen an der Gesellschaft. Die Sozialorganisation „Aktion Mensch“ setzt sich durch Aufklärung für die Umsetzung der Inklusion ein. Diese Organisation wurde 1964 als „Aktion Sorgenkind“ gegründet. Diskutieren Sie zu zweit Gründe, die zur Umbenennung der Organisation geführt haben könnten.

## Materialgebundene Aufgaben

### 6 VL Das Down-Syndrom – Trisomie 21

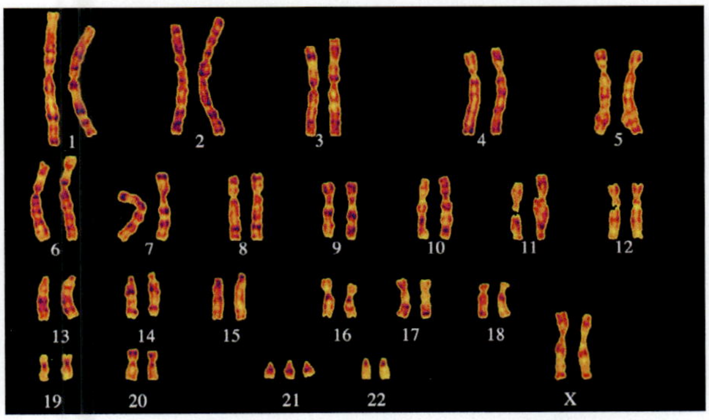


**a)** ≡ Werten Sie das Karyogramm mithilfe der Kriterien Größe, Gestalt und Anzahl aller Chromosomen aus.

**b)** ≡ Eine seltene Form der Trisomie 21 ist eine **Mosaik-Trisomie 21**. Vergleichen Sie diese Form mithilfe einer Recherche mit der Trisomie 21. Kriterien können sein: Karyotyp, Phänotyp, Erblichkeit, Entstehung, Änderungen im Phänotyp.

### 7 Trisomie 21 kann auch erblich auftreten

Ungefähr 5 Prozent der vom Down-Syndrom Betroffenen erben die Chromosomenfehlverteilung von einem Elternteil. Dieses besitzt ein verändertes Chromosom, das durch eine **balancierte Translokation** entsteht. Dabei verbindet sich ein Chromosom 21 mit einem anderen Chromosom wie dem Chromosom 14. Personen mit einer 14/21-Translokation zeigen keinerlei Auffälligkeiten.

**a)** ≡ Erstellen Sie ein Karyogramm einer weiblichen Person mit einer 14/21-Translokation.

**b)** ≡ Nennen Sie den Genotyp der betroffenen Person.

**c)** ≡ Erläutern Sie die Tatsache, dass die balancierte Translokation für diese Person keine Auswirkungen hat.

**d)** ≡ Die Keimzellen der Menschen mit einer balancierten Translokation können neben dem 21. Chromosom auch das fusionierte 14/21-Chromosom enthalten. Stellen Sie eine Hypothese auf, welchen Genotyp die bei einer Befruchtung mit einer Spermienzelle mit regulärem Chromosomensatz entstehende Zygote hat.

## 9 Schulbesuch für Jugendliche mit dem Down-Syndrom

Leonie und Lukas sind zwei Kinder mit Down-Syndrom, die sich für die Aufnahme an einem Gymnasium beworben haben. Aus unterschiedlichsten Beweggründen wird darüber abweichend entschieden.

**Material 1**

**Leonie, 14 Jahre, hat Trisomie 21. Sie erzählt:**

*„Mein größter Wunsch wurde mir erfüllt. Ich darf seit diesem Schuljahr zusammen mit meinen Freundinnen auf das Gymnasium gehen. Das Gefühl „normal" zu sein, habe ich seitdem immer wieder. Die Klasse ist klein, ich habe 18 Mitschülerinnen und Mitschüler. Alle gehen mit mir respektvoll um und unterstützen mich bei Aufgaben, die ich nicht so gut kann. Manchmal bekomme ich von den Lehrerinnen oder Lehrern andere Aufgabenblätter als meine Freundinnen. Ich habe viele neue Freunde und Freundinnen gefunden und gehe gern zur Schule. Es ist toll, dass meine Eltern sich für mich eingesetzt haben …"*

**Material 2**

**Schulleiter Hans Groß berichtet:**

*„… Es war nicht selbstverständlich, Inklusion in unserer Schule durchzusetzen. Es gab viele Bedenken vom Elternbeirat, von der Lehrerschaft und auch vom Schulamt. Sorgen konnten den Eltern durch zahlreiche Gespräche und durch die Schulbegleiter, die Leonie unterstützen, genommen werden. Durch Sicherstellung des geregelten Ablaufs des Unterrichts genehmigte das Schulamt die Aufnahme von Leonie. Es geht auch gar nicht darum, dass Leonie einen Schulabschluss erlangt. Dies wird wahrscheinlich nicht klappen, denn sie kann dem Unterricht nicht so folgen wie ihre Mitschülerinnen und Mitschüler. Bei ihrer Aufnahme in unsere Schule geht es darum, dass Leonie von den anderen Kindern lernt, sich „normal" fühlt und nicht besonders behandelt wird."*

**Material 4**

**Auszug: UN Behindertenrechtskonvention, Artikel 24**

(1) Die Vertragsstaaten anerkennen das Recht von Menschen mit Behinderungen auf Bildung. Um dieses Recht ohne Diskriminierung [...] zu verwirklichen, gewährleisten die Vertragsstaaten ein integratives Bildungssystem auf allen Ebenen und lebenslanges Lernen mit dem Ziel,

- die menschlichen Möglichkeiten sowie das Bewusstsein der Würde und das Selbstwertgefühl des Menschen voll zur Entfaltung zu bringen [...];
- Menschen mit Behinderungen ihre Persönlichkeit, ihre Begabungen und ihre Kreativität sowie ihre geistigen und körperlichen Fähigkeiten voll zur Entfaltung bringen zu lassen;
- Menschen mit Behinderungen zur wirklichen Teilhabe an einer freien Gesellschaft zu befähigen.

**Material 3**

**Schlagzeile einer Tageszeitung**

**Gymnasium lehnt Schüler mit Down-Syndrom ab!**

Lukas ist 11 Jahre alt. Er mag andere Kinder, sucht einen Freund und unternimmt, wenn das Wetter es erlaubt, viel draußen. So beschreiben die Eltern ihren Sohn. Seine Eltern möchten, dass Lukas nach der Grundschule auf das Gymnasium wechselt. Aber Lukas hat das Down-Syndrom. Das Gymnasium lehnte die Aufnahme von Lukas in die Regelschule ab: „Man hat sich die Entscheidung nicht einfach gemacht", sagt die Schulleiterin. „In der Lehrerkonferenz war die Abstimmung sehr knapp. Nach einer ausführlichen Diskussion stimmten 50 Kollegen und Kolleginnen gegen die Aufnahme von Lukas, 43 waren dafür". Auch die Elternvertretung wurde nach einem Stimmungsbild gefragt. Die Mehrheit sprach sich gegen die Aufnahme von Lukas aus. Dabei ging es den Elternvertreterinnen und Elternvertretern gar nicht um Lukas, sondern um ihre eigenen Kinder. Sie befürchteten, dass der Unterrichtsstoff nicht geschafft würde, wenn sich ein „kognitiv-eingeschränktes" Kind in der Klasse befände. Zudem befürchteten die Eltern, dass die Lehrkräfte nur Lukas im Blick hätten und ihre eigenen Kinder dadurch einen Nachteil hätten. Das zuständige Kultusministerium antwortete auf Nachfrage, dass prinzipiell jedes Kind, wenn es geeignet ist, auf das Gymnasium gehen kann. Dennoch lasse sich Inklusion nicht immer durchsetzen. Die finale Entscheidung liege bei der jeweiligen Schulfamilie aus Schulleitung, Schüler- und Elternvertretung. Zudem gab das Kultusministerium zu bedenken, dass man dem Kind keinen Gefallen täte, wenn es an der Schule nicht erwünscht ist.

**a)** ≡ Betrachten und analysieren Sie den Sachverhalt aus den unterschiedlichen Perspektiven. Nennen Sie die Argumente und Beweggründe aller Beteiligten, Kinder mit Down-Syndrom an dem Gymnasium aufzunehmen oder abzulehnen (Material 1–3).

**b)** ≡ Unterscheiden Sie die gesammelten Aussagen in deskriptive und normative Aussagen (→ **Seite 76 f.**).

**c)** ≡ Identifizieren Sie mögliche Werte, die jeweils den normativen Aussagen zugrunde liegen.

**d)** ≡ Reflektieren Sie die Folgen der jeweiligen Entscheidungen der Schulleiter für Leonie und Lukas.

**e)** ≡ Beurteilen Sie auf Grundlage des Artikels 24 der Behindertenrechtskonvention der Vereinten Nationen (UN; Material 4) die Entscheidungen der Schulleiter.

**f)** ≡ Versetzen Sie sich in die Lage der Schulleitung und treffen Sie eine eigene, ethisch begründete Entscheidung zur Aufnahme von Down-Kindern am Gymnasium (→ **Seite 76 f.**).

**g)** ≡ Diskutieren Sie die Ergebnisse der Aufgabe **f** im Kurs und reflektieren Sie Ihre Entscheidung.

### Trisomie 21 – nur eine Phänotypveränderung oder eine Krankheit?

Die Weltgesundheitsorganisation, WHO, definiert „Gesundheit" als „Zustand des vollständigen körperlichen, geistigen und sozialen Wohlbefindens ...". Demnach wäre eine Störung vom körperlichen, vom geistigen und oder vom sozialen Wohlbefinden als Krankheit zu betrachten. Diese Unterscheidung von Krankheit und Gesundheit beruht immer auf der Einschätzung des Einzelnen und wird von der Umgebung und den Mitmenschen mitbestimmt.

**10 VL Trisomie 21: Gesund oder krank?**
Diskutieren Sie im Kurs, ob Trisomie 21 als Krankheit betrachtet werden kann.

- **a)** ≡ Diskutieren Sie zu zweit und nehmen Sie dabei Bezug auf das Zitat der WHO.
- **b)** ≡ Erläutern Sie, inwieweit diese Unterscheidung vom Verhalten der Mitmenschen beeinflusst wird.
- **c)** ≡ Formulieren Sie nach Ihren Überlegungen einen Standpunkt zur Ausgangsfrage.
- **d)** ≡ Tauschen Sie sich im Kurs über Ihre Standpunkte aus und erwägen Sie eine Korrektur des eigenen Standpunkts.

### Weitere Trisomien

Durch Fehlverteilungen bei der Meiose können in der entstehenden Zygote Chromosomen dreifach vorliegen, dies kann jedes Chromosom betreffen. Solche Fehlverteilungen von Autosomen, also **autosomale Aneuploidien**, bedeuten immer eine starke Schädigung und gehen mit deutlichen Beeinträchtigungen der geistigen und der körperlichen Entwicklung einher. Die Betroffenen sind nur im Falle der beschriebenen Trisomie 21 sowie der Trisomien von Chromosom 13, dem **Pätau-Syndrom**, und Chromosom 18, dem **Edwards-Syndrom**, lebensfähig. Allerdings ist beim Vorliegen der letzteren beiden Formen der Trisomie das Risiko einer Fehlgeburt hoch und die durchschnittliche Lebenserwartung ist sehr gering. Die mittlere Lebensdauer von Betroffenen mit Trisomie 13 beträgt unabhängig vom Geschlecht vier Monate nach der Geburt. Im Falle von Trisomie 18 sterben etwa 30 Prozent der Kinder im ersten Lebensmonat und nur rund 10 Prozent der Kinder überleben das erste Jahr.

**11** ≡ Formulieren Sie eine Hypothese zur unterschiedlichen Lebenserwartung der drei genannten Trisomieformen.

## VL Materialgebundene Aufgabe

### 12 Auswertung von Karyogrammen

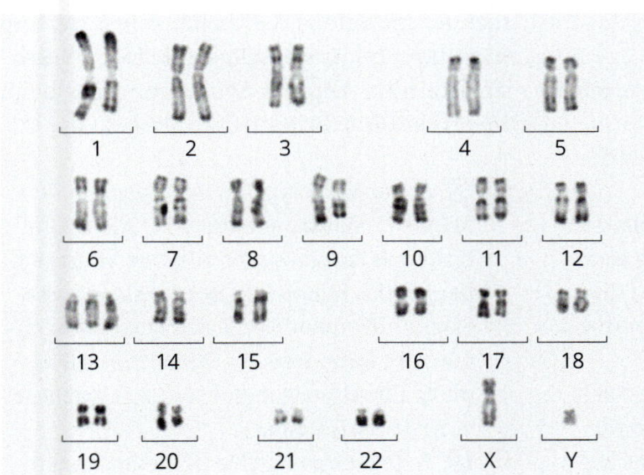


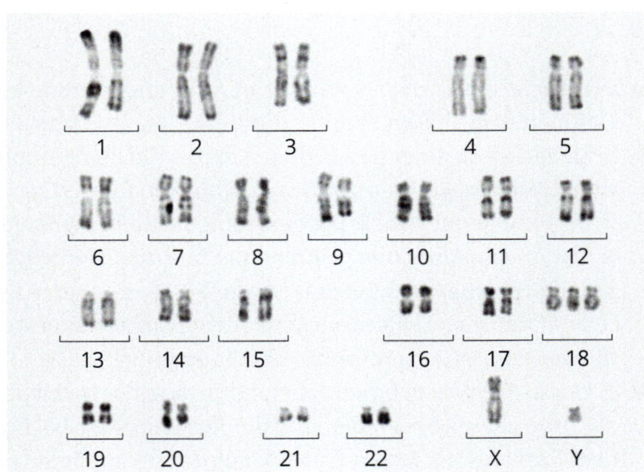


- **a)** ≡ Werten Sie die Karyogramme **A** und **B** aus. Gehen Sie dabei auch auf die verschiedenen Chromosomentypen, ihre Anzahl und ihre Herkunft ein. Nennen Sie jeweils den Karyotyp der betroffenen Personen und mithilfe des Grundtextes die Fachbegriffe für die vorliegenden Syndrome.
- **b)** ≡ Beschreiben Sie auf chromosomaler Ebene die Entstehung der Karyotypen **A** und **B**.
- **c)** ≡ Recherchieren Sie weitere autosomale Trisomien und stellen Sie begründete Hypothesen auf, warum die betroffenen Kinder meist nicht lebensfähig sind.

## Materialgebundene Aufgabe

### 13 Ullrich-Turner-Syndrom

Im Fall des Vorliegens des Ullrich-Turner-Syndroms wird die chromosomale Fehlverteilung bei betroffenen Mädchen oft erst durch Ausbleiben der Menstruation erkannt. Durch Behandlung mit Wachstumsfaktoren und Hormonen können diese Entwicklungsabweichungen heute weitgehend vermieden werden.

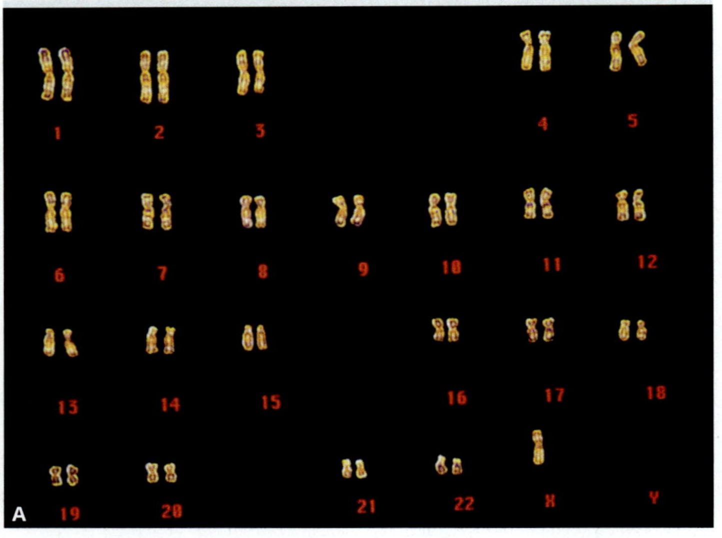


A

**Mögliche Symptome beim Turner-Syndrom:** Kleinwuchs, häufig Mittelohr-Entzündungen, Herzfehler, weniger Achselbehaarung, breiter und kurzer Hals, tiefer Nackenhaaransatz, Pigmentflecken, Lymphödeme, Sterilität, unbehandelt fehlender Übergang in die Pubertät mit Ausbleiben der Menstruation, im Erwachsenenalter Diabetes, Bluthochdruck, manchmal Rechenschwäche, meist normale Intelligenz

**B**

**a)** Ursache des Turner-Syndroms ist eine **gonosomale Monosomie**. Definieren Sie diesen Begriff mithilfe des Karyogramms (**A**).

**b)** Stellen Sie in einer beschrifteten Skizze die Entstehung einer befruchteten Eizelle, die zum Turner-Syndrom führt, dar.

**c)** Bei Frauen mit zwei X-Chromosomen wird in der Regel eines der X-Chromosomen schon während der Embryonalentwicklung als Barr-Körperchen inaktiviert (→ **Seite 70**). Formulieren Sie mit diesem Wissen eine Hypothese, über die Tatsache, dass eine Monosomie bei den X-Chromosomen überhaupt möglich ist.

**d)** Der in Aufgabe **c)** beschriebene Umstand der Inaktivierung des X-Chromosoms bei Frauen und die Tatsache, dass bei Frauen mit dem Karyotyp 45, X0 die Entwicklung der sekundären Geschlechtsmerkmale eingeschränkt ist (**B**), weist auf eine Fragestellung hin. Formulieren Sie eine sich aus diesen Sachverhalten ableitende Fragestellung.

**e)** Frauen mit dem Turner-Syndrom zeigen phänotypisch zahlreiche Symptome (**B**). Trotzdem formulieren sie das Motto „Ich habe nur ein X, aber X Chancen auf ein bewegtes Leben." Diskutieren Sie dieses Motto in der Gruppe.

### Gonosomale Abweichungen

Während der Meiose kann es auch zu Fehlverteilungen der Gonosomen kommen. Derartige **gonosomale Abweichungen** bewirken deutlich geringere Beeinträchtigungen des Phänotyps als autosomale Genommutationen. Die Lebenserwartung der Betroffenen ist in der Regel nicht reduziert. Gonosomale Abweichungen können das X- und das Y-Chromosom betreffen.

Bei Frauen mit dem **Ullrich-Turner-Syndrom**, oft kurz **Turner-Syndrom** genannt, befindet sich in den Körperzellen jeweils nur ein X-Chromosom. Dies bezeichnet man als **Monosomie**. Etwa 90 Prozent aller Schwangerschaften mit einem solchen Embryo enden in den ersten drei Schwangerschaftsmonaten mit einer Fehlgeburt. Etwa 10 Prozent der Mädchen kommen mit unterschiedlichen Ausprägungen von Störungen zur Welt. Eine Monosomie bei Autosomen ist nie lebensfähig.

Vom **Klinefelter-Syndrom** spricht man, wenn ein Junge ein zusätzliches X-Chromosom, also den Karyotyp 47, XXY hat. In diesem Fall lösen die Gene auf dem Y-Chromosom regulär die Entwicklung der männlichen Keimdrüsen und damit des männlichen Erscheinungsbildes aus. Eines der beiden X-Chromosomen wird als Barr-Körperchen inaktiviert. In seltenen Fällen können X-Chromosom in höherer Anzahl vorliegen. Menschen mit **Poly-X-Syndrom** sind lebensfähig, zeigen aber mit zunehmender Anzahl der X-Chromosomen stärkere kognitive Beeinträchtigungen. Beim **XYY-Syndrom**, auch **Diplo-Y-Syndrom**, liegt beim Mann ein zusätzliches Y-Chromosom vor.

**14** Der Karyotyp von Personen mit dem **Triple-X-Syndrom** lautet 47, XXX. Die betroffenen Frauen sind fertil. Ihre Söhne haben oft das Klinefelter-Syndrom. Erklären Sie mithilfe einer Skizze das Zustandekommen des Karyotyps 47, XXY auf chromosomaler Ebene ausgehend von der Oogenese einer Triple-X-Frau.

**15** Recherchieren Sie in Kleingruppen zu den verschiedenen Formen der gonosomalen Abweichungen wie Turner-Syndrom, Klinefelter-Syndrom, Triple-X- und Diplo-Y-Syndrom. Tragen Sie die Ergebnisse zum Karyotyp, zur Häufigkeit und zum Phänotyp in einer Tabelle zusammen.

## ⊕ 4.4 Polyploidie bei Pflanzen

**Eine Zuchterdbeere besitzt in jeder Zelle nicht nur zwei, sondern bis zu zehn Chromosomensätze. Wie entsteht dieses Phänomen und welche Folgen hat das?**

Wenn in Zellen mehr als zwei Chromosomensätze vorliegen, spricht man von **Polyploidie**. Sie ist eine Form der Genommutation. Pflanzen mit dreifachem Chromosomensatz in den Zellen werden als triploid, mit vierfachem als tetraploid, mit sechsfachem als hexaploid bezeichnet. Viele kultivierte Nutzpflanzenarten weisen eine Polyploidie auf. Man kann auf künstlichem Wege durch Kältebehandlung oder durch Zugabe von Colchizin (→ **Aufg. 4d**) eine Polyploidie bei Pflanzen herbeiführen.

**1 Erdbeeren.** **A** diploide Walderdbeere (Größe etwa 5–8 mm); **B** polyploide Zuchterdbeere (Größe etwa 18–30 mm)

1 ≡ Beschreiben Sie die Früchte der Erdbeerpflanzen (→ **Abb. 1**).

2 ≡ Stellen Sie eine Hypothese auf, wie sich die Polyploidie auf die Größe der Erdbeere auswirkt.

Liegt in den Zellen eine Vervielfachung des Chromosomensatzes vor, so liegen die Gene der Chromosomen in vielfacher Ausführung vor. Die Proteinbiosynthese kann parallel an mehreren Chromosomen ablaufen, Proteine wie Enzyme werden schneller und in größerer Menge gebildet. Durch diese gesteigerte Stoffwechselaktivität sind die Pflanzen häufig vitaler, haben größere Zellen, einen üppigeren Wuchs und bringen mehr oder größere Früchte. Daher wird dieses Phänomen in der Pflanzenzüchtung gezielt eingesetzt. Auch die im Vergleich zu den wilden Stammformen erheblich größeren Früchte von Apfel und Birne gehen auf Polyploidie zurück.

### Natürliche Polyploidie

Kreuzt man Pflanzen von zwei verschiedenen Arten, so können Tochterzellen entstehen, die die Chromosomensätze beider Eltern haben. Dies hat auch Auswirkungen auf den Phänotyp. Ein Beispiel dafür ist der Saatweizen. Eine Weizenähre enthält heute 60 bis 70 Körner, jedes mit der 2- bis 3-fachen Masse des Korns der Ursprungsart, deren Ähre nur etwa 20 Körner hatte.

3 ≡ Recherchieren und präsentieren Sie die Geschichte der natürlichen Polyploidisierung des Weizens und seines Genoms.

## VL Materialgebundene Aufgabe

### 4 Der Weg zur polyploiden Pflanze

Forscher stellten sich die Frage, wie polyploide Zellen auf natürlichem Weg entstehen können. Sie vermuteten, dass sich die Elternzelle nach der Replikation der DNA nicht teilen würde. Bei Eintritt in die Interphase würde sich folglich die DNA verdoppeln und ein polyploider Chromosomensatz wäre das Ergebnis. Um diese Hypothese zu untersuchen, wurde das in der Abbildung dargestellte Experiment mit Pflanzenzellen durchgeführt. Die Forscher konnten beobachten, dass in den Pflanzenzellen die Mitose unterbrochen wurde und anschließend direkt die Interphase einsetzte.

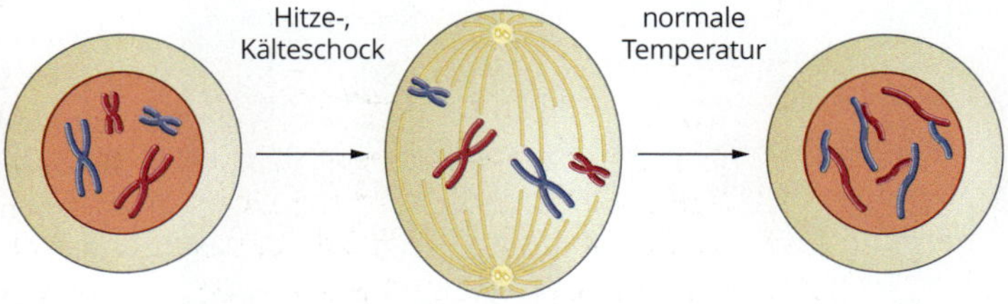


a) ≡ Beschreiben Sie das in der Abbildung dargestellte Experiment und ordnen Sie dabei den jeweiligen Phasen die entsprechenden Mitosephasen (→ **Seite 90**) zu.

b) ≡ In den Pflanzenzellen wurde nach dieser Behandlung eine Polyploidisierung festgestellt. Erklären Sie diese Beobachtung auf zellulärer Ebene.

c) ≡ Erläutern Sie, ob die von den Forschern formulierte Hypothese durch dieses Experiment gestützt oder widerlegt wurde.

d) ≡ Einen ähnlichen Effekt erzielt man, wenn man zu den Zellen Colchicin, das Gift der Herbstzeitlosen, *Colchicum autumnale*, gibt. Recherchieren Sie die Wirkungsweise von Colchicin.

e) ≡ Erklären Sie, zu welchem Zeitpunkt das Colchicin eingesetzt werden muss. ⊖

In Prüfungsaufgaben finden Sie Aufgaben, die Ihnen auf den ersten Blick vielleicht unverständlich erscheinen. Die Lösung ist für Sie nicht direkt erkennbar. Diese Aufgaben gehören zum Anforderungsbereich III (→ **Seite 42**).

**Herausforderung Transferaufgaben**
Bei **Transferaufgaben** geht es darum, das Wissen, also bestimmte Vorgänge, Ereignisse und Zusammenhänge, auf andere Sachverhalte zu übertragen. Für eine Transferleistung ist somit das Verstehen des Lernstoffes im Gesamtzusammenhang entscheidend. Wichtig ist es daher, das gelernte Wissen mit eigenen Worten und Fachbegriffen wiedergeben zu können und an verschiedenen Aufgabestellungen immer wieder zu üben.

**Transferaufgaben erkennen:**

Die Operatoren (→ **Seiten 7, 42**) **Hypothesen aufstellen, Stellung nehmen, interpretieren, diskutieren, auswerten, bewerten** und **vergleichen** deuten auf ein Aufgabenformat des AFB III hin.
Aufgabeninhalte können sein:
- planmäßiges und kreatives Bearbeiten einer vielschichtigen Problemstellung mit dem Ziel, selbstständig zu Lösungen, Wertungen und Folgerungen zu gelangen
- die Planung eines geeigneten Experimentes oder Gedankenexperimentes, um so einen eigenständigen Zugang zu einem biologischen Phänomen zu zeigen
- die selbstständige, zusammenhängende Verarbeitung verschiedener Materialien unter einer vorgegebenen Fragestellung
- die Entwicklung eines komplexen gedanklichen Modells
- die Entwicklung begründeter Hypothesen auf der Basis verschiedener Fakten, experimenteller Ergebnisse, Materialien und Modelle
- das materialbezogene und differenzierte Beurteilen und Bewerten biologischer Anwendungen
- die kritische Reflexion biologischer Fachbegriffe vor dem Hintergrund komplexer und widersprüchlicher Informationen und Beobachtungen

Transferaufgaben stellen in etwa 10–40 Prozent der Prüfungen dar. Mit der Wiedergabe von erlerntem Wissen und der Anwendung von Wissen und Fertigkeiten (AFB I und II) sind somit in der Regel mehr als die Hälfte der Punkte erreichbar.

Die bereits vorgestellten Schritte zum Lösen einer Aufgabe (→ **Seite 42**) werden hier wiederholt, um einige hilfreiche Aspekte ergänzt und auf der gegenüberliegenden Seite an einer Beispielaufgabe demonstriert.

**Schritt 1: Aufgabe verstehen**
Lesen Sie die Aufgabenstellung mehrmals, bis Sie sie verstanden haben. Vielleicht enthält die Aufgabenstellung unbekannte Begriffe? Überlegen Sie für sich, ob die Kenntnis des Begriffes zwingend für das Verständnis der Aufgabe notwendig ist. Oft hängt das Textverständnis nicht vom Verstehen eines einzelnen Wortes ab.

**Schritt 2: Auswahl einer Lösungsstrategie beziehungsweise einer Vorgehensweise**
Auch Transferaufgaben stehen in einem bestimmten **Kontext**. Themenbezogene **Schlüsselbegriffe** im Text dienen also als Hinweis auf eine mögliche Lösungsstrategie. Das Markieren dieser Schlüsselwörter unterstützt darin, die für die Antwort geeigneten Fachbegriffe zu verwenden.
**Besondere Tipps:**
- Ist die Kernaussage der Aufgabe für Sie zunächst nicht deutlich ersichtlich, kann auch eine **Veranschaulichung** oder **Visualisierung** des Sachverhaltes helfen. Dafür können beschriftete Skizzen, Tabellen bei sich ändernden Zahlenwerten, Baumdiagramme, Schaubilder oder die Untersuchung von Beispielen nützlich sein.
- Oftmals gehören zu Aufgabenstellungen weitere Materialien, die bei genauer Betrachtung Aufschluss geben können.
- Ist das Ziel der Fragestellung nach wie vor unklar, können auch eine **Verallgemeinerung**, nochmaliges Überprüfen, ausgehend von der Antwort die Fragestellung zu formulieren oder das Problem in kleinere **Einzelprobleme** zu zerlegen, hilfreich sein.

**Schritt 3: Lösung formulieren**
Bei der Formulierung der Lösung sollten Sie systematisch vorgehen und jeden Einzelschritt kommentieren. Dadurch erkennen Sie auch, ob bekannte Regeln angewandt und Ideen konkretisiert werden. Wenn Sie bei diesem Vorgehen bei der Lösung nicht voran kommen, kann es helfen, die Schritte 1 und 2 erneut durchzuführen.
**Besondere Tipps:**
- Lesen Sie noch einmal die Aufgabenstellung. Haben Sie alle enthaltenen Informationen entnommen? Vielleicht haben Sie eine Information aus einem Nebensatz übersehen?
- Lassen Sie sich nicht dazu verleiten, alles hinzuschreiben, was Ihnen zu dem Thema einfällt. Das kostet viel Zeit und ist meist wenig zielführend. Antworten Sie konkret auf die Fragestellung.

**Schritt 4: Lösung überprüfen**
Lesen Sie abschließend die Fragestellung nochmal gemeinsam mit Ihrer Antwort durch. Hinterfragen Sie, ob die Antwort Sinn ergibt und mit den Überlegungen in Schritt 2 überein stimmt. Gegebenenfalls können Sie abschließend kontrollieren, ob Größenordnungen und Einheiten der Ergebnisse und die verwendeten Fachbegriffe stimmen.

**Aufgabenstellung: Störungen der Zellteilung**

Im Normalfall werden die Chromosomen während der Meiose gleichmäßig und fehlerfrei auf die Tochterzellen verteilt. Gelegentlich wird aber ein homologes Chromosomenpaar nicht korrekt getrennt. Eine solche Fehlverteilung von Chromosomen kann auch im Verlauf der Mitose stattfinden.

1 *Nennen* Sie den Fachbegriff für die beschriebene fehlerhafte Teilung im Verlauf der Meiose. [1BE]
2 *Beschreiben* Sie mögliche Fehlverteilungen bei der Meiose. Legen Sie dazu eine beschriftete Skizze an [6 BE].
3 *Beschreiben* Sie die Vorgänge einer fehlerhaften mitotischen Teilung. [3 BE]
4 *Vergleichen* Sie diese Formen der Fehlverteilung bei der Meiose und bei der Mitose im Hinblick auf die Folgen für den jeweiligen Organsimus. [4 BE]

**Schritt 1: Aufgabe verstehen**

- Um was geht es im Informationstext? Bekannte Inhalte: Meiose, Fehlverteilung der Erbinformation; **neue Information**: ähnliche Fehler gibt es auch bei der Mitose
- **Operatoren**: *Nennen* (AFB I, gefragt ist nur ein Begriff), *Beschreiben* und *Skizze anlegen* (AFB I-II, hier sind ein längerer Text sowie eine Skizze gefragt; wichtig ist die Verwendung von Fachbegriffen), *Vergleichen* (AFB III, hier ist eine Transferleistung verlangt, Unterschiede und Gemeinsamkeiten müssen aufgezeigt werden)

**Schritt 2: Lösungsstrategie, Vorgehensweise**

- **Schlüsselbegriffe:** homologes Chromosomenpaar, Meiose, Mitose, Fehlverteilung
- **Veranschaulichung** des Sachverhalts: Vergleich Mitose und Meiose

| | Mitose | Meiose |
|---|---|---|
| Vorkommen | Körperzellen | Keimzellen |
| biologische Bedeutung | Erneuerung von Zellen, Wachstum, Regeneration | Bildung von Keimzellen, Fortpflanzung |
| Ablauf | eine Kernteilung mit vier Phasen: Pro-, Meta-, Ana-, Telophase anschließend Zellteilung | zwei Kernteilungen: Reduktionsteilung: Trennung der homologen Chromosomen, Äquationsteilung: Trennung der Zwei-Chromatid-Chromosomen |
| Ergebnis | zwei Zellen – genetisch gleich – diploid | vier Zellen – genetisch unterschiedlich – haploid |

- **Einzelprobleme**:
  - Was passiert im Organsimus bei einer Fehlverteilung während der Meiose?
  - Was passiert im Organsimus bei einer Fehlverteilung während der Mitose?
  - Welche Folgen hat das jeweils für den Organismus?

**Schritt 3: Lösung formulieren**

1 Die Fehlverteilung der Erbsubstanz während der Meiose nennt man Non-Disjunction.
2 Als Folge einer Non-Disjunction während der Meiose gelangen bei der Reduktionsteilung bei parallel gepaarten homologen Chromosomen oder bei der Äquationsteilung beide Chromatiden zum gleichen Zellpol. Es entstehen Keimzellen mit einem überzähligen Chromosom und solche, denen ein Chromosom völlig fehlt. Nach der Befruchtung mit einer normalen haploiden zweiten Keimzelle besitzen die entstehenden Zygoten in Bezug auf ein Chromosom einen dreifachen oder einfachen Chromosomensatz. Man spricht dementsprechend von Trisomie oder Monosomie. Menschen mit Trisomien der Chromosomen 13, 18 und 21 oder der Gonosomen sind in der Regel lebensfähig, alle anderen Trisomien sind letal.

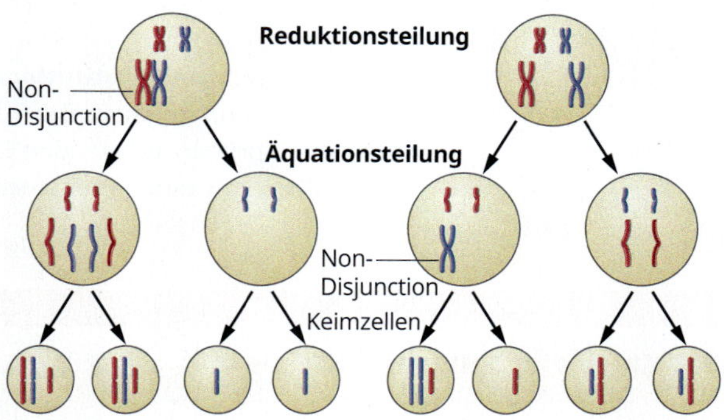


3 Als Folge einer mitotischen Non-Disjunction wandern beide Geschwisterchromosomen eines Chromatidenpaares zum gleichen Zellpol. Solche Zellen begründen somatische Zelllinien mit entsprechend veränderter Chromosomenzahl.
4 Bei beiden Formen der Non-Disjunction entstehen Tochterzellen mit überzähligen Chromosomen oder solche, denen ein Chromosom fehlt. Im Fall der Meiose sind die Folgen für den Organismus gravierend bis hin zu letal, da gleich der ganze aus der Zygote entstehende Organismus betroffen ist. Die Folgen einer Non-Disjunction währen der Mitose betreffen dagegen eine Körperzelle und die daraus entstehenden Zellen.

**Schritt 4: Lösung überprüfen**

- Bausteine aus Schritt 2 verwendet? ja/nein?
- Fachbegriffe verwendet? ja/nein?
- sprachlich korrekt formuliert? ja/nein?
- in ganzen Sätzen geantwortet? ja/nein?

## 4.5 Genmutationen

**Die Erbinformation eines Gens kann sich spontan oder durch äußere Einwirkungen verändern. Welche Formen von solchen Mutationen gibt es? Welche Ursachen dieser Mutationen sind bekannt und wie kann man sich davor schützen? Welche Auswirkungen haben diese Mutationen?**

### Genmutationen

Mutationen, die nur ein Gen betreffen, werden als **Genmutationen** bezeichnet. Die mikroskopisch sichtbare Gestalt des betroffenen Chromosoms bleibt unverändert, weil hierbei nur ein sehr kleiner DNA-Abschnitt verändert ist. Sind nur einzelne Basen beziehungsweise Basenpaare mutiert, handelt es sich um eine **Punktmutation**. Dabei werden drei Typen unterschieden: Ist ein Basenpaar durch ein anderes ausgetauscht, handelt es sich um eine **Substitution**. Von **Insertion** spricht man, wenn ein zusätzliches Basenpaar eingeschoben wird. Bei der **Deletion** liegt der Verlust eines Basenpaares vor.

### Auswirkungen von Substitutionen

Eine Substitution in einem Basentriplett eines Exons eines proteincodierenden Gens führt zu einer mRNA mit einer veränderten Basensequenz. Codiert das Triplett für eine andere Aminosäure, so bezeichnet man dies als **Missense-Mutation**. Wird aufgrund einer solchen Mutation eine andere Aminosäure in das Polypeptid eingesetzt, kann sich das Polypeptid anders falten und in diesem Fall seine ursprüngliche Funktion nicht mehr ausüben.

Führt der Austausch eines Nukleotidpaares zur Bildung eines Stopp-Codons, so wird die Translation vorzeitig beendet. Das gebildete Protein ist meist funktionslos. In diesem Fall liegt eine **Nonsense-Mutation** vor.

Codiert das entstehende mRNA-Codon für die gleiche Aminosäure wie das ursprüngliche Triplett, so hat diese Form der Mutation keine Auswirkung auf das gebildete Protein und ist ein Beispiel für eine **stumme Mutation**.

2 ≡ Erklären Sie mithilfe der Code-Sonne (→ **Seite 32**) die stumme Mutation anhand eines selbstgewählten Tripletts.

3 ≡ Erstellen Sie eine tabellarische Übersicht zu den Typen der Substitution und ihren Auswirkungen auf das Genprodukt.

4 ≡ Bestimmte Missense-Mutationen können in der Auswirkung einer stummen Mutation ähneln. Stellen Sie dafür eine Hypothese auf.

## VL Materialgebundene Aufgabe

### 1 Basensubstitution

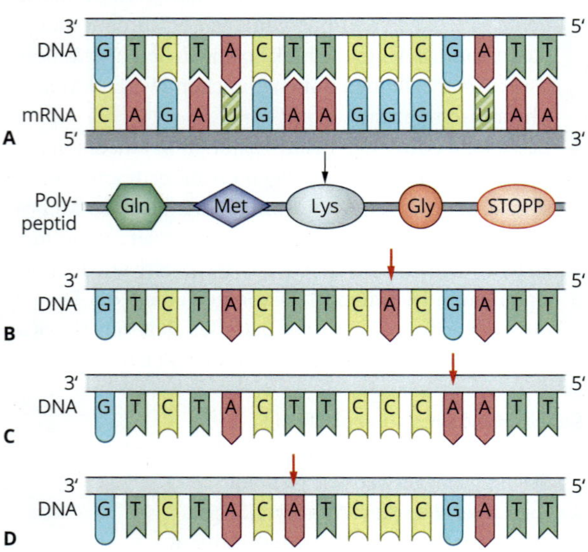


Das Schema (**A**) zeigt einen Ausschnitt einer DNA-Sequenz, die davon transkribierte mRNA sowie die translatierte Aminosäuresequenz. In den Abbildungen **B** bis **D** sind Ereignisse dargestellt, die zu einer Punktmutation führen (Pfeil).

**a)** ≡ Ermitteln Sie zu den DNA-Sequenzen (**B–D**) die entsprechenden Transkriptions- und Translationsprodukte (✎). Nutzen Sie dazu die Code-Sonne (→ **Seite 32**).

**b)** ≡ Ordnen Sie die Begriffe stumme Mutation, Nonsense-Mutation sowie Missense-Mutation den Sequenzen **B** bis **D** zu.

**c)** ≡ Erläutern Sie unter Bezug auf das Basiskonzept „Struktur und Funktion" die Auswirkungen der Missense-, Nonsense- und stummen Mutation auf die Funktion der gebildeten Proteine.

**d)** ≡ Stellen Sie eine Hypothese über die Folge von Punktmutationen in Introns und nicht transkribierten DNA-Bereichen auf.

**Auswirkungen von Insertionen und Deletionen**

Der Einschub eines Nukleotids oder der Verlust eines Nukleotids verändern das Leseraster und werden daher **Rasterschubmutationen** genannt.

**Ursachen von Genmutationen**

In allen Lebewesen treten zufällig **Spontanmutationen** auf. Diese **natürliche Mutationsrate** liegt bei $10^{-8}$ Mutationen pro Gen und Generation und ist damit sehr gering. Das heißt, dass bei der Bildung von $10^{8}$ Zellen durchschnittlich eine Zelle eine Mutation in einem Gen hat. Zu diesen Spontanmutationen gehören Fehler bei der Replikation. Diese treten nur etwa einmal pro $10^{10}$ replizierten Basenpaaren auf. Dies entspricht einem Tippfehler auf etwa 6 Millionen Seiten. Die hohe Genauigkeit der Replikation wird durch verschiedene Korrekturmechanismen erreicht. So wird die Passung der neuen Basen schon während der Polymerisation überprüft. Außerdem werden nach der Verknüpfung falsche Basen durch Reparaturenzyme entfernt (→ **Seite 119**).

Veränderungen des genetischen Materials können auch durch äußere Faktoren, sogenannte **Mutagene**, verursacht werden. Der Schutz vor diesen Einflüssen hat große Bedeutung für die eigene Gesundheit.

- Die in Zigaretten (→ **Seite 123**) enthaltenen **Teerstoffe** schieben sich anstelle eines Nukleotids in die DNA und bewirken bei der Replikation eine Rasterschubmutation.
- Die beim Braten und Grillen entstehenden **Nitrosamine** können die chemische Struktur der Basenmoleküle verändern.
- Schimmelpilze bilden **Aflatoxine**, die sich an DNA-Basen anlagern.
- **Alkohol** wird im Körper zu Acetaldehyd abgebaut, das zu DNA-DNA-Vernetzungen und DNA-Strangbrüchen führen kann.
- Auch **physikalische Mutagene** können Mutationen verursachen. Radioaktive Strahlung und Röntgenstrahlung führen beispielsweise zu DNA-Strangbrüchen, UV-Strahlung löst bei benachbarten Thyminbasen die Bildung von Thymindimeren aus.
- Mutationen können auch durch sogenannte **Basenanaloga** ausgelöst werden. Sie ähneln den normalen DNA-Basen und können bei der Replikation anstelle dieser eingebaut werden. Dadurch können fehlerhafte Basenpaarungen entstehen.

## VL Materialgebundene Aufgabe

### 5 Rasterschubmutation

Das Schema zeigt einen Ausschnitt einer DNA-Sequenz, die entsprechende transkribierte mRNA sowie die translatierte Aminosäuresequenz (**A**). In **B** und **C** sind Ereignisse dargestellt, die zu einer Rasterschubmutation führen (Pfeil). Nehmen Sie zur Aufgabenlösung die Code-Sonne (→ **Seite 32**) zu Hilfe.

**a)** ≡ Ermitteln Sie für **B** und **C** die mRNA-Sequenzen sowie die zugehörenden Aminosäuresequenzen (✎).

**b)** ≡ Erläutern Sie die Folgen einer Rasterschubmutation auf ein zu bildendes Protein mit Ihrem Wissen um die Besonderheiten des genetischen Codes (→ **Seite 32**). Beziehen Sie auch das Basiskonzept „Struktur und Funktion" mit ein.

A

B

C

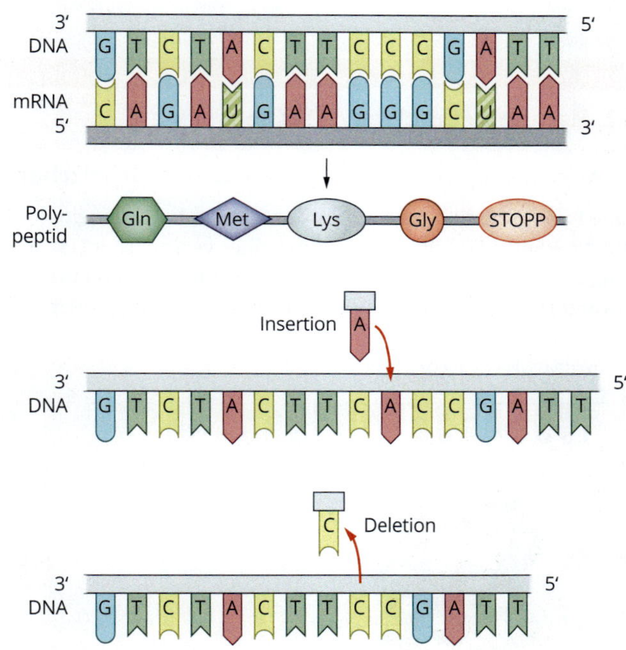


### 6 ≡ Schutz vor mutagenen Einflüssen

Die durch mutagene Faktoren ausgelösten Genmutationen führen zu Schäden in der Erbsubstanz mit möglicherweise schweren gesundheitlichen Folgen (→ **Seite 118**).

**a)** ≡ Stellen Sie mittels einer Recherche mögliche Handlungsempfehlungen zum Schutz vor den im Text genannten mutagenen Faktoren in einer digitalen Mind-Map dar.

**b)** ≡ „Nüchtern betrachtet ist Alkohol ein Zellgift." Erläutern Sie diese Aussage mit einer Recherche und reflektieren Sie dabei auch die gesellschaftliche Rolle des Genusses von Alkohol.

### Auswirkung von Genmutationen auf die Proteinfunktion

Jede Aminosäure eines Proteins trägt durch ihren Bau und ihre Lage in der Aminosäurekette zum räumlichen Bau des Proteins bei. Dies beruht auf den zwischenmolekularen Wechselwirkungen zwischen den Resten der Aminosäuren. So entsteht erst durch diese Wechselwirkungen die typische Raumstruktur des jeweiligen Proteins, die für seine Funktion von entscheidender Bedeutung ist. Ändert sich durch eine Mutation die Aminosäuresequenz, so ändert sich auch die räumliche Struktur des Proteins.

Eine Genmutation kann, je nach Typ und Ort der Mutation, Auswirkungen auf die Aminosäuresequenz des Genprodukts haben, die die Raumstruktur und damit die Funktion des Proteins bestimmt. Jede Veränderung der Aminosäuresequenz kann daher die Funktionsfähigkeit eines Proteins verändern. Dabei kann eine Unter-, Über- oder Nichtfunktion des Proteins oder eine Änderung der Proteinfunktion auftreten. Letztlich können dadurch Krankheiten entstehen.

**7** ≡ Erläutern Sie mithilfe einer Skizze am Beispiel des Schlüssel-Schloss-Modells die Bedeutung der räumlichen Struktur eines Proteins für seine Funktion und die Folgen einer Veränderung dieser Struktur. Wählen Sie für Ihre Darstellung einen Vertreter aus den Gruppen der Proteine von Seite 44 aus.

## VL Materialgebundene Aufgabe

### 8 Auswirkung einer Punktmutation – die Sichelzellanämie

Eine Punktmutation im Gen für die ß-Kette des Hämoglobin A (→ **Seite 66**) führt zur Bildung eines veränderten Hämoglobins, des Sichelzellhämoglobins, Hämoglobin S (abgekürzt HbS). Bei Sauerstoffmangel, zum Beispiel in großer Höhe oder bei körperlicher Aktivität, verbinden sich viele Hämoglobin-S-Moleküle an den mutierten β-Ketten zu langen Fibrillen. Dadurch nehmen die Erythrozyten eine Sichelform an.

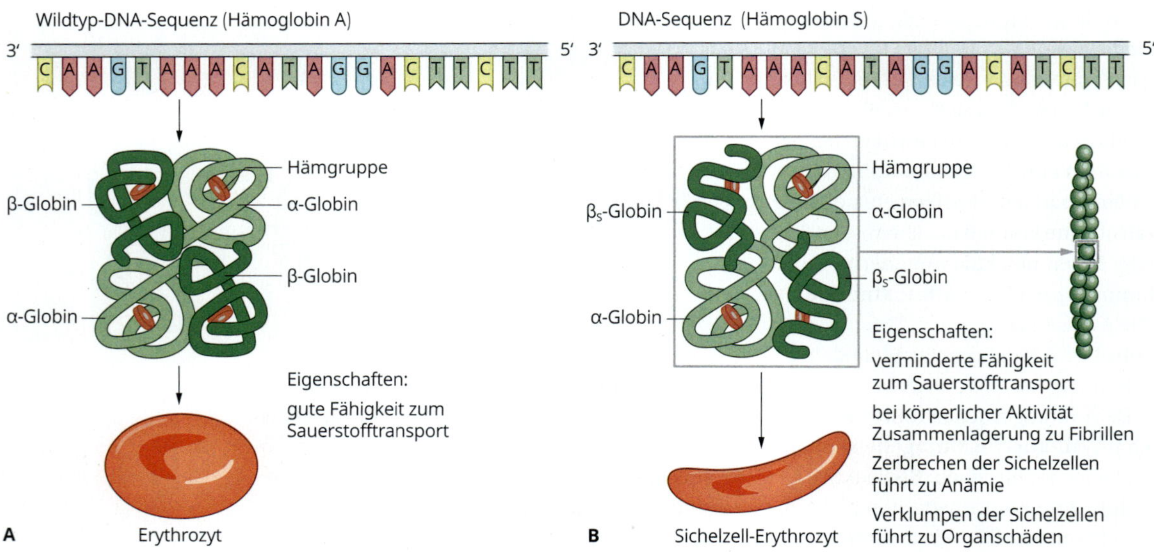


**a)** ≡ Stellen Sie mithilfe der Informationen von Seite 66 und einer ergänzenden Recherche den Bau und die Funktion von Hämoglobin eines Erwachsenen dar.

**b)** ≡ Erstellen Sie die zu **A** und **B** gehörende mRNA und translatieren Sie diese Nukleotidsequenz. Nutzen Sie die Code-Sonne. Markieren Sie Unterschiede in der DNA, der mRNA sowie die Aminosäuresequenz der ß-Kette.

**c)** ≡ Stellen Sie eine Hypothese zur verminderten Fähigkeit des HbS zum Sauerstofftransport auf. Gehen Sie dabei auch auf das Basiskonzept „Struktur und Funktion“ ein.

**d)** ≡ Recherchieren Sie die Auswirkungen der Sichelzellanämie auf das Leben der Betroffenen.

**Bedeutung von Reparaturenzymen**
Obwohl DNA-Veränderungen aufgrund von Fehlpaarungen bei der Replikation, chemischen Mutagenen oder energiereicher Strahlung häufig auftreten, sind bleibende Mutationen in der DNA selten, denn Zellen verfügen über **Reparatursysteme**, die Schäden erkennen und beheben können. Doppelstrangbrüche können repariert werden, indem die Enden der Stränge zunächst etwas abgebaut und dann verknüpft werden. Dabei entsteht allerdings immer eine Deletion. Bei neu replizierter DNA kann ein Doppelstrangbruch auch durch homologe Rekombination repariert werden.

Ein wichtiger Reparaturmechanismus ist die **Exzisionsreparatur**. Diese erfolgt in Fällen, in denen mehrere Nukleotide fehlerhaft eingebaut sind und eine direkte Umkehr der chemischen Modifikation nicht möglich ist. Nachdem ein Proteinkomplex den Schaden erkannt hat, entwindet die **Helicase** den DNA-Strang und löst die Wasserstoffbrücken. Dann entfernt ein Enzym, eine **Endonuklease**, das beschädigte Stück DNA. Im nächsten Schritt ergänzt die **DNA-Polymerase** die Lücke mit komplementären Nukleotiden, die **Ligase** verknüpft jeweils die Phosphatreste und die Desoxyribosemoleküle.

## VL Materialgebundene Aufgabe

### 9 Xeroderma pigmentosum

Xeroderma pigmentosum, im Volksmund auch „Mondscheinkrankheit" genannt, ist eine erblich bedingte Hauterkrankung, bei der schon eine geringe Einwirkung von UV-Strahlen zu gravierenden Hautschäden bis hin zum Hautkrebs führt. Es handelt sich um eine schwere und unter Umständen tödlich verlaufende Krankheit. Eine frühe Diagnose und der Schutz vor Sonnenlicht können jedoch das Fortschreiten der Krankheit aufhalten. Ursache der Erkrankung kann eine Mutation im Gen der Endonuklease sein.

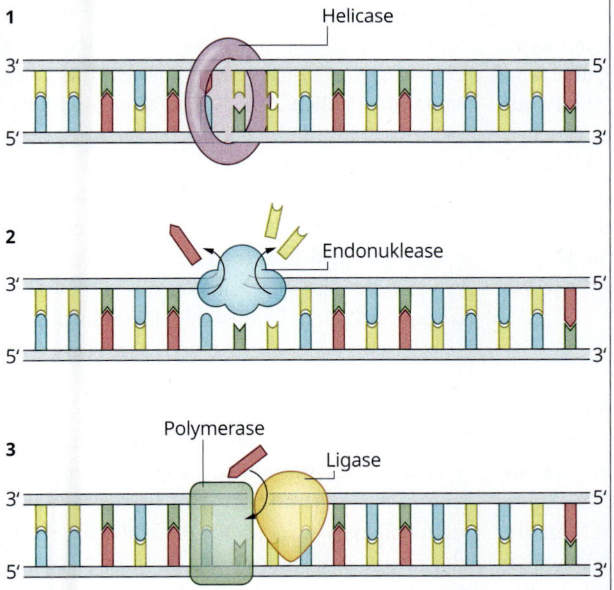

A

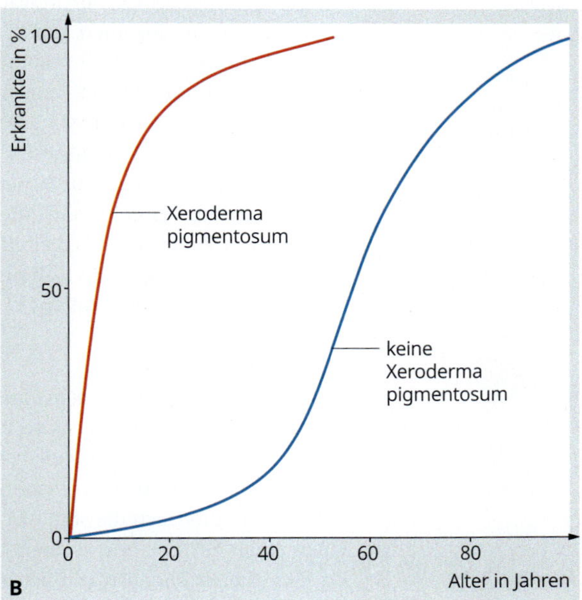

B

Abbildung **A** zeigt das Grundprinzip der drei Schritte der Exzisionsreparatur mit den beteiligten Enzymen.

**a)** ☰ Beschreiben Sie den in **A** gezeigten Mechanismus der ungestörten Exzisionsreparatur.

**b)** ☰ Im Fall der Krankheit Xeroderma pigmentosum kann das Gen für das Enzym Endonuklease mutiert sein, sodass dieses Enzym nicht funktionsfähig ist. Stellen Sie eine Hypothese zu den Auswirkungen auf.

Diagramm **B** zeigt das Alter zum Zeitpunkt der Hautkrebserkrankung von Menschen mit und ohne Xeroderma pigmentosum.

**c)** ☰ Werten Sie das Diagramm aus.

**d)** ☰ Erläutern Sie die Bezeichnung „Mondscheinkrankheit".

**e)** ☰ Stellen Sie begündete Hypothesen zu Schutzmaßnahmen und deren sozialen Folgen für die Betroffenen auf.

**1** Kleine Unterschiede im Erbgut führen zu Unterschieden in der äußeren Erscheinung.

## 4.6 Genmutationen haben Auswirkungen auf die Evolution

**Durch Mutationen wird die Erbinformation von Lebewesen verändert. Welche Folgen hat das für die individuelle und die evolutionäre Entwicklung?**

In einem Individuum sind die Erbinformationen in allen Zellen nahezu identisch. Die Genome können zwischen Individuen derselben Art leicht variieren. Umfangreichere Abweichungen gibt es zwischen Lebewesen verschiedener Arten. Mutationen in der DNA können Veränderungen auslösen, die vorteilhaft, neutral oder nachteilig sein können und zu einer großen Vielfalt an Phänotypen führen. Liegen Mutationen in einzelnen Genen vor, so kann sich die Anzahl der Allele erhöhen. Dabei sind die Folgen für den Organismus und die Population unterschiedlich, je nachdem in welchen Zellen die Mutationen auftreten. In tierischen Lebewesen, die sich durch geschlechtliche Fortpflanzung vermehren, werden dabei zwei Typen von Zellen unterschieden: die Körperzellen, auch **somatische Zellen** (→ **Seite 74**) genannt, und die **Keimzellen.**

### Somatische Mutation

Wenn eine Mutation in dem Genom einer somatischen Zelle entsteht, etwa in einer Hautzelle nach dem Sonnenbaden, wird dies als **somatische Mutation** bezeichnet. Im Laufe der Zeit häufen sich die somatischen Mutationen in der DNA an und können Auswirkungen auf das betreffende Organ und den Körper haben. Somatische Mutationen werden nicht an die nächste Generation weitervererbt.

**1** ≡ „Somatische Mutationen häufen sich im Körper an." Stellen Sie eine Hypothese zu dieser Tatsache auf.

**2** ≡ Erklären Sie, dass somatische Mutationen keine nennenswerten Auswirkungen auf die Evolutionsentwicklung haben.

### Keimbahnmutation

Durch die Verschmelzung von zwei haploiden Keimzellen, einer Eizelle und einer Spermienzelle, entsteht eine Zygote. Daraus entwickeln sich Körperzellen, die somatischen Zellen, die unter anderem die Organe bilden. Zu diesen Organen gehören auch die Keimdrüsen, in denen die haploiden Keimzellen gebildet werden. Die Abfolge von befruchteter Eizelle → Keimdrüse → Eizelle heißt **Keimbahn**.

Wenn eine Mutation in Zellen der Keimbahn, also in einer Eizelle oder einer Spermienzelle, neu auftritt, so hat dies für den Organismus selbst keine Folgen. Entsteht aber durch eine Befruchtung aus diesen Zellen eine Zygote, aus der sich ein neues Lebewesen entwickelt, so wird diese Mutation an das heranwachsende Lebewesen weitergegeben. Dieses trägt die Mutation in allen Zellen. Sind die Auswirkungen krankhaft für die betroffene Person spricht man von genetischen Krankheiten. Die betroffene Person wird über die Keimbahn die Mutation an ihre Nachkommen weitergeben (→ **Aufg. 5 und Seiten 158 ff.**). Viele der Embryonen, die eine spontane Keimbahnmutation tragen, sind nicht lebensfähig. Die Schwangerschaft endet dann durch eine Fehlgeburt.

### Bedeutung für die Evolution

In der Natur gibt es keine Mechanismen, die es ermöglichen, Abschnitte neuer Nukleotidsequenzen zu generieren. Die Evolution kann daher eher als ein „Bastler" denn als ein „Erfinder" angesehen werden, da sie immer auf das bereits vorhandene Material der Erbsubstanz zurückgreift, das jedes Individuum von seinen Vorfahren geerbt hat. Diese Erbsubstanz hat sich im Laufe der Zeit durch Mutationen und Rekombinationen verändert und in evolutionären Selektionsprozessen durchgesetzt. Während Mutationen für das Auftreten neuer Allele in einer Population verantwortlich sind, ermöglicht die Rekombination durch den Austausch von genetischem Material die Entstehung ganz neuer Kombinationen von Merkmalen. Dabei ist bei Arten mit langen Generationszeiten wie dem Menschen die Evolutionsgeschwindigkeit allein durch Mutationen nicht sehr hoch. Erst durch die Rekombination kann die Entstehung neuer Arten begünstigt werden. Gemeinsam stellen Rekombination und Mutationen den Motor für die Entstehung neuer Merkmale und letztendlich auch neuer Arten dar.

3 ≡ Begründen Sie, dass der Begriff Mutation eher mit negativen Folgen verbunden wird.

4 ≡ Erläutern Sie auf der Basis dieses Kapüitels das Basiskonzept „Individuelle und evolutive Entwicklung".

## VL Materialgebundene Aufgaben

### 5 Konsequenzen von somatischer Mutation und Keimbahnmutation

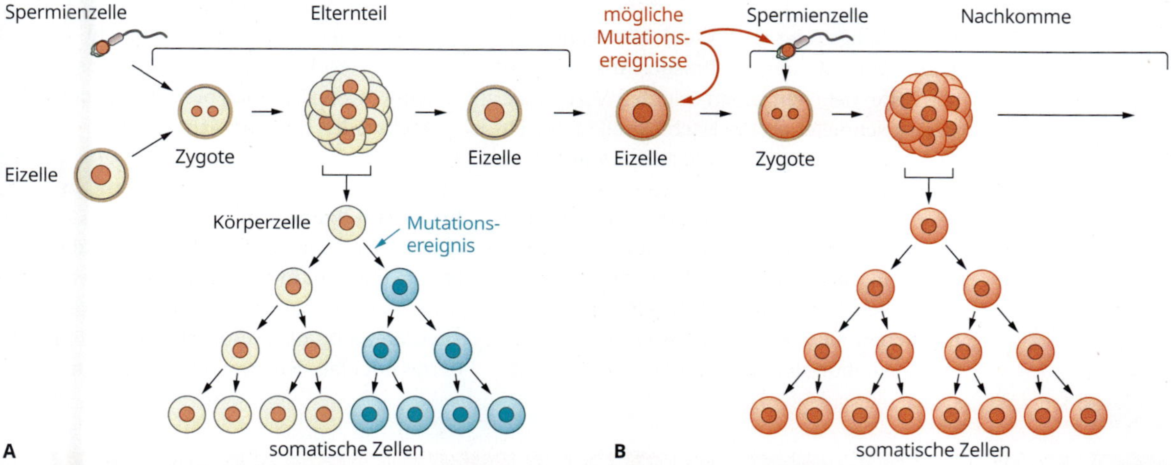


Das Schema stellt die Auswirkungen von Mutationen dar.

a) ≡ Übertragen Sie das Schema in ihr Heft (✎), markieren Sie die Keimbahn und ergänzen Sie nach dem Pfeil oben rechts eine entsprechende Zeichnung.

b) ≡ Beschreiben Sie mithilfe des Textes und der Abbildung die Bildung somatischer Zellen und Keimzellen.

c) ≡ Erklären Sie die Folgen der Mutationen in **A** und **B**.

d) ≡ Vergleichen Sie das Down-Syndrom und eine durch UV-Strahlung entstandene Hautkrebserkrankung nach den Kriterien: Ort und Art der Mutation, Folgen für den Organismus, in dem die Mutation stattfindet, und für dessen Nachkommen.

### 6 Evolutive Bedeutung von Mutationen

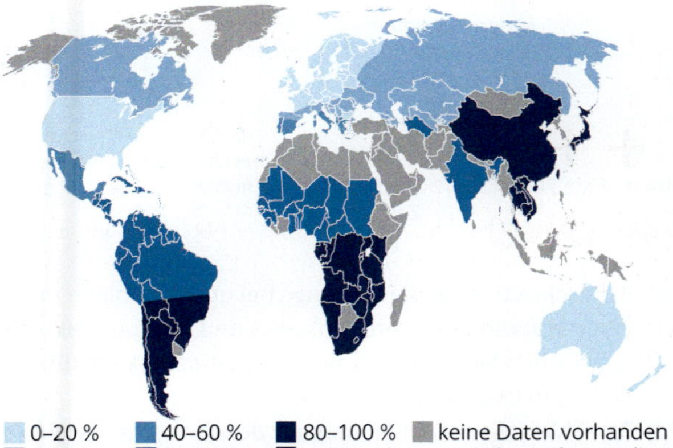


Anteil der Personen mit Laktoseintoleranz

Unsere frühesten Nachkommen waren laktoseintolerant, lediglich Kinder konnten mit dem Enzym Laktase den Milchzucker Laktose abbauen. Erwachsene vertrugen Milchprodukte nicht. Vor 10 000 Jahren begannen die Menschen in manchen Regionen, Milch von domestizierten Kühen zu trinken. Nur diejenigen, die aufgrund von Punktmutationen in der regulatorischen Sequenz des Laktasegens im Erwachsenenalter Laktase bildeten, vertrugen die Milch und hatten damit einen Überlebensvorteil.

a) ≡ Erklären Sie mithilfe der Karte die Auswirkung der Punktmutationen in Nordeuropa und Afrika.

b) ≡ „Die menschliche Kultur hat Einfluss auf das Genom." Erörtern Sie diese Aussage am Beispiel der Bildung von Laktase.

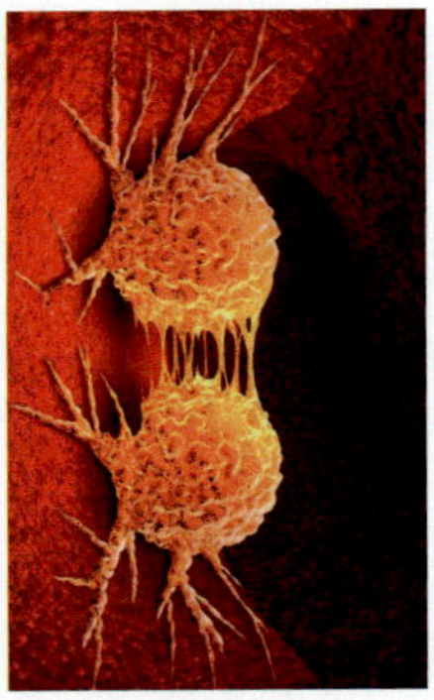

**1** Tumorzellen bei der Teilung

## ⊖ 4.7 Mutationen als Ursache für Krebs

**Genmutationen können zu Krebs führen. Auf welche Weise entstehen die bösartigen Tumoren?**

Der gesunde menschliche Organismus muss laufend Gewebe erneuern. Dieser Prozess erfordert viele Zellteilungen, die mit Kernteilungen einhergehen und durch präzise regulierte Mechanismen gesteuert werden. Schäden an der Erbsubstanz, die während der Replikation der DNA auftreten, können oft, aber nicht immer, direkt repariert werden.

Eine zufällige oder auch durch Mutagene ausgelöste Veränderung der Erbsubstanz bietet einer Zelle vielleicht einen leichten Vorteil, sie wächst schneller als die Nachbarzellen. Durch ein weiteres Ereignis erlangt eine von dieser Zelle abstammende Tochterzelle vielleicht erneut einen Vorteil, sie reagiert nicht mehr auf die Signale für die Apoptose. Auf diese Weise sammeln sich in einer Zelle Mutationen, die schließlich eine unkontrollierte Zellteilung ermöglichen. Eine Krebszelle ist entstanden. An der Regulation der Wachstums- und Teilungsprozesse der Zellen, der **Zellproliferation**, sind zahlreiche Proteine beteiligt. Die molekulare Analyse verschiedener Krebsarten zeigt, dass bei Krebszellen oft durch Genmutationen die zellulären Kontrollmechanismen für die Zellproliferation gestört sind (→ **Seite 94 f.**).

Krebszellen unterscheiden sich in wesentlichen Punkten von gesunden Zellen:
- Gesunde Zellen benötigen Wachstumsfaktoren als Signale von außen, um sich zu teilen. Krebszellen teilen sich auch ohne den Einfluss von Wachstumsfaktoren.
- Gesunde Zellen reagieren auf wachstumshemmende Signale, Krebszellen nicht.
- Gesunde Zelle stellen nach einiger Zeit ihre Zellteilungen ein, Krebszellen nicht.
- Normale Zellen können die Apoptose einleiten, wenn Schäden bemerkt werden, Krebszellen tun dies nicht mehr.

**Onkogene steigern die Zellproliferation**
**Proto-Onkogene** sind Gene, deren Genprodukte das normale Zellwachstum und die Zellteilung steuern. In Ruhephasen des Zellzyklus wird die Expression der Proto-Onkogene reduziert, die Zellproliferation bleibt aus. Ein mutiertes oder falsch exprimiertes Proto-Onkogen

## VL Materialgebundene Aufgabe

### ❶ Mutationen lösen Krebs aus

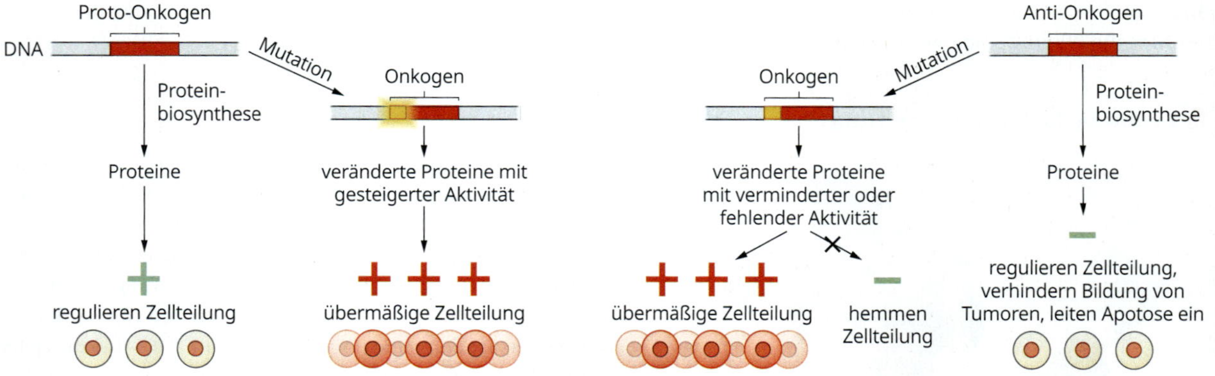


**a)** ≡ Beschreiben Sie für gesunde Zellen die Wirkung der Proteine, die durch Proto- und Anti-Onkogene codiert werden.

**b)** ≡ Begründen Sie die antagonistische Funktion der Proto- und Anti-Onkogene, indem Sie die wesentlichen Unterschiede in der Wirkungsweise der von den Genen codierten Proteine herausstellen.

**c)** ≡ Beschreiben Sie die Vorgänge bei und die Folgen nach einer Mutation im Proto-Onkogen und im Anti-Onkogen. Gehen Sie dabei auf die Systemebenen Molekül, Zelle und Organismus ein.

**d)** ≡ Wählen Sie auf der Homepage des Deutschen Krebsforschungszentrums einen Forschungsschwerpunkt zur Tumorbiologie und erstellen Sie eine Kurzpräsentation.

bezeichnet man als **Onkogen**. Eines dieser Proto-Onkogene, das *Ras*-Gen, haben Sie bereits im Zusammenhang mit dem Zellzyklus kennengelent (→ **Seite 94**). Es codiert das Ras-Protein, das bei der Regulation von Wachstums- und Differenzierungsprozessen von Zellen eine wichtige Rolle spielt. Durch Punktmutationen im *Ras*-Gen bleibt das Ras-Protein dauerhaft aktiv. Das Wachstum der Zelle wird permanent stimuliert, eine Krebszelle ist entstanden.

**Anti-Onkogene verhindern Krebs**

Wie Sie schon erfahren haben (→ **Seite 95**) exprimieren manche Gene Proteine, die den Zellzyklus kontrollieren oder die Apoptose auslösen. Sie verhindern damit die Tumorbildung und werden daher als **Anti-Onkogene** oder Tumorsuppressorgene bezeichnet. Zu diesen Genen gehören auch die Brustkrebsgene *BRCA1* und *BRCA2* (engl. ***br**east **ca**ncer*). Die von diesen beiden Genen codierte Proteine können in Interaktion mit einem weiteren Protein Strangbrüche in der DNA reparieren. Sie reparieren also Schäden, die beispielsweise durch ionisierende Strahlen entstanden sind. Mutationen in diesen Genen können zu einer Krebserkrankung führen.

**2 Erbliche Krebserkrankungen**

**a)** ≡ Recherchieren Sie die Häufigkeit vererbter genetischer Veränderungen als Ursache für Brustkrebs.

**b)** ≡ Formulieren Sie eine Empfehlung an eine Frau, deren Schwester an Brustkrebs erkrankt ist.

**Rauchen verursacht Krebs**

Stoffe, Organismen oder Strahlung, die Krebs auslösen, werden **Kanzerogene** (fachsprachlich **Cancerogene** oder **Carcinogene**) genannt. Tabakrauch enthält über 90 karzinogene Substanzen. Einige dieser Stoffe wirken als **Mutagene** (→ **Seite 117**) und lösen Mutationen in den Zellen des Mundes, des Kehlkopfs, in der Rachenhöhle und vor allem in der Lunge aus, sodass zum Beispiel Proto-Onkogene oder Anti-Onkogene verändert werden. Statistiken belegen, dass etwa ein Drittel aller Krebserkrankungen in Deutschland durch das Rauchen verursacht werden.

**3** ≡ „Ein Jahr Rauchen verursacht 150 Mutationen in der Erbsubstanz jeder Lungenzelle", „Die Zahl der jugendlichen Raucher ist im Jahr 2022 wieder gestiegen". Diskutieren Sie diese beiden Schlagzeilen im Kurs.

**2** Warnhinweis auf einer Zigarettenschachtel

## Exkurs // Berufsfeld Onkologin/Onkologe

**Was ist Onkologie?**

Die Onkologie ist ein medizinischer Fachbereich, der sich mit der Diagnose und Behandlung von Krebserkrankungen beschäftigt. Die Onkologie erfordert ein umfassendes Verständnis von zahlreichen Fachgebieten wie der Pathologie, Radiologie, Immunologie und Genetik.

**Welche Inhalte umfasst das Studium?**

An das Studium der Humanmedizin schließt sich eine sechsjährige Weiterbildung im Fachgebiet Onkologie an. Während der Weiterbildung lernen die zukünftigen Onkologinnen und Onkologen die Grundlagen der Krebsbiologie und Krebsforschung, einschließlich der Entstehung und Ausbreitung von Krebszellen, sowie die Therapiemöglichkeiten, die zur Behandlung von Krebs eingesetzt werden können, wie Chemotherapie, Strahlentherapien Antikörpertherapie und chirurgische Entfernung von Krebsgewebe, kennen. Sie lernen auch, wie man präzise Diagnosen stellt und wie individuelle Behandlungspläne entwickelt werden, die auf die Bedürfnisse der Patientin oder des Patienten abgestimmt sind. Weitere Schwerpunkte der Weiterbildung sind die Erforschung von neuen Therapieansätzen und die Teilnahme an klinischen Studien, um das Verständnis der Krebserkrankungen zu erweitern und innovative Therapieansätze zu entwickeln.

**Wo arbeiten Onkologinnen und Onkologen?**

Onkologinnen und Onkologen arbeiten in onkologischen Stationen in Krankenhäusern, Kliniken, in medizinischen Versorgungszentren oder in privaten onkologischen Praxen. Zudem werden Onkologen in der medizinischen Forschung benötigt, um Grundlagenforschung im Bereich der Kanzerogenese, also der Krebsentstehung, und der Metastasierung zu betreiben.

**1** ≡ Erläutern Sie die Tatsache, dass eine Onkologin oder ein Onkologe häufig eine Psychologin oder einen Psychologen mit in die Befundbesprechung nimmt.

**2** ≡ Onkologinnen und Onkologen arbeiten oft im Team eng mit Mitarbeitenden der Radiologie zusammen. Recherchieren Sie das Berufsbild der Radiologin beziehungsweise des Radiologen und stellen Sie dabei den Bereich der Kooperation der beiden Fachdisziplinen dar.

**1** Pflanzenzucht mit Gentechnik

**Information:**
**in vivo:** (lat. *vivere*: leben) im lebenden Organismus
**in vitro:** (lat. *vitrum*: Glas) im Reagenzglas oder in einer Petrischale

## 4.8 Künstliche Genveränderung

**Seit 1971 werden technische Verfahren angewendet, um in das Genom von Mikroorganismen, Pflanzen, Tieren und Menschen einzugreifen. Welche Ziele werden damit verfolgt?**

**Von der klassischen Zucht ...**
Früher war die einzige Möglichkeit, Organismen mit gewünschten Eigenschaften zu erhalten, die **Auslesezüchtung**, die auch heute noch angewendet wird. Dabei werden die Organismen für die Fortpflanzung ausgewählt, die gewünschte Merkmale wie eine Widerstandskraft gegen Schädlinge oder einen hohen Ertrag aufweisen. So sind die meisten unserer heutigen Haus- und Nutztierarten sowie auch Nutzpflanzen entstanden. Nachdem **Gregor Mendel** (→ **Seite 144 f.**) die ersten Gesetzmäßigkeiten der Vererbung erforscht hatte, konnte man Kreuzungen zwischen verschiedenen Zuchtlinien gezielt durchführen. Man bezeichnet dies als **Kreuzungszüchtungen**. Die Nachkommen einer solchen Kreuzung bezeichnet man als **Hybride**.

**2** Jostabeere

**3** Taybeere

Genutzt wird die Hybridzucht innerhalb einer Art vor allem in der Tierzucht bei Bienen, Schweinen und Hühnern, aber auch in der Pflanzenzucht, beispielsweise bei Mais und Getreide. Hybride Pflanzen werden häufig auch durch Kreuzung unterschiedlicher Pflanzenarten gewonnen. So sind die Jostabeere und die Taybeere neue Züchtungen im Agrarsektor. Bei den beschriebenen Zuchtmethoden können allerdings auch ungünstige Eigenschaften der Individuen weitergegeben werden. Nach jeder Kreuzung müssen daher über mehrere Generationen Ausleseverfahren angewendet werden, um Nachkommen mit den gewünschten Eigenschaften zu erhalten. Oft sind die hybriden Nachkommen auch unfruchtbar.

**1** Recherchieren Sie jeweils die parentalen Ausgangsformen und agrarwirtschaftlichen Vorteile von Josta- und Taybeere.

**... zur Veränderung der Gene**
Seit den 1980er-Jahren arbeiteten Wissenschaftler an Verfahren, gezielt in das Genom von Lebewesen einzugreifen. Sie entwickelten Methoden, DNA zu isolieren und in vitro oder in vivo zu verändern. Die entstandene **rekombinante** DNA wurde in einen Organismus eingeschleust. Die resultierenden veränderten Lebewesen bezeichnet man als **transgen**. Seit Mitte der 1990er-Jahre werden diese Verfahren kommerziell genutzt. Gentechnische Verfahren werden in den unterschiedlichsten Bereichen angewendet. Man spricht von Grüner, Roter, Weißer oder Grauer Gentechnik.

**2** Recherchieren Sie die europäischen Länder, in denen transgene Pflanzen im Freiland angebaut werden dürfen.
**3** Arbeiten Sie in Gruppen. Beschreiben Sie nach einer Recherche zu jedem Bereich der klassischen Gentechnik mindestens ein Beispiel und präsentieren Sie dieses.

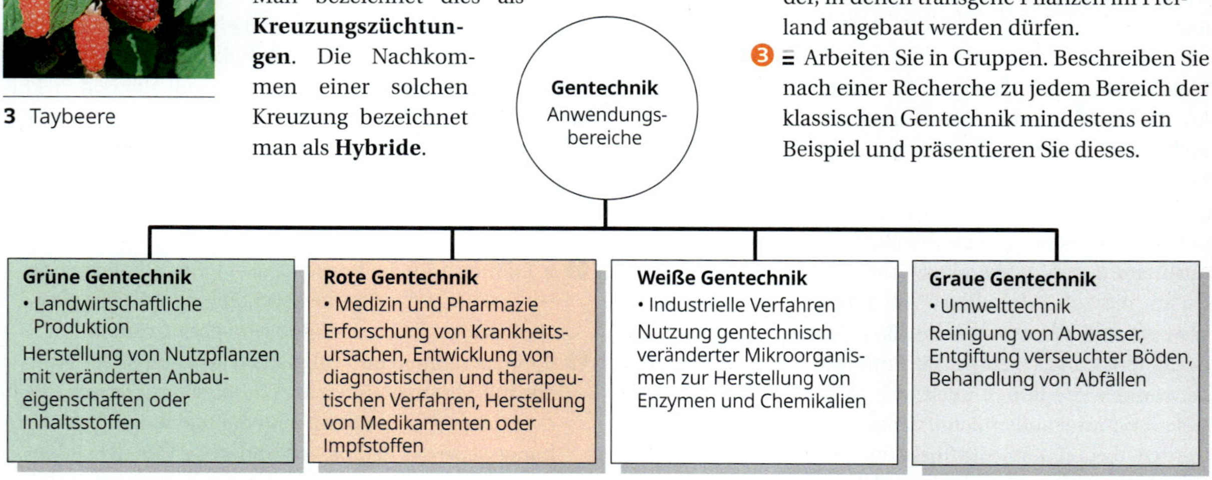


**4** Anwendungsbereiche der Gentechnik

**Grundoperationen der klassischen Gentechnik**

Für einen klassischen Gentransfer zwischen verschiedenen Zellen sind einige Grundoperationen notwendig:

- **Isolation:** Gewinnung der DNA aus einer Spenderzelle
- **Suche des Überträgers:** Überträger wird genutzt, um gezielt neue Gene in einen anderen Organismus zu übertragen. Häufig werden dafür ringförmige DNA-Elemente von Bakterien, die **Plasmide**, genutzt. Sie werden deshalb in der Fachsprache auch **Vektor** genannt.
- Einbau des gewünschten Gens in den Vektor, die **Rekombination**
- Übertragung, der **Gentransfer**, des Vektors in die Zielzelle, etwa ein Bakterium oder in eine Pflanzenzelle
- **Selektion** der rekombinierten Zellen. Erfolgskontrolle mittels Markergenen, die mit übertragen werden, meist Antibiotikaresistenz-Gene. Transgene Zellen, die ein solches Resistenzgen eingebaut haben, wachsen auch auf antibiotikahaltigem Nährboden. So lassen sie sich identifizieren.

**4** ≡ Stellen Sie Hypothesen zu den Nachteilen der klassischen Gentechnik auf und entwickeln Sie daraus Fragestellungen, die sich für die Wissenschaftler ergeben haben.

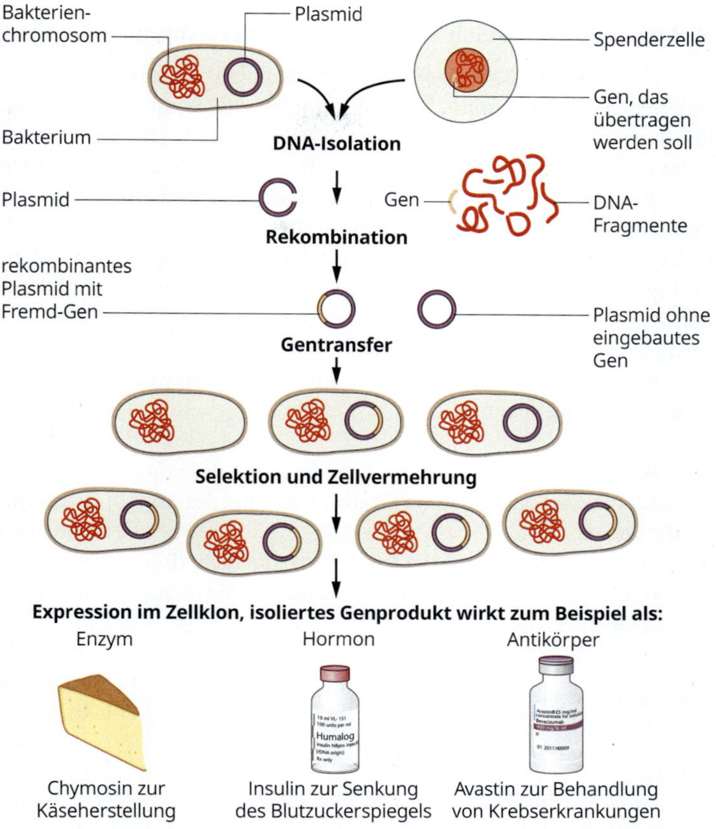


**5** Grundoperationen und Anwendungen der klassischen Gentechnik

## VL Materialgebundene Aufgabe

### 5 Medikamentenherstellung auf dem klassischen Weg der Gentechnik

Insulin (→ **Seite 43**) ist ein Peptidhormon aus zwei Polypeptidketten mit insgesamt 51 Aminosäuren. Es dient als Gegenspieler des Glukagons bei der Blutzuckerregulierung, wobei es diesen senkt. Dauerhafter Insulinmangel führt zur Krankheit Diabetes mellitus. Da das Insulin von Schweinen dem Humaninsulin stark ähnelt, wurde früher das als Diabetesmedikament verwendete Insulin sehr aufwendig aus der Bauchspeicheldrüse von Schweinen gewonnen. Nach der Entschlüsselung des Insulingenoms konnte es nun über die klassische **Plasmidklonierung** in Bakterien großtechnisch hergestellt werden. Dabei mussten zwei Probleme gelöst werden:

- Die prokaryotische RNA-Polymerase kann mRNA, die Introns enthält, nicht spleißen.
- Die prokaryotische RNA-Polymerase erkennt den eukaryotischen Promotor nicht.

**a)** ≡ Recherchieren Sie das Prinzip der gentechnischen Produktion von Insulin und stellen Sie es in einem Flussdiagramm dar. Bilden Sie dabei die Schritte Isolation, Suche des Überträgers, Rekombination, Gentransfer und Selektion ab.

**b)** ≡ Erklären Sie die Vorraussetzungen, die eine Übertragung eines menschlichen Gens in ein Bakterium überhaupt erst möglich machen.

**c)** ≡ Beschreiben Sie die Lösungsansätze für die im Informationstext beschriebenen Probleme.

**d)** ≡ In Deutschland sind über 350 auf diese Weise gentechnisch hergestellte Arzneimittel zugelassen. Erstellen Sie mithilfe einer Internetrecherche in Kleingruppen Präsentationen zur gentechnischen Produktion und zum Einsatz von Blutgerinnungsfaktoren, Immunmodulatoren oder monoklonalen Antikörpern.

## 6 Anwendungsbereich Medikamentenherstellung

Das erste in Europa 2008 zugelassene Medikament, das aus transgenen Tieren stammt, war Antithrombin. Es hemmt die Blutgerinnung und schützt so vor Thrombosen. Das Fremdgen für Antithrombin wurde in das Genom von Ziegen überführt, wo es aufgrund eines gewebespezifischen Promotors lediglich in den Milchdrüsen der Ziegen exprimiert wird und somit auch das Antithrombin ausschließlich dort gebildet wird. So wird mittels einer einzigen transgenen Ziege pro Jahr so viel Antithrombin produziert, wie sonst aus 90 000 Blutspenden gewonnen werden kann. Die Produktion von Medikamenten mit transgenen Tieren wird **Gene Pharming** genannt.

**a)** ≡ Beschreiben Sie mithilfe der Abbildung und des Informationstextes das Verfahren für die Erzeugung des Antithrombins.

**b)** ≡ Das Fremdgen wird in die Keimzellen und nicht direkt in die Euterzellen eingebaut. Begründen Sie dieses Vorgehen.

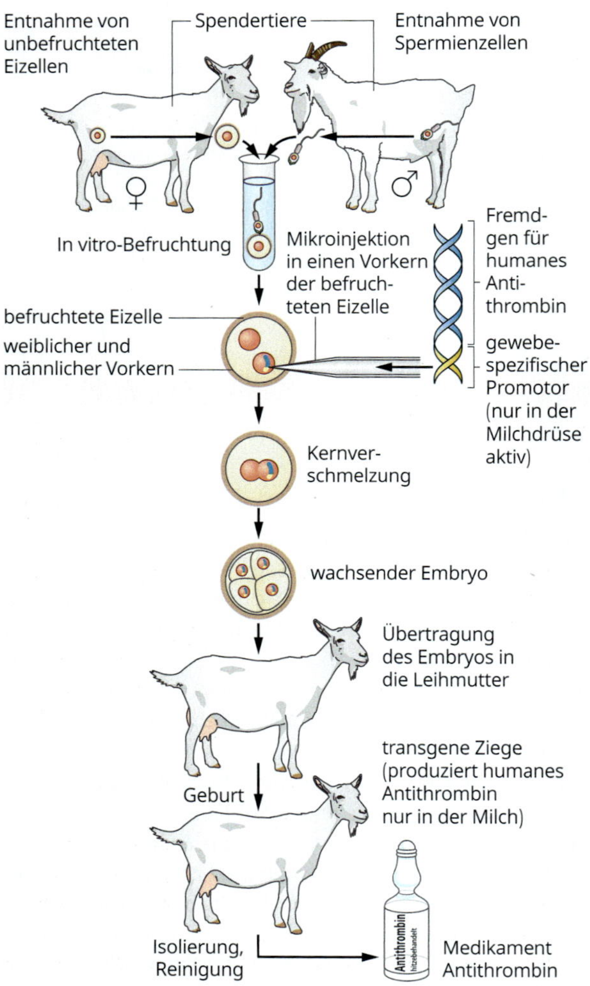


## 7 Anwendungsbereich Pflanzenzüchtung

Für die Wirtschaft bedeutungsvolle Kulturpflanzen wie Mais und Baumwolle lassen sich durch die Übertragung bestimmter Gene gegenüber Schädlingen unempfindlich, also resistent, machen. Das Bodenbakterium *Bacillus thuringiensis* (Bt) enthält die DNA-Vorlage für das Resistenzgen. Dieses Gen codiert für ein Protein, das für Larven von Fraßschädlingen wie dem Maiszünsler und dem Maiswurzelbohrer giftig ist und zum Absterben der fressenden Larven führt. Für die Übertragung des Gens in Pflanzenzellen wird ein weiteres Bakterium, *Agrobacterium tumefaciens*, benötigt. Dieses Bakterium trägt ein Plasmid, das sogenannte T-Plasmid, in sich. In dieses Plasmid wird das Fremdgen eingebaut. Diese Bakterienart ist dann in der Lage, das veränderte T-Plasmid in pflanzliche Zellen zu übertragen. Die so gentechnisch modifizierten Pflanzen, in denen nun das für die Larven schädliche Protein gebildet wird, bezeichnet man als Bt-Pflanzen. Am weitesten verbreitet sind Bt-Mais und Bt-Baumwolle.

**a)** ≡ Erläutern Sie, welche Eigenschaften *Agrobacterium tumefaciens* zu einem geeigneten Überträger machen.

**b)** ≡ Ordnen Sie die Skizzen **A–F** (✎) zur Bildung von Bt-Mais und ergänzen Sie fehlende Schritte.

**c)** ≡ Stellen Sie die Herstellung transgener Pflanzen in einem Flussdiagramm dar.

**d)** ≡ Bewerten Sie die Möglichkeiten der Grünen Gentechnik. Recherchieren Sie dazu auch die gesetzlichen Rahmenbedingungen in Deutschland und formulieren Sie Pro- und Kontraargumente.

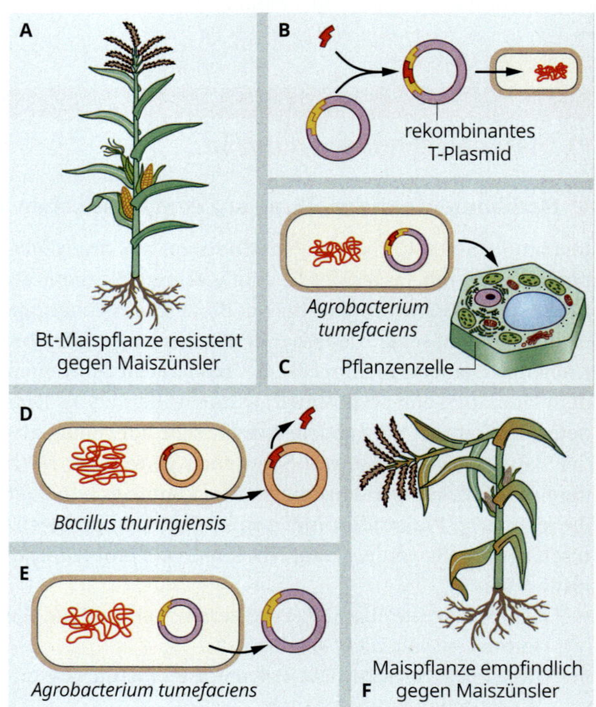

## 4.9 Genom-Editierung mithilfe einer Genschere – CRISPR/Cas

**Lange Zeit war der Einbau neuer Gene in einen Organismus sehr ungenau. Wie lässt sich mithilfe des CRISPR/Cas-Systems das Genom präzise verändern?**

### Nachteile des klassischen Verfahrens

Bei den klassischen Verfahren der Gentechnik hängt es stark vom Zufall ab, an welcher Stelle des Genoms ein eingeschleustes Fremdgen integriert wird. Durch einen solchen ungezielten Einbau können andere Gene der Zelle in ihrer Funktion beeinträchtigt und infolgedessen die Eigenschaften des transgenen Lebewesens nachteilig verändert werden. Im Jahr 2012 erschien eine erste Veröffentlichung zu einem neu entdeckten Abwehrsystem in Bakterien und einer daraus entwickelten gentechnischen Methode mit dem zunächst kompliziert erscheinenden Namen **CRISPR/Cas**, die umgangssprachlich auch als **Genschere** bezeichnet wird. Diese Genschere ermöglicht es, ein Genom sehr einfach und hochpräzise an jeder gewünschten Stelle zu schneiden und fremde Erbsubstanz einzubauen.

### Urspung des CRISPR/Cas-Systems: bakterielles Abwehrsystem

Das CRISPR/Cas-System leitet sich von einem natürlichen Vorgang ab, der in Bakterien nachgewiesen wurde. Die Bakterien schützen sich damit vor schädlichen Viren. Diese Viren, die auf eine Vermehrung in Bakterien als Wirtszellen spezialisiert sind, werden als **Bakteriophagen**, kurz **Phagen**, bezeichnet. Wird eine Bakterienzelle von einem Phagen infiziert, so führt das meist zum Tod der Bakterienzelle. Manchmal wird aber in der Bakterienzelle die injizierte Phagen-DNA zerschnitten und der Phage dadurch vernichtet. Fragmente der Phagen-DNA werden in das bakterielle Genom eingebaut. Solche DNA-Abschnitte werden **Spacer** genannt. Sie liegen im Genom der Bakterien zwischen kurzen, sich wiederholenden Nukleotidsequenzen, den **Repeats.** Spacer und Repeats bilden die sogenannte **CRISPR-DNA**. Die Bakterien besitzen damit eine Art Archiv der früher eingedrungenen Phagen. Bei der Zellteilung werden die CRISPR-Region und somit die Informationen über Phagen-DNA-Sequenzen an alle Tochterzellen weitergegeben. Sie sind die Basis des bakteriellen Immungedächtnisses.

### Aufbau des CRISPR/Cas-Komplexes

Ein Bestandteil des CRISPR/Cas-Komplexes ist die **cr-RNA**. Diese mRNA leitet sich von der DNA der CRISPR-Region ab und besteht aus einer Sequenz, die sich von einem Spacer ableitet und einer, die sich von den Repeats ableitet. Im bakteriellen Genom liegen benachbart zur CRISPR-Region weitere Gene, deren Produkte an der Phagenabwehr beteiligt sind:
**Cas-Gen**: Diese Sequenz codiert für ein Enzym, das Phagen-DNA entwinden und zerschneiden kann. Man kennt heute viele solcher Enzyme, das geläufigste heißt Cas9.
**tracr-Gen**: Die von diesem Gen transkribierte tracrRNA spielt eine Rolle bei der Identifizierung eingedrungener fremder DNA.

### Wirkung im Bakterium

Bei einer wiederholten Infektion durch einen Phagen wird die injizierte Phagen-DNA mit der auf dem bakteriellen CRISPR-Abschnitt gespeicherten DNA verglichen. Wenn die Sequenz der Phagen DNA mit einer gespeicherten CRISPR-DNA übereinstimmt, dann zerstört das Cas-Enzym die Phagen-DNA und beseitigt damit den schädlichen Phagen.

**Abkürzungen:**
**CRISPR:** engl. *clustered regularly interspaced short palindromic repeats*

**Cas:** engl. *CRISPR-associated*

**cr-:** *CRISPR-*

**tracr-:** engl. *trans-activating crRNA*

## VL Materialgebundene Aufgabe

### 1 CRISPR/Cas-Komplex

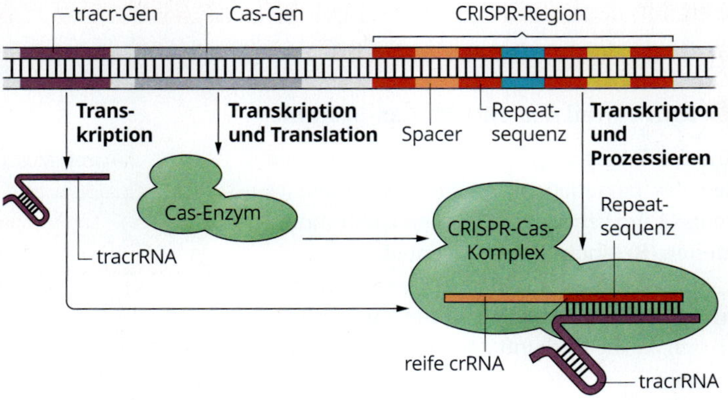


**a)** ≡ Beschreiben Sie mithilfe der Abbildung die Zusammensetzung des CRISPR/Cas-Komplexes. Achten Sie dabei darauf, für welchen Bestandteil jeweils die Prozesses der Transkription und/oder der Translation ablaufen.

**b)** ≡ CRISPR/Cas wird auch als Ribonukleoprotein bezeichnet. Erläutern Sie diese Bezeichnung.

**c)** ≡ Erläutern Sie, dass die CRISPR-Region für das Bakterium die Funktion einer Datenbank hat.

**CRISPR/Cas – Werkzeug der Gentechnik**
Nachdem Wissenschaftler erkannt hatten, dass CRISPR/Cas nicht nur in Bakterien, sondern auch in pflanzlichen und tierischen Zellen arbeitet, wurde daraus ein molekulargenetisches Werkzeug entwickelt, mit dem jede DNA sehr präzise geschnitten werden kann.

Der entscheidende Schritt bei der Einführung des CRISPR/Cas-Systems in die Gentechnik war die Erkenntnis, dass die zu den Spacersequenzen komplementären RNA-Sequenzen durch andere RNA-Sequenzen austauschbar sind. Diese kurzen RNA-Moleküle können im Labor mit jeder benötigten Sequenz synthetisiert werden. Wenn man die komplementären Spacersequenzen durch künstliche RNA-Moleküle ersetzt, dann kann man mit dem so gebildeten CRIPSR/Cas-Komplex das Cas-Enzym gezielt an jede gewünschte DNA-Stelle eines Genoms führen und dort DNA-Doppelstrangbrüche erzeugen. Natürlich muss dafür die Sequenz der DNA-Stelle bekannt sein.

Um das CRISPR/Cas-System im Labor einfacher handhaben zu können, wird diese künstlich erzeugte RNA mit der gewünschten Erkennungssequenz zusammen mit der Repeatsequenz und der tracrRNA zu einem einzigen, stabilen RNA-Molekül, der **Leit-RNA**, verbunden.

**Einbringen von CRISPR/Cas in Zellen**
Das CRISPR/Cas-System kann auf zwei Wegen in die Zelle eingeschleust werden:

Zum einen kann der im Labor zusammengestellte Komplex als Ganzes in die Zelle eingeschleust werden. Dieser ist sofort in der Zelle aktiv. Der Nachteil dieser Methode ist, dass der Komplex relativ schnell von der Zelle abgebaut wird.

Das CRISPR/Cas-System kann aber auch in Form von DNA, die für das Cas-Enzym und das Leit-RNA-Molekül codiert, in Zellen eingeführt werden. Dafür werden die für die Leit-RNA codierenden DNA-Sequenzen zusammen mit den DNA-Sequenzen für das Cas-Enzym beispielsweise in Plasmide eingebaut und in die Zielzellen eingeschleust. Das CRISPR/Cas-System wird dann erst in den Zellen synthetisiert. Da hierbei die DNA-Sequenzen in das zelluläre Genom integriert werden, können sie bei nachfolgenden Zellteilungen auch an die Tochterzellen weitergegeben werden.

**2** ≡ Eine Methode, das CRISPR/Cas-System in die Zellen einzubringen, ist die Nutzung einer sogenannten Genkanone. Stellen Sie nach einer Recherche die Vor- und Nachteile dieser Methode dar.

## VL Materialgebundene Aufgabe

### 3 RNA-Anteil des CRISPR/Cas-Systems

Die Abbildung zeigt den Ribonukleinsäureanteil des bakteriellen CRISPR/Cas-Abwehrsystems (**A**) im Vergleich zu dem im Labor modifizierten (**B**) Ribonukleinsäureanteil.

a) ≡ Beschreiben Sie Abbildung **A** und erklären Sie die Herkunft der abgebildeten Anteile.
b) ≡ Beschreiben Sie vergleichend Abbildung **B** und stellen Sie dabei die wesentlichen Änderungen zu **A** begründet heraus.
c) ≡ Erklären Sie mithilfe der Abbildung den wesentlichen Vorteil des Einsatzes des CRISPR/Cas-Systems gegenüber dem der klassischen Gentechnik (→ **Seite 125, 126**).

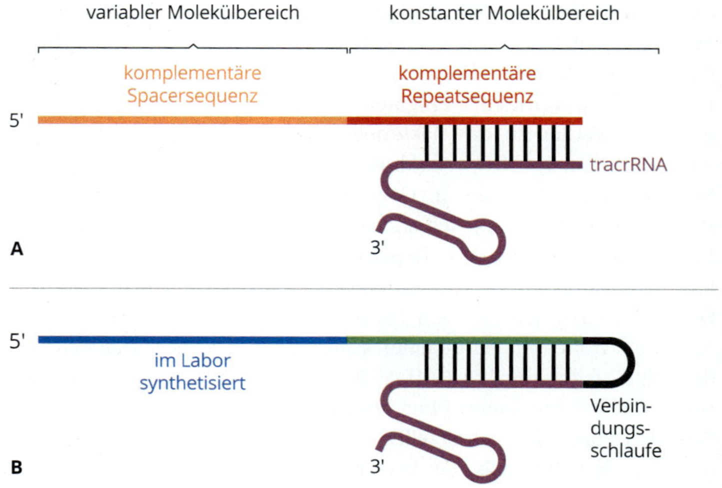

**Abschluss durch Reparaturmechanismen**
Nach der Durchtrennung des DNA-Stranges durch CRISPR/Cas schließen zelleigene Reparaturmechanismen die Schnittstelle. Dabei werden die homologe und die nicht-homologe Reparatur unterschieden. Diese Mechanismen werden gezielt genutzt, um die Zielsequenzen einer DNA nach dem mit CRISPR/Cas erzeugten Doppelstrangbruch zu verändern oder Teile der DNA zu entfernen.

Bei der **homologen Reparatur** dienen unbeschädigte Sequenzen von Schwesterchromatiden oder homologen Chromosomen als Vorlage. Diese müssen allerdings in der Nähe der Bruchstelle zur Verfügung stehen. Mit diesem Verfahren können Fremdgene in einen DNA-Doppelstrangbruch eingebaut werden. Sie müssen an den Enden jeweils Sequenzen besitzen, die homolog zu den flankierenden Enden der DNA-Bruchstelle sind. Fremdgene werden im Labor dementsprechend vorbereitet und zusammen mit dem CRISPR/Cas-System in die Zelle eingeschleust. So können beispielsweise mutierte Gene gegen intakte Genkopien ausgetauscht werden. Dieses Verfahren gilt als Gentechnik, da hierbei Zellen oder Lebewesen mit Fremd-DNA entstehen.

Die **nicht-homologe Reparatur** ist nicht von einer homologen Vorlage abhängig. Bei dieser werden die getrennten Stränge sofort und unabhängig von ihrer Sequenz zusammengefügt. Damit werden Gene beispielsweise gezielt ausgeschaltet, indem mithilfe des CRISPR/Cas-Systems in dem betreffenden Gen Doppelstrangschnitte erzeugt werden. Häufig gehen dabei einzelne DNA-Nukleotide verloren oder werden eingefügt. In Folge einer solchen Deletion oder Insertion verschiebt sich das Leseraster in der Zielsequenz und das Gen wird inaktiv. Da dabei keine Fremd-DNA zurückbleibt, lassen sich die Genveränderungen nicht von spontanen Mutationen unterscheiden.

Letztendlich können mit dem CRISPR/Cas-System und den zelleigenen Reparaturmechanismen einzelne Gene umgeschrieben oder editiert werden. Deshalb bezeichnet man solche Verfahren als **Genom-Editierung.** Die CRISPR/Cas-Methode ist heute eines der meistgenutzten Gentechnik-Werkzeuge.

5 ≡ Beschreiben Sie die Erzeugung mehltauresistenter Tomaten mittels Genom-Editierung. Gliedern Sie Ihre Darstellung in die Schritte: Ziel finden, Schneiden, Reparatur (→ **Randspalte**).

**Die drei Schritte der Genom-Editierung**

**1. Ziel finden:**
Leit-RNA von CRISPR/Cas ist komplementär zur gesuchten DNA-Sequenz

**2. Schneiden:**
Wirkung des Cas-Enzyms von CRISPR/Cas führt an der gewünschten Stelle der DNA zu einem Doppelstrangbruch

**3. Reparatur:**
zelleigene Reparaturmechanismen; homolog: Einbau von Fremd-DNA möglich; nicht-homolog: Inaktivierung des Zielgens

## VL Materialgebundene Aufgabe

### 4 Zelluläre Reparaturmechanismen

**a)** ≡ Erläutern Sie mithilfe der Abbildung wie ein Wissenschaftler vorgehen muss, der (1) ein Fremdgen in eine DNA einbauen möchte oder (2) ein Gen ausschalten möchte.

**b)** ≡ Stellen Sie eine Hypothese auf, welche ethischen Probleme sich bei der Anwendung des CRISPR/Cas-Systems und anschließender nicht-homologer Reparatur ergeben.

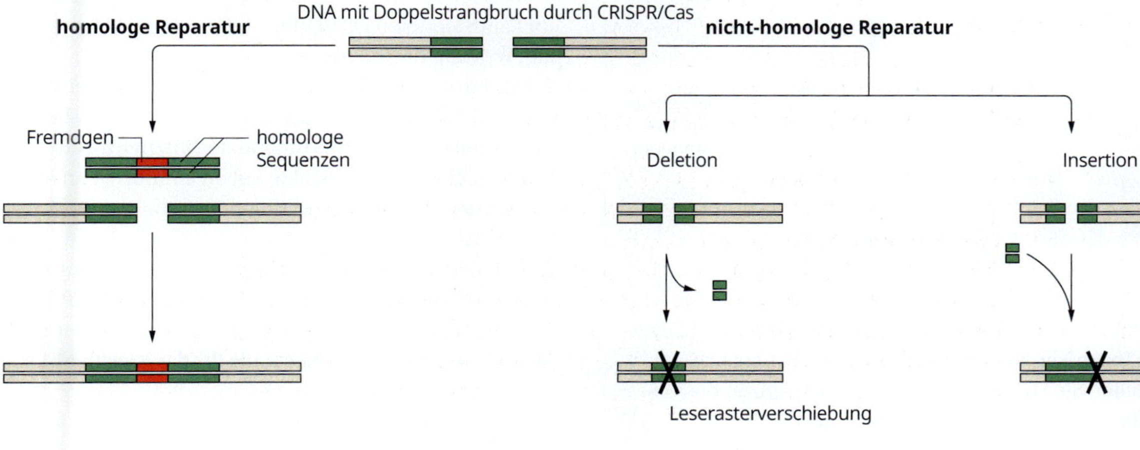

## 6 CRISPR/Cas in der Tierzucht

Bereits seit mehr als 40 Jahren werden Tiere gentechnisch verändert. Ziel ist immer, die Tiere an die Bedürfnisse des Menschen anzupassen. Sie sollen beispielsweise weniger anfällig für Krankheiten sein oder einen höheren Fleischertrag bringen. Doch die klassischen Methoden sind ungenau, fehleranfällig und auch gesellschaftlich kaum akzeptiert.

**a)** ≡ In der klassischen Gentechnik werden neue oder artfremde Gene mittels Mikroinjektion in das Erbgut der Tiere eingefügt (→ **Seite 126, Aufg. 6**). Erstellen Sie eine Kurzbeschreibung des Verfahrens mit folgenden Begriffen: befruchtete Eizelle • in vitro-Befruchtung • Mikroinjektion • Kernverschmelzung • Leihmutter.

**b)** ≡ Bescheiben Sie mithilfe der schematischen Abbildung das Verfahren mit Genom-Editierung einer befruchteten Eizelle die Erbsubstanz von Tieren zu verändern.

**c)** ≡ In dem hier vorgestellten Verfahren erfolgt das Einbringen des CRISPR-Werkzeugs nach der Befruchtung. Erklären Sie, weshalb nur ein Teil der Nachkommen die gewünschte Genveränderung trägt.

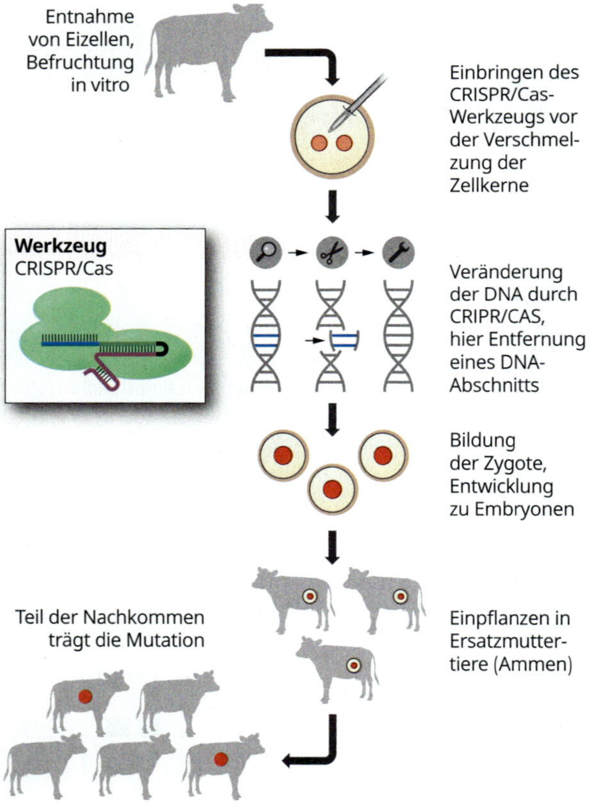


**d)** ≡ Vergleichen Sie tabellarisch die in **a** und **b** beschriebenen Techniken der Veränderung der Erbsubstanz.

**e)** ≡ Stellen Sie Hypothesen auf, welche Grenzen die Methoden der Genom-Editierung haben.

## 7 Einsatz von CRISPR/Cas: Beispiel Meerbrasse

Rote Meerbrassen, *Pagrus major*, sind vor allem im asiatischen Raum beliebte Speisefische. In Japan macht die Produktion der Rote Meerbrasse in Aquakulturen etwa 10 Prozent der insgesamt auf diese Weise produzierten Fische aus. Im Jahr 2019 wurde in einer Kooperation des Regional Fish Institute und zweier japanischer Universitäten das Genom der Roten Meerbrasse mithilfe von CRISPR/Cas im Labor so modifiziert, dass die Fische etwa 20 Prozent mehr Skelettmuskulatur produzieren. Somit liefern diese Fische mehr Fleisch für den Verzehr, gleichzeitig ist dieses magerer. Gelungen ist dies durch die Ausschaltung des Myostatin-Gens. Das von diesem Gen codierte Enzym hemmt normalerweise das Muskelwachstum. Ist das entsprechende Gen inaktiv, dann wird dieses Enzym nicht gebildet, die Muskeln wachsen stärker.

**a)** ≡ Beschreiben Sie den Einsatz von CRISPR/Cas bei der Erzeugung der fleischhaltigeren Meerbrasse.

**b)** ≡ Im Jahr 2021 erfolgte die Zulassung der genom-editierten Roten Meerbrasse in Japan. Damit ist erstmalig ein mit der Methode CRISPR/Cas verändertes Tier für die Lebensmittelproduktion und damit für den menschlichen Verzehr zugelassen. Begründen Sie, warum dieser genom-editierte Fisch für den Verzehr zugelassen werden konnte. Einen Hinweis finden Sie auf → **Seite 129**.

**c)** ≡ Die genom-editierten Meerbrassen werden ausschließlich in Aquakultur in abgeschlossenen Becken im Landesinneren gezüchtet. Stellen Sie eine Hypothese auf, weshalb dies so ist.

**d)** ≡ Das bei der Meerbrasse modifizierte Gen findet sich in allen Wirbeltieren. Begründen Sie, welche Vor- beziehungsweise Nachteile es für andere Nutztierrassen wie Rinder, Schweine und Schafe haben könnte, wenn auch deren Genom für einen erhöhten Fleischertrag verändert würde.

**e)** ≡ Erstellen Sie mit einer Recherche eine Übersicht zu weiteren Untersuchungen zur Nutzung von CRISPR/Cas in der Tierzucht und Ihre Zielsetzungen und bewerten Sie jeweils die Vor- und Nachteile für das jeweilige Tier und den Verbraucher.

## 8 CRISPR/Cas – (k)ein Multi-Tool?

In wissenschaftlichen Zeitschriften finden sich zahlreiche Artikel mit Informationen und Meinungen zum CRISPR/Cas-System. Es wird gern als „Universalwerkzeug“ der Gentechnik bezeichnet. Aber stimmt das?

**a)** ≡ Ein Agrarwissenschaftler sagt „CRISPR/Cas bedeutet Sicherheit durch Präzision“ (Material 1). Begründen Sie diese Aussage.

**b)** ≡ Die Entscheidung des europäischen Gerichtshofs zur Zulassung von CRISPR/Cas-veränderten Pflanzen aus dem Jahr 2018 (Material 2) wurde viel kritisiert. Im Jahr 2023 wurde eine Reform des Gentechnik-Gesetztes angestoßen. Recherchieren Sie die Argumente der Befürworter und Gegner für eine Erleichterung der Zulassung und den gegenwärtigen Sachstand.

**c)** ≡ Erläutern Sie, warum Wissenschaftler von der „Demokratisierung“ der Pflanzenzucht sprechen und diskutieren Sie, welche Möglichkeiten und Risiken diese Entwicklung mit sich bringt (Material 4).

**d)** ≡ Sind wir mit dem CRISPR/Cas-System auf dem Weg zum „perfekten Menschen“? (Materialien 3, 5) Wer sollte es nutzen dürfen? Welche Chancen und Risiken sind damit verbunden? (Material 5) Diskutieren Sie die Anwendung von CRISPR/Cas unter Berücksichtigung ethischer Aspekte aus gesellschaftlicher und politisch-sozialer Perspektive.

**Material 1**

**Aussage eines Agrarwissenschaftlers**

„Die klassische Gentechnik ist mit CRISPR/Cas-Verfahren nicht vergleichbar. Bei der klassischen Gentechnik wird fremdes genetisches Material in das Genom von Pflanzenzellen eingeführt. Dabei ist es vom Zufall abhängig, an welcher Stelle es in das Genom integriert wird. Mit CRISPR/Cas führen wir an einer bestimmten, vorgegebenen Stelle im Genom eine Punktmutation herbei. Es entsteht eine einzelne kontrollierte Mutation. CRISPR/Cas verringert die Probleme, die sich aus den Zufälligkeiten der klassischen Gentechnik ergeben. CRISPR/Cas bedeutet Sicherheit durch Präzision“.

**Material 2**

**Rechtliche Situation in Europa**

Bei der Genom-Editierung muss man grundsätzlich zwischen zwei Verfahrenstypen unterscheiden: Bei Typ I wird eine Punktmutation in der DNA der Pflanzen herbeigeführt. Bei Typ II wird Fremd-DNA in die Pflanzen-DNA integriert. Der Europäische Gerichtshof hat 2018 entschieden, dass auch Lebewesen als gentechnisch verändert gelten, die nach Typ I verändert wurden. Das bedeutet, dass jeder Freilandtest und Anbau solcher Pflanzen nach dem Gentechnikrecht genehmigt werden muss.

**Material 3**

**Off-target-Mutationen**

Das CRISPR/Cas-System scheint auf den ersten Blick ein bahnbrechendes Instrument zu sein, um DNA schnell und kostengünstig zu verändern, bei Pflanzen und Tieren und eben auch beim Menschen. So verheißungsvoll und hundertprozentig fehlerfrei, wie es häufig in den Medien publiziert wird, ist aber auch diese neue Technik nicht. Denn bei Anwendung des CRISPR/Cas-Systems besteht die Gefahr, dass sogenannte Off-target-Effekte entstehen (engl. *target*: Ziel). Das sind Veränderungen im Genom, die ungewollt durch das Cas-Enzym außerhalb der eigentlichen Zielsequenz hervorgerufen werden und deren Auswirkungen oftmals nicht absehbar sind. Wissenschaftler arbeiten an der Optimierung der Gemon-Editierungs-Werkzeuge, um diese Fehlschnitte des Cas-Enzyms zu minimieren.

**Material 4**

**Demokratisierung der Pflanzenzucht**

Durch die Klimaerwärmung und die zunehmende Weltbevölkerung wird es immer schwieriger, die Ernährungssicherheit für die Bevölkerung weltweit zu gewährleisten. Es werden dringend ertragreiche und robuste Nutzpflanzensorten benötigt. Pflanzen, die mit den klassischen Methoden der Gentechnik verändert wurden, müssen ein extrem zeit- und kostenaufwendiges Zulassungsverfahren durchlaufen, das sich nur große Agrarkonzerne leisten können. Diese investieren nur für globale Absatzmärkte. Mit dem Verfahren der Genom-Editierung könnten schnell und viel einfacher Pflanzen mit neuen Eigenschaften entwickelt und auch zugelassen werden, die nur von regionalem Interesse sind. Wissenschaftler sehen hierin eine „Demokratisierung“ der Pflanzenzucht.

**Material 5**

**Schlagzeile: Pharmakonzerne versus „Biohacker“**

Vor über 30 Jahren wurde das erste CRISPR/Cas-System in *E.coli*-Bakterien entdeckt. Seither wurde es im Labor weiterentwickelt und wird aktuell als „Allheilmittel“ für fast alle genetisch bedingten Krankheiten angesehen. Hier stellt sich die Frage, wer Zugang zu dieser Technik haben darf. Die Interessengruppe der sogenannten „Biohacker“ beschuldigt die großen Konzerne, sich an dieser relativ simplen Methode der Genveränderung, die jeder Laie sogar zu Hause durchführen könne, bereichern zu wollen. Sie fordern, dass jeder Zugang zu der Technik haben soll. In den USA experimentierten Biohacker in einem Garagenhof mit CRISPR/Cas-modifizierten DNA-Molekülen. Zahlreiche Selbstversuche von Biohackern wurden bereits im Internet veröffentlicht.

## VL Materialgebundene Aufgabe

### ❸ ⓔ Gentherapie einer Augenkrankheit

In der Augenheilkunde werden bereits gentherapeutische Verfahren erprobt, zum Beispiel bei der Behandlung der Netzhauterkrankung Retinitis pigmentosa. Dabei kommt es zu einer Degeneration der Netzhaut mit Zerstörung der Fotorezeptoren (→ **Abb. A, B**), was ein stark eingeschränktes Gesichtsfeld zur Folge hat (→ **Abb. C, D**). Diese Rezeptoren wandeln in gesundem Zustand die Lichtreize in elektrische Impulse um. Für ihre korrekte Funktion benötigen sie das Enzym RPE65. Die Ursache der Retinitis pigmentosa ist ein Funktionsverlust des Enzyms RPE65 durch Mutationen.

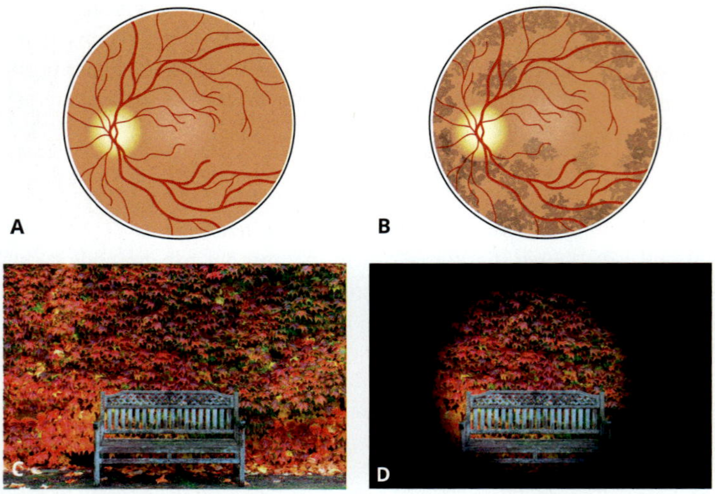


**a)** ≡ Formulieren Sie eine Hypothese zur Gentherapie der Retinitis pigmentosa.

Bei der gentherapeutischen Behandlungsmethode der Retinitis pigmentosa wird versucht, defekte Gene durch eine funktionsfähige Version zu kompensieren. Hierbei verwenden Mediziner rekombinante **AAV-Vektoren**, Adeno-assoziierte Viren, die hinter die Retina injiziert werden.

**b)** ≡ Beschreiben Sie den schrittweisen Ablauf bei der gentherapeutischen Behandlung der Retinitis pigmentosa.

**c)** ≡ Recherchieren Sie den Prozess der Umwandlung der Viren-RNA in DNA innerhalb der Retinazellen. ⓔ

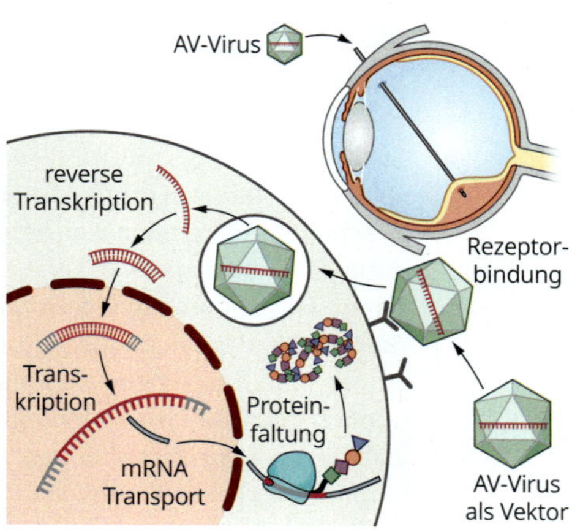


## 4.10 Gentherapie

**Mutationen können die Funktion von Körperzellen stören und so beispielsweise deren unkontrollierte Vermehrung bewirken. So kann Krebs entstehen. Welche Möglichkeiten der Therapie ergeben sich durch die Gentherapie?**

Um Krebserkrankungen ursächlich zu therapieren, wird versucht, die entsprechenden Mutationen gentherapeutisch zu korrigieren. Dafür müssen das betroffene Gen und seine Funktion genau bekannt sein. Möglich ist, zusätzlich zum mutierten Gen ein nicht mutiertes Gen einzubauen, das mutierte Gen gegen ein nicht mutiertes Gen auszutauschen und es so zu reparieren. Um intakte Gene oder Genabschnitte in Zellen einbringen zu können, werden bisher häufig gentechnisch veränderte Viren oder Retroviren genutzt. Dabei wird zunächst ein Teil der viralen Gene entfernt und durch das intakte menschliche Gen ersetzt. Diese Viren können sich nicht mehr vermehren und keine Krankheiten auslösen. Ihre Fähigkeit, genetisches Material in Zellen zu übertragen, bleibt aber erhalten.

❶ ≡ Bei einer Gentherapie der akuten lymphatischen Leukämie werden außerhalb des Körpers mithilfe von Retroviren Gene in das Genom von T-Zellen übertragen und diese dem Körper wieder zugeführt. Recherchieren Sie im Internet zu dieser sogenannten CAR-T-Zelltherapie und stellen Sie das Grundprinzip der Therapie in einer beschrifteten Skizze dar.

Mithilfe des CRISPR/Cas-Systems kann eine Gentherapie zielgerichtet erfolgen. Damit ist es möglich, intakte Gene zielgenau in das Genom der Zelle einzubauen, defekte Gene herauszuschneiden oder einzelne Basen auszutauschen. Die Anwendung des CRISPR/Cas-Systems ist als Therapieansatz bei einigen Erkrankungen in der Erprobungsphase (→ **Seite 184 f.**), im November 2023 erfolgte die weltweit erste Zulassung einer Behandlung der Bluterkrankungen Sichelzellanämie und Beta-Thalassämie in Großbritannien.

❷ ≡ Recherchieren Sie, ob und wenn ja, welche gentherapeutischen Verfahren mittels CRISPR/Cas-Methode in Europa zuglassen sind.

## ❹ Die Arbeit der Ethikkommission

Die Zentrale Ethikkommission der Bundesärztekammer (ZEKO) dient zur Wahrung ethischer Grundsätze in der Medizin und ihren Grenzgebieten. Sie berät über medizinische Fragestellungen und Verfahrensweisen und deren Passung mit der Werteordnung des Grundgesetzes und der medizinischen Ethik. Für jede Fragestellung wird hierbei ein Prüfplan durchgearbeitet, der die Entscheidungsfindung erleichtern soll.

**a)** ≡ Lesen Sie den Infotext zu David Vetter (Material 1) und den Ausschnitt aus dem Zeitungsartikel zu Rhys Evans (Material 2). Stellen sie die Unterschiede der beiden Therapieansätze anschaulich gegenüber. Recherchieren Sie hierzu auch im Internet.

**b)** ≡ Diskutieren Sie im Kurs, wie Ihre Entscheidung ausfallen würde, wenn man David mit einer Stammzellentherapie aus ES-Zellen hätte helfen können? Lesen sie hierzu auch nochmal die entsprechenden Seiten zum Einsatz von Stammzellen (→ **Seite 74 f.**).

**c)** ≡ Nutzen Sie die in Material 3 genannten Schritte (→ **Seite 76 f.**), um als Mitglied der Ethik-Kommission für den Fall des „Bubble-Boy" ein Urteil zu finden.

**d)** ≡ Debattieren Sie in der Gruppe, welche Folgen durch Ihre unterschiedlichen Urteile entstehen könnten.

**e)** ≡ Innerhalb der Ethik unterscheidet man zwei Denkansätze (Material 4). Formulieren Sie eine Aussage, wie ein Anhänger der teleologischen bzw. der deontologischen Ethik entscheiden würde.

**f)** ≡ Formulieren Sie mit den Begriffen Mensch, Krankheiten und Gentherapie einen naturalistischen Fehlschluss (Material 5).

### Material 1

**Die Geschichte von David Philip Vetter – „Bubble Boy"**

David Phillip Vetter (1971 – 1984) wurde mit der Erbkrankheit „schwerer kombinierter Immundefekt" (engl. *severe combined immunodeficiency*, abgekürzt SCID) geboren. Bei dieser Erkrankung ist das Immunsystem so schwach, dass kaum Schutz vor Infektionen besteht. Bekannt wurde David Vetter als „Bubble Boy", weil er sein ganzes Leben in einer Kunststoffhülle verbrachte. Diese umschloss zunächst sein Bett. Später lebte er in einem von der NASA speziell für ihn entwickelten Anzug. 1984 starb Davit Vetter an einem Lymphom, einem bösartigen Tumor des lymphatischen Systems. Vermutlich war ein Virus, das er sich durch eine Knochenmarkstransplantation zugezogen hatte, die Ursache. Dass David durch den Aufenthalt in der Kunststoffhülle 13 Jahre überlebte, war für viele ein Erfolg der Wissenschaft. Für andere war es nur ein abstruser Versuch, der die Überheblichkeit der Medizin demonstrierte.

### Material 2

*Breaking News, Wednesday, 3 April, 2002*

**‚Bubble Boy' Rhys Evans successfully saved by gene therapy!**

*Scientists and doctors used gene therapy for the first time to successfully cure 18-month-old Rhys of a fatal immune disorder. The "severe combined immunodeficiency" (SCID) prevents the body from developing a functional immune system. The syndrome is caused by a single mutated gene and forces the victims to live their lives in sterile conditions or risk life-threatening infections.*

### Material 3

**Ethisches Bewerten**

**1. Schritt:** Formulieren Sie eine konkrete Entscheidungsfrage.
**2. Schritt:** Analysieren Sie den Sachverhalt und recherchieren Sie Fakten und Hintergrundinformationen. Formulieren Sie mindestens drei Pro- und Kontraargumente zur Entscheidungsfrage.
**3. Schritt:** Formulieren Sie mindestens zwei Handlungsoptionen und ihre Folgen für die beteiligten Personen.
**4. Schritt:** Nennen Sie jeweils mindestens fünf verschiedene Werte für die unterschiedlichen Handlungsoptionen. Der Wertepool auf Seite 76 kann Ihnen weiterhelfen.
**5. Schritt:** Stellen Sie eine persönliche Rangfolge der Werte für die verschiedenen Handlungsoptionen auf.
**6. Schritt:** Wägen Sie die Handlungsoptionen ab und treffen Sie eine begründete Entscheidung. Argumentieren Sie wissenschaftlich zum Sachverhalt.

### Material 4

**Klassische ethische Denkansätze**

- **teleologisch:** bewertet Handlungen nur an den Folgen, die das Handeln hat, das heißt, die Handlung ist umso besser, je mehr sie das Glück und das Wohlergehen der Menschen fördert
- **deontologisch:** bemisst Wert von Handlungen daran, ob sie bestimmten moralischen Geboten folgen.

### Material 5

**Definition: Naturalistischer Fehlschluss**

Irrtümlicher Versuch, nur aus der „Natur" der Dinge abzuleiten, wie diese sein sollten und ihnen damit einen moralischen Wert zu unterstellen. Aus einer Aussage, die beschreibt, wie es ist (deskriptive Aussage), kann man keine Aussage treffen, wie es sein soll (normative Aussage). *Beispiel:* deskriptiv: „In der Natur enstehen bei der ungeschlechtlichen Fortpflanzung ganz natürlich Klone"; normativ: „Das Klonen von Tieren ist unbedenklich".

### Keimzellenbildung durch Meiose

**Funktion:** Bildung von Keimzellen; Grundlage der sexuellen Fortpflanzung; Reduktionsteilung; Rekombination durch Crossing-over und durch zufällige Verteilung der homologen Chromosomen

**Ort:** in den Keimdrüsen

**Ablauf:**
**Meiose I = Reduktionsteilung**
- **Prophase I:** Paarung der homologen Zwei-Chromatid-Chromosomen
- **Metaphase I:** Anordnung der homologen Zwei-Chromatid-Chromosomen in der Äquatorialebene
- **Anaphase I:** Trennung der homologen Zwei-Chromatid-Chromosomen
- **Telophase I:** Auflösung der Spindelfasern und Bildung neuer Kernmembranen

**Meiose II = Äquationsteilung** (= Mitose, → **Seite 99**)
- **Prophase II:** Auflösung der Kernmembran, Chromatin kondensiert, Spindelapparat
- **Metaphase II:** Kondensation zur Transportform, Anheftung der Spindelfasern am Kinetochor, Chromosomen in der Äquatorialebene
- **Anaphase II:** Verkürzung der Spindelfasern, Trennung der Zwei-Chromatid-Chromosomen
- **Telophase II:** Abbau des Spindelapparates, Dekondensation der Chromosomen, Kernhüllenbildung

**Ergebnis:**
- **Spermienzellenbildung:** vier haploide, genetisch unterschiedliche Keimzellen
- **Eizellenbildung:** eine haploide Eizelle

**Genetische Neukombination und Evolution:**
- **interchromosomale Rekombination:** zufällige Anordnung der homologen Chromosomen in der Äquatorialebene in der Metaphase
- weitere Neukombination der Gene entsteht durch **intrachromosomale Rekombination** durch Crossing-over
- Zufall bestimmt, welche Spermienzelle eine bestimmte Eizelle befruchtet
- Rekombination und Zufälligkeit der Befruchtung führen zur genetischen Variation von Lebewesen und damit zur Biodiversität; im Verlauf der Evolution setzen sich dann in der Regel die Lebewesen mit den vorteilhaften Eigenschaften durch

Mehr dazu auf den Seiten 102–107

### Genommutation

**Genom:** Gesamtheit der Erbinformation in Form von Genen oder Chromosomen
**Karyogramm:** Zwei-Chromatid-Chromosomen werden isoliert, nach Gestalt und Größe paarweise sortiert, Auswertung: Aufschluss über Genommutationen
**Genommutation:** Abweichung der Anzahl der Chromosomen
- **autosomale Trisomie** von Chromosom 13, 18 oder 21
- ⊖ **gonosomale Abweichung:** Beispiele: Monosomie 45, X0 bei Frauen, Trisomie 47, XXY bei Männern

**Ursache:** Non-Disjunction während Meiose; Beispiel:

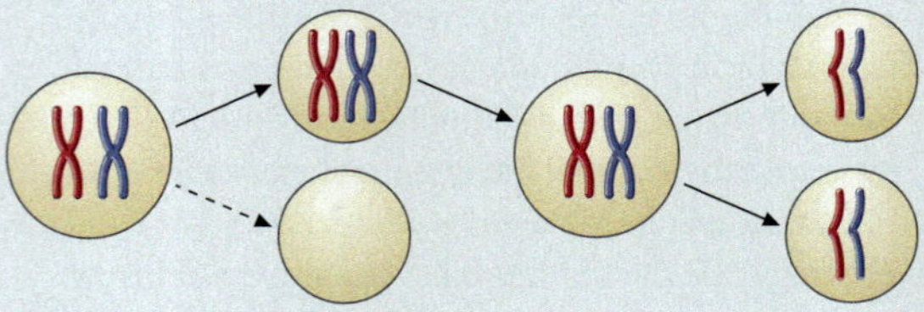

**Folgen (Phänotyp beziehungsweise Krankheit):** geistige oder körperliche Beeinträchtigungen in unterschiedlicher Ausprägung
⊖ **Polyploidie bei Pflanzen:** Vorliegen von mehr als zwei Chromosomensätzen, führt zu höherer Rate der Bildung von Genprodukten und somit zu robusteren Pflanzen mit höherem Ertrag

Mehr dazu auf den Seiten 108–113

### Genmutation

**Genmutationen:** entstehen durch Veränderungen der DNA-Sequenz eines Gens.
**Punktmutation:** Einzelne Basen sind verändert.
Formen:
- **Substitution**: Austausch einer Base im codogenen Strang gegen eine andere
- • Missense-Mutation: führt zum Einbau einer falschen Aminosäure in das Polypeptid
  • stumme Mutation: Basenveränderung an einer Stelle eines Tripletts; hat keine veränderte Aminosäure zur Folge
  • Nonsense-Mutation: Entstehung eines Stoppcodons; vorzeitiges Abbrechen der Translation
- **Insertion:** Einfügung einer zusätzlichen Base/eines Basenpaares, führt zu Rasterschub-Mutation
- **Deletion:** Verlust einer Base/eines Basenpaares, führt zu Rasterschub-Mutation

**Ursachen von Genmutationen:** Beispiele: chemische Mutagene wie Basenanaloga; physikalische Mutagene wie ionisierende Strahlung
**Schutz:** möglichst Vermeidung der Mutagene
**Auswirkungen auf Proteinfunktion:** Veränderung der Aminosäuresequenz des Genprodukts, damit auch der Raumstruktur und der Funktion des Proteins
**Bedeutung der Reparaturenzyme:** beheben Genmutationen, zum Beispiel Exzisionsenzyme
**Unterscheidung**: somatische Mutation, Keimbahnmutation

⊖ **Mutationen als Ursache für Krebsentstehung:**
- **Proto-Onkogene** regulieren das Zellwachstum; Mutationen führen zur Entstehung von Onkogenen, erhöhte Zellteilung
- **Tumorsuppressorgene:** Anti-Onkogene, die den Zellzyklus stoppen oder den programmierten Zelltod auslösen können

Mehr dazu auf den Seiten 116–123

## Gentechnik

**Gentechnik:** Verfahren, mit denen gezielt in das Genom von Lebewesen eingegriffen wird

**Anwendungsbereiche:** Grüne (Landwirtschaft), Rote (Medizin und Pharmazie), Weiße (Industrielle Verfahren) und Graue (Umwelttechnik) Gentechnik

**Grundoperationen des klassischen Verfahrens:**
- **Isolation:** Gewinnung der gewünschten DNA
- **Suche des Überträgers:** geeigneter Vektor
- **Rekombination:** Einbau des gewünschten Gens in den Vektor
- **Gentransfer:** Übertragung des Vektors in Zielzelle
- **Selektion:** Suche nach den Zellen mit gelungenem Gentransfer

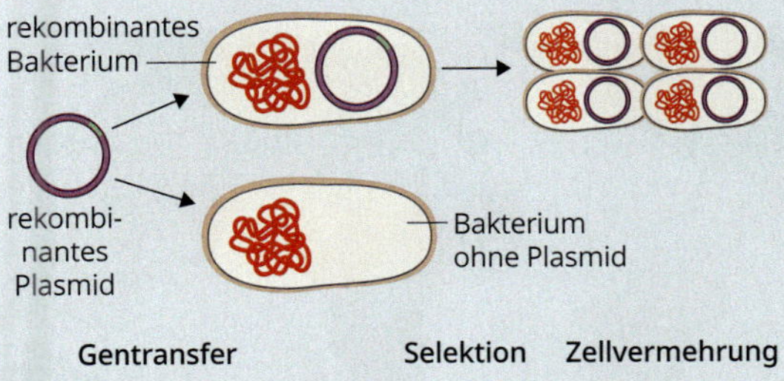


Mehr dazu auf den Seiten 124–126

## CRISPR/Cas-System

Ursprünglich bakterielles Abwehrsystem gegen Bakteriophagen

**Werkzeug:** CRISPR/Cas-Komplex aus Cas-Enzym und Leit-RNA
**Technische Anwendung** in drei Schritten:
- **Ziel finden:** mittels Leit-RNA, ist komplementär zur gesuchten DNA-Sequenz
- **Schneiden:** Cas-Enzym schneidet an der gesuchten Stelle, Ergebnis: Doppelstrangbruch

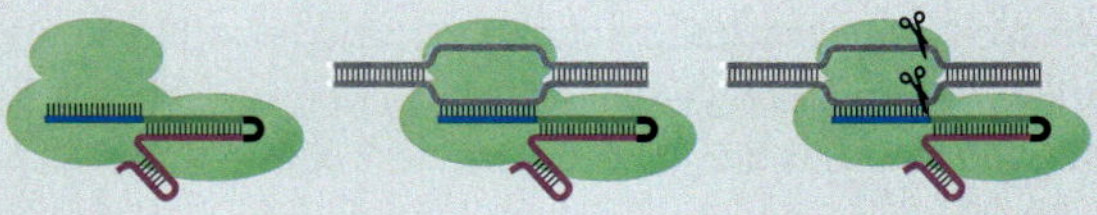


- **Reparatur** des DNA-Doppelstrangbruchs durch zelleigene Reparaturmechanismen:
  **homologe Reparatur:** Fremd-DNA mit flankierenden Sequenzbereichen, die homolog zu den Enden der DNA-Bruchstelle sind, wird in die DNA-Bruchstelle eingebaut; gilt als Gentechnik, da Fremd-DNA eingebaut wird
  **nicht-homologe Reparatur:** getrennte Stränge werden zusammengefügt; dabei gehen Nukleotide verloren oder werden neu eingefügt, verursacht Mutationen, als Folge Inaktivierung von Genen

**Diskussion:** Veränderungen durch nicht-homologe Reparatur lassen sich von spontanen Mutationen nicht unterscheiden. Ist das Gentechnik?

Mehr dazu auf den Seiten 127–131

## Beispiele für Anwendungen der Gentechnik

Pflanzenzucht, Medikamentenherstellung → Seite 126
Tierzucht → Seite 130
Gentherapie → Seite 132, 133
⊖ Gentherapeutisches Verfahren → Seite 132

**Ethische Aspekte:**
- viele Anwendungsmöglichkeiten der Gentherapie
- Beispiel: Therapie des Immundefekts SCID
- Pro- und Kontraargumente bedenken
- persönliche und gesellschaftliche Aspekte

Mehr dazu auf den Seiten 126–133

## AUFGABE

### Gentechnisch veränderte Pflanzen

Das Bodenbakterium *Bacillus thuringiensis* (Abkürzung Bt) ist ein oftmals genutztes Werkzeug, um Pflanzengenome zu verändern. Seit 2005 ist der Anbau von sogenanntem Bt-Mais in Deutschland allerdings verboten. Seit 2013 gilt das Anbauverbot in Deutschland auch für die von BASF gentechnisch modifizierte Kartoffelsorte Amflora®. Weltweit werden vor allem **gentechnisch veränderter** (gekürzt gv) Mais, Raps, Soja und Baumwolle kommerziell angebaut.
Mit dem neuen CRISPR/Cas-System sollen jetzt zügig weltweit die Landwirtschaft nachhaltiger und Nutzpflanzen gesünder und robuster gemacht werden. Bis Mai 2018 wurden über 1000 Studien zur Anwendung der CRISPR/Cas-Methode an 68 Pflanzenarten veröffentlicht, dreiviertel der Studien wurden in China durchgeführt, nur 88 in Deutschland.

1 Erstellen Sie eine beschriftete Skizze, die das Grundprinzip der Gentechnologie unter Verwendung eines Plasmids als Vektor darstellt. [10 BE]

2 Werten Sie die Ergebnisse der Umfrage in M1a und M1b hinsichtlich der Frage aus, welchen Einfluss Alter, Bildung und Einkommen auf die Akzeptanz der Gentechnik in der Landwirtschaft haben. [6 BE]

3 Nennen Sie mögliche Gründe für die vergleichsweise geringe Akzeptanz der grünen Gentechnik in der Landwirtschaft im Vergleich zur besser akzeptierten roten Gentechnik. [3 BE]

4 Ermitteln Sie den Zusammenhang zwischen dem Mangel an Vitamin A (M2a) und der Wirtschaftslage in den Ländern der Erde und erläutern Sie mögliche Ursachen für die daraus resultierenden Mangelkrankheiten. Erörtern Sie dabei auch, weshalb der Versuchsanbau des Golden Rice (M2b) auf den Philippinen (Markierung in M2a) stattgefunden hat. [7 BE]

5 Beschreiben Sie die Prinzipien des CRISPR/Cas-Systems anhand der Schritte A–D in M2c und beschreiben Sie ergänzend den darauffolgenden Schritt E. [6 BE]

6 In M2d ist die Biosynthese von ß-Carotin in Reis dargestellt. Erstellen Sie mithilfe des Textes ein Flussdiagramm der Biosynthese von ß-Carotin und stellen Sie Hypothesen auf, warum die drei Enzyme PDS, ZDS und CRTISO nicht in allen Pflanzenorganen des weißen Reis exprimiert werden. [8 BE]

7 Vergleichen Sie die in M2e gezeigte ß-Carotin-Synthese im „Golden Rice" mit M2d und nennen Sie eine wichtige Voraussetzung für das Vorhaben. [4 BE]

## MATERIAL

### M1 Akzeptanz gentechnisch veränderter Pflanzen

In einer Umfrage zur Natur und biologischen Vielfalt, die im Auftrag des Bundesministeriums für Umwelt, Naturschutz und nukleare Sicherheit (BMU) alle zwei Jahre durchgeführt wird, haben sich 2017 79 Prozent der Befragten für ein Verbot der Gentechnik in der Landwirtschaft ausgesprochen. 42 Prozent hielten das Verbot für sehr wichtig und 37 Prozent für wichtig. In der Tabelle sind die 42 Prozent der Bevölkerung (130 Personen), die das Verbot für sehr wichtig hielten, hinsichtlich Alter, Bildung und Haushaltsnettoeinkommen genauer aufgeschlüsselt.

#### M1a Zustimmung zum Verbot gentechnisch veränderter Organismen in der Landwirtschaft

| | weiß nicht | unwichtig | eher nicht wichtig | eher wichtig | sehr wichtig |
|---|---|---|---|---|---|
| % | 6 | 2 | 13 | 37 | 42 |

#### M1b Aufschlüsselung

| Alter (Jahre) | | | Bildung | | | Haushaltsnettoeinkommen (€) | | |
|---|---|---|---|---|---|---|---|---|
| bis 29 | 30 bis 49 | über 50 | niedrig | mittel | hoch | bis 1999 | 2000 bis 3499 | über 3500 |
| 35 | 46 | 49 | 41 | 46 | 43 | 45 | 45 | 40 |

### M2 Vitamin A

#### M2a Vitamin-A-Mangel weltweit

Vitamin-A-Mangel ist der weltweit häufigste Vitaminmangel. Vitamin A wird im Körper aus der Vorstufe ß-Carotin, gebildet, das mit einer abwechslungsreichen Ernährung mit viel Obst und Gemüse aufgenommen wird. Stärkehaltige Nahrungsmittel wie Reis und Hirse enthalten kein ß-Carotin.

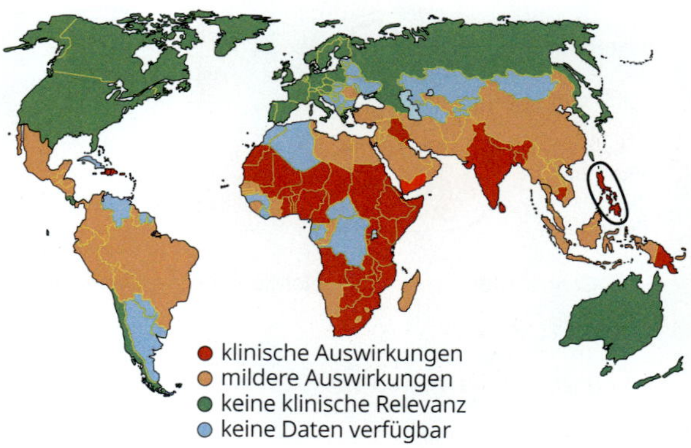

## M2b „Golden Rice"

Vitamin A ist unter anderem für einen ungestörten Ablauf des gesamten Sehvorgangs verantwortlich. Bereits seit 1990 wird daher versucht, in Ländern, in denen Reis als Grundnahrungsmittel dient, mithilfe von gentechnisch verändertem Reis, der mit ß-Carotin angereichert ist, den Mangel zu beheben. In der Reispflanze wird im Reiskorn kein ß-Carotin gebildet. Nur die äußersten Schichten der Körner enthalten geringe Mengen ß-Carotin. Doch diese werden beim Polieren des Reises entfernt. Damit ß-Carotin im Reis gebildet wird, musste dieser gentechnisch verändert werden. Ein umstrittenes Forschungsprojekt zum Einsatz von CRISPR/Cas in der grünen Gentechnik ist der „Golden Rice", der erhöhte Mengen der Vorstufen von Vitamin A enthält. 2022 wurden nach dem erfolgreichen Einsatz des CRISPR/Cas-Systems in Reispflanzen auf den Philippinen knapp 70 Tonnen des Goldenen Reises geerntet.

## M2c CRISPR/Cas-System

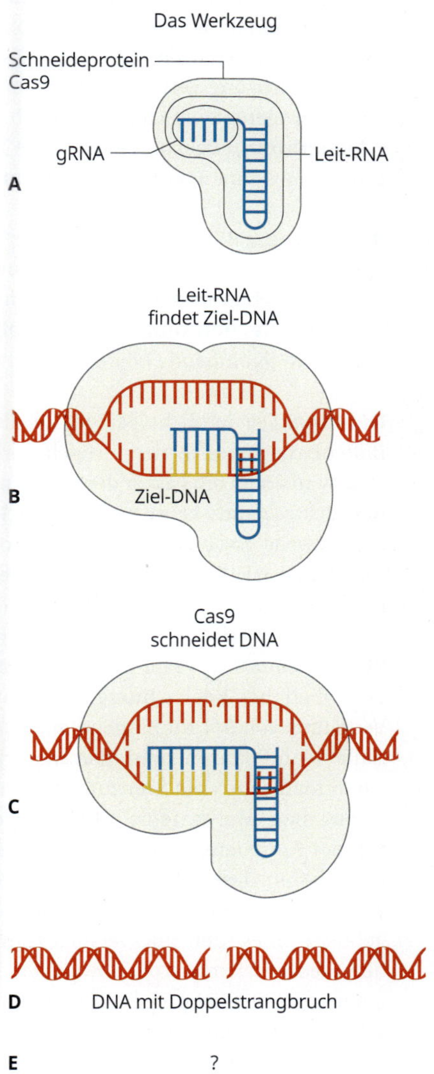


## M2d Biosynthese von β-Carotin in Reis

Zunächst mussten die Wissenschaftler verstehen, warum in Reiskörnern kein ß-Carotin vorhanden ist. ß-Carotin gehört zu den sekundären Pflanzenfarbstoffen, die bei der Fotosynthese mitwirken. Am Beginn der regulären ß-Carotin-Biosynthese steht das Molekül Geranylgeranyldiphosphat (GGPP). Zwei GGPP-Moleküle werden vom Enzym Phytoensynthase (PSY) zu einem Molekül Phytoen zusammengesetzt. Mithilfe der Enzyme Phytoendesaturase (PDS), zeta-Karotindesaturase (ZDS) und Carotin-cis-trans-Isomerase (CRTISO) entsteht aus Phytoen das all-trans-Lycopin. Dieses Molekül wird abschließend durch ein weiteres Enzym, die β-Lycopincyclase (β-LCY), zu gelbem β-Carotin umgewandelt. Die drei Enzyme PDS, ZDS und CRTISO werden nur in den grünen Blättern der Reispflanze gebildet. Im Reiskorn selbst ist die Bildung der Enzyme fast vollständig herunterreguliert. β-Carotin wird deshalb im Reiskorn nicht gebildet. Daher ist Reis normalerweise weiß.

## M2e Gentechnisch veränderte Biosynthese von β-Carotin in „Golden Rice"

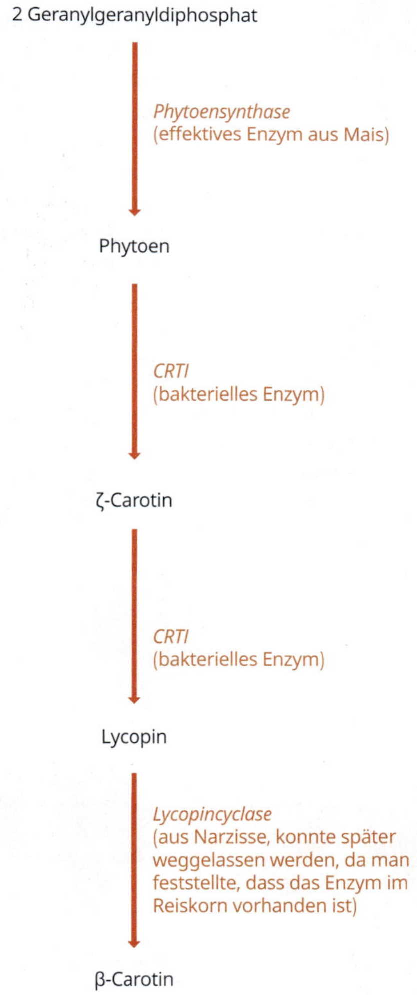

# 5 Weitergabe genetischer Information

1 Erbsenblüten haben verschiedene Farben

## 5.1 Deutung von Beobachtungen zur Vererbung

**Organismen einer Art können sich im Aussehen deutlich voneinander unterscheiden. Lässt sich bei einer Kreuzung vorhersagen, wie ein oder mehrere Merkmale bei den Nachkommen auftreten werden?**

### Von der Züchtung zur Genetik

Seit ihrer Sesshaftwerdung vor etwa 12 000 Jahren betreiben die Menschen Ackerbau und halten Nutztiere. Dafür züchten sie Pflanzen und Tiere mit für sie günstigen Eigenschaften in der Erwartung, dass diese stabil bei den Nachkommen auftreten. Beobachtbare Eigenschaften wie zum Beispiel die unterschiedlichen Farben der Tiere oder Blüten werden **Merkmale** genannt. Durch die Züchtung entstehen aus den Wildformen neue Zuchtformen, die sich in den Merkmalsausprägungen unterscheiden (→ **Seite 244**). Über Jahrtausende erfolgte die Züchtung ohne wissenschaftliche Grundlage nur aufgrund von Beobachtungen und Erfahrungen. Um 1850 wurden erste systematische Untersuchungen und Kreuzungsexperimente durchgeführt, um die Gesetzmäßigkeiten zur Vererbung von Merkmalen besser zu verstehen. Heute wissen wir dank der Erkenntnisse der Genetik viel über die Vererbung der Merkmale.

2 Kreuzungsexperiment mit Erbsenpflanzen, die sich in einem Merkmal unterscheiden.

### Beobachtungen und Deutungen zur Vererbung eines Merkmals

Zunächst betrachtet man die Vererbung von nur einem einzigen Merkmal. Das kann beispielsweise die Farbe einer Erbsenblüte sein.

**Beobachtung 1:** Eine rot blühende Sorte der Pflanzenart Gartenerbse bringt, unter sich vermehrt, in jeder Generation nur rot blühende Pflanzen hervor, entsprechend eine weiß blühende Sorte nur weiß blühende Pflanzen.

**Beobachtung 2:** Kreuzt man nun diese beiden Sorten und sät die entstehenden Samen aus, so erhält man in der nächsten Generation nur rot blühende Pflanzen. Die Ausgangsformen der zur Kreuzung verwendeten Pflanzen heißen Elterngeneration, fachsprachlich **Parentalgeneration**, abgekürzt **P**. Die erste Tochtergeneration nennt man **1. Filialgeneration**, **$F_1$**.

**Beobachtung 3:** Bei der Kreuzung der rot blühenden Pflanzen der $F_1$-Generation untereinander entstehen in der nächsten Generation, der **2. Filialgeneration $F_2$**, 3/4 rot blühende und 1/4 weiß blühende Pflanzen.

**Deutung:** Der „erbliche Faktor" für die weiße Blütenfarbe muss in der $F_1$ noch vorhanden sein, wird aber vom Faktor der roten Farbe unterdrückt. Daraus kann man auch schließen, dass jeweils zwei verschiedene Faktoren für das Merkmal Blütenfarbe vorhanden sein müssen.

### Statistischer Charakter der Vererbung

Das oben bei Beobachtung 3 beschriebene Verhältnis von 3/4 rot blühenden zu 1/4 weiß blühenden Pflanzen kann man nur ermitteln, wenn man sehr viele Kreuzungen durchführt. Kreuzt man zwei einzelne rot blühende Pflanzen der $F_1$-Generation untereinander, so kann es auch sein, dass man nur rot blühende Pflanzen in der $F_2$-Generation erhält. Die realen Ergebnisse eines Kreuzungsversuch können von den theoretischen Werten abweichen. Erst bei einer großen Stichprobe und einer statistischen Auswertung der Ergebnisse lassen sich die Gesetzmäßigkeiten erkennen.

**Erläuterungen zur Vererbung eines Merkmals**

Heute wissen wir, dass diese „erblichen Faktoren“, die für die Ausprägung eines Merkmals sorgen, die Gene sind. Für die unterschiedlichen Ausprägungen eines Merkmals sind die unterschiedlichen Zustandsformen des betreffenden Gens verantwortlich. Diese werden als **Allele** (auch → **Seite 102**) bezeichnet. Im vorliegenden Fall wird das Gen für die Ausbildung der Blütenfarbe betrachtet. Dieses Gen gibt es in zwei Ausprägungen, einem Allel für die rote und einem für die weiße Blütenfarbe. Einen solchen Erbgang, bei dem sich die Eltern in nur einem Allelpaar unterscheiden, bezeichnet man als **monohybriden** Erbgang.

**1** ≡ Erläutern Sie den Unterschied zwischen den Begriffen „Allel“ und „Gen“.

**2** ≡ Stellen Sie eine Hypothese zur molekularen Ursache der Allele auf.

Diploide Organismen besitzen demnach auf den homologen Chromosomen jeweils ein Allel desselben Gens. Diese Allele werden an die nächste Generation über die haploiden Keimzellen weitergegeben. Bei der Befruchtung treffen zwei Keimzellen zusammen. Es entsteht eine Zygote mit doppeltem Chromosomensatz und dementsprechend zwei Allelen. Ist der Organismus **reinerbig**, sind also die Allele beider Chromosomen identisch, so ist das Individuum **homozygot** bezüglich des betrachteten Gens. In den von diesem Organismus gebildeten Keimzellen befindet sich jeweils dasselbe Allel. Liegen verschiedene Allele vor, bezeichnet man den Träger als mischerbig oder **heterozygot**. Dabei kann es sein, dass die Wirkung eines Allels, des sogenannten **dominanten** Alles, die eines anderen, des **rezessiven**, unterdrückt. Man spricht von dominanter und rezessiver **Genwirkung**. Da in heterozygoten Individuen neben den dominanten Allelen auch rezessive Allele vorliegen, kann aus den sichtbaren Merkmalsausprägungen nicht unbedingt auf die Kombination der Allele geschlossen werden. Daher wird in der Genetik zwischen dem äußeren Erscheinungsbild, dem **Phänotyp**, und der zugrunde liegenden genetischen Information, dem **Genotyp**, unterschieden (auch → **Seite 106**).

**3** ≡ Begründen Sie, dass es sich beim Erbgang von Abbildung 2 um einen dominant-rezessiven Erbgang handelt.

In einem Vererbungsschema verwendet man in der Regel für ein Gen stets den gleichen Buchstaben und unterscheidet Allele durch Großschreibung für das dominante Allel bzw. Kleinschreibung für das rezessive Allel.

**4** ≡ **VL** Ergänzen Sie im dargestellten Kreuzungsexperiment von Abbildung 2 (✎) die Genotypen der Keimzellen und der Erbsenpflanzen für das Gen der Blütenfarbe. Wählen Sie für die dominante Erbanlage der roten Blütenfarbe den Großbuchstaben R, für die rezessive Erbanlage der weißen Blütenfarbe den Buchstaben r.

**5** ≡ **VL** Erläutern Sie mit einer Skizze, warum man die Verteilung der Merkmale in der $F_2$-Generation erst bei einer großen Zahl von Nachkommen erkennt, weshalb man daher vom statistischen Charakter der Vererbung spricht.

## Materialgebundene Aufgabe

**6 Testkreuzung**

Bei einer Testkreuzung werden verschiedene Individuen der $F_2$-Generation mit dem rezessiven, homozygoten Elter gekreuzt. Die Abbildung zeigt die beiden möglichen Ergebnisse einer Rückkreuzung für den dominant-rezessiven Erbgang der Blütenfarbe von Erbsenpflanzen.

**a)** ≡ Beschreiben und erklären Sie die Ergebnisse der Kreuzungsexperimente (✎). Geben Sie dabei die möglichen Genotypen an.

**b)** ≡ Begründen Sie, warum diese Testkreuzung „Rückkreuzung“ genannt wird.

**c)** ≡ Nennen Sie die Fragestellung, die einem solchen Experiment zugrunde liegt.

## Methode // Ein Kreuzungsschema erstellen

Mithilfe eines Kreuzungsschemas lassen sich die Vorgänge der Vererbung anschaulich darstellen. Dazu legt man bei der Kreuzung der Erbsenpflanzen mit roten und weißen Blüten zunächst die **Allelsymbole** fest:

- Für das Merkmal Rot (R) wählt man einen Großbuchstaben und für das Merkmal Weiß (r) den entsprechenden Kleinbuchstaben.
- Für dominante Allele werden Großbuchstaben und für rezessive Allele Kleinbuchstaben verwendet.
- Die Kombinationsmöglichkeiten werden mithilfe von Linien dargestellt.

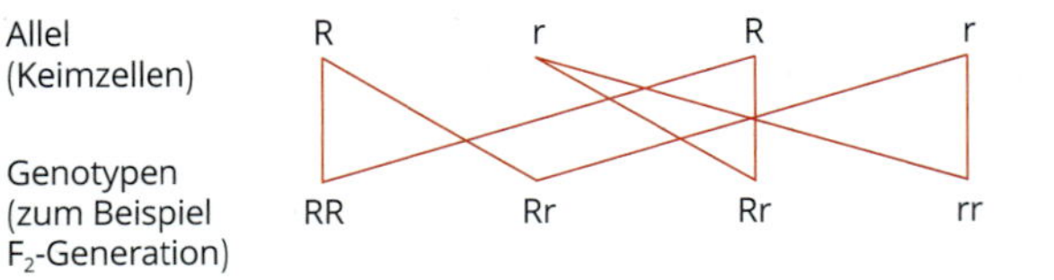


**1** Kreuzungsschema

Besonders anschaulich ist ein **Kombinationsquadrat.** In der Kopfzeile wird links der erste Kreuzungspartner eingetragen und in den folgenden Spalten die zwei Allele. In der linken Spalte steht oben der zweite Kreuzungspartner und in den Zeilen darunter die beiden Allele. Zur Ermittlung der Genotypen der $F_2$-Generation werden die freien Felder mit den entsprechenden Allelen der $F_1$-Generation gefüllt. Der Genotyp jeder Einzelzelle tritt mit der gleichen Wahrscheinlichkeit auf. Deshalb kann man aus dem Kombinationsquadrat auch das Zahlenverhältnis der Nachkommen ablesen.

| | **R** | **...** |
|---|---|---|
| **...** | ... | ... |
| **r** | ... | ... |

**1** ≡ Übertragen Sie das Kombinationsquadrat in Ihr Heft und füllen Sie die Lücken für die Kreuzung aus Aufg. 4 (→ **Seite 139**).

| | | | | | | | |
|---|---|---|---|---|---|---|---|
| Genotypen | RR | : | Rr | : | Rr | : | rr |
| Verteilung der Genotypen | 1 | : | 2 | | | : | 1 |
| Phänotypen | rot | : | rot | : | rot | : | weiß |
| Verteilung der Phänotypen | 3 | | | | | : | 1 |

**2** Zahlenverhältnis der Nachkommen

## VL Materialgebundene Aufgabe

### 7 Vererbung bei Wunderblumen

Die Wunderblume verdankt ihren Namen der außergewöhnlichen Farbvielfalt ihrer Blüten. Sie können von weiß über rosa bis rot und auch gelb sein. Bestäubt man die Blüten einer reinerbig rotblühenden Wunderblume mit Pollen einer weißblühenden, erhält man in der $F_1$-Generation ausschließlich Pflanzen mit rosa Blüten. Ihr Phänotyp liegt also zwischen den Phänotypen der Ausgangssorten.

**a)** ≡ Begründen Sie, dass weißblühende Wunderblumen immer homozygot in Bezug auf die Blütenfarbe sind.
**b)** ≡ Erstellen Sie für die beschriebene Kreuzung ein Kreuzungsschema (→ **Methode**). Verwenden Sie als Allelsymbole r und w.
**c)** ≡ Nennen Sie den Fachbegriff für das beschriebene Phänomen.
**d)** ≡ Erklären Sie anhand des Kreuzungsschemas die in der $F_1$- und $F_2$-Generation zu erwartende Farbverteilung.

**Unvollständige Dominanz**

Die dominant-rezessive Vererbung tritt in vielen Fällen auf, sie ist die weitaus häufigste Vererbungsform. So sind alle Nachkommen eines reinerbigen kurzhaarigen Meerschweinchens in der ersten Generation ebenfalls kurzhaarig; denn das Allel für Kurzhaarigkeit dominiert über das Allel für Langhaarigkeit. Beim Mais dominiert das Allel für die dunkle Farbe der Körner über das Allel für gelbe Farbe.

Daneben gibt es eine Form der Vererbung, bei der ein Merkmal in der $F_1$-Generation eine Mittelstellung zwischen den unterschiedlichen Merkmalen homozygoter Eltern einnimmt. Man bezeichnet das auch als **intermediären** Phänotyp. Beispielsweise haben die Nachkommen rot blühender und weiß blühender Wunderblumen rosafarbene Blüten. Kreuzt man die Mischlinge untereinander, so spalten die drei Merkmale im Verhältnis 1 : 2 : 1 auf. Man spricht auch von **unvollständiger Dominanz**, weil ein dominantes Rot-Allel allein nicht ausreicht, die Rotfärbung der Blüten zu bewirken.

**Dihybrider Erbgang**

Kreuzt man homozygote Eltern, die sich in zwei Merkmalen unterscheiden, so spricht man von einem **dihybriden** Erbgang. Ein Beispiel aus dem Tierreich ist die Kreuzung von zwei Rinderrassen, die sich in der Fellfarbe und der Musterung unterscheiden; eine Rasse ist schwarz und gescheckt, die andere braun und einfarbig. Die Tiere der $F_1$-Generation sind durchweg schwarz und einfarbig. In der $F_2$-Generation treten vier Phänotypen auf:
schwarz/einfarbig, schwarz/gescheckt sowie braun/einfarbig, braun/gescheckt.

Der Fellfarbe liegt ein Gen zugrunde, welches entweder als Allel für schwarz oder als Allel für braun ausgebildet ist. Entsprechend gibt es ein Gen für Fellmusterung in den allelen Ausbildungen für einfarbig und für gescheckt. Die reinerbigen Eltern besitzen in den diploiden Zellen jeweils zwei Allele für die Farbe und zwei Allele für das Fellmuster. In den dazugehörigen Keimzellen befindet sich jeweils ein Allel für die Farbe und ein Allel für das Fellmuster. Ein solcher dihybrider Erbgang lässt sich in einem **Kombinationsquadrat** darstellen.

## VL Materialgebundene Aufgabe

### 8 Vererbung bei Rindern

Kreuzt man einfarbig schwarze Rinder (**A**) mit schwarz gescheckten Rindern (**B**), so sind alle Kälber einfarbig schwarz. Bei der Kreuzung einfarbig brauner Rinder (**C**) mit braun gescheckten Rindern (**D**) sind alle Nachkommen einfarbig braun. Kreuzt man die schwarz gescheckten Rinder mit braun gescheckten, so haben alle Kälber ein schwarz geschecktes Fell. Alle Rinder der Parentalgeneration sind reinerbig.

**a)** ≡ Ermitteln Sie aus den Ergebnissen der Kreuzungen, welche Allele bei der Fellfarbe und Fellmusterung dominant beziehungsweise rezessiv sind.

**b)** ≡ Geben Sie entsprechend der Ergebnisse aus Aufgabe **a** mögliche Bezeichnungen für die Allele der Fellfarbe (schwarz, braun) und die der Musterung (gescheckt, einfarbig) an.

**c)** ≡ Ordnen Sie den abgebildeten Rindern A bis D der Parentalgeneration den jeweiligen Genotyp zu.

**d)** ≡ Erstellen Sie ein Kombinationsquadrat für die Kreuzung schwarz gescheckter und einfarbig brauner Rinder und ermitteln Sie, in welchem Verhältnis die unterschiedlich gefärbten und gescheckten Rinder in der $F_1$- und in der $F_2$-Generation auftreten.

**e)** ≡ Ermitteln Sie das Verhältnis der unterschiedlich gefärbten und gescheckten Rinder in der $F_1$- und in der $F_2$-Generation bei einer Kreuzung schwarz gescheckter und einfarbig schwarzer Rinder. Erstellen Sie für jede Generation ein Kombinationsquadrat.

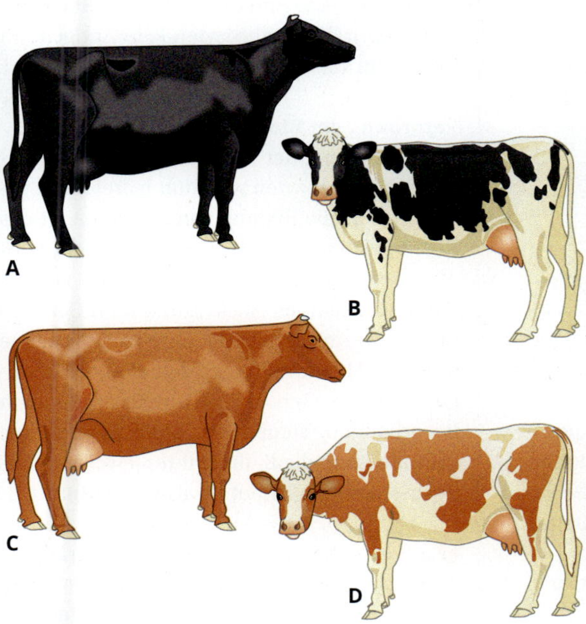


| | **AB** | **Ab** | ... | ... |
|---|---|---|---|---|
| **AB** | AABB | AABb | ... | ... |
| **Ab** | ... | ... | ... | ... |
| ... | ... | ... | ... | ... |
| ... | ... | ... | ... | ... |

**Muster eines Kombinationsquadrats:**
Parentalgeneration: AABB und aabb
$F_1$-Generation: AaBb
Mögliche Genotypen der Keimzellen: AB, Ab, aB, ab

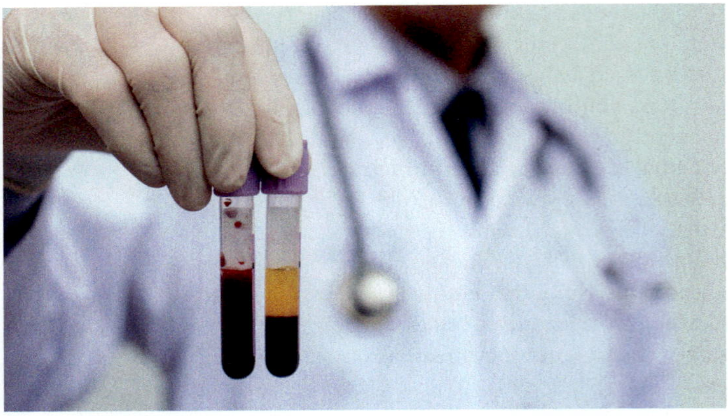

1 Blutbestandteile: nach Zentrifugation von Vollblut (links) unter Zugabe von Gerinnungsfaktoren erhält man das Serum (rechts gelb, als Überstand)

## VL Materialgebundene Aufgabe

### ❷ Vererbung der Blutgruppen

| Blutgruppen | A | B | AB | 0 |
|---|---|---|---|---|
| **Phänotyp** Erythrozyten | 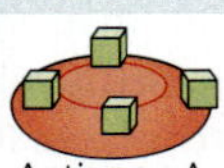 Antigene A | 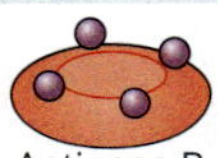 Antigene B | 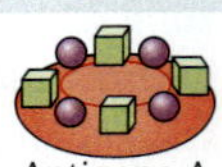 Antigene A und B |  keine Antigene |
| Antikörper | Anti-B-Antikörper | | | |
| **mögliche Genotypen** | AA oder A0 | | | |
| **Keimzellen** | Ⓐ Ⓐ oder Ⓐ ⓪ | | | |

**a)** ≡ Übertragen Sie die Grafik in Ihr Heft (✎) und ergänzen Sie die Antikörper, Genotypen und Keimzellen.

**b)** ≡ Definieren Sie den Begriff Kodominanz mithilfe der dargestellten Erythrozyten des ABO-Systems.

| **Keimzellen** | Ⓐ | Ⓑ | ⓪ |
|---|---|---|---|
| Ⓐ | AA | AB | A0 |
| Ⓑ | AB | BB | B0 |
| ⓪ | A0 | B0 | 00 |

**c)** ≡ Beschreiben Sie die Kreuzungstabelle.

**d)** ≡ Eine Mutter der Blutgruppe B hat eine Tochter mit Blutgruppe 0. Die drei als Vater infrage kommenden Männer haben die Blutgruppen (1) A, (2) AB und (3) 0. Geben Sie begründet die Genotypen von Mutter und Tochter an und erläutern Sie, welche der genannten Männer der Vater des Mädchens sein könnten.

**e)** ≡ Erstellen Sie die möglichen Kombinationsquadrate (→**Methode**→ **Seite 140**) der Eltern und ihrer Tochter.

## 5.2 Vererbung beim Menschen: die Bluteigenschaften

**Im Jahr 1823 fand in einem englischen Krankenhaus die erste Bluttransfusion von Mensch zu Mensch statt. Oft traten aus damals unerklärten Ursachen bei den Empfängern schwerwiegende Symptome wie Fieber, Blutdruckabfall oder sogar tödlicher Schock auf. Was waren die Ursachen dieser schweren Komplikationen?**

### Blutgruppen des Menschen

Der Immunologe Karl LANDSTEINER stellte 1901 das **AB0-Blutgruppensystem** vor. Bis zu dieser Entdeckung kam es bei Bluttransfusionen oft zu Komplikationen. Spender- und Empfängerblut verklumpten. Erklären lässt sich dieses Phänomen durch Strukturen auf der Oberfläche der Erythrozyten, den **Antigenen**, sowie dem Vorhandensein bestimmter **Antikörper** im Blutserum.

Menschen mit der Blutgruppe A tragen auf der Oberfläche ihrer Erythrozyten das Antigen A. In ihrem Blutserum findet man Anti-B-Antikörper. Die Blutgruppe B ist durch das Antigen B und Anti-A-Antikörper gekennzeichnet. Mischt man Blut der Blutgruppen A und B, so kommt es durch die Antikörper zur Verklumpung der Erythrozyten der jeweils anderen Blutgruppe. Bei der Blutgruppe AB sind beide Antigene auf der Oberfläche der Erythrozyten vorhanden. Bei dieser Blutgruppe kommen im Blutserum keine Antikörper vor. Bei Blutgruppe 0 tragen die Erythrozyten kein Antigen, im Blutserum sind beide Antikörper vorhanden.

### Vererbung der Blutgruppen

Die Ausbildung der Antigene auf der Oberfläche der Erythrozyten wird durch drei Allele gesteuert. Für die Bildung von Antigen A ist das Allel A zuständig, für Antigen B das Allel B. Das Allel 0 steuert keine Antigenbildung. Da das Vorhandensein der Allele A und B im Genotyp immer zur Ausbildung der jeweiligen Antigene führt, sind beide Allele gegenüber Allel 0 dominant. Sind im Genotyp sowohl Allel A als auch B vorhanden, steuern sie ohne gegenseitige Beeinflussung die Bildung ihres jeweiligen Antigens. Man bezeichnet sie als **kodominant**.

❶ ≡ VL Nennen Sie die möglichen Genotypen, die den vier Blutgruppen-Phänotypen A, B, AB und 0 zugrunde liegen können.

### Rhesus-Blutgruppensystem

1940 entdeckte LANDSTEINER bei Rhesusaffen eine weitere Blutgruppeneigenschaft, die auch beim Menschen vorkommt. Sie wurde als Rhesusfaktor bezeichnet. Dieser Faktor ist ein Protein-Antigen auf den Erythrozyten und wird D-Antigen genannt. Er ist bei 85 Prozent der europäischen Bevölkerung vorhanden. Da ein intaktes Allel bereits ausreicht, damit das D-Antigen gebildet wird, wird der Rhesusfaktor dominant vererbt. Besitzt ein Mensch dieses Antigen, bezeichnet man ihn als **Rhesus-positiv (Rh-positiv, Rh+; Buchstabe D),** fehlt es, ist der Mensch **Rhesus-negativ (Rh-negativ, Rh-, Buchstabe d).** Die Vererbung des Rhesusfaktors erfolgt dominant-rezessiv.

**3** ≡ Nennen Sie die möglichen Genotypen von Personen, die Rh-positiv beziehungsweise Rh-negativ sind.

### Rhesusfaktor und Schwangerschaft

Die Bildung von Anti-D-Antikörpern ist bei Schwangerschaften von Rh-negativen Frauen von besonderer Bedeutung, wenn das Kind zugleich Rh-positiv ist. Diese Konstellation tritt etwa bei jeder zehnten Schwangerschaft auf. Während der Schwangerschaft können bereits wenige der kindlichen Erythrozyten mit dem D-Antigen in den mütterlichen Kreislauf gelangen. Sie bewirken dort nur eine schwache Immunantwort mit einer Anti-D-Antikörperbildung. Dies ändert sich aber oft beim Geburtsvorgang. Dabei wird die Plazenta beschädigt und eine größere Anzahl kindlicher Erythrozyten gelangt in den Kreislauf der Mutter. Einige Tage nach der Geburt des Rh-positiven Kindes sind dann im Blut der Mutter Anti-D-Antikörper nachweisbar.

Die nach der Geburt des ersten Kindes gebildeten Antikörper können bei einer erneuten Schwangerschaft mit einem Rh-positiven Kind problematisch werden. Bei dieser zweiten Schwangerschaft können dann Anti-D-Antikörper aus dem mütterlichen Blut über die Plazenta in den Embryo gelangen und dort zu Verklumpungen führen. Blutarmut und Sauerstoffmangel sind die Folgen. Diese können zu schweren Hirnschäden oder sogar zu einer Fehlgeburt führen.

**4** ≡ Stellen Sie nach einer Recherche die Bedeutung des Rhesus-Faktors für Bluttransfusionen dar.

## Materialgebundene Aufgaben

### 5 VL Vererbung des Rhesus-Faktors

| Phänotyp | Mutter Rh-negativ | | Vater Rh-positiv |
|---|---|---|---|
| mögliche Genotypen | dd | x | Dd oder DD |

a) ≡ Eine Rh-negative Frau und ein Rh-positiver Mann wollen ein Kind bekommen. Geben Sie die möglichen Genotypen der Keimzellen der beiden Personen an.

b) ≡ Berechnen Sie anhand der dazugehörenden Kreuzungsschemata die Wahrscheinlichkeit, dass das Kind der beiden Rh-positiv ist.

### 6 Komplikationen bei der Schwangerschaft

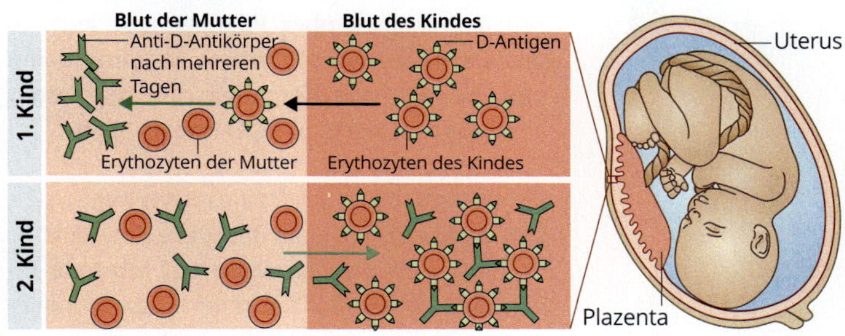


a) ≡ Beschreiben Sie die Abbildung.

b) ≡ Entwickeln Sie zu diesem Phänomen eine Fragestellung.

c) ≡ Erstellen Sie eine Hypothese zur Bearbeitung der genannten Fragestellung.

d) ≡ Recherchieren Sie in geeigneten Quellen die Maßnahmen zur Verhinderung der Schäden beim ungeborenen Kind.

### 7 Familienanalyse

**Bericht einer werdenden Mutter:**
„Neulich habe ich in einer Zeitschrift gelesen, dass die Blutgruppeneigenschaften der Eltern in manchen Fällen problematisch sein können. Mein Mann hat Blutgruppe 0, Rh+ und ich Blutgruppe AB, Rh–. Unsere ersten beiden Kinder haben Blutgruppe B, das dritte A. Alle drei sind Rh–. Meine Mutter hatte die Blutgruppe AB, mein Vater die Blutgruppe 0. Meine Eltern sind beide Rh+. Gibt es nun bei meiner vierten Schwangerschaft ein Problem? Wurde mir bei den vorherigen Schwangerschaften etwas verschwiegen?"

a) ≡ Nennen Sie die möglichen Genotypen der Blutgruppenmerkmale der Eltern und der ersten beiden Kinder.

b) ≡ Stellen Sie mit einer geeigneten Darstellungsform dar, ob die Mutter ein Rh-positives Kind bekommen kann.

c) ≡ Analysieren Sie die Blutgruppen der Großeltern der Kinder nach Auffälligkeiten.

**1** Gregor MENDEL

**2** Erbsenhülle mit grünen Samen

## 5.3 Entdeckung der Vererbungsregeln und ihrer zellbiologischen Grundlagen

**Der Augustinermönch Johann Gregor Mendel war der erste, der in der Mitte des 19. Jahrhunderts über Experimente mit Gartenerbsen Regeln zur Vererbung entdeckte. Was waren die Grundlagen seiner Untersuchungen?**

### Johann Gregor MENDEL

Johann Gregor MENDEL war zwischen 1853 und 1868 Lehrer für Naturwissenschaften in Brünn. 1868 wurde er zum Abt im dortigen Augustinerkloster gewählt. Bereits 1854 begann er im Klostergarten mit der Auswahl geeigneter Sorten der Gartenerbse für Kreuzungsexperimente. Im Jahr 1865 veröffentlichte er die Arbeit „Versuche über Pflanzenhybriden", in der er seine Kreuzungsversuche an verschiedenen Erbsensorten beschrieb und die daraus abgeleiteten Gesetzmäßigkeiten darstellte.

### Untersuchungen an der Gartenerbse

Die Merkmale, die er an der Erbse untersuchte, bezogen sich beispielsweise auf folgende Eigenschaften: Gestalt der reifen Samen (kugelrund oder kantig und tief runzelig), Farbe der Samen (gelb oder grün) oder Blütenfarbe (weiß oder rot). Mendel kreuzte je zwei Sorten, indem er Pollen der einen Sorte auf die Narben der anderen Sorte brachte. Neu war an seinem Ansatz nicht die Kreuzungstechnik, sondern die Berücksichtigung einer sehr großen Anzahl von Versuchspflanzen: Aus 355 künstlich befruchteten Blüten zog er 12980 Bastardpflanzen. Darüber hinaus verfolgte Mendel die Verteilung der Merkmale auf die Nachkommen der Bastardpflanzen über mehrere Generationen hinweg.

Der Erfolg der mendelschen Versuchsmethodik lässt sich folgendermaßen begründen:

- Die Erbse ist ein günstiges Versuchsobjekt. Sie hat eine kurze Generationsdauer sowie eine große Zahl von Nachkommen.
- In unseren Breiten ist die Erbse Selbstbestäuber, doch ist künstliche Fremdbestäubung möglich. Dazu müssen die noch geschlossenen Blütenknospen geöffnet und die Staubbeutel abgeschnitten werden, wodurch die Selbstbestäubung verhindert wird. Anschließend trägt man mit einem Pinsel Pollen einer anderen Pflanze auf die Narbe auf.
- MENDEL führte zwei Jahre lang Vorzuchten durch, um reine Linien bezüglich der untersuchten Merkmale zu erhalten. Die Individuen reiner Linien sind reinerbig, also homozygot. Ihre Nachkommen weisen auch nach vielen Generationen denselben Phänotyp in Bezug auf ein bestimmtes Merkmal auf.
- MENDEL untersuchte bei seinen Kreuzungsversuchen das Erbverhalten von jeweils nur ein oder zwei sich klar unterscheidenden Merkmalen. Dabei war es günstig, dass bei allen betrachteten Merkmalen jeweils nur eine einzige Erbanlage zugrunde lag, es sich damit um monogene Erbgänge handelte. Interessant ist, dass MENDEL diesen Umstand nicht wissen konnte.
- MENDEL führte viele Kontrollexperimente zur Prüfung seiner Erkenntnisse durch.

**1** ☰ Begründen Sie, dass MENDELS Versuche den Grundsätzen heutiger Forschung entsprechen.

**2** ☰ Erläutern Sie, warum die hohe Anzahl der Versuchspflanzen für MENDEL von Vorteil war.

Obwohl MENDELS Arbeit weite Verbreitung fand, erkannte die wissenschaftliche Welt die Bedeutung seiner Forschung zunächst nicht.

**Regeln der Vererbung**

MENDEL leitete aus seinen Beobachtungen Regeln ab, die später auch als Mendelsche Regeln bezeichnet und erweitert formuliert wurden:

**1. Mendelsche Regel (Uniformitätsregel):**
Kreuzt man zwei Individuen einer Art, die sich im beobachteten Merkmal (oder Merkmalen) unterscheiden, das/die beide Individuen homozygot aufweisen, so sind die Individuen der $F_1$-Generation im betrachteten Merkmal/in den betrachteten Merkmalen gleich, also uniform.

**2. Mendelsche Regel (Spaltungsregel):**
Kreuzt man mischerbige Lebewesen der $F_1$-Generation miteinander, so spalten sich die Merkmale in der $F_2$-Generation in einem bestimmten Zahlenverhältnis wieder auf. Beim monohybriden dominant-rezessiven Erbgang beträgt das Verhältnis 3 : 1.

**3. Mendelsche Regel (Unabhängigkeitsregel,** auch **Rekombinantenregel):**
Kreuzt man Lebewesen eine Art, die sich in mehr als einem Merkmal reinerbig unterscheiden, so können in der $F_2$-Generation neue Merkmalskombinationen auftreten. Die Weitergabe der Erbanlagen, der Allele, erfolgt unabhängig von einander. Die betreffenden Nachkommen bezeichnet mal als Rekombinanten.

**3** Mendelsche Regeln

## 3 Vererbung der Samenfarbe bei der Erbsenpflanze

Um festzustellen, wie das Merkmal Samenfarbe vererbt wird, führte MENDEL das in der Abbildung beschriebene Kreuzungsexperiment mit Erbsenpflanzen durch.

**a)** ≡ Beschreiben Sie das Vorgehen MENDELS bis zur $F_2$-Generation anhand der Abbildung.

**b)** ≡ Nennen Sie den Fachbegriff für den abgebildeten Erbgang.

**c)** ≡ Treffen Sie eine Vorhersage zur Genotypen- und Phänotypenverteilung der beiden gezeigten Kreuzungen, indem Sie die Uniformitätsregel und die Spaltungsregel anwenden. Erstellen Sie dazu ein Kombinationsquadrat.

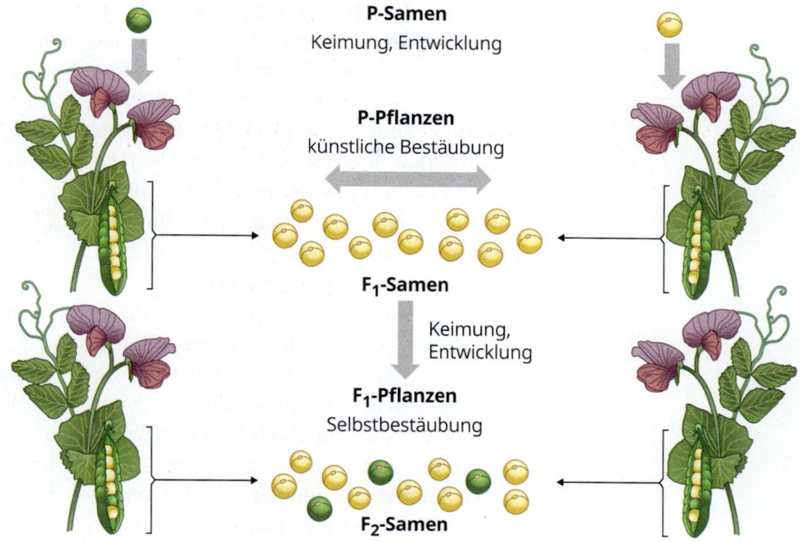


## 4 Vererbung der Samenfarbe und der Samenform bei der Erbsenpflanze

**a)** ≡ Treffen Sie zu dem abgebildeten dihybriden Erbgang eine Vorhersage zur Genotypen- und Phänotypenverteilung der Kreuzung bis zur $F_2$-Generation bei Anwendung der 3. Mendelschen Regel. Erstellen Sie dazu für die $F_2$-Generation ein Kombinationsquadrat.

**b)** ≡ Erläutern Sie mit einem Kombinationsquadrat, welche Ergebnisse zu erwarten sind, wenn die Eltern die Genotypen GGrr und ggRR aufweisen.

| | Parentalgeneration | | |
|---|---|---|---|
| Phänotyp | | x | |
| Genotyp | GGRR | | ggrr |
| Keimzellen | GR | | gr |

## 5 Vererbung der Gefiederfarbe bei Hühnern

Ein Bauer hat für die Zucht einen schwarzen Hahn und eine weiße Henne gekauft. Leider sind die ersten Nachkommen alle grau. Erst in der nächsten Generation gibt es wieder schwarze und weiße Hühner.

**a)** ≡ Erklären Sie mithilfe der Abbildung, um welchen Typ von Erbgang es sich handelt.

**b)** ≡ Erstellen Sie unter Berücksichtigung der Phänotypen Kombinationsquadrate für die $F_1$- und die $F_2$-Generation.

**c)** ≡ Erläutern Sie, welche Mendelschen Regeln hier gelten.

**Information**
**Evidenzbasierung:** auf wissenschaftliche Belege und Beweise gestützt

### Zellbiologische Grundlagen

Etwa 15 Jahre nach MENDELS Tod setzten Zellbiologen die Überlegungen MENDELS mit ihren Entdeckungen zu den Abläufen bei der Entstehung von Keimzellen in Beziehung. Damals wurden auf dem Gebiet der Zellforschung, unter anderem wegen Verbesserungen der Mikroskope und der Färbetechniken, bedeutsame Erkenntnisse gewonnen. So konnte man während der Kernteilungen fadenförmige Gebilde erkennen, die 1888 den Namen Chromosomen, „färbbare Körper", bekamen. Genauere Untersuchungen führten den deutschen Botaniker Carl CORRENS, einen Wiederentdecker der Mendelschen Regeln, zu der Vermutung, dass die Chromosomen Träger der Gene seien. Dies wurde durch folgende Beobachtungen gestützt:

- In den Zellkernen diploider Organismen sind die Chromosomen paarweise vorhanden.
- Bei der Entstehung der Keimzellen trennen sich diese homologen Chromosomen voneinander.
- Im Zellkern der Keimzellen ist ihre Anzahl auf die Hälfte reduziert.

## Materialgebundene Aufgabe

**8 Chromosomale Grundlagen für die Mendelschen Regeln**

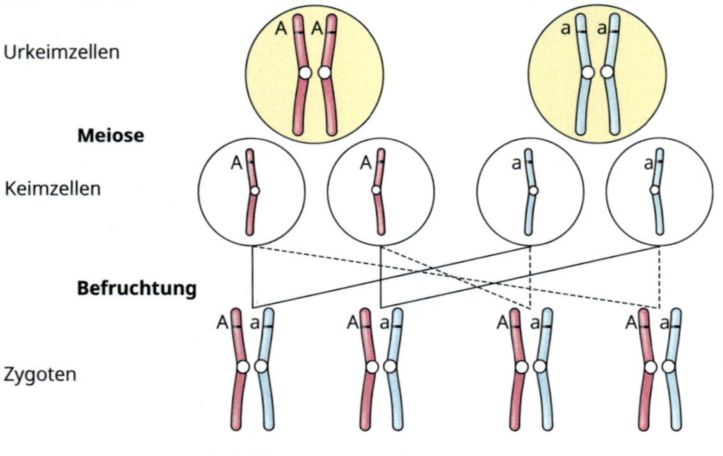


**a)** ≡ Beschreiben Sie die schematisierte Abbildung.

**b)** ≡ Erstellen Sie das Kreuzungsschema nach MENDEL für die Entstehung der dargestellten Individuen der $F_1$-Generation und die möglichen Chromosomen-Kombinationen der $F_2$-Generation.

**c)** ≡ Stellen Sie die möglichen Chromosomen der Keimzellen der $F_1$-Generation sowie der $F_2$-Generation dar, die durch eine Kreuzung der $F_1$-Generation untereinander entstehen.

- Nach der Befruchtung enthält die Zygote wieder homologe Chromosomenpaare.

Damit waren Genetik und Zellbiologie, zwei bis dahin getrennte Forschungsrichtungen, zu übereinstimmenden Ergebnissen gekommen.

**6** ≡ VL Vergleichen Sie kriteriengeleitet die vier genannten Beobachtungen der Zellbiologie mit denen von MENDEL.

**7** ≡ VL Erläutern Sie, inwieweit die Befunde der Zellbiologie als Evidenzbasierung (→ **Randspalte**) der Befunde MENDELS gedeutet werden können.

### Chromosomentheorie der Vererbung

Diese Übereinstimmungen der Erkenntnisse aus der Genetik und der Zellbiologie wurden im Jahr 1904 in der „Chromosomentheorie der Vererbung" zusammengestellt. Nach dieser sind die Chromosomen die Träger der von MENDEL postulierten Erbfaktoren. Diese wurden später als Gene bezeichnet.

Eine weitere Bestätigung dieser Theorie erbrachten Untersuchungen an der Taufliege Drosophila (→ **Seite 46**). Aus ihnen ging hervor, dass die Gene auf den Chromosomen aufgereiht sind wie Perlen auf einer Schnur. Sie zeigten auch, dass die zahlreichen untersuchten Gene zum großen Teil nicht frei kombinierbar sind, sondern als so genannte **Kopplungsgruppen** vorliegen. Heute weiß man, dass es sich bei diesen Kopplungsgruppen um die Chromosomen handelt.

### Wissen verändert sich

MENDEL leistete mit seinen Beobachtungen und Experimenten einen wichtigen Beitrag zum Wissen um die Erbanlagen. Mithilfe moderner Methoden, die zu seinen Lebzeiten noch gar nicht bekannt waren, konnten seine Ergebnisse bestätigt und auf deren Grundlage weitere Erkenntnisse gewonnen werden.

**9** ≡ Reflektieren Sie die Bedingungen biologischer Erkenntnisgewinnung, indem Sie erläutern, inwieweit MENDEL „Glück" bei der Auswahl der von ihm untersuchten Merkmale hatte.

**10** ≡ Beschreiben Sie die Veränderung des Wissens und die Bedeutung neuer Erkenntnisse bei der Erklärung von biologischen Phänomenen am Beispiel der Aufdeckung von Gesetzmäßigkeiten der Vererbung.

## 5.4 Genkopplung und Genaustausch

**Im Jahre 1906 setzte Thomas Morgan Taufliegen für Kreuzungsexperimente ein. Er zeigte, dass die 1. und 2. Mendelsche Regel auch für *Drosophila melanogaster* gelten. Kreuzungen mit Doppelmutanten konnten die Regel von der Unabhängigkeit der Allele nicht bestätigen. Was ist der Grund dafür?**

1. „In einem Eukaryotengenom ist die Zahl der Gene sehr viel höher als die haploide Chromosomenzahl". Identifizieren Sie die Fragestellung, die sich für die Wissenschaftler aus dieser Beobachtung ergab.

### Drosophila – das Haustierchen der Genetik

Die Taufliegenart *Drosophila melanogaster*, im Folgenden kurz Drosophila, ist weltweit verbreitet. Drosophila ist im Labor leicht zu züchten, die Generationsdauer beträgt nur 14 Tage, und die Nachkommenzahl ist groß. Bereits im Puppenstadium lassen sich die Männchen und Weibchen gut unterscheiden. Aufgrund leicht erkennbarer Erbmerkmale und dem Vorliegen von nur vier Chromosomenpaaren ist Drosophila geeignet für genetische Untersuchungen.

2. „Die Taufliege Drosophila ist wegen des statistischen Charakters der Vererbung als Modellorganismus für Kreuzungen besonders geeignet." Erläutern Sie diese Aussage.

### Hinweise auf die Genkopplung

Neben der in der Natur häufigsten Form, dem sogenannten **Wildtyp**, kennt man viele Mutanten, die sich von der Wildform unterscheiden, zum Beispiel in der Farbe der Augen, des Körpers oder der Flügelform. Für die Allele der Drosophila-Gene und für ihre Merkmale verwendet man die Abkürzungen englischer Bezeichnungen, zum Beispiel b von **b**lack (schwarz/brauner Körper) und vg von **vestig**ial (stummelflügelig). Die Allele, die Wildtypmerkmale bestimmen, kann man mit einem großen Buchstaben kennzeichnen, also B und Vg. Der Wildtyp von *Drosophila* (hellbrauner Körper, normale Flügel) hat bei Homozygotie den Genotyp BB VgVg. Eine für die Untersuchungen verwendete Doppelmutante hat eine schwarze Farbe und Stummelflügel, der Genotyp lautet bbvgvg. Bei der Kreuzung beider Formen entstehen in der $F_1$-Generation Bastarde mit dem Aussehen der Wildform. Die Allele B und Vg verhalten sich dominant gegenüber den Allelen b und vg. Der Genotyp der Fliegen der $F_1$-Generation ist Bb Vgvg.

1 ***Drosophila melanogaster.*** **A** Wildtyp; **B** Mutante bbvgvg

3. VL Erläutern Sie den Genotyp der $F_1$-Generation mithilfe der Mendelschen Regeln.
4. Stellen Sie eine Hypothese zum Phänotyp der $F_2$-Generation nach einer Kreuzung der $F_1$-Generation auf.

### VL Materialgebundene Aufgabe

**5 Nachweis der Genkopplung**

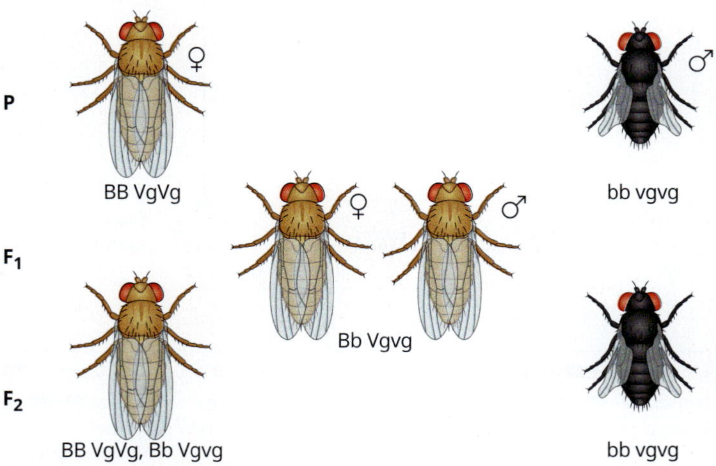

Kreuzungsversuche von Morgan (in vereinfachter Schreibweise)

a) Beschreiben Sie die Fliegen der $F_2$-Generation, die durch Kreuzung von Fliegen der $F_1$-Generation entstanden sind.
b) Vergleichen Sie das Ergebnis mit Ihren Ergebnissen aus Aufgabe 4.
c) Formulieren Sie eine mögliche Erklärung der Ergebnisse, indem Sie folgende Satzbausteine verwenden: auf demselben Chromosom • gemeinsam vererbt • gekoppelt • Rekombinantenregel • ungültig
d) Recherchieren Sie die in der Drosophila-Forschung traditionell übliche Nomenklatur und stellen Sie die hier abgebildeten Kreuzungsversuche in dieser dar.

**Information: Nicht-Schwesterchromatiden:** Chromatiden, die zu verschiedenen Zwei-Chromatid-Chromosomen eines homologen Paares gehören

**Hinweise für den Kopplungsbruch**
Zur Aufklärung der Genkopplung kreuzte MORGAN in einer Rückkreuzung (→ **Seite 139**) ein heterozygotes Fliegenweibchen Bb Vv der erhaltenen $F_1$-Generation mit einem homozygot rezessiven Männchen bbvv. Theoretisch sollten bei einer gekoppelten Vererbung der Allele jeweils 50 Prozent der Nachkommen den Phänotyp eines Elters aufweisen.

**6** ≡ Erläutern Sie mithilfe der Angabe der Keimzellen und einem Kreuzungsquadrat, welche Phänotypen MORGAN nach dieser Kreuzung erwartete.

Die Analyse von 2300 Nachkommen ergab jedoch, dass nur jeweils 41 Prozent die Phänotypen der Eltern zeigten. Die restlichen 18 Prozent wiesen also eine neue Kombination der Merkmalsausprägungen auf: 9 Prozent braun und stummelflügelig, 9 Prozent hatten normale Flügel und einen schwarzen Körper. Das Auftreten dieser rekombinanten Phänotypen steht scheinbar im Widerspruch zu der Hypothese der gekoppelten Gene. Morgan erklärte sie mit dem Auftreten von **Kopplungsbrüchen**.

**Genkartierung**
MORGAN fand nach der Untersuchung ausreichend hoher Nachkommenzahlen für jedes gekoppelte Genpaar einen charakteristischen Prozentsatz von Rekombinanten, die durch Crossing-over entstanden waren. Diesen Prozentsatz der Entkopplung zweier Gene nennt man deren **Austauschwert** (angegeben in %). Er gibt die Wahrscheinlichkeit eines Crossing overs zwischen zwei Genorten wieder und entspricht daher indirekt dem Abstand der Genorte auf dem Chromosom. Er entspricht auch dem Anteil der Nachkommen, bei denen die betreffenden Gene entkoppelt vorliegen. Ein Kopplungsbruch ist also umso wahrscheinlicher, je weiter zwei Genorte auf einem Chromosom voneinander entfernt sind. Auch mehrfache Crossing over sind möglich.

Über die Häufigkeit solcher Kopplungsbrüche wird die Reihenfolge der Gene auf einem Chromosom bestimmt und als **Genkarte** dargestellt. Die Auswertung zahlreicher Kreuzungen bei Drosophila ergab Genkarten, bei denen die Gene auf den acht Chromosomen linear angeordnet sind. Die Gene für die Körperfarbe und für die Flügelform liegen zum Beispiel auf dem Chromosom 2. Die relativen Abstände der Gene werden in **MORGAN-Einheiten** angegeben.

**8** ≡ Für die Gene b und vg beträgt der Austauschwert 18 %. In weiteren Kreuzungen fand MORGAN für die Gene b und pr (purpurfarbene Augen) einen Austauschwert von 6 % und für die Gene pr und vg 12 %. Erstellen Sie eine Skizze der Anordnung der Gene b, pr und vg auf dem Chromosom.

## VL Materialgebundene Aufgabe

### 7 Nachweis von Kopplungsbrüchen

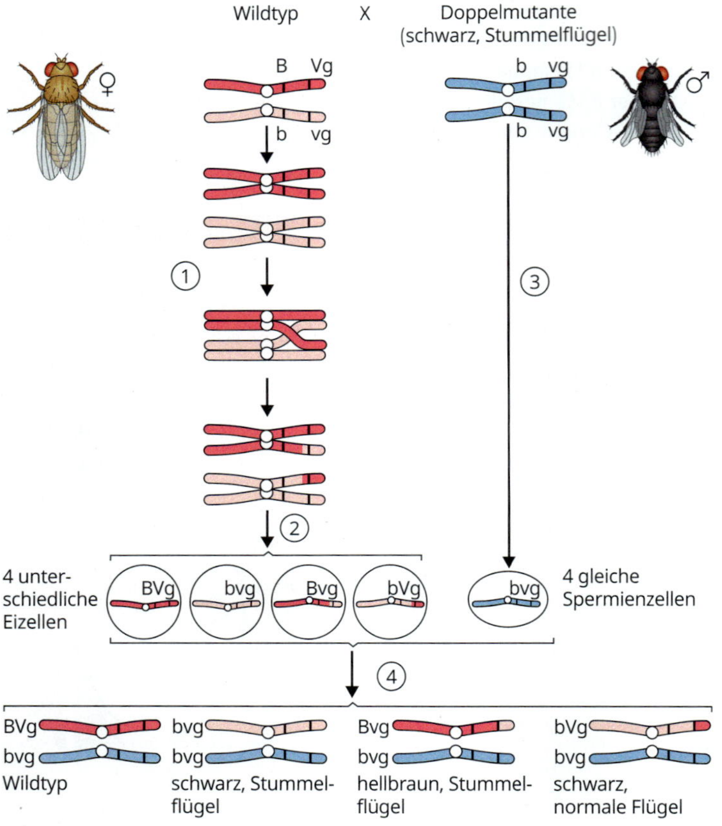


a) ≡ Die Abbildung zeigt schematisch die Vorgänge an Chromosomenpaar 2. Erläutern Sie, in welchen Phasen sich die entsprechenden Zellen an den Zeitpunkten 1–4 befinden.
b) ≡ Beschreiben Sie den in der Eimutterzelle abgebildeten Vorgang. Nutzen Sie dabei die folgende Fachbegriffe: homologe Chromosomen • Genaustausch • Crossing-over • Nicht-Schwesterchromatiden • Kopplungsbruch • gekoppelten Gene.
c) ≡ Erläutern Sie das dargestellte Ergebnis.
d) ≡ Beschreiben Sie, was bei der Bildung der Zygoten passiert.
e) ≡ Erläutern Sie, inwieweit die Ergebnisse von MORGAN als Beweis für die Chromosomentheorie der Vererbung gelten können.

## 9 Modellexperiment zu Kreuzungen auswerten

Die stochastischen Zusammenhänge, die Sie aus dem Mathematikunterricht kennen, lassen sich auf die Vererbung anwenden. Dazu zunächst ein Modellexperiment: Die Wahrscheinlichkeit, mit der die verschiedenen Allelkombinationen bei einem monohybriden dominant-rezessiven Erbgang auftreten, lässt sich mit dem Wurf von zwei 1-Cent-Münzen simulieren. Die Vorderseite der Münze „Zahl“ kann beispielsweise das dominante Allel, die Rückseite „Blätter“ das rezessive Allel symbolisieren. Die Kombination der beiden Münzseiten „Zahl“ und „Blätter“ bei einem Wurf bestimmt den „Genotyp“ und damit auch den „Phänotyp“.

**Material:** zwei 1-Cent-Münzen; zwei 5-Cent-Münzen
**Durchführung:** Übernehmen Sie das Kombinationsquadrat zweimal in Ihr Heft (✎). Werfen Sie mit einem Partner oder einer Partnerin gleichzeitig je eine der Münzen. Tragen Sie die Münzkombination jedes Wurfs durch einen Strich in das entsprechende Feld des Kombinationsquadrats ein. Zählen Sie anschließend die Striche und errechnen Sie das Zahlenverhältnis der verschiedenen Münzkombinationen.

| Person A / Person B |  |  |
|---|---|---|
|  | ? | ? |
|  | ? | ? |

**a)** ☰ Stellen Sie eine Hypothese zum erwarteten Zahlenverhältnis der Wurfkombinationen auf.
**b)** ☰ Führen Sie den Modellversuch in Partnerarbeit durch und ermitteln Sie das Ergebnis der Wurfkombinationen zunächst bei 10 Würfen. Tragen Sie die Ergebnisse in das erste Kombinationsquadrat ein. Ermitteln Sie danach die Ergebnisse von 100 Würfen und tragen Sie diese in ein zweites Kombinationsquadrat ein.
**c)** ☰ Erklären Sie, welchen Teilschritt der Vererbung der Münzwurf modellhaft verdeutlichen soll.
**d)** ☰ Vergleichen Sie die Ergebnisse nach 10 beziehungsweise nach 100 Würfen mit Ihrer Hypothese aus Aufgabe a und leiten Sie an diesem Beispiel den statistischen Charakter der Vererbung ab.
**e)** ☰ Erstellen Sie ein Kombinationsquadrat für einen dihybriden dominant-rezessiven Erbgang. Berücksichtigen Sie die Merkmale „Zahl“ und „Größe“. Nutzen Sie dafür die 1-Cent-Münze (z=1, g=klein) und die 5-Cent-Münze (Z=5, G=groß). Nennen Sie dabei die möglichen Genotypen und Phänotypen. ➜

## 10 Kreuzungsexperiment bei Drosophila

Rückkreuzungen mit verschiedenen Mutanten von Drosophila führten zu folgenden Ergebnissen:

| **Kreuzung A: Vg/vg; B/b x vg/vg, b/b** | |
|---|---|
| braun, nomalflügelig | 4071 |
| schwarz, stummelflügelig | 4074 |
| braun, stummelflügelig | 925 |
| schwarz, nomalflügelig | 930 |

| **Kreuzung B: St/st; B/b x st/st; b/b** | |
|---|---|
| rotäugig, braun | 2570 |
| hellrote Augen, braun | 2565 |
| rotäugig, schwarz | 2568 |
| hellrote Augen, schwarz | 2563 |

**Allelbezeichnungen:**
B/b Anlagen für braune/schwarze Körperfarbe
Vg/vg Anlagen für normalflügelig/stummelflügelig
St/st Anlage für rote/hellrote Augen

**a)** ☰ Beschreiben Sie den Phänotyp und erläutern sie den Genotyp der Mutanten, die für die Kreuzungen A beziehungsweise B verwendet wurden.
**b)** ☰ Erläutern Sie die Notwendigkeit der hohen Anzahl an Nachkommen für die Validität der Ergebnisse.
**c)** ☰ Erläutern Sie begründet, welches Kreuzungsergebnis auf eine Genkopplung schließen lässt.
**d)** ☰ Erläutern Sie die hier vorliegende Kopplung beziehungsweise den Kopplungsbruch mit einer Skizze. Stellen Sie dabei die Bedeutung der 3. Mendelschen Regel heraus.
**e)** ☰ Bestimmen Sie den Austauschwert zwischen b und vg.
**f)** ☰ Entwerfen Sie für die Kreuzung mit den gekoppelten Genen ein Kreuzungsschema.

Verschiedene Mutanten von Drosophila (Augenfarbe, Flügelform, Körperfarbe)

## Materialgebundene Aufgabe

### 1 Die Vererbung von Angst bei Mäusen

Acetophenon ist eine Chemikalie mit einem süßen, mandelähnlichen Geruch. Es bindet bei Mäusen an einen spezifischen Geruchsrezeptor in der Nase, der von einem einzigen Gen, Olfr151, gebildet wird. Männliche Mäuse, die im Labor mit leichten Stromstößen auf Acetophenon konditioniert wurden, entwickelten ein Angstverhalten. Wurde den Mäusen nach der erfolgreichen Konditionierung nur der Geruch von Acetophenon präsentiert, zeigten sie ganz ohne Stromschock ebenfalls dasselbe Angstverhalten. Forschende konnten in einer Studie aus dem Jahr 2013 nachweisen, dass die Konditionierung zu epigenetischen Veränderungen in den Spermienzellen der Mäuse führt, die die Empfindlichkeit für Acetophenon erhöhen. Die Konditionierung führt zu einem Prozess in den männlichen Mäusen, bei dem das Gen Olfr151 in den Spermienzellen demethyliert wird.
Die epigenetische Vererbung der Angst bei Mäusen vor Acetophenon ist ein Beispiel dafür, wie Umwelterfahrungen nicht nur das Individuum, sondern auch seine Nachkommen prägen können. Es wirft auch Fragen auf, ob ähnliche Mechanismen beim Menschen existieren und wie sie sich auf unsere Gesundheit und unser Verhalten auswirken.

**a)** ≡ Beschreiben Sie die Vorgänge, die zu einer erfolgreichen Konditionierung auf ein gezeigtes Angstverhalten beim Geruch von Acetophenon mithilfe von milden Stromschocks führen.
**b)** ≡ Werten Sie den Stammbaum hinsichtlich der transgenerationalen Vererbung des Angstverhaltens beim Geruch von Acetophenon aus.
**c)** ≡ Erklären Sie den Grund für die erhöhte Empfindlichkeit gegenüber Acetophenon in den Mäusen der $F_1$- und $F_2$-Generation.
**d)** ≡ Begründen Sie den Einfluss der Umwelt auf die Vererbung anhand des beschriebenen Beispiels mit Acetophenon.

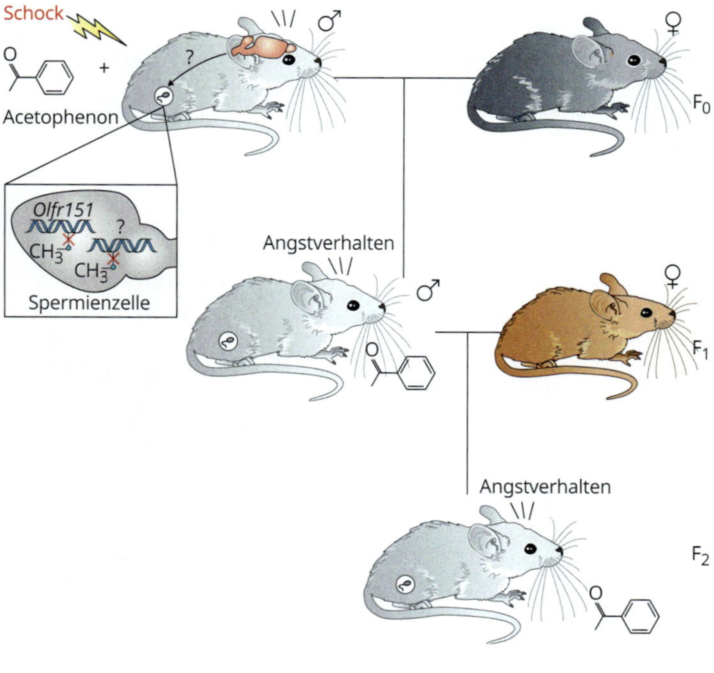


## 5.5 Epigenetische Vererbung und genomische Prägung

**Kurt Tucholsky (1890–1935, siehe Randspalte Seite 151), ein deutscher Schriftsteller, soll einst gesagt haben „Erfahrungen vererben sich nicht, jeder muss sie alleine machen." Wie bewertet die Wissenschaft diese Aussage nach heutigem Kenntnisstand?**

**Die Verpackung von DNA ist entscheidend**
Epigenetische Mechanismen (→ **Seite 72 ff.**) führen nicht zu einer Veränderung der Basenabfolge. Dennoch haben sie durchschlagende Wirkung auf die Genexpression. Die Verpackung von DNA beeinflusst die Genaktivität, ob Gene also an- oder abgeschaltet werden, und ob somit die darauf befindliche Information im Organismus realisiert wird oder nicht.

**Genomische Prägung**
Die in Aufgabe 1 beschriebene Studie über die Vererbung von durch Acetophenon ausgelöster Angst bei Mäusen wirft allerdings weitere Fragen auf. Unbekannt ist bisher, auf welche Weise die Chemikalie zu den epigenetischen Veränderungen in den Spermienzellen der Mäuseväter führt. Außerdem sind die Forschenden noch in Unkenntnis darüber, wie die epigenetischen Muster über mindestens zwei Generationen hinweg erhalten bleiben. Dieses als **Imprinting** oder **genomische Prägung** bekannte Phänomen bezeichnet den Zustand, bei dem die Expression von Genen davon abhängt, von welchem Elternteil das Allel stammt und somit darüber bestimmt, ob das mütterliche oder väterliche Allel aktiv ist. In den Keimzellen bleiben die epigenetischen Modifikationen meist erhalten.

**Epigenetische Vererbung gibt es auch bei anderen Lebewesen**
Bei vielen Säugetieren und Blütenpflanzen sind Imprinting-ähnliche Vorgänge und damit auch epigenetische Vererbung nachgewiesen. Sind beispielsweise trächtige Mäuse jeden Tag dem Geruch von Kojoten oder Rotfüchsen ausgesetzt, so ist deren Nachwuchs übermäßig furchtsam gegenüber diesen Raubtieren.

**Hunger und Epigenetik**
Eine Studie aus Schweden gab 2002 einen ersten Hinweis auf epigenetische Vererbung beim Menschen. In der nordschwedischen Gemeinde Överkalix wurde der Zugang zu Nahrung

und damit auch der gesundheitliche Zustand der Einwohner über die Jahre aufgeschrieben. So hatten die Forschenden Aufzeichnungen von Probanden, die in den Jahren 1890, 1905 und 1920 geboren wurden, vorliegen. Insgesamt wurden dabei Daten von 320 Personen und deren 1818 Kindern und Enkeln ausgewertet. Es zeigte sich, dass die Nachkommen von Vätern, die in einem bestimmten Alter wenig Nahrung zur Verfügung hatten, seltener an Herzinfarkt oder Herzschwäche starben als Nachkommen von Vätern mit normalem Nahrungsangebot. Zudem war die Sterblichkeit durch Diabetes bei Enkeln erhöht, deren Großväter väterlicherseits während der Pubertät übermäßig viel Nahrung zu sich nahmen. Verübeln Sie Ihrem Großvater nun seine Torte?

❷ ≡ Erklären Sie die erhöhte Diabetesrate bei Enkeln von wohlgenährten Großvätern.

**Traumatische Ereignisse und Epigenetik**

Im Winter 1944/1945 verwehrten die deutschen Besatzer in Holland den Bewohnern den Zugang zu Lebensmitteln. Etwa 18 000 Menschen starben in diesem Hungerwinter. Die zu dieser Zeit neugeborenen Kinder hatten extremes Untergewicht. Studien zeigten, dass diese Kinder zweimal häufiger an Schizophrenie erkrankten als normalgewichtig geborene Kinder. Auch in China wurde gegen Ende der 1950er-Jahre durch politische Reformen eine extreme Knappheit an Lebensmitteln hervorgerufen. Auch hier gab es ein etwa doppelt so hohes Vorkommen an Schizophrenen bei den zu dieser Zeit neugeborenen Personen im Vergleich zum sonstigen Vorkommen dieser Krankheit.

❸ ≡ Recherchieren Sie wesentliche Eigenschaften von Schizophrenie und besprechen Sie diese in einem Partnergespräch.

❹ ≡ Stellen Sie eine Hypothese über das Zustandekommen epigenetischer Auswirkungen durch traumatische Ereignisse auf.

❺ ≡ Bewerten Sie das Zitat (→ **Seite 150**) von Kurt Tucholsky aus biologischer Sicht.

❻ ≡ Recherchieren Sie ein weiteres Beispiel zur epigenetischen Vererbung beim Menschen und erstellen Sie ein Kurzreferat.

**1** Kurt TUCHOLSKY

## VL Materialgebundene Aufgabe

### ❼ Epigenetische Reprogrammierung und genomische Prägung

Wissenschaftler waren zunächst erstaunt, als sie feststellten dass epigenetische Muster aus der DNA der Keimzellen eines Elternteils in der DNA eines Nachkommens vorhanden bleiben und somit Allele genomisch geprägt sind. Untersuchungen konnten schließlich zeigen, dass die epigenetischen Modifikationen der Erbsubstanz während der Entwicklung eines Organismus mehrfach geändert werden, in Teilen aber auch unverändert weitergegeben werden.

**a)** ≡ Beschreiben Sie anhand der nebenstehenden Abbildung den Ablauf der epigenetischen Reprogrammierung im Lebenszyklus eines Organismus und erklären Sie damit die Auswirkung auf das Imprinting (zur Spermatogenese → **Seite 104**).

**b)** ≡ Stellen Sie eine Hypothese auf, welche Vorgänge bei der epigenetischen Reprogrammierung vorhanden sein müssen, damit die transgenerationale Vererbung wie bei den Mäusen in Aufgabe 1 erfolgreich sein kann.

**c)** ≡ Begründen Sie, dass vorhandene epigenetische Modifikationen an Histonen grundsätzlich nicht zum Imprinting geeignet sind. ●

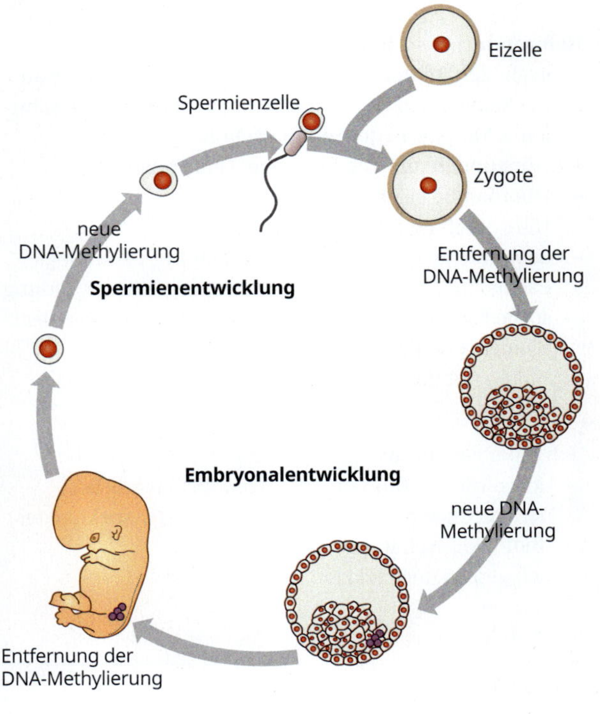

1 Ein Lehrer begleitet eine Exkursion.

2 Eine Lehrerin unterstützt beim Mikroskopieren.

**Ausbildung**
Die Ausbildung zur Biologielehrkraft an einem bayerischen Gymnasium verläuft in mehreren Schritten.

**Studium – 5 Jahre**
- Erziehungswissenschaften
- Fachwissenschaften: Biologie und ein weiteres Fach
- Die Fächerverbindungen sind bundeslandabhängig, in Bayern wäre eine Kombination mit Chemie, Englisch, Informatik oder Physik möglich.
- Schulart-/Fachdidaktik
- Schulpraktika

Abschluss mit dem ersten Staatsexamen: Lehramtsprüfung in zwei vertieft studierten Fächern und dem Fach Erziehungswissenschaften

**Referendariat – 2 Jahre**
- gegliedert in drei Ausbildungsabschnitte: 6 Monate an der Seminarschule, 12 Monate an anderen Einsatzschulen, 6 Monate an der Seminarschule
- Hörstunden und Lehrversuche, Lehrproben
- Übernahme eigener Klassen
- Hilfe durch Betreuungslehrkräfte
- Seminare in Schulrecht und Schulkunde, Psychologie, Pädagogik, Grundfragen der staatsbürgerlichen Bildung sowie Fachsitzungen zu fachspezifischen Inhalten der Biologie und des weiteren Fachs

Abschluss mit dem zweiten Staatsexamen

Ich arbeite gerne als Biologielehrkraft, weil ...
- ich gerne mit Kindern und Jugendlichen arbeite,
- ich mich dabei mit den verschiedensten Aspekten der Biologie beschäftigen kann,
- ich gerne Dinge erkläre,
- ....

3 Argumente für den Beruf

**Unterricht**

**Fachlehrerprinzip**
- Tätigkeit in verschiedenen Klassenstufen
- Vermittlung vertiefter Allgemeinbildung und wissenschaftlicher Arbeitsweisen laut Lehrplan des ISB, dem Staatsinstitut für Schulqualität und Bildungsforschung

**Labor und Sammlung**
- praktische Arbeitsweisen bei Experimenten
- Veranschaulichung mithilfe von Modellen und Präparaten

**Schulausflüge**
- fachspezifische Exkursionen ins Freiland
- Wandertage und mehrtägige Fahrten

**Weitere Dienstpflichten**
- Konferenzen
- Elterngespräche
- Vertretungen
- Fortbildungen

**Weitere Möglichkeiten**
- **Funktionsstellen in der Schule** wie Fachbetreuung, Sammlungsleitung, Stufenbetreuung in Unter-, Mittel- oder Oberstufe, Mitarbeit im Konrektorat, Schulleitung
- **Abordnungen an höhere Dienststellen**, beispielsweise Mitwirken am Kultusministerium

1 ≡ Ergänzen Sie die Argumente von Abbildung 3.

2 Erstellen Sie mithilfe einer Recherche einen vergleichbaren Steckbrief für ein Berufsbild Ihrer Wahl.

a) ≡ Erstellen Sie dabei eine Sammlung von Internetadressen, unter denen Sie Informationen über verschiedene Berufsfelder erhalten können.

b) ≡ Erstellen Sie eine Sammlung von Anlaufstellen zur Berufsberatung in Ihrer Umgebung. Notieren Sie Adressen, Telefonnummern und E-Mailkontakte.

Das Basiskonzept **„Steuerung und Regelung“** beschreibt den Sachverhalt, dass biologische Systeme viele Zustandsgrößen in Grenzen halten, auch wenn innere oder äußere Faktoren sich kurzfristig ändern. Dabei werden innere Zustände aufrechterhalten oder funktionsbezogen geändert.

Um den Unterschied zwischen Steuerung und Regelung zu verstehen, kann man sich den Ursprung dieser Begriffe aus der Technik anschauen: Bei vielen Smartphones kann man die Helligkeit des Displays einstellen. Befindet man sich draußen und die Sonne scheint hell, stellt man mit einem Button auf dem Display die Helligkeit ein, sodass man bequem den Text auf dem Bildschirm lesen kann. Dieser Vorgang ist eine Steuerung. Die Helligkeit bleibt unabhängig der Umgebungsvariablen konstant. Geht man ins Haus, ist das Display möglicherweise viel zu hell. Daher haben viele Smartphones eine automatische Regulation der Helligkeit. Ein Sensor misst die Umgebungshelligkeit und passt entsprechend die Displayhelligkeit an die Umgebung an – hier findet Regelung statt.

Auch im Organismus findet eine Regelung statt. Liegt etwa die Körpertemperatur des Menschen über dem Sollwert von 37 °C, so wird diese durch Schwitzen so lange erniedrigt, bis der Sollwert wieder erreicht ist. Es liegt eine **negative Rückkopplung** vor.

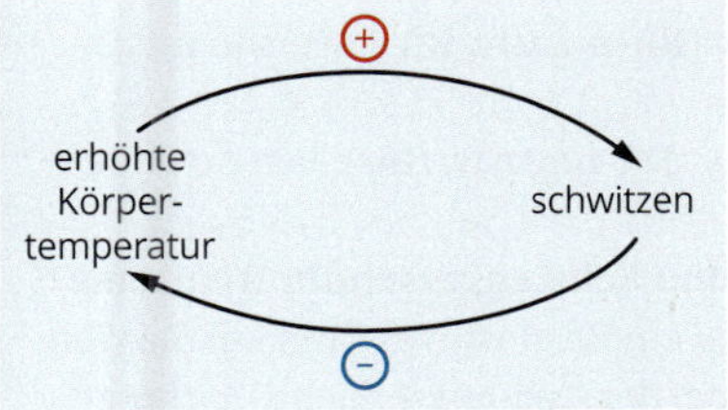


**1** Regelung der Körpertemperatur

Bei der Regelung wird der aktuelle Istwert einer Zustandsgröße immer wieder an den vorgegebenen Sollwert angepasst. Dabei gilt für (+) „je mehr, desto mehr“ oder „je weniger, desto weniger“ und für (–) „je weniger, desto mehr“ oder „je mehr, desto weniger“.

Beim Radfahren werden vor allem die Beinmuskeln stark beansprucht. Je nach Steigung des Weges wird diesen signalisiert, sich kräftig zu kontrahieren. So wird die Tätigkeit an die unterschiedlichen Anforderungen des Weges angepasst.

Werden Lebewesen oder biologische Systeme so beeinflusst, dass ihre Funktionen an veränderte Bedingungen angepasst werden, spricht man von **Steuerung**. Bei der Steuerung handelt es sich um eine einseitig gerichtete Beeinflussung eines Vorgangs.

Steuerung und Regelung findet man auf verschiedenen Systemebenen und bei vielen biologischen Sachverhalten. Sie sind ein Basiskonzept der Biologie. Auf molekularer Ebene wird beispielsweise die **Genaktivität** von Eukaryoten durch Transkriptionsfaktoren oder RNA-Prozessierung geregelt. Die Aktivität von allosterischen Enzymen kann durch positive oder negative Effektoren gesteuert werden. Damit wird beispielsweise die Beeinflussung der Aktivität von anabolen und katabolen Stoffwechselwegen ermöglicht.

**1** ≡ In Abbildung 2 sind molekulare Vorgänge unterschiedlich farbig hinterlegt: blau, orange und violett. Ordnen Sie diesen Vorgängen diejenigen Molekültypen zu, die dabei reguliert werden.

**2** ≡ Begründen Sie, ob es sich bei den farbig hinterlegten Vorgängen jeweils um Regelungen oder Steuerungen handelt.

**3** ≡ Beschreiben Sie die Wirkung von Enhancern und Silencern (→ **Seite 67 f.**) bei der Beeinflussung der Genaktivität bei Eukaryoten und beurteilen Sie anschließend, ob es sich bei diesen Vorgängen um eine Regelung oder Steuerung handelt.

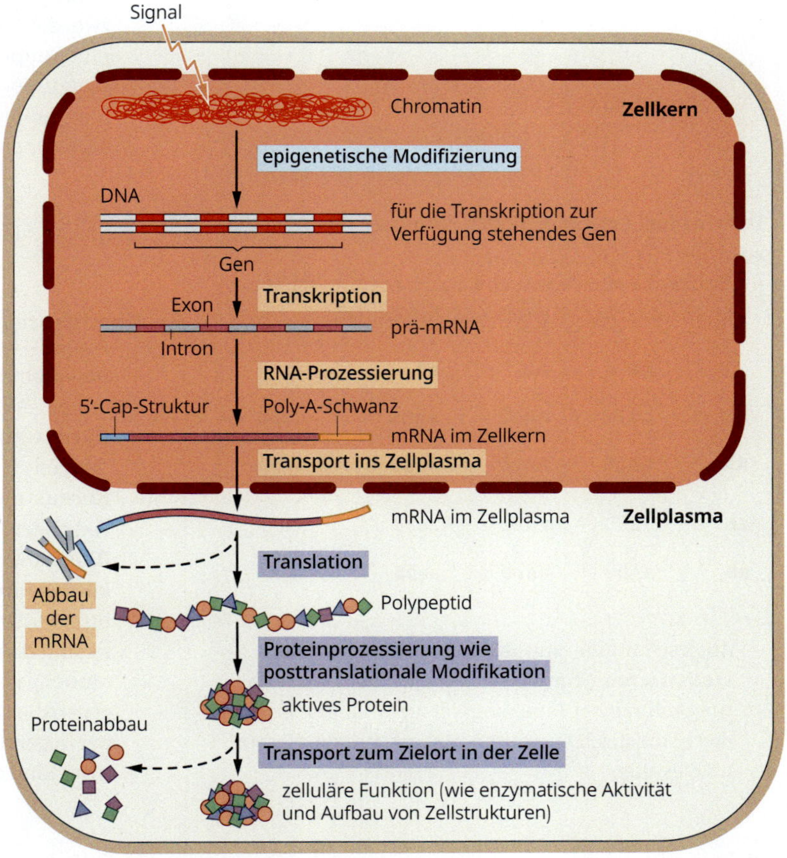


**2** Regulation der Genexpression bei Eukaryoten

## Erbgänge

- **Gene** sind erbliche Faktoren, die für die Ausprägung eines Merkmals sorgen
- **Allele** sind die für die unterschiedlichen Ausprägungen eines Merkmals verantwortlichen Zustandsformen eines Gens
- **homozygot:** Allele auf beiden homologen Chromosomen identisch sind, sonst **heterozygot**
- Unterscheidung zwischen äußerem Erscheinungsbild, dem **Phänotyp**, und der zugrunde liegenden genetischen Information, dem **Genotyp**
- **Genwirkung:** Ausprägung eines Allels, des sogenannten **dominanten** Alles, kann die eines anderen, des **rezessiven**, unterdrücken

**Monohybrider Erbgang:** Eltern unterscheiden sich nur in einem Allelpaar, zum

- **Beispiel:** Blütenfarbe der Gartenerbse

**Dihybrider Erbgang:** Eltern unterscheiden sich in zwei Allelpaaren

- **Beispiel:** Fellfarbe (A schwarz / a braun) und Muster (B einfarbig / b gescheckt) bei Rindern

| | **AB** | **Ab** | **aB** | **ab** |
|---|---|---|---|---|
| **AB** | AABB | AABb | AaBB | AaBb |
| **Ab** | AAbB | AAbb | AabB | Aabb |
| **aB** | aABB | aABb | aaBB | aaBb |
| **ab** | aAbB | aAbb | aabB | aabb |

- Analyse mithilfe eines **Kombinationsquadrats**
- **statistischer Charakter:** erst nach der Durchführung zahlreicher Kreuzungsversuche kann man diese statistisch auswerten und erkennt die Gesetzmäßigkeiten

Mehr dazu auf den Seiten 138–141

## Unvollständige Dominanz

- Merkmale in der $F_1$-Generation haben eine Mittelstellung zwischen den unterschiedlichen Merkmalen homozygoter Eltern, ergibt intermediären Phänotyp
- **Beispiel:** Blütenfarbe der Wunderblume

Mehr dazu auf Seite 140

## Kodominanz

- Phänomen, dass die zwei Allele eines Gens gleich stark auf den Phänotyp einwirken, beide Merkmale werden unabhängig voneinander ausgebildet
- **Beispiel:** Antigene auf den Erythrozyten
- Genotypen der Blutgruppen: Jeder Mensch besitzt zwei der drei Allele des AB0-Systems:
  Blutgruppe 0: Genotyp 00
  Blutgruppe AB: Genotyp AB
  Blutgruppe A: Genotypen AA oder A0
  Blutgruppe B: Genotypen BB oder B0

Mehr dazu auf Seite 142

## Dominante und rezessive Genwirkung

- **Beispiel:** Rhesus-System: Blutgruppeneigenschaft, Protein-Antigen (D-Antigen) auf den Erythrozyten
- **Rhesus-positiv (Rh-positiv, Rh+):** Person mit D-Antigen
- **Rhesus-negativ (Rh-negativ, Rh-):** Person ohne D-Antigen
- **Rhesusfaktor und Schwangerschaft:** Wenn eine Rh-negative Frau ein Rh-positives Kind auf die Welt bringt, werden bei der Geburt kindliche Erythrozyten mit den D-Antigenen des Kindes ins Blut der Mutter gelangen. Diese bildet daraufhin Antikörper gegen die D-Antigene. Diese Antikörper können bei der folgenden Schwangerschaft mit einem Rh-positiven Kind das Ungeborene schädigen.

Mehr dazu auf Seiten 143

## Mendelsche Regeln

**Augustinermönch Gregor Mendel:** postulierte, dass den Merkmalen von Pflanzen Erbfaktoren zugrunde liegen und leitete Gesetzmäßigkeiten ab:

**1. Mendelsche Regel (Uniformitätsregel):**
Kreuzt man zwei Individuen einer Art, die sich im beobachteten Merkmal (oder Merkmalen) unterscheiden, das/die beide Individuen homozygot aufweisen, so sind die Individuen der $F_1$-Generation im betrachteten Merkmal/in den betrachteten Merkmalen uniform.

**2. Mendelsche Regel (Spaltungsregel):**
Kreuzt man mischerbige Lebewesen der $F_1$-Generation miteinander, so spalten sich die Merkmale in der $F_2$-Generation in einem bestimmten Zahlenverhältnis wieder auf. Beim monohybriden dominant-rezessiven Erbgang beträgt das Verhältnis 3 : 1.

**3. Mendelsche Regel (Unabhängigkeitsregel):**
Kreuzt man Lebewesen eine Art, die sich in mehr als einem Merkmal reinerbig unterscheiden, so können in der $F_2$-Generation neue Merkmalskombinationen auftreten. Die Weitergabe der Erbanlagen, der Allele, erfolgt unabhängig von einander. Die betreffenden Nachkommen bezeichnet mal als Rekombinanten.

Mehr dazu auf den Seiten 144–145

## Zellbiologische Grundlagen

**Veränderung des Wissens:** Übereinstimmungen der Erkenntnisse aus der Genetik und der Zellbiologie wurden im Jahr 1904 in der „Chromosomentheorie der Vererbung“ zusammengefasst

| Mendels Ergebnisse | Zellbiologie |
|---|---|
| Erbfaktoren (Gene) werden als selbstständige Einheiten an die nächste Generation weitergegeben. | Chromosomen werden als selbstständige Einheiten an die nächste Generation weitergegeben. |
| Erbfaktoren treten in Körperzellen paarweise auf. | Chromosomen liegen in den diploiden Körperzellen als homologe Paare vor |
| Keimzellen enthalten für jedes Merkmal nur einen Erbfaktor. | Keimzellen verfügen über haploiden Chromosomensatz. |
| Erbfaktoren für verschiedene Merkmale werden bei der Bildung von Keimzellen frei kombiniert. | Chromosomen der homologen Paare werden bei der Bildung von Keimzellen frei kombiniert. |

Mehr dazu auf der Seite 146

## ⊖ Genkopplung und Genaustausch

- **Genkopplung:** auf einem Chromosom liegende Gene (Allele) werden gemeinsam vererbt
- **Genaustausch:** Austausch einander entsprechender Abschnitte homologer Chromatiden während der Meiose, durch Crossing-over
- Nachweis gelang über Kreuzungsexperimente mit Drosophila

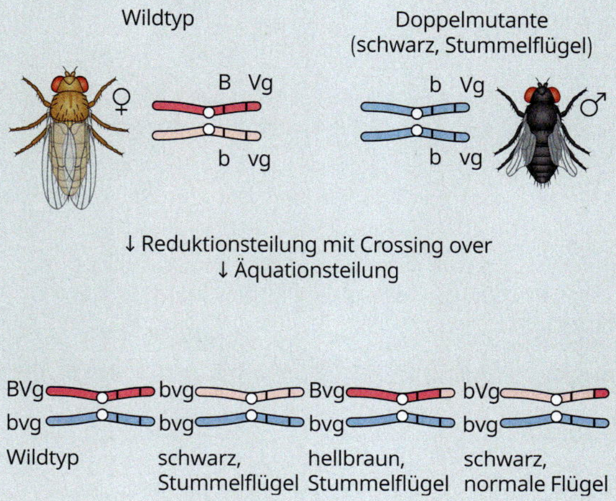


Mehr dazu auf den Seiten 147–149

## ⊖ Epigenetische Vererbung, genomische Prägung

Äußere Einflüsse, besonders traumatische Erfahrungen wie Angst oder Hungerzustände, können die Verpackung der DNA durch **epigenetische** Modifikationen beeinflussen.
Verändert sich die Verpackung in den Keimzellen, kann sich die Erfahrung der Eltern durch **genomische Prägung**, auch **Imprinting** genannt, auf die Nachkommen übertragen.
Im Kind sind dann Allele von Genen auf den weitergegebenen Chromosomen der Mutter oder des Vaters aktiv oder inaktiv.
Solche epigenetischen Regulationsmechanismen können die Genaktivität in den Nachkommen über mehrere Generationen beeinflussen, da solche Prägungsmuster in der DNA zwar bei der Embryogenese verändert werden, einige aber erhalten bleiben.
Im Fachgebiet der Epigenetik sind noch viele Fragen offen, daher wird viel geforscht, um die Mechanismen zu verstehen.

Mehr dazu auf den Seiten 150–151

## AUFGABE

**Mais und Mendel**

Mais ist eine bedeutende Nutzpflanze. An ihr lassen sich Kreuzungsexperimente durchführen und die Mendelschen Regeln überprüfen.

Maisfeld

1 Nennen Sie mithilfe von M1 drei Gründe, die die Maispflanze zu einem geeigneten Versuchsobjekt für Kreuzungsexperimente machen und planen Sie ein Experiment, um einen monohybriden Erbgang zu untersuchen. [5 BE]

2 Leiten Sie den in Material 2a beschriebenen Erbgang begründet ab und bestimmen Sie die Phänotypen und Genotypen der Parental- und der $F_1$-Generation. [5 BE]

3 Werten Sie das Kreuzungsexperiment in M2a aus. Nennen Sie dazu die Mendelschen Regeln und beurteilen Sie jeweils ihre Gültigkeit. Begründen Sie den statistischen Charakter der Vererbung. [10 BE]

4 Beschreiben Sie das Kreuzungsexperiment in M2b und seine Bedeutung. Treffen Sie Vorhersagen zur Genotypen- und Phänotypenverteilung beim Kreuzungsexperiment unter Mitverwendung von Kombinationsquadraten. [12 BE]

5 ⊖ Erklären Sie die Versuchsergebnisse in M3 auf der Ebene der Chromosomen und beschreiben Sie daran die Veränderung des Wissens. [8 BE]

## MATERIAL

### M1 *Zea mays* – ein Versuchsobjekt für Kreuzungsexperimente

Mais, wissenschaftlich *Zea mays*, zählt zu den weltweit am häufigsten angebauten Getreiden. Als windbestäubte Pflanze besitzt er getrennt geschlechtliche Blüten: die männlichen Blüten sitzen an der Spitze der Pflanze, die weiblichen Blüten sitzen an den Blattachseln. Die vielen weiblichen Einzelblüten der Ähre werden jeweils durch männliche Pollen anderer Maispflanzen bestäubt. Bei erfolgter Befruchtung entwickeln sich innerhalb von drei Wochen aus den weiblichen Blüten je ein Samen, das Maiskorn. Maiskörner können sich in Form und Farbe unterscheiden: Es gibt zum Beispiel violette oder gelbe und glatte oder runzlige Körner. Ungefähr 100 Tage nach Aussaat können die Maiskolben mit etwa 400–600 Maiskörnern geerntet werden

#### M1a Maispflanze

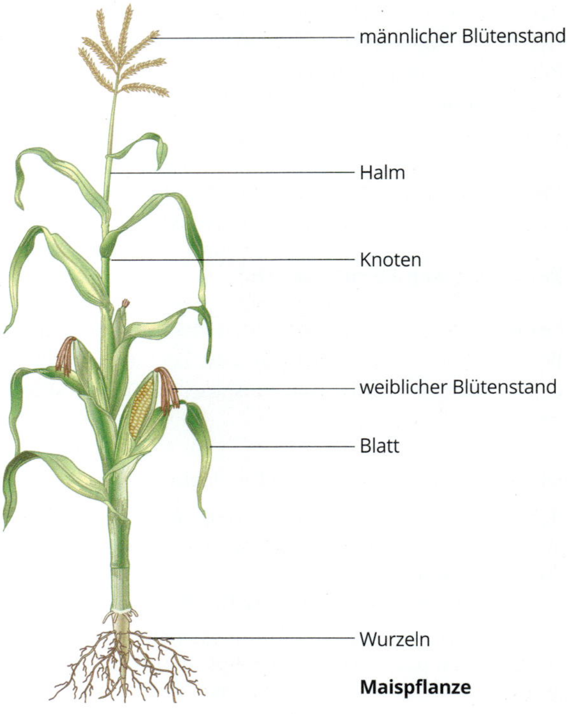


**Maispflanze**

#### M1b Maiskolben

## M2 Kreuzungsexperimente mit *Zea mays*

In einem Kreuzungsexperiment (M2a) werden homozygote Maispflanzen mit braunen, glatten Körnern mit homozygoten Maispflanzen mit gelben, runzligen Körnern gekreuzt. Die Körner der $F_1$-Generation sind alle braun und glatt. Werden Pflanzen der $F_1$-Generation untereinander gekreuzt, so erhält man die in M2a dargestellten Ergebnisse. Mit Pflanzen der $F_2$-Generation wird außerdem das in M2b dargestellte Experiment durchgeführt.

### M2a Kreuzungsexperiment 1

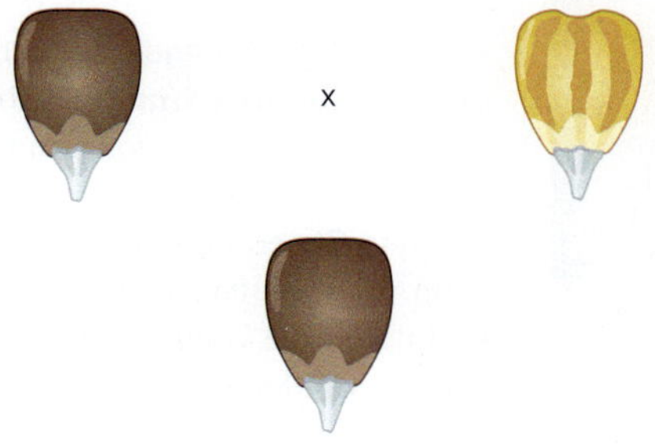


**Ergebnisse der Kreuzung:**

| Merkmale | ausgezählte Samen |
|---|---|
| braun, glatt | 2090 |
| gelb, glatt | 583 |
| braun, runzlig | 609 |
| gelb, runzlig | 205 |
| Gesamtzahl | 3487 |

### M2b Kreuzungsexperiment 2

## M3 ⊖ Rotbraune und geschrumpfte Maiskörner

Maiskörner können sehr unterschiedlich gefärbt und geformt sein, es gibt auch rotbraune oder geschrumpfte Körner. Ursache ist, dass Form und Farbe der Maiskörner durch eine Vielzahl von Genen gesteuert werden. Rotbraune Körner entstehen, wenn das Anthocyan-Synthese steuernde Gen, kurz a1, vorliegt. Maiskörner mit dem Genotyp A1a1 und A1A1 sind dann rotbraun. Auch die Form der Maiskörner kann eine weitere Ausprägung besitzen, nämlich die eines geschrumpften Korns. Beim Trocknen des Maiskolbens fallen diese Körner in sich zusammen und sehen dadurch geschrumpft aus. Diese geschrumpfte Form wird durch das Gen sh gesteuert. Bei einem Genotyp von ShSh oder Shsh sind die Körner geschrumpft, bei shsh glatt. Mit Maispflanzen mit rot-braunen, geschrumpften Körnern wurden weitere Kreuzungsexperimente durchgeführt (M3b).

### M3a Vielfalt bei Maiskörnern

### M3b Ergebnisse von Kreuzungsexperimenten

**Erste Kreuzung**

| | |
|---|---|
| P Phänotyp | rotbraun, geschrumpft x gelb und glatt |
| $F_1$ Phänotyp | rotbraun, geschrumpft |

**Rückkreuzung**

| | |
|---|---|
| $RF_1$ Phänotyp | rotbraun, geschrumpft x gelb, glatt |
| $RF_2$ Phänotyp | rotbraun, geschrumpft : gelb, glatt im Verhältnis 1 : 1 |

# 6 Genetik menschlicher Erkrankungen und DNA-Analytik

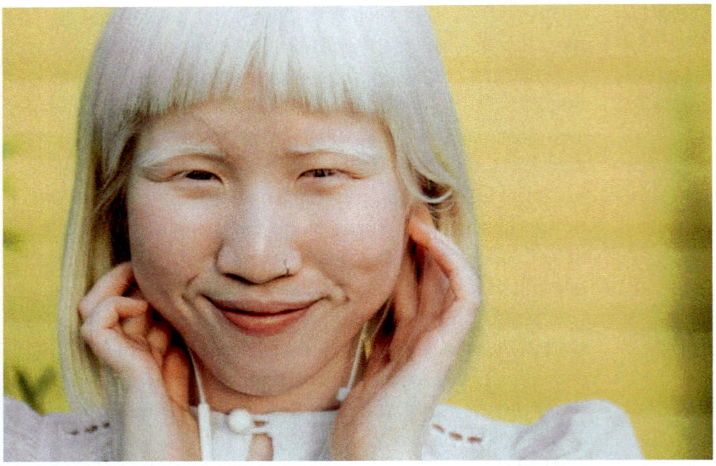

**1** Frau mit Albinismus

## 6.1 Einführung in die Humangenetik – Erbgänge beim Menschen

**Weiße Haare, helle Haut und Augen sind typische Merkmale von Menschen mit Albinismus. Was führt zu dieser Erscheinung bei einer Person in einer Familie, in der sonst dunkle Haare und Augen sowie pigmentierte Haut auftreten?**

### Beispiel Albinismus

Beim Albinismus (→ **Seite 34, Abb. 1**) ist die Bildung des Farbstoffs **Melanin** vermindert. Betroffene mit vollständigem Albinismus zeigen eine fehlende Pigmentierung von Haut, Haaren und Augen. Melanin wird über mehrere Zwischenstufen aus der Aminosäure Tyrosin aufgebaut. Hieran sind verschiedene Enzyme beteiligt. Wenn eines der Enzyme dieser Genwirkkette (→ **Seite 46**) nicht funktionsfähig ist, tritt Albinismus auf. Der Phänotyp kann sehr unterschiedlich ausgeprägt sein. Bei schwächer ausgeprägtem Albinismus können Betroffene zum Beispiel auch braunes oder dunkelblondes Haar haben.

**1** ≡ In einer Familie haben das Kind, dessen beide Großmütter, eine Tante mütterlicherseits und ein Onkel väterlicherseits ausgeprägte Merkmale des Albinismus, seine Eltern und Geschwister zeigen keine. Entwickeln Sie eine Fragestellung, die sich aus diesem Sachverhalt ergibt.

### Humangenetik

Im vorherigen Kapitel haben Sie die Gesetzmäßigkeiten der Vererbung kennengelernt. Auch die Vererbung der Merkmale des Menschen lässt sich auf Gesetzmäßigkeiten zurückführen. Aufgaben der Humangenetik sind unter anderem die Erforschung von genetisch bedingten Erkrankungen und deren Veranlagungen sowie die Beratung betroffener Personen.

Eine wichtige Methode der Humangenetik ist die **Familienforschung**. Sie beschäftigt sich mit der Auswertung von **Stammbäumen**, in denen die Vererbung von Merkmalen über mehrere Generationen dargestellt wird. Daran kann man die Form der Vererbung erkennen und damit die Wahrscheinlichkeit der Weitergabe eines Merkmals an die Nachkommen ermitteln.

**2** ≡ Erläutern Sie den Unterschied zwischen dem Auftreten von Merkmalen und Erkrankungen in der Genetik. Recherchieren Sie im Internet.

### Genetisch bedingte Krankheiten

Gesundheitliche Probleme beruhen auf Chromosomenanomalien sowie auf Mutationen einzelner oder mehrerer Gene. Nur wenn diese Veränderungen an die Nachkommen weitergegeben werden können, spricht man von einer genetisch bedingten Erkrankung. Diese treten dann in einer Familie gehäuft auf. Bisher wurden mehr als 6000 derartige genetische Störungen beschrieben, davon mehr als 4000 monogene, die auf Mutationen in einem Gen beruhen. Von einer monogenen genetisch bedingten Krankheit sind etwa zwei Prozent der Neugeborenen in den Industriestaaten betroffen. Laut Schätzungen haben etwa zwei Drittel der Menschen ein gesundheitliches Problem, das auf einer genetischen Störung basiert. Bei vielen handelt es sich dabei um komplexe Krankheitsbilder wie Asthma oder Herzerkrankungen, an deren Entstehung mehrere Gene beteiligt sind.

**3** ≡ Erläutern Sie mittels einer Recherche die Häufung von genetisch bedingten Krankheiten bei ethnisch, kulturell, geographisch oder religiös abgeschiedenen Populationen kleiner Größe.

### Verschiedene Erbgänge beim Menschen

Im Folgenden werden **autosomal-rezessive, autosomal-dominante** und **X-chromosomal-rezessive Erbgänge** behandelt. Daneben kennt man auch selten auftretende X-chromosomal-dominante Erbgänge.

Genetisch bedingte Krankheiten, die ihren Ursprung auf dem Y-Chromosom haben, spielen wegen der Genarmut des Y-Chromosoms kaum eine Rolle. Die wenigen auf dem Y-Chromosom lokalisierten Gene sind für die Ausbildung des männlichen Geschlechts und die Spermienbildung verantwortlich. Defekte in diesen Genen beruhen auf Spontanmutationen und führen immer zur Unfruchtbarkeit.

### Sonderfall Spontanmutationen

Genmutationen können auch als Spontanmutationen auftreten. In diesen Fällen ist das Ableiten eines Vererbungsmodus problematisch. Erst in den nachfolgenden Generationen wären Regelmäßigkeiten im Familienstammbaum erkennbar.

### Erstellen eines Familienstammbaums

Um den Erbgang eines Merkmals zu ermitteln, wird zunächst ein **Familienstammbaum** erstellt. Hierfür ist man auf Informationen lebender Nachkommen sowie früherer Generationen angewiesen. Im Stammbaum wird, wenn möglich, über mehrere Generationen hinweg für jedes Mitglied der betroffenen Familie erfasst, ob das Merkmal aufgetreten ist. Anhand des Stammbaums lässt sich dann die Frage klären, ob das untersuchte Merkmal dominant oder rezessiv vererbt wird und ob es auf einem der 22 Autosomen oder auf einem der beiden Gonosomen liegt.

Nach dem Ableiten des **Vererbungsmodus** können den einzelnen Familienmitgliedern Genotypen zugeordnet werden. Für das entsprechende Gen gibt es in der Regel jeweils zwei Zustände: ein intaktes Allel und ein mutiertes Allel. Mit Kenntnis der Genotypen, also ob die Familienmitglieder für das Merkmal homozygot oder heterozygot sind, kann beispielsweise eine Vorhersage getroffen werden, mit welcher Wahrscheinlichkeit ein Paar ein gesundes oder ein erkranktes Kind bekommen würde. Bei der Berechnung der Wahrscheinlichkeiten hilft im Einzelfall ein Kombinationsquadrat (→ **Seite 140**).

**4** ≡ Zwei eineiige Zwillingsbrüder erkranken im Alter von 80 Jahren zeitgleich an der Parkinson-Krankheit, die durch schwere Schäden des Nervensystems gekennzeichnet ist. Leiten Sie eine Fragestellung aus dieser Beobachtung ab.

## Materialgebundene Aufgabe

### 5 Mendelsche Gesetze bei Erbgängen des Menschen

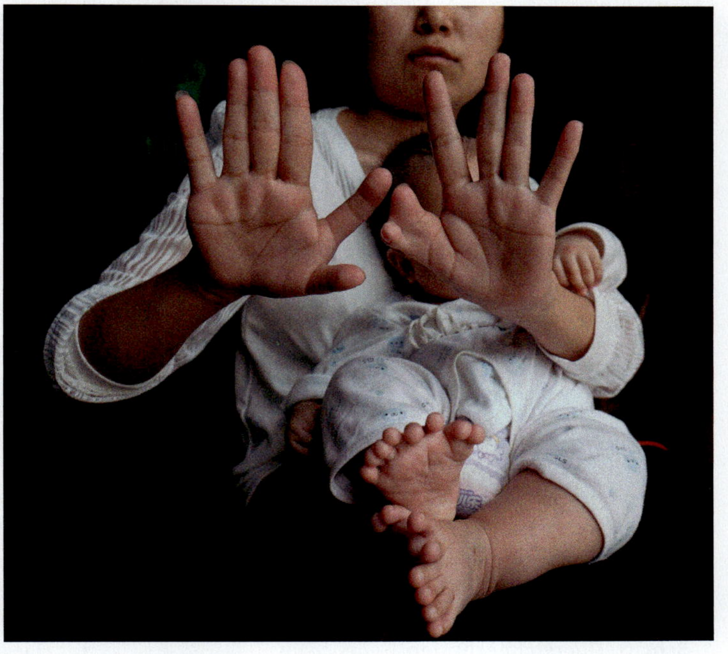

**Polydaktylie**

In seltenen Fällen besitzen Neugeborene zusätzliche Finger oder Zehen, eine anatomische Besonderheit, die als Polydaktylie bezeichnet wird. Häufig hat auch ein Elternteil des Kindes überzählige Finger oder Zehen. Polydaktylie ist also erblich. Die Weitergabe dieses Merkmals folgt, wie viele andere Merkmale des Menschen, den Mendelschen Regeln. Polydaktylie wird durch eine Mutation eines Gens auf einem Autosom verursacht. Betroffene sind entweder heterozygot (Aa) oder homozygote Träger (AA) der Mutation. Daher wird von einem dominanten Erbgang gesprochen.

**a)** ≡ Erstellen Sie ein Kombinationsquadrat für Eltern, bei denen ein Elternteil heterozygot (Aa) und der andere Elternteil homozygot für das rezessive Allel (aa) ist.

**b)** ≡ Ermitteln Sie die Wahrscheinlichkeit, dass das Kind dieser Eltern ebenfalls zusätzliche Finger oder Zehen hat.

**c)** ≡ Ermitteln Sie (siehe Aufabe **a**) die Wahrscheinlichkeit, dass das Kind zusätzliche Finger oder Zehen hat, wenn beide Eltern heterozygot sind und geben Sie die möglichen Genotypen des Kindes an.

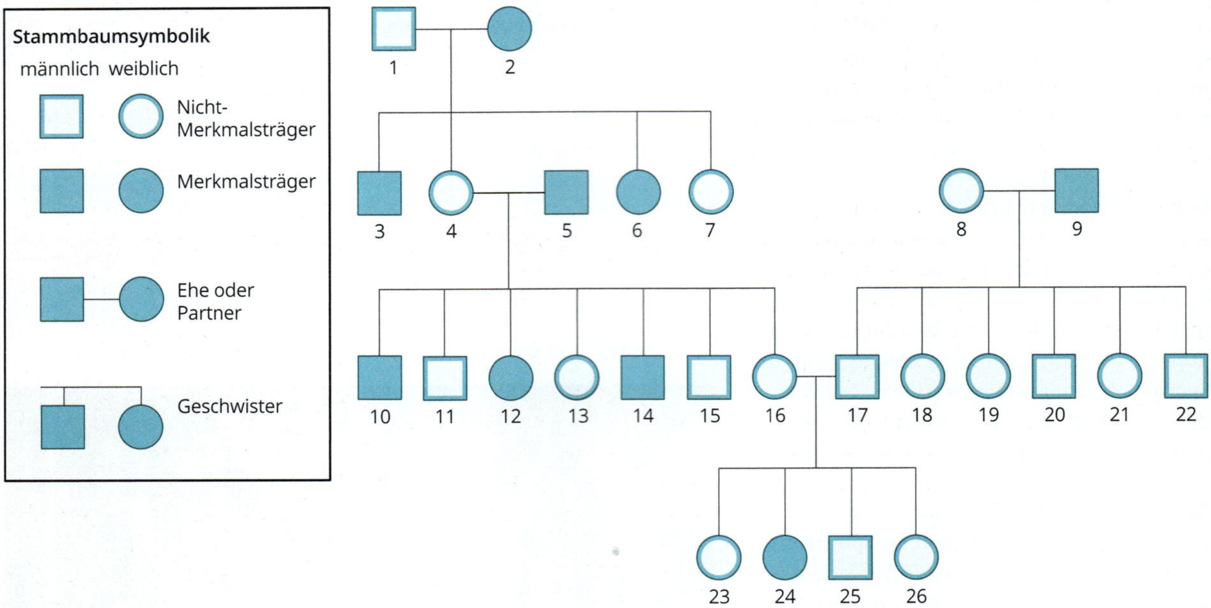


1 Modellstammbaum einer Familie mit Albinismus

In Stammbäumen werden die Phänotypen von Familienmitgliedern hinsichtlich eines Merkmals dargestellt. Um Stammbäume zu analysieren, ist es wichtig, Fachbegriffe korrekt zu verwenden und die Symbole zu kennen. Verwenden Sie zur Unterstützung das Glossar (→ **Seite 290 ff.**). Die Entscheidung für einen ermittelten Stammbaum muss mit Personenkonstellationen aus dem Stammbaum belegt werden. Dafür werden im Stammbaum entsprechende Beispiele gesucht. In der Abbildung sehen Sie exemplarisch den Stammbaum einer Familie mit Albinismus.

### 1. Schritt: Übersicht erhalten

1 ≡ Erläutern Sie den Aufbau des Stammbaums. Gehen Sie dabei auf die Symbole und Verbindungen ein.

### 2. Schritt: Rezessive von dominanten Erbgängen unterscheiden

Als Grundregeln kann man sich merken:

- Zwei phänotypisch gesunde Eltern bekommen ein krankes Kind: rezessive Vererbung (in diesem Beispiel: Eltern 16, 17 und Kind 24)
- Zwei phänotypisch kranke Eltern bekommen ein gesundes Kind: wäre eine dominate Vererbung (Beispiel → **Seite 163**)

Fazit: Hier liegt eine **rezessive** Vererbung vor.

Weitere Hinweise: Erscheint das Merkmal in jeder Generation, handelt es sich mit großer Wahrscheinlichkeit um einen dominanten Erbgang. Wird eine Generation des Öfteren übersprungen, kann man von einem rezessiven Erbgang ausgehen. Solche statistischen Überlegungen sind aufgrund der meist geringen Nachkommenzahl aber nicht unbedingt ausreichend für eine Entscheidung.

### 3. Schritt: Autosomale von gonosomalen Erbgängen unterscheiden

Als erster Hinweis kann die Verteilung des Merkmals auf die Geschlechter dienen. Sind Söhne und Töchter gleichermaßen betroffen, weist dies auf eine autosomale Vererbung hin. Bei einem X-chromosomal-rezessiven Erbgang wäre das männliche Geschlecht häufiger betroffen. Im nächsten Schritt muss geprüft werden, ob sich anhand einer geeingenten Personenkonstellation ein gonosomaler Erbgang ausschließen lässt. Als weitere Grundregel kann man sich hier merken:

- Liegt ein rezessiver Erbgang vor, so lässt die Kombination eines gesunden Vaters und einer erkrankten Tochter auf einen autosomalen Erbgang schließen (in diesem Beispiel: gesunder Vater 17 bekommt kranke Tochter 24)

Fazit: Hier liegt eine **autosomale** Vererbung vor.

### 4. Schritt: Genotypen ermitteln

In der Genetik wird üblicherweise das dominante Allel mit Großbuchstaben A und das rezessive Allel mit Kleinbuchstaben a gekennzeichnet. AA und aa stehen für Homozygotie, Aa für Heterozygotie.

Hinweis: Bei X-chromosomalen Erbgängen ändert sich die Schreibweise zu $X_AX_A$, $X_aX_a$ beziehungsweise $X_AX_a$.

2 ≡ Ermitteln Sie aus Ihrem jetzigen Wissen die Genotypen der Familienmitglieder und überprüfen Sie so die Aussage „autosomaler-rezessiver Erbgang“. Manche Genotypen lassen sich nicht exakt bestimmen. Geben Sie dann auch die Alternativen an. Treffen Sie für jedes Paar eine Vorhersage über die Wahrscheinlichkeiten des Auftretens von Albinismus.

# Zellzyklus

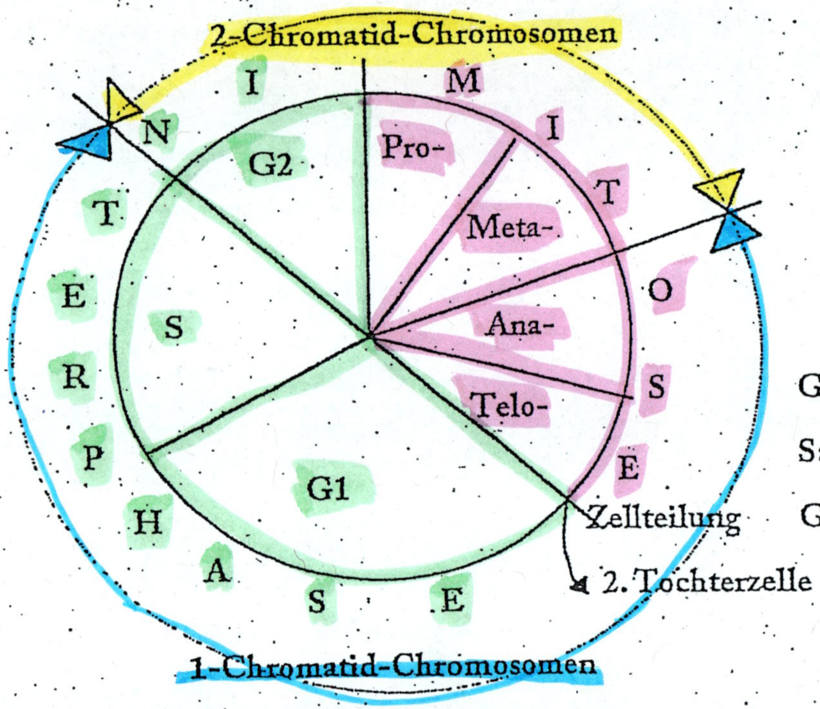


G1: Vergrößerung der Zelle

S: Synthese des 2. DNA-Fadens

G2: Vorbereitung der Mitose / / beginnende Verkürzung der DNA-Fäden

| | | |
|---|---|---|
| ıer des Mitosezyklus: | Säuger: | 24 h |
| | Drosophila | 30 Min |
| | Wurzelspitzen | 10 - 50 h |

## 6.2 Autosomal-rezessive Erbgänge

**Mukoviszidose gehört zu den genetisch bedingten Erkrankungen. Welche Ursache hat die Krankheit und wie wird sie vererbt?**

### Merkmale der Mukoviszidose

Eine häufige erbliche Stoffwechselkrankheit ist die **Mukoviszidose** oder **cystische Fibrose** (→ **Seite 45**). Durch eine Störung des Wasser- und Salzhaushaltes bilden Drüsen, unter anderem in Bronchien, einen zähen Schleim. Dieser kann vom Flimmerepithel der Atemorgane kaum abtransportiert werden und bildet den Nährboden für Krankheitserreger. Mukoviszidose ist nicht heilbar, mit Medikamenten und Atemtherapien konnte die Lebenserwartung der Patienten auf etwa 40 Jahre erhöht hat. Mukoviszidose wird durch Mutationen eines Gens auf Chromosom 7 verursacht. Es codiert für Kanalproteine in der Drüsenzellmembran.

### Ableiten des Vererbungsmodus

Betrachtet man den Stammbaum einer betroffenen Familie so lässt sich feststellen:

- Zwei phänotypisch gesunde Eltern (7, 8) bekommen ein erkranktes Kind (9). Diese Personenkonstellation dient als Begründung für das Vorliegen eines **rezessiven** Erbgangs. Die Eltern von Person 9 sind beide gesund, geben aber ein defektes Allel an ihre Nachkommen weiter. Erkrankte sind also homozygot (aa), das heißt, beide Allele dieses Gens sind defekt. Heterozygote Träger (Aa), wie die Eltern 7 und 8, sind gesund. Bei ihnen ist lediglich ein Allel defekt, während das Allel im homologen Chromosom intakt ist.
- Männer und Frauen sind etwa gleichermaßen betroffen. Dies kann als erster Hinweis auf einen autosomalen Erbgang gedeutet werden. Mit der Konstellation 1 (Vater, gesund), 2 (Mutter, krank) und Kind 6 (Mädchen, krank) liegt eindeutig der Beweis für einen **autosomal**-rezessiven Erbgang vor. Wäre dieser Erbgang X-chromosomal-rezessiv, dann könnte der gesunde Vater keine kranke Tochter haben.
- Der Erbgang zeigt, dass Mukoviszidose **autosomal-rezessiv** vererbt wird.

**1** ≡ Erläutern Sie unter Angabe der möglichen Genotypen, warum die Wahrscheinlichkeit für das Auftreten von Mukoviszidose in Verwandtenehen erhöht ist.

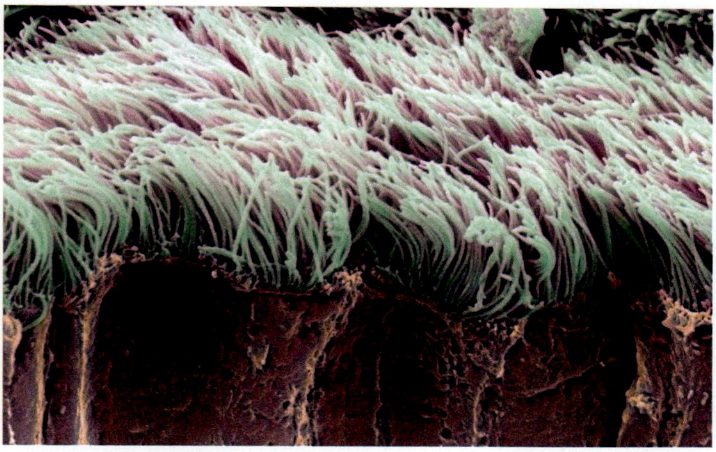

**1** Flimmerepithel der Atemorgane

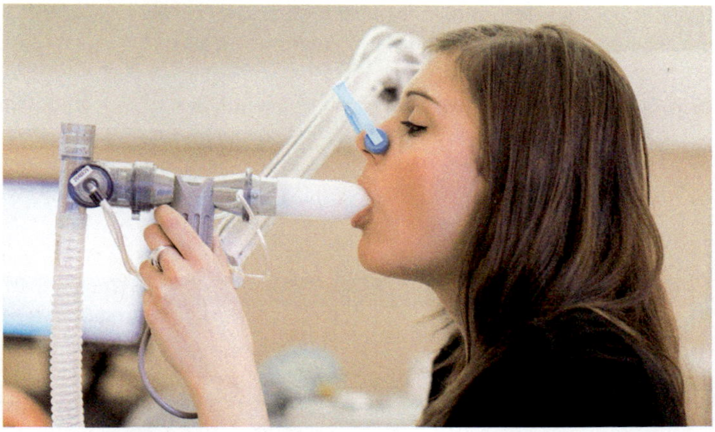

**2** Atemtherapie bei Mukoviszidose

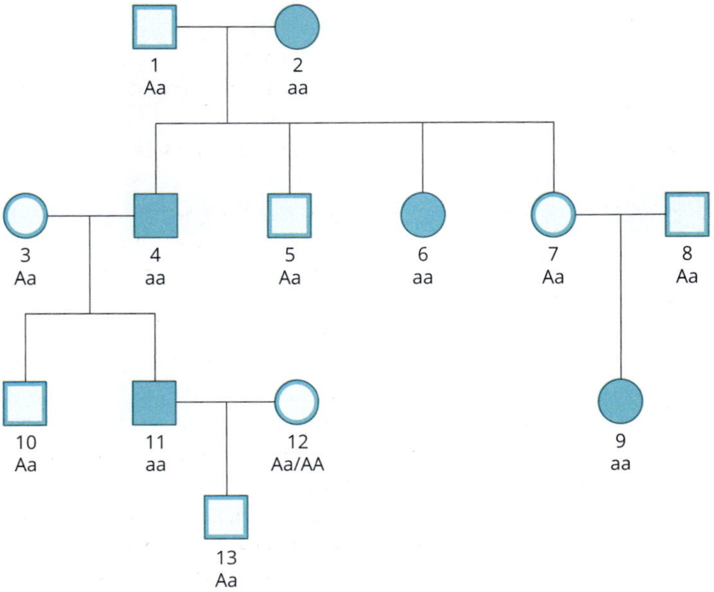


**3** Erbgang bei Mukoviszidose

## VL Materialgebundene Aufgabe

### ❷ Ivar der Knochenlose

Ivar Ragnarson lebte im 9. Jahrhundert und war laut nordischen Überlieferungen ein Sohn des Wikingerkönigs Ragnar Lothbrok. Er wurde auch „Ivar der Knochenlose" genannt. Seine Knochen sollen leicht brüchig gewesen sein und seine Beine so schwach, dass er manchmal sogar auf einem Schild getragen werden musste.
Mehrfach wurde die Hypothese aufgestellt, Ivar Ragnarson habe an Osteogenesis imperfecta gelitten. Diese Krankheit heißt auch Glasknochenkrankheit, da die Knochen brüchig sind und im Röntgenbild fast durchsichtig erscheinen. Ursache ist ein Defekt in einem Gen auf dem Chromosom 7, das für ein Kollagen codiert. Dieses Kollagen ist das wichtigste Protein für den Aufbau der Knochenmatrix. Als Folge der Mutation ist die Stabilität des Proteins vermindert.

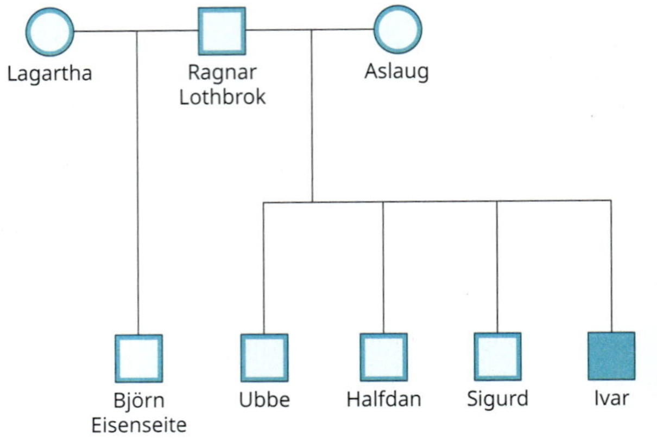


**a)** ☰ Stellen Sie Ihre Vorgehensweise zum Ableiten des Vererbungsmodus als Fließschema dar. Gehen Sie davon aus, Ivar Ragnarson habe tatsächlich an Osteogenesis imperfecta gelitten.

**b)** ☰ Ordnen Sie den Personen mögliche Genotypen zu (✎).

**c)** ☰ Beurteilen Sie, inwiefern auch ein alternativer Vererbungsmodus denkbar wäre.

## Exkurs // Berufsfeld Humangenetik

**1** Beratung im Team

### Fachärztin oder Facharzt für Humangenetik

Eine Fachärztin oder ein Facharzt für Humangenetik studiert zunächst Humanmedizin und schließt eine entsprechenden Weiterbildung zum Facharzt an. Das Arbeiten als Humangenetikerin oder als Humangenetiker erfordert spezielle Kenntnisse und Fähigkeiten aus der Biologie und der Medizin und ist somit als eine interdisziplinäre Wissenschaft zu verstehen. Die Humangenetik hat eine Brückenfunktion zwischen Grundlagenforschung und der klinischen Medizin. Typische Aufgabenfelder des Facharztes oder der Fachärztin für Humangenetik sind die klinische Diagnostik und Therapie von genetisch bedingten Krankheiten. Auch die Risikoermittlung und genetische Beratung von Patientinnen, Patienten und deren Familien fällt in das Aufgabengebiet. Hierzu gehört die Erstellung von Abstammungsgutachten. Humangenetikerinnen und Humangenetiker arbeiten auch in der Forschung und in der Lehre und beschäftigen sich mit den sich ständig erweiternden Auswirkungen der Humangenetik auf Medizin, Naturwissenschaften und Gesellschaft.

### Wichtige Fähigkeiten

In der Humangenetik wird ein gutes figural-räumliches sowie rechnerisches Denken benötigt, um Laborbefunde zu analysieren, zu verstehen und zu interpretieren. Planung, Organisation, technisches Verständnis und Beobachtungsgenauigkeit helfen bei der Analyse. Lernbereitschaft und gute Fach- und Fremdsprachenkenntnisse sind wichtig, um aktuelle Forschungsergebnisse und Laboruntersuchungsverfahren mit anderen Wissenschaftlerinnen und Wissenschaftlern teilen zu können. Kommunikationsfähigkeit und Einfühlungsvermögen sind wichtige Voraussetzungen, sowohl für humangenetische Beratungen als auch für das Arbeiten im Team und für den Umgang mit Patientinnen und Patienten. Verschwiegenheit und psychische Stabilität sind wichtige Voraussetzungen für die Arbeit.

## 6.3 Autosomal-dominante Erbgänge

**Schon im April 1872 erschien der erste Artikel zur Krankheit Chorea Huntington. Welche Erkenntnisse gibt es heute über diese Krankheit?**

**Chorea Huntigton**

Chorea Huntington ist eine erbliche neurodegenerative Erkrankung. Die Krankheit tritt mit einer Häufigkeit von 1 : 20000 in Deutschland auf. Sie ist nicht heilbar und entwickelt sich progressiv, was bedeutet, dass sich der Gesundheitszustand der Betroffenen zunehmend verschlechtert. Erste Symptome, zum Beispiel ein zunehmender Kontrollverlust der Muskeln, treten meist erst im Erwachsenenalter auf. Nach Beginn der Symptome führt die Erkrankung innerhalb von etwa 15 Jahren immer zum Tod. Im Jahr 1993 wurde das Huntington-Gen identifiziert, das normalerweise im Gehirn zur Bildung des Huntington-Proteins führt. Ein Vergleich der Allele von gesunden und erkrankten Personen ergab wichtige Anhaltspunkte für die Erforschung der Ursache von Chorea Huntington.

**Marfan-Syndrom**

Das monogen bedingte Marfan-Syndrom wird autosomal-dominant vererbt. Die Patienten sind ungewöhnlich groß und haben überlange Gliedmaßen. Sie zeigen eine Bindegewebsschwäche, die viele Gewebe und Organe des Körpers, vor allem das Skelett, die Augen sowie das Herz-Kreislaufsystem betrifft. Das Marfan-Syndrom tritt mit einer Häufigkeit von etwa 1:20000 auf. In seltenen Fällen kann es durch **Spontanmutationen** entstehen. Ein wichtiger Baustein im Bindegewebe des Körpers, das Fibrillin, wird durch eine Missense-Mutation (→ **Seite 116**) fehlerhaft gebildet.

**2** ≡ Recherchieren Sie die molekulare Ursache des Marfan-Syndroms. Gehen Sie dabei sowohl auf die Genmutation als auch auf die Folgen für das von diesem Gen codierte Protein ein. Erstellen Sie einen digitalen Kurzvortrag für Ihren Kurs.

**3** ≡ Die Mutter eines gesunden Mannes hat das Marfan-Syndrom. Ermitteln Sie begründet die Wahrscheinlichkeit, dass der Mann die Erkrankung an sein Kind weitergibt.

## VL Materialgebundene Aufgabe

### 1 Chorea Huntington

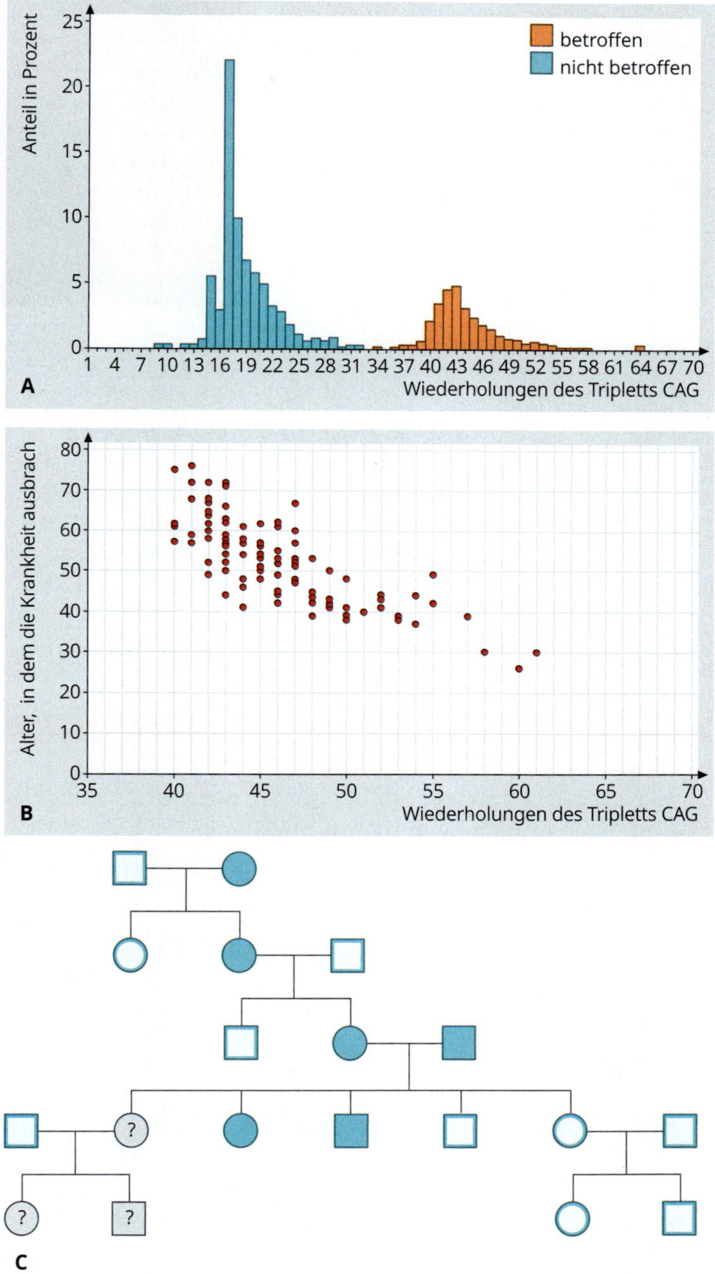


**a)** ≡ Analysieren Sie die genetischen Untersuchungen (**A**, **B**) hinsichtlich der Ursachen der Krankheit.

**b)** ≡ Ermitteln Sie anhand des Stammbaums (✎) die Vererbung von Chorea Huntington und geben Sie die jeweils die Genotypen an.

**c)** ≡ Für die Phäno- und Genotypen der drei mit „?“ gekennzeichneten Personen gibt es mehrere Möglichkeiten. Geben Sie zwei mögliche Konstellationen an.

**1 Farbwahrnehmung. A** Farbtestfeld; **B** normal; **C** bei ausgeprägter Rot-Grün-Blindheit

## 6.4 X-chromosomale Erbgänge

**Rot-Grün-Blinde nehmen die Welt anders wahr. Die angeborene Farbfehlsichtigkeit betrifft etwa ein Prozent der Männer und 0,01 Prozent der Frauen. Warum sind Männer häufiger betroffen?**

### VL Materialgebundene Aufgabe

**1 Familienstammbaum Rot-Grün-Blindheit**

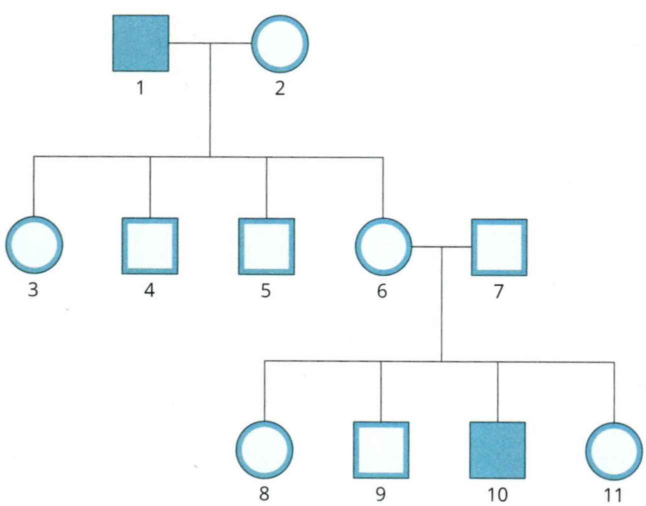


**a)** ≡ Bestimmen Sie alle Genotypen des Stammbaums zur Rot-Grün-Blindheit (✎) mithilfe des Grundtextes. Verwenden Sie eine Legende zur Beschriftung.

**b)** ≡ Recherchieren Sie die Ursache für eine Rot-Grün-Blindheit.

**Ableiten des Vererbungsmodus**

Die unterschiedliche Geschlechterverteilung der Rot-Grün-Blindheit spiegelt sich meist auch in Familienstammbäumen wider, vor allem Männer sind betroffen. Sie deutet auf einen gonosomalen Erbgang hin. Ein Y-chromosomaler Erbgang ist ausgeschlossen, da männliche Nachkommen von Nummer 1 nicht betroffen sind.

Untersuchungen haben gezeigt, dass die Rot-Grün-Blindheit X-chromosomal vererbt wird. Weil gesunde Eltern (Stammbaum Aufgabe 1, Personen 6 und7) ein krankes Kind (Person 10) bekommen, liegt eine rezessive Vererbung vor. Anders als bei Frauen kann bei Männern das defekte Allel nicht durch ein intaktes Allel kompensiert werden. Betroffene Männer erhalten das defekte Allel immer von ihrer Mutter (Person 10 von Person 6). Dabei ist die Mutter meist heterozygot und damit Überträgerin, fachsprachlich **Konduktorin**, oder seltener homozygot und ebenfalls betroffen. Bei einem X-chromosomal dominanten Erbgang wären alle Töchter eines erkrankten Vaters ebenfalls krank. Das ist hier nicht der Fall, da zum Beispiel die Töchter 3 und 6 nicht betroffen sind.

**X-chromosomal dominante Vererbung**

Nur sehr wenige Erbgänge folgen einer X-chromosomal dominanten Vererbung. Frauen sind von diesen rein statistisch häufiger betroffen. Das liegt bei vielen X-chromosomal dominant vererbten Erkrankungen allerdings auch daran, dass die betroffenen Jungen bereits im Mutterleib sterben.

## ❷ Hämophilie

Im europäischen Hochadel, ausgehend von Königin Viktoria von England, war eine bestimmte Form der Bluterkrankheit, **Hämophilie** genannt, weit verbreitet. Bei dieser Krankheit, die über das X-Chromosom vererbt wird, erfolgt die Blutgerinnung der Betroffenen zu langsam, da in ihrem Blut einer der Gerinnungsfaktoren fehlt. Die sogenannten Bluter zeigen schwer stillbare Blutungen sowie eine erhöhte Tendenz zu Blutergüssen. Häufig treten Blutungen zum Beispiel in der Muskulatur, in inneren Organen oder Knie- und Ellenbogengelenken auf, wo sie äußerlich nicht sichtbar sind und daher nicht sofort gestoppt werden können. Organe, Muskeln und Gelenke werden dadurch geschädigt.

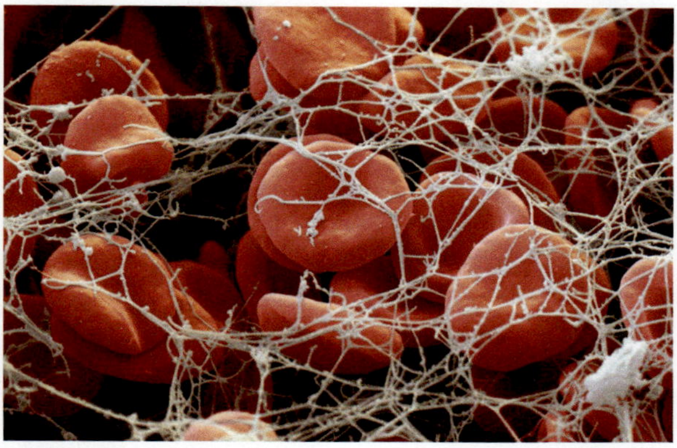

Blutgerinnsel

**a)** ≡ Analysieren Sie den Erbgang mithilfe des Familienstammbaums und leiten Sie den Erbgang begründet ab.

**b)** ≡ In diesem Stammbaum fällt ein neues Symbol mit einem Punkt auf. Bestimmen Sie die Genotypen (✎) aller Personen und erklären Sie dabei die Bedeutung des mit diesem Symbol markierten Merkmalsträgers.

**c)** ≡ Erläutern Sie, warum Hämophilie gerade in Adelsfamilien gehäuft auftritt.

**d)** ≡ Stellen Sie eine Hypothese auf, warum Konduktorinnen keine Symptome der Bluterkrankheit zeigen.

**e)** ≡ Erklären Sie die Tatsache, dass männliche Träger der Genveränderung immer erkranken.

**f)** ≡ Erläutern Sie, welche Genotypen und Phänotypen von Nachkommen eines bluterkranken Mannes und einer gesunden Frau statistisch zu erwarten wären.

**g)** ≡ Erläutern Sie das Basiskonzept „Individuelle und evolutive Entwicklung“ am Beispiel einer genetisch bedingten Erkrankung.

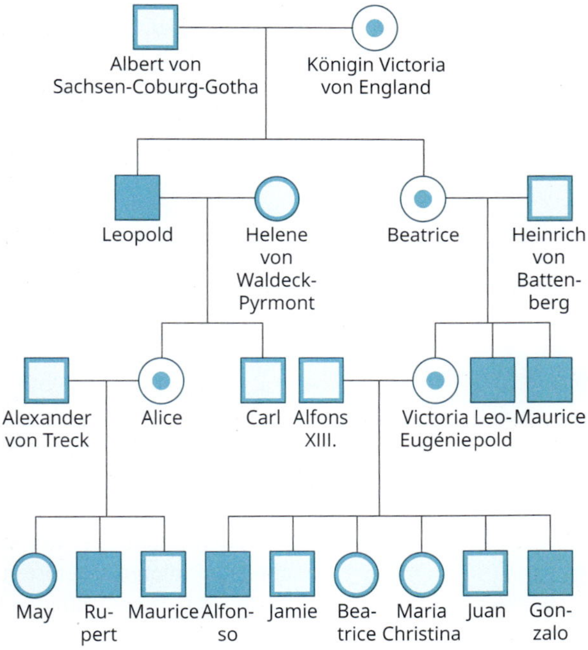


Bis etwa 1970 gab man bei starken Blutungen Betroffener meist eine Blutspende oder man versuchte, das Blut mit aus Rinderblut gewonnenem Fibrin zum Gerinnen zu bringen. Die Gentechnik ermöglicht heute andere Wege.

**h)** ≡ Erstellen Sie mit einer Recherche eine Präsentation zum Thema „Rekombinante Gerinnungsfaktoren“.

## ❸ Amelogenesis imperfecta

Bei der Amelogenesis imperfecta kommt es zu einer Störung der Zahnschmelzbildung. Die Zähne der Betroffenen sind dadurch gelblich bis graubraun verfärbt. Die Zähne sind besonders temperaturempfindlich und sind anfälliger gegenüber Befall mit Karies. Für die Krankheit sind verschiedene Erbgänge beschrieben worden.

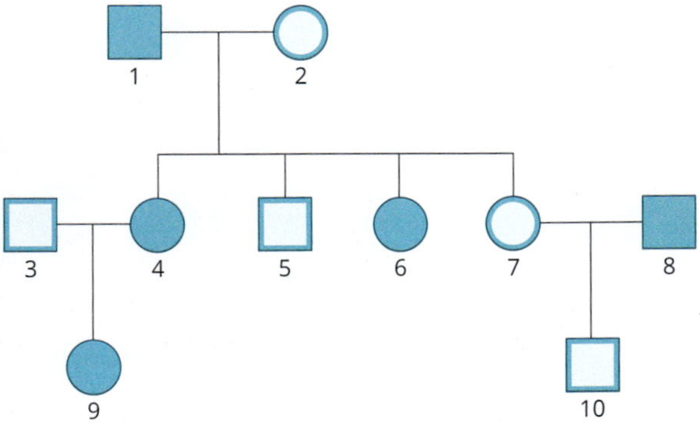


**a)** ≡ Leiten Sie aus dem Familienstammbaum die möglichen Vererbungsmodi der Amelogenesis imperfecta in dieser Familie ab.

**b)** ≡ Bestimmen Sie die möglichen Genotypen der einzelnen Familienmitglieder (✎).

**1** Junge Frau mit mittigem, spitzen Haaransatz

## 6.5 Genetische Familienberatung: Familienstammbaumanalyse und Heterozygotentest

**Etwa drei Prozent der Neugeborenen weisen genetisch bedingte Fehlbildungen oder Erkrankungen auf. Viele Paare stellen sich daher die Frage, wie hoch die Wahrscheinlichkeit bei ihnen ist, ein krankes Kind zur Welt zu bringen. Welche Möglichkeiten zur Abschätzung gibt es?**

### Genetische Beratung

Die Wahrscheinlichkeit, Kinder mit genetisch bedingten Beeinträchtigungen zu bekommen, ist für jedes Paar unterschiedlich. Von einem erhöhten Risiko wird dann ausgegangen, wenn die Eltern miteinander verwandt sind, familiäre genetisch bedingte Krankheiten bekannt sind oder bereits ungeklärte Fehlgeburten vorangingen. Auch das Alter der Eltern gilt als Risikofaktor, und zwar, wenn die Frau älter als 35 Jahre oder das Paar zusammen älter als 75 Jahre ist. Haus- und Frauenärzte stehen als erste Ansprechpartner zur Verfügung. Auch verschiedene Beratungsstellen helfen bei der Einschätzung und können kostenlos kontaktiert werden.

**1** ☰ Recherchieren Sie zur genetischen Beratung die Aspekte:
- Leistungsumfang
- Kostenübernahme
- Beratungsstellen in Ihrer Umgebung

### Familienstammbaumanalysen

Bei der ersten Anamnese wird in Beratungen der familiäre Hintergrund erörtert. Gibt es Verwandte mit genetisch bedingten Krankheiten, so wird ein Stammbaum erstellt. Damit kann der Vererbungsmodus einer Erkrankung gezeigt und das Risiko abgeschätzt werden.

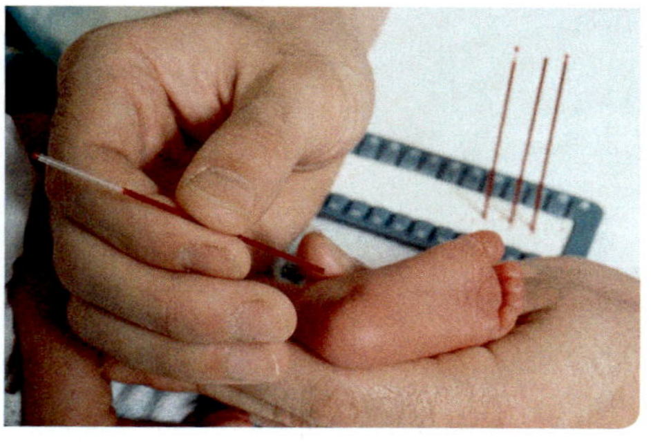

**2** Untersuchung auf PKU

**2 VL Ein einfacher Familienstammbaum**

Als Witwenspitz bezeichnet man einen spitzen Haaransatz, bei dem oberhalb der Stirn die Haare mittig spitz ansetzen.

**a)** ☰ Überprüfen Sie in Ihrer Familie, wer einen spitzen Haaransatz aufweist und erstellen Sie einen Familienstammbaum.

**b)** ☰ Ermitteln Sie aus Ihren Daten den Vererbungsmodus.

### Heterozygotentest

Mit einem Heterozygotentest kann im Falle einer rezessiv vererbten Krankheit untersucht werden, ob Personen Konduktoren, also Überträger einer genetisch bedingten Krankheit, sind. In diesem Fall können phänotypisch gesund erscheinende Personen versteckte Träger einer genetisch bedingten Krankheit sein und diese an die Nachkommen vererben. Der Test dient der Früherkennung von rezessiven, genetisch bedingten Krankheiten.

### Beispiel Phenylketonurie (→ Seite 47)

Phenylketonurie (abgekürzt PKU) ist eine autosomal-rezessiv vererbte Stoffwechselkrankheit. Die Ursache ist eine Punktmutation auf Chromosom 12, die die Proteinbiosynthese des Enzyms Phenylalaninhydroxylase beeinträchtigt. Fehlt dieses Enzym, kann Phenylalanin nicht zu Tyrosin verstoffwechselt werden. Eine Anhäufung von Phenylalanin, alternativen Abbauprodukten sowie der Mangel am Endprodukt Tyrosin führen zu geistigen Einschränkungen, Pigmentstörungen, Spastiken der Muskulatur sowie einem unangenehmen Geruch. Nach der Diagnose ist als Therapie eine lebenslange phenylalaninarme, tyrosinreiche Diät notwendig. Vielversprechend sind auch neu entwickelte Enzymtherapien. Beim Heterozygotentest wird den Testpersonen eine bestimmte Menge an Phenylalanin verabreicht. In zeitlich festgelegten Abständen wird der Tyrosingehalt im Blut gemessen. Liegt nur eine geringe Menge an Tyrosin im Vergleich zu homozygot gesunden Menschen vor, sind die Testpersonen heterozygot. Heute gehört die Untersuchung auf PKU mit dem Guthrie-Test zum Neugeborenenscreening.

**3 Guthrie-Test**

**a)** ☰ Recherchieren Sie die Vorgehensweise beim Guthrie-Test.

**b)** ☰ Erklären Sie, weshalb dieser Test zusätzlich zum Heterozygotentest bei Phenylketonurie durchgeführt wird.

## 4 ß-Thalassämie

β-Thalassämie ist eine genetisch bedingte Krankheit, die zu Blutarmut führt. Hierbei wird das Transportprotein Hämoglobin nicht ausreichend gebildet oder verstärkt abgebaut. Hämoglobin kommt in hoher Zahl in den Erythrozyten vor und transportiert den Sauerstoff. Ein Hämoglobinmolekül besteht aus je zwei α-Peptidketten und je zwei β-Peptidketten (→ **Seite 66**). Das Gen für die β-Peptidketten besteht aus 3 Exons und 2 Introns. Die Krankheit β-Thalassämie beruht auf Mutationen des Gens für die β-Hämoglobin-Peptidkette. Insgesamt sind hunderte Mutationen bekannt, die zu einer β-Thalassämie führen können. Teilweise beruhen diese auf Insertionen oder Deletionen.

**a)** ≡ Wiederholen Sie mithilfe des Glossars die Bedeutung der Begriffe Mutation, Exon, Intron, Insertion und Deletion (→ **Seite 290 ff.**).

**b)** ≡ Analysieren Sie die molekulare Ursache der Thalassämie beim Vorliegen einer Basensequenz wie in Abbildung **A**. Nutzen Sie dazu die Code-Sonne (→ **Seite 32**).

**c)** ≡ Erklären Sie, wie Insertionen und Deletionen von wenigen Nukleotiden im β-Hämoglobin-Gen zu einer β-Thalassämie führen können.

**d)** ≡ Leiten Sie aus dem Familienstammbaum (**B**, (✎)) den Vererbungsmodus bei dieser Familie ab und geben Sie die Genotypen an.

Heterozygot von β-Thalassämie Betroffene sind vor Malaria geschützt. Malaria ist eine der gefährlichsten Infektionskrankheiten. Die Erreger, einzellige eukaryotische Mikroorganismen, die Plasmodien, werden durch dämmerungs- und nachtaktive Mücken übertragen. Diese Plasmodien vermehren sich bei Infizierten in den Erythrozyten. Die Folgen sind Fieberschübe, Blutarmut, schwere Organschäden bis hin zum Koma und Tod.

**e)** ≡ Formulieren Sie eine Hypothese für die Resistenz von β-Thalassämie-Betroffenen gegenüber Malaria.

Bewerten Sie das Screening-Programm für heiratswillige Paare auf Zypern (**C, D**):

**f)** ≡ Stellen Sie die Bewertungsrelevanz des Vorsorgeprogramms dar, indem Sie begründet unterschiedliche ethische Werte, die in diesem Fall berücksichtigt werden können, benennen.

**g)** ≡ Entwickeln Sie anhand von Bewertungskriterien Handlungsoptionen für ein junges Paar, das heiraten und Kinder bekommen möchte.

**h)** ≡ Reflektieren Sie die kurz- und langfristigen Folgen für das Paar selbst, aber auch für die Gesellschaft, wenn sich ein Paar gegen die Vorsorge entscheiden würde.

3'-... GGT TAT AGA TAA AAG GTG GGA ATC GGA ...- 5'

**A** Ausschnitt des codogenen Strangs der DNA des ß-Hämoglobins eines Betroffenen

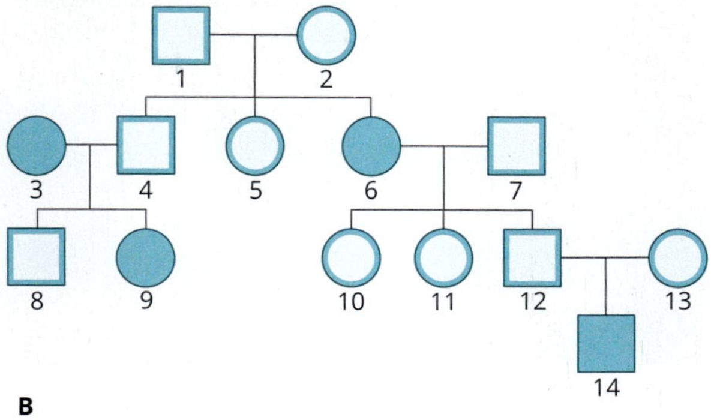


**B**

C

**D Vorsorgeprogramm auf Zypern**

Die β-Thalassämie war früher auf Zypern (**C**) weit verbreitet. Jeder siebte der 1,1 Millionen Einwohner Zyperns hat mindestens ein mutiertes Gen für die β-Hämoglobin-Peptidkette. Sind beide Elternteile Überträger, liegt das Risiko für ein erkranktes Kind bei 25 Prozent. Unbehandelt verläuft die Erkrankung tödlich, ein Überleben bis ins Erwachsenenalter ist jedoch mit erheblichem medizinischen und finanziellen Aufwand mit zahllosen Bluttransfusionen möglich. Personen, bei denen eines der beiden β-Hämoglobin-Gene betroffen ist, haben eine eingeschränkte körperliche Leistungsfähigkeit.

Seit 1976 gibt es auf Zypern ein für die Einwohner freiwilliges und kostenloses Vorsorgeprogramm, um die weitere Zunahme der Thalassämie-Erkrankungen zu verhindern. Nahezu jeder erwachsene Einwohner weiß aufgrund einer genetischen Untersuchung, ob er Überträger des Gendefekts ist. Das Programm umfasst auch eine genetische Beratung von Paaren mit Kinderwunsch sowie das Angebot einer pränatalen Diagnostik (→ **Seite 168**). Rund ein Viertel der untersuchten Schwangerschaften wird daraufhin abgebrochen. Die Maßnahmen führten dazu, dass die Zahl erkrankter Neugeborener auf zwei pro Jahr sank. Da auf Zypern nahezu jede Familie von der Thalassämie betroffen ist, gibt es gegen dieses Vorsorgeprogramm keinen nennenswerten Widerstand in der Bevölkerung.

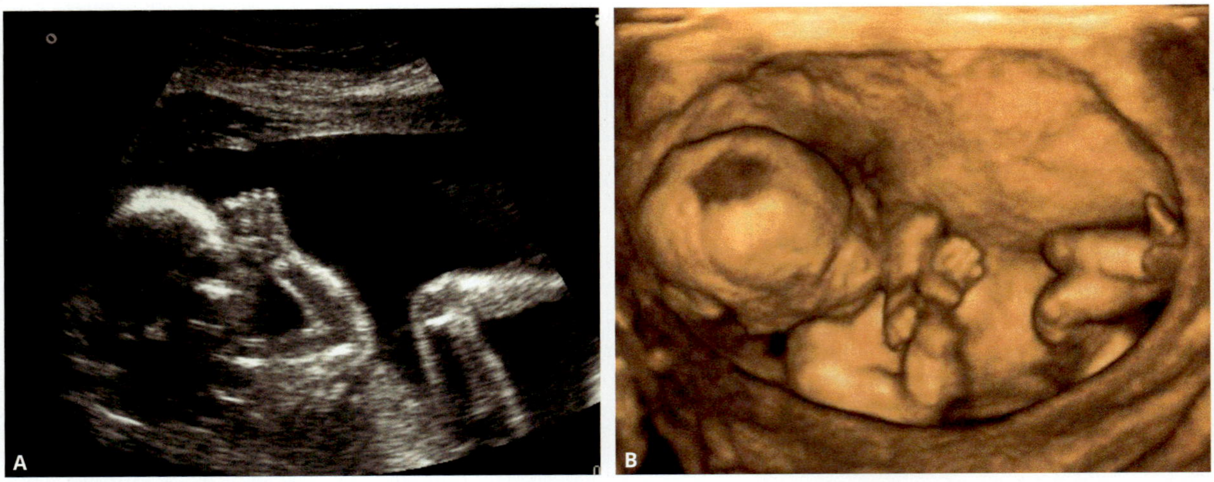


**1 Fetus im Ultraschall. A** zweidimensionale Darstellung; **B** dreidimensionale Darstellung.

## 6.6 Genetische Familienberatung: Pränatale Diagnostik

**Das erste Mal das Herzklopfen zu hören und ein Bild des Babys zu sehen ist ein schöner Moment für viele werdende Eltern. Welche diagnostischen Verfahren gibt es?**

### Pränataldiagnostik – PND

Routinemäßig findet eine ärztliche Betreuung und Beratung im Rahmen der Mutterschaftsvorsorge statt. Bei Auffälligkeiten oder einem generell erhöhten Risiko erfolgt meist eine Überweisung an spezialisierte Fachpraxen. Die Untersuchungen an Schwangeren und Feten haben das Ziel, Entwicklungsstörungen, genetisch bedingte Krankheiten oder Chromosomenanomalien frühzeitig zu erkennen beziehungsweise auszuschließen. Sie werden als **Pränataldiagnostik** zusammengefasst, kurz **PND**. In der PND werden nicht invasive Methoden und invasive Methoden unterschieden.

**1** ≡ Alle Untersuchungen der PND sind freiwillig. Diskutieren Sie diese Notwendigkeit.

### Nicht invasive Methoden

Bei den nicht invasiven Methoden werden die Untersuchungen außerhalb des Körpers der Schwangeren vorgenommen. Dazu gehören drei Ultraschall- und einige Blutuntersuchungen, die von der Krankenkasse bezahlt werden. Damit soll ermöglicht werden, Risiken für das Kind oder die Mutter schnell zu entdecken und entsprechend handeln zu können. Weitere Untersuchungen sind möglich, müssen aber, wenn sie nicht medizinisch notwendig sind, selbst bezahlt werden.

### Ultraschalluntersuchung

Eine rein äußerliche Methode der Vorsorgeuntersuchung bei Schwangeren ist die **Ultraschalluntersuchung**. Sie wird routinemäßig durchgeführt und liefert grundlegende Informationen über die Entwicklung des Kindes. Im Rahmen der Mutterschaftsvorsorge werden diese Untersuchungen in der frühen, mittleren und späten Phase der Schwangerschaft vorgenommen.

Ultraschallwellen sind nicht hörbar. Sie werden von verschiedenen Geweben unterschiedlich reflektiert, wodurch Strukturen auf einem Bildschirm sichtbar gemacht werden können. Während der 11. und 14. Schwangerschaftswoche kommt es im Nackenbereich des Ungeborenen zu Flüssigkeitsansammlungen, die im Ultraschall sichtbar werden. Bei einer Vergrößerung der **Nackentransparenz** ist die Wahrscheinlichkeit für eine Trisomie 21 oder eine andere Fehlbildung deutlich erhöht. Diese Untersuchungen können also Hinweise für eine Trisomie liefern. Während der gesamten Schwangerschaft dienen Ultraschalluntersuchungen auch zur Überprüfung des Wachstums und des Versorgungszustands des Fetus. Durch spezielle Ultraschalltechniken können ab dem zweiten Drittel der Schwangerschaft viele Fehlbildungen des Skeletts und Herzfehler erkannt oder ausgeschlossen werden. Bei richtiger Lage des Ungeborenen kann auch das Geschlecht bestimmt werden.

**2** ≡ Von Eltern als „Baby-Watching“ gewünschte Ultraschalluntersuchungen während der Schwangerschaft, die also nicht medizinisch notwendig sind, sind untersagt. Recherchieren Sie die Gründe für dieses Verbot und diskutieren Sie es.

**3** ≡ Recherchieren Sie, warum bei Erwachsenen die Darstellung von Organen wie Lunge oder Gehirn mittels Ultraschall nicht sinnvoll ist, bei Ungeborenen aber wichtige Erkenntnisse liefern kann.

**Blutuntersuchungen**

Zwischen der 10. und 14. Schwangerschaftswoche können die Konzentrationen von zwei Plazentahormonen bestimmt werden. Aus der Kombination dieser Daten, dem Alter der Mutter, der Nackentransparenz und gegebenenfalls weiteren Werten aus Ultraschalluntersuchungen kann im Rahmen des **Ersttrimester-Screenings** ein individuelles Risiko für das Vorliegen der Trisomien 13, 18 und 21 sowie anderer schwerer Fehlbildungen abgeschätzt werden. So können über 95 Prozent dieser Trisomien und etwa 80 Prozent der schweren Herzfehler erkannt werden. Ab der 14. Schwangerschaftswoche lässt sich im Blut das fetale α-Fetoprotein bestimmen. Stark erhöhte Konzentrationen können auf schwere Wirbelsäulenerkrankungen des Fetus hindeuten. Diese Ergebnisse sind häufig nicht eindeutig und müssen durch weitere Untersuchungen bestätigt werden.

**Genetischer nicht invasiver Pränataltest**

Während des fetalen Wachstums finden ständig Umbauprozesse statt. Dabei kommt es auch immer wieder zum programmierten Zelltod, durch den Zellen zerstört und Chromosomenbruchstücke, also DNA-Stücke, freigesetzt werden. Über das Fruchtwasser und den Mutterkuchen, also die Plazenta, gelangen diese DNA-Fragemente auch in das Blut der Mutter. Daher wurde jahrzehntelang nach Möglichkeiten gesucht, diese Bruchstücke genetisch zu untersuchen. Seit 2012 ist dies im Rahmen eines **nicht invasiven Pränataltests**, kurz **NIPT**, möglich. Ab der zehnten Schwangerschaftswoche reicht der Anteil der fetalen DNA im mütterlichen Blut aus, um mittels einer Blutprobe der Mutter einen aussagekräftigen NIPT durchzuführen. Der NIPT bietet eine relativ verlässliche Risikoabschätzung für Genommutationen wie Trisomie 13, 18 und 21. Ob das ungeborene Kind insgesamt gesund ist, kann der Test noch nicht erkennen. Manche Verfahren können aber bereits Vorhersagen für weitere gonosomale Chromosomenanomalien oder für Deletionen liefern. Die Möglichkeiten der genetischen Analysen werden in Zukunft immer besser werden.

**4** ≡ In fernöstlichen Ländern führen pränatale Untersuchungen dazu, dass vermehrt weibliche Feten abgetrieben werden. Einige Länder erlauben daher nur eine eingeschränkte pränatale Diagnostik. Recherchieren Sie dazu die Lage in Deutschland.

**5** ≡ Bewerten Sie den Schwangerschaftsabbruch der weiblichen Feten aus ethischer Sicht (→ **Seite 76 f.**).

## VL Materialgebundene Aufgabe

### 6 Nicht invasiver Pränataltest (NIPT)

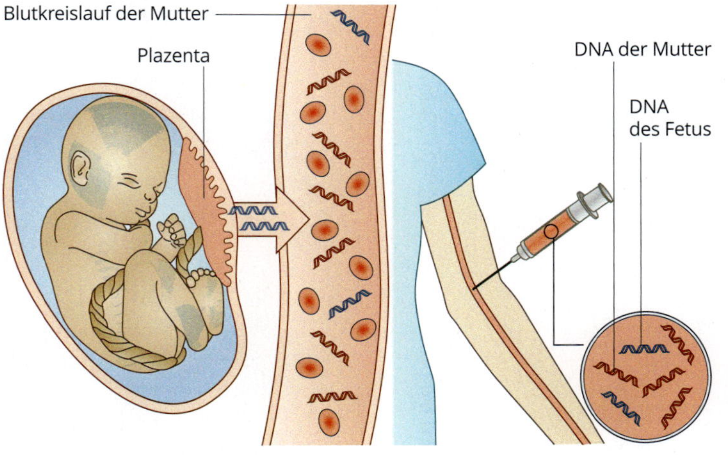


**a)** ≡ Beschreiben Sie mithilfe der Abbildung den Vorteil des NIPT.

**b)** ≡ Stellen Sie eine Hypothese auf, welche Untersuchungen mit dem gewonnenen Material durchgeführt werden.

**c)** ≡ Vorgeburtliche Untersuchungen können weitreichende Folgen haben. Erläutern Sie die Notwendigkeit eines Angebots zur psychologischen Unterstützung im Zusammenhang mit pränataler Diagnostik.

**d)** ≡ Für die meisten pränatal entdeckten Erkrankungen und Behinderungen steht keine Therapie zur Verfügung. Erörtern Sie, weshalb sich Paare dennoch für eine ausgedehnte Diagnostik entscheiden.

**e)** ≡ Die Kosten für einen NIPT werden (Stand 2023) nur in Ausnahmefällen von der Krankenkasse übernommen. Recherchieren Sie diese Ausnahmen und diskutieren Sie die Haltung der Krankenkassen zum NIPT.

**Invasive PND**
Ergibt sich bei einer der nichtinvasiven Methoden ein Verdacht auf eine Chromosomenanomalie oder Fehlbildung des Kindes, können nur invasive Methoden genauere Auskunft geben. Dazu gehören die **Chorionzottenbiopsie** (Plazentapunktion), die **Amniozentese** (Fruchtwasserpunktion) und die **Chordozentese** (Nabelschnurpunktion). Bei den invasiven PND-Verfahren wird durch Einstich mit einer sehr feinen Hohlnadel unter Ultraschallkontrolle direkt fetales Gewebe oder Fruchtwasser entnommen. Diese Verfahren werden zu unterschiedlichen Zeitpunkten in der ersten Schwangerschaftshälfte durchgeführt. Aus den fetalen Zellen kann DNA für genetische Analysen gewonnen werden. Wegen der immer besser werdenden Risikoabschätzung durch das Ersttrimester-Screening und den nicht invasiven Pränataltests wurden invasive PND-Verfahren in den letzten Jahren seltener eingesetzt. Dennoch sind sie in der pränatalen Diagnostik nicht zu ersetzen. Alle invasiven PND-Verfahren gehen mit einem leicht erhöhten Fehlgeburtsrisiko von unter einem Prozent einher. Bei einer genetischen Beratung werden die Ratsuchenden daher auch über die Risiken einer invasiven Pränataldiagnostik informiert. Vor Beginn einer pränatalen Diagnostik sollten sich Ratsuchende auch über die Konsequenzen eines negativen Untersuchungsergebnisses im Klaren sein.

**7** ≡ Viele Eltern eines Kindes mit Trisomie 21 werden nach der Geburt gefragt, weshalb sie während der Schwangerschaft keine pränatale Diagnostik machen ließen. Bewerten Sie den Hintergrund dieser Frage unter Berücksichtigung verschiedener Werte.

**8** ≡ Grenzen Sie in einer Concept-Map die nichtinvasiven und die invasiven Methoden der Pränataldiagnostik sowie ihre Vor- und Nachteile gegeneinander ab.

## VL Materialgebundene Aufgabe

### 9 Pränatale Diagnostik

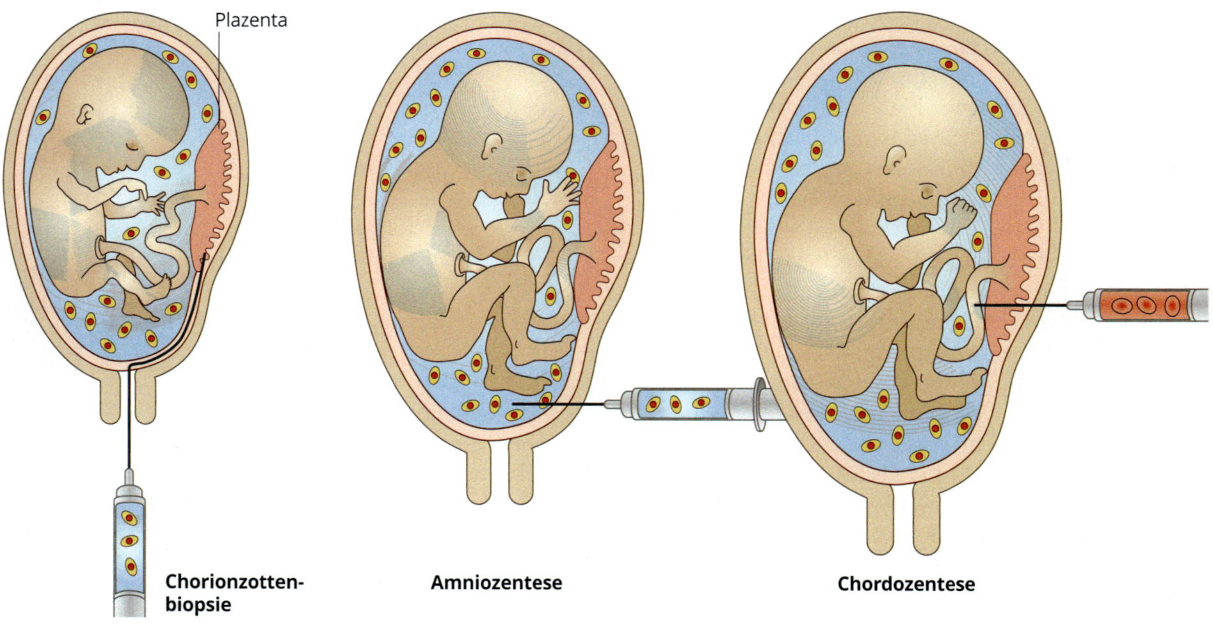


**a)** ≡ Informieren Sie sich im Internet über die drei invasiven PND-Verfahren. Die Bundeszentrale für gesundheitliche Aufklärung bietet dazu kostenloses Material im Internet an. Erstellen Sie zu jedem der Verfahren eine Mindmap, in der die Art der Diagnostik, die Nachweismöglichkeiten, der Untersuchungszeitraum sowie das jeweilige Risiko dargestellt sind.

**b)** ≡ Vergleichen Sie die drei invasiven Untersuchungsverfahren. Stellen Sie dabei auch die Vor- und Nachteile der Verfahren dar und bewerten Sie diese.

**Schwangerschaftsabbruch**

Viele Schwangerschaften verlaufen ohne schwerwiegende Probleme. Einige Paare erfahren aber durch die pränatale Diagnostik von einer Fehlbildung oder einer genetisch bedingten Erkrankung ihres ungeborenen Kindes. In diesen Fällen kann das Paar, letztlich die Frau, über das Fortführen oder den Abbruch der Schwangerschaft entscheiden.

Der Schwangerschaftsabbruch ist in Deutschland im § 218 des Strafgesetzbuchs gesetzlich geregelt. Bis 1974 war ein Schwangerschaftsabbruch in Deutschland generell strafbar. Auch heute noch gilt er als Tötungsdelikt, wird aber innerhalb bestimmter Fristen strafrechtlich nicht verfolgt, wenn medizinische, kriminologische oder soziale Gründe für die Beendigung der Schwangerschaft vorliegen. Nach dieser **Indikationsregel** bleibt eine Abtreibung unter bestimmten Voraussetzungen bis zur 12. Woche nach der Befruchtung straffrei. Auch nach der 12. Woche ist ein Schwangerschaftsabbruch möglich, beispielsweise wenn die Schwangere sich in einer Notlage befindet, nach der 22. Schwangerschaftswoche spricht man von einer Spätabtreibung. Als Notlage zählen sowohl eine schwere Behinderung des Fetus als auch gravierende Veränderungen der Lebenssituation der Schwangeren. Wenn bei Fortführung der Schwangerschaft eine Gefahr für das Leben des Kindes oder der Mutter besteht, so kann die Schwangerschaft jederzeit abgebrochen werden.

**2** Slogan

**10** ≡ Stellen Sie Indikationen und Fristen für einen Schwangerschaftsabbruch in einer Tabelle dar. Recherchieren Sie dazu im Internet.

**11** ≡ Recherchieren Sie die Entwicklungen zu den Rechten der Frauen in den letzten Jahren bezüglich eines Schwangerschaftsabbruchs in den USA (→ **Bild 2**) und nehmen Sie dazu Stellung.

**12** ≡ 2022 wurde der Paragraf 219a StGB zum Werbeverbot für Schwangerschaftsabbrüche abgeschafft. Informieren Sie sich über den Inhalt und erklären Sie die vorangegangene kontroverse Diskussion darüber.

## Materialgebundene Aufgabe

### 13 Situationen in der Schwangerschaft

Drei Freundinnen unterhalten sich über ihre Schwangerschaften. Sie sind in sehr unterschiedlichen Situationen und teilen Ihre Überlegungen.

**Rita, 37 Jahre, in der 14. Woche mit dem 1. Kind schwanger:** „Ich war gestern bei meinem Frauenarzt. Laut dem Ersttrimester Screening soll unser Kind ein zehnfach erhöhtes Risiko für eine Trisomie haben. Daraufhin wurde mir ein NIPT empfohlen. Den habe ich dann auch machen lassen. Der soll aber nur unklare Ergebnisse geliefert haben. Wir wissen noch nicht, was wir nun machen sollen."

**Julia, 29 Jahre, 11. Woche, 3. Schwangerschaft, diesmal mit Zwilllingen, bereits 2 gesunde Kinder:** „Bei mir war beim Screening alles im Grünen Bereich. Ich überlege, ob ich trotzdem noch einen NIPT machen lassen soll. Morgen soll ich wieder zur Beratung kommen."

**Sandra, 43 Jahre, in der 8. Woche schwanger:** „Auch meine Frauenärztin rät mir zu diesen Tests. Aber ich weiß nicht so recht. Wir haben es sieben Jahre vorher vergeblich versucht. Unsere Eltern haben doch auch nicht so viel Aufwand betrieben. Vielleicht sollte man einfach nicht zu viel nachdenken."

**a)** ≡ Erstellen Sie eine tabellarische Übersicht zu den jeweiligen relevanten humangenetischen Daten.

**b)** ≡ Erklären Sie die individuellen Risiken.

**c)** ≡ Versetzen Sie sich in die Lage der drei Freundinnen und treffen Sie jeweils eine, aus ethischer Sicht begründete Entscheidung für das weitere Vorgehen.

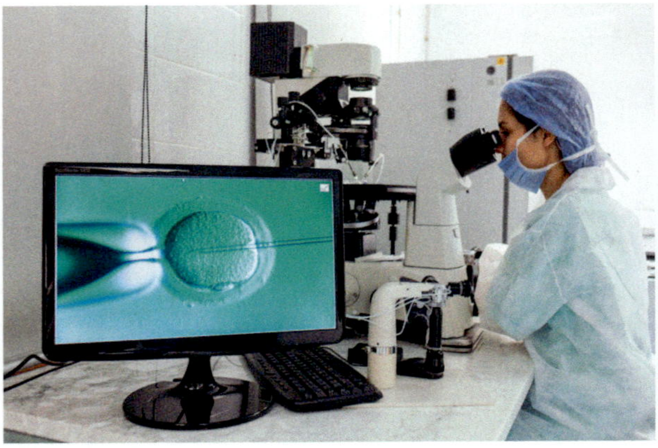

1 Injektion einer Spermienzelle in eine Eizelle

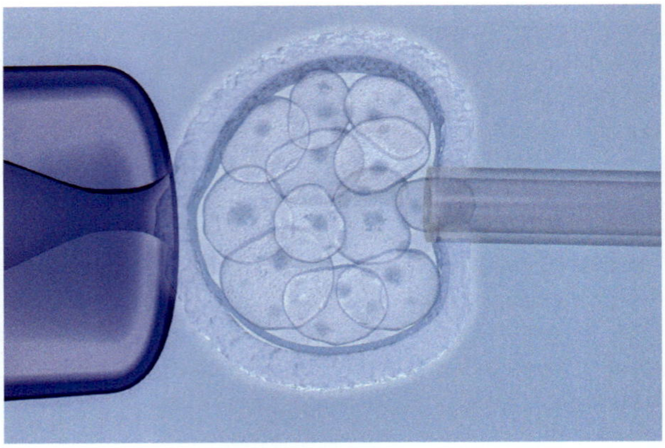

2 Zellentnahme bei der PID (schematisch)

## 6.7 Genetische Familienberatung: Präimplantationsdiagnostik

**Frauen, die nicht auf natürlichem Weg schwanger werden, können sich heute in einer Kinderwunschpraxis behandeln lassen. Die Methoden der künstlichen Befruchtung eröffnen auch ganz neue Wege der Diagnostik. Findet dadurch eine Selektion statt?**

### Unerfüllter Kinderwunsch

Etwa jedes siebte Paar in Deutschland bleibt ungewollt kinderlos. Zu gleichen Teilen ist dies auf den Mann, die Frau oder auf beide Partner zurückzuführen. Die Fruchtbarkeitsstörungen können genetische, hormonelle oder psychische Ursachen haben. Negativ auf die Fruchtbarkeit wirken sich auch Rauchen, übermäßiger Alkoholkonsum sowie starkes Unter- oder Übergewicht aus. Oft kommen mit zunehmendem Alter weitere Risikofaktoren hinzu.

### Befruchtung

Die Wahrscheinlichkeit, schwanger zu werden, ist während des Eisprungs am höchsten. Bei einer Reihe von Paaren hilft es schon, diesen Zeitpunkt durch Beobachtung des Zyklus, Temperaturmessungen oder einen Ovulationstest besser einzugrenzen. Liegen bei der Frau Hormonstörungen vor, so kann ein Eisprung auch durch die Gabe von Hormonen künstlich ausgelöst werden. Kann auf natürlichem Wege der Kinderwunsch nicht erfüllt werden, kann eine Schwangerschaft auch ohne Geschlechtsverkehr herbeigeführt werden. Dies wird als **künstliche Befruchtung** oder **assistierte Reproduktion** bezeichnet.

### Reproduktionstechniken

Produziert der männliche Partner nicht ausreichend viele Spermienzellen, können die Spermienzellen durch Samenübertragung mithilfe einer Spritze direkt in den Gebärmutterhals, die Gebärmutter oder den Eileiter gegeben werden. In vielen Fällen führt auch diese **Insemination** wegen einer zu geringen Spermienqualität nicht zum Erfolg. Ist eine Frau beispielsweise wegen defekter Eileiter unfruchtbar, wird die Befruchtung der Eizelle im Labor durchgeführt. Dies wird als **In-vitro-Fertilisation**, kurz **IVF**, bezeichnet. Reicht die Qualität der Spermienzellen für eine IVF nicht aus, kann zur Befruchtung eine einzelne Spermienzelle direkt in die Eizelle injiziert werden. Dieses Verfahren wird **Intracytoplasmatische Spermieninjektion**, kurz **ICSI**, genannt.

1 Alle Verfahren der IVF werden in Deutschland durch das Embryonenschutzgesetz geregelt. Informieren Sie sich über den Inhalt dieses Gesetzes und diskutieren Sie, weshalb es von Forschenden und wissenschaftlich Tätigen teils als „antiquiert" bezeichnet wird.

2 **„Social Freezing"**
**a)** Beschreiben Sie nach einer Recherche das Verfahren und deren Indikationen.
**b)** Analysieren Sie diese Methode im Hinblick auf ihre Bewertungsrelevanz.

### Präimplantationsdiagnostik

Wird bei einem Paar mit Kinderwunsch ein Gendefekt festgestellt, der mit hoher Wahrscheinlichkeit zu einer Fehl- oder Totgeburt führen würde, kann eine **Präimplantationsdiagnostik**, kurz **PID**, erwogen werden. Hierbei werden drei Tage nach einer künstlichen Befruchtung in vitro ein bis zwei Zellen des mehrere Tage alten Embryos entnommen. Diese Zellen sind pluripotent und können sich daher nur noch zu verschiedenen Gewebetypen weiterentwickeln. Die entnommenen Zellen werden abgesaugt und genetisch untersucht (→ **Seite 174 ff.**). Für die spätere Übertragung in die Gebärmutter der Frau wird nur ein Embryo ausgewählt, der keinen Gendefekt aufweist. Eine Präimplantationsdiagnostik ist in Deutschland gesetzlich nur dann zulässig, wenn ein hohes Risiko für eine schwerwiegende genetisch bedingte Krankheit besteht oder eine Schädigung des Kindes zu erwarten ist. Über die Durchführung einer PID entscheidet eine Ethikkommission, die die Umstände des jeweiligen Einzelfalls berücksichtigt. Die Möglichkeit zur PID hat in Deutschland eine sehr weitgehende ethische Debatte über Menschenwürde und Lebensrechte von Embryonen ausgelöst.

## VL Materialgebundene Aufgabe

### ❸ Präimplantationsdiagnostik bei Muskeldystrophie vom Typ Duchenne

Der Sohn von Familie Meier (Nr. 7 im Stammbaum) leidet an Muskeldystrophie vom Typ Duchenne. Diese Muskeldystrophie ist eine über das X-Chromosom vererbte Erkrankung, die durch eine fortschreitende Degeneration der Muskulatur gekennzeichnet ist. Diese Erkrankung beginnt im Kindesalter mit einer Schwäche der Oberschenkelmuskulatur und endet, häufig schon im jugendlichen Alter, tödlich. Die Erkrankung kann nur symptomatisch behandelt werden.

Familie Meier plant, ein weiteres Kind zu bekommen. Sie haben aber Bedenken. Ihr zweites Kind soll nicht das gleiche Schicksal wie ihr erstgeborener Sohn erleiden müssen. In der genetischen Beratung wurde nun zunächst für die Familie ein Stammbaum erstellt.

**a)** ≡ Analysieren Sie den Stammbaum (**A**) und geben Sie den Erbgang sowie alle möglichen Genotypen an.

Nach ausführlicher Beratung entscheiden sich Meiers für eine In-vitro-Fertilisation mit anschließender Präimplantationsdiagnostik. Im Anschluss können die Eltern entscheiden, ob der Transfer des Embryos in die Gebärmutter vorgenommen werden soll oder nicht. Die PID ist ethisch umstritten. In diesem Fall stimmt die Ethikkommission der Klinik dem Wunsch der Eltern zu.

**b)** ≡ Beschreiben Sie den Ablauf der PID anhand der nebenstehenden Abbildung **B**.

**c)** ≡ Erläutern Sie, warum die PID ethisch umstritten ist.

**d)** ≡ Nehmen Sie Stellung zur Entscheidung der Familie Meier, eine PID durchführen zu lassen. Stellen Sie dazu relevante Bewertungskriterien auf und entwickeln Sie daraus Handlungsoptionen für die Familie.

**e)** ≡ Reflektieren Sie die Entscheidung der Ethikkommission aus persönlicher, gesellschaftlicher und ethischer Perspektive. ❸

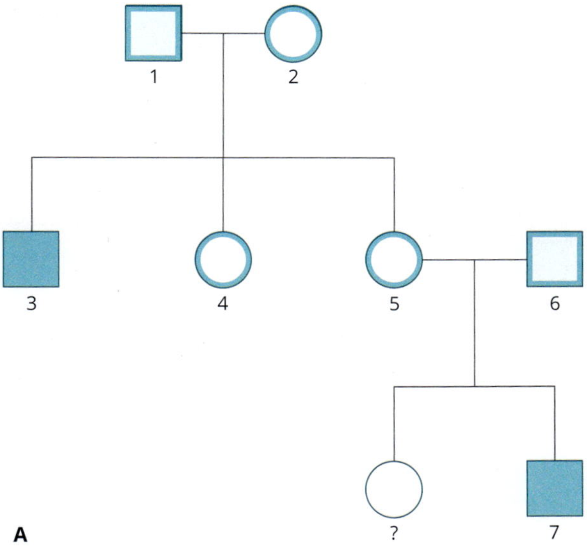

**A**

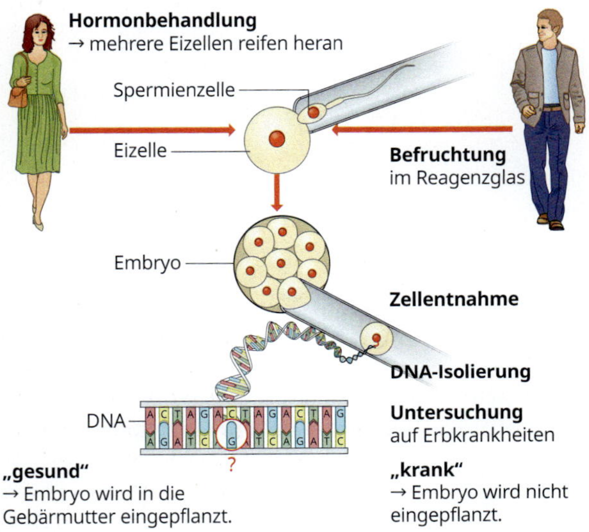

**B**

**Information Restriktionsenzyme:**
bakterielle Enzyme, die spezielle DNA-Sequenzen erkennen und anschließend beide DNA-Stränge an dieser Sequenz gezielt schneiden

## 6.8 DNA-Analytik: Gelelektrophorese und ihre Anwendung

**Um die DNA eines Menschen genauer zu analysieren und so beispielsweise die Analyse genetisch bedingter Erkrankungen oder Identitätsnachweise ermöglichen zu können, sind zahlreiche Verfahren entwickelt worden. Welche DNA-Analysemethoden gibt es und welche Informationen kann man daraus gewinnen?**

### DNA-Analytik

Mit dem Begriff „DNA-Analytik" werden molekularbiologische Verfahren bezeichnet, mit denen man die DNA und damit verschiedene genetische Aspekte eines Individuums untersuchen kann. Oft werden dafür auch die Begriffe „Gentest" (→ **Seite 180**) oder „Genanalyse" verwendet.

**1** ≡ Stellen Sie Hypothesen zu den Anwendungsmöglichkeiten der DNA-Analytik auf.

### Auftrennung von DNA-Fragmenten

Die Gelelektrophorese ermöglicht die Trennung von Gemischen von Makromolekülen wie Proteinen oder DNA-Fragmenten. Um DNA-Moleküle untersuchen zu können, werden sie zunächst mit Restriktionsenzymen (siehe → **Randspalte**) in Fragmente zerlegt. Da die DNA negativ geladen ist, wandern die DNA-Fragmente bei der Gelelektrophorese zur positiv geladenen Anode. Je kürzer die Fragmente sind, umso besser können sie die Maschen des Gels durchdringen und umso schneller bewegen sie sich durch das Gel. Da die DNA-Fragmente farblos sind, lässt man einen Farbstoff mitlaufen, um das Fortschreiten der Gelelektrophorese zu verfolgen. Kurz bevor der Farbstoff den Rand des Gels erreicht hat, wird der Vorgang beendet.

Parallel mit den Proben lässt man einen **DNA-Größenstandard** mitlaufen. Er enthält ein Gemisch verschiedener DNA-Fragmente mit bekannter Größe. Die DNA-Fragmente liegen

## VL Materialgebundene Aufgabe

### 2 Gelelektrophorese

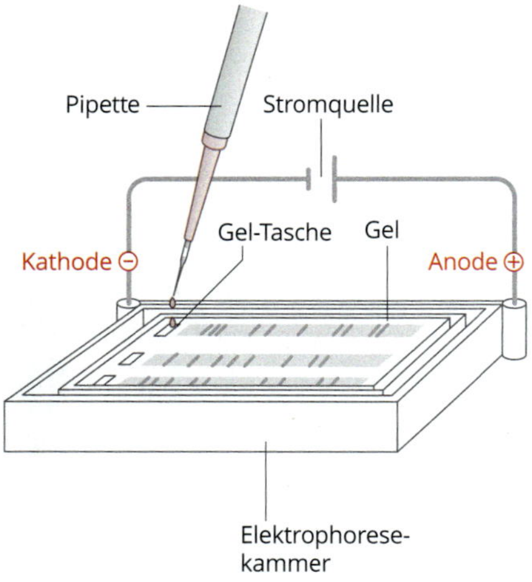

A

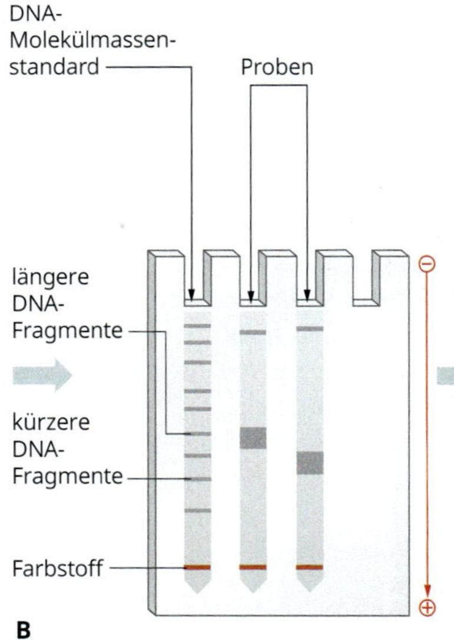

B

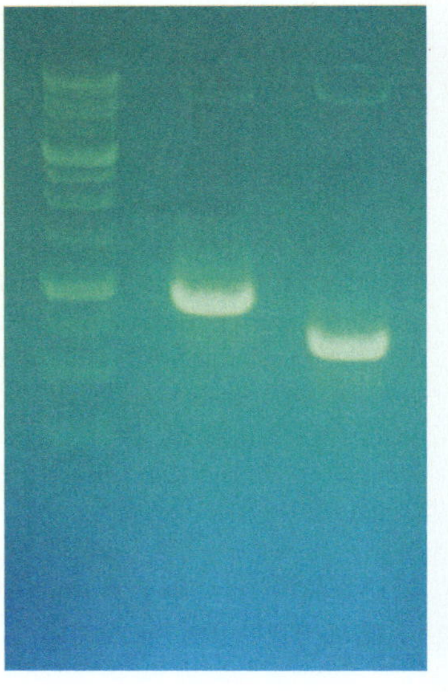
C

**a)** ≡ Beschreiben Sie mithilfe der Abbildung und der Satzbausteine im Wortspeicher das Trennverfahren mithilfe der Gelelekrophorese-Apparatur (**A**) und die modellhaften Ergebnisdarstellung (**B**). Nutzen Sie das Internet.

**b)** ≡ Beschreiben Sie mithilfe der Abbildung **B** das Ergebnis in Abbildung **C** und vergleichen Sie beide.

Trennverfahren • Wanderung durch ein elektrisches Feld • Gel (Agarose oder Polyacrylamid) • Maschen im Gel • Elektrophoresekammer • Gel-Taschen • Proben einfüllen • Molekularsieb • Pipette • Molekülmassenstandard • geladene Anionen und Kationen • Anode • Kathode • UV-Licht

nach Beendigung der Elektrophorese in **Banden** vor. Fragmente gleicher Größe legen die gleiche Laufstrecke zurück. Die Banden werden mit Nachweisreagenzien behandelt und leuchten unter ultraviolettem Licht hell auf.

**3** ≡ Erläutern Sie die Bedeutung des DNA-Größenstandards für die Auswertung der Gelelektrophorese.

**4** ≡ Nach der Durchführung einer Gelelektrophorese sind unter der UV-Lampe keine Banden zu sehen. Diskutieren Sie mögliche Fehlerquellen.

**Anwendung: Der genetische Fingerabdruck**
Das menschliche Genom besteht nur zu etwa fünf Prozent aus DNA-Bereichen, die für Proteine codieren. In den übrigen nicht codierenden Bereichen finden sich auf mehreren Chromosomen Abschnitte, in denen sich bestimmte DNA-Sequenzen aus nur zwei bis sieben Basenpaaren bis zu 50-mal wiederholen. Diese kurzen Basensequenzen nennt man **short tandem repeats**, kurz **STR**. Die Anzahl der Wiederholungen und damit die Länge der verschiedenen **STR-Marker** sind typische Merkmale einer Person. Zur Analyse der STRs werden ausgewählte DNA-Seqeuzen zunächst durch PCR (→ **Seite 87**) vervielfältigt. Aufgrund des doppelten Chromosomensatzes findet man bei Heterozygotie für eine bestimmte STR-Sequenz zwei PCR-Produkte unterschiedlicher Länge. Ist die Person homozygot für den Marker, findet man nur ein PCR-Produkt. Diese DNA-Abschnitte werden mittels Kapillarelektrophorese nach ihrer Größe getrennt. Diese Kapillare ist geeicht. Anhand der Laufzeit durch das Gel, die in relativen Einheiten angegeben wird, kann die absolute Länge der DNA-Stücke und damit die Zahl der Tandemwiederholungen ermittelt werden.

Die Wahrscheinlichkeit dafür, dass zwei Personen bei einem bestimmten STR-Marker zufällig die gleiche Zahl an Wiederholungen aufweisen, ist relativ hoch. Die Analyse erfolgt daher mit mehreren verschiedenen STR-Markern. Das dabei erhaltene DNA-Profil passt wie ein Fingerabdruck nur zu einer Person. Dieses DNA-Profil nennt man den **genetischen Fingerabdruck**.

**5** ≡ Erläutern Sie die Bezeichnung „genetischer Fingerabdruck" in Abgrenzung zum Fingerabdruck auf den Fingerkuppen.

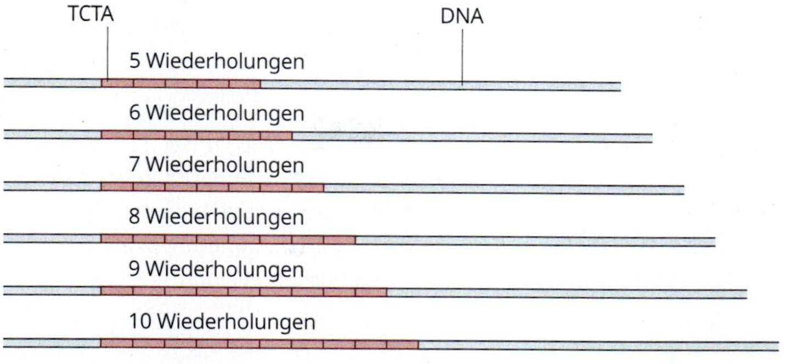


**1** Beispiele für mögliche Wiederholungssequenzen eines STR-Markers

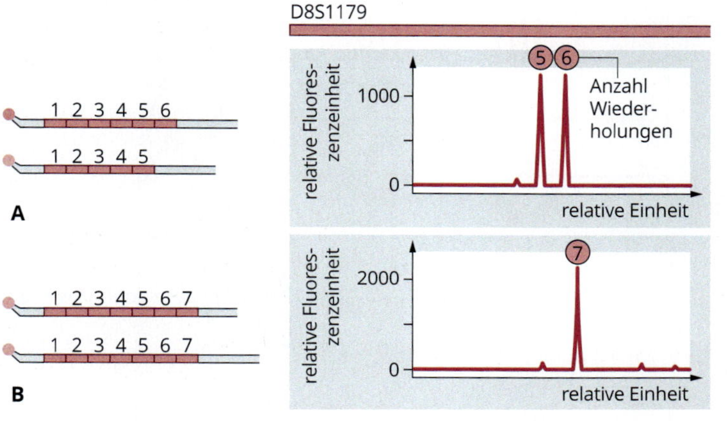


**2 Beispiel für die Analyse des STR-Markers D8S1179: A** Heterozygotie; **B** Homozygotie

## VL Materialgebundene Aufgabe

### 6 Elektropherogramme

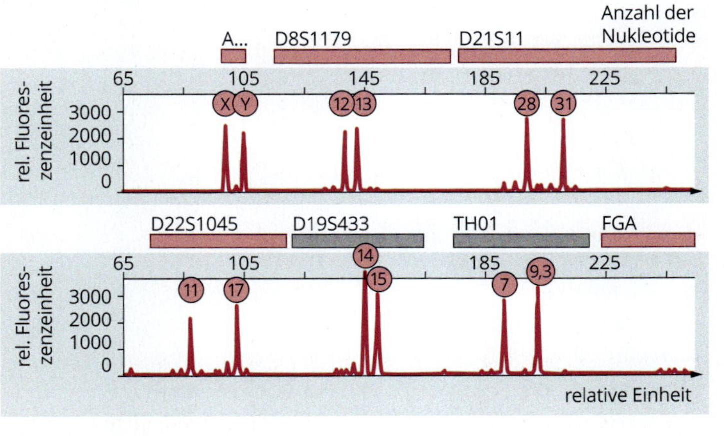


**a)** ≡ Beschreiben Sie die dargestellten Profile mehrerer STR-Marker.
**b)** ≡ Begründen Sie, dass für die Erstellung eines genetischen Fingerabdrucks mehrere STR-Marker untersucht werden.

## VL Materialgebundene Aufgaben

### 7 Vaterschaftstest

In einem Sorgerechtsstreit sollte die Frage der biologischen Vaterschaft von einem Kind geklärt werden. Dafür wurde ein genetischer Fingerabdruck aller Beteiligten erstellt. In der Abbildung sind die Ergebnisse für die drei STR-Marker *D3S1358*, *vWA* und *FGA* dargestellt.

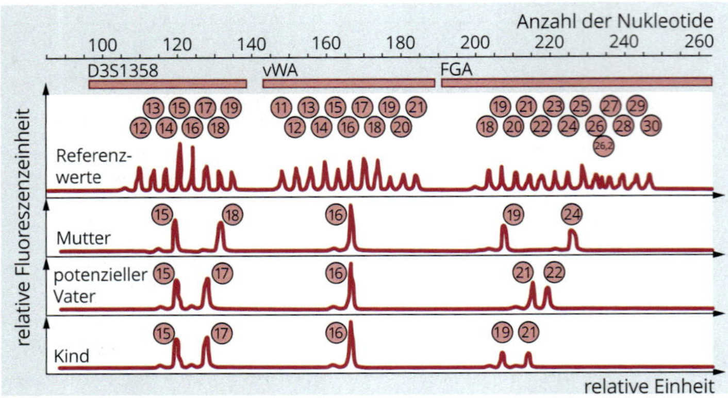


**a)** ≡ Werten Sie das DNA-Profil zur Ermittlung der Vaterschaft des Kindes aus.

**b)** ≡ Nehmen Sie Stellung zu der Frage, wie eindeutig das Ergebnis ist.

### 9 Dem Täter auf der Spur

Zur Überführung der Identität eines Täters wurden in dem dargestellten Fall die DNA des Opfers sowie die DNA aus weiblichen Zellen und Spermienzellen am Tatort gesichert. Aus Speichelproben der beiden Verdächtigen und des Ehemannes wurde ebenfalls DNA extrahiert. Durch PCR wurden die Proben vervielfältigt und anschließend die durch Gelelektrophorese erhaltenen Banden verglichen.

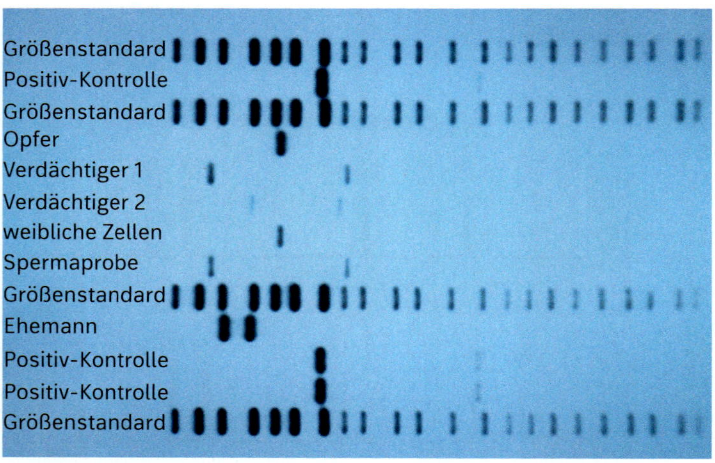


**a)** ≡ Werten Sie das Gel aus und bestimmen Sie den möglichen Täter. Erläutern Sie Ihre Vorgehensweise in einer digitalen Präsentation.

**b)** ≡ Positiv-Kontrollen sind DNA-Fragmente bekannter Größe, deren theoretische Laufstrecke bekannt ist. Begründen Sie deren Einsatz.

**Bedeutung des genetischen Fingerabdrucks** STR-Marker mit ihren spezifischen Wiederholungen werden vererbt. Zeigen sich beispielsweise nach der PCR-Analyse der DNA eines Kindes zwei Peaks für einen bestimmten STR-Marker, so stammt einer der beiden Peaks von der Mutter, der andere vom Vater. Bei der Feststellung von **Vaterschaften** werden die DNA-Profile aller Beteiligten verglichen und für jeden STR-Marker geprüft, ob sich einer der beiden Peaks des Kindes dem möglichen Vater zuordnen lässt.

Voraussetzung für einen Vaterschaftstest ist die schriftliche Einverständniserklärung von Vater, Mutter und Kind beziehungsweise dessen gesetzlichem Vertreter. Eine heimliche Beauftragung und Durchführung einer Untersuchung des genetischen Fingerabdrucks sind verboten. Im Bereich der Kriminalistik darf dieser gegen den Willen der betroffenen Person nur auf richterlichen Beschluss genommen werden.

**8** ≡ Begründen Sie, warum Vaterschaftstests nur unter Einwilligung der betroffenen Person durchgeführt werden dürfen.

Der genetische Fingerabdruck spielt heute in der **Gerichtsmedizin** und in der **Kriminalistik** eine zentrale Rolle. Bereits kleinste Mengen an DNA, die beispielsweise aus Blutresten, einem Haar mit Haarwurzel oder einer Zigarettenkippe gewonnen werden, genügen, um eine Person eindeutig mithilfe einer STR-Analyse zu identifizieren oder als Täter eines Verbrechens zu überführen.

Das Ergebnis eines genetischen Fingerabdrucks alleine kann nicht über Schuld oder Unschuld eines Verdächtigen entscheiden. Es wird nur als Hinweis, als ein sogenanntes Indiz, gewertet. Dies erklärt sich unter anderem damit, dass beim genetischen Fingerabdruck in seltenen Fällen falsch-positive Ergebnisse vorliegen. Häufigste Fehlerquellen sind dabei das Vertauschen von DNA-Proben, ein falsches Übertragen der Ergebnisse oder Verunreinigungen des Probenmaterials mit Fremd-DNA.

**10** ≡ „Bei der Bestimmung eines genetischen Fingerabdrucks erhält man keine Informationen über Eigenschaften der Person." Erläutern Sie diese Aussage.

## 6.9 DNA-Analytik: DNA-Sequenzierung und ihre Anwendung

**Die Basensequenzen der entsprechenden Gene geben Aufschluss über das Vorliegen einer genetisch bedingten Erkrankung. Wie kann man diese Sequenz ermitteln?**

**Die Kettenabbruch-Methode**
Die Bestimmung der Basensequenz einer DNA wird **DNA-Sequenzierung** genannt. Zu den traditionellen Methoden zählt die 1977 von Frederick SANGER entwickelte **Kettenabbruch-Methode**. Der zu analysierende DNA-Strang wird hierbei zunächst mittels PCR (→ Seite 87) vervielfältigt und dann durch Hitzebehandlung einzelsträngig gemacht. Zur Sequenzierung wird die einzelsträngige DNA auf vier Reaktionsansätze verteilt. In jedem der Ansätze befinden sich neben der Proben-DNA eine DNA-Polymerase, vier DNA-Nukleotide (dATP, dTTP, dGTP, dCTP) und ein radioaktiv markierter DNA-Primer. Außerdem gibt man in jeden der vier Ansätze eine spezifische Nukleotidsorte in geringer Konzentration, bei deren Einbau die DNA-Neusynthese stoppt. Diesen, als **Abbruchnukleotide** bezeichneten, Bausteinen fehlt am dritten C-Atom der Desoxyribose die Hydroxygruppe. Entsprechend den vier Basen gibt es die vier Abbruchnukleotide ddATP, ddTTP, ddCTP und ddGTP.

**1** ≡ Erläutern Sie mithilfe einer Skizze die Folgen des Einbaus eines Abbruchnukleotids.

Die Synthese der neuen Stränge durch die DNA-Polymerase startet am 3'-Ende der DNA-Primer und setzt sich solange fort, bis zufällig ein Abbruchnukleotid eingebaut wird. In einem Reaktionsansatz werden also alle möglichen DNA-Fragmente synthetisiert, die immer mit dem gleichen Abbruchnukleotid enden. Da parallel alle vier Ansätze laufen, erhält man so insgesamt alle Abbruchfragmente der DNA. Nach einer erneuten Denaturierung werden die neu synthetisierten DNA-Einzelstränge der vier Ansätze in vier Spuren durch Gelelektrophorese aufgetrennt. Durch die Verwendung des radioaktiv markierten Primers hinterlassen die DNA-Fragmente auf der Fotoplatte bei der **Autoradiografie** ein Bandenmuster. Aus diesem Autoradiogramm kann die Sequenz des neu synthetisierten DNA-Stranges abgelesen werden. Liest man die Banden im Gel nach zunehmender Länge des neu synthetisierten Stranges in 5'→3'-Richtung ab, erhält man auf diese Weise die komplementäre Sequenz des zu analysierenden DNA-Stranges.

**2** ≡ Begründen Sie, warum man mit der Kettenabbruch-Methode keine RNA sequenzieren kann.

**Abkürzungen:**
**NTP:** Nukleosidtriphosphat; Nukleosid (Pentose und organische Base) + 3 Phosphatgruppen = **Nukleotid**
**ATP:** Adenosintriphosphat: NTP mit Base Adenin (dementsprechend; **TTP:** NTP mit Base Thymin, **GTP:** NTP mit Base Guanin; **CTP:** NTP mit Base Cytosin)
**dNTP:** verwendete Pentose an einer Stelle desoxidiert; Baustein der DNA
**ddNTP:** Pentose an zwei Positionen desoxidiert

## Materialgebundene Aufgabe

### 3 DNA-Analytik

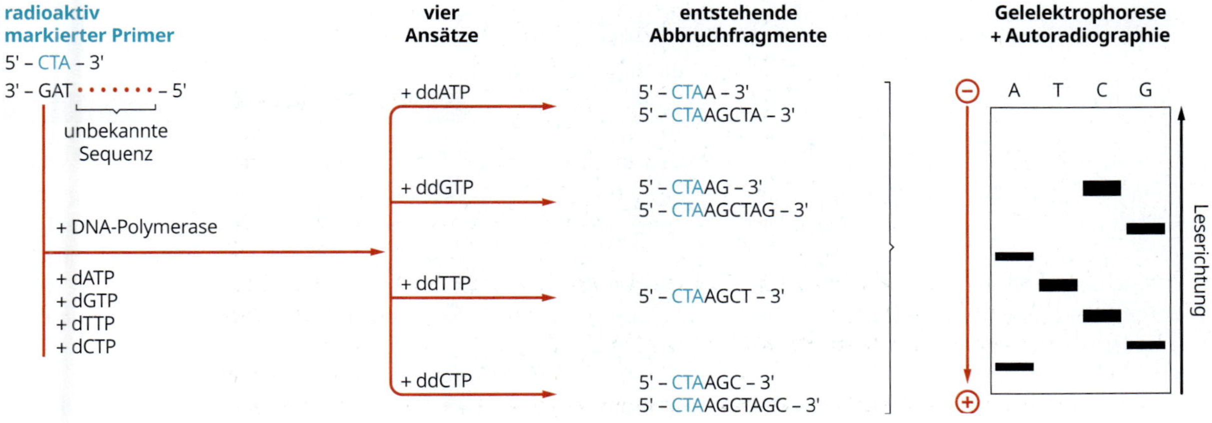


a) ≡ Beschreiben Sie die in der Abbildung gezeigte Kettenabbruchmethode nach Sanger.

b) ≡ Werten Sie die gezeigte Autoradiografie aus und geben Sie die ermittelte Sequenz der Nukleotide an.

## VL Materialgebundene Aufgabe

### ❹ Fluoreszenz-Sequenzierung

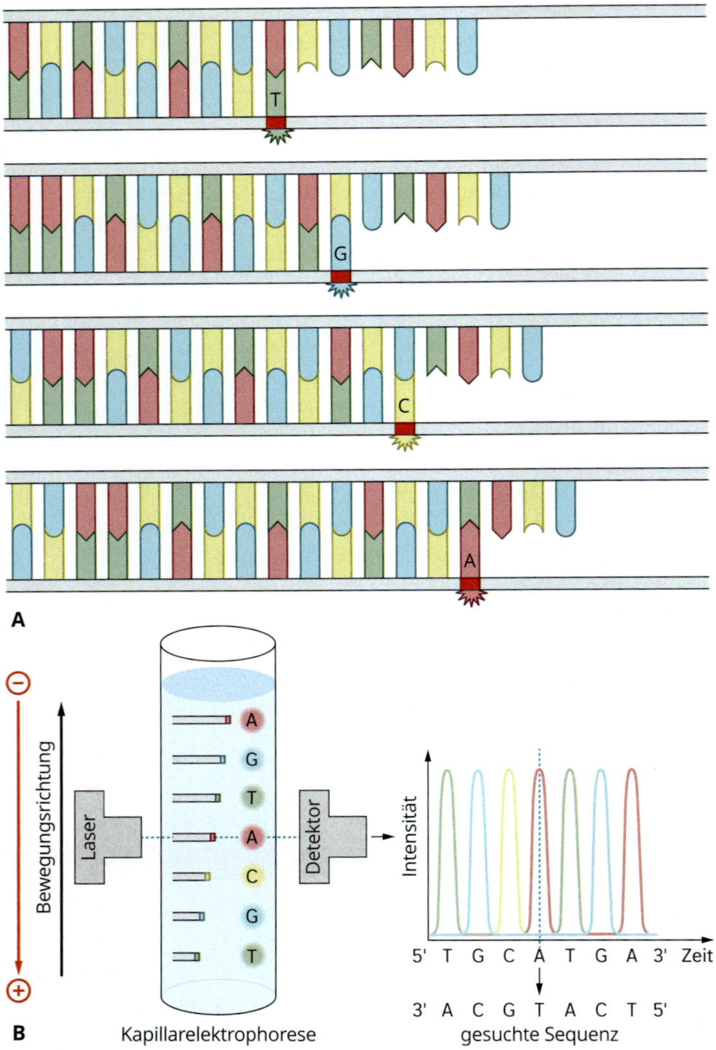


Mit der Fluoreszenz-Sequenzierungsmethode kann die Basensequenz eines DNA-Abschnitts ermittelt werden.

**a)** ≡ Nennen und beschreiben Sie alle Nukleotide, die von der DNA-Polymerase eingebaut werden können.

**b)** ≡ Erläutern Sie, was nach dem Einbau eines fluoreszenzmarkierten Abbruchnukleosid-Triphosphats (**A**) passiert.

**c)** ≡ Beschreiben Sie die Vorgänge der Kapillarelektrophorese (**B**).

**d)** ≡ Die Sequenzierung nach Sanger läuft bei Verwendung radioaktiv markierter Primer in vier Spuren, bei der Fluoreszenzmarkierung in nur einer. Erklären Sie den Unterschied.

**e)** ≡ Erläutern Sie, warum das Ergebnis der Fluoreszenzsequenzierung die Sequenz des Nichtmatrizenstrangs (→ **Seite 36**) ist.

**f)** ≡ Beschreiben Sie zusammenfassend den Ablauf einer Fluoreszenzsequenzierung in einem Flussdiagramm.

**Weiterentwicklung**

Anstelle der radioaktiv markierten Primer benutzt man heute fluoreszenzmarkierte Abbruchnukleosid-Triphosphate mit einer bestimmten Farbe für jeden der vier Typen. DNA-Fragmente gleicher Länge passieren bei ihrer Wanderung durch das Gel einen Fluoreszenzdetektor, der die verschiedenen Farben registriert. Aus der Farbabfolge kann dann die Basenabfolge abgelesen werden, die zum analysierenden Strang komplementär ist. Diese **Fluoreszenz-Sequenzierungsmethode** erlaubt es, vier Ansätze in einem Gefäß durchzuführen.

**Next-Generation-Sequencing**

Bei vielen genetisch bedingten Erkrankungen war es bisher nicht möglich, mit der klassischen Kettenabbruchmethode nach Sanger die ursächliche Genveränderung zu finden. Das Genom musste dafür in viele Abschnitte zerlegt und die einzelnen Sequenzen mussten anschließend wieder zusammengefügt werden. Dies war kosten- und zeitintensiv. Beim **Next-Generation-Sequencing**, kurz **NGS**, können in sehr kurzer Zeit viele hunderte Gene parallel sequenziert werden, um kleinste Veränderungen, beispielsweise Mutationen wie Insertionen oder Deletionen (→ **Seite 116 f.**), sichtbar zu machen. Man spricht vom **Hochdurchsatzverfahren**. Bei diesen Verfahren werden die Ergebnisse parallel zur Sequenzierung geliefert, die elektrophoretische Trennung von DNA-Fragmenten entfällt. Die erzeugten Datenmengen werden von Computerprogrammen **bioinformatisch** ausgewertet.

❺ ≡ Stellen Sie Hypothesen zu Anwendungen der DNA-Sequenzierung auf.

## Exkurs // Berufsfeld Bioinformatik

Die Bioinformatik ist eine interdisziplinäre Wissenschaft, die Kenntnisse aus den Lebenswissenschaften mit computergestützten Methoden analysiert.

❶ ≡ Erläutern Sie mittels einer Recherche den Begriff Lebenswissenschaften.

❷ ≡ Definieren Sie „Bioinformatik.

❸ ≡ Recherchieren Sie zur Ausbildung „Fachkraft für Bioinformatik“.

❹ ≡ Recherchieren Sie zum Studiengang „Bioinformatik“.

## 6.10 Untersuchungen der DNA beim Menschen

**Die Methoden der DNA-Analytik ermöglichen die Analyse des menschlichen Genoms. Welchen Nutzen und welche Risiken haben diese Untersuchungen für die Gesellschaft und für den Einzelnen?**

### Die Entschlüsselung von Genomen

Nachdem man den genetischen Code kannte, war es das Ziel vieler Forschenden, die Genome von Lebewesen komplett zu entschlüsseln. Es entwickelte sich ein regelrechter Wettlauf zwischen den Forschenden. 1990 schlossen sich Forschende weltweit zu der **Humane Genome Organisation**, abgekürzt HUGO, zusammen. Insgesamt beteiligten sich mehr als 1000 Wissenschaftlerinnen und Wissenschaftler in mehr als 40 Ländern. 1998 begann eine amerikanische Firma ebenfalls mit der Sequenzierung des menschlichen Genoms. 2001 schließlich gelang es, einen Großteil des humanen Genoms zu veröffentlichen. Im Jahr 2003 galt es als nahezu vollständig sequenziert.

### Ergebnisse in Zahlen

Insgesamt umfasst das humane Genom etwa 3,2 Milliarden Basenpaare je Chromosomensatz. Die Anzahl der Gene war für die Wissenschaft überraschend. Wurden vorher rund 100 000 Gene vermutet, so konnten bis 2021 nur ungefähr 46 000 Gene identifiziert werden. Darunter sind je nach Datenbank etwa 20 000 proteincodierende Gene. Deren Anteil an der Gesamt-DNA beträgt nur 1,5 Prozent.

❶ ≡ Erläutern Sie die Bedeutung der 26 000 nicht proteincodierenden Gene.

### Gene und Verwandtschaft

Die Sequenzierung weiterer humaner Genome zeigte deren hohe Übereinstimmung. Alle Menschen, gleich ob nahe verwandt oder von verschiedenen Regionen oder Erdteilen, besitzen etwa zu 99,9 Prozent identische Gene. Auch die Ähnlichkeit zu unseren nächsten tierischen Verwandten, den Schimpansen, ist mit 98,6 Prozent noch sehr hoch.

❷ ≡ Recherchieren Sie den Begriff „Eugenik“ während des Nationalsozialismus.

❸ ≡ Erläutern Sie die Bedeutung der DNA-Analytik beim Menschen im gesellschaftlichen Kontext.

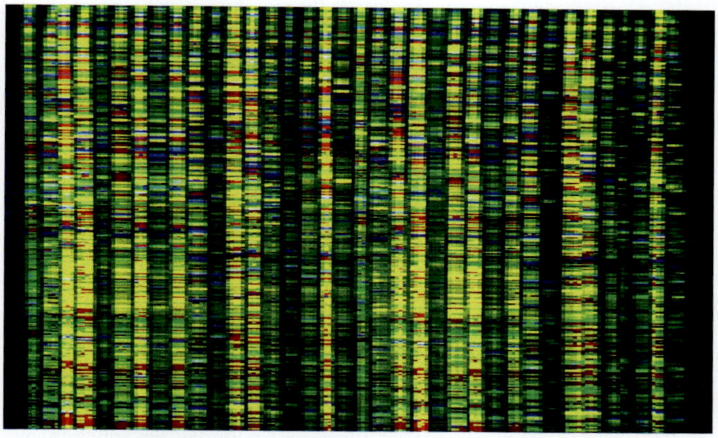

**1** Bandenmuster einer Sequenzanalyse menschlicher DNA

### Materialgebundene Aufgabe

**❹ Das Island-Genom-Projekt**

Einen ungewöhnlichen Weg verfolgt das seit 1999 laufende Island-Genom-Projekt. Die 350 000 Isländerinnen und Isländer sind für genetische Analysen besonders interessant. Die Insel wurde im 9. Jahrhundert von nur wenigen Wikingern besiedelt. Eine Vermischung mit anderen Völkern gab es aufgrund der geographischen Isolierung kaum. Für alle Familien Islands liegen Stammbäume vor, die bis zur Besiedelung Islands zurückreichen.

Eine Firma hat sich mit Zustimmung des Parlaments den Zugriff auf die Erbinformationen und die Krankenakten der Bevölkerung gesichert. Die Bürgerinnen und Bürger haben jedoch das Recht, an dem Projekt nicht teilzunehmen. Die Firma hat das Ziel, durch die Analysen den genetischen Ursachen für komplexe Erkrankungen wie die Alzheimer-Krankheit auf die Spur zu kommen. Im Gegenzug sollen die Teilnehmenden kostenlos Gentests und Medikamente erhalten, die im Zusammenhang mit dem Genom-Projekt entwickelt werden.

**a)** ≡ Nennen Sie Besonderheiten, durch die das Projekt für die Humangenetik interessant ist.
**b)** ≡ Betrachten Sie das Island-Genom-Projekt aus Perspektive der Forschenden und aus der Perspektive der Isländerinnen und Isländer und stellen Sie die möglicherweise unterschiedlichen Interessenlagen dar.
**c)** ≡ Die Bürgerinnen und Bürger haben das Recht, nicht an dem Projekt teilzunehmen. Stellen Sie Hypothesen auf, warum manche sich gegen eine Teilnahme am Projekt entscheiden.
**d)** ≡ Entwickeln Sie anhand relevanter Bewertungskriterien Handlungsoptionen für einen skeptischen Bürger.
**e)** ≡ Bilden Sie sich persönlich kriteriengeleitet eine Meinung und formulieren Sie eine begründete Entscheidung, ob Sie an der Studie teilnehmen würden oder nicht.

### Genomanalyse einzelner Personen

Bei einem **Gentest** wird die Erbinformation einer Person mit den Methoden der DNA-Analytik analysiert. Dies darf in Deutschland nur in medizinisch begründeten Fällen durchgeführt werden. Diagnostische Gentests können dazu dienen, die Ursache einer bereits bestehenden Krankheit zu finden. Prognostische Gentests dienen der **Risikoabschätzung**, in Zukunft an einer Krankheit wie beispielsweise Darmkrebs oder Brustkrebs zu erkranken. Sie können auch Aufschluss darüber geben, wie wahrscheinlich es ist, eine Krankheit an die eigenen Kinder weiterzugeben. Da die Folgen solcher Gentests für die einzelne Person sehr schwerwiegend sein können, dürfen Gentests nur durchgeführt werden, wenn die betroffenen Personen nach einer ausführlichen Beratung ihre Einwilligung dazu gegeben haben.

**5** ≡ Stellen Sie Hypothesen zu den Folgen für zwei Personen auf, die durch Gentests erfahren, dass sie vielleicht in vielen Jahren an Darmkrebs beziehungsweise an Brustkrebs erkranken werden. Recherchieren Sie dazu zu beiden Erkrankungen die Präventionsmöglichkeiten.

**6** ≡ Erläutern Sie die Bedeutung der DNA-Analytik für einen Menschen im medizinischen Kontext.

### Folgenabschätzung

Der Entscheidung für oder gegen einen Gentest liegen verschiedene ethische Prinzipien zugrunde, je nachdem auf welcher Ebene der Betrachtung man sich befindet. Einerseits müssen die Folgen für das Individuum beleuchtet werden. Die betroffene Person, das **Individuum**, muss über die Bedeutung und die möglichen Folgen der Tests sorgfältig aufgeklärt werden. Und auch wenn sich die Ratsuchenden für einen Gentest entscheiden, bestimmen nur sie, in welchem Umfang sie über das Ergebnis informiert werden. Es besteht ein Recht auf Nicht-Testen und Nicht-Wissen. Andererseits ist man als Individuum Teil einer **Gesellschaft**. Hier können als Argumente Kosten für das Gesundheitssystem durch eine möglicherweise vermeidbare Erkrankung oder auch evolutive Argumente, also Veränderungen im Genpool einer Population durch Vermeidung der Weitergabe von Gendefekten angeführt werden.

**8** ≡ **Der Schutz der Persönlichkeit**

Gentests im Rahmen von **Gesundheitsprüfungen** vor dem Abschluss von Versicherungen oder dem Beginn von Beschäftigungsverhältnissen sind in Deutschland nicht erlaubt.

**a)** ≡ Recherchieren Sie den Wortlaut der Paragraphen 18 und 19 des „Gesetzes über genetische Untersuchungen bei Menschen“.

**b)** ≡ Nennen Sie die Werte, die der Formulierung dieses Gesetzes zugrunde liegen.

**9** ≡ Im Falle einer Straftat wie einem Sexualdelikt kann bei der Tätersuche ein **Massengentest** der männlichen Bevölkerung eines Ortes angeordnet werden. Erklären Sie, inwiefern einer Entscheidung für oder gegen eine Teilnahme am Massengentest ethische Prinzipien zugrunde liegen. Betrachten Sie dabei das Dilemma zwischen dem Recht auf Selbstbestimmung und der Verantwortung gegenüber der Gesellschaft.

## VI Materialgebundene Aufgabe

### 7 Gentest bei Chorea Huntington

**Fallbeispiel:** Ein junges Paar sucht eine genetische Beratungsstelle auf, da in der Familie der Frau die Krankheit Chorea Huntington (→ **Seite 163**) mehrfach aufgetreten ist. Die Erkrankung tritt meist zwischen dem vierten und fünften Lebensjahrzehnt auf und führt binnen weniger Jahre zum Tod. Eine ursächliche Therapie existiert bislang nicht. Das Paar fragt sich, ob die Frau eventuell erkranken wird und wie hoch das Risiko für ihre späteren Kinder sein würde. Ursache der Huntington-Krankheit ist eine Genmutation. Sie führt dazu, dass sich das Triplett CAG in einem bestimmten DNA-Abschnitt mehr als 40-mal wiederholt. Bei Gesunden wiederholt sich dieses Triplett lediglich bis zu etwa 27-mal. Bei 27 bis 35 Wiederholungen stellt man ein erhöhtes Risiko für eine Erkrankung bei den Nachkommen fest, bei 36 bis 39 Wiederholungen erkrankt nur ein Teil der Allelträger.

**a)** ≡ Stellen Sie eine Hypothese auf, mit welcher Methode der DNA-Analytik der Gentest durchgeführt werden wird.

**b)** ≡ Versetzen Sie sich in die Lage der Frau und überlegen Sie, ob Sie einen Gentest machen lassen würden. Gehen Sie dabei schrittweise nach der Methode „Eine ethisch begründete Entscheidung treffen“ (→ **Seite 76 f.**) vor.

**c)** ≡ Führen Sie die entsprechende Bewertung aus der Sicht des Partners durch und reflektieren Sie eventuelle Unterschiede der Bewertungen von Mann und Frau.

**d)** ≡ Tauschen Sie sich im Kurs über Ihre Ergebnisse der Aufgaben **b** und **c** aus und korrigieren Sie gegebenenfalls Ihren Standpunkt.

**e)** ≡ „Der Gentest auf Chorea Huntington stellt eine Vernetzung der Systemebenen Phänotyp (→ **Seite 106**) und Genotyp dar.“ Erläutern Sie diese Aussage.

## ⊖ 6.11 Personalisierte Medizin

**Die Gesundheitsforschung hat zum Ziel, für jede Patientin und jeden Patienten die bestmögliche Therapie bei Minimierung der Nebenwirkungen zu gewährleisten. Welche Möglichkeiten gibt es heute schon?**

### Datensammlung

Die modernen Methoden der Diagnostik sowie die Sammlung von Daten zum Gesundheitszustand und Lebensstil der Betroffenen ergeben ein Gesamtbild, das neue Behandlungsansätze, gezielt angepasst an die betroffene Person, ermöglichen soll. Daher wird von **personalisierter Medizin** gesprochen.

**1** VL **Der gläserne Patient**
Im Internet findet man viele Einträge zum Stichwort „gläserner Patient".

**a)** ≡ Recherchieren Sie und stellen Sie mit diesem Begriff verbundene Hoffnungen, Risiken und Ängste dar.
**b)** ≡ Analysieren Sie dabei die Herkunft, Qualität und Vertrauenswürdigkeit der verwendeten Quellen im Zusammenhang mit der Intention der Autorin oder des Autors.

Das Bundesministerium für Bildung und Forschung, BMBF, hat im Juni 2021 einen der Förderschwerpunkte „Ethische, rechtliche und soziale Aspekte in den Lebenswissenschaften" (ELSA) ins Leben gerufen. Ziel ist, die Folgen für Individuum und Gesellschaft zu erforschen, die sich im Zusammenhang mit den Fortschritten und Entwicklungen auf dem Gebiet der Lebenswissenschaften und ihrer Anwendung ergeben.

**2** ≡ Stellen Sie sich vor, Sie forschen im Bereich der personalisierten Medizin und erfahren von dem Förderprogramm ELSA. Recherchieren Sie auf der Internetseite des BMBF

- welche Themenfelder als förderungswürdig angesehen werden (Auswahl),
- welche Bedingungen Zuwendungsempfänger erfüllen müssen und
- welche Investitionen bezuschusst werden.

### Neue Therapieoptionen

Moderne Diagnoseverfahren wie Gentests ermöglichen es heute, genetische, molekulare und zelluläre Besonderheiten von Patientinnen und Patienten beziehungsweise von Tumoren zu erfassen. Diese **Biomarker** können dazu dienen, eine am individuellen Genotyp orientierte Diagnose, Therapie und Prävention von Krankheiten anzubieten. Eine wichtige Rolle spielen dabei **Vortests**, die Aussagen darüber liefern, ob ein bestimmtes Medikament wirksam ist oder ob der Patient es verträgt.

**3** ≡ Recherchieren Sie zum Gentest bei der Behandlung einer HIV-Infektion mit dem Virostatikum Abacavir.

## Materialgebundene Aufgabe

### 4 Maßgeschneiderte Therapie bei Brustkrebs

Auf der Zelloberfläche von gesunden Zellen der Brust wird ein Rezeptor für einen Wachstumsfaktor namens HER2 (engl. ***h**uman **e**pidermal growth factor **r**eceptor 2*) exprimiert. Eine Aktivierung des HER2 setzt eine Signalkaskade über das RAS-Protein (→ **Seite 94 ff.**) in Gang, die zur Zellproliferation und Hemmung der Apoptose führt.

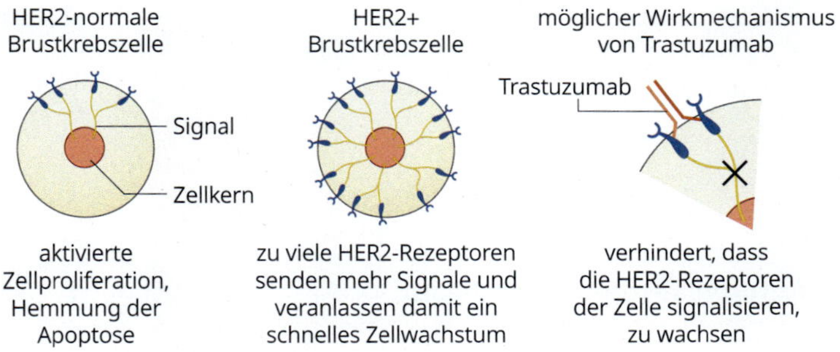


**a)** ≡ Der HER2-Rezeptor wird durch das *ERBB2*-Gen auf Chromosom 17 kodiert, das zu den Proto-Onkogenen gezählt wird. Erklären Sie, welche Bedeutung diese Bezeichnung hat (→ **Seite 122 ff.**).
**b)** ≡ Beschreiben Sie die in der Abbildung gezeigte Veränderung in Krebszellen und deren Folgen.
**c)** ≡ Formulieren Sie einen therapeutischen Ansatz, der sich aus dieser Veränderung der Zellen ergibt.

Frauen, die an Brustkrebs erkrankt sind, werden nur dann mit dem Antikörper Trastuzumab behandelt, wenn in den Tumorzellen die Überexpression des *ERBB2*-Gens nachweisbar ist. Denn bei Tumorzellen ohne dieses Merkmal wirkt Trastuzumab nicht, allerdings treten dann häufig Nebenwirkungen auf.

**d)** ≡ Der Antikörper Trastuzumab blockiert den extrazellulären Teil des HER2-Rezeptors. Erläutern Sie die Folgen der Trastuzumab-Gabe für eine Patientin.
**e)** ≡ Die Therapie mit Trastuzumab ist teuer und kann das Herz schädigen. Sie sollte nur erfolgen, wenn bei der Patientin die Überexpression des *ERBB2*-Gens vorliegt. Erläutern Sie an diesem Beispiel die Bedeutung der DNA-Anaytlik in der personalisierten Medizin. ⊖

## Einführung in die Humangenetik – Erbgänge beim Menschen

**Humangenetik:**
interdisziplinäre Wissenschaft, die sich mit den Grundlagen **genetisch bedingter Merkmale beziehungsweise Erkrankungen** beschäftigt und medizinische Fachgebiete mit grundlegender Forschung der Naturwissenschaften verbindet

**Unterscheidungen der Erbgänge beim Menschen:**
- autosomal – gonosomal
- X-chromosomal – Y-chromosomal
- dominant – rezessiv

**Stammbaum:**
- phänotypische Darstellung eines Merkmals von Familienmitgliedern
- wichtiges Instrument bei Beratungen in der Humangenetik

**Analyse eines Stammbaums:**
1. Übersicht erhalten
2. dominant von rezessiv unterscheiden
3. autosomal von gonosomal unterscheiden
4. Genotypen ermitteln
5. Entscheidungen für den vermuteten Erbgang begründen

Mehr dazu auf den Seiten 158–160

## Autosomal-rezessiver Erbgang

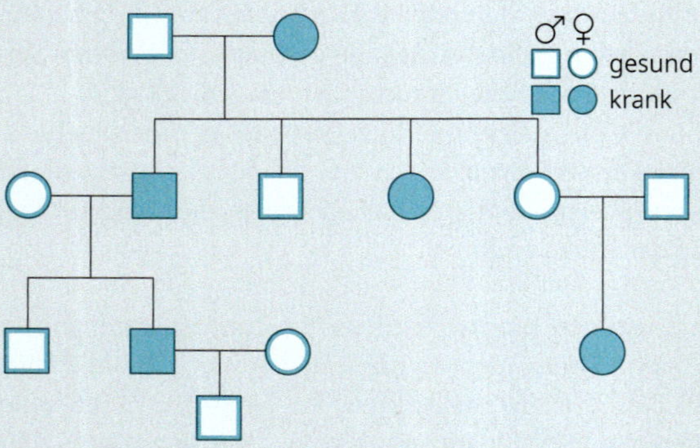


- Männer und Frauen sind gleichermaßen betroffen
- zwei phänotypisch gesunde Eltern (ganz rechts) bekommen ein krankes Kind
- **Beispiel:** Mukoviszidose

Mehr dazu auf den Seiten 161–162

## Autosomal-dominanter Erbgang

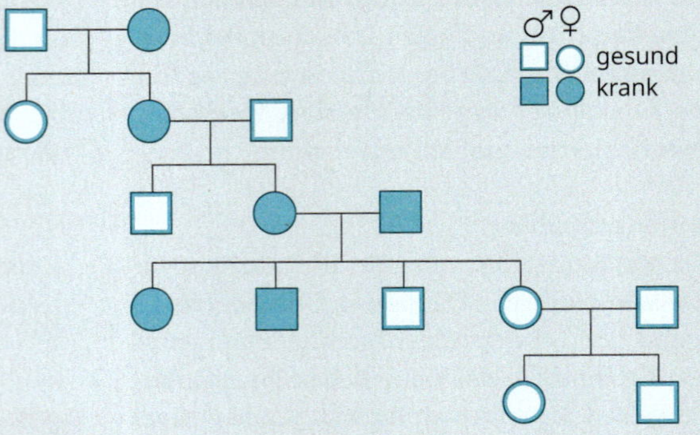


- Männer und Frauen sind gleichermaßen betroffen
- zwei phänotypisch kranke Eltern (Mitte) bekommen ein gesundes Kind
- **Beispiel:** Chorea Huntington

Mehr dazu auf Seiten 163

## X-chromosomal-rezessiver Erbgang

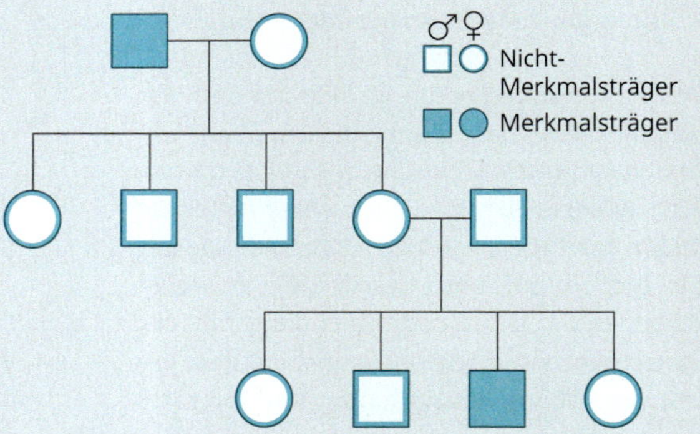


- Merkmalshäufung beim männlichen Geschlecht
- Generationen können übersprungen werden
- **Beispiel:** Rot-Grün-Blindheit

Mehr dazu auf den Seiten 164–165

## Ergänzung:

**X-chromosomal-dominante Vererbung** tritt beim weiblichen Geschlecht häufiger in Erscheinung, da betroffene Jungen bereits im Mutterleib sterben. Genetisch bedingte Krankheiten, die ihren Ursprung auf dem **Y-Chromosom** haben, spielen wegen der Genarmut des Y-Chromosoms kaum eine Rolle.

## Genetische Familienberatung

**Familienstammbaumanalyse:**
- Erörterung des familiären Hintergrunds
- Ableiten des Vererbungsmodus
- Risikoabschätzung für die Vererbung genetisch bedingter Merkmale beziehungsweise Erkrankungen

**Heterozygotentest:**
- dient der Früherkennung von rezessiven, genetisch bedingten Krankheiten
- Konduktoren werden ermittelt

**Pränatale Diagnostik, PND:**
- Untersuchungen mit dem Ziel, Entwicklungsstörungen, genetisch bedingte Krankheiten oder Chromosomenanomalien frühzeitig zu erkennen beziehungsweise auszuschließen
- **nichtinvasive Methoden:** Untersuchungen außerhalb des Körpers der Frau, zum Beispiel Ultraschall- und Blutuntersuchungen
- **invasive Methoden:** Entnahme von fetalem Gewebe oder Fruchtwasser durch Einstich mit einer Hohlnadel, zum Beispiel bei einer Chorionzottenbiopsie, Amniozentese oder Nabelschnurpunktion

**⊖ Präimplantationsdiagnostik, PID:**
Bei unerfülltem Kinderwunsch durch natürliche Befruchtung kann unter Umständen durch eine künstliche Befruchtung der Eizelle eine Schwangerschaft herbeigeführt werden.

- **Reproduktionstechniken:** Insemination, In-vitro-Fertilisation, Intracytoplasmatische Spermieninjektion
- **PID:** Zellen aus der äußeren Zellschicht des Embryos werden entnommen und untersucht; nur gendefektfreie Embryonen werden ausgewählt und in die Gebärmutter übertragen
- gesetzlich nur nach der Entscheidung einer **Ethikkommission** zulässig, bei schwerwiegenden genetisch bedingten Erkrankungen oder Erwartung einer Schädigung des Kindes

***Zusatz:* Schwangerschaftsabbruch:**
in Deutschland gesetzlich im §218 des Strafgesetzbuches geregelt, nach Beratung und innerhalb bestimmter Fristen strafrechtlich nicht verfolgt, wenn medizinische, kriminologische oder soziale Gründe vorliegen: **Indikationsregel**

Mehr dazu auf den Seiten 166–173

## DNA-Analytik beim Menschen

**Gelelektrophorese:**
Trennverfahren für Gemische aus geladenen Makromolekülen (DNA-Fragmente, Proteingemische)
- Methodik: Gemisch wandert unter dem Einfluss eines elektrischen Feldes durch ein Gel, das wie ein Molekularsieb wirkt, Molekülmassenstandard als Vergleichsskala
- Auswertung: Laufgeschwindigkeit der Moleküle hängt von der Größe und der Ladung ab, Laufstrecke nach definierter Zeit gibt Information über Molekülgröße

**Genetischer Fingerabdruck:**
DNA-Profil eines Lebewesens, das für dieses charakteristisch ist
- Methodik: DNA-Abschnitte werden mit Gelelektrophorese (Kapillarelektrophorese) nach ihrer Größe getrennt; kurze Basensequenzen, die short tandem repeats (kurz STR), sind charakteristisch für eine Person und dienen als Marker
- Auswertung: aus der Laufzeit durch das Gel kann die absolute Länge der DNA-Stücke und damit die Zahl der Tandemwiederholungen ermittelt werden
- Anwendung: beispielsweise Vaterschaftstests, Gerichtsmedizin, Kriminalistik

**DNA-Sequenzierung:**
Bestimmung der Basensequenz einer DNA
- Methodik: Kettenabbruch-Methode: Bildung unterschiedlich langer DNA-Abschnitte, die sich jeweils um nur ein Basenpaar unterscheiden, anschließend Analyse der Länge, Verwendung von **Abbruchnukleotiden**, beim Einfügen eines der Abbruchnukleotide stoppt die DNA-Synthese
- Auswertung: Auftrennung in Gelelektrophorese, Weiterentwicklung: Fluoreszenz-Sequenzierungsmethode
- Anwendung: Analyse ganzer Genome, Gentest

Mehr dazu auf den Seiten 174–180

## ⊖ Personalisierte Medizin

Erfassung der biologischen und Lebensstilfaktoren des Einzelnen; Ableitung einer für den Einzelnen genau passenden Therapie

Mehr dazu auf der Seite 181

*Hinweis: Mithilfe der in den verschiedenen Kapiteln dieses Buches erworbenen Kompetenzen gelingt mit dieser Aufgabe eine umfassende Analyse einer genetisch bedingten Erkrankung sowie deren Behandlungsmöglichkeiten.*

**Das Wiskott-Aldrich-Syndrom**

Das Wiskott-Aldrich-Syndrom (WAS) ist eine seltene genetisch bedingte Erkrankung des blutbildenden Systems. Sie tritt bei etwa einer von 250 000 Personen auf. Symptome des WAS sind wiederkehrende Infektionen als Folge einer Störung des Immunsystems, Hautausschläge und eine Blutungsneigung bei erniedrigter Anzahl an Blutplättchen. Die Störung des Bauplans des WAS-Proteins kann je nach Mutation unterschiedlich ausgeprägt sein. Zeichnet sich nur eine schwache Ausprägung der Störung des Bauplans ab, besteht nur eine Blutungsneigung.

## AUFGABEN

**1** Beschreiben Sie unter Zuhilfenahme von M1 die Kettenabbruchmethode der DNA-Sequenzierung. [5 BE]

**2** Beschreiben Sie die Genmutationen der Patienten 1–3 in M2. Stellen Sie eine Hypothese auf, bei welcher der genannten Mutationen eine schwere Form der Krankheit zu erwarten ist. [4 BE]

**3** Leiten Sie aus dem Stammbaum in M3a den Erbgang des Wiskott-Aldrich-Syndroms ab und begründen Sie, warum andere Erbgänge mit hoher Wahrscheinlichkeit auszuschließen sind. [4 BE]

**4** Geben Sie alle möglichen Genotypen für die Personen 1–8 und 18–23 des Stammbaums in M3a an. [6 BE]

**5** Begründen Sie mithilfe der Stammbaumanalyse die Wahrscheinlichkeiten für mögliche Genotypen und die resultierende Wahrscheinlichkeit für eine Erkrankung an WAS für den Fetus von Person 19 in M3a. [6 BE]

**6** Nehmen Sie Stellung zum Wunsch der werdenden Mutter in M3b, eine Fruchtwasseruntersuchung durchführen zu lassen, um abzuklären, ob bei dem Fetus das Wiskott-Aldrich-Syndrom vorliegt. Wägen Sie dabei Vorteile und Risiken ab. [4 BE]

**7** Beschreiben Sie die Ergebnisse der gentherapeutischen Behandlung mittels Retroviren in M4a. [4 BE]

**8** Erstellen Sie ein Flussdiagramm zum therapeutischen Einsatz des CRISPR/Cas-Systems (M4b).[4 BE]

**9** Stellen Sie Vor- und Nachteile der Therapiemaßnahmen aus M4 dar und bewerten Sie diese. [4 BE]

## MATERIAL

### M1 Sequenzierung der DNA

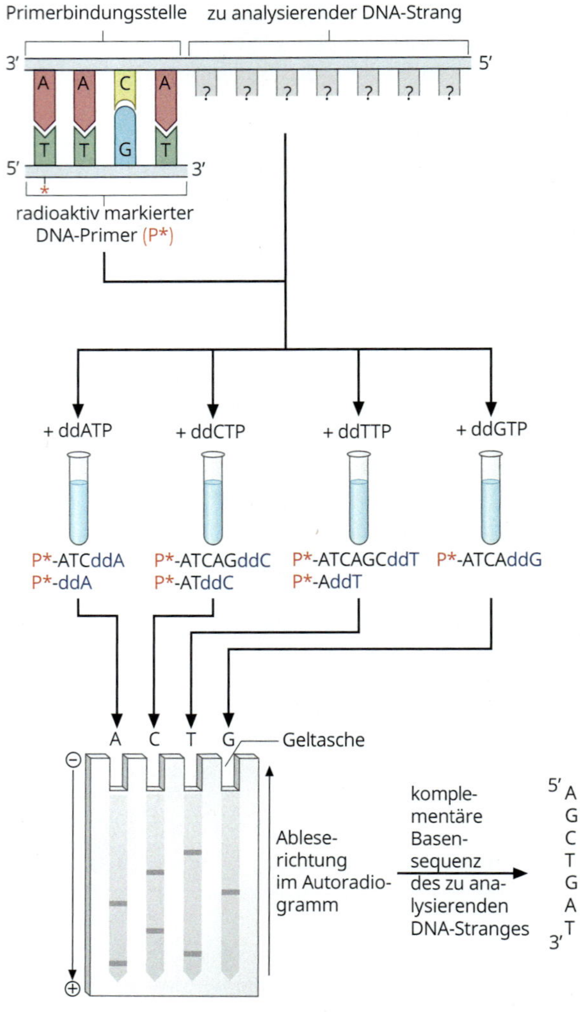


### M2 Molekulare Ursachen des Wiskott-Aldrich-Syndroms

Beim WAS wird das Wiskott-Aldrich-Syndrom-Protein (WASP), das für die Organisation des Zellskeletts benötigt wird, nicht richtig gebildet. Fehlt das Protein in den blutbildenden Stammzellen, so sind die entsprechenden ausdifferenzierten Blutzellen nicht funktionsfähig.
Eine Diagnose des WAS erfolgt primär durch Blutuntersuchungen und wird dann durch eine Mutationsanalyse gesichert. Hierzu wird die isolierte DNA mittels PCR vervielfältigt und anschließend das WAS-Gen sequenziert. So lassen sich auch verschiedene Mutationen nachweisen, die das WAS verursachen können.

| Patient | Mutation |
|---|---|
| 1 | An Position 290 der sequenzierten DNA findet sich die Base Thymin anstelle von Cytosin. |
| 2 | Durch eine Mutation an Position 71 findet sich ein Stopp-Codon anstelle eines Codons für eine Aminosäure. |
| 3 | Nach Position 140 findet sich eine zusätzliche Thymin-Base. |

## M3 Diagnostik

### M3a Familienstammbaum

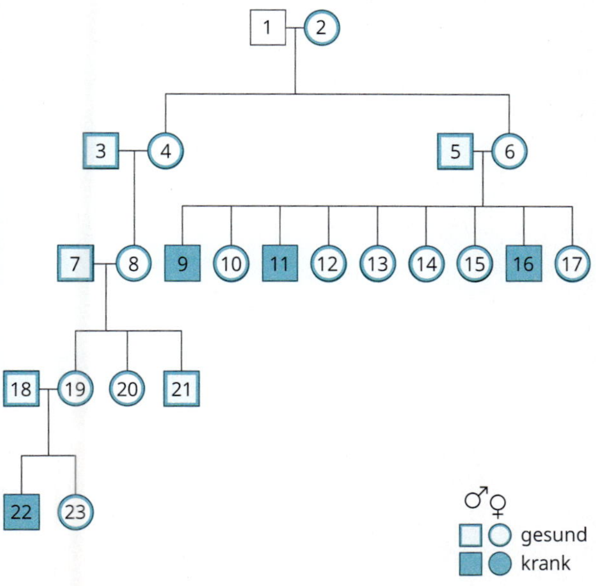


### M3b Genetische Beratung

Beim Wiskott-Aldrich-Syndrom ist eine pränatale Diagnostik mittels Fruchtwasseruntersuchung ab der 14. Schwangerschaftswoche möglich. Bis zum Befund vergehen zwei bis drei Wochen. Die schwangere Frau Nr. 19 im Stammbaum M3 möchte eine Fruchtwasseruntersuchung durchführen lassen. Die Ultraschalluntersuchung in der 12. Schwangerschaftswoche hatte gezeigt, dass das Ungeborene ein Mädchen ist. Allerdings ist eine so frühe Geschlechtsbestimmung mittels Ultraschall noch sehr unsicher.

## M4 Ursächliche Therapie

Als ursächliche Behandlung des WAS ist die Transplantation von Blutstammzellen das Mittel der Wahl. Hierbei werden die Stammzellen Betroffener durch eine Chemotherapie zunächst zerstört und dann Stammzellen eines geeigneten Spenders übertragen. Da der Gendefekt bei WAS ausschließlich Blutzellen betrifft, kann hierdurch die Erkrankung geheilt werden.

### M4a Gentherapie mit Vektoren

Im Rahmen klinischer Studien wurden auch gentherapeutische Maßnahmen bei Betroffenen durchgeführt. Dabei wurde das intakte WAS-Gen mithilfe von Retroviren ex vivo in Blutstammzellen eingebracht. Nach der Gentherapie wurden den Betroffenen im Abstand einiger Monate wiederholt Blutzellen entnommen und die Expression des WAS-Proteins mittels Gelelektrophorese sichtbar gemacht. Aufgrund erheblicher Nebenwirkungen wird diese Form der Gentherapie nicht mehr eingesetzt.

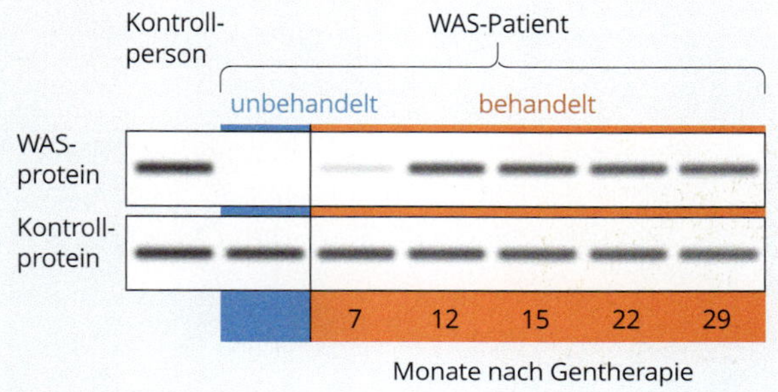


### M4b Gentherapie mit CRISPR/Cas-System

Aktuell laufen Forschungsprojekte, bei denen das intakte WAS-Gen mithilfe des CRISPR/Cas-Systems in das Genom der Stammzellen Betroffener eingebaut werden soll.

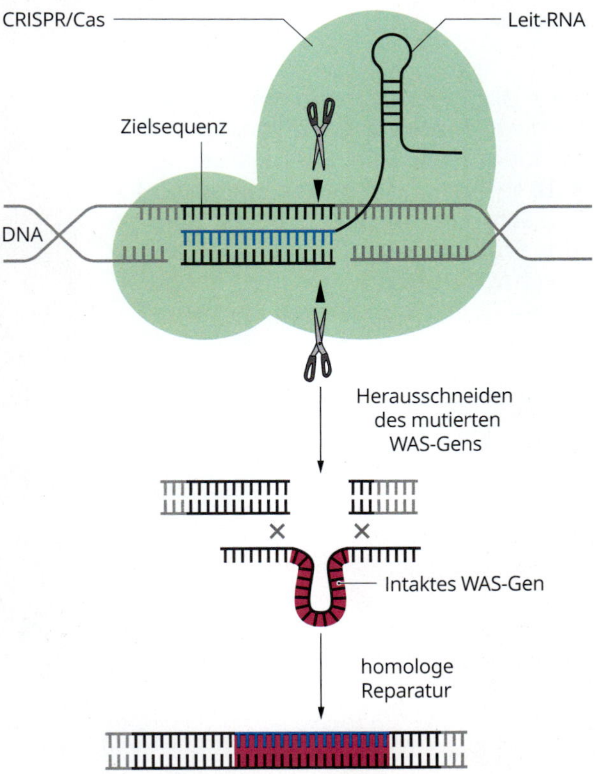

Eine Braunschwanzamazilie, eine Kolibriart, ernährt sich vom Nektar an einer Helikonie. Die besondere Blütenform passt genau zur speziellen Schnabelform des Vogels. Dies ist das Ergebnis einer Koevolution, einer wechselseitigen Anpassung der zwei Arten über einen langen Zeitraum hinweg.

# Evolution

# 1 Evolutionsforschung

1 Hoatzin — ein Vogel, der aufgrund seiner ungewöhnlichen Merkmale zunächst zu den Fasanen, später zu den Hühnervögeln oder den Kuckucken zugeordnet wurde. Was weiß man heute?

**Ähnlichkeiten belegen Evolution**

Die Evolution der Lebewesen und ihre Verwandtschaft werden durch eine Vielzahl von Belegen aus unterschiedlichen Teilbereichen der Biologie gestützt. Sie beruhen im Wesentlichen auf dem Vergleich von Ähnlichkeiten, die man bei verschiedenen Lebewesen beobachtet. Solche Ähnlichkeiten können die Morphologie und Anatomie der Lebewesen ebenso wie deren zelluläre und molekulare Strukturen betreffen. Die Wissenschaft der Genetik zeigt die Vererbung innerhalb weniger Generationen sowie über die Zeitalter hinweg auf.

1 Recherchieren Sie die Merkmale des Hoatzins und den derzeitigen Wissensstand zu seiner systematischen Einordnung.

## 1.1 Molekularbiologische Homologien als Belege für die Evolution

**Wortbedeutung Homologie:**
(gr. *homologos*, übereinstimmend)
Übereinstimmung

**Die Molekularbiologie ermöglicht es, Rückschlüsse auf den Verlauf der Evolution zu ziehen. Durch welche modernen Methoden können Stammbäume erstellt werden?**

**Molekularbiologische Homologien**

Die Suche nach morphologischen und anatomischen Belegen der Verwandtschaftsverhältnisse gestaltete sich mühsam, da wegen fehlender Übergangsformen die Abwandlungen der Formen nicht nachvollzogen werden konnten. Neuere Ansätze zur Systematisierung von Lebewesen greifen vor allem auf molekularbiologische Untersuchungen zurück.

### Exkurs // Wiederholung: Homologie am Beispiel von Insektenbeinen

Als **homologe Organe** werden Organe zusammengefasst, die sich auf einen gemeinsamen Grundbauplan zurückführen lassen. Dies beruht auf einer Verwandtschaft und damit einer ähnlichen genetischen Ausstattung. Drei Kriterien der Homologie wurden definiert:
**Kriterium der Lage:** Strukturen sind dann homolog, wenn sie im Bauplan der verschiedenen Organismen die gleiche Lage einnehmen.
**Kriterium der spezifischen Qualität:** Strukturen können auch ohne Berücksichtigung ihrer Lage homolog sein, wenn sie in vielen Einzelmerkmalen übereinstimmen.
**Kriterium der Stetigkeit:** Strukturen sind homolog, wenn sie sich durch Zwischenformen verknüpfen lassen.

1 Beschreiben Sie die Beine der Insekten unter dem Aspekt des Basiskonzepts „Struktur und Funktion".
2 Erklären Sie am Beispiel der Insektenbeine den Begriff Homologie. Geben Sie dabei an, welche der im Text genannten Kriterien zutreffen.

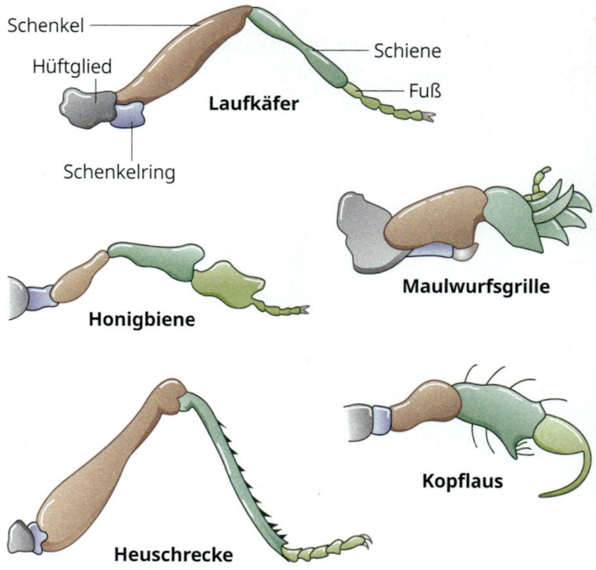

Diese modernen Verfahren bestätigen häufig die bereits nach historischen Arbeitsweisen erstellten Stammbäume, offenbaren aber auch erstaunliche Erkenntnisse und lassen Rückschlüsse über die Ausbreitungsgeschichte verschiedener Arten zu. So kann man heute belegen, dass die Organismengruppe der Pilze der der Tiere verwandtschaftlich nähersteht, als dem Reich der Pflanzen, wovon man seit der Antike ausging.

**2** ≡ Nennen Sie die molekularbiologischen Ebenen (→ **Seite 72**) und beurteilen Sie deren Eignung für die Untersuchung molekularbiologischer Homologien.

**Umgang mit Datenmengen**

Bei den modernen Verfahren fallen sehr große Datenmengen an. Diese lassen sich nur noch mithilfe von Computern und speziellen Programmen bewältigen. In **Gendatenbanken** werden die genetischen Informationen von Organismen gespeichert und sind für Wissenschaftler zugänglich. Inzwischen konnten auf diesem Wege manche Verwandtschaftsbeziehungen zwischen Lebewesen endgültig geklärt werden. Es sind Ergebnisse erzielt worden, die mit den klassischen Verfahren nicht zu erreichen waren. Allerdings lassen DNA-Sequenzvergleiche in manchen Fällen verschiedene Deutungen zu, sodass sich auch mit dieser Methode nicht alle Verwandtschaftsbeziehungen eindeutig erklären lassen.

**Methoden der Untersuchungen**

Zunächst untersuchte man Verwandtschaftsbeziehungen über Proteinvergleiche (→ **Exkurs**). Heute geht man davon aus, dass Homologien auf Übereinstimmungen in der Erbinformation beruhen. Vergleiche von DNA-Sequenzen (→ **Seite 192 f.**) und Amniosäureqequenzen (→ **Seite 194 f.**) unterschiedlicher Lebewesen sind daher die sichersten Methoden, um deren Verwandtschaftsverhältnisse zu bestimmen. Seitdem seit Ende 1960 entsprechende Methoden zur Verfügung stehen, konzentriert sich die Evolutionsforschung auf die Untersuchung der DNA.

**3** ≡ Erklären Sie mithilfe Ihres Wissens der Proteinbiosynthese (→ **Seite 34 ff.**) die Begriffe Basen- und Aminosäuresequenzvergleich.

## Exkurs // Die Anfänge der Erforschung molekularer Merkmale: Der Serum-Präzipitintest

Bereits um 1900 wurde mit dem Präzipitintest ein Verfahren entwickelt, mit dem man anhand von Antigen-Antikörperreaktionen Verwandtschaftsbeziehungen untersuchte.

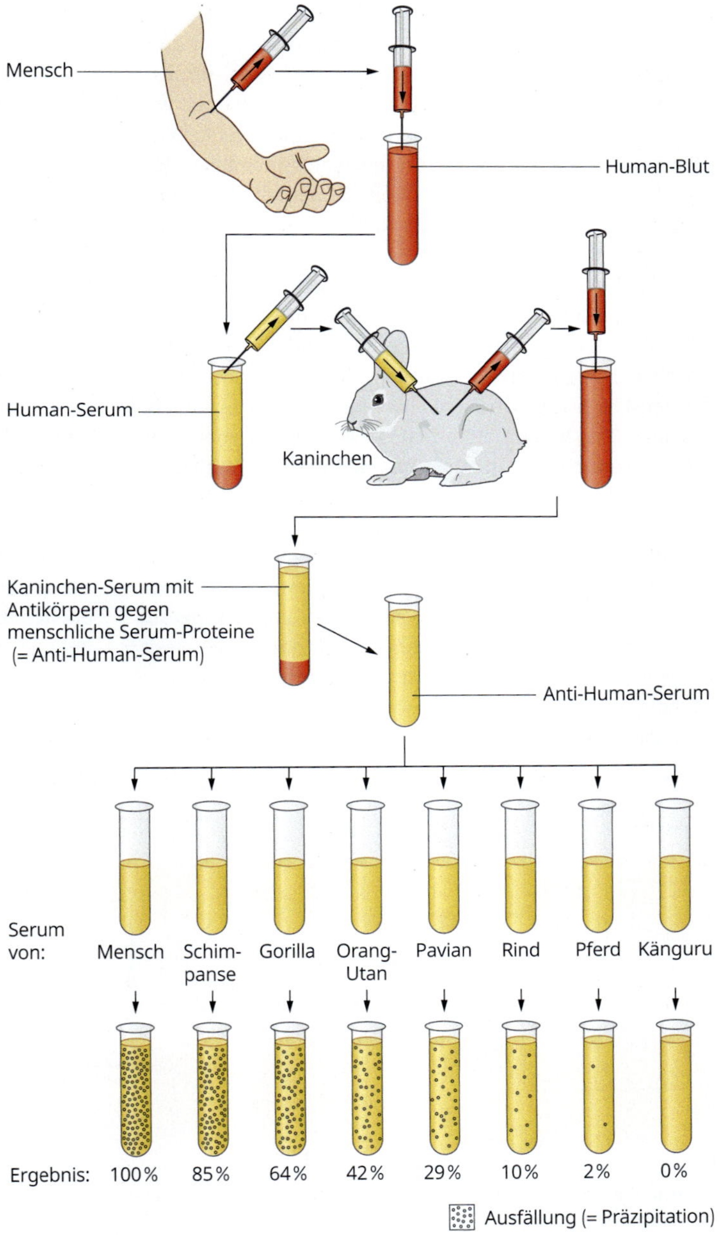


**1** ≡ Stellen Sie den Ablauf des Serum-Präzipitintests in Form eines Fließschemas dar.

**2** ≡ Erörtern Sie, welche Nachteile des Serum-Präzipitintests dazu geführt haben könnten, dass diese Methode heute als veraltet gilt.

Seit DARWIN versuchen Wissenschaftler die Evolution der Lebewesen und ihre Stammesgeschichte, auch **Phylogenese** genannt, anschaulich abzubilden. Die Darstellung dieser stammesgeschichtlichen Zusammenhänge in Stammbäumen hat sich hierbei als übersichtliche Methode bewährt.

### Merkmale vergleichen

Jede Gruppe von Lebewesen, die aufgrund gemeinsamer Merkmale eine Einheit bildet, bezeichnet man als **Taxon**. Bekannte Taxa sind beispielsweise Wirbeltiere, Säugetiere und Menschen. Ein Taxon, das sämtliche stammesgeschichtlichen Abkömmlinge eines Vorfahren umfasst, nennt man **monophyletische Gruppe**. Stammbäume werden auf der Basis monophyletischer Gruppen erstellt, zu denen die jeweilige Stammart einschließlich aller ihrer Nachfahren zählen. Man ermittelt hierzu die Verwandtschaftsverhältnisse durch Homologievergleiche (→ **Seite 192 ff.**). Dabei muss zwischen ursprünglichen und abgeleiteten Merkmalen unterschieden werden:

Urtümliche, **plesiomorphe Merkmale** sind bereits bei einer sehr frühen Stammart aufgetreten und daher bei allen nachfolgenden Arten vorhanden. Ein Beispiel ist das Vorhandensein einer Wirbelsäule bei Säugetieren, die auch bei Fischen, Amphibien, Reptilien sowie Vögeln vorkommt. Dieses Merkmal ist für die Untersuchung der Wirbeltiere ungeeignet.

Abgeleitete, **apomorphe Merkmale** sind solche, die erstmals bei einer gemeinsamen Stammart auftraten und nur bei deren Nachkommen in jeweils abgewandelter Form vorhanden sind. Oft handelt es sich dabei um eine spezialisierte Ausprägung eines urtümlichen Merkmal. Der Besitz von Fell ist ein Beispiel für ein apomorphes Merkmal bei Säugetieren, da es nur bei diesen auftritt und sie dadurch kennzeichnet.

Für die Rekonstruktion von Verwandschaftbeziehungen werden plesiomorphe und apomorphe Ausprägungen von Merkmalen miteinander verglichen, um den Grad der Übereinstimmung zu bestimmen.

### Grafische Darstellungn

Neue Arten entstehen im Verlauf der Evolution durch die Aufspaltung einer Ursprungsart in mehrere neue Tochterarten. In einem Stammbaum wird dies durch die Gabelung eines Hauptastes in Nebenäste dargestellt. Den Verzweigungspunkt bezeichnet man als **Knotenpunkt**, er symbolisiert den letzten gemeinsamen Vorfahren oder die Stammart. Die Endpunkte der Verzweigung stehen für **rezente**, das heißt heute lebende Arten. Ist eine Art bereits ausgestorben, so endet ihr Ast vorzeitig. Die Verwandtschaftsbeziehungen zwischen verschiedenen Arten oder Gruppen von Organismen lassen sich grafisch in einem Kladogramm oder einem Stammbaum veranschaulichen:

Ein **Kladogramm** ist eine grafische Darstellung (vertikal oder horizontal) von Beziehungen zwischen verschiedenen Gruppen von Organismen auf der Grundlage von gemeinsamen Merkmalen. Jede Verzweigung markiert dabei die Ausbildung eines neuen, apomorphen Merkmals und veranschaulicht so die Verwandtschaftsbeziehungen zwischen den betrachteten Organismen. Dabei werden bei allen Knotenpunkten die apomorphen Merkmale angegeben, die zur Unterscheidung der Gruppen dienen. In einem phylogenetischen **Stammbaum** hingegen ist die Astlänge ein Maß für die zeitliche Abfolge. Wie auch schon beim Kladogramm entstehen die Nachkommen mit neuen Merkmalen aus einem gemeinsamen Vorfahren, der durch einen Knotenpunkt markiert wird. Allerdings werden diese Merkmale hier nicht notiert. Es steht die evolutionären Veränderungen im Verlauf der Erdgeschichte im Vordergrund.

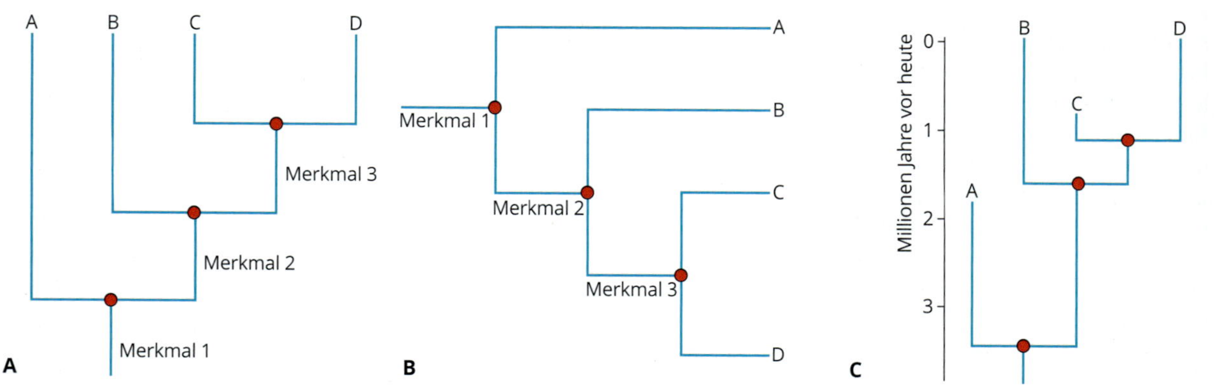


Informationen aus den Kladogrammen **(A: vertikal, B: horizontal)**
Lebewesen A, B, C und D tragen Merkmal 1
Lebewesen B unterscheidet sich von C und D durch Merkmal 3
Lebewesen C und D tragen Merkmal 3
Informationen aus Darstellungen **A** und **B**:
Lebewesen C ist mit D näher verwandet als mit A und B

Informationen aus dem Stammbaum (**C**):
Lebewesen A und C sind ausgestorben,
Lebewesen B und D sind rezent

**1 Möglichkeiten der Darstellung: A** Kladogramm (vertikal); **B** Kladogramm (horizontal); **C** Stammbaum

**Beispiel für die Erstellung eines Kladogramms**
Wie kann man im Rahmen einer Untersuchung zwischen plesiomorphen und apomorphen Merkmalen unterscheiden? Dies gelingt durch einen Vergleich mit weit entfernten Verwandten, der sogenannten **Außengruppe**. Tritt ein Merkmal in einer Gruppe in verschiedenen Formen auf, so ist mit großer Wahrscheinlichkeit derjenige Zustand als plesiomorph anzusehen, der auch in der Außengruppe vorhanden ist.

**1 Auswahl der Innengruppen**
Bei phylogenetischen Untersuchungen bezeichnet man die Gruppe von Lebewesen, der das Interesse gilt, als **Innengruppe**. Im Beispiel sollen verschiedene Wirbeltierarten untersucht werden.

**2 Festlegung der Außengruppen**
Im nächsten Schritt wird eine **Außengruppe** bestimmt, also eine Gruppe oder Art, die sich früher von der Entwicklungslinie abgespalten hat, als die Innengruppe. Eine solche Außengruppe bilden hier die Schleimaale.

**3 Erstellen einer Merkmalstabelle**
In einer Tabelle werden abgeleitete Merkmale für die zu untersuchenden Arten aufgelistet. Bei einem Pluszeichen ist das Merkmal bei der betreffenden Art vorhanden, bei einem Minuszeichen fehlt es.

**4 Auswertung der Merkmalstabelle**
Auf der Basis der Tabelle werden zunächst die Merkmale bestimmt, die einzigartig für jedes einzelne Taxon sind: In der Tabelle ist dies das Merkmal „Federn" bei der Taube.
Danach identifiziert man Schwestergruppen, indem man nach Merkmalen sucht, die lediglich bei zwei der zu vergleichenden Taxa vorkommen: Dies trifft hier auf das Merkmal „Kropf" bei Taube und Krokodil zu.

Nun bestimmt man über den Merkmalsvergleich das nächste Schwestergruppenverhältnis. So lässt sich ein kompletter Stammbaum erstellen. Dieser Stammbaum ist zunächst als Hypothese anzusehen. Je weniger evolutionäre Ereignisse für die Erklärung einer Merkmalsausprägung nötig sind, desto wahrscheinlicher ist er.

| Taxon | Abgeleitetes Merkmal | | | | | | | |
|---|---|---|---|---|---|---|---|---|
| | Kiefer | Lunge | Krallen oder Nägel | Kropf | Federn | Fell | Milchdrüsen | Schuppen aus β-Keratin |
| Schleimaal (Außengruppe) | – | – | – | – | – | – | – | – |
| Barsch | + | – | – | – | – | – | – | – |
| Salamander | + | + | – | – | – | – | – | – |
| Eidechse | + | + | + | – | – | – | – | + |
| Krokodil | + | + | + | + | – | – | – | + |
| Taube | + | + | + | + | + | – | – | + |
| Maus | + | + | + | – | – | + | + | – |
| Schimpanse | + | + | + | – | – | + | + | – |

**2 Wirbeltiere. A** Abgeleitete Merkmale bei Wirbeltieren (+ = Merkmal vorhanden; – = Merkmal fehlt)

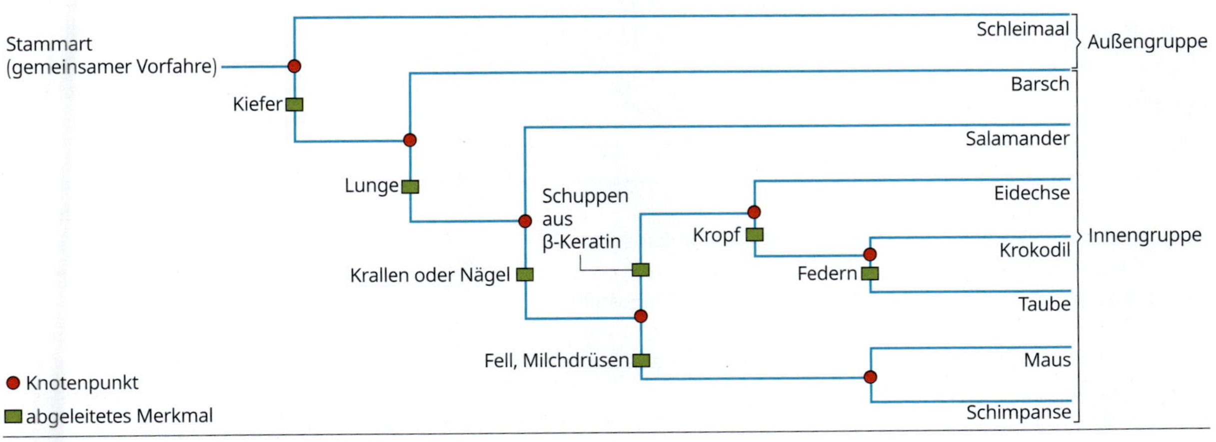


**3** Kladogramm (horizontal) der Wirbeltiere

**Methode: DNA-DNA-Hybridisierung**

Um die Ähnlichkeit von DNA-Sequenzen quantitativ zu bestimmen, nutzte man zunächst das Verfahren der DNA-DNA-Hybridisierung. Diese Methode basiert auf der Bildung von Hybrid-Doppelsträngen: Die Doppelstrang-DNA eines Lebewesens wird durch Wasserstoffbrücken (→ **Seite 25 f.**) zwischen den DNA-Einzelsträngen zusammengehalten. Wenn man die Einzelstränge zweier unterschiedlicher Arten miteinander kombiniert, dann bildet sich ein Hybrid-Doppelstrang. Je stabiler ein solcher Hybrid-Doppelstrang ist, desto mehr Wasserstoffbrücken sind zwischen den einzelnen Strängen gebildet worden und desto mehr stimmen die Sequenzen in den DNA-Einzelsträngen überein.

**Das Verfahren**

Die DNA-DNA-Hybridisierung lässt sich in mehrere Arbeitsschritte untergliedern: Zunächst werden die zu untersuchenden DNA-Doppelstränge aus den Zellen extrahiert und separat auf etwa 90 °C erhitzt. Dadurch kommt es zur **Denaturierung**: Die Wasserstoffbrücken zwischen den komplementären Basen der DNA-Doppelstränge werden gelöst. Diese werden mit den DNA-Abschnitten anderer Lebewesen gemischt und abgekühlt. Bei der dabei ablaufenden **Renaturierung** lagern sich die DNA-Abschnitte teilweise zu DNA-Doppelsträngen zusammen. Diese DNA-Hybrid-Doppelstränge werden erneut erhitzt, sodass abermals Einzelstränge vorliegen. Dabei wird die **Schmelztemperatur** der freigesetzten DNA ermittelt. Es gilt: Je mehr komplementäre Basenpaarungen zwischen den DNA-Doppelsträngen vorliegen, desto mehr Wasserstoffbrücken müssen gelöst werden und umso höher ist die Schmelztemperatur. Diese dient als Maß für die genetische Ähnlichkeit der untersuchten Arten und damit für deren verwandtschaftliche Nähe.

## Materialgebundene Aufgabe

### 4 DNA-DNA-Hybridisierung

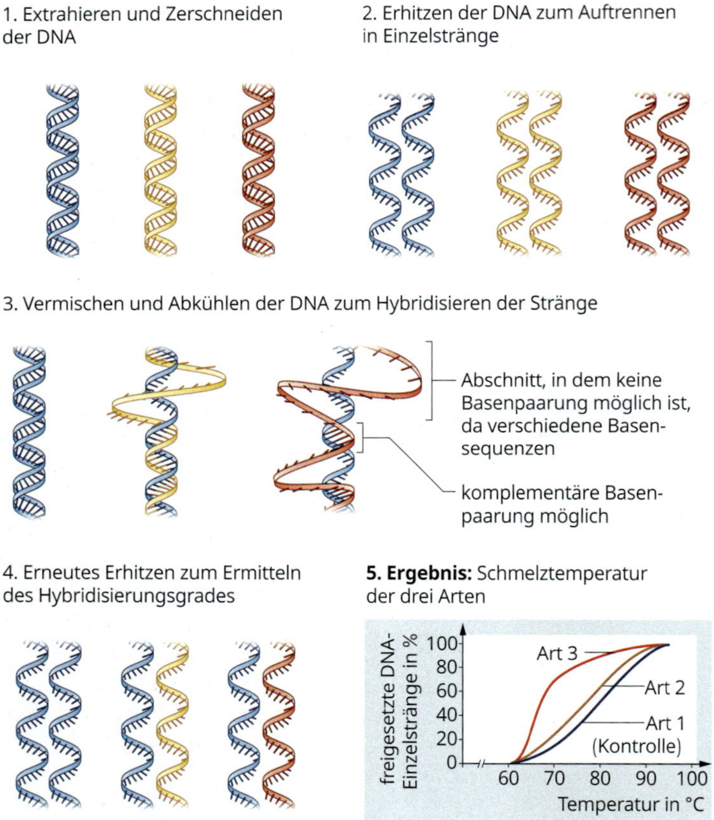


**a)** Beschreiben Sie den Ablauf der DNA-DNA-Hybridisierung. Nutzen Sie Fachbegriffe.

**b)** Erklären Sie die Verwandtschaftsverhältnisse der dargestellten Arten.

**c)** Begründen Sie die Tatsache, dass die nebenstehenden Kurven bei 60 °C ihren Ursprung haben.

**d)** Erläutern Sie Unterschiede zwischen einer DNA-DNA-Hybridisierung und einer DNA-RNA-Hybridisierung.

**5** „Die Methode der DNA-DNA-Hybridisierung liefert Informationen über die Ähnlichkeit der Basensequenzen der untersuchten DNA-Stränge." Erklären Sie diese Aussage.

**6** Zwischen den beiden organischen Basen Adenin und Thymin werden zwei Wasserstoffbrücken ausgebildet, zwischen Cytosin und Guanin hingegen drei. Beurteilen Sie die Auswirkung dieses Sachverhalts auf die Schmelztemperaturen unterschiedlicher DNA-Abschnitte ein und desselben Lebewesens.

**7** Legen Sie die Vorteile dieser Methode der Rekonstruktion der Stammesgeschichte gegenüber einem Vergleich morphologischer beziehungsweise anatomischer Homologien dar.

**8** Erläutern Sie die Bedeutung der ermittelten Schmelztemperaturen unter dem Gesichtspunkt des biologischen Basiskonzeptes „Individuelle und evolutive Entwicklung".

**Methode: Basensequenzvergleich**
Heutzutage ist die DNA-Sequenzierung das Standardverfahren, um Gene oder ganze Genome miteinander zu vergleichen (→ **Seite 177 f.**). Das Ergebnis einer solchen **DNA-Sequenzanalyse** ist wesentlich genauer als das einer DNA-DNA-Hybridisierung, da man hierbei die Basenfolgen verschiedener Arten direkt miteinander vergleicht.

9 ≡ Die DNA-Sequenzanalyse kann als „molekulare Uhr" (→ **Randspalte**) im Bezug auf die Aufspaltung zweier Arten, ausgehend von einem gemeinsamen Vorfahren, dienen. Erklären Sie diesen Sachverhalt.

**Mitochondriale DNA**
Die DNA-Sequenzanalyse ermöglicht Aussagen zum Verwandtschaftsgrad von Lebewesen. Häufig ist es nicht nötig, das komplette Genom zu sequenzieren. Man vergleicht oftmals nur die Basenfolge einiger weniger Gene, die bei verschiedenen Lebewesen für das gleiche Protein codieren. Dabei verwendet man häufig nicht die Gene der Kern-DNA, sondern die der **mitochondrialen DNA (mtDNA)**. Ein Vorteil dieser mtDNA liegt darin, dass sie mit relativ hoher und konstanter Geschwindigkeit mutiert. Da eine Zelle viele Mitochondrien enthält und in jeder mehrere Kopien der mtDNA vorliegen, lässt sich auch aus Fossilien mtDNA in ausreichender Menge gewinnen. Weiter erfolgt bei der Fortpflanzung keine Rekombination der mtDNA. Daher lassen sich Aussagen über die Verwandtschaft viel einfacher aus dem Vergleich der mtDNA ableiten, als dies aus dem Vergleich der Kern-DNA möglich wäre. Nachteilig ist allerdings, dass man nur die rein mütterliche Erblinie verfolgen kann, da die mitochondriale DNA stets nur über die Eizelle in die nächste Generation weitergegeben wird.
Je mehr Abweichungen der Basensequenzvergleich zweier miteinander verglichener Arten zeigt, umso mehr Zeit mit Mutationen ist vergangen und desto früher in der Abstammungsgeschichte lebte ein gemeinsamer Vorfahre.

10 ≡ Skizzieren Sie die Weitergabe der mitochondrialen DNA über drei Generationen hinweg.

**Information molekulare Uhr:** Metapher für Verfahren in der Genetik, mit dem anhand von DNA-Sequenzierung beziehungsweise der Anzahl von Mutationen im Genom zweier Arten der Zeitpunkt der Aufspaltung der Arten von einem gemeinsamen Vorfahren abgeschätzt wird.

## VI. Materialgebundene Aufgabe

### 11 DNA-Sequenzvergleich bei Süßwasseregeln

| Zweiäugiger Plattegel | TTA | TAA | AGT | TTA | ATG | ACC | CTA | GAA | TTG | ATG | AAG | CTC | CAG |
|---|---|---|---|---|---|---|---|---|---|---|---|---|---|
| Amerik. Plattegel | . . . | . . . | . . . | . . . | . . . | . T . | . . . | A . . | . . . | . . . | . T . | . C . | . . . |
| Europ. Plattegel | . . . | . . . | . . . | . . . | . . . | . T . | . . . | . . . | . . . | . . . | . . . | . A . | . T . |
| Kaulquappenegel | . A . | . . . | . . . | . . . | . A . | . T . | . . . | AG . | . A . | . G . | . T . | . A . | . T . |
| Kleiner Schneckenegel | . G . | . . . | . A . | . . . | . A . | . A . | . . . | A . . | . . . | . . . | . T . | . . . | . T . |
| Großer Schneckenegel | . A . | . . . | . A . | . . . | . . . | . A . | . . . | A . . | . A . | . A . | . . . | . A . | . T . |
| Entenegel | . A . | . . . | . A . | . . . | . . . | C . . | . . . | A . . | . A . | . A . | . T . | . . . | . T . |
| Regenwurm | . G . | . . . | . A . | . A . | T . . | C . . | . G . | . G . | . A . | . A . | . T . | . C . | . C . |

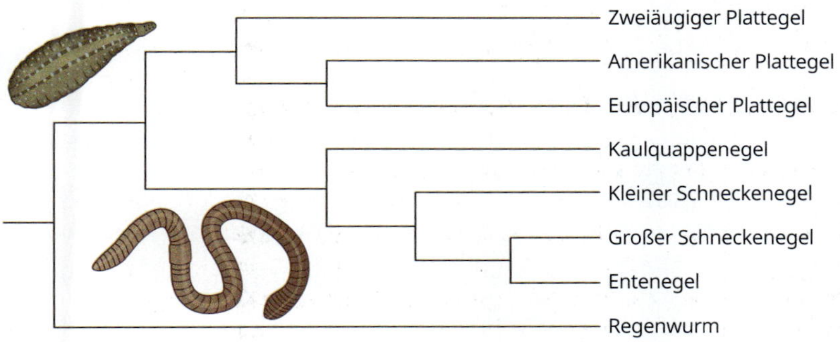


Süßwasseregel sind Verwandte der Regenwürmer. Da sie keinerlei Hartteile besitzen, gibt es kaum fossile Funde von ihnen. Daher ist man zur Klärung stammesgeschichtlicher Beziehungen auf molekularbiologische Vergleiche angewiesen. Die Abbildung zeigt den Stammbaum verschiedener Arten von Süßwasseregeln, der sich aus dem Vergleich der in der oberen Tabelle dargestellten mitochondrialen DNA-Abschnitte ergibt.

a) ≡ Erklären Sie das Prinzip des DNA-Sequenzvergleichs.

b) ≡ Bestimmen Sie für den nebenstehenden Stammbaum die Innen- und Außengruppe.

c) ≡ Überprüfen Sie, ob der in der Tabelle dargestellte Basensequenzvergleich der mitochondrialen DNA-Abschnitte dem dargestellten Stammbaum entspricht.

### Methode: Aminosäuresequenzvergleich

Alle Lebewesen bestehen aus den gleichen chemischen Stoffklassen wie Proteinen und Nukleinsäuren. Auch biochemische Grundprozesse wie die Zellatmung oder die Proteinbiosynthese sind bei vielen Organismengruppen nahezu identisch. Aus dem Vergleich der Aminosäuresequenz von Proteinen kann man Rückschlüsse auf stammesgeschichtliche Verwandtschaften ziehen. Zur Ermittlung der Aminosäuresequenz wird heute die Basensequenz der DNA ermittelt (→ **Seite 177**). Daraus kann mithilfe der Code-Sonne die Aminosäurensequenz abgeleitet werden.

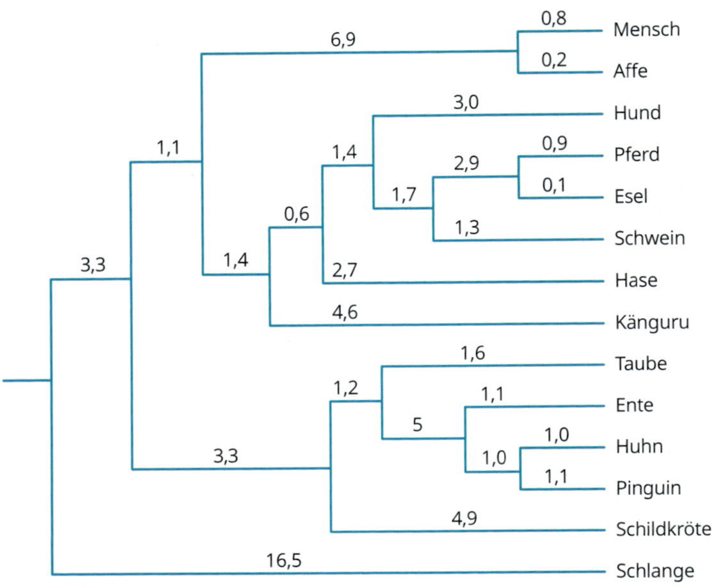


**2 Cytochrom-c-Stammbaum.** (Zahlen: durchschnittliche Anzahl der veränderten Nukleotidbasen für die beobachteten Unterschiede in der Aminosäuresequenz)

### Cytochrom c-Stammbaum

DARWINS Erkenntnis, dass sich Arten je nach Verwandtschaftsnähe durch abgestufte Ähnlichkeit auszeichnen, wurde auf Ebene der Proteine bestätigt. Als besonders geeignet erwies sich dabei das Protein Cytochrom c. Es ist bei allen aeroben Organismen an der Fotosynthese und der Atmungskette beteiligt. Beim Menschen umfasst seine Primärstruktur 105 Aminosäuren. Diese Sequenz stimmt mit der aller anderen Wirbeltiere im Durchschnitt zu 75 Prozent überein. Der Vergleich von Aminosäuresequenzen verschiedener Lebewesen lässt sich zur Erstellung von Kladogrammen nutzen. Sind die Aminosäuresequenzen eines Proteins bei zwei Arten nur geringfügig verschieden, haben sich diese erst spät in der Evolution voneinander getrennt. Große Sequenzunterschiede weisen dagegen auf eine Trennung der Entwicklungslinien bereits vor langer Zeit hin. Dabei geht man von der Annahme aus, dass sich die Aminosäuresequenzen mit gleichbleibender Geschwindigkeit verändern.

⓬ ≡ Begründen Sie, warum 20 Prozent der Aminosäuren des Cytochroms c bei allen Lebewesen übereinstimmen.

## VL Materialgebundene Aufgabe

### ⓭ Myoglobin

Myoglobin ist ein Protein, das bei allen Wirbeltieren vorkommt. Es dient im Muskel dem Transport sowie der Speicherung von Sauerstoff. Die Tabelle zeigt die ersten 25 Aminosäuren des Myoglobins von sechs Wirbeltierarten.

**a)** ≡ Vergleichen Sie die Aminosäuresequenzen.

**b)** ≡ Stellen Sie Hypothesen zu den verwandtschaftlichen Beziehungen der Wirbeltierarten auf und zeichnen Sie ein mögliches Kladogramm.

| Aminosäure | 1 | 2 | 3 | 4 | 5 | 6 | 7 | 8 | 9 | 10 | 11 | 12 | 13 | 14 | 15 | 16 | 17 | 18 | 19 | 20 | 21 | 22 | 23 | 24 | 25 |
|---|---|---|---|---|---|---|---|---|---|---|---|---|---|---|---|---|---|---|---|---|---|---|---|---|---|
| Mensch | Gly | Leu | Ser | Asp | Gly | Glu | Trp | Glu | Leu | Val | Leu | Asp | Val | Trp | Gly | Lys | Val | Glu | Ala | Asp | Ile | Pro | Gly | His | Gly |
| Gibbon | Gly | Leu | Ser | Asp | Gly | Glu | Trp | Glu | Leu | Val | Leu | Asp | Val | Trp | Gly | Lys | Val | Glu | Ala | Asp | Ile | Pro | Ser | His | Gly |
| Pferd | Gly | Leu | Ser | Asp | Gly | Glu | Trp | Glu | Glu | Val | Leu | Asp | Val | Trp | Gly | Lys | Val | Glu | Ala | Asp | Ile | Ala | Gly | His | Gly |
| Hund | Gly | Leu | Ser | Asp | Gly | Glu | Trp | Glu | Leu | Val | Leu | Asp | Ile | Trp | Gly | Lys | Val | Glu | Thr | Asp | Leu | Val | Gly | His | Gly |
| Huhn | Gly | Leu | Ser | Asp | Glu | Glu | Trp | Glu | Glu | Val | Leu | Thr | Ile | Trp | Gly | Lys | Val | Glu | Ala | Asp | Ile | Ala | Gly | His | Gly |
| Pinguin | Gly | Leu | Asp | Asp | Glu | Glu | Trp | Glu | Glu | Val | Leu | Thr | Met | Trp | Gly | Lys | Val | Glu | Ala | Asp | Ile | Ala | Gly | His | Gly |

**Molekulare Uhr**

In manchen Fällen lässt sich die Zahl der Aminosäureaustausche auch als molekulare Uhr verwenden. So unterscheidet sich die Aminosäuresequenz des Cytochroms c bei verschiedenen Vögeln und Säugern in elf bis zwölf Positionen. Da man aus Fossilfunden weiß, dass der älteste gemeinsame Vorfahr von Vögeln und Säugern vor etwa 280 Millionen Jahren gelebt hat, kann man daraus errechnen, dass eine Aminosäure durchschnittlich alle 21 Millionen Jahre ausgetauscht wurde. Aus dem Cytochrom-c-Vergleich bei Amphibien und Fischen lässt sich auf diese Weise auch der Zeitraum bestimmen, wann sich deren Entwicklungslinien getrennt haben. Die so ermittelten Werte stimmen gut mit denen überein, die man aus der Altersbestimmung entsprechender Fossilfunde ermittelt hat. In vergleichbarer Weise hat man die Evolutionsgeschwindigkeit verschiedener anderer Proteine ermittelt.

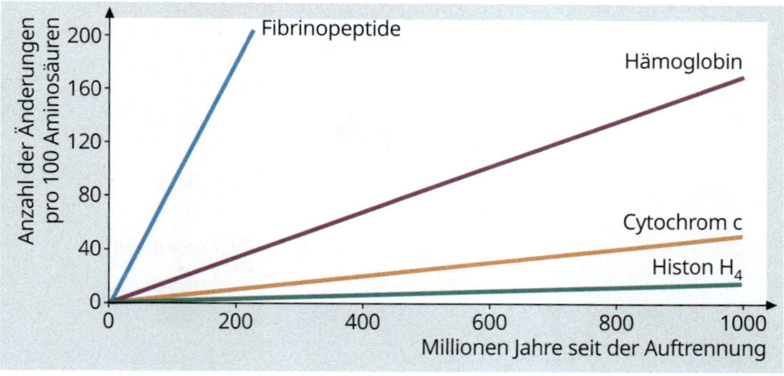


**3** Evolutionsgeschwindigkeit verschiedener Proteine

**14** ≡ Erklären Sie, wie die Übereinstimmungen und Unterschiede der Aminosäuresequenzen bei Cytochrom c entstanden sind.

**15** ≡ Entwickeln Sie eine Hypothese, welche die unterschiedlichen Evolutionsgeschwindigkeiten der Proteine in Abbildung 3 erklärt.

## Materialgebundene Aufgabe

### 16 Homologie bei Neurohormonen

Bei Wirbeltieren findet man bestimmte Hormone, die von Nervenzellen produziert und in die Blutbahn abgegeben werden. Sie wirken später in einem weiter entfernten Organ. Die Sequenz solcher aus neun Aminosäuren bestehenden Neurohormone ist in der folgenden Tabelle angegeben:

| AS-Position | Vasotocin | Mesotocin | Oxytocin | Argininvasopressin |
|---|---|---|---|---|
| **1** | Cys | Cys | Cys | Cys |
| **2** | Tyr | Tyr | Tyr | Tyr |
| **3** | Ile | Ile | Ile | Phe |
| **4** | Gln | Gln | Gln | Gln |
| **5** | Asn | Asn | Asn | Asn |
| **6** | Cys | Cys | Cys | Cys |
| **7** | Pro | Pro | Pro | Pro |
| **8** | Arg | Ile | Leu | Arg |
| **9** | Gly | Gly | Gly | Gly |

Bei den Wirbeltiergruppen kommen unterschiedliche Neurohormone vor, die sich jeweils nur in maximal zwei Aminosäuren unterscheiden. Rundmäuler sind eine sehr ursprüngliche, fischähnliche Gruppe von Wirbeltieren.

| | Vasotocin | andere Neurohormone |
|---|---|---|
| **Lungenfische** | + | Mesotocin |
| **Reptilien** | + | Mesotocin oder Oxytocin |
| **Rundmäuler** | + | – |
| **Vögel** | + | Oxytocin |
| **Amphibien** | + | Mesotocin |
| **Säugetiere** | – | Oxytocin oder Argininvasopressin |

Auf Basis des Aminosäuresequenzvergleichs und des Vorkommens der Neurohormone bei den verschiedenen Wirbeltiergruppen wurde folgender Stammbaum aufgestellt:

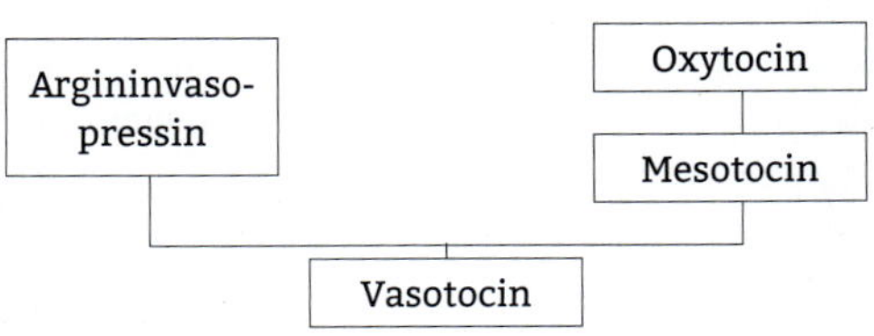


a) ≡ Werten Sie die Tabellen aus und begründen Sie den dargestellten Stammbaum.

b) ≡ Erläutern Sie, welche Kenntnisse Sie zur Stellung der Reptilien ableiten können.

**1** Ausschnitt aus LINNÉS *Sexualsystem der Pflanzen* in seinem Werk *Systema naturae*

## VL Materialgebundene Aufgabe

### ❷ Bestimmen von Pflanzenarten

Auf den ersten Blick ähneln sich die abgebildeten Pflanzen. Sie gehören zu einer Pflanzengattung, den Fingerkräutern (*lat. Potentilla*).

**a)** ≡ Beschreiben Sie die auf den Bildern erkennbaren äußeren Merkmale, in denen sich die vier abgebildeten Pflanzen gleichen beziehungsweise unterscheiden. Ordnen Sie dabei die folgende Begriffe zu: krautiger Wuchs • Strauch • aufrechter Stängel • kriechend • Ausläufer • Fiederblätter • Blütenkronblätter.

**b)** ≡ Bestimmen Sie die lateinischen Artnamen der abgebildeten Pflanzen mithilfe eines Bestimmungsbuches oder einer Bestimmungsapp. Gehen Sie dabei auch auf eventuelle Probleme der Bestimmung ein.

**c)** ≡ Erstellen Sie mithilfe einer Recherche einen Steckbrief zu jeder Pflanzenart.

## 1.2 Die Systematik dient der Rekonstrution der Stammesgeschichte

**Die Systematik versucht, Ordnung in die Vielfalt der Lebewesen zu bringen. Welche Aussagekraft haben verschiedene historische und aktuelle Ansätze?**

### Systematik

Ziel der Fachgebiets der Systematik ist es, die in der Natur vorkommenden Lebewesen zu gegeneinander abzugrenzen, zu benennen und zu identifizieren. Die Systematik geht dabei davon aus, dass der Ähnlichkeitsgrad zwischen Lebewesen dem Verwandtsschaftsgrad entspricht. Dieses auf Homologien beruhende und dadurch den verwandschaftlichen Beziehungen entspechende System wird als **natürliches System** bezeichnet.

### ARISTOTELES (384 v. Chr. – 322 v. Chr.)

Bereits vor Beginn der christlichen Zeitrechnung gab es die ersten Versuche, die Lebewesen in Kategorien einzuteilen. Einen ersten Meilenstein setzte der griechische Philosoph und Naturforscher ARISTOTELES. Während andere Gelehrte, darunter auch HIPPOKRATES, Tierarten vornehmlich aufzählten, gilt er als der Begründer der zoologischen Systematik. Er ordnete 520 Tierarten in einem Stufenleitersystem, der „Scala naturae", nach ihrer Komplexität, die er als Grad ihrer Perfektion bezeichnete. So entstand eine Hierarchie, die nach ARISTOTELES' Ansicht von den niederen zu den höheren Tieren führt. Über hunderte von Jahren hinweg orientierte man sich an dieser Einteilung.

❶ ≡ Erörtern Sie, inwiefern der Grad der „Perfektion" aus heutiger Sicht für die Systematisierung von Lebewesen geeignet ist.

### Carl von LINNÉ (1707 – 1778)

Im 18. Jahrhundert sahen viele Naturforscher die Anpassung der Lebewesen an ihre Umwelt als Beleg dafür an, dass der Schöpfer jede Art zu einem bestimmten Zweck erschaffen hat. Einer dieser Forscher war der schwedische Arzt und Biologe Carl von LINNÉ. Er prägte die Systematisierung der Lebewesen in mehrfacher Hinsicht. Zum einen zog er bei der Klassifizierung der Pflanzen den Bau ihrer Fortpflanzungsorgane heran. Er untersuchte hierfür die Blütenpflanzen im Hinblick auf Ähnlichkeiten bei Kelch-, Kron-, Staub- und Fruchtblättern und leitete daraus verwandtschaftliche Beziehungen ab.

Die Einteilung in Gruppen erfolgte nach dem **morphologischen Artbegriff**: Arten sind Gruppen von Individuen, die sich zwar nicht völlig gleichen, aber in ihren wesentlichen Merkmalen und Verhaltensweisen übereinstimmen.

**3** ≡ Stellen Sie eine Hypothese auf, warum LINNÉ vor allem Pflanzen systematisch untersuchte.

Zum anderen gilt er durch sein Werk „Systema naturae" als Wegbereiter der klassischen **Systematik**. Je nach Gemeinsamkeiten gliederte LINNÉ miteinander verwandte Blütenpflanzen in Kategorien. Ebenso verfuhr er mit den Tieren, allerdings war sein hierarchisches System hier nicht durchgängig, da zu damaliger Zeit über ihre Anatomie weniger bekannt war. Über zehn Auflagen seines Werks *Systema naturae* hinweg bestimmte LINNÉ tausende Lebewesen und wurde zu Lebzeiten als Anerkennung seiner Leistung geadelt, was ihm den Namen LINNAEUS einbrachte.

### Binäre Nomenklatur

Auch heute noch werden die wissenschaftlichen Namen nach der von LINNÉ geschaffenen **binären Nomenklatur** vergeben. Ähnlich wie bei Vor- und Zunamen setzt sich der Name einer Art aus der **Gattung** und der **Artbezeichnung** zusammen. So können die Namen eindeutig nur einer Art zugeordnet werden. Beide Wörter werden in der Regel kursiv, der Gattungsname groß und der Artname klein geschrieben. So wird der Afrikanische Esel als *Equus asinus* bezeichnet.

LINNÉS Ordnungssystem ist künstlich. Es basiert auf der Annahme, dass alle miteinander verwandten Organismen zu einer hierarchischen Gruppe, einem **Taxon** (gr. *taxis:* Rang), zusammengefasst werden können. Unter einem Taxon wird seit LINNÉ eine Gruppe verstanden, die aufgrund von gemeinsamen Merkmalen eine Einheit bilden.

Neben der Art gibt es noch weitere Taxa höheren Ranges. Zebras, Pferde und Esel bilden solch ein Taxon, nämlich die **Gattung** *Equus*. Gemeinsam mit mehreren Gattungen ausgestorbener pferdeähnlicher Tiere wird die Gattung *Equus* zu der **Familie** der Einhufer und die Einhufer wiederum mit Tapiren und Nashörnern zu der **Ordnung** der Unpaarhufer zusammengefasst. Diese gehören gemeinsam mit weiteren Ordnungen in die **Klasse** der Säugetiere, die einen Teil des **Stammes** der Chordatiere bildet. Schließlich werden alle Tiere zu dem **Reich** der Tiere und alle kernhaltigen Arten zur **Domäne** der Eukaryoten zusammengefasst.

**4** ≡ Der Satz „Die Natur macht keine Sprünge" wird Carl von LINNÉ zugeschrieben. Erläutern Sie, was er damit meinte.

**2** Carl von LINNÉ

**Information: Nomenklatur**
System der Namen und Fachbezeichnungen, die für ein bestimmtes Fachgebiet Gültigkeit haben

## VL Materialgebundene Aufgabe

### 5 Taxonomische Einordnung

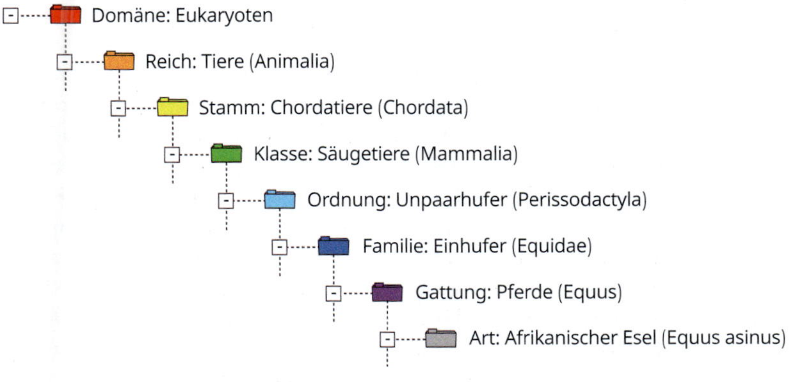


Die Abbildung zeigt die taxonomische Einteilung des Afrikanischen Esels, *Equus asinus*.

**a)** ≡ Recherchieren Sie in der entsprechenden hierarchischen Reihenfolge alle Taxa, denen der Tapir angehört.

**b)** ≡ Recherchieren Sie, welche Merkmale die Tiere des Stammes Chordatiere gemeinsam haben und welcher Wissenschaftler diesen Begriff erstmals verwendete.

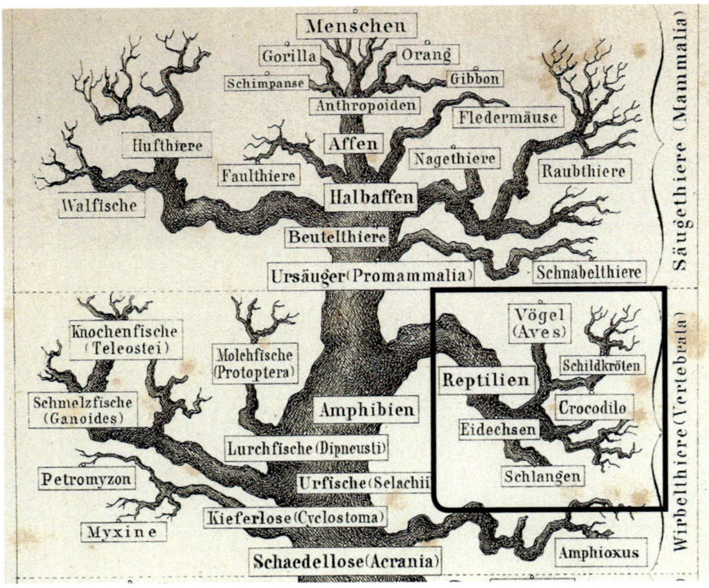


**3** Darstellung der Wirbeltiere im Baum des Lebens von Ernst Haeckel

**Ernst Haeckel (1834 – 1919)**
Die Idee, die Entwicklung des Lebens grafisch darzustellen, geht bereits auf Charles Darwin (1809–1882, → **Seite 215 f.**) zurück. Insbesondere der deutsche Biologe Ernst Haeckel verfolgte diesen Gedanken. Er entwarf eine Reihe von Skizzen, um die evolutionäre Vorstellung von der Entwicklung der Arten verständlicher zu machen. Eine dieser Darstellungen ist sein Baum des Lebens aus dem Jahr 1874.

**6** ≡ Nennen Sie Gemeinsamkeiten und Unterschiede zwischen Aristoteles' „Scala naturae" und Haeckels Baum des Lebens.

Dieser Stammbaum ähnelt einer Eiche mit einer sich nach oben verjüngenden Hauptachse, von der gewundene dünnere Seitenachsen abgehen. Wie auch Darwin ging Haeckel von einem gemeinsamen Ursprung der Arten, deren Veränderlichkeit sowie der Entstehung von neuen Arten durch Aufspaltungen aus. Die Astgabeln deuten in dieser Darstellung Verzweigungen an, bei denen eine Aufspaltung beispielsweise in Wale und Huftiere stattfand. Diese Anordnung der Arten nahm Haeckel auf der Grundlage von Linnés Systematik vor. Als gemeinsamen Ursprung aller Arten stellte Haeckel kernlose Kleinstlebewesen, die damals unter dem Begriff Moneren zusammengefasst wurden, an die Wurzel des Baumes. Durch Veränderung entwickeln sich die Arten von einfachen Lebensformen zielgerichtet zu immer höheren, bis schließlich auf der höchsten Stufe, ganz oben in der Baumkrone, der Mensch thront. Obwohl Haeckel nicht von einer Schöpfung im biblischen Sinn ausging, betrachtete er den Menschen als Krone der Evolution und die Entwicklung des Lebens als gezielte Höherentwicklung.

**7 Abstammung von Reptilien und Vögeln**

**a)** ≡ Übertragen Sie den markierten Bereich des Baums des Lebens in ein Kladogramm (→ **Seite 190 f.**).

**b)** ≡ Recherchieren Sie aktuelle Stammbäume zur Abstammung der Reptilien und der Vögel und vergleichen Sie diese untereinander sowie mit Ihrem in Aufgabe **a** erstellten Kladogramm.

**Die biogenetische Grundregel**
Im Jahr 1828 stellte der Zoologe Karl von Baer fest, dass sich die Embryonen aller Wirbeltiere und des Menschen in frühen Entwicklungsstadien weitgehend gleichen, auch wenn die erwachsenen Tiere sehr verschieden aussehen. Haeckel griff diese Ergebnisse auf und interpretierte sie im Sinne der Evolutionstheorie. Er postulierte in seinem **biogenetischen Grundgesetz**, dass die Individualentwicklung, die **Ontogenese**, eine verkürzte Wiederholung der Stammesgeschichte, der **Phylogenese**, ist.

Die Theorie Haeckels konnte zunächst durch paläontologische Befunde gestützt werden. So findet man knorpelige Wirbelsäulen bei den frühesten bekannten Wirbeltieren, den kieferlosen Fischen, sowie bei den Knorpelfischen. Alle anderen Wirbeltiere, die später entstanden sind, besitzen eine knöcherne Wirbelsäule. Weitere Untersuchungen zeigten allerdings, dass dieses von Haeckel formulierte Gesetz nur mit Einschränkungen gilt: Zum einen betrifft sie nur die ontogenetische Entwicklung einzelner ursprünglicher Merkmale, nicht die des gesamten Organismus. Zum anderen treten während der Embryonalentwicklung Merkmale auf, die keine Entsprechung bei den stammesgeschichtlichen Vorfahren haben. Daher spricht man heute von der biogenetischen Grundregel, die besagt: Im Verlauf der Ontogenese treten oft frühe Entwicklungsstadien stammesgeschichtlich älterer Formen auf. Heute weiß man, dass sich viele Gene, welche die Embryonalentwicklung steuern, im Verlauf der Evolution kaum verändert haben.

## Materialgebundene Aufgabe

### 8 Stadien der Embryonalentwicklung bei Wirbeltieren

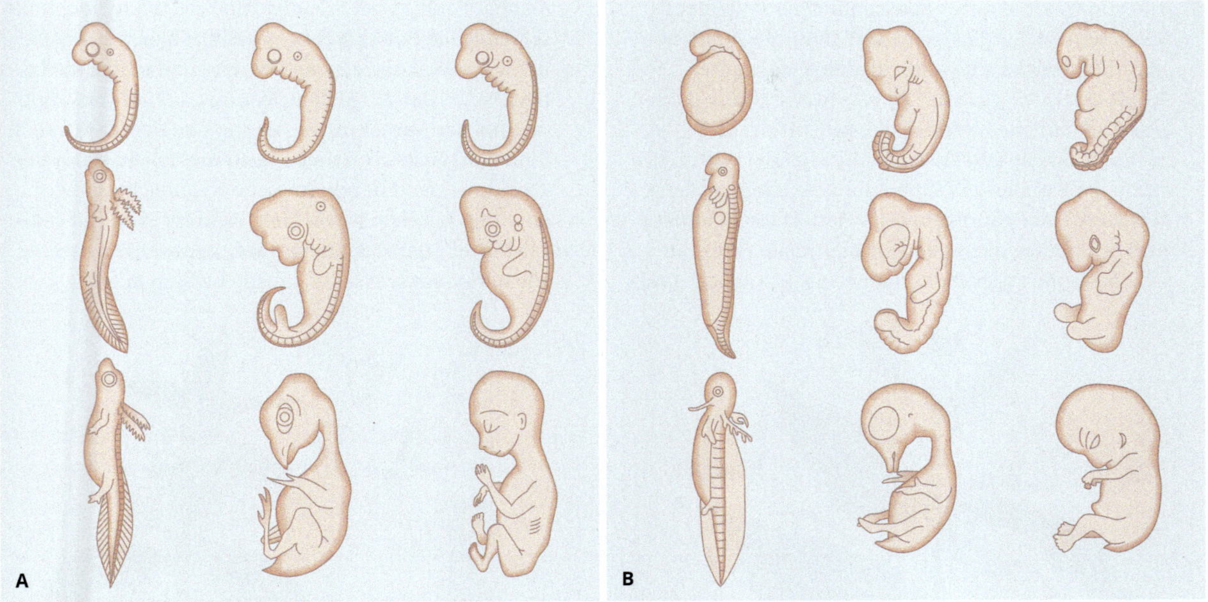


**Embryonalstadien A** Darstellung von HAECKEL; **B** Darstellung nach heutigem Erkenntnisstand

**a)** ≡ Beschreiben Sie die Stadien der Embryonalentwicklung von Molch, Vogel und Mensch in Abbildung A.

**b)** ≡ Beschreiben Sie die Stadien der Embryonalentwicklung von Molch, Vogel und Mensch in Abbildung B.

**c)** ≡ Vergleichen Sie die Zeichnungen der beiden Abbildungen und erläutern Sie, warum zeitgenössische Kollegen HAECKEL vorwarfen, dass er seine Zeichnungen theorienorientiert, idealisierend angepasst hatte.

**d)** ≡ Im Prozess des Erkenntnisgewinns wird von **Falsifizierbarkeit** und **Intersubjektivität** gesprochen. Erläutern Sie mithilfe einer Recherche diese beiden Begriffe am Beispiel der gezeigten Darstellungen von HAECKEL.

### Bedeutung der Einteilung der Lebewesen

Heute ist es allgemein anerkanntes Wissen, dass die existierenden Organismen durch Evolution entstanden sind und in einem natürlichen System durch verwandtschaftliche Beziehungen miteinander verknüpft sind. Unzählige Wissenschaftler arbeiten bis heute weiter an der Rekonstruktion dieser Stammesgechichte. In jüngerer Zeit war es vor allem Willi HENNIG (1913–1976), der durch seine Arbeiten zur Evolution und zur Systematik die Basis für die heutige Sichtweise auf die natürliche Ordnung der Lebewesen schuf. Grundlage der Systematik ist ein evolutionärer Prozess, der nicht direkt beobachtet werden kann. Die Eigenschaften der Lebewesen verändern sich von Generation zu Generation. Dabei können sich Strukturen umbilden und Eigenschaften verloren gehen oder hinzugewonnen werden. Die Wissenschaftler müssen daher die Ergebnisse verschiedener Untersuchungsmethoden heranziehen und auch dann bleiben oft noch Fragen offen (→ **Seite 188, Aufg. 1**). Man kann jeden Stammbaum als eine Hypothese betrachten, die ständig gestützt oder widerlegt werden muss. Nur eine umfassende Darstellung, die die Gesamtheit der Merkmale von molekularen Homologien über die Ergebnisse der Untersuchung der Morphologie, des Stoffwechsels und des Verhaltens widerspruchsfrei zusammenfasst, liefert verlässliche Aussagen über die Stammengeschichte der Lebewesen.

**9** ≡ Entwickeln Sie in Partnerarbeit anwendungsbezogene Fragestellungen, die mithilfe der Rekonstruktion der Stammesgeschichte der Lebewesen beantwortet werden können und erläutern Sie so die Relevanz dieser Rekonstruktion für die heutige Zeit.

## VL Materialgebundene Aufgabe

### ⑩ Auf Linnés Spuren: Nesseln bestimmen

**a)** ≡ Bestimmen Sie die wissenschaftlichen sowie deutschen Namen der Pflanzen **A** und **B** mithilfe eines Bestimmungsbuchs oder eines digitalen Hilfsmittels.

**b)** ≡ Carl von Linné gab der Pflanze in Abbildung **B** ihren wissenschaftlichen Namen, der sich mit „weißer Schlund" übersetzen lässt. Die Vertreter der Gattung *Lamium* der Familie der Lippenblütler wurden zunächst in weitere Untergattungen gegliedert. Diese Einteilung wird heutzutage nicht mehr als natürliche Verwandtschaftsgruppe angesehen. Nennen Sie historische und aktuelle Ansätze der Systematisierung, die zu den unterschiedlichen Einschätzungen geführt haben könnten.

**c)** ≡ Nicht alle Ansätze in der Wissenschaft teilten die Lebewesen in das **natürliche System**, das auf verwandtschaftlichen Verhältnissen beruht, ein. Heute sind auch Einteilungen in **künstliche Systeme** üblich. Die Weiße Taubnessel wird beispielsweise als Halblichtpflanze oder Frischezeiger bezeichnet. Erörtern Sie die jeweiligen Vorteile der Einteilung von Lebewesen ins natürliche beziehungsweise ins künstliche System.

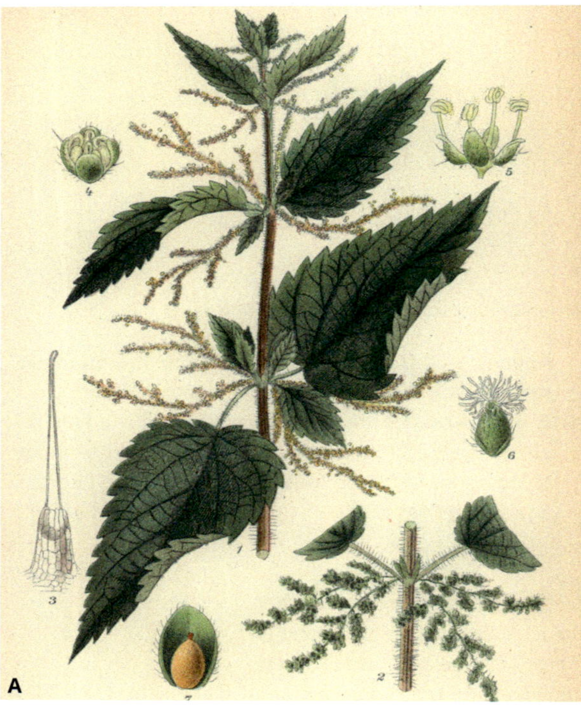


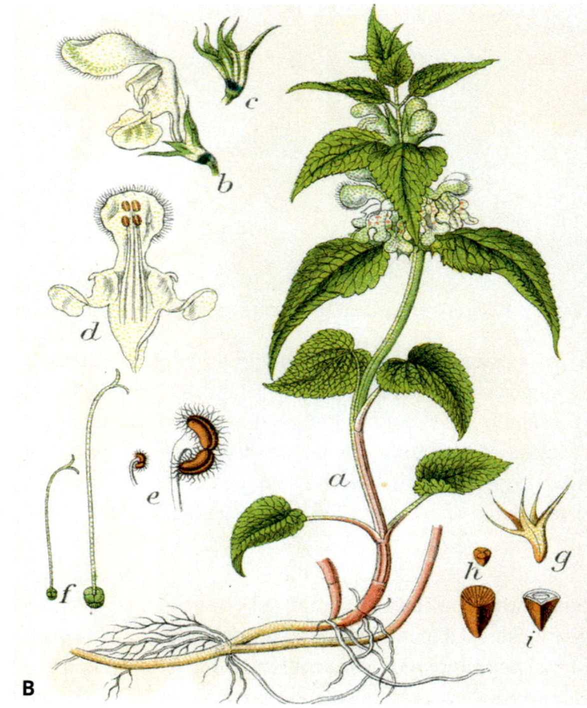


## Praktikum

### ⑪ Nesseln untersuchen

Brennnesseln sind sehr bekannt, da eine Berührung unangenehme Hautreizungen verursacht. Dies liegt an den Brennhaaren, die bei einer Berührung abbrechen und eine reizende Flüssigkeit absondern. Doch nicht jede Pflanze, die so aussieht, ist auch wirklich eine Brennnessel. Eine genaue Untersuchung ist hier sinnvoll.

**Material:** Skalpell (Vorsicht!), Binokular, Handschuhe
**Durchführung:** Suchen Sie bei einer Freilandexkursion eine Weiße Taubnessel und eine Brennnessel (Handschuhe!).

**a)** ≡ Fertigen Sie Fotos von Gesamthabitus, Stängel, Blatt sowie Blüte beider Pflanzen an.

**b)** ≡ Erstellen Sie eine schematische Zeichnung der jeweiligen Blattstiele unter Zuhilfenahme von Skalpell sowie Binokular.

**c)** ≡ Vergleichen Sie die Zeichnungen und beschreiben Sie die Unterschiede.

**d)** ≡ Erläutern Sie die Bedeutung der systematischen Einordnung der Pflanzen für einen Gartenbesitzer.

**Frau Dr. Helga Doberstein, Sie sind Zoodirektorin. Wie ist Ihr beruflicher Werdegang?**
Zunächst habe ich Biologie studiert. Besonders die Verhaltensbiologie hat mich sehr fasziniert, in diesem Fachbereich habe ich auch promoviert. Nachdem die meisten Stellen als Biologieabsolventin aber hauptsächlich mit Laborarbeit unter anderem in Bezug auf molekularbiologische Inhalte verbunden waren, freute ich mich sehr, als ich von der anstehenden Neubesetzung der Leitung des Zoos las und bewarb mich. Die klassische Stelle einer Verhaltensforscherin gibt es heutzutage so nämlich nicht mehr wirklich. Aber hier im Zoo spielen diese Themen der Verhaltensforschung beispielsweise bei der artgerechten Tierhaltung eine wichtige Rolle.

**Welche Aufgaben haben Sie im Zoo?**
Beim Thema Zoo denkt man natürlich zuerst an die Tiere. Hier bin ich für die Auswahl der Arten zuständig. Dabei sind verschiedene Rahmenbedingungen zu beachten wie der vorhandene Platz für eine artgerechte Tierhaltung, die Attraktivität für die Besucher, Zuchtprogramme, an denen man sich beteiligen möchte oder auch die klimatischen Bedingungen. Letztere gewinnen vor allem unter dem Aspekt steigender Energiekosten immer mehr an Bedeutung: Je mehr Zoobewohner auf beheizte Gehege angewiesen sind, wie beispielsweise viele Reptilienarten, desto kostenintensiver ist deren Haltung. Manchmal kommt es auch zu Kooperationen, bei denen man Tiere aus dem Ausland leiht, wie es zum Beispiel im Berliner Zoo mit Pandas aus China geschehen ist. Diese Entscheidungen treffe ich allerdings nicht alleine, die Auswahl wird im Team besprochen.

**Welche Personenkreise gehören zu Ihrem Team?**
Zum einen sind da die Tierpflegerinnen und Tierpfleger. Zum anderen Angestellte für die Parkpflege oder die Technik. Außerdem gehören unsere Kolleginnen und Kollegen vom Verkauf oder der Tiermedizin zum Team. Daher ist **Personalführung** auch ein wesentlicher Teil meines Tätigkeitsbereichs; ebenso die **Pressearbeit**, da ich den Zoo nach außen repräsentiere. Sehr interessant sind auch Projekte zum **Natur- und Artenschutz vor Ort**, wie beispielsweise Programme zum Erhalt der Elefanten in Asien.

**Beim Bau neuer Gehege ist sicherlich die Kooperation mit verschiedenen Gremien gefragt?**
Auch hier bin ich nicht die alleinige Entscheidungsträgerin. Wir arbeiten in einem Team mit Fachkräften aus den Bereichen Zoologie, Botanik sowie Architektur und Landschaftsarchitektur. Die Bauverwaltung des jeweiligen Bundeslandes spielt vor allem bei größeren Bauprojekten eine wichtige Rolle. Letztendlich muss ich durch diese **Kooperation** die bestmögliche Lösung für unsere Tiere finden, ohne wirtschaftliche Aspekte zu vernachlässigen. Wie in vielen anderen Bereichen auch obliegen mir hier die Aufgaben einer **Finanzmanagerin**.

**1** Im Zoo – Przewalski-Pferde

**Welche Voraussetzungen müssen Sie beim Bau eines modernen Geheges erfüllen?**
Hier hat ein Umdenken stattgefunden: Weg vom Käfig, hin zu einem perfekt simulierten **natürlichen Lebensraum**. Dabei müssen auch die jeweiligen **Sozialstrukturen** beachtet werden. Eine Gruppe Paviane benötigt andere Rahmenbedingungen als ein eher einzelgängerischer Tiger. **Tierwohl** und Tierschutz stehen an oberster Stelle.

**Inwiefern kann ein Zoo zur Arterhaltung beitragen?**
Wir beheimaten Reservepopulationen. Das bedeutet, vom Aussterben bedrohte Tiere finden hier sozusagen Unterschlupf. Von den Przewalski-Pferden zum Beispiel wurde das letzte in der Wildnis lebende in den 1960er-Jahren beobachtet. Durch ein **Zuchtprogramm**, an dem sich mehrere Zoos international beteiligten, konnte die Population wieder aufgebaut werden. Dies ermöglichte es, dass Exemplare dieser Pferderasse seit dem Jahr 1992 in der Mongolei und China wieder erfolgreich ausgewildert werden.

**Kooperieren Sie mit anderen Zoos?**
Viele Zoos schließen sich **Verbänden** an wie zum Beispiel dem Verband der Zoologischen Gärten (VdZ) e.V.. Dadurch kann man bei Themen wie Schutzprogrammen, öffentlicher Bildung oder Forschung am selben Strang ziehen und gemeinsam etwas bewirken. Es gibt auch verschiedene Gremien, die Zoos weltweit auszeichnen. Dabei wird beurteilt, inwiefern der Natur- und Artenschutz, die artgerechte Tierhaltung oder der Bildungsauftrag umgesetzt werden.

1. Nennen Sie die Bereiche, die zu den Aufgaben einer Zoodirektorin oder eines Zoodirektors zählen.
2. Diskutieren Sie in Partnerarbeit, inwiefern die artgerechte Tierhaltung in einem Zoo möglich ist.
3. Recherchieren Sie die Ziele des VdZ e.V. sowie des WWF in Bezug auf Natur- und Artenschutz und bewerten Sie eine Kooperation der beiden Organisationen.
4. Die European Association of Zoos and Aquaria (EAZA) ist eine der größten Zoovereinigungen. Recherchieren Sie, mit welchen Konzepten sie Inzucht entgegenwirkt.

## 12 Systematik der Felidae

Zur Ordnung der Raubtiere, in der Systematik Carnivora genannt, zählt die Unterordnung der Katzenartigen, die auch als Feliformia bezeichnet werden. Eine wichtige Familie stellen die Felidae, die Katzen dar, die nochmals in die Unterfamilien Groß- und Kleinkatzen unterteilt werden können. Die Gattung *Panthera* umfasst mehrere Arten, die zum Teil auf unterschiedlichen Kontinenten beheimatet sind.

**a)** Bestimmen Sie anhand des folgenden Schlüssels die gesuchten Großkatzenarten der Gattung *Panthera*.

| | | |
|---|---|---|
| 1 | Fell gefleckt | → 2 |
| | Fell ungefleckt | → 3 |
| 2 | Fell mit Rosetten und Mittelfleck | → *Panthera onca* |
| | Fell mit Rosetten ohne Mittelfleck | → 4 |
| 3 | Fell mit Streifen | → *Panthera tigris* |
| | Fell ohne Streifen, ♂ mit Mähne | → *Panthera leo* |
| 4 | kürzeres, braunes oder schwarzes Fell | → *Panthera pardus* |
| | längeres, meist graues Fell | → *Panthera uncia* |

**b)** Recherchieren Sie die deutschen Namen der von Ihnen bestimmten Tiere.

A

B

C

D

E

### Geparde

Der Gepard, *Acinonyx jubatus*, wird trotz seiner Schulterhöhe von etwa 80 cm zu den Kleinkatzen gezählt. Diese Einteilung wird durch molekularbiologische Untersuchungen in Bezug auf die evolutionäre Verwandtschaft gestützt.

**c)** ≡ Recherchieren Sie, nach welchem morphologischen Ansatz die systematische Zuordnung zu Klein- beziehungsweise Großkatzen erfolgt.

**d)** ≡ Lange ordnete man den Gepard einer eigenen Unterfamilie, den Acinonychinaen zu, da man ihn für eine Sonderentwicklung der Katzen hielt. Erläutern Sie anhand dieses Beispiels die Vorläufigkeit wissenschaftlicher Erkenntnisse.

Gepard

### Schwärzlinge

Leoparden leben in Afrika und Asien, Jaguare auf dem amerikanischen Kontinent. Bei beiden Arten kann es vorkommen, dass Tiere mit durchgehend schwarzem Fell auftreten, die als Schwarze Panther bezeichnet werden. Die Rosetten sind bei günstigen Lichtverhältnissen noch leicht sichtbar. Diese Schwarzfärbung, der **Melanismus**, wird bei Leoparden durch ein rezessives Allel, bei den Jaguaren durch ein dominantes Allel vererbt.

**e)** ≡ Nennen Sie molekularbiologischen und evolutionsbiologischen Methoden, mit denen man die systematische Zuordnung eines Schwärzlings untersuchen kann.

**f)** ≡ Bewerten Sie diese unterschiedlichen Herangehensweisen.

Leopard

### Töwen und Liger und andere Hybride

Löwen und Tiger begegnen sich aufgrund ihrer unterschiedlichen Lebensräume nie in Freiheit. Dennoch kam es in Zoos zu Kreuzungen und dabei entstanden sogenannte Töwen, bei denen das Muttertier ein Löwe ist, beziehungsweise Ligern mit mütterlichem Tiger.

**g)** ≡ Recherchieren Sie die natürlichen Lebensräume von Löwen und Tigern.

**h)** ≡ Erläutern Sie den morphologischen Artbegriff am Beispiel der Löwen, Tiger, Töwen und Liger (→ **Seite 197**).

**i)** ≡ Bewerten Sie diese Kreuzungsexperimente aus Sicht der Arterhaltung und des Artenschutzes.

**j)** ≡ Stellen Sie einen Zusammenhang zwischen diesen Zuchtexperimenten und dem Basiskonzept „Individuelle und evolutive Entwicklung" her.

**k)** ≡ Durch die Kreuzung einer Eselstute mit einem Pferdehengst entsteht ein Maulesel, bei umgekehrter Geschlechterkombination ein Maultier. Die männlichen Hybride sind stets unfruchtbar, die weiblichen in seltenen Fällen fruchtbar. Recherchieren Sie die Ursache der Unfruchtbarkeit.

**l)** ≡ Erörtern Sie Probleme, die sich bei der Erstellung eines Kladogramms ergeben, wenn in dieses Maulesel und Maultier integriert werden sollen.

Töwe

Liger

Nach der Evolutionstheorie stammen alle heute existierenden Lebewesen von gemeinsamen Vorfahren ab, sie sind stammesgeschichtlich miteinander verwandt. Die Ähnlichkeit und die Vielfalt der heute lebenden Arten sind also das Ergebnis einer gemeinsamen Evolution. Durch Evolutionsfaktoren (→ Seite 218 ff.) wie **Mutation**, **Rekombination**, **Variation**, **natürliche Selektion** sowie **Alleldrift** ist im Laufe der Zeit die Vielfalt der Arten entstanden. Als Belege für die **stammesgeschichtliche Verwandtschaft** werden **anatomisch-morphologische** Befunde ebenso wie **molekularbiologische** Untersuchungen herangezogen.

Auf molekularer Ebene wird die Theorie, dass alle Lebewesen aus einer gemeinsamen Urform entstanden sind, dadurch gestützt, dass fast alle Lebewesen die Erbinformation in Form von DNA oder RNA speichern. Der genetische Code ist universell und fast alle Lebewesen verwenden die gleichen 20 Aminosäuren bei der Proteinbiosynthese. Vergleicht man die Aminosäure- beziehungsweise Basensequenzen verschiedener Lebewesen, so zeigen diese Übereinstimmungen, die Ausdruck einer gemeinsamen Abstammung sind. Solche molekulargenetischen Merkmale, die sich im Verlauf der Evolution aus einem gemeinsamen Ursprung entwickelt haben, werden als homolog bezeichnet.

Im Verlauf der Evolution entwickelten sich unterschiedliche Genomgrößen. Als Ursache spielen verschiedene Formen von **Genduplikationen** eine wichtige Rolle. Von solchen Verdoppelungen können nicht nur einzelne Gene und Genabschnitte, sondern auch Chromosomen und Chromosomenabschnitte sowie ganze Genome betroffen sein. Wiederholen sich Genduplikationen mit anschließenden Mutationen mehrfach, können sogenannte **Genfamilien** entstehen. Hierunter versteht man Gruppen **homologer Gene** mit verwandten Funktionen beziehungsweise ähnlichen Genprodukten. Ein Beispiel bildet die Globin-Genfamilie mit den Untergruppen der α- und β-Globine. Die entstandenen Gene liegen auf dem Chromosom 16 beziehungsweise 11. Man geht heute davon aus, dass alle Mitglieder dieser Genfamilie aus einem ursprünglichen Globingen entstanden sind, welches mehrfach dupliziert wurde. Jedes der so entstandenen Gene hat sich dann im Verlauf von etwa 450 bis 500 Millionen Jahren durch Mutationen verändert. Dabei blieb die Funktion, nämlich Sauerstoff zu binden, grundsätzlich erhalten.

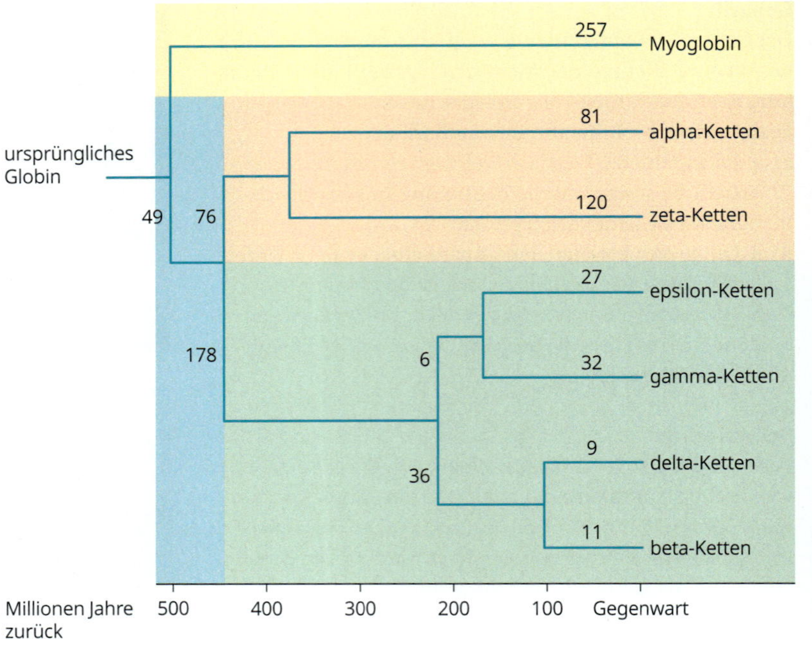


**1** Genfamilie der Globine. Die Ziffern geben die geschätzten Änderungen der DNA-Sequenz entlang des betreffenden Zweiges im Stammbaum an.

Auf der Ebene von Organen zeigt sich die stammesgeschichtliche Verwandtschaft verschiedener Arten in der Ähnlichkeit anatomisch-morphologischer Merkmale. Zum Beispiel sind die Extremitäten von Insekten homolog. Trotz unterschiedlicher Funktion lassen sie sich auf einen gemeinsamen Grundbauplan zurückführen. Vergleicht man Homologien bei Arten, mit gemeinsamen abgeleiteten Merkmalen, so lässt sich die stammesgeschichtliche Verwandtschaft der untersuchten Arten in Form **phylogenetischer Stammbäume** darstellen.

Der Mensch zeigt eine Individualentwicklung und ist zugleich Teil des evolutionären Entwicklungsprozesses. Übereinstimmungen bei zahlreichen anatomisch-morphologischen und molekularen Merkmalen belegen, dass der Mensch mit Menschenaffen verwandt ist und beide gemeinsame Vorfahren haben.

Organismen verändern sich über Zeiträume im Zusammenhang mit verschiedenen Umwelteinflüssen. Daher stellt die **individuelle** Entwicklung eines jeden Lebewesens und die Weitergabe seiner genetischen Information durch Fortpflanzung die Grundlage für **evolutive** Entwicklung dar.

**1** Erklären Sie, warum die Genduplikation als wesentlicher Mechanismus der Evolution gilt.

**2** Stellen Sie mithilfe der Abbildung eine Hypothese über die Zahl der Genduplikationen auf, die zum Hämoglobin führte.

## ⓔ 1.3 Die Evolution des Menschen

**Wie entwickelte sich der moderne Mensch aus frühen Vorfahren und welche wesentlichen Vertreter dieser Entwicklung kennt man heute?**

**1** Schädel von Frühmenschen

### Die nächsten Verwandten

Menschen und Menschenaffen besitzen gemeinsame Vorfahren und gehören deshalb in dieselbe Verwandtschaftsgruppe. Seit LINNÉ wird der Mensch in die Säugetierordnung der **Primaten** eingeordnet. In der Vergangenheit beruhte die Systematik der Primaten insbesondere auf dem Vergleich von morphologischen Merkmalen. Heute kann man durch molekularbiologische Untersuchungen beweisen, dass Menschenaffen wie Schimpanse und Gorilla die nächsten Verwandten des Menschen sind.

1 ≡ VL Recherchieren Sie die systematische Einordnung der Art *Homo sapiens*.

### Fossilien als Informationsquellen

Die Stammesgeschichte des Menschen ist durch verschiedene Fossilien belegt. Die ältesten Funde stammen aus Afrika, spätere auch aus dem Nahen Osten, Asien und Europa. Heute zeichnet sich eine Entwicklungslinie zum modernen Menschen ab. Dabei spielen die Entwicklung des aufrechten Ganges und die des Gehirns eine entscheidende Rolle. Neuere Funde können allerdings immer zu neuen Sichtweisen auf die Abstammung des Menschen führen.

### Der aufrechte Gang

Der aufrechte Gang entwickelte sich wahrscheinlich schon vor etwa 4,4 Millionen Jahren bei den noch auf Bäumen lebenden Vorfahren des Menschen. Diese waren zumindest zeitweise schon auf zwei Beinen unterwegs. Später, nachdem viele der afrikanischen Regenwälder verschwanden und stattdessen Savannen entstanden, entwickelte sich der aufrechte Gang weiter. Nach der sogenannten **Savannenhypothese** konnten frühe Vorfahren im hohen Gras der Savanne Beute und Feinde eher erkennen. Zudem war die Fortbewegung auf zwei Beinen energetisch günstiger. Die Vormenschen konnten also bei der Nahrungssuche größere Strecken zurücklegen. Die nun freien Hände ermöglichten den Transport von Materialien oder Nahrung.

### Die Entwicklung des Gehirns

Fossilien belegen, dass das Gehirnvolumen des Menschen vor allem in den letzten zwei Millionen Jahren stark zugenommen hat. Zur Erklärung dieser Beobachtung gibt es unterschiedliche Hypothesen. Eine besagt, dass die veränderte Ernährung in der Savanne hierfür verantwortlich ist. Statt pflanzlicher Kost dominierte nun eiweißreiche tierische Nahrung. Eine andere geht davon aus, dass sich das Gehirn und die kognitiven Fähigkeiten mit den Herausforderungen, die das Leben in größeren sozialen Gruppen mit sich brachte, weiterentwickelt haben. Wahrscheinlich beeinflussten sich beide Faktoren wechselseitig.

2 ≡ Recherchieren Sie weitere Hypothesen zur Evolution des aufrechten Gangs.

3 ≡ Erörtern Sie unter Einbindung des Basiskonzepts „Individuelle und evolutive Entwicklung“, inwiefern der Verzehr von Fleisch als Motor der menschlichen Evolution angesehen werden kann.

4 ≡ Recherchieren Sie, inwiefern sich die sogenannte Paleo-Diät an der vermuteten Ernährungsweise unserer savannenbewohnenden Vorfahren orientiert.

### Frühe Hominini

Die frühesten, derzeit bekannten Fossilien der menschlichen Stammesgeschichte sind zwischen sieben und vier Millionen Jahre alt. Sie stammen aus Afrika und zeigen ein Mosaik von Merkmalen des Menschen und des Affen. Beispielsweise weisen sie Angepasstheiten an das Leben in Bäumen sowie an den aufrechten Gang auf. Wichtige Vertreter sind *Sahelanthropus tchadensis* und *Ardipithecus ramidus*.

**Information**
**Hominini**
Bezeichnung für die Arten der Gattung Homo und deren ausgestorbene Vorfahren

## VL Materialgebundene Aufgaben

### 5 Stammbaum der menschlichen Evolution

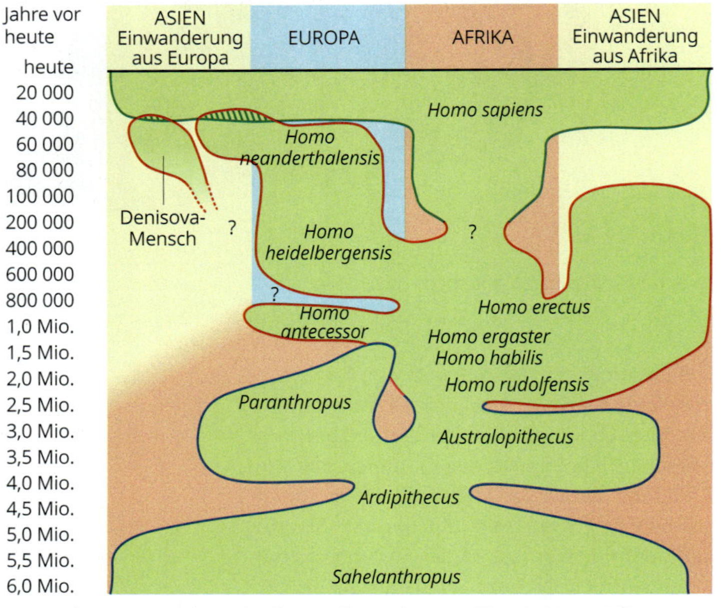


Stammbaum-Hypothese (auf Grundlage der Fossilfunde bis 2023) zur Evolution von *Homo sapiens*

**a)** Beschreiben Sie, wie die Evolution von *Homo sapiens*, *Homo neanderthalensis* und Denisova-Mensch abgelaufen sein könnte.

**b)** Erklären Sie die in der Grafik eingezeichneten Fragezeichen.

### 6 *Danuvius guggenmosi* – Fossilfund im Ostallgäu

In einer Tongrube im bayerischen Pforzen wurden bei Grabungen zwischen 2015 und 2019 mehrere Knochen gefunden. Daraus rekonstruierte man unter anderem das Skelett eines männlichen Individuums, das der ausgestorbenen Menschenaffenart *Danuvius guggenmosi* zugeordnet wird.

**a)** Untersuchungen ergaben ein Alter der Schicht, in der die Fossilien gefunden wurden, von elf bis zwölf Millionen Jahren vor heute. Der Skelettbau legt nahe, dass *Danuvius guggenmosi* sich auf zwei Beinen fortbewegen konnte und vor allem in Bäumen lebte. Erläutern Sie, inwiefern diese Erkenntnisse mit der Savannenhypothese zur Entwicklung des aufrechten Ganges im Widerspruch stehen.

**b)** Die Rekonstruktion der Skelette ergab, dass 21 Knochen zu einem Individuum gehören. Daneben fand man außerdem Teile eines artgleichen jüngeren Individuums sowie zweier weiblicher Exemplare. Erläutern Sie, welche Schlüsse diese Funde auf die soziale Lebensweise von *Danuvius guggenmosi* zulassen.

#### Die Gattung *Australopithecus*

Vor etwa vier Millionen Jahren trat eine Gruppe von Vormenschen, die Australopithecinen (lat. *australis*: südlich; gr. *pithecos*: Affe), auf. Am bekanntesten ist der Fund eines Skeletts, das „Lucy" genannt wurde. Lucy, mit wissenschaftlichen Namen *Australopithecus afarensis*, war dem modernen Menschen ähnlicher als den Menschenaffen. Lucy konnte aufrecht gehen, ihr Gehirnvolumen entsprach aber noch dem eines Schimpansen.

#### Die Gattung *Homo*

Die ersten Vertreter der Gattung *Homo* fanden sich vor etwa 2 Millionen Jahren in Ostafrika. Im Unterschied zu den Australopithecinen besaßen sie ein größeres Gehirn. *Homo habilis* und *Homo ergaster* konnten bereits Steinwerkzeuge herstellen und sich gut auf zwei Beinen fortbewegen. Ein weiterer Nachfahre, *Homo erectus*, stellte Steinwerkzeuge her und nutzte das Feuer. Die ersten Fossilien, die der Art *Homo sapiens* zugerechnet werden, sind 315 000 Jahre alte Schädelknochen aus Marokko. Die Abgrenzung zu Funden aus der Homo-erectus-Gruppe ist schwierig; so fand man in Süd- und Ostafrika Fossilien, die in ihren Merkmalsausprägungen wie dem Gehirnvolumen zwischen *Homo erectus* und *Homo sapiens* liegen.

In einer Auswanderungswelle vor etwa 1 bis 0,8 Millionen Jahren gelangten Menschenvorfahren aus Afrika nach Europa und entwickelten sich dort unter anderem zum *Homo heidelbergensis*, zum *Homo neanderthalensis* und in einer getrennten Linie zu *Homo sapiens*. Nach derzeitigem Kenntnisstand kam es vor rund 40 000 Jahren zu einer weiteren Auswanderungswelle.

#### DNA-Untersuchungen

Mit molekularbiologischen Untersuchungen können Ähnlichkeiten von Populationen des heutigen Menschen ermittelt werden. Dabei wird DNA heute lebender Menschen verglichen. Man analysiert Nukleotidsequenzen der Kern-DNA, die sich außerhalb der Gene befindet und daher nicht der Selektion unterliegen. Auch mitochondriale DNA wird zum Vergleich herangezogen. Dieser Sequenzvergleich lieferte eine Reihe von Ergebnissen zur genetischen Verwandtschaft von Menschengruppen, zur Trennung dieser Gruppen im Laufe der Evolution und zu ihrer Ausbreitung über die Kontinente.

**Die Stellung des Neandertalers**
Zu den bekanntesten menschlichen Fossilfunden gehört zweifellos der Neandertaler, benannt nach seinem Fundort. Dort war 1856 ein unvollständiges Skelett gefunden worden, das als *Homo neanderthalensis* einer eigenen Art zugeordnet wurde.

**Anatomische Merkmale**
Bereits nach der Entdeckung der ersten Knochen kam es zu wissenschaftlichen Kontroversen. Manche Anatomen ordneten die Funde einem fossilen Menschen zu, während andere sie als pathologisch veränderte Skeletteile des modernen Menschen interpretierten. Erst später ging man davon aus, dass es sich beim Neandertaler tatsächlich um eine ausgestorbene Menschenform handelt. Im Vergleich zum modernen Menschen war der Neandertaler klein und stämmig gebaut. Das Gehirnvolumen entsprach ungefähr dem des *Homo sapiens*. Er besaß eine fliehende Stirn und ein fliehendes Kinn. Zunächst stellte man sich den Neandertaler als primitives Wesen vor.

**Kulturelle Eigenschaften**
Funde in den 1960er-Jahren belegten, dass Neandertaler geschickte Jäger waren. Die Verwendung von Steinwerkzeugen sowie Lanzen und Speeren ist durch viele Funde belegt. Auch die Beherrschung des Feuers konnte nachgewiesen werden. Die Nutzung von Tierfellen als Kleidung und der Bau von Zelten oder Schutzhütten gilt als wahrscheinlich. Anatomische Untersuchungen von Schädeln und der Kehlkopfregion legen die Vermutung nahe, dass Neandertaler sprechen konnten. An manchen Fundorten gibt es Hinweise auf Bestattungen, die von einigen Forschern so interpretiert werden, dass der Neandertaler bereits Vorstellungen von einem Jenseits hatte.

Aufgrund derartiger Erkenntnisse ordneten Paläoanthropologen den Neandertaler nun als *Homo sapiens neanderthalensis* dem modernen Menschen als Unterart zu. Letzterer wurde dann *Homo sapiens sapiens* genannt. Unklar blieb aber die Beziehung zum heutigen Menschen. Im Nahen Osten lebten beide Menschenformen etwa 50 000 Jahre in enger Nachbarschaft, während der Neandertaler in Europa nach der Zuwanderung des *Homo sapiens* innerhalb weniger Jahrtausende ausstarb. Verdrängte ihn *Homo sapiens* oder vermischte sich dieser mit dem Neandertaler?

## Materialgebundene Aufgabe

### 7 Eine wissenschaftliche Kontroverse

**Vergleich mitochondrialer DNA**
Um die Jahrtausendwende wurde aus Neandertaler-Knochen ein aus 379 Basenpaaren bestehendes DNA-Segment der mitochondrialen DNA (mtDNA) isoliert und mithilfe der PCR-Methode vervielfältigt. Anschließend wurde dieses mit mitochondrialer DNA von *Homo sapiens* verglichen. In einem paarweisen Sequenzvergleich werden jeweils die Basenunterschiede gezählt.

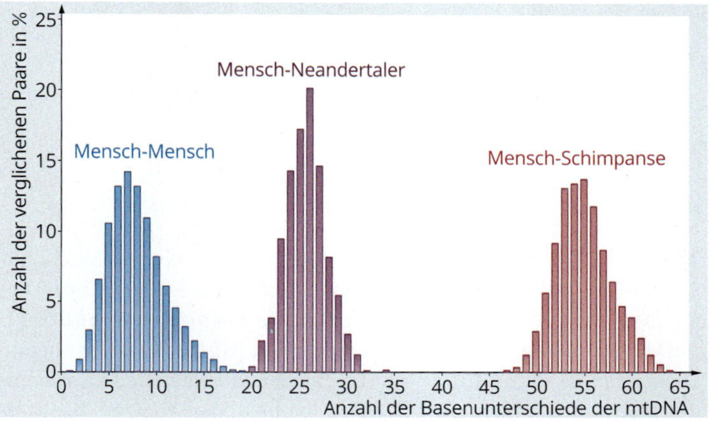


**a)** ≡ Werten Sie die Abbildung zum Vergleich der mtDNA aus.

**b)** ≡ Die Wissenschaftler folgerten aus den Ergebnissen: *Die mtDNA eines Neandertalers unterscheidet sich etwa dreimal so stark von der eines modernen Menschen, wie die mtDNA zweier moderner Menschen untereinander. Die Neandertaler bildeten folglich eine eigene, später ausgestorbene Art.* Begründen Sie diese Einschätzung der Forscher.

**Vergleich nukleärer DNA**
Im Jahr 2010 standen dann erstmals große Teile der nukleären DNA des Neandertalers zur Verfügung. Bei Untersuchungen stellte man fest, dass etwa ein bis vier Prozent der DNA von Eurasiern und Nordafrikanern mit der des Neandertalers übereinstimmt, während diese genetischen Marker bei Afrikanern aus dem Bereich südlich der Sahara nicht nachweisbar waren. Auch zeigte sich, dass Neandertaler und moderne Menschen den für die Sprachfähigkeit relevanten Genabschnitt FOXP2 besitzen.

**c)** ≡ Die Wissenschaftler folgerten aus den neuen Ergebnissen: *Zwischen Neandertalern und Homo sapiens mussten nach dessen Einwanderung aus Afrika sexuelle Kontakte stattgefunden haben. Der Neandertaler wäre demzufolge also doch keine eigene Art, sondern eine Unterart des Homo sapiens.* Nehmen Sie Stellung zur Veränderung in der Systematisierung des Neandertalers.

**d)** ≡ Erklären Sie, welchen Unterschied die Bezeichnungen Neandertaler, *Homo neanderthalensis* beziehungsweise *Homo sapiens neanderthalensis*, für die Geschichte der Menschheit bedeuten.

## VL Materialgebundene Aufgabe

### 8 Theorien zur Entstehung von *Homo sapiens*

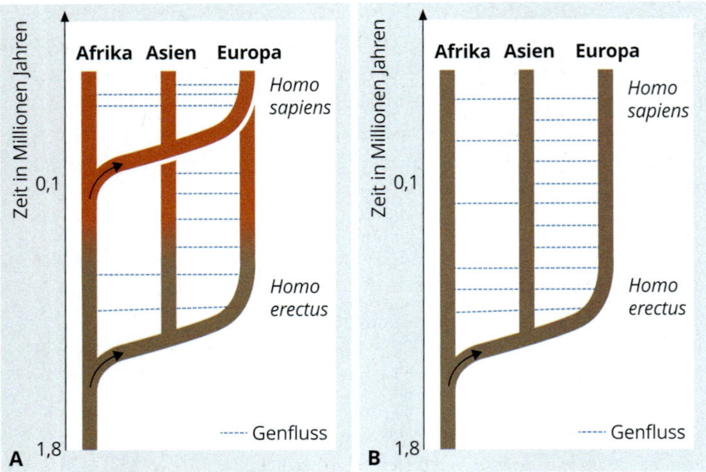


Über die Herkunft des modernen Menschen gingen die wissenschaftlichen Meinungen lange Zeit auseinander. Neben der Out-of-Africa-Theorie (**A**) vertraten manche Wissenschaftler die ***Theorie vom multiregionalen Ursprung*** des modernen Menschen (**B**). Nach dieser Theorie hat sich der moderne Mensch in verschiedenen Regionen der Erde unabhängig voneinander aus regionalen Populationen von *Homo erectus* entwickelt.

**a)** Vergleichen Sie die beiden Theorien zum Ursprung des modernen Menschen anhand der obigen Abbildungen auch unter dem Gesichtspunkt des Basiskonzepts „Individuelle und evolutive Entwicklung".

**b)** Erklären Sie, warum es nach der multiregionalen Theorie nicht zwangsläufig zu einer Aufspaltung in verschiedene Arten kommen muss.

**c)** Nehmen Sie begründet Stellung zur Gültigkeit der multiregionalen Theorie.

möglicher Ausbreitungsweg von *Homo sapiens*; maximale Ausbreitung von *Homo neanderthalensis*; vermutete Ausbreitung des Denisova-Menschen; Vermischung mit *Homo neanderthalensis*; Vermischung mit Denisova-Menschen

**2** Ausbreitungswege von *Homo sapiens*

### Out-of-Africa-Theorie

Lange Zeit ging man davon aus, dass *Homo sapiens* vor etwa 200 000 Jahren in Ostafrika entstand. Die ältesten bis dahin vorliegenden Fossilien, die eindeutig *Homo sapiens* zugerechnetwurden, stammen aus Äthiopien und werden auf etwa 190 000 Jahre datiert. Die rund 315 000 Jahre alten Funde von *Homo sapiens* aus Marokko aus dem Jahr 2017 weisen aber darauf hin, dass sich der moderne Mensch demnach bereits über Afrika verbreitet hat, bevor er sich vor rund 100 000 Jahren von Ostafrika kommend über die restliche Welt ausdehnte. Für diese **Out-of-Africa-Theorie** spricht die Tatsache, dass Fossilfunde von *Homo sapiens* außerhalb Afrikas im Vergleich stets jünger sind. Daneben wird diese Theorie durch molekulargenetische Untersuchungen gestützt. So wurden etwa bestimmte DNA-Sequenzen von Populationen verschiedener afrikanischer Völker und Völker der übrigen Erdteile untersucht und verglichen. Dabei stellte man fest, dass es zwischen den Populationen auf dem afrikanischen Kontinent relativ große genetische Unterschiede gibt. Die Teilpopulationen des modernen Menschen, welche aus Afrika abwanderten, weisen insgesamt eine weniger große genetische Variation auf.

### Die Ausbreitung von *Homo sapiens*

Die Ausbreitung von *Homo sapiens* erfolgte vermutlich vor etwa 100 000 Jahren über die arabische Halbinsel entlang der Küsten nach Europa, Ostasien und Amerika. Durch die allmähliche Verlagerung der Sammel- und Jagdgebiete verschoben sich ihre Lebensräume innerhalb einer Generation nur um wenige Kilometer, in 10 000 Jahren wurden aber große Entfernungen daraus. In Europa und Teilen Asiens trafen Populationen von *Homo sapiens* auf Nachfahren der ersten Auswanderungswellen von *Homo erectus*. In Europa und im Nahen Osten war dies der *Neandertaler*, in Sibirien und Südostasien der *Denisova-Mensch*.

**9** Begründen Sie, dass man im Erbgut des modernen Europäers Genomsequenzen vom Neandertaler und vom Denisova-Mensch findet.

**10** 2020 wurde eine Studie veröffenlicht, wonach Gene des Neandertalers auch bei heute lebenden Afrikanern zu finden sind. Formulieren Sie eine mögliche Erklärung für diese Tatsache.

## 11 *Homo naledi* – eine neue Hominidenart?

Forscher entdeckten im Jahr 2013 in einer Höhle bei Johannesburg die Fossilien eines bislang unbekannten Frühmenschen, sie nannten ihn *Homo naledi*. Am Fundort wurden Teile des Schädels (Bild) sowie sehr gut erhaltene Handknochen und Fußknochen dieser Art gefunden.

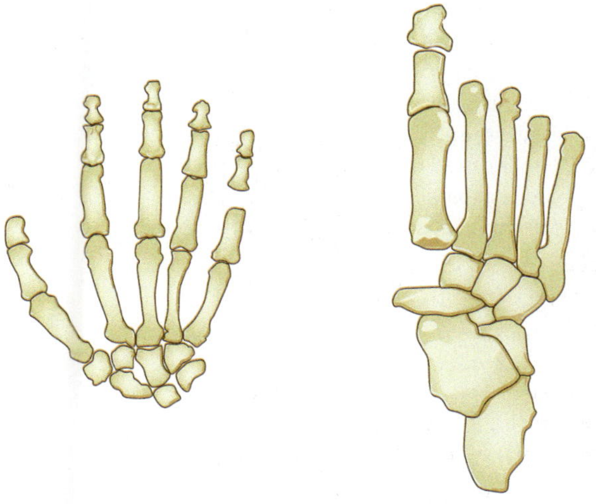

Aufgrund der anatomischen Merkmale entbrannte unter Wissenschaftlern eine Diskussion darüber, wie *Homo naledi* in den Stammbaum der Hominiden einzuordnen ist. Zur Klärung dieser Frage wurden vergleichende anatomische Untersuchungen mit *Homo sapiens*, Vertretern der Gattung *Australopithecus*, den eher am Boden lebenden Primaten Gorilla, Schimpanse und Pavian sowie dem eher in Bäumen lebenden Orang-Utan vorgenommen. Zunächst wurde die Daumenlänge bei verschiedenen Primaten bestimmt. Sie ist ein Hinweis auf die Opponierbarkeit des Daumens.

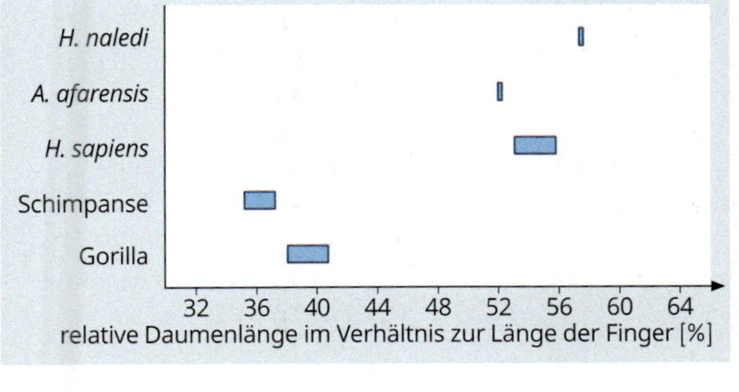


Anschließend wurde die Krümmung der Fingerglieder bei verschiedenen Primaten verglichen. Der Krümmungsindex steht dabei für die Ausprägung der Krümmung.

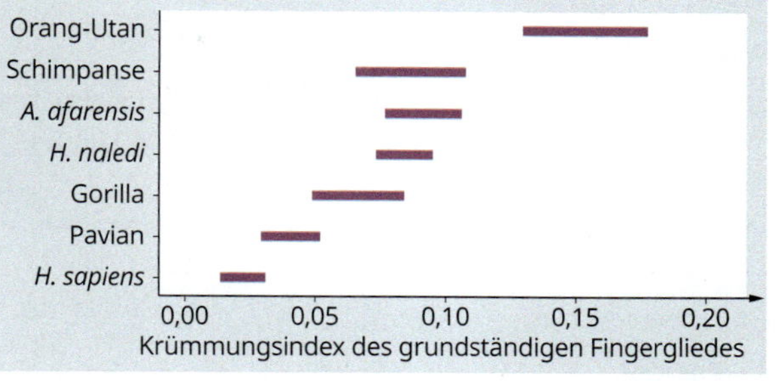


Zusätzlich wurden ausgewählte Merkmale verschiedener Vertreter der Gattungen *Australopithecus* und *Homo* mit denen von *Homo naledi* verglichen.

| Merkmal | *A. afarensis* | *H. habilis* | *H. erectus* | *H. naledi* |
|---|---|---|---|---|
| Alter (Mio. Jahre) | 3,9 – 2,9 | 2,1 – 1,5 | 1,9 – 0,4 | 0,23 – 0,33 |
| Gehirnvolumen ($cm^3$) | 375 – 550 | 500 – 650 | 870 – 1150 | 460 – 560 |
| Zähne | große Backenzähne | kleine Backenzähne | kleine Backenzähne | vordere Backenzähne groß, hintere klein |
| Werkzeuggebrauch | nein | ja | ja | eventuell |
| Körpergröße (m) | 1,00 – 1,50 | 1,30 – 1,45 | 1,40 – 1,65 | 1,40 – 1,50 |
| Gewicht (kg) | 30 – 70 | 25 – 45 | 50 – 65 | 45 – 50 |

Wann Vertreter von *Homo naledi* lebten, war zeitweise unklar. Aufgrund der Schädelanatomie nahmen manche Wissenschaftler ein Alter von 2,5 Millionen Jahren an. Im Jahre 2017 konnte dann das Alter der Fossilfunde bestimmt werden: Es liegt bei 236 000 bis 335 000 Jahren.

**a)** ≡ Analysieren Sie mithilfe der anatomisch-morphologischen Daten die Lebensweise von *Homo naledi*.

**b)** ≡ Nennen Sie charakteristische Merkmale der Gattung *Homo*.

**c)** ≡ Diskutieren und beurteilen Sie auf der Basis sämtlicher Materialien die Zuordnung von *Homo naledi* zur Gattung *Homo*.

## Molekularbiologische Homologien als Belege für die Evolution

**Homologie**
Ähnlichkeit, die auf gemeinsamer Erbinformation und damit gemeinsamer Abstammung beruht

**Basensequenzvergleich**
- Vergleich der DNA-Sequenzen: früher über DNA-DNA-Hybridisierung, heute über direkte Sequenzanalyse
- **Beispiel:** Basensequenzen des Hämoglobin-Gens (Ausschnitt)

| Position | 1 | 2 | 3 | 4 | 5 | 6 | 7 | 8 | ... |
|---|---|---|---|---|---|---|---|---|---|
| Mensch | A | G | G | C | A | T | A | A | ... |
| Schimpanse | A | G | G | C | C | C | C | T | ... |
| Gorilla | A | G | G | C | C | C | C | T | ... |

**Aminosäuresequenzvergleich**
- Vergleich der Aminosäuresequenzen von universell vorkommenden Proteinen bei verschiedenen Arten
- **Beispiel:** Aminosäuresequenz von Cytochrom c verschiedener Arten (Ausschnitt im Ein-Buchstabencode)

| | | | | | | | | | 10 | | | |
|---|---|---|---|---|---|---|---|---|---|---|---|---|
| Mensch | G | D | V | E | K | G | K | K | I | F | I | M | K |
| Schimpanse | G | D | V | E | K | G | K | K | I | F | I | M | K |
| Kaninchen | G | D | V | E | K | G | K | K | I | F | V | Q | K |
| Taube | G | D | I | E | K | G | K | K | I | F | V | Q | K |
| Krallenfrosch | G | D | V | E | K | G | K | K | I | F | V | Q | K |
| Drosophila | G | D | V | E | K | G | K | K | L | F | V | Q | R |
| Weizen | G | N | P | D | A | G | A | K | I | F | K | T | K |
| Bäckerhefe | G | S | A | K | K | G | A | T | L | F | K | T | R |

**Molekulare Uhr**
- Methode der Evolutionsforschung
- Grundlage: Aminosäuren eines Proteins werden immer unterschiedlicher, je länger die getrennte Evolutionsdauer zweier Arten ist; Anzahl der Sequenzunterschiede spiegelt also den Zeitraum der Trennung von Entwicklungslinien wider

Mehr dazu auf den Seiten 188–195

## Erstellung eines Stammbaums

Darstellung der Verwandtschaftsverhältnisse von Arten oder Gruppen durch Vergleich **ursprünglicher** und **abgeleiteter** Merkmale:

**Ursprüngliche, plesiomorphe Merkmale:**
- sind bereits bei einer frühen Stammart aufgetreten und bei allen nachfolgenden Arten vorhanden
- **Beispiel:** Wirbelsäule bei allen Wirbeltieren

**Abgeleitete, apomorphe Merkmale:**
- Merkmale, die erstmals bei einer gemeinsamen Stammart auftraten und nur bei deren Nachkommen vorhanden sind
- **Beispiel:** Fell nur bei Säugetieren

Veranschaulichung von Verwandtschaftsbeziehungen zwischen verschiedenen Arten oder Gruppen in einem **Kladogramm** oder in einem **Stammbaum:**

**Kladogramm:**
- Verzweigung entspricht der Ausbildung eines neuen, apomorphen Merkmals
- **Knotenpunkte**: Angabe der apomorphen Merkmale, die zur Unterscheidung dienen
- keine Angabe der zeitlichen Abfolge
- Beispiel: Kladogramm von Wirbeltieren

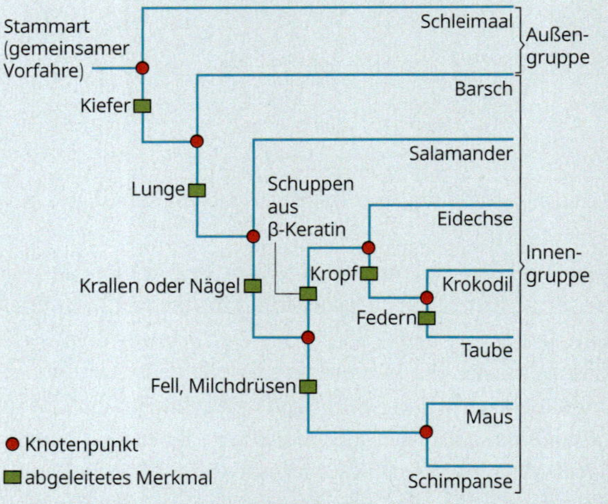


**Stammbaum:**
- Beziehungen werden durch gemeinsame Vorfahren (Knotenpunkte) und Nachkommen (Äste) dargestellt
- Darstellung der Merkmale fehlt
- zeitliche Abfolge des Auftretens wird dargestellt.

Jeder Stammbaum muss als Hypothese betrachtet werden, die ständig gestützt oder widerlegt werden muss.

Mehr dazu auf den Seiten 190–191

## Rekonstruktion der Stammesgeschichte

**Systematik**
- Wissenschaft, die Lebewesen in sinnvolle Gruppen ordnet
- bei der Einteilung nach dem **Natürlichen System** erfolgt die Zuordnung nach dem Verwandtschaftsgrad, der anhand morphologischer oder molekulargenetischer Analysen festgestellt werden kann

**Morphologischer Artbegriff**
Arten sind Gruppen von Individuen, die sich zwar nicht völlig gleichen, aber in ihren wesentlichen Merkmalen und Verhaltensweisen übereinstimmen.

**Beispiele von Ansätze zur Systematisierung von Lebewesen:**
**Aristoteles (384 v. Chr. – 322 v. Chr.)**
Ordnung der Lebewesen nach ihrer Komplexität in einem Stufenleitersystem, der „Scala naturae"
**Carl von Linné (1707 – 1778)**
Begründer der **binären Nomenklatur:**
- noch heute gültiges, künstliches System
- Jedes Lebewesen erhält aufgrund bestimmter Merkmale einen Gattungs- und einen Artnamen, zum Beispiel *Panthera leo* für Löwe.
- Einteilung in taxonomische Gruppen: Domäne, Reich, Stamm, Klasse, Ordnung, Familie, Gattung, Art

**Ernst Haeckel (1834 – 1919)**
- Ordnung der Lebewesen im Baum des Lebens
- Formulierung der **biogenetischen Grundregel**: Im Verlauf der Ontogenese treten oft frühe Entwicklungsstadien stammesgeschichtlich älterer Formen auf. Heute weiß man, dass sich viele Gene, die die Embryonalentwicklung steuern, im Verlauf der Evolution kaum verändert haben.

**Willi Hennig (1913 – 1976)**
- Arbeiten zur Evolution und zur Systematik als Basis für die heutige Sichtweise auf die natürliche Ordnung der Lebewesen

## Fachgemäße Arbeitsweisen beim Systematisieren von Lebewesen

- Bestimmen, Vergleichen, Ordnen, Systematisieren
- Hilfsmittel: Bestimmungsliteratur, digitale Bestimmungshilfen, Lupe, Binokular
- Wichtig: genaue Betrachtung der Details der Lebewesen

Mehr dazu auf den Seiten 196–204

## ⊖ Die Evolution des Menschen

**Ursprung und Verbreitung des heutigen Menschen:**
Die **Out-of-Africa-Theorie**
- älteste Funde von *Homo sapiens* in Afrika
- erste Ausbreitung in Afrika, vor rund 100 000 Jahren von Ostafrika kommend
- Ausbreitung über die Welt in mehreren Wellen
- Belege: Fossilfunde und molekularbiologische Befunde

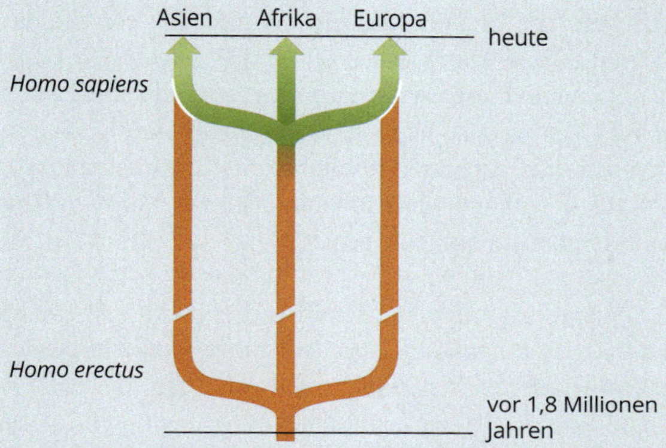


**Fossilgeschichte – wichtige Merkmale bei der Entwicklung zum modernen Menschen:**
- Entwicklung des aufrechten Gangs
- Vergrößerung des Gehirns

Frühe Hominini:
- Fundorte in Afrika
- Merkmale des Menschen und des Affen
- Angepasstheiten an das Leben in Bäumen, aufrechter Gang
- Beispiele: *Sahelanthropus tschadensis, Ardipithecus ramidus*

Gattung *Australopithecus*:
- erstmals vor etwa 4 Millionen Jahren in Afrika
- aufrechter Gang
- geringes Gehirnvolumen
- Beispiel: *Australopithecus afarensis*

Gattung *Homo*:
- erstmals vor etwa 2,5 Millionen Jahren in Ostafrika
- großes Hirnvolumen
- Werkzeuggebrauch
- Beispiele: *Homo erectus, Homo habilis, Homo ergaster, Homo neanderthalensis, Homo sapiens*
- Kontroverse *Homo neanderthalensis* zu *Homo sapiens*: Nach gegenwärtigem Kenntnisstand ist der Neandertaler eine eigenständige, ausgestorbene Art, keine Unterart von *Homo sapiens*

Mehr dazu auf den Seiten 205–209

## AUFGABEN

### Evolution

Die Katzen (*Felidae*) sind eine Familie aus der Ordnung der Raubtiere (*Carnivora*). Nach der traditionellen Systematik werden sie in drei Unterfamilien gegliedert: die Großkatzen (*Pantherinae*), die Kleinkatzen (*Felinae*) und die Geparde. Die Großkatzen unterteilt man weiter in die Gattung der eigentlichen Großkatzen (*Panthera*), zu der Löwe, Tiger, Jaguar, Leopard und Schneeleopard gehören, und die Gattung *Neofelis* mit dem Nebelparder und dem Borneo-Nebelparder. Zu den Kleinkatzen gehören verschiedene Gattungen mit Arten wie Puma und Wieselkatze. Die Geparde nehmen in dieser Systematik eine Sonderstellung ein, da sie im Gegensatz zu allen anderen Katzen ihre Krallen nur unvollständig einziehen können. Im Folgenden sollen Sie sich mit verschiedenen Aspekten der Evolution von Groß- und Kleinkatzen beschäftigen.

ⓔ Die Evolution des Menschen verlief nicht zielgerichtet. Neue Arten entstanden, Arten verschwanden auch wieder. Immer wieder werden Skelettteile gefunden, die nach genauen Untersuchungen schon bekannten oder neu zu definierenden Arten zugeordnet werden. In der Aufgabe sollen Sie sich mit dem Denisova-Mensch beschäftigen.

1 Erstellen Sie auf Basis von M1 ein Kladogramm und erklären Sie dabei Ihre Vorgehensweise. [18 BE]

2 Beschreiben Sie die Verfahrensschritte beim Erstellen eines molekulargenetischen Stammbaums. [7 BE]

3 Vergleichen Sie das erstellte Kladogramm aus M1 mit dem Stammbaum aus M2 und beurteilen Sie die Aussagekraft des jeweiligen Stammbaums. [8 BE]

4 Nennen Sie die Definition für den morphologischen Artbegriff und beurteilen Sie damit die von POCOCK (M3) vorgenommene Postulierung einer neuen Art „Königsgepard“. [4 BE]

5 ⓔ Werten Sie die Befunde der DNA-Vergleiche in M5 von Neandertaler, Denisova-Mensch und *Homo sapiens* aus. [5 BE]

6 ⓔ Entwickeln Sie mithilfe der Übersicht der Wanderungsbewegungen in M6 eine Hypothese, wie es zur Verteilung des genetischen Materials kam. [10 BE]

7 ⓔ Prüfen Sie auf der Basis sämtlicher Materialien, ob es sich beim Denisova-Mensch um eine neue Art oder eine Unterart handelt. [5 BE]

## MATERIAL

### M1 Anatomisch-morphologische Merkmale sowie Verhaltensmerkmale verschiedener Groß- und Kleinkatzen

Zur Klärung des phylogenetischen Zusammenhangs wurden möglichst komplexe morphologisch-anatomische Merkmale sowie Verhaltensmerkmale rezenter Katzenarten miteinander verglichen. Die nachfolgende Tabelle zeigt die Ergebnisse:

| Nr. | Merkmal \ Art | Löwe *Panthera leo* | Tiger *Panthera tigris* | Jaguar *Panthera onca* | Leopard *Panthera pardus* | Schneeleopard *Panthera unica* | Nebelparder *Neofelis nebulosa* | Puma *Puma concolor* |
|---|---|---|---|---|---|---|---|---|
| 1 | Schwanzhaltung in Ruhe | + | + | + | + | + | + | + |
| 2 | Zerreißhandlung (beim Fressen) | + | + | + | + | + | + | – |
| 3 | Lautäußerung (brüllen) | + | + | + | + | – | – | – |
| 4 | Fressstellung | + | + | + | + | – | – | – |
| 5 | Zungenbein* | + | + | + | + | + | – | – |
| 6 | Nasenspiegel** | + | + | + | + | + | – | – |
| 7 | Fellzeichnung | + | – | + | + | – | – | – |
| 8 | Stirnzeichnung | + | – | + | + | – | – | – |
| 9 | Pupillenform | + | – | + | + | – | – | – |

\+ gleiche Ausprägung des Merkmals wie beim Löwen
– nicht vorhanden beziehungsweise andere Ausprägung des Merkmals

* kleiner gebogener Knochen am Mundboden unterhalb der Zunge
**ein durch Schleimhaut gebildeter Bereich um die Nasenlöcher von Säugetieren

## M2 Stammbaum der Groß- und Kleinkatzen auf der Basis molekulargenetischer Daten

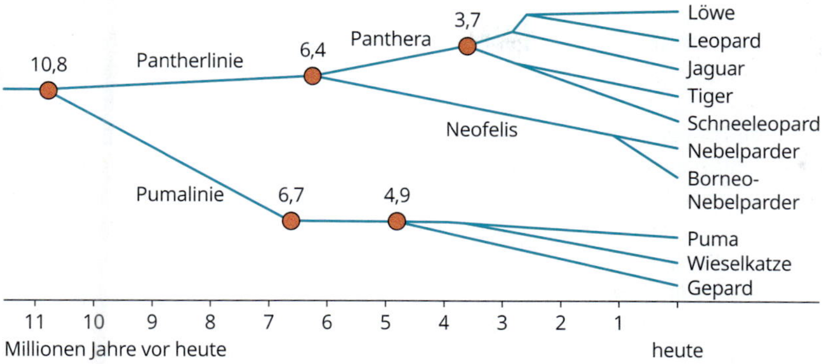


Auf der Basis von Sequenzvergleichen an 30 Genen der Kern-DNA und auf Sequenzanalysen der mitochondrialen DNA (mtDNA) verschiedener heute lebender Katzen wurde der nebenstehende chronologische Stammbaum erstellt. Die Datierung von Fossilfunden diente dabei als molekulare Uhr.

## M3 Der „Königsgepard"

Geparde sind sich zum Verwechseln ähnlich, sie sind von nahezu gleicher Statur und ihr gelbes Fell ist von schwarzen Punkten übersät. Im Jahre 1926 wurde dem englischen Zoologen Reginald Pocock aus dem damaligen Rhodesien ein gestreiftes Gepardenfell zugesandt. Pocock postulierte daraufhin die Existenz einer neuen Art – die des Königsgeparden *Acinonyx rex*. Auch später wurden im Länderdreieck zwischen Mozambique, Simbabwe und Südafrika immer wieder Geparde gesichtet, deren schwarze Punkte sich zu länglichen Flecken und auf dem Rücken sogar zu Streifen verdichtet hatten. Diese Geparde leben meist in hügeligen Waldgebieten und sind in der Dämmerung aktiv. Seit 1981 brachten gefleckte Geparden-Paare in südafrikanischen Wildgehegen insgesamt zehnmal gestreiften Nachwuchs zur Welt.

**1** Königsgepard

## M4 ⊖ Denisova-Mensch

In der Denisova-Höhle in Südsibirien wurde 2008 das Fingerglied einer bislang unbekannten Menschenform gefunden. Im Jahr 2010 gelang es, die mtDNA aus diesem Knochen zu sequenzieren und mit jener von 54 heute lebenden Menschen zu vergleichen. Ferner wurde die mtDNA von *Homo sapiens* mit der von sechs Neandertalern verglichen.
Um den Denisova-Mensch als mögliche neue Art oder aber Unterart von *Homo sapiens* einordnen zu können, wurde die Kern-DNA verschiedener Hominiden miteinander verglichen. Dabei wurde deutlich, dass mehr Übereinstimmungen im Genom zwischen Neandertalern und heutigen Menschen in Eurpa und Asien bestehen als zwischen Neandertalern und Menschen in Afrika.
Kern-DNA-Vergleiche zwischen dem Denisova-Fossil und heute lebenden ethnischen Gruppen zeigen, dass bei Melanesiern – Bewohner einer pazifischen Inselgruppe nord-östlich von Australien – zusätzlich zum Anteil des Neandertalers vier bis sechs Prozent des untersuchten genetischen Materials vom Denisova-Menschen stammen.

## M5 ⊖ Unterschiede in mtDNA

| Hominidenvergleich | Zahl der mtDNA-Unterschiede | Aufspaltung der Entwicklungslinien |
|---|---|---|
| *Homo sapiens*/ Denisova-Mensch | 385 | ? |
| *Homo sapiens*/ Neandertaler | 202 | vor ca. 400 000 Jahren |

## M6 ⊖ Wanderungsbewegungen

| Beginn der Wanderungsbewegung aus Afrika | Hominidenart | Zuwanderungsgebiet |
|---|---|---|
| vor ca. 2 Mio. Jahren | *Homo erectus* | Asien |
| vor ca. 800 000 Jahren | *Homo erectus* | Europa, Asien (einschl. Melanesien) |
| vor ca. 100 000 Jahren | *Homo sapiens* | gesamte Erde |

# 2 Mechanismen der Evolution

1 ARISTOTELES

2 Jean Baptiste de LAMARCK

## 2.1 Erklärungsansätze der Evolution

**Welche Beobachtungen führten zur Entwicklung der ersten Erklärungsansätze der Evolution? Was sind deren Kernaussagen?**

### Historischer Kontext

Der griechische Philosoph **ARISTOTELES** (384–322 v. Chr.) beeinflusste mit seinen Schriften weit über das Mittelalter hinaus die Vorstellungen der westlichen Kultur. Er ging von der **Konstanz der Arten**, also der Unveränderlichkeit der Arten und ihrer Formen, aus. An eine Entwicklung der Organismen, wie sie die modernen Erklärungsansätze der Evolution (lat. *evolvere*: entwickeln) beschreiben, dachte er nicht. Die Entdeckung neuer und ausgestorbener Tier- und Pflanzenarten sowie die Erkenntnis, dass sich die Erde langsam und stetig verändert hat, waren Anlass für die Entwicklung der Erklärungsansätze zur Evolution gegen Ende des 18. Jahrhunderts. Erste Ideen zur Evolution entwickelten die Naturforscher Jean Baptiste de LAMARCK und Charles DARWIN.

1 ≡ „Wissen ist veränderlich und damit sind auch die Erklärungsansätze zur Evolution ein Produkt ihrer Entstehungszeit". Nehmen Sie Stellung zu dieser Aussage.

2 ≡ Evolutionäre Veränderungen beanspruchen in der Regel sehr lange Zeiträume. Recherchieren Sie die Bedeutung von Fossilien für die Entwicklung der Erklärungsansätze der Evolution.

### Jean Baptiste de LAMARCK

Der französische Naturforscher **Jean Baptiste de LAMARCK** (1744–1829) war einer der ersten, der die Lehre von der Artkonstanz anzweifelte. Studien an Fossilien überzeugten ihn, dass sich Arten im Laufe der Zeit wandeln, heutige Arten also von früheren abstammen. Er nahm an, dass sich die Urlebewesen aus unbelebter Materie gebildet hatten. Aus ihnen hätten sich dann über lange Zeiträume hinweg die heute existierenden Lebewesen entwickelt, es sei also Fortschritt erkennbar. Die Kernaussage seiner Theorie, die im Jahr 1809 veröffentlicht wurde, ist: Lebewesen passen sich aktiv an äußere Umweltveränderungen an.

## VL Materialgebundene Aufgabe

### 3 Der Erklärungsansatz zur Evolution und die Evolution der Elefanten

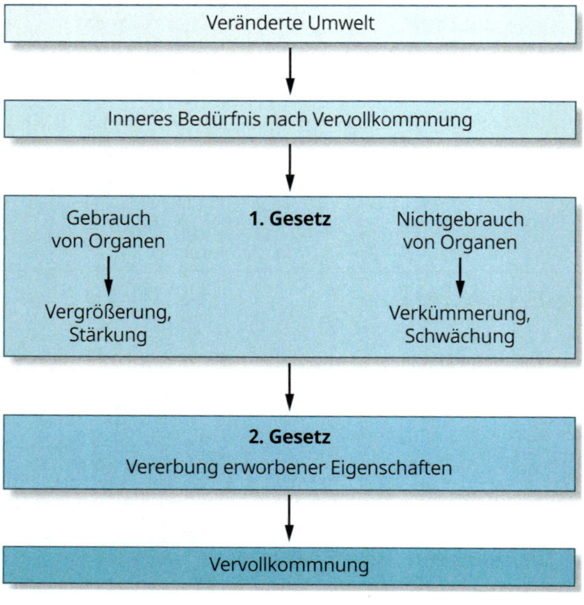


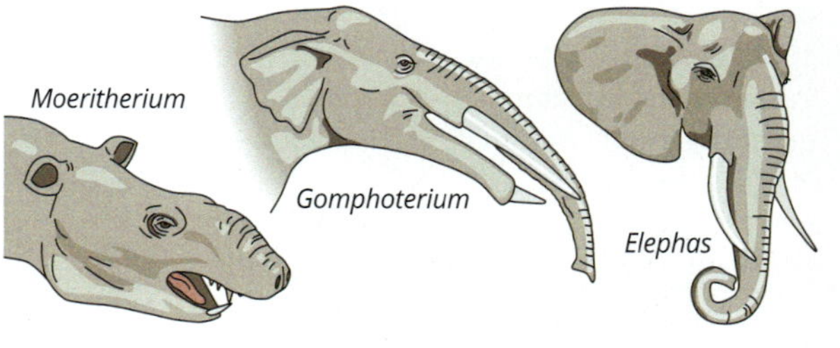


Die Vorfahren der Elefanten der Gattung *Elephas* waren im Wasser lebende Tiere wie *Moeritherium* und *Gomphotherium*, die vor 35 bzw. 50 Millionen Jahren lebten.

a) ≡ Beschreiben Sie die Veränderungen im Körperbau der dargestellten Tiere.

b) ≡ Erklären Sie den Erklärungsansatz von LAMARCK mithilfe des Flussdiagramms.

c) ≡ Erläutern Sie anhand einiger charakteristischer Merkmale, wie LAMARCK die Entwicklung des heutigen Elefanten erklärt hätte.

**Charles Darwin**

50 Jahre nach Lamarck veröffentlichte der Engländer **Charles Darwin** (1809–1882) seinen Erklärungsansatz der Evolution. Schon sein Großvater war Naturforscher und hatte alternative Überlegungen zum biblischen Schöpfungsbericht angestellt. Als junger Mann hatte Darwin an einer Weltumsegelung auf dem Schiff Beagle teilgenommen. Die fünfjährige Reise, auf der er viele Tiere und Pflanzen sammelte und katalogisierte, führte ihn unter anderem nach Südamerika und auf die Galapagosinseln. Deren Flora und Fauna weckten in ihm Zweifel, dass die Arten unabhängig voneinander erschaffen worden sind. In den folgenden Jahren suchte Darwin nach weiteren Belegen für die Veränderlichkeit der Arten.

Darwins Erklärungsansatz für die Evolution beruht auf einer Reihe von Beobachtungen, aus denen er Schlussfolgerungen zog, mit denen er den Wandel der Arten im Verlauf von Generationen erklärte. Er hatte beobachtet, dass Lebewesen mehr Nachkommen haben als zum Überleben der Art nötig sind, die Populationen jedoch über längere Zeiträume stabil sind, da lebensnotwendige Ressourcen wie Futter und Brutplätze begrenzt vorliegen. Die Individuen einer Art sind unterschiedlich und ein großer Teil dieser individuellen Unterschiede wird vererbt. Er folgerte, dass Lebewesen um knappe Ressourcen konkurrieren, er nannte dies *„struggle for life“*, der „Kampf ums Dasein“. Die Individuen unterliegen einer natürlichen Selektion. Die besser an die Umweltbedingungen angepassten Individuen haben bessere Fortpflanzungsmöglichkeiten und daher mehr Nachkommen. Er nannte dies *„survival of the fittest“*, das Überleben der am besten angepassten Individuen.

3 Charles Darwin

**4** ≡ VL Erläutern Sie die Bedeutung des Nachkommenüberschuss und der Variation für Darwins Überlegungen.

**5** ≡ Erläutern Sie, wie Darwin die Entwicklung der großen Ohren des heutigen Elefanten erklärt hätte.

**6** ≡ „Survival of the fittest“ wird oft mit „Überleben des Stärkeren“ übersetzt. Bewerten Sie diese Übersetzung.

**Nachkommenüberschuss:** Individuen produzieren mehr Nachkommen als zur Erhaltung der Popultionsgröße notwendig sind.

**Variation:** Individuen einer Art unterscheiden sich in ihrer Merkmalsausprägung.

**Konkurrenz:** Individuen einer Art konkurrieren um begrenzt verfügbare Umweltressourcen – „struggle for life“.

**Selektion:** Individuen einer Art unterliegen der natürlichen Auslese. Besser angepasste Individuen haben bessere Überlebenschancen – „survival of the fittest“.

4 Zentrale Aussagen von Charles Darwin

## VL Materialgebundene Aufgabe

### 7 Der Erklärungsansatz zur Evolution von Darwin und die Evolution der Spechte

Viele Säugetiere bevorzugen bei ihrer Nahrungswahl süße Speisen. Sie können mit ihren Geschmacksrezeptoren Zucker wahrnehmen. Bei den Vögeln ist dieser Geschmackssinn für Süßes im Laufe der Evolution verloren gegangen. Kolibris und Singvögel erwarben die Fähigkeit Süßes zu schmecken allerdings wieder. Forschende des Max-Planck-Instituts veröffentlichten im Jahr 2022 eine Arbeit, die Folgendes beschreibt: Auch Spechte wie der Buntspecht (**A**) können mit ihrer langen Zunge Süßes schmecken. Der Wiedehopf (**B**), spezialisiert auf Ameisen als Nahrung, hat diese Fähigkeit bereits ein zweites Mal verloren.

**a)** ≡ Recherchieren Sie die Ernährungsweisen von Spechten und Wiedehopfen.

**b)** ≡ Erläutern Sie mithilfe der Argumentation Darwins den Verlust und Wiedererwerb des Geschmacksinns für Süßes bei den Spechten und den wiederholten Verlust des Geschmackssinns bei den Wiedehopfen.

**c)** ≡ Spechte besitzen lange Zungen. Vergleichen Sie, wie Lamarck und Darwin den Erwerb dieses Merkmals erklären würden.

**d)** ≡ Entwickeln Sie ein Experiment, wie die Forschenden des Max-Plack-Instituts zu den oben beschriebenen Ergebnissen zum Geschmacksinn der verschiedenen Vögel gekommen sein könnten.

A

B

**Die Erklärungsansätze zur Evolution von LAMARCK und DARWIN aus heutiger Sicht**

Die Vorstellungen von LAMARCK und DARWIN zum Ablauf der Evolution lassen sich heute nicht mehr als Theorie bezeichnen. Man spricht von **Erklärungsansätzen**. Sowohl bei LAMARCK als auch bei DARWIN spielt die Umwelt eine entscheidende Rolle für den Artenwandel: Bei LAMARCK passen sich die Lebewesen der Umwelt aktiv an. Umweltveränderungen haben zur Folge, dass sich Bedürfnisse nach veränderten oder neuen Organen ausbilden. Die Bedürfnisse führen zu veränderten, neuen oder verkümmerten Organen, die vererbt werden. Bei DARWIN bewirkt die Umwelt dagegen die **Selektion**. Sie testet sozusagen die spontan auftretende Veränderung von Eigenschaften auf ihre Eignung hin. Im Kampf ums Dasein gelangen nur die Geeignetsten, die an ihre Umwelt am besten angepassten Individuen, zur Fortpflanzung. Die Lebewesen werden bei DARWIN also an ihre Umwelt angepasst, sie spielen eine passive Rolle.

**8** ≡ DARWIN konnte seine Beobachtung von der Variation der Nachkommen einer Art nicht erklären. Überprüfen Sie die Vereinbarkeit dieser Beobachtung mit dem heutigen Wissensstand der Genetik.

Grundlage der modernen Theorie, der sogenannten **synthetischen Evolutionstheorie** (→ **Seite 218**), ist der von DARWIN begründete und seitdem ständig weiterentwickelte Erklärungsansatz. Er lieferte grundsätzliche Erklärungen für drei zentrale Phänomen des Lebens: die Verwandtschaft, die Vielfalt und die Angepasstheit der Arten.

LAMARCKS Vorstellung eines inneren Drangs nach Vervollkommnung und die Annahme einer Vererbung erworbener Eigenschaften gelten heute als widerlegt. Dennoch gebührt auch ihm Anerkennung. Als einer der ersten postulierte er die Anpassung von Lebewesen an ihre Umwelt durch allmähliche evolutionäre Veränderungen und lieferte eine Erklärung für diese Veränderungen. Neueste Forschungsergebnisse der Epigenetik (→ **Seite 69**) deuten darauf hin, dass LAMARCK in einem Punkt nicht ganz unrecht hatte: Die Umwelt hat direkten Einfluss auf die Ausprägung und den Einsatz von Genen. Allerdings werden, so der momentane Forschungsstand, nur wenige dieser durch die Umwelt veränderten Gene vererbt. Bei Säugetieren sind diese Veränderungen zudem nicht stabil, so dass sie nur bei direkt folgenden Generationen auftreten. Eine Veränderung im Sinne von LAMARCK, die stabil die nächsten Generationen betrifft und zu Fortschritt führt, beweist auch die Epigenetik nicht.

**9** ≡ Recherchieren Sie aktuelle Forschungsergebnisse der Epigenetik und beurteilen Sie diese anschließend mit Bezug auf die Erklärungsansätze von LAMARCK und DARWIN.

## VL Materialgebundene Aufgabe

### 10 Evolution der Kängurus

Kängurus gehören zu den Beutelsäugern und sind damit enge Verwandte der höheren Säugetiere. Beutelsäuger und höhere Säugetiere unterscheiden sich in ganz wesentlichen Merkmalen.

**a)** ≡ Erstellen Sie mit einer Recherche eine Liste mit Merkmalen, die charakteristisch für das Känguru sind.

**b)** ≡ Wählen Sie drei dieser Merkmale aus und stellen Sie Hypothesen auf, wie LAMARCK und wie DARWIN die Entwicklung dieser Merkmale beschreiben würden.

**c)** ≡ Vergleichen Sie in einer Tabelle die Hypothesen von DARWIN und LAMARCK zur Evolution des Kängurus. Wählen Sie als Kriterien die Ursache und den Verlauf der Veränderung.

**d)** ≡ Stellen Sie mithilfe einer Recherche das heutige Wissen über die Evolution der Beutelsäuger aus der Sicht der Genetik dar.

**e)** ≡ Prüfen Sie mit begründeten Argumenten die Vereinbarkeit der Erkenntnisse der Genetik mit den Erklärungsansätzen von LAMARCK und DARWIN.

**f)** ≡ Beurteilen Sie abschließend die Aussagekraft der Erklärungsansätze von LAMARCK und DARWIN im Vergleich zum heutigen Wissensstand der Genetik.

**Kreationismus**

Die von Darwin begründete und zur synthetischen Theorie erweiterte Evolutionstheorie gehört heute zum naturwissenschaftlichen Weltbild. Sie wurde bis heute durch Ergebnisse aus der Biologie und anderen Naturwissenschaften wie der Geologie, Geophysik und Astrophysik gestützt. Diese naturwissenschaftliche Darstellung der Evolution, insbesondere die Abstammungslehre, wird jedoch nicht von allen Menschen akzeptiert. Kritiker der Evolutionstheorie, zum Beispiel die **Kreationisten** (lat. *creatio:* Schöpfung), sind überzeugt, dass ein Schöpfer alle Lebewesen unabhängig voneinander erschaffen hat.

**11** VL Innerhalb des Kreationismus gibt es viele Strömungen wie den **Kurzzeitkreationismus** und den **Langzeitkreationismus.** Stellen Sie nach einer Recherche die Gemeinsamkeiten und Unterschiede dieser beiden Ausprägungen dar.

Eine moderne Version des Kreationismus ist die Lehre vom „**Intelligent Design**“, die sich als naturwissenschaftliche Alternative zur Evolutionstheorie sieht. Ihre Vertreter sind der Ansicht, dass Lebewesen und ihre Organe viel zu komplex sind und nicht durch zufällige Mutationen und Selektion entstanden sein können. Sie folgern daraus, dass nur ein intelligenter Designer Lebewesen erschaffen konnte.

In den Naturwissenschaften werden zu nicht erklärbaren Beobachtungen und Phänomenen Hypothesen gebildet und diese durch systematische Untersuchungen überprüft (→ **Seite 12 f.**). Die Ansichten der Kreationisten hingegen gehen auf ein fast wortwörtliches Verständnis der biblischen Schöpfungsgeschichte zurück. Sie sehen keinen Anlass für weitere Fragen, sondern glauben an die Richtigkeit des eigenen **Schöpfungsmythos**. Diese Glaubensaussagen der Evolutionskritiker lassen sich aber nicht mit naturwissenschaftlichen Methoden überprüfen. Der Kreationismus überschreitet mit Glaubensaussagen die Grenzen der Naturwissenschaft und kann daher nicht als naturwissenschaftliche Hypothese oder Theorie gelten.

**12** Diskutieren Sie zu zweit den Umgang mit offenen Fragestellungen bei Naturwissenschaftlern und bei Kritikern der Evolutionstheorie wie Kreationisten.

## Materialgebundene Aufgaben

### 13 VL Vereinfachte Stammbäume

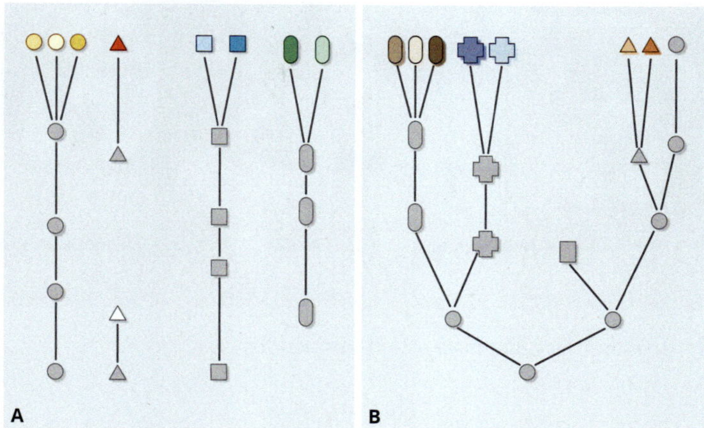


Formen = Art; Farbnuancen = Variationen innerhalb einer Art

**a)** Ordnen Sie die beiden Stammbäume begründet den Vorstellungen der Kreationisten und denen der Vertreter der Evolutionstheorie zu.

**b)** Erklären Sie anhand der Stammbäume die unterschiedlichen Auffassungen zur Entstehung der heute lebenden Arten.

### 14 Kreationismus in den USA

| | | alle | High School | College-abschluss | Graduierung |
|---|---|---|---|---|---|
| Menschliche Entwicklung aus früheren Lebewesen | ja | 38 | 32 | 46 | 60 |
| | nein | 54 | 59 | 46 | 33 |
| Menschen und Affen haben gemeinsame Vorfahren | ja | 46 | 48 | 53 | 57 |
| | nein | 47 | 47 | 39 | 40 |
| Darwins Theorie ist durch fossile Funde erwiesen | ja | 46 | 40 | 44 | 64 |
| | nein | 48 | 51 | 39 | 34 |

*Hinweis: Ergebnis in % der Befragten. Die jeweils zu 100 % fehlenden Anteile (auch in Aufgabe c) beruhen auf Personen, die sich nicht für „Ja“ oder „Nein“ entscheiden konnten.*

**a)** Die Tabelle zeigt, knapp formuliert, Fragen und Umfrageergebnisse zum Thema Kreationismus. Formulieren Sie die vollständigen drei Fragen, die gestellt wurden.

**b)** Werten Sie die Tabelle aus, indem Sie die Antwort und den jeweiligen Schulabschluss in Beziehung setzen.

**c)** In Deutschland sind 20 Prozent der Menschen überzeugt, dass Gott den Menschen erschaffen hat. 61 Prozent sind der Meinung, dass sich der Mensch aus anderen Lebewesen entwickelt hat. Stellen Sie eine Hypothese auf, warum in den USA, aber auch in Deutschland, viele Menschen die Evolutionstheorie ablehnen.

**1** Variationsbreite innerhalb eines Hundewurfes

## Materialgebundene Aufgabe

### ❷ Variation bei Populationen der Wolligen Wiesenschafgarbe

Die in den Nord- und Weststaaten der USA häufig vorkommende Wollige Wiesenschafgarbe (*Achillea lanulosa*) wurde in den 70er-Jahren des 20. Jahrhunderts auch in Deutschland beobachtet. Wissenschaftler untersuchten für ein Großprojekt in den USA verschiedene Populationen dieser Art. Sie sammelten Samen der Pflanzen an verschiedenen Standorten und zogen daraus im Flachland jeweils auf getrennten Feldern Pflanzen bei gleichen Umweltbedingungen. Dann wurde ihre mittlere Wuchshöhe bestimmt.

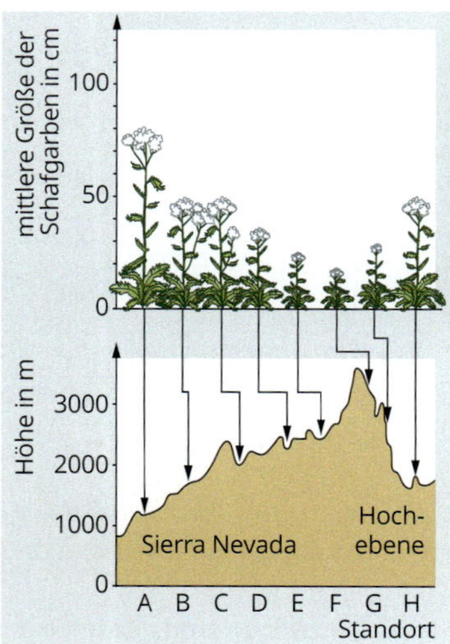

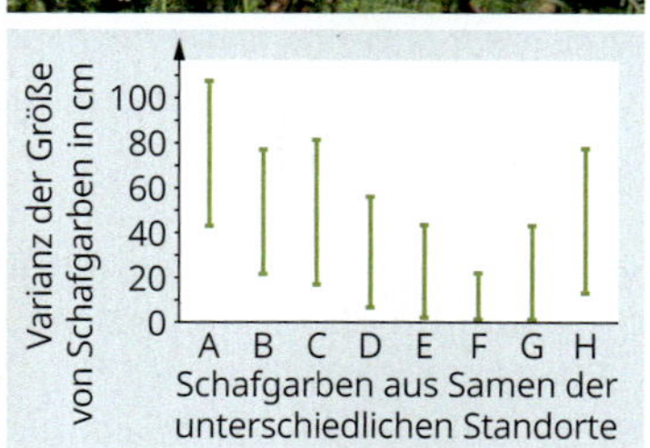


**a)** ☰ Ermitteln Sie die Fragestellung, die dem Versuch zugrunde liegt.
**b)** ☰ Werten Sie die Versuchsergebnisse im Hinblick auf diese Fragestellung aus.
**c)** ☰ Stellen Sie eine Hypothese auf, welche Ergebnisse man mit Schafgarbepflanzen aus Deutschland erhalten würde.

## 2.2 Synthetische Evolutionstheorie

**Wie hat sich Darwins Evolutionstheorie im 20. Jahrhundert durch Erkenntnisse in den Naturwissenschaften weiterentwickelt?**

**Veränderung von Wissen**

Darwin schreibt in seinem Werk zur Entstehung der Arten: „Junge von einem Wurf weichen oft voneinander ab, obwohl die Jungen … genau denselben Lebensbedingungen ausgesetzt sind.“ Darwin konnte weder die Variation noch die Vererbung von Merkmalen erklären. Erst die Erkenntnisse des 20. Jahrhunderts im Bereich der Genetik machten dies möglich.

❶ ☰ Darwin war erstaunt über die vielfältigen Variationen von Lebewesen, die er beobachtete. Recherchieren Sie Beispiele.

**Synthetische Theorie der Evolution**

Um das Jahr 1900 wurden die Mendel-Regeln (→ **Seite 144 ff.**) wiederentdeckt, wenig später wurden erste Beschreibungen zu Mutationen (→ **Seite 120 ff.**) veröffentlicht. Erst mit diesen Erkenntnissen der Genetik verstand man, wie neue Merkmale durch Mutationen entstehen können und wie neue Merkmalskombinationen durch Rekombination im Verlauf der Meiose möglich werden. Aus Darwins Erklärungsansätzen zur Evolution und den Erkenntnissen aus anderen Fachgebieten wie Genetik, Populationsökologie und Paläontologie entstand die **synthetische Evolutionstheorie**, die heute vorherrschende Evolutionstheorie.

Im Zentrum der synthetischen Theorie der Evolution steht die **Population** als Gruppe von Individuen einer Art, die in einem bestimmten Gebiet lebt und eine Fortpflanzungsgemeinschaft bildet. Die Gesamtheit aller Gene einer Population nennt man **Genpool**. Evolution findet durch Änderung der Allelhäufigkeiten im Genpool einer Population statt. Die Allelhäufigkeit, also die relative Häufigkeit eines Allels in einer Population, bezeichnet man auch als **Allelfrequenz**. Faktoren, die zu einer **Allelfrequenzänderung** innerhalb einer Population führen, können eine Artumwandlung hervorrufen. Sie werden **Evolutionsfaktoren** genannt. Von **Alleldrift** (→ **Seite 222**) spricht man, wenn zufällig stattfindende Ereignisse wie Erdbeben, Überschwemmungen oder Stürme die Allelfrequenz von Populationen verändern.

### Evolutionsfaktoren

Als grundlegende Evolutionsfaktoren gelten: **Mutation, Rekombination, Variation, natürliche Selektion** (→ **Seite 220 f.**) und **Alleldrift** (→ **Seite 222 f.**). Sie alle wirken auf verschiedenen Ebenen auf den Fortpflanzungserfolg eines Individuums, also seine **reproduktive Fitness**, und so auf die ganze Population.

### Mutation, Rekombination und Variation

Auf molekularer Ebene können die Erkenntnisse der Genetik die Basis für die Erklärung der Variation von Lebewesen liefern: Die sexuelle Fortpflanzung ermöglicht die Neukombination von Allelen. Durch interchromosomale Rekombination können unterschiedliche Keimzellen entstehen. Durch die zusätzlich stattfindende intrachromosomale Rekombination in Form von Crossing-over wird die Anzahl möglicher genetischer Varianten in das Unermessliche gesteigert (→ **Seite 105**). Mutationen (→ **Seite 120 ff.**) sind ungerichtete Veränderungen der Erbsubstanz. Sie können etwa durch Fehler bei der DNA-Replikation entstehen. Die in Körperzellen auftretenden somatischen Mutationen werden nicht vererbt und sind daher für die Evolution ohne Bedeutung. Keimbahnmutationen werden vererbt und sind von großer Relevanz für die Evolution.

Schon DARWIN beobachtete die Variation der Organismen einer Art. Individuen produzieren mehr Nachkommen als für den Erhalt der Art notwendig. Die Selektion führt zum Überleben der am besten angepassten Individuen, die die höchste reproduktive Fitness zeigen.

Mutation und Rekombination führen demnach zur Variation und wirken gemeinsam nach dem Zufallsprinzip auf die Allelfrequenz in Populationen. In einer Population besitzt ein Individuum immer nur eine bestimmte Kombination der möglichen Allele des Gens. Die Gesamtheit aller Allele sämtlicher Gene in der Population ist wesentlich größer als die durch ein Individuum repräsentierten Allele. Aufgrund der verschiedenen Allelkombinationen ergibt sich eine **Variationsbreite** von Phänotypen in der Population.

Wird eine Population durch Isolation (→ **Seite 225 ff.**) in zwei Gruppen getrennt, so wird sich jede Gruppe separat weiterentwickeln. Aus solchen Teilpopulationen können sich letztendlich neue Arten entwickeln.

## VL Materialgebundene Aufgabe

**3 Modell zur synthetischen Evolutionstheorie**

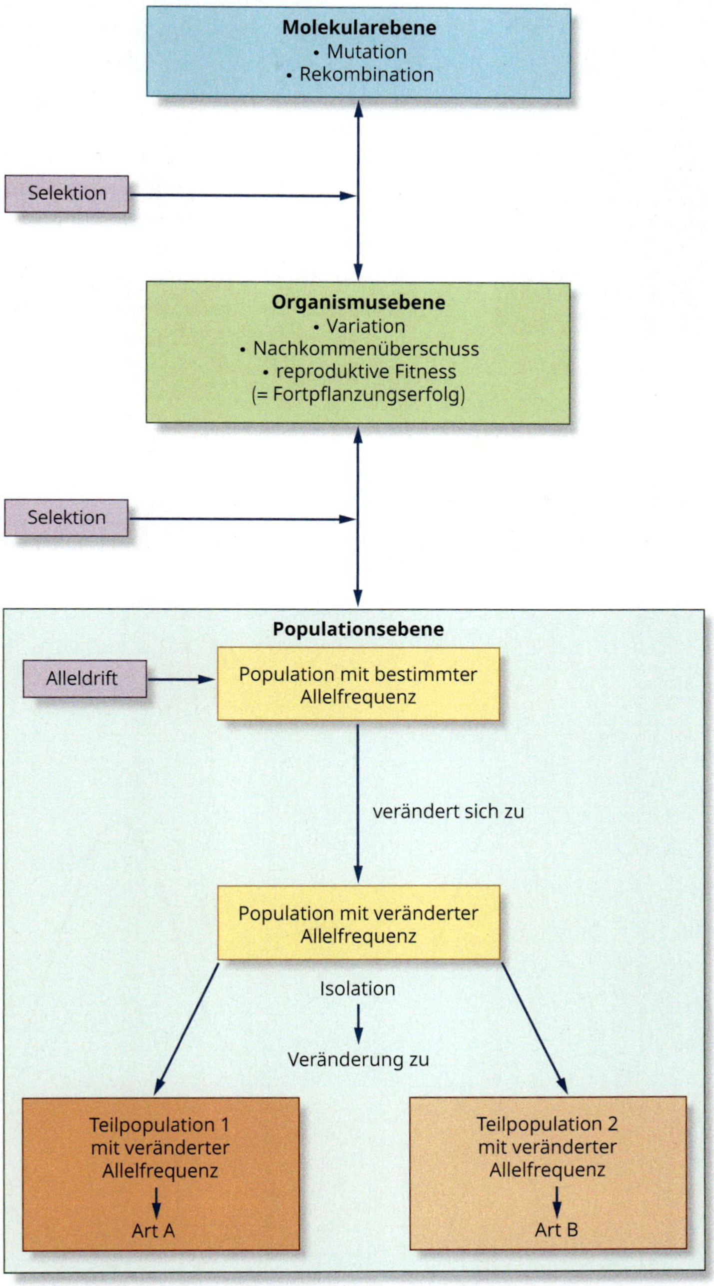


**a)** ≡ Beschreiben Sie die Abbildung zur synthetischen Evolutionstheorie und erläutern Sie deren Grundaussagen.

**b)** ≡ Vergleichen Sie die wesentlichen Aussagen der synthetischen Evolutionstheorie mit dem Erklärungsansatz von DARWIN.

**c)** ≡ Erläutern Sie den Einfluss der Evolutionsfaktoren Mutation, Rekombination und Selektion auf die reproduktive Fitness eines Individuums.

**2** Birkenspanner

**3** Purpurastrild

### Selektion

Birkenspanner (→ **Abb. 2**) sind Nachtfalter, die am Tag bewegungslos an Baumstämmen sitzen. Sie treten in zwei Varianten auf, einer hellen und einer dunklen Form. Bis zum Beginn der Industrialisierung um 1850 gab es fast ausschließlich helle Formen, die auf den hellen, flechtenbewachsenen Baumstämmen sehr unauffällig waren. Mit zunehmender Industrialisierung wurden die Baumstämme und Äste vom Ruß geschwärzt, die Flechten gingen ein. Unter diesen Bedingungen war die helle Form des Birkenspanners schlecht getarnt und wurde nun häufiger von Vögeln erbeutet. Die dunkle Form des Birkenspanners wurde dagegen nicht mehr so schnell entdeckt. In der Folge wuchs der Anteil dunkler Falter in der Population deutlich an.

Am Beispiel des Birkenspanners wird ein zentraler Mechanismus der Evolution deutlich: das Prinzip der **natürlichen Auslese** oder **Selektion**. Aufgrund veränderter Umweltbedingungen waren dunkle Birkenspanner innerhalb der Falterpopulation besser getarnt als helle. Sie hatten höhere Überlebens- und Fortpflanzungschancen und brachten mehr Allele in den Genpool der Folgegeneration ein. Dunkle Falter besaßen einen größeren Fortpflanzungserfolg, **reproduktive Fitness** genannt. Im Gegensatz zur Mutation und Rekombination, die zufällige Ereignisse sind und die genetische Variation einer Population erhöhen, ist Selektion ein gerichteter Prozess, der die genetische Variation verringert. Im Verlauf der Evolution werden die Lebewesen besser an ihre Umwelt angepasst. Das Ergebnis dieses Prozesses nennt man **Angepasstheit**.

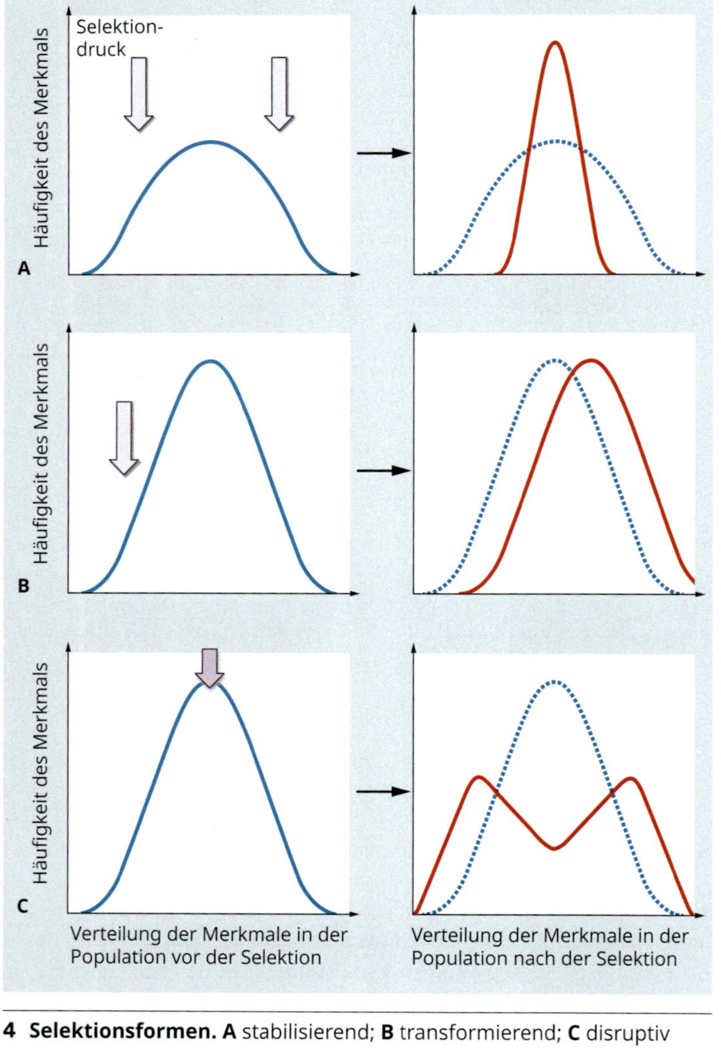


**4 Selektionsformen. A** stabilisierend; **B** transformierend; **C** disruptiv

Die **natürliche Selektion** setzt am Phänotyp der Individuen an. Die möglichen Allelkombinationen der Individuen einer Population unterliegen der Selektion hinsichtlich ihrer Angepasstheit an die Lebensbedingungen. Die am besten an die jeweiligen Umweltbedingungen angepassten Individuen können ihre Allele mit größerer Wahrscheinlichkeit an viele Nachkommen weitergeben. Als Folge nimmt die Häufigkeit dieser Allele zu. Damit werden diese Allele in der gesamten Population häufiger, ihre Allelfrequenz nimmt zu.

Bei der natürlichen Selektion unterscheidet man drei verschiedene Formen: die stabilisierende, transformierende und disruptive Selektion. In einer gut an die gegebenen Umweltbedingungen angepassten Population richtet sich die Selektion gegen Individuen mit extremen, vom Durchschnitt abweichenden Merkmalen. Dies wird **stabilisierende Selektion** genannt. Eine **transformierende Selektion** (lat. *transformare*: umwandeln) tritt häufig auf, wenn sich die Umwelt ändert oder wenn Teilpopulationen in neue Lebensräume mit anderen Umweltbedingungen abwandern. Der Selektionsdruck auf die Population wirkt von einer Seite, die sich dadurch in eine Richtung verschiebt. Bei der **disruptiven Selektion** (lat. *disrumpere*: zerreißen) kann es dazu kommen, dass sich die Population aufspaltet. Hier begünstigt die Selektion nicht die mittleren, sondern die extremen Merkmalsausprägungen. Im Gegensatz zur transformierenden Selektion wirkt diese Entwicklung in zwei Richtungen.

## 4 Stabilisierende Selektion: Geburtsgewicht beim Menschen

**a)** ≡ Beschreiben Sie die Abbildung.
**b)** ≡ Erläutern Sie, warum hier ein Beispiel für eine stabilisierende Selektion vorliegt.
**c)** ≡ Erklären Sie Ursachen für die hohe Säuglingssterblichkeit bei sehr hohem und sehr niedrigem Geburtsgewicht.
**d)** ≡ Die Studien zur Säuglingssterblichkeit wurden Anfang des 20. Jahrhunderts durchgeführt. Stellen Sie Hypothesen auf, wie sich die Zusammenhänge in den letzten Jahrzehnten verändert haben könnten.
**e)** ≡ Recherchieren Sie weitere Beispiele für die stabilisierende Selektion.

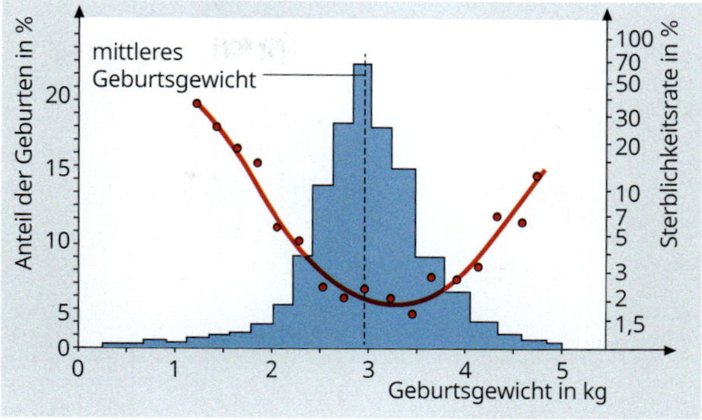


## 5 Transformierende Selektion: Veränderung der Schnabelhöhe bei Galapagos-Finken

Ein Beispiel für eine **transformierende Selektion** ist die Veränderung der Schnabelhöhe von Finken auf einer Galapagos-Insel. Im Jahr 1977 führte eine Dürre auf der Insel dazu, dass die samenfressenden Finken nur noch wenig Nahrung fanden. Vor allem Pflanzen mit kleinen Samen waren kaum vorhanden. Als es nach 18 Monaten wieder zu regnen begann, war die Finkenpopulation deutlich dezimiert und der Phänotyp der Finken hatte sich verändert. Sie besaßen nun im Durchschnitt höhere und kräftigere Schnäbel, mit denen sich auch größere Samen knacken ließen.

**a)** ≡ Beschreiben Sie die beiden Grafiken.
**b)** ≡ Erläutern Sie, warum hier ein Beispiel für eine transformierende Selektion vorliegt.
**c)** ≡ Stellen Sie eine Hypothese auf, die die sehr rasche Veränderung der Schnabelhöhe innerhalb einer Generation begründet.
**d)** ≡ Recherchieren Sie weitere Beispiele für die transformierende Selektion.

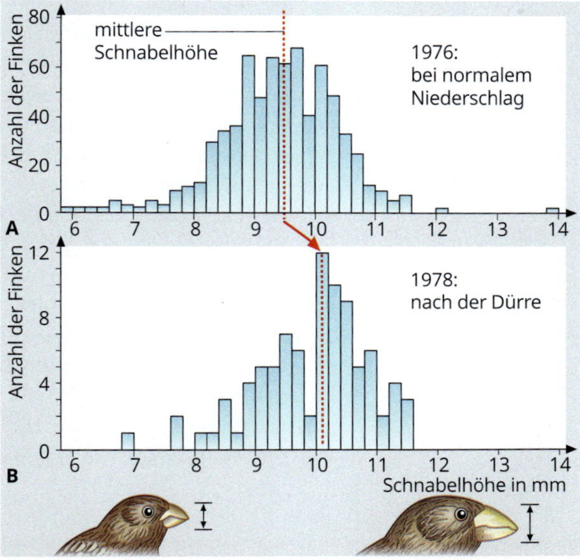


## 6 Disruptive Selektion: Veränderung der Schnabelgröße beim Purpurastrild

Beim Purpurastrild (→ **Seite 220, Abb. 3**) erfolgt eine Selektion gegen die mittlere Schnabelgröße. Individuen mit kleinem Schnabel fressen vorzugsweise weiche Samen, Tiere mit großem Schnabel harte Samen. Astrilde mit einer mittleren Schnabelgröße können keine der beiden Samengrößen gut öffnen.

**a)** ≡ Beschreiben und erklären Sie die Abbildung.
**b)** ≡ Erläutern Sie, warum hier ein Beispiel für eine disruptive Selektion vorliegt.
**c)** ≡ Erläutern Sie, warum die disruptive Selektion zur Entstehung von Arten und damit zur Biodiversität beiträgt.
**d)** ≡ Durch Selektion wird die Variation innerhalb einer Population in der Regel reduziert, durch die disruptive Selektion jedoch nicht. Nehmen Sie Stellung.
**e)** ≡ Recherchieren Sie weitere Beispiele für die disruptive Selektion.

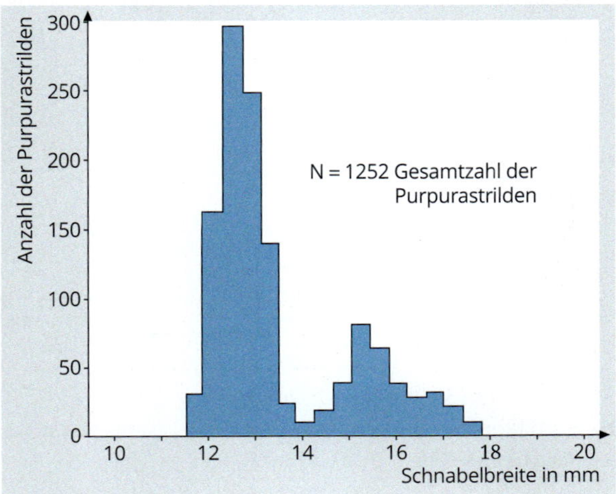

**4** Südliche See-Elefanten

### Alleldrift

See-Elefanten sind die größten Robben der Welt. An der nordamerikanischen Pazifikküste lebt der Nördliche See-Elefant, rund um die Antarktis der Südliche See-Elefant. Beide Arten wurden bis ins 20. Jahrhundert vom Menschen bejagt. Die Populationsgröße der Nördlichen See-Elefanten wurde dabei stärker dezimiert. Im Jahr 1922 wurden sie unter Schutz gestellt, Ihre Zahl nahm wieder zu, durch die Ausrottung des größten Teils der ursprünglichen Population waren aber viele Allele verloren gegangen. Beim Südlichen See-Elefanten blieb die Allel-Vielfalt weitgehend erhalten. Eine solche genetische Verarmung als Folge einer plötzlichen Veränderung der Umweltsituation wird **Flaschenhalseffekt** genannt.

Ursachen eines Flaschenhalseffektes können Klimaveränderungen oder die großflächige Vernichtung von Lebensräumen sein. Die wenigen Individuen einer Population, die überleben, repräsentieren oft nur einen kleinen Teil der ursprünglichen genetischen Vielfalt.

**7** ≡ Für die verbleibende Restpopulation kann der Flaschenhalseffekt schwerwiegende Folgen haben. Die Auswirkungen werden häufig mit denen einer Monokultur in der Land- oder Forstwirtschaft verglichen. Erläutern Sie diesen Zusammenhang und erklären Sie die möglichen Folgen eines Flaschenhalseffektes.

Wenn zufällig einzelne Individuen von einer größeren Population getrennt werden, können sie möglicherweise an einem anderen Ort eine neue Population bilden. Dieser sogenannte **Gründereffekt** führt zu einer genetischen Verarmung der neuen Population. Gründer- und Flaschenhalseffekt haben gemeinsam, dass sie innerhalb einer kurzen Zeit zu einer deutlichen Verschiebung der Allelfrequenzen im Genpool einer Population führen. Solche zufallsbedingten Änderungen bezeichnet man allgemein als **Alleldrift**.

Mit der synthetischen Evolutionstheorie, also dem Zusammenspiel aller Evolutionsfaktoren, lassen sich die Entstehung der Biodiversität sowie die Entstehung der Arten erklären.

## VL Materialgebundene Aufgabe

### 8 Flaschenhalseffekt und Gründereffekt

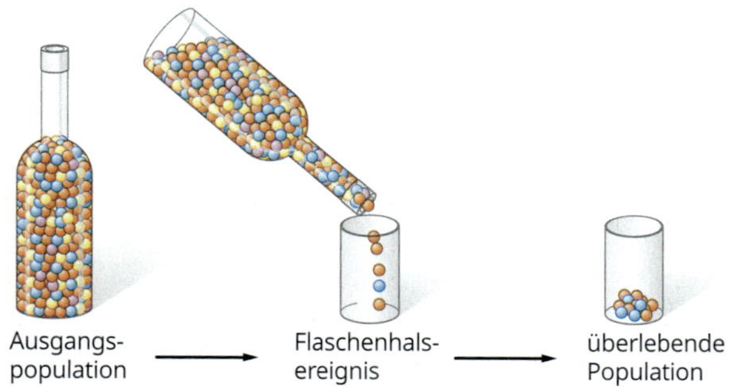


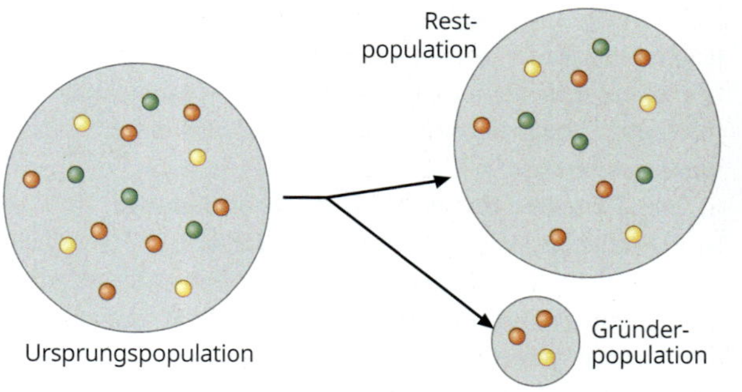


**a)** ≡ Erläutern Sie die beiden Grafiken.

**b)** ≡ Erklären Sie Unterschiede und Gemeinsamkeiten von Flaschenhalseffekt und Gründereffekt.

**c)** ≡ Begründen Sie, warum Alleldrift in kleinen Populationen eine große Rolle spielt und warum sie dazu führen kann, dass die Häufigkeit nachteiliger Allele im Genpool einer Population zunimmt.

## 9 Einfluss der Alleldrift auf das Präriehuhn

In den Prärien des US-Bundesstaates Illinois lebten früher großflächig Millionen von Präriehühnern. Im 19. und 20. Jahrhundert wurden die Prärien dann in landwirtschaftlich intensiv genutzte Flächen umgewandelt. In der Folge nahm die Anzahl der Präriehühner stark ab. Im Jahr 1993 gab es nur noch weniger als 50 Exemplare. Wissenschaftler untersuchten den Einfluss, den diese Verringerung der Populationsgröße auf die genetische Variation der Restpopulation hatte. Dazu überprüften sie sechs Genorte der Präriehuhn-Population in Illinois und verglichen diese mit größeren Populationen in Kansas und Nebraska. In der Tabelle sind die entsprechenden Werte gemittelt über die sechs Genorte dargestellt. Zusätzlich wurde der Prozentsatz geschlüpfter Jungtiere für sämtliche Populationen untersucht.

| Vorkommen | Populationsgröße | Anzahl der Allele pro Genort | Prozentsatz geschlüpfter Jungtiere |
|---|---|---|---|
| Illinois<br>1930–1960<br>1993 | <br>1000–25 000<br>< 50 | <br>5,2<br>3,7 | <br>93<br>< 50 |
| Kansas<br>1993 | 750 000 | 5,8 | 99 |
| Nebraska<br>1993 | 75 000–200 000 | 5,8 | 96 |

a) Nennen Sie die hier vorliegende Form der Alleldrift.

b) Erklären Sie die Untersuchungsergebnisse der Wissenschaftler.

c) Diskutieren Sie, wie man die genetische Variation in den Populationen des Präriehuhnes in Illinois wieder erhöhen könnte.

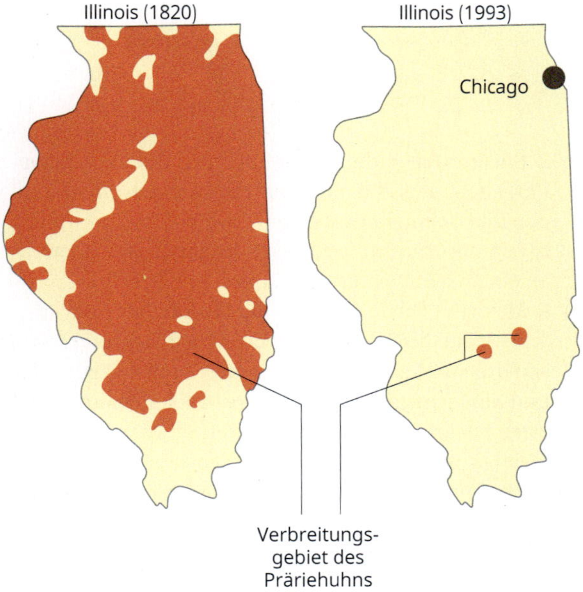


## 10 VL Gründereffekt bei der Evolution des Menschen

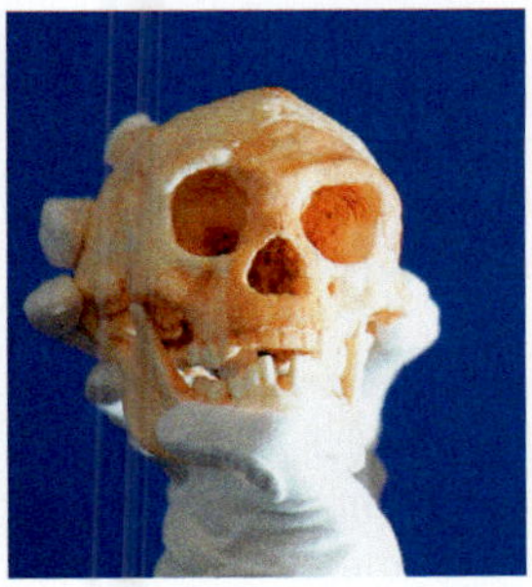

Im Jahr 2003 wurden in der Höhle Liang Bua auf der indonesischen Insel Flores Skelettteile von rund 15 kleinwüchsigen Individuen des „Hobbit-Menschen“ gefunden. *Homo floresiensis* war nur etwa einen Meter groß, keine 30 kg schwer und sein Gehirn hatte die Größe einer Orange. In der Höhle wurden auch Steinwerkzeuge, Holzkohle und verschiedene Knochen heute ausgestorbener Tiere gefunden. Datierungen aus dem Jahr 2016 aufgrund neuer Knochen- und Zahnfunde ergaben, dass die Vorfahren des *Homo floresiensis* bereits vor rund 700 000 Jahren auf Flores gelebt haben. Er ist eine eigene Menschenart, die nach verschiedenen Untersuchungen als Nachfahre des *Home erectus* (Größe 165 cm, Gewicht etwa 65 kg) oder von *Homo habilis* (Größe 100 cm, Gewicht etwa 30 kg) anzusehen ist, und nicht, wie einige Wissenschaftler vermutet hatten, ein krankhaft veränderter *Homo sapiens*. Der Hobbit-Mensch kam nur auf Flores vor.

a) Stellen Sie Hypothesen zur Entstehung des *Homo floresiensis* auf und gehen Sie dabei auf die Vorläufigkeit von Wissen ein.

b) Erklären Sie, welche Schlussfolgerungen man aus den zusätzlichen Fossil-Funden in der Höhle ziehen könnte.

c) Wissenschaftler sehen den *Homo floresiensis* als ersten Beweis dafür, dass auch Menschen schrumpfen, wenn sie im Laufe der Zeit weniger Ressourcen zur Verfügung haben. Auf der Insel Flores lebten auch sehr kleine Elefanten. Erklären Sie dies aus Sicht der synthetischen Evolutionstheorie.

## 11 Entstehung der Biodiversität und der Arten als Zusammenspiel der Evolutionsfaktoren

Der 22. Mai wird jährlich als Internationaler Tag der Biodiversität gefeiert. Dieser Tag erinnert an den 22. Mai 1992, an dem das Abkommen der Vereinten Nationen über die biologische Vielfalt verabschiedet wurde. Das Vertragswerk haben bis heute 196 Staaten ratifiziert. Die Ziele der Konvention sind die Erhaltung der biologischen Vielfalt, die nachhaltige Nutzung ihrer Bestandteile sowie die ausgewogene und gerechte Aufteilung der sich aus der Nutzung der genetischen Ressourcen ergebenden Vorteile.

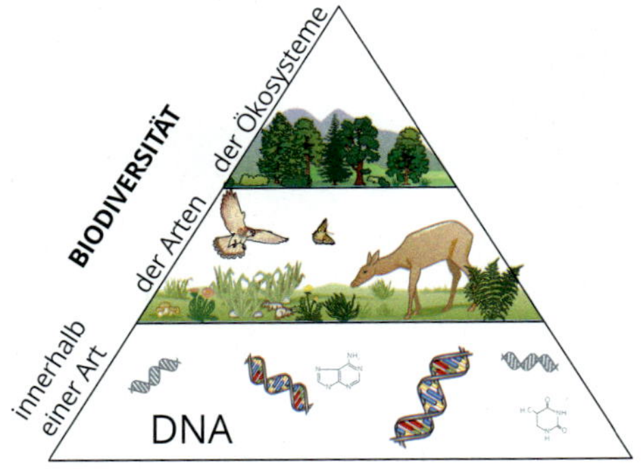


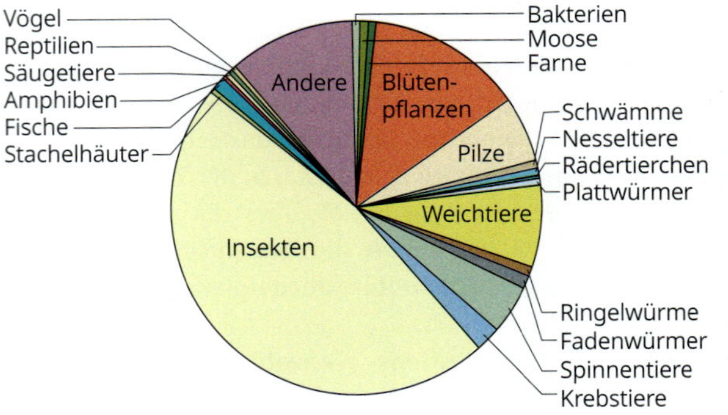


a) Erklären Sie mithilfe der Abbildung, welche Aspekte unter dem Begriff Biodiversität zusammengefasst werden und definieren Sie diese.

b) Erläutern Sie die Teilaspekte der Biodiversität jeweils an einem recherchierten Beispiel.

c) Man geht davon aus, dass der Nationalpark Bayerischer Wald die Heimat von rund 14 000 Tier- und Pflanzenarten ist. Erläutern Sie, wie diese große Artenvielfalt und Biodiversität als Zusammenspiel der Evolutionsfaktoren erklärt werden kann. Wenden Sie dazu alle Aspekte der synthetischen Evolutionstheorie an.

d) Wissenschaftler legten 30 Biodiversitäts-Hotspots in Deutschland fest. Wählen Sie nach einer Recherche einen Hotspot in Bayern aus und beschreiben Sie dessen Bedeutung.

e) Knapp 2 Millionen verschiedene Arten sind derzeit auf der Erde beschrieben. Schätzungen gehen davon aus, dass bis zu 15 Millionen Arten auf der Erde leben. Beschreiben Sie die Abbildung zur Verteilung der Arten auf die unterschiedlichen Gruppen der Lebewesen.

f) Stellen Sie eine Hypothese zum Unterschied der Artenvielfalt bei den Insekten und den Säugetieren auf.

g) Etwa 150 Pflanzen- und Tierarten sterben derzeit täglich aus. Recherchieren Sie Gründe und formulieren Sie Hypothesen zu den möglichen Folgen.

h) „Der Begriff Biodiversität verknüpft die Themenfelder Genetik, Ökologie und Evolution." Erläutern Sie diese Aussage. Nutzen Sie dazu die folgenden Begriffe: genetische Variation • Artenvielfalt • Ökosysteme • Evolutionsfaktoren • nachhaltige Nutzung • Schutz • Lebensraum.

## 12 e Entstehung der Gorilla-Arten

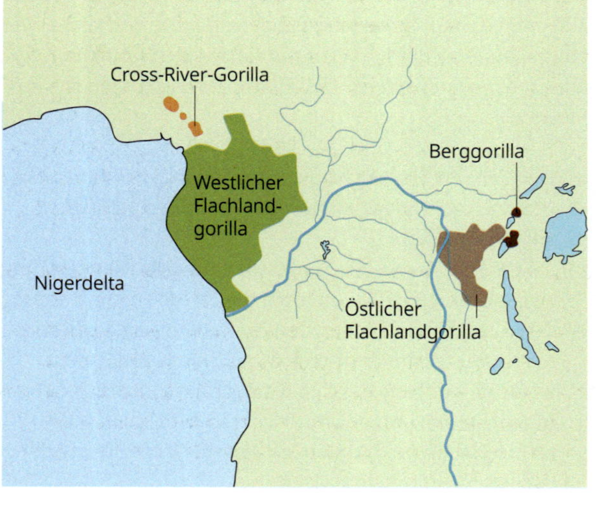


Alle heute lebenden Primaten, die große Unterschiede in Größe, Aussehen und Ernährungsweisen aufweisen, entwickelten sich aus einem gemeinsamen Vorfahren, der vor rund 80 Millionen Jahren lebte. Insgesamt 500 Primaten, zu denen auch der Mensch zählt, gibt es auf der Erde.

a) Vom größten lebenden Primaten, dem Gorilla, gibt es zwei Arten mit jeweils zwei Unterarten. Recherchieren Sie die Namen der Arten und ihrer Unterarten sowie die Länder in Afrika, in denen sie vorkommen.

b) Erläutern Sie, wie sich die verschiedenen Gorilla-Arten entwickelt haben könnten. Wenden Sie dazu die synthetische Evolutionstheorie an.

c) Die zu einer Art zählenden Unterarten des Gorillas könnten sich zu neuen Arten entwickeln. Nennen Sie die Voraussetzungen und skizzieren Sie in Form einer Concept-Map die Schritte der möglichen Artbildung.

## 2.3 Artbildung durch Isolation

**Isolation kann zu Artbildungen führen. Was versteht man unter einer biologischen Art und wie wirkt die Isolation?**

**Problematik des Artbegriffs**

Wie schon in Aufgabe 11 auf Seite 224 erwähnt, sterben pro Tag etwa 150 Tier- und Pflanzenarten aus, aber es werden auch täglich etwa 50 bisher unbekannte Arten neu entdeckt.

**1** ≡ Stellen Sie eine Hypothese auf, warum die Zahl der neuen Arten steigt.

Die Identifizierung neuer Arten erfolgte zunächst auf Basis äußerer Merkmale. Man verwendet den **morphologischen Artbegriff**: „Arten sind Gruppen von Individuen, die sich zwar nicht völlig gleichen, aber in ihren wesentlichen Merkmalen und Verhaltensweisen übereinstimmen“ (→ **Seite 197**). Diese Kriterien sind allerdings sehr unscharf und führen manchmal zu Fehlschlüssen. Individuen zeigen bei genauerer Betrachtung immer unterschiedliche Merkmale. Außerdem können sich die Individuen einer Art im Verhalten und im Aussehen im Laufe ihrer Entwicklung sehr unterscheiden.

Anfang des 20. Jahrhunderts setzte ein Umdenken ein und der **populationsgenetische Artbegriff** wurde entwickelt. Dieser geht von einem anderen Ansatz aus: „Arten sind reproduktiv voneinander isolierte Fortpflanzungsgemeinschaften mit einem gemeinsamen Genpool, deren Mitglieder unter natürlichen Bedingungen durch sexuelle Fortpflanzung Allele austauschen und fruchtbare Nachkommen erzeugen.“ Auch mit diesem Artbegriff lassen sich nicht alle offenen Fragen klären.

**Artbildung durch reproduktive Isolation**

Zentraler Aspekt des populationsgenetischen Artbegriffs ist die **reproduktive Isolation**. Arten werden durch Fortpflanzungsbarrieren von anderen Arten abgegrenzt, sodass sich die Genpools auch dann nicht vermischen, wenn die Verbreitungsgebiete sich überlappen. Hierbei unterscheidet man zwischen Barrieren, die vor der Bildung einer Zygote, also **präzygotisch**, oder nach der Bildung einer Zygote , also **postzygotisch**, wirksam werden (→ **Seite 226**).

### VL Materialgebundene Aufgaben

**2 Problematik des morphologischen Artbegriffs**

Die zu den Laubsängern gehörenden Singvögel Zilpzalp (**A**) und Fitis (**B**) können sich nicht miteinander fortpflanzen, im Gegensatz zu verschieden aussehenden Individuen des asiatischen Marienkäfers (**C**).

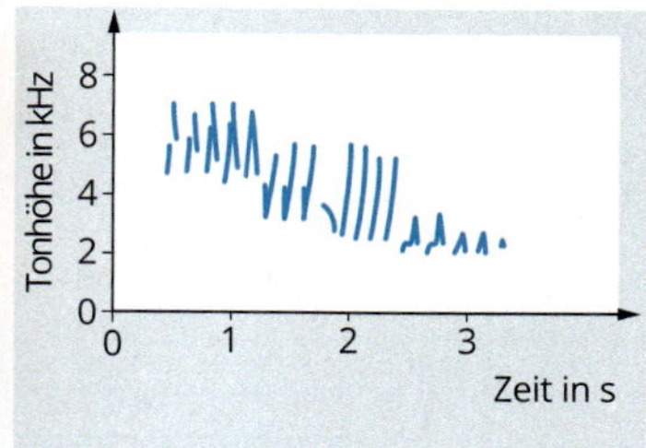

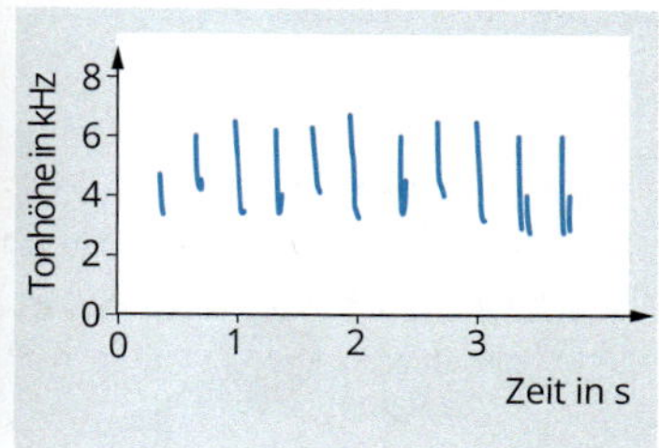

**a)** ≡ Stellen Sie eine Hypothese auf, welche Rolle das Gesangsmuster der beiden Laubsänger bei der Artbildung spielen könnte.

**b)** ≡ Erläutern Sie anhand der Beispiele die Problematik des morphologischen Artbegriffs.

**3 Problematik des populationsgenetischen Artbegriffs**

Geografisch getrennte Populationen können dennoch derselben Art angehören. **Beispiel:** Populationen des Wolfes (*Canis lupus*) in Europa

In der Natur können sich manche Arten untereinander kreuzen. Dies bezeichnet man als Introgression. **Beispiel:** Schwarzpappel

Der populationsgenetische Artbegriff kann nicht auf Organismen angewendet werden, die sich nur ungeschlechtlich vermehren. **Beispiel:** Bakterien

**a)** ≡ Erläutern Sie die in den Aussagen genannten Beispiele. Recherchieren Sie im Internet.

**b)** ≡ Diskutieren Sie jeweils, inwiefern die Aussagen die Problematik des populationsgenetischen Artbegriffs aufzeigen.

**c)** ≡ Ein Ökologe sagt: „Bei Untersuchungen im Freiland kann man oft nur die morphologischen Kriterien zur Bestimmung einer Art heranziehen“. Erläutern Sie diese Aussage.

## ❹ Mechanismen der reproduktiven Isolation bei Tieren

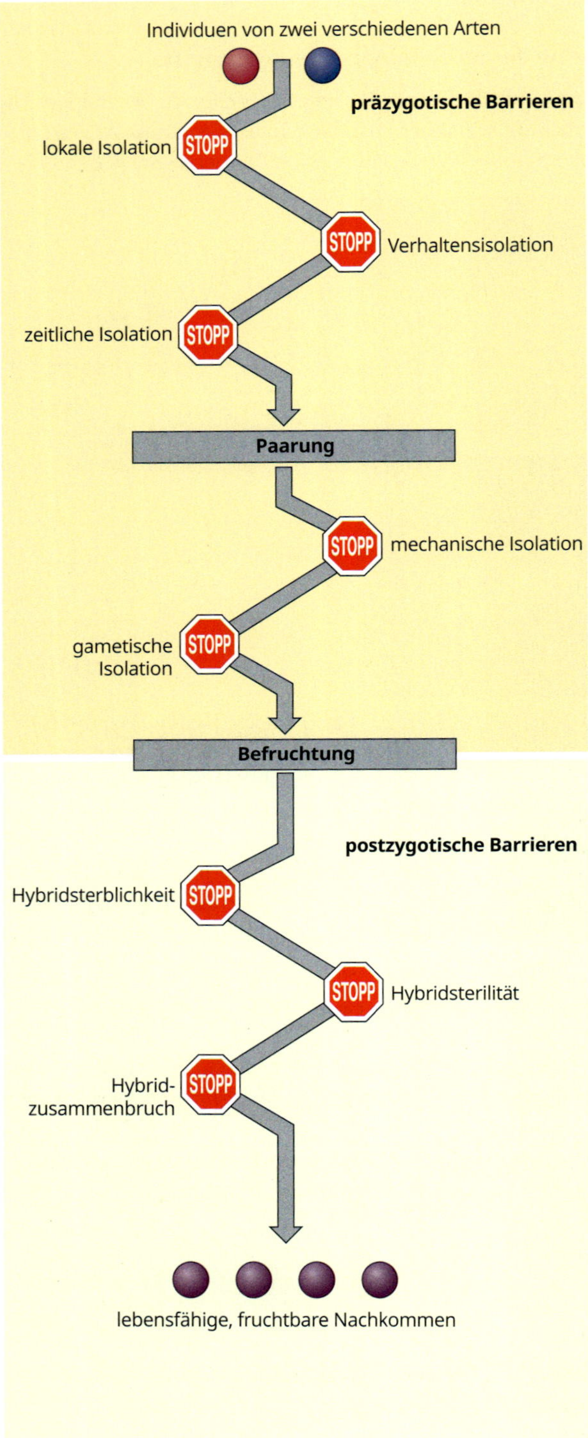


### Präzygotische Isolation

**lokale Isolation:**
Potenzielle Sexualpartner nahe verwandter Arten leben in geografisch voneinander getrennten Gebieten (**geografische Isolation**) oder im selben Biotop, aber in unterschiedlichen Habitaten (**Habitatisolation**).

**mechanische Isolation:**
Die Paarung zwischen Individuen nahe verwandter Arten kann nicht vollzogen werden, da deren Begattungsorgane anatomisch nicht zueinander passen.

**zeitliche Isolation:**
Die Paarungszeit von Individuen verschiedener Arten unterscheidet sich.

**Verhaltensisolation:**
Sexualpartner senden artspezifische Paarungssignale aus, wie Sexuallockstoffe oder Balzgesänge.

**gametische Isolation:**
Selbst nach der Paarung kann die Bildung einer Zygote verhindert werden, wenn die molekularen Erkennungsmuster artfremder Keimzellen nicht zueinander passen.

### Postzygotische Isolation

**Hybridsterblichkeit:**
Die entstandene Zygote entwickelt sich nicht weiter. Der Embryo stirbt ab oder die Hybriden (Kreuzung verschiedener Arten) sterben kurz nach der Geburt.

**Hybridsterilität:**
Individuen verschiedener Arten können Nachkommen haben. Die Hybriden können sich allerdings nicht fortpflanzen, sie sind steril.

**Hybridzusammenbruch:**
Bei der Paarung von Individuen unterschiedlicher Arten entstehen manchmal Hybriden, die noch zum Teil fruchtbare, aber im Durchschnitt deutlich weniger $F_2$-Nachkommen erzeugen können. Eine Erklärung für diesen Hybridzusammenbruch könnte darin liegen, dass die Hybriden in ihrem Verhalten zwischen denen ihrer Eltern liegen und so geringere oder keine Chance bei der Partnerfindung haben.

**a)** ≡ Erstellen Sie eine digitale Präsentation zum Thema „Reproduktive Isolation".

**b)** ≡ Recherchieren Sie zu folgenden Tieren die jeweils zugehörigen reproduktiven Isolationsmechanismen: Maulesel/Pferd, Kopffloh/Katzenfloh, Zilpzalp/Fitis, Grasfrosch/Teichfrosch, Rotbauchunke/Gelbbauchunke. Analysieren Sie dabei die Herkunft, Qualität und Vertrauenswürdigkeit der verwendeten Quellen.

### Artbildung durch geografische Isolation

Die Mechanismen der reproduktiven Isolation führen zu einer Abgrenzung von anderen Arten durch Fortpflanzungsbarrieren. Bei der **geografischen Isolation** verhindert eine geografische Barriere die Möglichkeit der Fortpflanzung. Dieser Mechanismus geht also von externen Gegebenheiten und nicht vom Organismus selbst aus. Die geografische Isolation kann zu einer Artbildung führen.

Der Grand Canyon ist eine circa 450 Kilometer lange und bis zu 1,8 Kilometer tiefe Schlucht, die im Norden von Arizona liegt. An den Rändern der Schlucht leben zwei verschiedene Erdhörnchenarten: das Harris-Antilopenziesel am Südrand und das Weißschwanz-Antilopenziesel am Nordrand, nur wenige Kilometer entfernt.

Voraussetzung für die Artbildung der Erdhörnchen war die Aufspaltung einer Ausgangspopulation durch die tiefe Schlucht, also einer geografischen Barriere. Der Austausch von Allelen zwischen den neu entstandenen Teilpopulationen wird verhindert. In den separierten Populationen finden unabhängig voneinander Mutationen und Rekombinationen statt. Alleldrift und natürliche Selektion können die Allelfrequenzen weiter verändern, sodass **Unterarten** entstehen. Vertreter verschiedener Unterarten unterscheiden sich geno- und phänotypisch, können aber noch fortpflanzungsfähige Nachkommen miteinander zeugen. Wenn sich die Unterschiede im Genpool der Teilpopulationen weiter anhäufen und reproduktive Isolation eingetreten ist, liegen schließlich unterschiedliche Arten vor. Man nennt diese Form der Artbildung, bei der die Ausgangspopulation durch eine geografische Barriere aufgespalten wird, **allopatrische Artbildung** (gr. *allos*: anders; lat. *patria*: Heimat).

Die Aufspaltung einer Ausgangspopulation in Teilpopulationen kann auf unterschiedliche Art und Weise erfolgen: Bei den Erdhörnchen geschah sie durch die tiefe Schlucht, die der Colorado-River in den Grand Canyon grub. Daneben können Änderungen des Meeresspiegels oder der Kontinentaldrift unüberwindliche Barrieren schaffen. Auch klimatische Veränderungen wie Vereisungen und Versteppungen, die sich keilförmig als Barrieren in das Verbreitungsgebiet einer Population vorschieben, können separierend wirken.

**1 Artbildung bei Erdhörnchen am Grand Canyon durch geografische Isolation.**
**A** Harris-Antilopenziesel; **B** Weißschwanz-Antilopenziesel

## VL Materialgebundene Aufgabe

### 5 Geografische Isolation

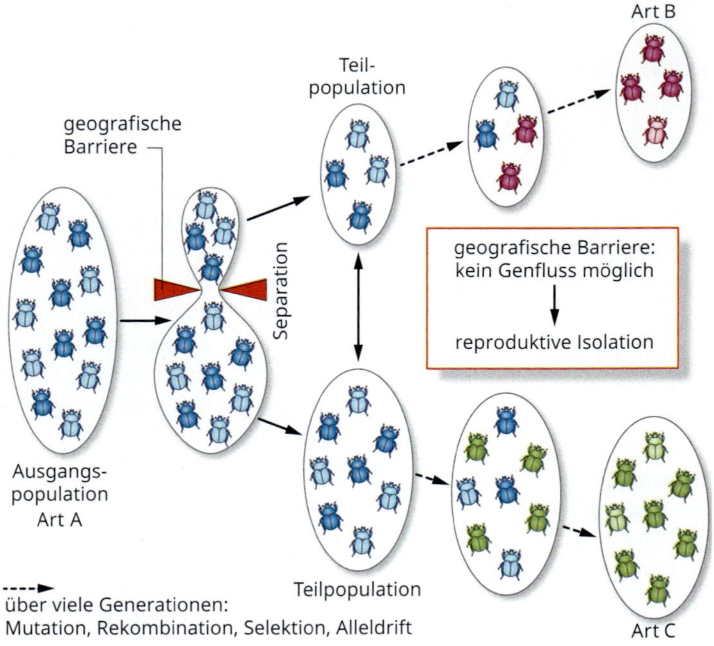


**a)** ☰ Erläutern Sie die vorliegende Grafik unter Einbezug aller vorhandenen Begriffe. Achten Sie auf Ihre Fachsprache.

**b)** ☰ Recherchieren Sie jeweils ein Beispiel aus dem Tier- und ein Beispiel aus dem Pflanzenreich, bei der eine Artbildung durch geografische Isolation vorliegt, und erklären Sie diese Artbildung mithilfe des Schemas.

## Materialgebundene Aufgabe

### 6 Artbildung bei Salamandern

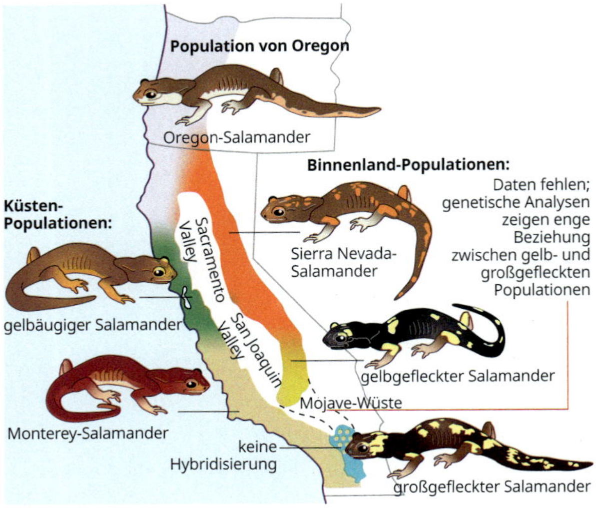


In Oregon und Kalifornien findet man unterschiedlich gefärbte Salamander-Populationen. In Kalifornien leben sie in den Küstenregionen und im Binnenland. Getrennt werden sie durch das Sacramento Valley und das San Joaquin Valley. Die Populationen sind durch Mischformen verbunden. Die genetischen Unterschiede zwischen Küsten- und Binnenlandform verstärken sich in südlicher Richtung. Wo sich das Areal der Küstenform des Monterey-Salamanders mit dem Areal der Binnenform des großgefleckten Salamanders überlappt, erfolgt keine Hybridisierung (→ **Seite 192**).

**a)** ≡ Beschreiben Sie die evolutionäre Entwicklung der verschiedenen Salamander-Populationen.

**b)** ≡ Begründen Sie die ausbleibende Hybridisierung der Küstenform des Monterey-Salamanders mit der Binnenform des großgefleckten Salamanders im gemeinsam überlappenden Areal.

**2** Galapagos-Finken mit unterschiedlichen Schnabelformen

**Information:**
**Ökologische Nische**
Gesamtheit der Ansprüche einer Art an die biotische und abiotische Umwelt; kein Ort
**Adaptive Radiation:**
Aufspaltung einer Art in neue Arten unter Anpassung an verschiedene ökologische Bedingungen

### Artbildung durch ökologische Isolation

Durch unterseeische Vulkanausbrüche entstanden vor etwa ein bis fünf Millionen Jahren die Galapagos-Inseln. Diese gut 1000 Kilometer vom südamerikanischen Festland liegende Inselgruppe beherbergt zahlreiche Tierarten, die nur hier vorkommen, unter anderem 14 Finkenarten. Molekulargenetische Untersuchungen belegen, dass alle Finkenarten miteinander verwandt sind und von wenig spezialisierten Gründerindividuen abstammen, die vor etwa einer Million Jahren von Südamerika auf die Galapagos-Inseln gelangten. Die Individuen der Gründerpopulation fanden keine Feinde und keine Konkurrenten vor, sodass sie sich rasch vermehren konnten. Durch Mutation, Rekombination und Selektion entwickelten sich Angepasstheiten an bestimmt Nahrungsquellen, sodass die Darwinfinken jeweils auf andere Nahrungsquellen ausweichen konnten. Sie haben auf den Galapagos-Inseln nahezu jede Nahrungsquelle erschlossen und zeigen über ihre Schnabelformen Angepasstheiten an die unterschiedlichen Ernährungsweisen. Einige suchen auf dem Boden nach Samen, die sie mit kurzen, dicken Schnäbeln öffnen. Andere besitzen schmale, spitze Schnäbel, mit denen sie Insekten aufpicken. Die Darwinfinken besetzen jeweils unterschiedliche **ökologische Nischen**. Durch innerartliche Konkurrenzvermeidung und damit verbundenen Selektionsvorteilen kam es zu einem größeren Fortpflanzungserfolg. Die nun ökologisch isolierten Teilpopulationen mit unterschiedlichen Genpools erfuhren eine reproduktive Isolation, sodass sich neue Arten mit speziellen ökologischen Nischen aufspalteten. Man spricht von einer Artbildung durch **ökologische Isolation**. Die Darwinfinken sind ein Beispiel für **adaptive Radiation.**

**7** ≡ „Gelangten einzelne Finken auf Nachbarinseln, so folgten Einnischungen in andere ökologische Nischen und die Entwicklung einer reproduktiven Isolation". Nehmen Sie Stellung zu dieser Aussage.

**8** ≡ Kehrten Vertreter der neuen Art zur Ursprungsinsel zurück, so konnten diese mit der Ausgangsart koexistieren. Erklären Sie.

Der Wechsel zwischen Ausbreitung, Isolation und Rückkehr hat sich vermutlich mehrfach wiederholt. Heute ermöglichen die unterschiedlichen ökologischen Nischen und eine Verhaltensisolation durch verschiedene Balzgesänge die Koexistenz von bis zu zehn Arten auf einer Insel.

**9** ≡ Erläutern Sie, inwieweit die Habitatisolation und die zeitliche Isolation (→ **Seite 226**) als ökologische Isolation anzusehen sind.

## 10 Artbildung durch ökologische Isolation bei Taufliegen auf Hawaii

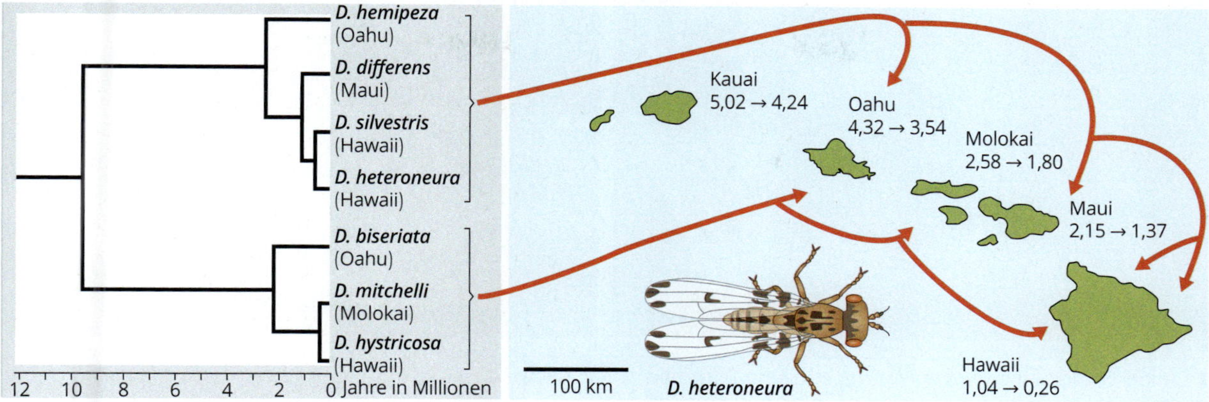


Rund 400 der 3000 bisher weltweit beschriebenen Taufliegenarten leben auf den Hawaii-Inseln. Alle Taufliegenarten der Inselgruppe stammen von einer einzigen Art ab. Hier liegt eine adaptive Radiation vor. Allen gemein ist, dass sie nur schlecht fliegen können. Kauai ist vor rund 4–5 Millionen Jahren entstanden und damit die älteste Insel der hawaiianischen Inselgruppe. Die jüngste Insel ist Hawaii mit einem Alter von circa 1 Million Jahren. Immer wenn neue Inseln entstanden sind, konnten Taufliegen der benachbarten Insel die neue Insel besiedeln. Wissenschaftler der University of Edinburgh veröffentlichten im Jahr 2012 Untersuchungen zur Artentstehung anhand von sieben Taufliegenarten der Gattung Drosophila.

**a)** ≡ Stellen Sie eine Hypothese auf, wie die Wissenschaftler die Biodiversität der Taufliegen auf den Hawaii-Inseln erklären und erläutern Sie die Bedeutung der ökologischen Isolation (Pfeile) in diesem Zusammenhang.

**b)** ≡ Entwickeln Sie ein Experiment, das die ökologische Isolation dieser Taufliegenarten beweisen kann.

**c)** ≡ Erläutern Sie, inwieweit bei der Entstehung der Taufliegenarten die geografische Isolation eine Rolle spielte.

## 11 Artbildung durch ökologische Isolation bei den Lemuren in Madagaskar

Madagaskar liegt im Indischen Ozean und hat sich vom afrikanischen Kontinent vor rund 100 Millionen Jahren abgetrennt. Zwischen Ostafrika und Madagaskar liegt die 420 km breite Straße von Mosambik. Die Insel bietet zahlreiche Lebensräume, von immergrünem Regenwald bis zu Halbwüsten, und beheimatet viele endemische Tierarten, also Arten, die ausschließlich hier vorkommen. Zu ihnen zählen die Lemuren, eine vielfältige Gruppe von Affen. Als die Vorfahren dieser Primaten die Insel erreichten, gab es hier keine konkurrierenden Säugetiere. Bis heute fehlen auf Madagaskar die typischen Raubkatzen des afrikanischen Festlandes. Die verschieden großen Lemuren-Arten, fast ausnahmslos blatt- und fruchtfressende Baumbewohner, erreichen wegen der unterschiedlichen Tragfähigkeit von Ästen jeweils andere Bereiche ihrer Nahrungsbäume.

| Art | Körpermasse (g) | Zeit der Aktivität | Nahrung |
|---|---|---|---|
| Roter Mausmaki (Abb. **A**) | 60 | Nacht | Früchte, Insekten |
| Großer Katzenmaki | 440 | Nacht | Früchte, Blätter, – |
| Kleiner Halbmaki | 850 | Tag | Früchte, Blätter, – |
| Gewöhnlicher Wieselmaki | 1000 | Nacht | Früchte, Blätter, + |
| Wollmaki | 1000 | Nacht | Blätter, – |
| Indri (Abb. **B**) | 10 000 | Tag | Früchte, Blätter, – |

+/–: Vorhandensein von Alkaloiden, Inhaltsstoffen von Blättern, die nur wenige Lemuren vertragen

**a)** ≡ Untersuchungen der DNA zeigen, dass alle heute rund 100 bekannten Lemurenarten von einer einzigen nachtaktiven Affenart abstammen. Erklären Sie die Entstehung der Artenvielfalt der Lemuren aus evolutionsbiologischer Sicht und begründen Sie, warum Lemuren nur auf Madagaskar vorkommen.

**b)** ≡ Begründen Sie, warum die aufgeführten Lemurenarten im selben Lebensraum koexistieren können.

**1** Junger Kuckuck mit seinem Wirtsvogel, einem Teichrohrsänger

**2** Kuckucksei in Teichrohrgelege

**3** Lungenenzian-Ameisenbläuling

**4** Knotenameise

## 2.4 Koevolution

**In welcher Weise beeinflussen sich die Individuen zweier Arten in ihrer evolutionären Entwicklung?**

**Wirt und Parasit**

Der Kuckuck ist nicht nur für seinen namensgebenden Balzruf bekannt, sondern auch für seine Fortpflanzungsstrategie: Er legt einzelne Eier in die Nester anderer Singvogelarten, die diese dann ausbrüten und den Jungkuckuck nach dem Schlüpfen mit Nahrung versorgen. Als **Brutparasit** schädigt der Kuckuck die Wirtsvögel aber noch auf andere Weise: Nach dem Schlüpfen wirft der Jungkuckuck sämtliche Eier oder bereits geschlüpfte Jungen der Wirtsvögel aus dem Nest.

Die **Wirtsvögel** erleiden durch das Verhalten des Kuckucks einen erheblichen Fitnessverlust. Daher besteht ein hoher Selektionsdruck, ein fremdes Ei von den eigenen Eiern im Gelege unterscheiden zu können.

**1** ≡ Im Verlauf der Evolution entstanden bei Wirtsvögeln Angepasstheiten, die dem Brutparasitismus entgegenwirken. Evolutionsbiologen vergleichen die Fortpflanzungsstrategie des Kuckucks und die resultierenden Gegenstrategien des Wirtes mit Methoden zur Fälschungssicherung bei Geldscheinen. Nehmen Sie Stellung.

Wirtsvogelarten, die über eine lange Zeit vom Kuckuck parasitiert werden, zeigen eine wirksame Gegenanpassung. Sie entfernen Eier aus ihrem Nest, wenn sie diese als artfremd erkennen. Auf diese Weise steigern sie ihre eigene Fitness und schädigen die des Brutparasiten. Damit üben sie ihrerseits einen hohen Selektionsdruck auf Kuckucksweibchen aus, Eier zu legen, die in Form und Farbe den Eiern ihrer Wirtsvögel entsprechen. Diese **Mimikry** funktioniert aber nur mit jeweils einer Art. Jedes Kuckucksweibchen ist auf die Vogelart spezialisiert, in deren Nest es aufgewachsen ist.

Den evolutionären Prozess, bei dem sich zwei Arten in wechselseitiger Anpassung aufeinander spezialisieren, nennt man **Koevolution**. Bei der Beziehung zwischen Wirt und Parasit liegt eine **antagonistische** (gr. *antagonistes*, Widersacher) **Koevolution** vor. Eine Art erleidet Nachteile durch diese Beziehung. Im Laufe der Evolution kommt es zur Ausbildung komplexer Strategien beim Parasit und Gegenstrategien beim Wirt. Auf beide Arten wirkt ein starker evolutionärer Selektionsdruck.

Lungenenzian-Ameisenbläulinge produzieren als Raupen Duftstoffe, die denen von Knotenameisen ähneln. Dadurch bringen sie Ameisen dazu, sie in ihr Nest zu transportieren und dort zu füttern. Dort verpuppen sich die Raupen auch. Nach dem Schlüpfen müssen die erwachsenen Falter rasch aus dem Ameisennest fliehen, da erwachsene Falter keine schützenden Duftstoffe produzieren können.

**2** ≡ Einmal vom Bläuling befallene Ameisenkolonien ändern ihre Duftstoffzusammensetzung. Beurteilen Sie die Konsequenzen für Parasit und Wirt.

## ❸ Antagonistische Koevolution bei Webervögeln

Die in Kolonien lebenden Dorfwebervögel Afrikas werden vom Goldkuckuck und gelegentlich auch von eigenen Artgenossen parasitiert. Im Laufe der Evolution wurden die Vögel an diesen Parasitismus angepasst. Ihre Eier weisen innerhalb eines Geleges fast keine Unterschiede im Hinblick auf Helligkeit und Farbton auf, die Eier verschiedener Gelege differieren im Gegensatz dazu erheblich. Dorfwebervögel gelangten vor etwa 200 Jahren auch von Westafrika auf die Karibikinsel Hispaniola. Hier kommen weder der Goldkuckuck noch andere Brutparasiten vor.

**a)** ≡ Erklären Sie die evolutionäre Angepasstheit der Dorfwebervögel an den Parasitismus durch den Goldkuckuck und den durch eigene Artgenossen in Afrika.

**b)** ≡ Erläutern Sie die in der Abbildung dargestellten Befunde der Koevolution bei Webervögeln.

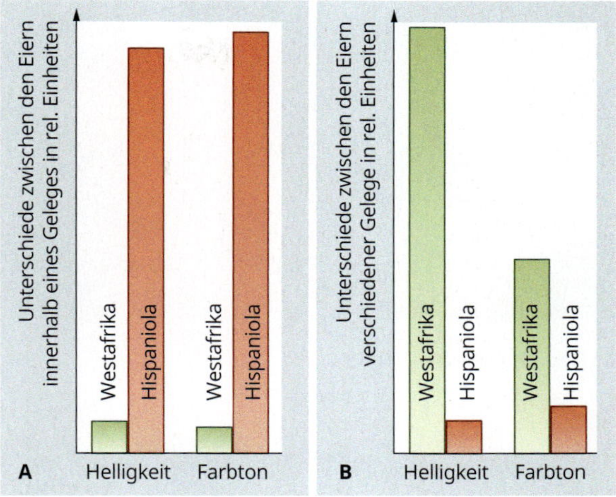


## ❹ VL ⓔ Antagonistische Koevolution beim Menschen

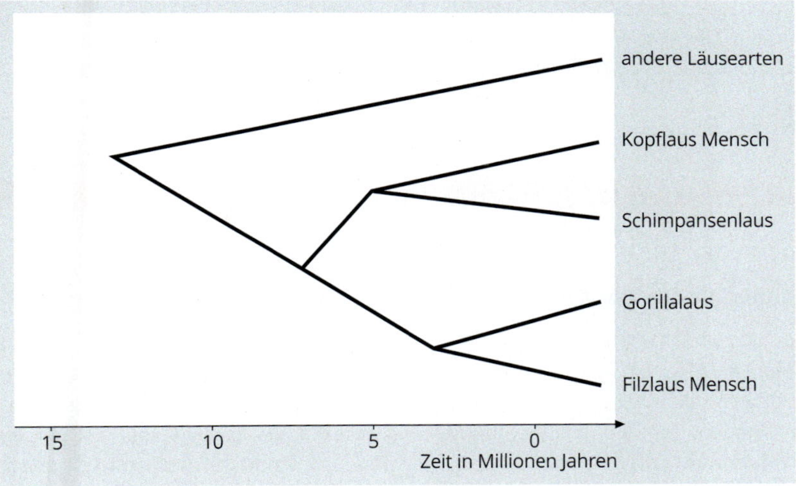


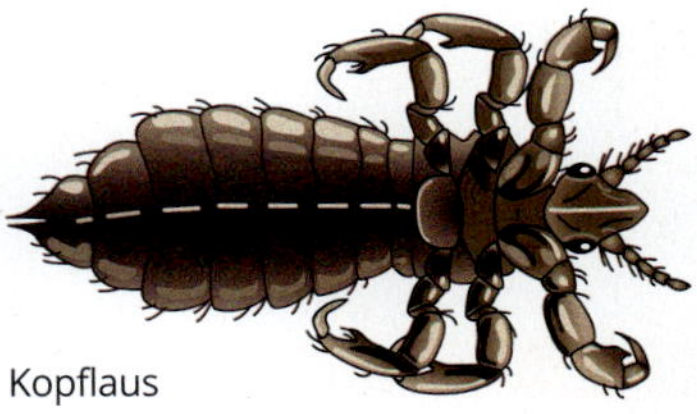
Kopflaus

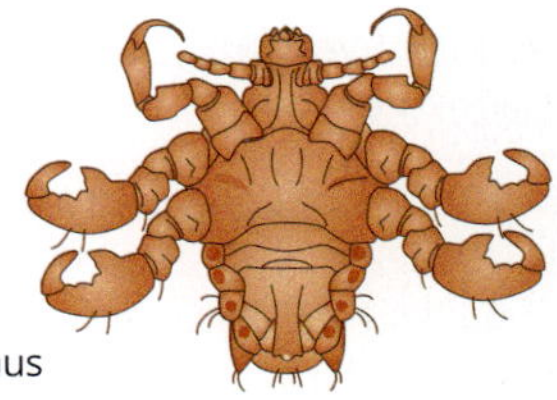
Filzlaus

Kopfläuse (Größe bis 3 mm) und Filzläuse (Größe 1–1,5 mm) haben eine lange Koevolution mit dem Menschen beziehungsweise den Vormenschen hinter sich. Vor rund 1,2 Millionen Jahren verließ *Homo erectus* Afrika. Dabei nahm er auch die parasitären Kopfläuse mit. Die Kopfläuse entwickelten sich in Koevolution mit *Homo erectus* weiter. Eine Million Jahre später verließ *Homo sapiens* mit einer inzwischen genetisch veränderten Kopfläusepopulation Afrika. Genanalysen von Kopfläusen, mit deren Hilfe ein Stammbaum der Läuse erstellt werden konnte, bestätigen die Out-of-Africa-These, also, dass der moderne Mensch sich aus Afrika kommend über die ganze Welt ausbreitete.

**a)** ≡ Der Befall mit Kopfläusen ist äußerst unangenehm. Kratzen, Haare waschen und Kämmen zählen wohl zu den ersten Abwehrstrategien des Menschen gegen die Kopflaus. Stellen Sie drei Hypothesen auf, welche Veränderungen im Körperbau der Kopflaus sich als Gegenstrategie entwickelt haben könnten.

**b)** ≡ Forscher diskutieren, ob der Verlust der Behaarung des Menschen im Zusammenhang mit den Kopfläusen zu sehen ist. Erläutern Sie, welche Konsequenzen sich für die Koevolution des Menschen mit der Kopflaus dadurch ergaben.

**c)** ≡ Beschreiben Sie den Stammbaum der Läuse.

**d)** ≡ Die Koevolution des Menschen mit der Filzlaus begann erst vor rund drei bis vier Millionen Jahren mit einer Übertragung von Filzläusen auf die Vormenschen. Recherchieren Sie zur Koevolution des Menschen mit der Filzlaus.

**e)** ≡ Die Schimpansenlaus könnte immer noch beim Menschen parasitieren. Deuten Sie mithilfe des Stammbaums die Aussage im Hinblick auf die Koevolution des Menschen. ⓔ

**5** Gepard jagt eine Gazelle

Geparde haben lange schlanke Beine und eine sehr biegsame Wirbelsäule. Diese Merkmale ermöglichen ihnen schnelle Sprints. Bei Gazellen führte dies zu einem hohen Selektionsdruck in Richtung hoher Laufgeschwindigkeiten und Wendigkeit. Dadurch erhöhte sich wiederum der Selektionsdruck auf die Geparde, sodass ihre Laufgeschwindigkeiten weiter zunahmen. Dieser Rückkopplungseffekt führt zu einer Art Wettrüsten, bei dem über viele Generationen die Laufgeschwindigkeiten von Räuber und Beute zunahmen. Bei der Beziehung zwischen Räuber und Beute liegt ebenfalls eine antagonistische Koevolution vor.

**Räuber und Beute**
Geparde erreichen kurzfristig Spitzengeschwindigkeiten von über 100 Kilometer pro Stunde. Ihre bevorzugten Beutetiere sind Gazellen, die mit hoher Geschwindigkeit und scharfen Wendungen vor ihnen fliehen. Wie haben sich die hohen Laufgeschwindigkeiten beider Arten im Laufe der Evolution entwickelt?

**5** ≡ Erklären Sie, warum man die Koevolution zwischen Räuber und Beute, aber auch zwischen Wirt und Parasit als „evolutionäres Wettrüsten" bezeichnet.

**6** ≡ Weitere Parameter, die im evolutionären Wettrüsten eine Rolle spielen, sind die Immunabwehr oder die Sehkraft. Stellen Sie die Zusammenhänge bei der Koevolution von Steinadler und Hase in Form eines Flussdiagramms dar.

## Materialgebundene Aufgabe

### 7 Die Rote-Königin-Hypothese und das evolutionäre Wettrüsten zwischen Wasserflöhen und Pasteuria-Bakterien

1973 stellte der amerikanische Evolutionsbiologe Leigh VAN VALEN (1935–2010) die „Rote-Königin-Hypothese" auf. Danach muss eine Art ständig leistungsfähiger werden, um ihre aktuelle Stellung zu behaupten. Der evolutionäre Fortschritt einer Art bedeutet gleichzeitig eine Verschlechterung der Umweltbedingungen für eine andere Art, da Wirt und Parasit oder Räuber und Beute einen wechselseitigen Selektionsdruck aufeinander ausüben.

**a)** ≡ Recherchieren Sie den Ursprung des Namens der Hypothese.

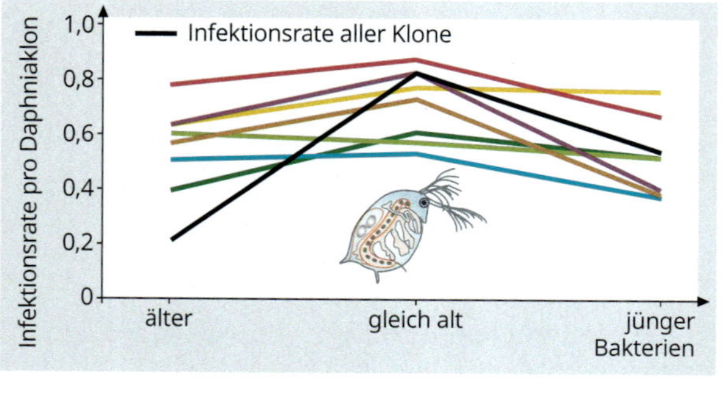


Wasserflöhe der Gattung Daphnia werden von Bakterien der Gattung Pasteuria parasitiert. Unter ungünstigen Umweltbedingungen können Individuen beider Gattungen Dauerstadien ausbilden, in denen ihr Stoffwechsel extrem reduziert ist. So können sie viele Jahre im Sediment ihrer Gewässer überdauern. Ein Forscherteam isolierte Daphnia- und Pasteuria-Dauerstadien aus verschiedenen Sedimentschichten und führte diese zurück in den aktiven Zustand. So konnten auch Wasserfloh-Wirte und parasitische Bakterien zusammengebracht werden, die zu unterschiedlichen Zeiten gelebt hatten. Anschließend ermittelten sie die Infektionsrate von Daphnien-Klonen durch Bakterien aus zwei Jahre alten, gleich alten oder jüngeren Sedimenten.

**b)** ≡ Erklären Sie die dargestellten Versuchsergebnisse und erläutern Sie, welche Bedeutung Parasiten für den Erhalt der genetischen Vielfalt von Lebewesen, die als Wirte fungieren, haben.

**c)** ≡ Wenden Sie die „Rote-Königin-Hypothese" auf die Koevolution einer Beziehung zwischen einem Pflanzenfresser und einer Pflanze (selbstgewähltes Beispiel) an und diskutieren Sie Ihre Ergebnisse in der Gruppe.

**Pflanzen und ihre Bestäuber**

Zwischen vielen Pflanzen und ihren Bestäubern besteht eine **mutualistische** (lat. *mutuus*, gegenseitig) Koevolution. Im Gegensatz zur antagonistischen Koevolution nützen die wechselseitigen Angepasstheiten allen beteiligten Arten. Sie beeinflussen sich immer wieder zum gegenseitigen Vorteil. Die mutualistische Koevolution erklärt die Entwicklung der spitzen Schnäbel von Kolibris oder der nektaraufnehmenden Mundwerkzeuge von Schmetterlingen, Bienen oder Käfern, und ihre Angepasstheit an die Blütenkelchformen der beteiligten Pflanzen.

Ein besonders eindrucksvolles Beispiel hierfür liefern die in Madagaskar beheimatete Sternorchidee und der sie bestäubende nachtaktive Schwärmer. Die Orchidee besitzt einen bis zu 30 Zentimeter langen Blütensporn, in dessen unterem Teil sich Nektar befindet. Der Schwärmer verfügt über einen entsprechend langen Saugrüssel, mit dem er den Nektar aus den Blüten saugen kann. Durch den langen Saugrüssel hat der Schwärmer einen Selektionsvorteil: Er kann tief in den Blütensporn eindringen und so sehr viel Nektar aufnehmen.

Zudem ist er konkurrenzlos, solange es keine weiteren Arten mit ähnlich langem Rüssel gibt. Davon profitiert auch die Orchidee, deren Pollen während des Nektarsaugens am Rüssel des Schwärmers hängen bleibt. Für ihre Fortpflanzung sind Pflanzen darauf angewiesen, dass arteigener Pollen auf ihre Narbe gelangt. Dies kann durch Selbst- oder Fremdbestäubung erfolgen, wobei die genetische Variation der Pflanze nur durch Fremdbestäubung erhöht wird. Wird eine Pflanze nur von einer bestimmten Art bestäubt, so steigert dies ihre Fortpflanzungschancen. Denn dadurch steigt die Wahrscheinlichkeit, dass sie durch Pollen der gleichen Pflanzenart fremdbestäubt wird.

**8** ≡ Als Gegenentwurf zur Rote-Königin-Hypothese wurde im Jahr 2013 von Wissenschaftlern die Roter-König-Hypothese aufgestellt: „In bestehenden mutualistischen Beziehungen ist eine langsamere evolutive Entwicklung von Vorteil, da diese Beziehungen so nicht gefährdet werden." Diese Hypothese wurde bereits widerlegt für Beziehungen zwischen mehr als zwei Partnern. Recherchieren Sie zum Thema und nehmen Sie Stellung.

**6** Kolibri (*Amazilia tzacatl*) an einer Helikonien-Blüte (*Heliconia champneiana*)

## Materialgebundene Aufgabe

### 9 Mutualistische Koevolution von Schwärmer und Sternorchidee

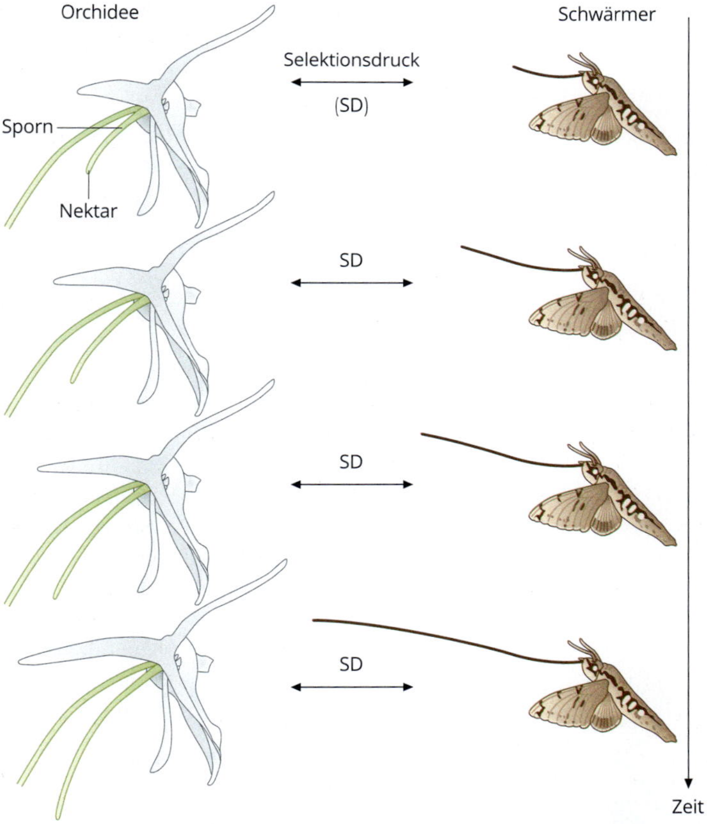


**a)** ≡ Beschreiben Sie die Koevolution von Schwärmern und Sternorchidee in einem Flussdiagramm.

**b)** ≡ Nennen Sie für Schwärmer und Sternorchidee die Vorteile der beschriebenen mutualistischen Koevolution.

**c)** ≡ Die Sternorchidee besitzt einen Selektionsdruck hin zu noch längeren Spornlängen. Erklären Sie die biologischen Hintergründe.

**1 Kunst. A** Felsmalereien von Tassili N`Ajjer, Algerien; **B** Malerei aus Pompeji; **C** Selbstbildnis von Vincent VAN GOGH

## ⓔ 2.5 Kulturelle Evolution des Menschen

**Wie unterscheiden sich biologische und kulturelle Evolution und welche wesentlichen Schritte zeichnen die kulturelle Evolution aus?**

### Kultur

Alle geistigen und materiellen Schöpfungen der Menschen werden unter dem Begriff **Kultur** zusammengefasst. Dazu zählen zum Beispiel die Kunst, Musik, Schrift, Sprache, Religion, Wirtschaft, Architektur, Technik und Wissenschaft. Aktuelle archäologische Funde von bemalten Steinen aus Südafrika zeigen, dass sich *Homo sapiens* bereits vor über 70 000 Jahren künstlerisch betätigt hat. Vor rund 10 000 Jahren entstanden im heutigen Algerien die Felsmalereien von *Tassili N`Ajjer*. Auf den Zeichnungen, die zum Weltkulturerbe der UNESCO gehören, sind unter anderem Menschen zu sehen, die jagen. Damals war die Sahara noch eine Landschaft mit Flüssen und Wäldern. Kunst spielt seit Beginn der Menschheitsgeschichte und bis heute eine wichtige Rolle. Dies verdeutlichen bedeutende Kunstwerke aus der Antike und berühmte Maler wie Vincent VAN GOGH, der mehr als dreißig Selbstporträts von sich schuf.

**2** Orca

**1** ≡ „Angesichts des oft hohen Zeit- und Energieaufwandes für die Schaffung von Kunstwerken fragt man sich in der Evolutionsbiologie nach dem biologischen Sinn von Kunst." Einem deutschen Humoristen wird folgendes Zitat zugeschrieben: „Kunst ist schön, macht aber viel Arbeit." Nehmen Sie Stellung zu den beiden Aussagen.

### Traditionsbildung

Menschen sind in der Lage, erlernte Verhaltensweisen, die nicht angeboren sind, von Artgenossen zu übernehmen. Diese werden von den Älteren an die Jüngeren weitergegeben, die diese nachahmen und erlernen. So werden **Traditionen** (lat. *traditio*: Überlieferung) gebildet und erhalten. Im Gegensatz zur **biologischen Evolution**, bei der die genetische Information, die DNA, an nachfolgende Generationen vererbt wird, nennt man dies **kulturelle Evolution**.

**2** ≡ Die biologische Evolution des Menschen bildet die Grundlage für seine kulturelle Evolution. Erklären Sie, was mit dieser Aussage gemeint ist.

**3** ≡ Erläutern Sie wesentliche Unterschiede zwischen der kulturellen Evolution des Menschen und der biologischen Evolution.

Während sich der Kulturbegriff ausschließlich auf den Menschen und dessen Errungenschaften bezieht, sind Traditionen auch von Tieren bekannt. Vom Großen Schwertwal, dem Orca, sind etwa zehn Ökotypen bekannt, die sich deutlich in ihrem Jagdverhalten unterscheiden. Robbenjagende Orcas sind während der Jagd still und spülen die Robben durch bestimmte Techniken von Eisschollen. Fischfressende Orcas verständigen sich während der Jagd mit Pfiffen und Rufen und umkreisen den Fischschwarm, sodass die Fische nicht entkommen können. Beide Ökotypen kommen im Nordatlantik vor, meiden aber den Kontakt.

**4** ≡ Erläutern Sie mögliche Konsequenzen dieser gegenseitigen Isolation der Wale aus evolutionsbiologischer Sicht.

## Materialgebundene Aufgabe

### 5 Die Entwicklung von Bauwerken

**Pfahlbauten in Unteruhldingen am Bodensee** (4000–850 v. Chr.)

**Schloss Johannisburg in Aschaffenburg** (Bauzeit 1605–1614)

**Skyline von Frankfurt am Main** (Moderne)

**a)** ≡ Erläutern Sie am Beispiel der abgebildeten Bauwerke, dass die kulturelle und die biologische Evolution kontinuierlich ablaufende Prozesse sind und vergleichbaren Prozessen unterliegen.

**b)** ≡ Sprache und Schrift werden von vielen Wissenschaftlern als die wichtigsten Errungenschaften der kulturellen Evolution benannt. Erläutern Sie diese Einschätzung. Gehen Sie bei Ihren Ausführungen insbesondere auch auf die Entwicklung von Bauwerken ein.

### Sprachentwicklung

Die wichtigste Voraussetzung für die kulturelle Evolution des Menschen war die Fähigkeit, Informationen durch **Sprache** auszutauschen und weiterzugeben. Auch viele Tiere verfügen über komplexe Kommunikationssysteme. Orcas kommunizieren während der Jagd mit Pfiffen und Rufen und alle Primaten setzen Lautäußerungen gezielt ein, um Artgenossen bestimmte Informationen zu vermitteln.

Nur der Mensch besitzt die anatomischen Voraussetzungen für eine **artikulierte Wortsprache**. Der entscheidende Unterschied ist die **Lage des Kehlkopfes**. Er sitzt bei Affen weit oben im Hals und ermöglicht so, die Verbindung von Mund- und Nasenhöhle zu schließen. Dadurch ist es Affen möglich, gleichzeitig zu atmen und zu schlucken. Der für die Bildung von Vokalen und Konsonanten wichtige Rachenraum wird dadurch allerdings zu klein, sodass Affen keine Wörter sprechen können. Grundlage für die Sprachentwicklung war aber nicht nur eine anatomische Veränderung im Mund- und Rachenraum, sondern auch Entwicklungen im Gehirn. Schon lange ist bekannt, dass Bereiche der Großhirnrinde hierbei eine entscheidende Rolle spielen. Heute kann man nachweisen, dass die inhaltliche und strukturelle Sprachverarbeitung in verschiedenen Gehirnbereichen stattfindet.

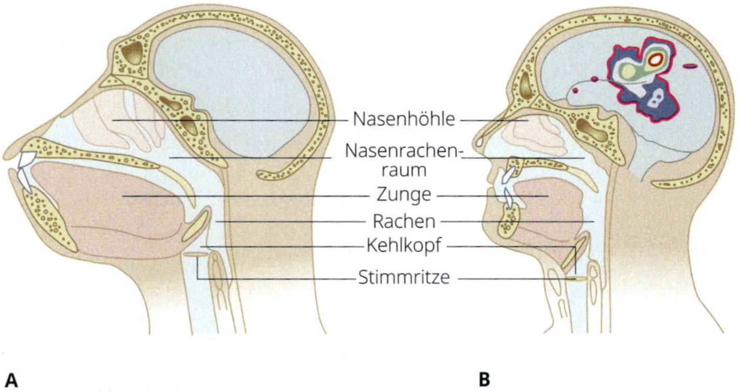


**3 Lage des Kehlkopfes. A** Schimpanse; **B** Mensch (farbig markiert sind Areale der Großhirnrinde, die an der Sprachverarbeitung mitbeteiligt sind)

Die Angaben, wann Sprache entstanden ist, schwanken zwischen vor 2,5 Millionen bis vor 50 000 Jahren, während die ersten Schriftzeichen der Menschheit erst vor rund 5000 Jahren entwickelt wurden. Heute werden auf der Erde rund 700 verschiedene Sprachen gesprochen. Alle sind für ihre Sprecher nutzbringende Werkzeuge der Kommunikation.

**6** ≡ Stellen Sie Hypothesen auf, warum die Sprachentstehung bis heute nur auf einen sehr großen Zeitraum eingegrenzt werden kann.

## 7 Hypothesen zur Entstehung der menschlichen Sprache

**Hypothese 1:** Sprache ist aus Gesten und Gebärden bei der Jagd hervorgegangen.

**Hypothese 2:** Der Ursprung der Sprachentwicklung liegt in der Koordination bei der Werkzeugherstellung.

**Hypothese 3:** Sprache und Werkzeugkultur haben sich parallel entwickelt und sich wechselseitig gefördert.

**Hypothese 4:** Sprache ist aus der Mutter-Kind-Kommunikation („Babysprache“) hervorgegangen.

**Hypothese 5:** Sprache hat die soziale Fellpflege ersetzt, die in größeren Gruppen zu zeitaufwändig gewesen wäre.

Arbeiten Sie in Kleingruppen zu den Hypothesen zur Evolution der Sprache. Nutzen Sie digitale Medien wie ein Wiki.

**a)** ≡ Recherchieren Sie Hintergründe zu den genannten Hypothesen im Internet. Beurteilen Sie anschließend für jede einzelne Hypothese, welche Argumente aus Ihrer Sicht für und welche gegen diese sprechen. Erstellen Sie dazu eine Tabelle. Diskutieren Sie anschließend Ihre Ergebnisse im Kurs.

**b)** ≡ Leiten Sie ausgehend von den Hypothesen zur Entstehung der menschlichen Sprache Selektionsvorteile des Menschen ab, die sich durch die sprachliche Weitergabe von erlerntem Verhalten und Wissen an andere und an nachfolgende Generationen ergeben.

**c)** ≡ Auf der Erde werden derzeit schätzungsweise 6000 Sprachen gesprochen. Nehmen Sie Stellung zu folgender Aussage: „Auch in Zukunft wird sich keine Universalsprache durchsetzen“.

## 8 Vergleich zwischen biologischer Evolution und Sprachevolution

Im Laufe der Zeit verändert sich die Sprache. In diesem Zusammenhang kann man viele Parallelen zur biologischen Evolution erkennen. Kleine Bestandteile des Erbguts beziehungsweise der Sprache können an weitere Individuen weitergegeben werden, wobei sich Änderungen ergeben können. Sind die Änderungen positiv und stellen sie einen entscheidenden Selektionsvorteil dar, so können sich die Änderungen durchsetzen und verbreiten.

| | | **biologische Evolution** | **Sprachevolution** |
|---|---|---|---|
| **Replikator** | vererbbare Einheit | Gene, Nukleotid | Wörter, Laute, Syntax |
| | Mechanismus | DNA-Replikation | Lehren, Lernen, Neuschöpfung |
| **Variation** | innerer Einfluss | genetische Mutation | Fehler, Lautveränderung, Wortschöpfung |
| | äußerer Einfluss | horizontaler Gentransfer (Weitergabe genetischen Materials ohne sexuelle Fortpflanzung und über Artgrenzen) | Lehnwörter aus anderen Sprachen (zum Beispiel dt. *Garage* aus dem Französischen) |
| **Selektion** | | natürliche Selektion | |

**a)** ≡ Erläutern Sie anhand der Tabelle die Analogien zwischen biologischer Evolution und Sprachevolution.

**b)** ≡ Erstellen Sie aus den vorliegenden Begriffen eine Concept-Map.

**c)** ≡ Jugendliche kreieren neue Wörter und Wendungen oder nutzen Wörter in anderen Kontexten. Erläutern Sie die Bedeutung der nebenstehenden Ausdrücke und ergänzen Sie weitere aktuelle.

**d)** ≡ Erläutern Sie, warum manche Begriffe aus der Jugendsprache Bestand haben und über Generationen weitergegeben werden, manche Begriffe aber wieder ganz schnell aus dem Sprachgebrauch verschwinden.

| | |
|---|---|
| wild wyld | Gommemode |
| Läuft bei dir. | Tindergarten |
| merkeln | smash |
| looten | mailden |

### Werkzeuggebrauch

Die Steinzeit ist die früheste Epoche der Menschheitsgeschichte. Sie ist gekennzeichnet durch die Fertigung unterschiedlicher Steinwerkzeuge. *Homo habilis*, der geschickte Mensch, stellte vor etwa 2,5 Millionen Jahren grobe Schlagsteine mit scharfen Kanten gezielt her, was ein **komplexeres Denken** voraussetzte. Diese Fähigkeit wird als ein entscheidender Selektionsvorteil der Gattung Homo gegenüber Australopithecinen gedeutet, die vermutlich lediglich unbearbeitete Steine und Knochen als Werkzeuge verwendet haben.

**9** ≡ „Frühe Steinzeitmenschen stellten Dinge her, die für ihr tägliches Überleben scheinbar nutzlos waren, wie bemalte Felswände oder geschnitzte Figuren. Daran lässt sich erkennen, dass sie zu abstraktem, symbolischem Denken fähig waren." „Die gezielte Fertigung von Werkzeug aus Stein zeigt, dass diese Menschen über den Augenblick hinaus planten." Bewerten Sie diese beiden Aussagen.

Das Wissen zur Werkzeugherstellung wurde an nachfolgende Generationen weitergegeben und im Verlauf der Zeit schrittweise verbessert. Eine Weiterentwicklung in der Herstellung von Steinwerkzeugen war zum Beispiel der Faustkeil. Dieses Allzweckwerkzeug wird *Homo ergaster* zugeschrieben. Faustkeile blieben über 250 000 Jahre im Wesentlichen unverändert. Die kulturelle Evolution verlief innerhalb dieses Zeitraums noch recht langsam. Vor rund 120 000 Jahren wurden dann die Steinwerkzeuge und Jagdwaffen, etwa durch die Neandertaler, zu Wurfspeeren weiterentwickelt und perfektioniert.

**10** ≡ In der Wissenschaft ist es Konsens, dass die kulturelle Evolution mit der Entwicklung von Werkzeugen ihren Anfang nahm. Erläutern Sie diese Auffassung.

### Selektionsvorteile durch die Weitergabe von Wissen

Funde von angekohlten Tierknochen an Lagerstätten deuten darauf hin, dass bereits *Homo ergaster* das Feuer nutzte. Durch verbesserte Werkzeuge und die Verwendung des Feuers erhöhte sich sein Erfolg beim Erwerb von Nahrung und ihre Verwertbarkeit. Es entwickelte sich ein zunehmend kooperatives Verhalten der Gruppenmitglieder, etwa bei der Jagd, dem Teilen von Nahrung, der Verteidigung gegen Feinde und der Aufzucht der Kinder.

Das Leben in der Gruppe gewährte jedem Einzelnen, auch dem Nachwuchs, ausreichend Nahrung, Schutz und Fürsorge. Durch diese soziale Evolution erhöhten sich die Überlebenschancen und damit auch die reproduktive Fitness von jedem einzelnen Individuum. Kooperation, Arbeitsteilung und Lernfähigkeit bildeten wichtige Grundlagen für die kulturelle Weiterentwicklung des Menschen.

**3** Altsteinzeitlicher Faustkeil

## Materialgebundene Aufgabe

### 11 Werkzeuggebrauch bei Schimpansen

Schimpansen verwenden Werkzeuge, um Palmnüsse zu knacken (**A**) oder Termiten aus ihren Hügeln zu angeln (**B**). Ein Forscherteam vom Max-Planck-Institut untersuchte an der Elfenbeinküste die Werkzeuge, die Schimpansen dreier benachbarter Gruppen zum Knacken von Nüssen bevorzugen. Schimpansen verwenden zum Knacken von Nüssen Hammer und Amboss.

Am Anfang der Reifezeit sind die Nüsse sehr hart, werden später jedoch weicher. Während von den Schimpansen in der Nord- und Ostgruppe erst große, dann kleinere Steinhämmer und später Holzhämmer benutzt werden, verwenden Schimpansen der Südgruppe während der gesamten Erntezeit große Steinhämmer.

In allen Regionen sind ausreichend geeignetes Holz und Steine vorhanden. Zwischen den drei Gruppen bestehen häufige Kontakte. Die Weibchen wechseln regelmäßig zur Fortpflanzung in benachbarte Gruppen.

**a)** ≡ Begründen Sie, dass sich die unterschiedliche Werkzeugwahl der Schimpansen nicht allein durch ökologische oder genetische Faktoren erklären lässt.

**b)** ≡ Erklären Sie das Verhalten der Schimpansen vor dem Hintergrund der kulturellen Evolution.

**c)** ≡ Recherchieren Sie weitere Beispiele zum Werkzeuggebrauch bei Tieren.

**4 Informationsspeicherung im Laufe der Zeit. A** ägyptische Hieroglyphen; **B** Bibliothek; **C** 35mm-Film, USB-Stick, SD-Karte

**Informationsspeicherung**
Unsere heutige Kultur ist ohne Schrift nicht vorstellbar. Im alten Ägypten wurden bereits vor 5200 Jahren Bildschriften verwendet, die Hieroglyphen. Dabei konnten wichtige Informationen festgehalten und an andere Menschen übermittelt werden. Mit der Erfindung des Buchdrucks in der Mitte des 15. Jahrhunderts durch Johannes GUTENBERG wurde Wissen für viele Menschen zugänglich, ohne auf rein mündliche Überlieferung zurückgreifen zu müssen. Das Lesen ermöglicht dem Einzelnen, sein Wissen zu erweitern und selbständig zu lernen. Das war die Grundlage für die folgende rasante wissenschaftlich-technische Entwicklung.

Die Entwicklungen der Computertechnik und des Internets bildeten den Übergang vom Industriezeitalter zum **Informationszeitalter**.

**12** ≡ Hieroglyphen, Bücher, 35mm-Film, USB-Stick und SD-Karte – diskutieren Sie, welche weiteren Beispiele der Informationsspeicherung Sie als Meilensteine der kulturellen Evolution bezeichnen würden.

**13** ≡ Um einen Mikrofilm zu lesen, genügt eine Lupe. Bei passender Lagerung halten Mikrofilme bis zu 500 Jahre. Vergleichen Sie mithilfe einer Recherche Ihre in Aufgabe 12 genannten Speichermedien bezüglich ihrer Haltbarkeit und ermitteln Sie die jeweiligen Vor- und Nachteile.

## Materialgebundene Aufgabe

### 14 Gene und Meme

Mit der kulturellen Entwicklung des *Homo sapiens* begann eine neue Phase der Evolution, in der die natürliche Selektion durch Erfindungen beeinflusst wurde. In Analogie zur biologischen Evolution mit der ihr zugrundeliegenden Informationseinheit „Gen" hat man für die kulturelle Evolution die Informationseinheit „Mem" (*lat. memoria*: Gedächtnis) geprägt. Die Bezeichnung Mem wurde im Jahr 1976 vom Evolutionsbiologen Richard DAWKINS beschrieben. DAWKINS definierte Mem als „Idee", „Überzeugung" und „Verhaltensmuster".

**a)** ≡ Begründen Sie anhand verschiedener Beispiele, warum die kulturelle Evolution im Vergleich zur biologischen lamarckistisch verläuft.

**b)** ≡ Erörtern Sie den Begriff „Verwandtschaft" im biologischen und kulturellen Sinn.

**c)** ≡ „Die Leistungen des weltweit verbreiteten Menschen können nur bei Betrachtung von biologischer und kultureller Evolution beurteilt werden." Überprüfen Sie diese Aussage.

**Memtheorie**
Die kulturelle Evolution kann durch folgende Merkmale charakterisiert werden:
- Die kulturelle Evolution verläuft lamarckistisch.
- Die Informationseinheit der kulturellen Evolution ist das Mem.
- Die Gesamtheit aller Meme bildet den Memepool.
- Evolutionsfaktoren sind
  - Mememutationen: veränderte oder neue Ideen
  - Memefluss: Wanderung von Memen von einer Gruppe zu einer anderen
  - Selektion: Wettbewerb
  - Memedrift: Durchsetzung oder Verschwinden von Memen in kleineren, isolierten Gruppen
- In Bevölkerungsgruppen kann es zu einer Vereinigung verschiedener Ideen kommen.
- Durch Lernen am Erfolg passen sich die Gruppenmitglieder den neuen Ideen an.
- Neue Ideen können sich vor allem behaupten, wenn eine Marktlücke besteht.

## 15 Die Bedeutung der kulturellen Evolution

Die kulturelle und die biologische Evolution des Menschen lassen sich nicht trennen, da die biologische Evolution die Voraussetzung für die kulturelle Evolution ist. In die Zeit der **Frühen Altsteinzeit** (Beginn vor rund 2,5 Millionen Jahren) fällt der Gebrauch des Feuers, der Bau zelt- und hüttenartiger Behausungen und die Anfertigung von Kleidung. Die **Mittlere Altsteinzeit** (Beginn vor rund 200 000 Jahren) ist gekennzeichnet durch die Bestattung von Toten mit Grabbeigaben. Höhlenmalereien und die Anfertigung von Skulpturen fallen in die **Jüngere Altsteinzeit** (Beginn vor rund 45 000 Jahren). Es folgen die **Mittel- und Jungsteinzeit** (ab ca. 100 000 v. Chr.) mit Sesshaftigkeit, Ackergeräten, Nutzpflanzen und Haustieren, das **Metallzeitalter** (ab ca. 8000 bis 1500 v. Chr.) mit Metallgewinnung und Metallverarbeitung und die **Frühgeschichte und Neuzeit** mit Schrift, Büchern, Dampfmaschine, Computer, Internet).

| | **Vormenschen** | **Frühmenschen<br>Varianten der Gattung Homo** | **moderner Mensch** |
|---|---|---|---|
| **Aspekte der biologischen Evolution** | *Australopithecinen* 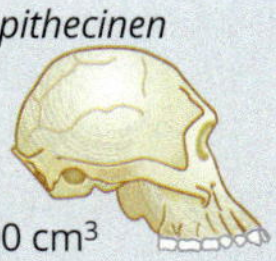 400 - 600 $cm^3$ | *Homo rudolfensis* 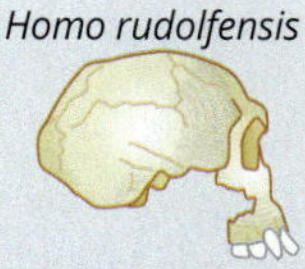 *Homo habilis* 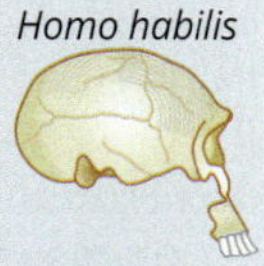 *Homo erectus* 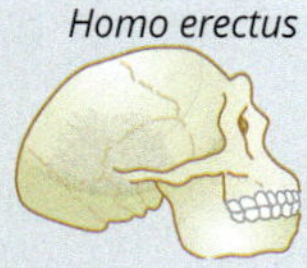 | *Homo sapiens* 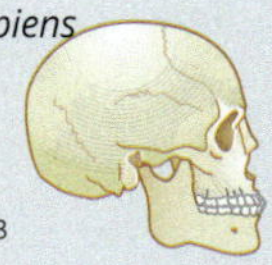 1500 $cm^3$ |
| | aufrechter Gang | Zunahme des Gehirnvolumens<br>Ausbildung des Neocortex<br>Zunahme der neuronalen Verknüpfungen | |
| | freie Atmung | Absenkung des Kehlkopfes in den unteren Halsbereich<br>Entwicklung des Sprechapparates | Nutzung des Sprechapparates |
| **Aspekte der kulturellen Evolution** | Verwendung von Steinen und Ästen als Werkzeuge | Herstellung von Werkzeug<br>Verwendung von Feuer<br>Zunehmende Sozialisation | Kunst |
| | | Zunahme des komplexen Denkens und Planens | komplexes, abstraktes Denken und Planen |
| | Kommunikation durch Gesten | Kommunikation durch Gesten<br>Verbindung von Gesten mit abstrakten Lauten<br>Kommunikation über Laute überwiegt | Sprache, Informationsspeicherung durch Schrift |

**a)** Fassen Sie die wesentlichen Zusammenhänge und Inhalte der kulturellen Evolution in Form einer Mindmap zusammen.

**b)** Vor rund 80 000 Jahren beschleunigte sich die kulturelle Evolution des Menschen. Erklären Sie diese Tatsache. Gehen Sie dabei auf die in der Tabelle bei Vormenschen, Frühmenschen und modernen Menschen genannten Aspekte der biologischen Evolution ein.

**c)** Beurteilen Sie mithilfe Ihrer bisherigen Kenntnisse über die Sprachentwicklung folgende Aussagen:
- Mehrere Menschen einer Gruppe sind in der Lage, gleichzeitig über dasselbe Problem nachzudenken.
- Eine durchdachte Lösung kann in der Gruppe viel schneller bekannt gemacht werden.
- Vor einer möglichen gefährlichen Situation kann auch gewarnt werden, wenn sie nicht unmittelbar besteht.

## 16 Musik und kulturelle Evolution

In allen menschlichen Kulturen wird musiziert. Viele Wissenschaftler gehen aufgrund diverser Hinweise davon aus, dass Musikalität angeboren und nicht kulturell erfunden worden ist. Sie formulieren folgende Hypothesen:
- Musikalität ist als beruhigendes Element zwischen Mutter und Baby entstanden.
- Musikalität ist als Element der Partnersuche, analog dem Vogelgesang, entstanden.
- Musikalität ist als förderndes Element für das Gemeinschaftsgefühl einer Gruppe entstanden.

**a)** Recherchieren Sie zur angeborenen Musikalität.

**b)** Begründen Sie, warum Musik dennoch elementarer Bestandteil der kulturellen Evolution ist.

**1 Rodungsmaßnahmen. A** Brandrodung auf Madagaskar; **B** Rodung mit Bagger in Mitteleuropa

## 2.6 Eingriffe des Menschen in Evolutionsprozesse

**Der Mensch passt seine Umwelt aktiv an seine Bedürfnisse an. Was unterscheidet diese Vorgehensweise von der natürlichen Selektion? Welche Grenzen und Gefahren gibt es beim menschlichen Eingriff in natürliche Evolutionsprozesse?**

### Aktive Veränderungen durch Rodungen

In den Tropen werden großflächig Regenwälder zur Holznutzung oder zur Anlage landwirtschaftlicher Nutzflächen gerodet. Dort und auch in anderen Regionen der Erde werden Lebensräume durch den Bau von Verkehrswegen zerschnitten. Durch diese **Rodungen** werden vorher zusammenhängende Populationen in kleine Teilpopulationen getrennt, die dann ein höheres Aussterberisiko haben. Die wohl bedeutendste Einzelursache für das Aussterben von Arten ist die Vernichtung ihres Lebensraums durch menschliche Aktivitäten.

1 Beschreiben Sie aus evolutionsbiologischer Sicht die Schritte, die bei der Trennung einer Population in viele kleine Teilpopulationen bis zum möglichen Aussterben einer Art ablaufen.

Doch nicht nur Naturgebiete und Arten werden durch Rodungen bedroht. Mit dem Regenwald geht als wichtiger Kohlenstoffatomspeicher zudem ein Stabilisator des weltweiten Klimas Schritt für Schritt verloren.

## Materialgebundene Aufgabe

### 2 Regenwaldverluste als anthropogene Ursache für Artensterben

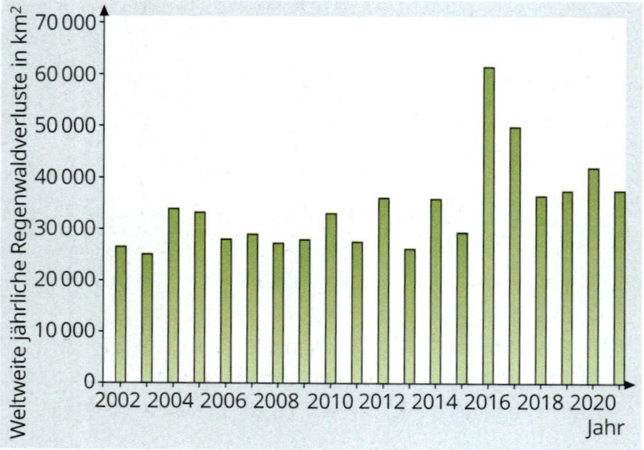


Zwischen 2005 und 2017 wurden mehr als 80 Prozent der weltweit gerodeten Flächen zur Gewinnung der folgenden Produkte genutzt:

| | |
|---|---|
| Soja 31 % | Holz 8 % |
| Palmöl 24 % | Kakao 6 % |
| Rindfleisch 10 % | Kaffee 5 % |

**a)** Werten Sie die Grafik aus.

**b)** Recherchieren Sie, welche Länder die Hauptabnehmer der Produkte sind und nehmen Sie Stellung.

**c)** Nach der Abholzung entstehen oft Monokulturen auf den neuen landwirtschaftlichen Flächen. Erklären Sie die Auswirkungen aus evolutionsbiologischer Sicht.

### Von der Naturlandschaft zur Kulturlandschaft

Auch in anderen Regionen der Erde wie in Mitteleuropa verändert der Mensch Naturlandschaften. Seit der Mensch sesshaft wurde, werden **Naturlandschaften** durch land-, forst-, und fischereiwirtschaftliche Nutzung sowie durch die Kultivierung der Moore und den Ausbau von Siedlungen und Flusslandschaften umgestaltet. Dabei entstanden vielfältige, dauerhaft durch den Menschen geprägte **Kulturlandschaften**.

**3** ≡ Recherchieren Sie konkrete Beispiele zu Kulturlandschaften in Deutschland.

Durch die bis Mitte des 20. Jahrhunderts vielfältige, aber wenig intensive Nutzung der Landschaft entstanden zahlreiche neue Lebensräume. In den unterschiedlichen und zum Teil einzigartigen Habitaten konnten sich hoch spezialisierte Pflanzen und Tiergesellschaften entwickeln. Die Artenvielfalt in den Kulturlandschaften ist häufig deutlich gegenüber der ursprünglichen Landschaft erhöht. Alte Kulturlandschaften sind daher in besonderem Maße schutzwürdig. Sie sind zudem von hohem ästhetischen Wert für das Landschaftsbild.

**4** ≡ Stellen Sie eine Hypothese auf, warum die Artenvielfalt in Kulturlandschaften deutlich größer sein kann als in der ursprünglichen Naturlandschaft.

**Wacholderheiden** zählen zu den ältesten durchgehend existierenden Kulturlandschaften der Menschheit. Die Beweidung gerodeter Waldflächen durch Nutzvieh hatte zur Folge, dass der Bewuchs kurz gehalten wurde. Der starke Verbiss durch Schafe führte an trockenen und nährstoffarmen Standorten zur Entstehung von Wacholderheiden. Da der stachelige Wacholder und giftige Pflanzen nicht gefressen wurden, konnten diese Pflanzen hier ungestört wachsen. Ohne den Einfluss des Menschen würden Wacholderheiden Gefahr laufen, waldartig zuzuwachsen. Um sie zu erhalten, müssen diese weiterhin vom Menschen bewirtschaftet werden.

**5** ≡ Vergleichen Sie die Entstehung der Wacholderheiden mit den Mechanismen zur Entstehung von Angepasstheiten durch die natürliche Selektion.

**2 Kulturlandschaft. A** Schafherde in einer Wacholderheide; **B** Wacholderbeeren

### Intensivlandwirtschaft

Durch das Bevölkerungswachstum und technische Entwicklungen hat die Schnelligkeit der Landschaftsumgestaltung seit Mitte des letzten Jahrhunderts enorm zugenommen. Es ist eine **Intensivlandwirtschaft** mit hoher Produktivität bei **Ackerbau** und **Viehzucht** entstanden. Um den Einsatz großer Maschinen zu ermöglichen, wurden Felder vergrößert, Hecken und Ackerrandstreifen entfernt, Bäche begradigt und Feuchtgebiete trocken gelegt. Häufig entstanden **Monokulturen**. Lebensräume für Tier- und Pflanzenarten gingen verloren. Etwa ein Viertel der landwirtschaftlich genutzten Fläche Deutschlands sind Wiesen und Weiden. Dieses Grünland ist von großer Bedeutung für den Erhalt der Artenvielfalt.

**3** Maismonokultur

## Materialgebundene Aufgabe

### 6 Veränderungen der Landnutzung

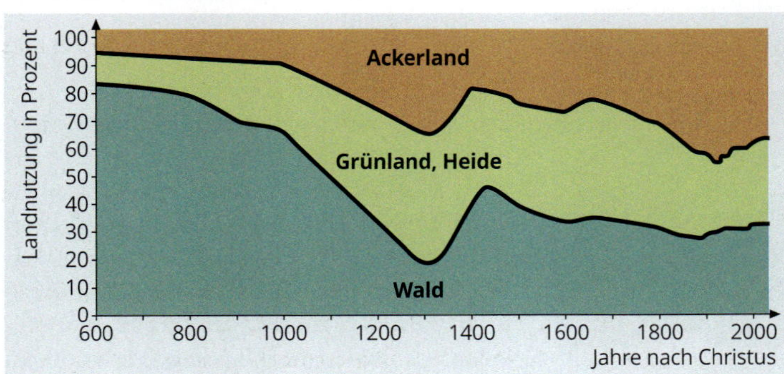


**a)** ≡ Beschreiben Sie die Entwicklung der Landnutzung.
**b)** ≡ Erläutern Sie mögliche Ursachen für die Veränderungen.
**c)** ≡ Recherchieren Sie Veränderungen und Folgen der Grünlandbewirtschaftung.

**4 Flächenversiegelung.** **A** Autobahn; **B** Straßenbau im Wohngebiet; **C** Industriegebiet

**5 Übernutzung.** **A** Düngung; **B** Aquakultur

**6 Gegenmaßnahmen.** **A** begrünter Ackerrandstreifen; **B** Fassadenbegrünung

## Flächenversiegelung

Durch die wachsende urbane und industrielle Nutzung wurde das Landschaftsbild stark verändert. Der Flächenverbrauch für Industriegebiete führte zu einer zunehmenden **Flächenversiegelung** mit negativen Auswirkungen auf Böden und Grundwasser. Straßen und Bahnlinien haben eine Zerschneidung der Landschaft mit gravierenden Auswirkungen auf die Lebensräume von Pflanzen und Tieren zur Folge. Auch in diesem Fall findet eine Verinselung statt, die durch die Trennung von Populationen zum Aussterben von Arten führt. Flussläufe wurden für den Schiffsverkehr begradigt und vertieft. Hierdurch gingen vor allem Flussauen mit ihren charakteristischen Pflanzen- und Tiergesellschaften verloren. Die erhöhte Fließgeschwindigkeit hatte zudem einen Verlust an Lebensräumen in den Gewässern zur Folge.

**7** ≡ Auch für Windräder, Wasserkraftwerke und Solaranlagen werden Flächen versiegelt. Erörtern Sie Pro- und Kontraargumente von Klima- und Naturschützern und bilden Sie sich eine eigene Meinung zu dem Sachverhalt.

## Übernutzung von Ökosystemen

Der Anbau von genetisch einheitlichen Pflanzen in großflächigen Monokulturen und die Zucht weniger, hochproduktiver Arten von Fischen und Meeresfrüchten in **Aquakulturen** verbrauchen wertvollen Lebensraum. Diese Übernutzung schädigt Ökosysteme, heimische Arten werden verdrängt. Der Einsatz von Pestiziden in Landwirtschaft und Aquakulturen dezimiert nicht nur unerwünschte Organismen, sondern schädigt auch viele andere Lebewesen. Intensive Düngung ist eine Voraussetzung für einen guten Pflanzenertrag und den Erhalt der Bodenfruchtbarkeit. Durch übermäßig eingetragene Stickstoffverbindungen aus landwirtschaftlichem Dünger, Massentierhaltung, Industrie und Verkehr reichern sich Nährstoffe im Boden und in Gewässern an. Diese **Eutrophierung** (griech. *eutrophos*: gut nährend) kann zu großen Problemen führen. Einige wenige wuchskräftige Pflanzen wachsen sehr gut nach starker Düngung, andere Arten werden verdrängt. Es kann zu Pflanzenschädigungen und zu Eintragungen der Nährstoffe in das Grundwasser kommen.

## Gegenmaßnahmen

Aus vielfältigen Äckern und Wiesen wurden durch die Intensivierung der Landwirtschaft monotone und artenarme Flächen. Eine der wichtigsten Maßnahmen, um diese Entwicklung einzudämmen, besteht in der Ausweisung von Schutzgebieten. Zu diesen zählen Landschaftsschutzgebiete und Naturschutzgebiete.

Durch verschiedene Maßnahmen kann die Artenvielfalt von intensiv genutztem Acker- und Grünland erhöht werden. Wird etwa der Ackerrandstreifen nicht bewirtschaftet, können sich dort Ackerwildkräuter ansiedeln. Durch Anpflanzung von Hecken und Gehölzen zwischen landwirtschaftlich genutzten Flächen können Brutplätze für Vögel geschaffen werden. Werden Kleingewässer an geeigneten Stellen angelegt, können diese einen Lebensraum für Amphibien, Insekten und Pflanzen der Ufer- und Flachwasserzone bieten. Auch Innenstädte können durch Stadtbegrünung in Form von Parks, begrünten Fassaden und Dachgärten ökologisch aufgewertet werden.

**8** ≡ Untersuchen Sie, ob im direkten Umfeld Ihrer Schule oder Ihres Wohnortes Maßnahmen gegen Flächenversiegelung umgesetzt worden sind. Diskutieren Sie Ihre Ergebnisse im Kurs.

## 9 Veränderung der Umwelt durch den Menschen

Der Verlauf der Lippe, ein Nebenfluss des Rheins, wurde durch den Menschen stark verändert. Der ursprünglich mäandrierende, also sich durch einen schlängenden Verlauf auszeichnende, Fluss wurde im 19. Jahrhundert durch Flussbegradigungen um mehr als fünf Kilometer verkürzt, die Flussaue wurde auf ein Viertel der ursprünglichen Fläche reduziert. Anfang der 1980er-Jahre entstand durch den Abbau von Kies und Sand im Bereich der oberen Lippeaue ein künstlicher See. Eine Staumauer hielt den Seespiegel konstant, war aber für Wasserlebewesen nicht überwindbar. Der von der Lippe transportierte Sand wurde im See abgelagert und fehlte im Unterlauf. Im See erwärmte sich das Wasser, es kam zu verstärktem Algenwachstum. Die abgestorbenen Algen und Kleintiere sowie das trübe und erwärmte Wasser belasteten das Wasser der Lippe im Unterlauf. Als **Renaturierungsmaßnahme** wurde zwischen 2000 und 2005 eine **Umflut** um den Lippesee gebaut. Die Lippe fließt nun in einer 60 Meter breiten Ersatzaue am See vorbei. In ihr kann sich die Lippe wieder mäandern. Zur Untersuchung der Folgen dieser Renaturierungsmaßnahme wurden seit 2005 die Bestandsentwicklungen von Koppe (**A**) und Aal (**B**) ermittelt. Die Koppe ist eine an klares und kaltes Wasser angepasste Fischart, die den Oberlauf von Flüssen besiedelt. Sie laicht auf Kiesbänken. Aale sind bezüglich der Gewässerqualität weniger anspruchsvoll und bevorzugen weiche und schlammige Untergründe.

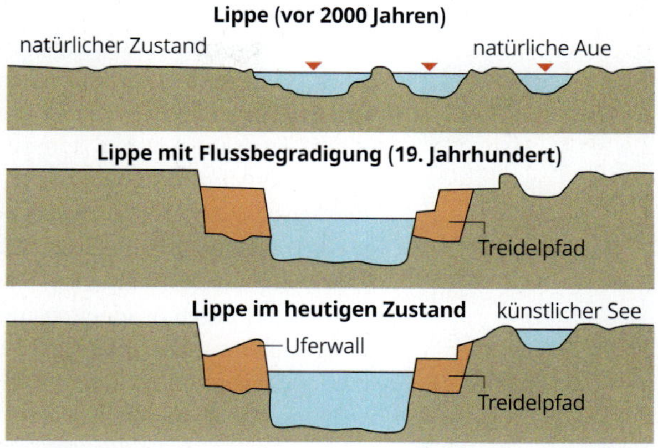


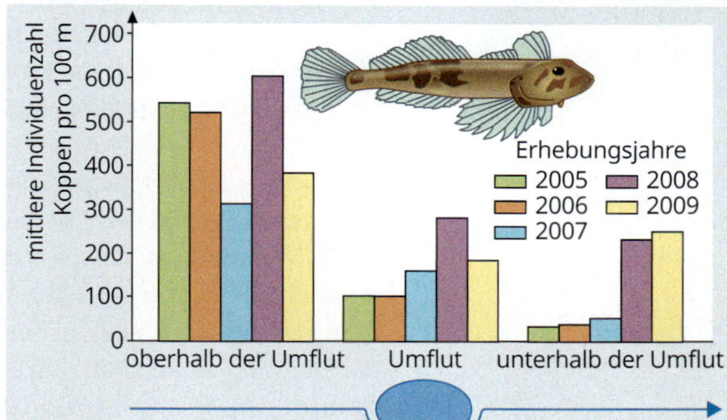

A

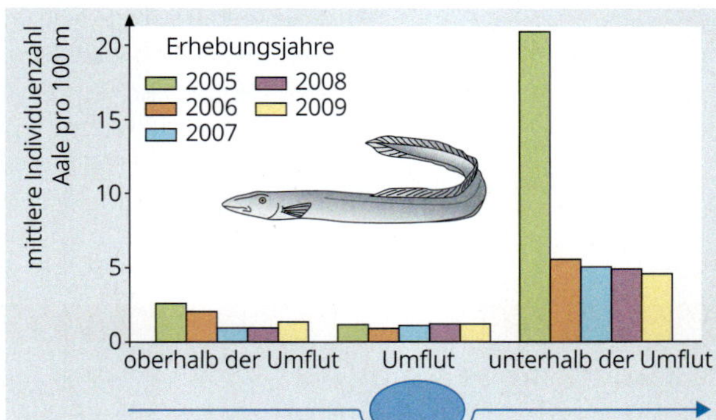

B

- **a)** ≡ Stellen Sie in einer Tabelle die Veränderungen des Verlaufs der Lippe bis zum Jahr 2000, die Vorteile für den Menschen und die Folgen für die Natur aus evolutionsbiologischer Sicht dar.
- **b)** ≡ Erläutern Sie die Ziele der durchgeführten Renaturierungsmaßnahme.
- **c)** ≡ Werten Sie die Ergebnisse der Bestandsentwicklungen von Koppe und Aal zwischen 2005 und 2009 aus.
- **d)** ≡ Beurteilen Sie den Erfolg der Renaturierung.
- **e)** ≡ Nennen Sie weitere Parameter, die für eine genauere Beurteilung untersucht werden sollten.

## 10 Renaturierungsmaßnahmen am Main in Oberfranken

Mit über 400 km Länge ist der Main Bayerns längster Fluss. In Oberfranken fließt er rund 80 km lang recht naturbelassen Richtung Unterfranken. Hier hat der Mensch früher massiv durch Kies- und Sandabbau in die Umwelt eingegriffen. Durch Renaturierungsmaßnahmen finden Störche, Nachtreiher und Fischadler nun wieder neue Brutgebiete.

- **a)** ≡ Beschreiben Sie die auf dem Bild dargestellten Renaturierungsmaßnahmen am Main und untersuchen Sie mithilfe einer Recherche mögliche Folgen für die Natur.
- **b)** ≡ Beim Beginn der Arbeiten gab es unterschiedliche Interessensgruppen. Recherchieren Sie deren Argumente.

**7** Charolais-Rind

**8** Sphynx-Katze

### Züchtung und Überzüchtung

In der Jungsteinzeit begannen die Menschen, aus Wildpflanzen und Wildtieren Kulturpflanzen und Haus- und Nutztiere zu züchten. Alle unsere heutigen Hausrinder stammen zum Beispiel vom Auerochsen ab, der vor 10 000 Jahren im Nahen Osten domestiziert wurde (lat. *domesticus*: „häuslich"). Aus dem wilden Auerochsen wurden zahme Hausrinder. Rinder mit einem großen Fleischertrag wurden gezielt zur Zucht eingesetzt. Das Charolais-Rind ist das Ergebnis einer solchen Zucht. Im Unterschied zur natürlichen Selektion nennt man diesen gezielten Eingriff in die Artentwicklung **künstliche Selektion**.

**11** ≡ Vergleichen Sie die künstliche Selektion mit den Mechanismen zur Entstehung von Angepasstheiten durch die natürliche Selektion.

**12** ≡ Eine Forschergruppe aus der Schweiz vermutet aufgrund von Knochenfunden und DNA-Analysen, dass vor rund 5000 Jahren wilde Auerochsen mit zahmen Rindern gekreuzt wurden. Ziel der Bauern war die Züchtung einer kleineren Hausrindform, die als Arbeitstiere zum Ziehen von Wagen geeignet war. Beschreiben Sie anhand weiterer Beispiele, wie der Mensch seine Umwelt durch künstliche Selektion an seine Bedürfnisse aktiv anpasst.

Bei der Züchtung von Kulturpflanzen und Nutztieren werden die wenigen hochspezialisierten Arten ständig an sich ändernde Bedürfnisse des Menschen angepasst. Von **Überzüchtung** spricht man, wenn ein oder mehrere Merkmale züchterisch übersteigert werden. Dies kann bei fleischliefernden Rindern der Körperbau, bei Kühen die Milchproduktion, bei Hühnern die Legeleistung, bei Kartoffelpflanzen der Ertrag der Knollen und bei Haustieren ein subjektives Schönheitsmerkmal sein. Solche Überzüchtungen können für die Individuen schwerwiegende Konsequenzen haben wie Schmerzen, Körperschädigungen oder Verhaltensstörungen. Möglicherweise sind sie wie die felllose Sphynx-Katze anfälliger für Krankheiten oder haben eine geringere Lebenserwartung.

### Veränderung des Genpools

Durch diese künstliche Selektion wird auch die genetische Variation reduziert. Basis der Biodiversität ist aber die genetische Vielfalt. Werden ursprüngliche Arten oder Sorten, die weniger ertragreich sind, nicht weiterkultiviert, so können diese aussterben. Der Genpool für weitere Züchtungen wird immer kleiner, was erheblichen Einfluss auf die Ernährung des Menschen haben kann, da diverse Gene mit dem Verlust verloren gehen.

**13** ≡ Erläutern Sie anhand eines selbstgewählten Beispiels die Grenzen und Gefahren eines menschlichen Eingriffs in natürliche Evolutionsprozesse.

## Materialgebundene Aufgabe

### 14 Grenzen und Gefahren eines menschlichen Eingriffs in natürliche Evolutionsprozesse

Im Unterschied zu Kleinpudeln (**A**) leiden die stark überzüchteten Pekingesen (**B**) unter Brachycephalie, was Kurz- oder Rundköpfigkeit bedeutet. Der durch Überzüchtung deformierte Schädel, der unter anderem zu verengten Nasenlöchern führt, verursacht gesundheitliche Probleme.

**a)** ≡ Vergleichen Sie die beiden Hundeschädel.

**b)** ≡ Zu den gesundheitlichen Problemen der Pekingesen gehören eine erschwerte Atmung und eine gestörte Thermoregulation. Pekingesen hecheln auch in Ruhe. Erkläre Sie diese Symptome.

**c)** ≡ Inzwischen versuchen einige Züchter, die starke Überzüchtung zu „entschärfen", andere sind dagegen. Bewerten Sie beide Positionen.

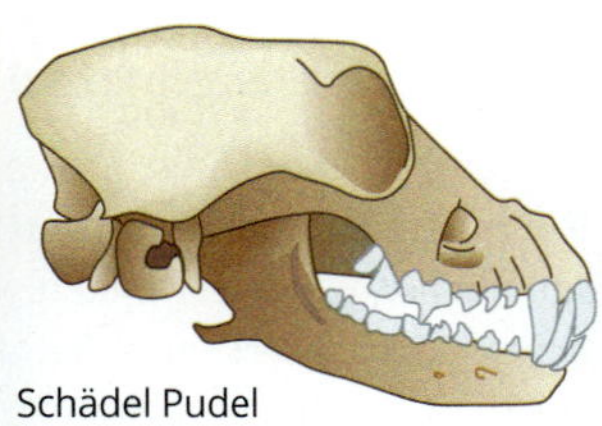

Schädel Pudel

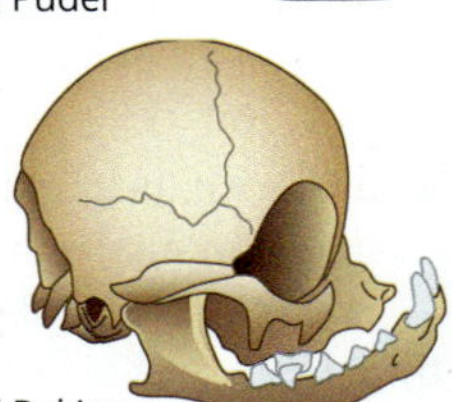

Schädel Pekingese

## 15 Sozialdarwinismus

Der „Sozialdarwinismus" ist eine sozialwissenschaftliche Theorie, die Teile der Evolutionslehre von DARWIN auf die menschliche Gesellschaft überträgt. Er ist mit unseren heutigen Moralvorstellungen nicht zu vereinen, da er das grundlegende Prinzip der Menschenrechte missachtet. Zudem ignoriert er wesentliche Prinzipien der Evolutionstheorie von Darwin.

**Material 1**
Der britische Philosoph und Soziologe Herbert SPENCER (1820–1903) gilt als Urvater des Sozialdarwinismus. Basierend auf der Evolutionstheorie entwickelte er eine Gesellschaftstheorie. Er verwendet als erster den Begriff *„survival of the fittest"*, als er in einem seiner Bücher DARWINS Evolutionstheorie diskutierte. Spencer bezog den Begriff auf den Menschen. DARWIN griff diesen Begriff dann später auf. SPENCERS Kernaussagen lauten:

- Menschliche Gesellschaften unterliegen wie biologische Arten einer Evolution.
- Die Stärksten sind die Menschen, die am besten an das soziale Leben und den Markt angepasst sind.
- Die Konkurrenz der Menschen hat Fleiß und Innovation zur Folge, was wichtig ist für den Fortschritt der Menschheit.
- Die Menschen sind abhängig vom Handeln anderer Menschen, daher führt es sie, so sein Gesellschaftskonzept, zur Zusammenarbeit und zum Verschwinden von egoistischem Verhalten.
- Der sozial Schwache, also der nicht gut Angepasste, verhindert den Fortschritt.

**Material 2**
Edward TYLOR (1832–1917), ein britischer Anthropologe und Religionswissenschaftler, gilt als Begründer des eigentlichen Sozialdarwinismus. Er war Verfechter einer evolutionistisch orientierten Anthropologie. Seine Kernaussagen lauten:

- Menschliche Gesellschaften unterliegen wie biologische Arten einer Evolution.
- Individuen, die der Gesellschaft nicht helfen, sind aus der Gesellschaft auszuschließen und in der Gesellschaft nicht lebenswert.
- Grundlage von kulturellen Veränderungen ist die natürliche Selektion.

**Material 3**
In der Zeit des **nationalsozialistischen Regimes** (1933–1945) kam es zu einer schonungslosen Anwendung des Sozialdarwinismus. Das Prinzip „survival of the fittest" wurde strikt auf das gesellschaftliche Leben übertragen. Die NS-Ideologie war menschenverachtend und rassistisch. Die Prinzipien der Menschenrechte und Menschenwürde wurden außer Kraft gesetzt.
Die nationalsozialistische Rassenhygiene entwickelte sich als radikale Variante der Eugenik (Erbgesundheitslehre, Lehre von den vermeintlich guten Erbanlagen). Das Ziel, verankert in den Nürnberger Gesetzen, war die „Reinhaltung" der deutschen „Rasse". Die Nationalsozialisten sahen die „arische Rasse" als überlegen an. Deutsche NS-Humangenetiker wollten den Genpool der Deutschen mit von den Nazis positiv bewerteten Erbanlagen erhöhen und den Genpool mit negativ bewerteten Erbanlagen verkleinern. Dies geschah durch Zwangssterilisationen, Zwangsabtreibungen, Eheverbote und Ermordungen von „minderwertigen" Menschen. Auch der Antisemitismus gründet auf diesen Vorstellungen. Während der NS-Zeit waren über 90 Prozent der Humangenetiker und Rassenhygieniker Mitglieder der NSDAP.

**Material 4**
**Grundgesetz für die Bundesrepublik Deutschland, Artikel 1**
(1) Die Würde des Menschen ist unantastbar. Sie zu achten und zu schützen ist Verpflichtung aller staatlichen Gewalt.
(2) Das Deutsche Volk bekennt sich darum zu unverletzlichen und unveräußerlichen Menschenrechten als Grundlage jeder menschlichen Gemeinschaft, des Friedens und der Gerechtigkeit in der Welt.

**a)** ≡ Erklären Sie, was man unter „Sozialdarwinismus" versteht.
**b)** ≡ Stellen Sie die wichtigsten Begriffe aus dem Erklärungsansatz zur Evolution von DARWIN zusammen und untersuchen Sie mit Ihrem Wissen aus dem Geschichtsunterricht und einer Recherche, wie diese in der NS-Ideologie gedeutet und umgesetzt wurden.
**c)** ≡ Beurteilen Sie, worin die große Gefahr bei der Anwendung des Sozialdarwinismus liegt.
**d)** ≡ Erläutern Sie, warum der Begriff von menschlichen „Rassen" heute wissenschaftlich als widerlegt gilt.
**e)** ≡ „Die Abschaffung der Menschenrechte und der Menschenwürde war eine Grundvoraussetzung für die strikte Umsetzung des Sozialdarwinismus in der NS-Zeit". Nehmen Sie unter Bezug auf Artikel 1 des Grundgesetzes Stellung.

## Erklärungsansätze zu den Mechanismen der Evolution

**Der Erklärungsansatz zur Evolution von LAMARCK (1744–1829)**
**Kernaussagen:**
- Lebewesen verändern sich aus einem inneren Drang zur Vervollkommnung heraus.
- **1. Gesetz:** Der Gebrauch von Organen führt zu einer Vergrößerung/Stärkung. Der Nichtgebrauch von Organen führt zu einer Verkümmerung/Schwächung.
- **2. Gesetz:** Die Vererbung der erworbenen Eigenschaften führt zur Vervollkommnung.

→ Lebewesen passen sich aktiv an äußere Umweltveränderungen an.

**Der Erklärungsansatz zur Evolution von DARWIN (1809–1882)**
**Kernaussagen:**
- Nachkommenüberschuss: Individuen produzieren mehr Nachkommen als zur Erhaltung der Art notwendig sind.
- Variation: Individuen einer Art unterscheiden sich in der Merkmalsausprägung
- Konkurrenz der Individuen um knappe Ressourcen („*struggle for life*“)
- Selektion: Besser an die Umwelt angepasste Individuen haben bessere Fortpflanzungsmöglichkeiten und mehr Nachkommen („*survival of the fittest*“).

→ Lebewesen werden passiv an äußere Umweltveränderungen angepasst.

**Abgrenzung von naturwissenschaftlichen zu nicht naturwissenschaftlichen Vorstellungen**
**Kreationismus:** Ein Schöpfer hat alle Lebewesen unabhängig voneinander erschaffen; keine Evolution.
**Intelligent Design:** Lebewesen und ihre Organe sind viel zu komplex, sie können nicht durch zufällige Mutation und Selektion entstanden sein. Nur ein intelligenter Designer konnte die Lebewesen erschaffen.

**Mehr dazu auf den Seiten 214–217**

## Synthetische Evolutionstheorie als Zusammenspiel der Evolutionsfaktoren

**Synthetische Evolutionstheorie**
- Erweiterung des Erklärungsansatzes von DARWIN durch moderne Kenntnisse aus der Genetik, der Populationsökologie und der Paläontologie u.a.
- neue Sichtweise: Schwerpunkt auf Population

**Wichtige Begriffe:**
- **Population:** Gruppe von Individuen einer Art, die in einem bestimmten Gebiet lebt und eine Fortpflanzungsgemeinschaft bildet
- **Genpool:** Gene einer Population
- **Allelfrequenz:** relative Häufigkeit eines Allels in einer Population

→ Evolution durch Änderung der Allelfrequenzen im Genpool einer Population

**Evolutionsfaktoren:** Faktoren, die zu einer Allelfrequenzänderung des Genpools führen
- **Mutation:** Veränderungen an der DNA
- **Rekombination:** unterschiedliche Allele werden während der Meiose neu kombiniert

→ führen zur **Variation:** verschiedene Allelkombinationen führen zur Vielfalt von Phänotypen
- **natürliche Selektion:** Die am besten an die jeweiligen Umweltbedingungen angepassten Individuen können ihre Allele mit größerer Wahrscheinlichkeit an viele Nachkommen weitergeben.

**Selektionsformen**
- **stabilisierend:** Selektion richtet sich gegen Individuen mit vom Durchschnitt abweichenden Merkmalen
- **transformierend:** Selektionsdruck auf die Population wirkt von einer Seite, die sich dadurch in diese Richtung verschiebt
- **disruptiv:** Selektion begünstigt nicht die mittleren, sondern die extremen Merkmalsausprägungen; wirkt in zwei Richtungen

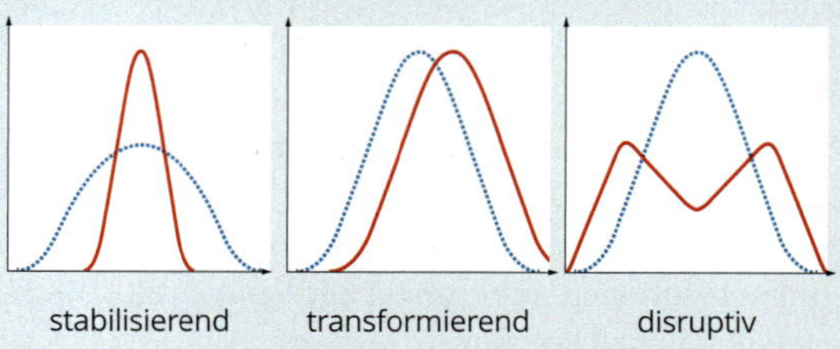


- **Alleldrift:**
  - **Flaschenhalseffekt:** genetische Verarmung aufgrund einer plötzlichen Veränderung der Umweltsituation
  - **Gründereffekt:** genetische Verarmung durch zufällige Trennung von Individuen einer größeren Population; neue Population wird an einem anderen Ort gebildet

**Reproduktive Fitness:** Fortpflanzungserfolg

**Mehr dazu auf den Seiten 218–224**

## Artbildung durch Isolation

Artbildung als Folge von **Isolation**:
- **geografische Isolation:** geografische Barriere verhindert Fortpflanzung
- **ökologische Isolation:** Besetzung unterschiedlicher **ökologischer Nischen**

**Reproduktive Isolation**
Arten werden durch Fortpflanzungsbarrieren von anderen Arten abgegrenzt, sodass sich die Genpools nicht vermischen, auch wenn sich die Verbreitungsgebiete überlappen.
**Problematik der Artbegriffe:**
- **Morphologischer Artbegriff:** Arten sind Gruppen von Individuen, die sich zwar nicht völlig gleichen, aber in ihren wesentlichen Merkmalen und Verhaltensweisen übereinstimmen;
- Beispiel für Problem: Unterschiede in Verhalten und Merkmalen während der Entwicklung.
- **Populationsgenetischer Artbegriff**: Arten sind reproduktiv voneinander isolierte Fortpflanzungsgemeinschaften mit einem gemeinsamen Genpool, deren Mitglieder unter natürlichen Bedingungen durch sexuelle Fortpflanzung Allele austauschen und fruchtbare Nachkommen erzeugen.
- Beispiel für Probleme: ungeschlechtliche Vermehrung, Freilanduntersuchungen

**Mehr dazu auf den Seiten 225–229**

## Koevolution

**Antagonistische Koevolution**
Zwei verschiedene Arten spezialisieren sich in wechselseitiger Anpassung aufeinander; eine Art erleidet Nachteile durch diese Beziehung.
→ Rote-Königin-Hypothese: evolutionäres Wettrüsten
- Beziehung zwischen **Parasit** und **Wirt**;
  **Beispiel:** Kuckuck/Teichrohrsänger
- Beziehung zwischen **Räuber** und **Beute;**
  **Beispiel:** Gepard/Gazelle

**Mutualistische Koevolution**
Zwei verschiedene Arten spezialisieren sich in wechselseitiger Anpassung aufeinander; die wechselseitigen Angepasstheiten nützen allen beteiligten Arten; sie beeinflussen sich zum gegenseitigen Vorteil.
Beziehung zwischen **Pflanzen** und ihren **Bestäubern**
**Beispiel:** Sternorchidee/Schwärmer

**Mehr dazu auf den Seiten 230–233**

## ⊖ Kulturelle Evolution des Menschen

**Kultur:** alle geistigen und materiellen Schöpfungen des Menschen wie Kunst, Religion, Sprache, Wissenschaft
- **Traditionsbildung:** nicht angeborene Verhaltensweisen werden von Artgenossen übernommen, Weitergabe von erlerntem Verhalten von den Älteren an die Jüngeren führt zu **kultureller Evolution**
- Vergleich: **biologische Evolution:** genetische Information wird in Form von DNA an nachfolgende Generationen vererbt
- **Sprachentwicklung**
  • wichtigste Voraussetzung für die kulturelle Evolution
  • Fähigkeit des Menschen gezielt Informationen auszutauschen und weiterzugeben; anatomische Voraussetzungen: Lage des Kehlkopfes, Entwicklung des Sprachzentrums im Gehirn
- **Werkzeuggebrauch**
  • Voraussetzung: komplexeres Denken
  • ab der Steinzeit: Fertigung von Steinwerkzeugen wie Faustkeile oder Werkzeuge zur Jagd
- **Informationsspeicherung**
  • Grundlage für die wissenschaftlich-technische Entwicklung
  • selbstständiges Lernen, Erweiterung und Weitergabe von Wissen möglich
  → **Selektionsvorteile** durch Weitergabe von Wissen

**Mehr dazu auf den Seiten 234–239**

## ⊖ Veränderungen der Umwelt durch den Menschen

Der Mensch passt seine Umwelt aktiv an seine Bedürfnisse an; Eingriffe in Evolutionsprozesse zum Beispiel durch Rodung, Ackerbau, Viehzucht, Flächenversiegelung; heute Gegenmaßnahmen

**Grenzen und Gefahren des Eingriffs in natürliche Evolutionsprozesse**
- Züchtung: künstliche Evolution; bei Überzüchtung werden Merkmale züchterisch übersteigert
- Veränderung des Genpools
- Sozialdarwinismus: sozialwissenschaftliche Theorie, die Teile der Evolutionslehre von DARWIN auf die menschliche Gesellschaft überträgt, Anwendung in der Zeit des Nationalsozialismus mit katastrophalen Folgen

**Mehr dazu auf den Seiten 240–245**

## AUFGABE

### Evolution der Mäuse

Die Echten Mäuse sind mit 750 Arten eine sehr artenreiche Familie der Säugetiere. Dazu gehören beispielsweise die Altweltmäuse, wie die Hausmäuse, und die Neuweltmäuse wie die Hirschmäuse und die Küstenmäuse.

1 Alle Hausmäuse gehören zu einer Art, obwohl sich beispielsweise die westeuropäischen und die asiatischen Hausmäuse aus verschiedenen Gründen nur noch eingeschränkt fortpflanzen können und sich auch äußerlich unterscheiden. Beschreiben Sie mögliche Hindernisse, die eine Fortpflanzung verhindern könnten. Erläutern Sie am Beispiel der Hausmäuse die Ihnen bekannten Artbegriffe. Übertragen Sie dazu auch die Informationen zu den Hirsch- und Küstenmäusen (M1). [12 BE]

2 Erläutern Sie mithilfe der synthetischen Evolutionstheorie sowie M1a und M1b die Entstehung der Arten British-Columbia-Hirschmaus und Hirschmaus. [14 BE]

3 Erklären Sie die Versuchsergebnisse in M1c aus evolutionsbiologischer Sicht. Nutzen Sie auch M1b. [6 BE]

4 Anhänger des Kreationismus und der Intelligent-Design-Bewegung kritisieren die Evolutionstheorien. Diskutieren Sie deren wesentlichen Kritikpunkte und erläutern Sie mithilfe M1d mögliche Antworten der modernen Wissenschaft. [10 BE]

5 Anhand der Evolution der Fellfarbe von Mäusen lassen sich verschiedene Selektionsformen aufzeigen. Nennen Sie die beiden möglichen Selektionsformen, die sich aus M1d ergeben können, und erläutern Sie diese jeweils mithilfe einer Grafik. [22 BE]

6 Erläutern Sie auf Basis von M2a das hier vorgestellte Beispiel der Koevolution. Diskutieren Sie in diesem Zusammenhang die in M2b vorgestellten neuesten wissenschaftlichen Erkenntnisse. [12 BE]

7 ⊜ Bewerten Sie die Aussagen in M3 aus persönlicher, ethischer und gesellschaftlicher Perspektive. [6 BE]

8 Beschreiben Sie die in M4a dargestellte Form der Alleldrift und erläutern Sie wie Lamarck und Darwin die Entstehung einer möglichen neuen Mäuseart „Gough-Maus“ erklären würden. [14 BE]

9 ⊜ Bewerten Sie denkbare Konsequenzen des in M4b beschriebenen menschlichen Handelns. [8 BE]

## MATERIAL

### M1 Hirschmaus und Küstenmaus

#### M1a Hirschmaus und British Columbia-Hirschmaus

Die Hirschmaus (*Peromyscus maniculatus,* **A**) und die British Columbia-Hirschmaus (*Peromyscus keeni,* **B**) kommen beide in den USA vor. Beide Arten sehen sich sehr ähnlich, sie sind sehr nahe verwandt.

#### M1b Vorkommen der Mäuse

Auch die Küstenmaus (*Peromyscus polionotus*) sieht der Hirschmaus zum Verwechseln ähnlich und ist mit dieser sehr nah verwandt. Alle drei Mäusearten kommen in den USA vor.

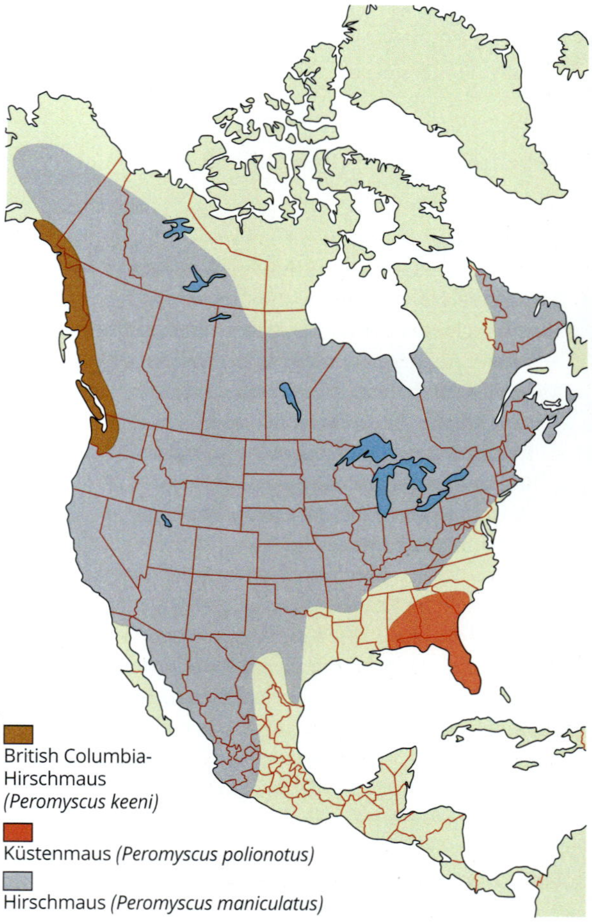

British Columbia-Hirschmaus *(Peromyscus keeni)*

Küstenmaus *(Peromyscus polionotus)*

Hirschmaus *(Peromyscus maniculatus)*

### M1c Verhalten von Hirsch- und Küstenmaus

Wissenschaftler haben das Grabungsverhalten von jungen und adulten Hirschmäusen und Küstenmäusen untersucht.

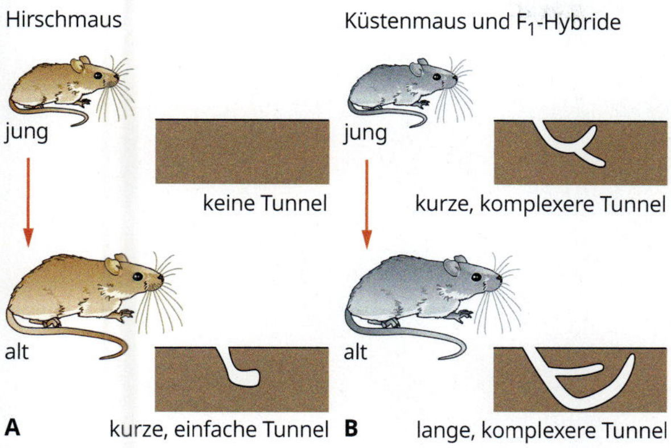


Kreuzt man die beiden Mausarten, so übernimmt die erste Generation ($F_1$-Generation) von Hybriden die Bauweise der Küstenmäuse. Die adulten Nachkommen dieser $F_1$-Generation graben wieder kurze oder lange, komplexe Tunnel.

### M1d Schnelle Evolution bei Hirschmäusen

Evolutionäre Entwicklungen laufen häufig über sehr lange Zeiträume ab. Hunderttausende bis Millionen Jahre Evolutionsablauf lassen keine direkte Beobachtung des Menschen zu, wie es vielleicht bei Verhaltensexperimenten im Labor oder im Freiland geschehen kann. Ein Beispiel für eine sehr schnelle Evolution kann jedoch bei der Hirschmaus beobachtet werden. Das dunkelbraune Fell der Hirschmäuse ist eine gute Angepasstheit an ihren Lebensraum, es tarnt sie sehr gut vor ihren Fressfeinden. In den Sandhills von Nebraska, eine aus Sanddünen bestehende Prärieregion, kommen Hirschmäuse mit einem sehr hellen Fell vor. Diese evolutive Entwicklung fand innerhalb von nur wenigen Tausend Jahren statt.

## M2 Koevolution

### M2a Befall mit *Heligmosomoides polygyrus*

*Heligmosomoides polygyrus* ist ein Darmspulwurm, der weltweit als Parasit in Mäusen vorkommt. Die Entwicklung des pathogenen Wurms verläuft ohne einen Wirtswechsel. Lymphknoten von Mäusen, die mit dem Spulwurm infiziert sind, wachsen stark an. Nach einer Infektion bildet der Parasit im Darm des Wirts das Protein HES. HES bringt das Immunsystem dazu, vermehrt eine bestimmte Art von T-Zellen zu produzieren, die eine Immunreaktion gegen den Darmspulwurm unterdrücken. Der Parasit entzieht sich dem Zugriff von Immunzellen.

### M2b *Heligmosomoides polygyrus* als Nützling?

Mäuse, die von *Heligmosomoides polygyrus* befallen sind, erkranken seltener an Diabetes Typ 1. Auch an einer möglichen Therapie mit HES an Menschen wird bereits geforscht.

## M3 ⓔ Eingriffe des Menschen

(1) Die heutigen Labormäuse stammen alle von der Hausmaus ab, besitzen aber im Vergleich zu ihren wilden Verwandten eine viel geringere genetische Vielfalt.
(2) Bei Tierversuchen an Mäusen, die das Ziel haben menschliche Krankheiten zu untersuchen, werden auch Chromosomen verändert und Mausgenen fremde DNA zugefügt.
(3) An den Berliner Hochschulen ist die Zahl der Forschungsvorhaben, bei denen Tierversuche eingesetzt werden, rückläufig.

## M4 Probleme mit Riesenmäusen

### M4a Vom Winzling zum Riesen: Die Gough-Mäuse

Wenn große Tiere wie Elefanten auf Inseln geraten, dann, so konnten es Wissenschaftler zum Beispiel auf den Inseln Flores (Indonesien) oder auf Borneo beobachten, werden sie von Generation zu Generation kleiner. Sie schrumpfen. In der Wissenschaft spricht man von Verzwergung.
Eine andere Entwicklung konnte von Forschern des Max-Planck-Instituts für Evolutionsforschung in Plön (Schleswig-Holstein) bei Mäusen auf der Insel Gough beobachtet werden. Gough liegt im Südatlantik und gehört zum britischen Überseegebiet. Vor rund 150 Jahren waren Hausmäuse (*Mus musculus*) auf Schiffen von Walfängern auf diese Insel gelangt. Bis zu deren Eintreffen hatten die einheimischen Vögel auf der Insel keine Fressfeinde, zu weit weg von dieser Insel liegt die nächstgelegene Insel. Die Mäuse auf Gough entwickelten sich zu wahren Riesen, die sich nicht mehr rein pflanzlich und mit Insekten ernährten. Auf der Speisekarte der Gough-Mäuse stehen Küken von Sturmvögeln und Albatrossen, die sie in ihren Nestern töten und fressen.

### M4b ⓔ Eingriff des Menschen in die Population der Gough-Mäuse

Inzwischen gibt es Programme wie das GIRP („Gough Island Restoration Programme"), deren Ziel es ist, die eingeschleppten Mäuse durch Köderausbringung zu töten. Es wird inzwischen befürchtet, dass die Vögel auf Gough aussterben könnten. Da nach den Maßnahmen wieder mehrere Mäuse an verschiedenen Stellen der Insel gefunden wurden, gilt das Projekt als gescheitet. GIRP untersucht nun verstärkt die Verbreitung der Mäuse auf der Insel und deren Lebensräume.

Der Wiedehopf erbeutet Insekten nahezu immer am Boden. Er führt eine monogame, saisonale Beziehung. Die Weibchen brüten die Eier aus, die Männchen beschaffen Nahrung: Arbeitsteilung kann energieeffizient sein und erleichtert die Jungenaufzucht. Tierisches Verhalten zeigt eine Abwägung von Kosten und Nutzen.

# Verhaltens-ökologie

1 Evolution und Angepasstheit von Verhalten

2 Sozialverhalten bei Menschen und weiteren Primaten

# 1 Evolution und Angepasstheit von Verhalten

## 1.1 Verhaltensökologie als Teil der Verhaltensbiologie

**Die Verhaltensökologie betrachtet Verhalten aus Sicht der Evolutionstheorie. Doch mit welchen „Werkzeugen" wird hier wissenschaftlich gearbeitet und wie lassen sich die Auswirkungen bewerten?**

Welches Verhalten führt zum größten Fortpflanzungserfolg eines Individuums und steigert seine Fitness? Setzt sich eine Verhaltensweise innerhalb einer Population langfristig durch? In welchem Zusammenhang steht das Verhalten mit der Ökologie des Individuums? Diese und weitere Fragestellungen werden mit verhaltensökologischen Methoden, den hier vorgestellten „Werkzeugen", untersucht, wobei häufig mathematische Modelle und ökonomische Konzepte zur Anwendung kommen.

### Die Werkzeuge der Verhaltensökologie

**Beschreibung von Verhaltensweisen**
Probleme lassen sich auf verschiedene Weisen lösen – nur welche Lösung setzt sich in der Evolution durch? Die Beschreibung solcher unterschiedlichen Verhaltensweisen vereint alle anderen Methoden.

**Proximate und ultimate Sichtweise**
Wie entsteht eine Verhaltensweise im Individuum und welchen Einfluss hat sie auf das Überleben einer Art?
**zum Beispiel → Seite 253**

**Vergleiche**
Zwischen Individuen einer Art einerseits und zwischen Individuen verschiedener Arten andererseits können verhaltensbiologische Gemeinsamkeiten und Unterschiede beschrieben werden, um Abstammung und Stammbäume abzuleiten.
**zum Beispiel → Seite 271–273**

**Kosten-Nutzen-Analyse**
Betrachtung unterschiedlicher Verhaltensweisen von Individuen einer Art und der Folgen für deren biologische Fitness. Dabei werden die für die Fitness nachteiligen Eigenschaften einer Verhaltensweise (Kosten) den vorteilhaften (Nutzen) gegenübergestellt.
**zum Beispiel → Seite 254**

**Optimalitätsmodelle**
Diese aus der Ökonomie übernommenen Modelle sollen vorhersagen, bei welchem Kosten-Nutzen-Verhältnis der Nutzen einer Verhaltensweise für ein Individuum maximal wird. Somit können quantitative Prognosen getroffen werden. Zur Erstellung der Modelle nutzen Wissenschaftlerinnen und Wissenschaftler Verhaltensbeobachtungen und Experimente, um die dazu notwendigen Daten zu erheben.
**zum Beispiel → Seite 255**

### Materialgebundene Aufgabe

**1 Wiederholung: Attrappenversuche als Methode der Verhaltensbiologie**

Das Beutefangverhalten der Erdkröte ist einfach strukturiert und gehört zu den überwiegend genetisch bedingten Verhaltensweisen, es ist eine Erbkoordination. Reaktionsauslösende Reize, zum Beispiel die Form, Größe und Bewegung einer Beute, sowie innere Faktoren, hier der Hunger, müssen zusammenwirken, damit das Verhaltensmuster ablaufen kann. Diese Faktoren lassen sich unter anderem gut mit Attrappenversuchen analysieren.

**a)** Beschreiben Sie mithilfe der obenstehenden Abbildung einen Attrappenversuch für folgende Hypothese: „Ein Wurm muss sich bewegen, damit ihn die Kröte als Beute erkennt."

**b)** Recherchieren Sie im Internet je zwei weitere Beispiele für überwiegend genetisch bedingte beziehungsweise überwiegend erworbene Verhaltensweisen. Begründen Sie Ihre Zuordnung.

## 1.2 Proximate und ultimate Sichtweisen von Verhalten

**Löwenmännchen töten Jungtiere aus dem Rudel. Warum tun sie das?**

**Sichtweisen auf ein Verhalten**
Proximate (lat. *proximus*: der nächste) und ultimate (lat. *ultimus*: der entfernteste) Sichtweisen machen die Folgen einer Verhaltensweise eines Individuums auf den Genpool einer Population nachvollziehbarer und analysieren das Verhalten auf verschiedenen Ebenen.

**Beispiel Infantizid**
Wird ein Löwenrudel von einem neuen Männchen übernommen, tötet dieses oft alle noch von ihren Müttern abhängigen Jungtiere. Dies bezeichnet man als **Infantizid**, der auch bei anderen Tierarten wie Vögeln, Nagetieren oder Affen auftritt. Daher kann man auf ein natürliches, nicht krankhaftes Verhalten schließen.

**Proximate Sichtweise: Auslöser von Verhalten**
Der neue Rudelführer tötet die Nachkommen seines Vorgängers. Diese erkennt er durch äußere Faktoren wie den Geruch oder das Alter der Jungtiere. Innere Faktoren wie Stresshormone im Blut des Rudelführers nach dem Konkurrenzkampf um das Rudel sind stark erhöht und befördern den Infantizid.

**Ultimate Sichtweise: Wirkung des Verhaltens**
Ziehen Weibchen ihre Jungen erfolgreich auf, so sind sie erst in etwa ein bis zwei Jahren danach wieder brünstig. Nach der Tötung von Jungtieren durch den neuen Rudelführer werden sie schnell wieder fortpflanzungsbereit. Der neue Rudelführer erhält dadurch die Möglichkeit, schnell eigene Nachkommen zu zeugen. Er steigert damit seine eigene Fitness und bringt seine eigenen Gene in den Genpool der Folgegeneration ein.

**Die Fluchtreaktion als weiteres Beispiel**
Die Flucht einer Maus lässt sich proximat dadurch erklären, dass sie Reize ihres Fressfeindes erkennt. Diese äußeren Faktoren lösen daraufhin Verstecken und Weglaufen als Reaktion in Kombination mit inneren Faktoren wie eine Erhöhung von Stresshormonen aus. Aus ultimater Sicht erhöht die Maus ihre Überlebens- und Reproduktionschancen.

**1** Mitglieder eines Löwenrudels

### Materialgebundene Aufgabe

**1 Infantizid gibt es nicht nur im Löwenrudel**

a) Beschreiben Sie anhand der Abbildung allgemein den Zusammenhang zwischen proximater und ultimater Sichtweise von Verhalten. Erklären Sie damit dann den Infantizid im Löwenrudel als konkretes Beispiel.

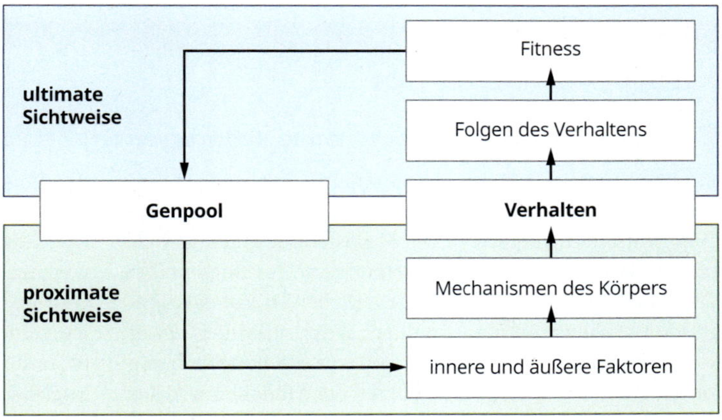


b) Geben Sie jeweils Erklärungen aus proximater und ultimater Sicht für die folgenden Verhaltensbeobachtungen an:
- Der Geruch des neuen Rudelführers führt häufig zu Fehlgeburten bei trächtigen Löwenweibchen.
- Fast entwöhnte Jungtiere werden durch den neuen Rudelführer seltener getötet.
- Löwenweibchen verteidigen ihre Jungtiere nur selten gegen Infantizid.
- Die eigenen Jungtiere werden vom neuen Rudelführer beschützt.
- Die Weibchen eines Rudels werden etwa zeitgleich brünstig.

c) Bei Rotstirn-Blatthühnchen, einer Wasservogelart, brüten Männchen die Eier aus und kümmern sich nach dem Schlüpfen um den Nachwuchs. Erklären Sie folgende Beobachtungen: Manche Weibchen zerstören das Gelege eines Männchens. Anschließend paaren sie sich mit ihm und legen Eier in dessen altes Nest.

## 1.3 Kosten und Nutzen von Verhaltensweisen

**Nach einer langen Party-Nacht kommen Sie am frühen Morgen müde nach Hause, das Vogelgezwitscher hält sie aber vom Schlafen ab. Was bezweckt dieses Verhalten?**

1 Rotkehlchen

**Aufstellen einer Kosten-Nutzen-Analyse**
Zunächst werden der Nutzen wie Überlebens- und Fortpflanzungsvorteile sowie die Kosten, also die Nachteile, einer Verhaltensweise identifiziert. Aktuell gezeigtes Verhalten hat sich in der Evolution durchgesetzt, weil es eine positive Kosten-Nutzen-Bilanz aufweist. In einer anschließenden verhaltensökologischen Bewertung geht es daher nur darum Einflussfaktoren zu bestimmen, die die Bilanz in die eine oder in die andere Richtung lenken könnten.

**1** ≡ Erstellen Sie eine Tabelle, in der Sie mögliche Kosten und Nutzen des morgendlichen Vogelgezwitschers für Vogelmännchen gegenüberstellen.

**2** ≡ Bewerten Sie mithilfe ihrer gefundenen Kosten und Nutzen in einer Kosten-Nutzen-Analyse das Vogelgezwitscher am frühen Morgen. Verwenden Sie dafür auch folgende Begriffe: Fitness des Männchens • Qualität des Vogelgesangs • Länge des Zwitscherns • Konkurrenten • Nahrung • Revier.

**Überprüfen der Kosten-Nutzen-Analyse**
Nach einer Kosten-Nutzen-Analyse müssen nun passende Hypothesen aufgestellt und experimentell überprüft werden. Man betrachtet dazu zwei konkurrierende Verhaltensweisen (→ **Aufg. 3**): Zwitschern und Nahrungssuche. Der Theorie zufolge sollte sich ein **Verhaltenskompromiss** zeigen, der durch die Kosten und Nutzen der einen und durch die Kosten und Nutzen der anderen Verhaltensweise bestimmt wird. Dieser Kompromiss wird als **Trade-off** bezeichnet. Ein solcher Trade-off zeigt, dass das Verhalten eines Individuums **adaptiv** ist. Die eine Verhaltensweise muss gegen die andere abgewogen werden, das Verhalten wird also situativ angepasst.

## Materialgebundene Aufgabe

### 3 Trade-off zwischen Zwitschern und Nahrungserwerb bei Rotkehlchen

In einer Studie mit Rotkehlchen, einer in Europa weit verbreiteten Singvogelart, wurde eine Kosten-Nutzen-Analyse zum Zwitschern aufgestellt. Die Fragestellung in der Verhaltensökologie lautete: „Hat die Häufigkeit des Singens bei Vögeln einen Einfluss auf die körperliche Verfassung?" Folgende Hypothese wurde formuliert: „Zeit ist limitiert. Zwar kann Zwitschern als eine Investition in die Fortpflanzung gesehen werden, geht aber zu Lasten des Männchens, da es dadurch weniger Zeit für die eigene Nahrungssuche aufwenden kann. Daher muss der Trade-off zwischen Zwitschern und Fressen einen negativen Zusammenhang ergeben, der in einer Gewichtsabnahme resultiert."
In der Studie wurden zehn freilebende Rotkehlchen untersucht, deren Gesangsrate gegen die Gewichtsveränderung der Vögel gemessen wurde. Als Gesangsrate bezeichnet man die für das Zwitschern aufgewandte Zeit pro Stunde. Die Gewichtsveränderung wurde durch Wiegen des Vogels vor und nach dem Zwitschern in Gramm pro Stunde berechnet.
Jedes Individuum wurde zweimal gemessen: einmal ohne (●) und einmal mit (○) Beeinflussung. Als Beeinflussung bezeichneten die Forschenden den Vorgang, wenn dem zu untersuchenden Rotkehlchen vorher ein Playback eines Gesangs eines männlichen Artgenossen durch einen Lautsprecher vorgespielt wurde, woraufhin der Vogel zu längerem Zwitschern angeregt wurde. Im Diagramm beziehen sich zwei durch eine Linie verbundene Punkte auf dasselbe Individuum.

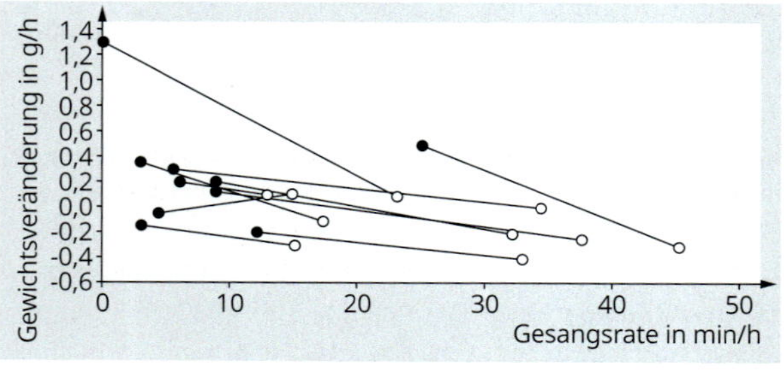


a) ≡ Formulieren Sie den negativen Zusammenhang zwischen Zwitschern und Nahrungssuche in einem „Je..., desto..."-Satz.
b) ≡ Beschreiben Sie das Diagramm und überprüfen Sie damit die Hypothese.
c) ≡ Beantworten Sie die Fragestellung und fassen Sie das Ergebnis der Studie hinsichtlich des Trade-offs zusammen.
d) ≡ Bewerten Sie die Aussagekraft der Studie.

## 1.4 Fitness und Optimalitätsmodell

**Auch in der Verhaltensökologie ist es hilfreich, experimentell gefundenen Messdaten grafisch darzustellen. Welche Informationen lassen sich aus solchen Darstellungen ableiten?**

### Folgen des Zwitscherns für die Männchen

Männliche Singvögel zwitschern meist, um ihr Revier gegenüber Konkurrenten abzugrenzen und um Fortpflanzungspartner zu finden. Bei vielen Singvögeln wird dazu die Fitness eines potenziellen männlichen Fortpflanzungspartners durch die Weibchen abgeschätzt: Je länger und qualitativ hochwertiger gezwitschert wird, umso fitter und damit umso begehrter ist das Männchen. Dadurch wird die Wahrscheinlichkeit gesteigert, ein Weibchen für die Paarung zu finden. Damit ist die Kosten-Nutzen-Bilanz positiv, der Fortpflanzungserfolg erhöht und die biologische Fitness dadurch gesteigert.

### Direkte und indirekte reproduktive Fitness

Alle Verhaltensweisen zusammen führen im Erfolgsfall zu einer Steigerung der **Gesamtfitness** eines Lebewesens. Die **direkte reproduktive Fitness** ist Teil dieser Gesamtfitness und gibt den Fortpflanzungserfolg an: Je mehr eigene fertile Nachkommen ein Individuum zeugt, desto fitter ist es, da es seine Allele erfolgreich weitergeben konnte. Die **indirekte reproduktive Fitness** unterscheidet sich von der oben beschriebenen direkten reproduktiven Fitness nur im Verwandtschaftsgrad des Individuums zu anderen Artgenossen.

**1** ≡ VL Erklären Sie die „indirekte reproduktive Fitness", indem Sie die Definition für die direkte reproduktive Fitness abändern.

### Alles beeinflusst die Fitness

Lebewesen zeigen viele Verhaltensweisen, zum Beispiel bei der Verteidigung, der Wahl des Lebensraums oder des Nahrungserwerbs. Durch **energieeffizientes Verhalten** trägt ein Lebewesen dazu bei, eigene Kosten möglichst gering zu halten und seinen Nutzen zu vergrößern. Im Idealfall erreicht es damit, einen Fortpflanzungspartner zu finden, seinen Fortpflanzungserfolg zu erhöhen und seine Gene auf die nächste Generation zu übertragen. Diese jeweils fittesten Individuen einer Population tragen zum Erhalt der Art bei.

### Das Optimalitätsmodell

Die Kosten-Nutzen-Analyse einer Verhaltensweise ist wissenschaftlich nur vollständig, wenn sie nicht nur qualitativ, sondern auch quantitativ durchgeführt wird. Dadurch werden Verhaltensweisen mathematisch modelliert, wodurch die optimalen Faktoren für ein Verhalten berechnet werden können. Das **Optimalitätsmodell** eines gezeigten Verhaltens veranschaulicht, bei welchem Verhältnis zwischen Kosten und Nutzen eines gezeigten Verhaltens die Fitness eines Lebewesens maximal wird.

## VL Materialgebundene Aufgabe

### 2 Habitatwahl: Wie groß sollte ein Revier sein?

Alle gefundenen Kosten und Nutzen werden mathematisch in dem sogenannten **Optimalitätsmodell** modelliert. Für die Wahl des Lebensraums eines Individuums, seines **Habitats**, wurde ein solches Modell erstellt und in folgendem Diagramm veranschaulicht:

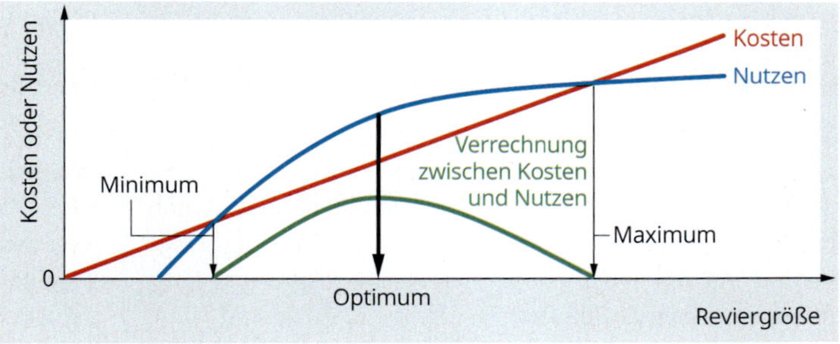


**a)** ≡ Identifizieren Sie drei verschiedene Verhaltensweisen, die mit dem Habitatverhalten in Zusammenhang stehen und stellen Sie jeweils deren Kosten und Nutzen gegenüber.

**b)** ≡ Beschreiben Sie in Partnerarbeit das Diagramm und erklären Sie die Lage des Optimums, also die optimale Habitatgröße.

**c)** ≡ Bringen Sie Ihre Ergebnisse der Kosten-Nutzen-Analyse aus Aufgabe **a** in Zusammenhang mit dem Diagramm und erläutern Sie so die Gültigkeit des Modells.

**d)** ≡ Erklären Sie den Zusammenhang zwischen der optimalen Habitatgröße und der Gesamtfitness eines Individuums.

Eine Amsel flieht in ihrem Revier vor einer jagenden Katze, indem sie wegfliegt. Die Entfernung zu ihrem Fressfeind, bei der sie vor ihm flieht, nennt man Fluchtdistanz.

**e)** ≡ Erstellen Sie in Anlehnung an das obige Diagramm qualitativ ein neues Diagramm mit den Kosten und Nutzen der Fluchtdistanz. Bestimmen Sie daran graphisch die optimale Fluchtdistanz und erklären Sie damit ein energieeffizientes Verhalten der Amsel unter Einbezug ihrer Gesamtfitness.

## 3 Energieeffizientes Verhalten beim Nahrungserwerb

Austernfischer (**A**) sind Wattvögel, die in flachen Küstengewässern nach Herzmuscheln suchen, von denen sie sich ernähren. Diese Muscheln treten in unterschiedlichen Längen auf (**B**). Die Muscheln werden von den Austernfischern mithilfe ihres Schnabels geöffnet (**C**), um an das nahrhafte Fleisch heranzukommen. Je länger und damit größer die Muschel ist, umso aufwändiger wird es für einen Vogel, die Muschel zu öffnen, weil sie fester verschlossen ist.

A

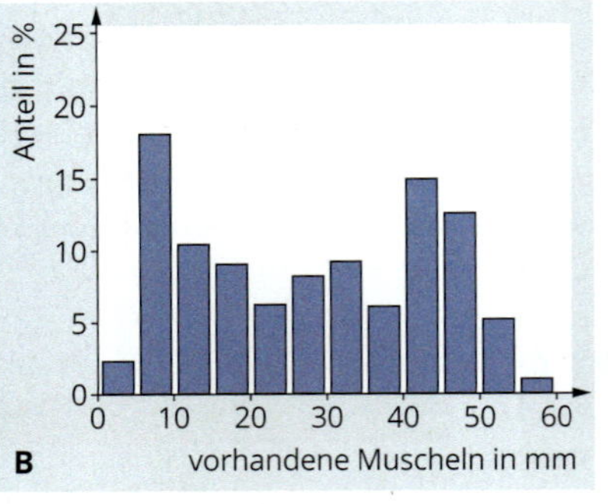

B

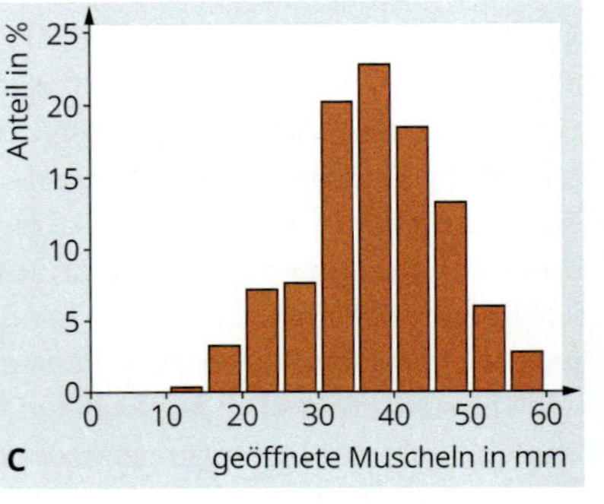

C

**a)** Beschreiben Sie die beiden Diagramme **B** und **C**.

**b)** Stellen Sie mithilfe der Diagramme eine Hypothese für die hohen Anteile an gesammelten Muscheln mit einer Länge zwischen 30 und 50 mm auf.

**c)** Erstellen Sie ein Kosten-Nutzen-Diagramm für die optimale Muschelgröße der Austernfischer im Optimalitätsmodell.

**d)** Erklären Sie anhand Ihres Diagramms den Begriff „energieeffizienter Nahrungserwerb" bei Austernfischern.

**e)** Erläutern Sie anhand Ihres Diagramms den Einfluss eines energieeffizienten Nahrungserwerbes auf die direkte reproduktive Fitness eines Austernfischers.

## 4 Die optimale Gelegegröße bei Blaumeisen in Theorie und Realität

Man beobachtet bei Blaumeisen (**A**), dass die Gelegegröße eines Vogelpaares, also die Anzahl der Eier in einem Nest, geringer ist, als die nach dem Optimalitätsmodell modellierte optimale Gelegegröße (**B**). Die optimale Gelegegröße wird als Anzahl der überlebenden Nachkommen pro Fortpflanzungsereignis definiert.

Durchgeführtes Experiment:
In einem wissenschaftlichen Experiment wurde das Gelege eines Vogelpaares künstlich erhöht. Dazu wurden in das Nest des Vogelpaares einige zusätzliche Eier eines anderen Vogelpaares gelegt. Die Gesamtzahl der Eier entsprach dann der optimalen Gelegegröße.

A

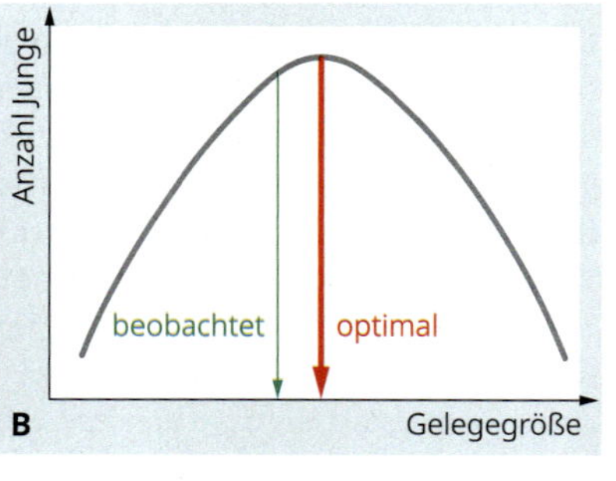

B

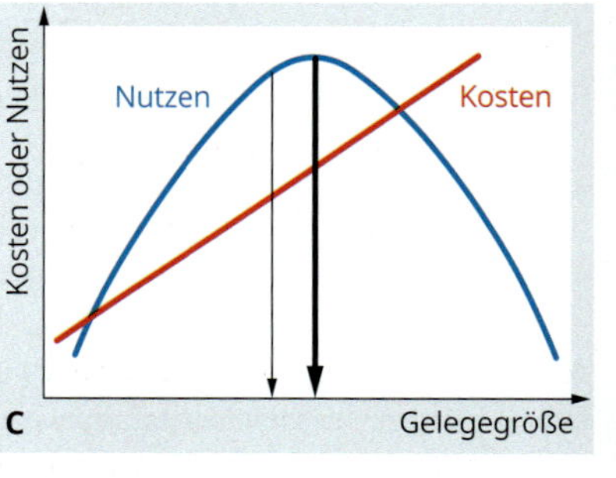

C

**a)** Beschreiben Sie drei Kosten, die ein Vogelpaar für ein einzelnes Fortpflanzungsereignis für Fortpflanzung und Aufzucht von Nachkommen aufwenden muss.

**b)** Wurde im Rahmen des Experimentes das Gelege experimentell vergrößert, beobachtete man folgende Effekte:
- Die Zeitdauer bis zum nächsten Gelege desselben Vogelpaares verlängerte sich.
- Die Größe des nächsten Geleges war noch kleiner als die des vorangegangenen Geleges.
- Die Überlebenswahrscheinlichkeit der Jungen des folgenden Geleges war reduziert und die Sterblichkeit der Eltern erhöht.

Erklären Sie unter Einbezug der beschriebenen Effekte und mithilfe von Abbildung **C** den Unterschied zwischen der optimalen Gelegegröße pro Gelege (dicker Pfeil) und der optimalen Gelegegröße pro Leben (dünner Pfeil) eines Vogelpaares. Beziehen Sie in Ihre Antwort auch die Begriffe Gesamtfitness, direkte reproduktive Fitness und energieeffizientes Verhalten ein.

Die Verhaltensbiologie ist ein interdisziplinäres Forschungsgebiet, das sich mit dem Verhalten von Tieren und Menschen beschäftigt. Es umfasst die Untersuchung von Verhaltensweisen wie Lernen, Erinnerung, Kommunikation, Sozialverhalten und Anpassung an die Umwelt. Verhaltensbiologen nutzen Methoden aus verschiedenen Wissenschaftsbereichen wie der Biologie, der Psychologie, der Ethologie und der Neurobiologie, um das Verhalten von Organismen zu erforschen. Sie arbeiten in verschiedenen Bereichen wie der Grundlagenforschung, der angewandten Forschung, der Tierhaltung und der Umweltbeobachtung.

**Eine berühmte Verhaltensbiologin stellt sich vor: Jane Goodall**

Jane Goodall wurde 1934 in London geboren. Sie ist vor allem als Primatenforscherin und Umweltaktivistin berühmt geworden. Sie begann im Jahr 1960 mit ihrer Arbeit bei den Schimpansen im Gombe Stream National Park in Tansania. Goodall hat gezeigt, dass Schimpansen Werkzeuge verwenden, soziale Beziehungen aufbauen und ähnliche Gefühle wie Menschen haben. Sie hat auch dazu beigetragen, das Bewusstsein für den Schutz der Umwelt und der Primaten zu schärfen und setzt sich als Umweltaktivistin für die Erhaltung der Natur und die Verbesserung des Lebens von Tieren und Menschen ein.

**1** Jane Goodall

**Tierpflege als Ausbildungsberuf**

Das Berufsfeld der Tierpflege umfasst die Pflege und Versorgung von Tieren in verschiedenen Einrichtungen wie Tierheimen, Zoos, Tierparks, Pferde- und Rinderfarmen sowie in privaten Haushalten. Tierpflegerinnen und -pfleger sorgen dafür, dass die Tiere gesund sind, indem sie ihnen ausreichend Futter und Wasser geben, ihre Unterkünfte sauber halten und sie regelmäßig untersuchen. Sie kümmern sich auch um die medizinische Versorgung der Tiere und arbeiten eng mit Tierärzten zusammen. Einige Tierpflegerinnen und -pfleger arbeiten auch in der Zucht von Tieren und helfen bei der Aufzucht junger Tiere. Es gibt viele verschiedene Spezialisierungen innerhalb des Berufsfeldes der Tierpflege wie beispielsweise die Arbeit mit exotischen Tieren, Pferden oder Wildtieren. In der Tierpflege ist ein umfassendes Wissen über die Biologie der zu betreuenden Tiere notwendig. Dazu gehört auch, dass man das Verhalten der Tiere kennt und einschätzen kann.

In Deutschland ist die Tierpflege ein Ausbildungsberuf und über eine duale Ausbildung geregelt. Zuerst lernen alle Schülerinnen und Schüler dieselben Ausbildungsinhalte in den Fächern Deutsch, Klassifizierung der Tierarten, Anatomie, Krankheitslehre und Pflege von Tieren. Erst danach spezialisiert man sich.

**2** Tierpfleger im Zoo

**Der Studiengang Verhaltensbiologie**

Der Studiengang Verhaltensbiologie ist in Deutschland ein interdisziplinäres Studium, das sich mit dem Verhalten von Tieren und Menschen beschäftigt. Er umfasst Inhalte aus verschiedenen Wissenschaftsbereichen wie Biologie, Psychologie, Ethologie und Neurobiologie. Die Studierenden lernen, wie man Verhaltensweisen von Organismen untersucht, versteht und erklärt. Im Studium werden sowohl Theorie als auch Praxis vermittelt, sowie Methoden der Verhaltensforschung und statistische Analysen. Es gibt auch oft Möglichkeiten für Praktika oder Feldarbeiten. Absolventen des Studiengangs Verhaltensbiologie können in verschiedenen Bereichen arbeiten wie in der Grundlagenforschung, in der angewandten Forschung, in der Tierhaltung sowie in der Verhaltensberatung und -therapie.

**3** Studierende

## 1.5 Kooperation und Altruismus in Gruppen

**Viele Tiere leben in Gruppen zusammen. Welchen Einfluss hat das Zusammenleben in einer Gruppe auf die Fitness?**

### Wie gruppieren sich Tiere?

Bei Untersuchungen des Sozialverhaltens von Lebewesen beobachtet man die **Interaktion** von zwei oder mehreren Individuen. Diese findet statt, wenn sie nicht nur auf Umweltreize, sondern auf Reize und Signale anderer Individuen reagieren. Dazu muss ein Signal oder ein Reiz von einem Sender abgegeben und von einem Empfänger aufgenommen werden, nur so kann Kommunikation stattfinden.

Eine Gruppe Nachtfalter, die allein durch das Licht einer Lampe als Umweltreiz angezogen werden, befindet sich in einer **Aggregation**, der einfachsten Form einer Gruppe. Sobald aber Interaktion stattfindet, verändert sich der Gruppentyp. Bienen leben in einer **anonymen Gruppe**, dulden aber keine Individuen anderer Bienenvölker, die sie am Geruch erkennen. Wölfe eines Rudels tolerieren ebenfalls keine gruppenfremden Tiere, aber jedem Individuum sind eigene, individualisierte Eigenschaften zugeordnet. Sie erkennen sich gegenseitig innerhalb der **individualisierten Gruppe**.

**1** Nennen Sie weitere Tierarten, die typischerweise in Gruppen zusammenleben und ordnen Sie sie tabellarisch nach folgenden Kriterien: offen anonym, geschlossen anonym, geschlossen individualisiert. Recherchieren Sie, falls nötig.

### Formen der Interaktion in einer Gruppe

Die Interaktion zwischen Mitgliedern einer Gruppe kann unterschiedlich ausfallen. Entweder treten sie miteinander in einen Konflikt, ignorieren oder unterstützen sich gegenseitig. Alarmrufe, gegenseitiges Lausen oder die Verteidigung des gemeinsamen Reviers sind unterstützende Verhaltensweisen. **Kooperation** ist ein Verhalten eines Lebewesens, das ihm und anderen Artgenossen einen Vorteil verschafft. Uneigennütziges Verhalten mit Erhöhung der Fitness des Empfängers und auf Kosten des Gebers nennt man **Altruismus**. In beiden Fällen helfen sich Gruppenmitglieder.

**2** Nennen Sie jeweils drei Vor- und Nachteile des Zusammenlebens von Lebewesen in einer anonymen Gruppe.

**3** Nennen Sie weitere Ihnen bekannte kooperative und altruistische Verhaltensweisen aus dem Tierreich oder aus eigener Erfahrung.

### Helfen hängt vom Verwandtschaftsgrad ab

Das Phänomen des Helfens kann in mathematischen Modellen untersucht werden, die den Verwandtschaftsgrad der beteiligten Individuen als Grundlage der Berechnungen haben. Dabei zeigt sich, dass es für Eltern lohnend ist, ihren Kindern zu helfen, weil sich ihre Gene in den Kindern jeweils zur Hälfte wiederfinden. Damit erhöht sich die direkte reproduktive Fitness der Eltern, wenn sie ihre Kinder erfolgreich großziehen, und ihre indirekte reproduktive Fitness, wenn sie ihre Kinder auch dabei unterstützen, sich in der Zukunft erfolgreich fortpflanzen zu können.

## Materialgebundene Aufgabe

**4 Alarm – Angriff auf einen Taubenschwarm!**

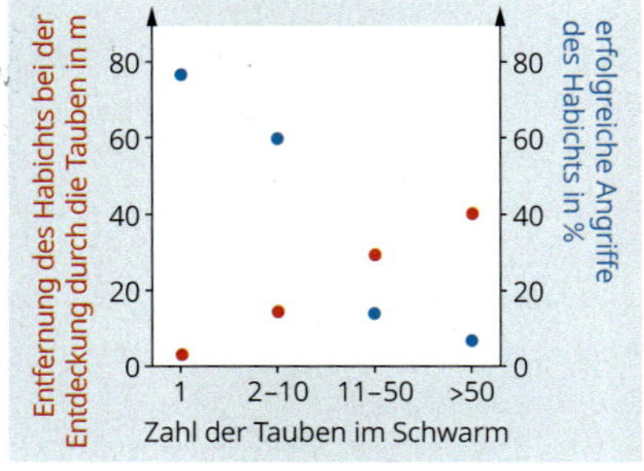


a) Beschreiben Sie das Diagramm. Achten Sie dabei auf die zwei verschiedenen Legenden der zwei Y-Achsen.

b) Entwickeln Sie anhand der veranschaulichten Messdaten eine passende Fragestellung und eine Hypothese hinsichtlich des Zusammenlebens in einem Taubenschwarm.

**Verwandtschaftsselektion**
Kooperation beobachtet man häufig zwischen Tieren mit hohem Verwandtschaftsgrad. Dies wird als **Verwandtschaftsselektion** bezeichnet. Schützt ein Pavianmännchen einer großen Herde seine eigenen Nachkommen erfolgreich vor einem Leopardenangriff, erhöht sich seine direkte Fitness. Schützt er aber auch seine Nichten und Neffen, so erhöht sich seine indirekte Fitness. Dies setzt voraus, dass helfende Individuen den Verwandtschaftsgrad anderer Gruppenmitglieder erkennen können. Säugetiere oder Fische können häufig bestimmte Immunproteine erkennen, die aus der Genfamilie des **Major Histocompatibility Complex**, abgekürzt MHC, stammen. Sie sind Bestandteil des Körpergeruchs.

**Unterstützung unter Freunden?**
Nahverwandte Tiere kooperieren häufig, da sich dabei ihr Fitnessgewinn erhöht. Doch wie sieht es bei Tieren aus, die nicht nah miteinander verwandt sind? Kooperieren nicht verwandte Tiere, bezeichnet man dieses Verhalten als **reziproken Altruismus** oder Freundschaft. Bei Vampirfledermäusen, die in Mittel- und Südamerika leben, beobachteten Forschende ein solches Verhalten. Die Tiere ernähren sich von Blut anderer Wirbeltiere. Kann eine Vampirfledermaus in zwei aufeinander folgenden Nächten keine Blutmahlzeit finden, so verhungert sie. Gruppenmitglieder erkennen den Hungerzustand und würgen daraufhin etwas Blut hervor, das das hungernde Individuum aufleckt. Das Spendertier verliert dadurch nur wenig an Energie, das hungernde Tier überlebt. Gerät im Folgenden der Spender in einen Hungerzustand, so setzt er darauf, dass Individuen, denen er bereits geholfen hat, ihm nun ebenfalls helfen. Die Freundschaft, die dadurch entsteht, muss ausgeglichen sein: Verweigert ein Tier die Unterstützung, wird ihm auch nicht mehr geholfen – die Freundschaft ist reziprok, sie funktioniert nur, wenn sich Individuen gegenseitig unterstützen.

Die Rollen des Altruisten und des Empfängers werden häufig getauscht. Die Kosten werden so langfristig durch die Vorteile kompensiert.
Die Analyse von reziprokem Altruismus ist in der Wissenschaft nicht unumstritten. Zum Beispiel kann bei Feldbeobachtungen der Verwandtschaftsgrad nicht immer zweifelsfrei bestimmt werden, sodass Verwandtschaftsselektion ausgeschlossen werden kann.

## VL Materialgebundene Aufgaben

### 5 Bringt der gemeinsame Nahrungserwerb Vorteile?

Am Jagdverhalten Afrikanischer Wildhunde (*Lycaon pictus*) sollte untersucht werden, ob eine Gruppe einen größeren Jagderfolg erzielt als einzeln jagende Wildhunde. Dazu beobachteten Forschende in über 900 einzelnen Jagdsituationen verschiedene Gruppen an Wildhunden, deren Gruppengröße zwischen drei und 20 Individuen lag. Der Jagderfolg wurde in der Pro-Kopf-Menge an Nahrung pro zurückgelegtem Kilometer Jagddistanz gemessen und in nebenstehendem Diagramm veranschaulicht.

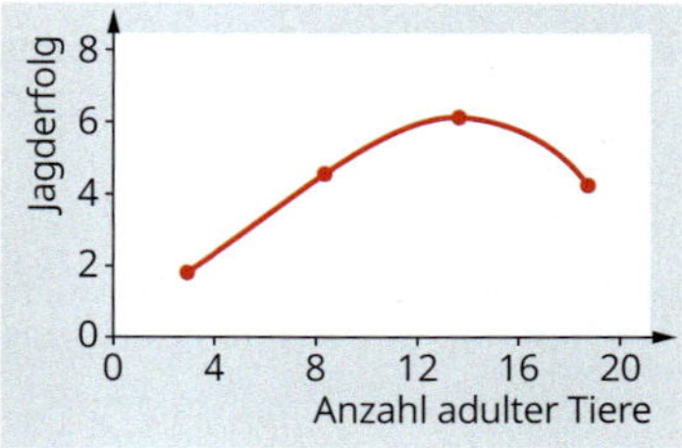


**a)** Nennen Sie jeweils zwei Kosten und Nutzen des Jagens in einer Gruppe.
**b)** Beurteilen Sie, ob bei der beschriebenen Jagd eine Kooperation oder ein Altruismus vorliegt.
**c)** Beschreiben Sie das Diagramm und beantworten Sie damit die Fragestellung der Forschenden.
**d)** Begründen Sie die Beobachtung, dass kranke Gruppenmitglieder vom Rudel mit Nahrung versorgt werden.

### 6 Unterstützung bei der Revierverteidigung

An einer Population von Trauerschnäppern wurde unterstützendes Verhalten untersucht. Forschende brachten Nistkästen so an, dass drei Paare G, O und H nahe beieinander, in Sicht- und Hörweite, lebten.

- Versuch 1: Paar G („Gefangene") wurde künstlich am Ausfliegen aus seinem Nistkasten gehindert. Beim Nistkasten von Paar O („Opfer") wurde eine Fressfeindattrappe angebracht. Auf Hilferufe der „Opfer" half in allen Fällen Paar H („Helfer"), den Fressfeind zu attackieren.
- Versuch 2: Eine Stunde später wurden gleichzeitig Fressfeindattrappen am Nest der „Gefangenen" (G) und der „Helfer" (H) angebracht und dann das Verhalten der ursprünglichen „Opfer" (O) dokumentiert. Das Experiment wurde 32 Mal durchgeführt.

**a)** Werten Sie die Ergebnisse des Experiments aus.
**b)** Beurteilen Sie, unter welchen Umständen es sich hier um Verwandtschaftsselektion oder reziproken Altruismus handelt.

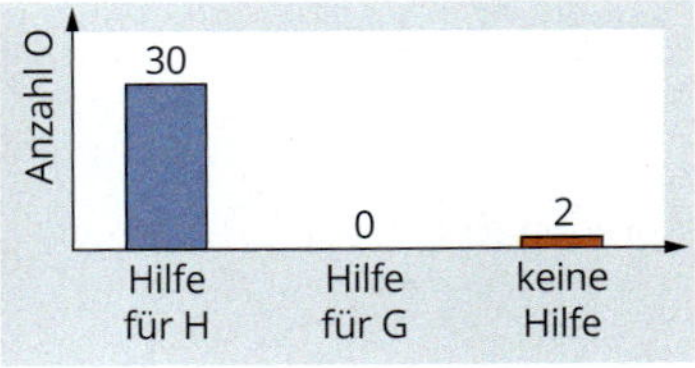

## VL Materialgebundene Aufgabe

### 7 Altruismus bei der Jungenaufzucht

Ein oft untersuchtes Beispiel für Altruismus bei der Jungenaufzucht liefert der afrikanische Graufischer. Er brütet in großen Kolonien mit einigen Hundert Individuen. Viele der Brutpaare werden von erwachsenen Artgenossen im Brutgeschäft unterstützt: Sie graben Brutröhren, polstern das Nest aus, brüten Eier aus oder beteiligen sich an der Nahrungsbeschaffung für die geschlüpften Nestlinge.

Bruthelfer werden hier in zwei Kategorien eingeteilt: Primärhelfer sind Tiere, die mit den zu betreuenden Jungen nah verwandt sind, oft sind sie Geschwister. Sekundärhelfer sind dagegen kaum oder gar nicht mit den zu betreuenden Jungen verwandt.

In einer Studie wurden die Vögel über einen längeren Zeitraum beobachtet und die Verwandtschaftsgrade bestimmt. Man berechnete zudem die indirekte Fitness für das 1. Jahr als Helfer und die direkte Fitness für das darauf folgende Jahr als Individuum mit eigener Brut. Die Analyse der Messdaten über die Fitness der beiden Helfertypen ist in einer Tabelle zusammengefasst.

**Messdaten für männliche Graufischer**

| | Helferjahr | Folgejahr |
|---|---|---|
| | indirekte Fitness | direkte Fitness |
| **Primärhelfer** | 0,58 | 0,41 |
| **Sekundärhelfer** | 0,00 | 0,84 |

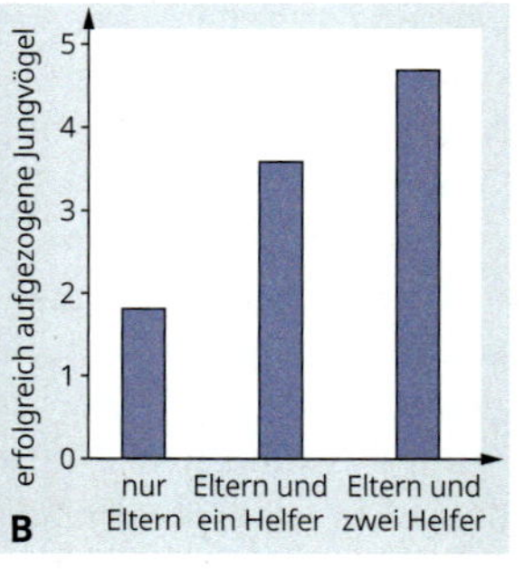


**a)** Beurteilen Sie unter Einbeziehung aller Informationen die evolutionäre Etablierung des Helfersystems beim Graufischer aus Sicht der Fitness.

**b)** Erläutern Sie die Bedeutung der Weitergabe von Genen, die Verhalten steuern, und die Auswirkung der Weitergabe auf die weitere evolutionäre Entwicklung der Tiere.

## Exkurs // Verwandtschaftsgrad und Fitness

Die biologische Fitness eines Lebewesens lässt sich in Zahlen ausdrücken. Eigene Nachkommen erhöhen den Wert der eigenen biologischen Fitness, also der direkten Fitness, weil die eigenen Allele in die nächste Generation übertragen werden. Pflanzen sich nahverwandte Individuen erfolgreich fort, so erhöhen sie die indirekte Fitness des nahverwandten Individuums, da beide ebenfalls einen Anteil gemeinsamer Allele besitzen. Die **Gesamtfitness $f_g$** eines Individuums ist daher die Summe aus der **direkten $f_d$** und **indirekten Fitness $f_i$**. Auf sie wirken alle Aktionen, Reaktionen und Eigenschaften eines Lebewesens ein, die das Überleben und die Weitergabe von Allelen beeinflussen. Dieser Zusammenhang lässt sich mathematisch modellieren:

$$\mathbf{f_g = f_d + f_i}$$

Die direkte Fitness $f_d$ ist das Produkt aller direkter Nachkommen $N_d$ und dem Verwandtschaftskoeffizienten r:

$$\mathbf{f_d = N_d \cdot r}$$

Beispielsweise vermehren sich sexuell fortpflanzenden Wirbeltiere meist durch zwei Eltern, also durch eine Mutter und einen Vater. Beide geben ihre Allele jeweils zur Hälfte an ihr gemeinsames Kind weiter. Der Verwandtschaftsgrad zwischen Eltern und Kind ist daher für jeden Elter r = 0,5. Haben die Eltern erfolgreich drei Kinder aufgezogen, so beträgt ihre direkte Fitness $f_d$ demnach $f_d = N_d \cdot r = 3 \cdot 0{,}5 = 1{,}5$.

Die indirekte Fitness $f_i$ eines Individuums berechnet sich ganz ähnlich. In das Produkt gehen die indirekten Nachkommen $N_i$ und der Verwandtschaftsgrad ein:

$$\mathbf{f_i = N_i \cdot r}$$

Beispielsweise hat das Geschwister eines kinderlosen Vogels drei Nachkommen erfolgreich aufgezogen. Dadurch erhöht sich die indirekte Fitness des kinderlosen Vogels. Er ist mit seinen Nichten oder Neffen mit einem Verwandtschaftsgrad von r = 0,25 verwandt. Die indirekte Fitness $f_i$ des kinderlosen Vogels ist demnach $f_i = N_i \cdot r = 3 \cdot 0{,}25 = 0{,}75$.

Zieht der kinderlose Vogel doch noch drei eigene Nachkommen erfolgreich auf, so erhöht sich seine Gesamtfitness dadurch auf $f_g = f_d + f_i = 1{,}5 + 0{,}75 = 2{,}25$.

Berechnen Sie jeweils die Gesamtfitness Ihrer Großeltern und Ihrer Eltern. Beschreiben Sie Ihrer Banknachbarin oder Ihrem Banknachbar nachvollziehbar den Rechenweg.

Unter der Bezeichnung **Eusozialität** (gr. *eu*: gut) fasst man das Phänomen der Staatenbildung zusammen. Man findet solche **Tierstaaten** vor allem bei Insekten, insbesondere bei Termiten, Ameisen, Honigbienen, Hummeln und vielen Wespenarten. Alle Tierstaaten sind durch einen hohen Anteil altruistischer Verhaltensweisen gekennzeichnet. Sie haben kooperative Brutpflege und Nahrungsbeschaffung gemeinsam. Hinzu kommt, dass sich nur ein – zumeist kleiner – Teil der Individuen fortpflanzt und die übrigen Individuen des Staates steril sind. Außerdem leben mehrere Generationen gleichzeitig in dieser Tiergemeinschaft. Häufig sind Rangordnungsverhalten und die Ausbildung von **Kasten**, die eine spezielle Aufgabe im Staat übernehmen.

Besonders gut untersucht sind die Verhältnisse im Staat der Honigbiene. Hier sind die Männchen, die Drohnen, haploid, da sie aus unbefruchteten Eiern entstehen. Dagegen sind alle weiblichen Tiere, sowohl die Königinnen als auch die sterilen Arbeiterinnen, diploid. Die Männchen geben also mit jedem Spermium ihren gesamten Chromosomensatz an ihre Nachkommen weiter, die diploiden Königinnen dagegen mit einer Eizelle nur die Hälfte ihres Chromosomenbestandes. Die eine Hälfte der Chromosomen, die von der Drohne stammt, ist bei allen Arbeiterinnen identisch. In der von der Königin stammenden Hälfte können sie sich dagegen unterscheiden. Erhalten zwei Arbeiterinnen dieselben Chromosomen der Königin, so haben sie genau dasselbe Erbgut (r = 1), erhalten sie dagegen ausschließlich verschiedene Chromosomen, haben sie nur das väterliche Erbgut gemeinsam (r = 0,5). Im rechnerischen Durchschnitt haben die Arbeiterinnen eines Bienenstaates demnach 75 Prozent ihres Erbguts gemeinsam (r = 0,75).

Im Bienenstaat sind somit Arbeiterinnen untereinander enger verwandt, als sie es mit ihren eigenen Kindern wären. Würde sich eine Arbeiterin selbst fortpflanzen, hätte sie, wie auch die Königin, mit ihren Nachkommen nur die Hälfte des Erbguts gemeinsam (r = 0,5).

**1** ≡ Begründen Sie mithilfe von Berechnungen zur Fitness den Grund, dass Arbeiterinnen bei der Aufzucht fortpflanzungsfähiger Schwestern, also künftiger Königinnen, altruistisch mithelfen, anstatt eigene Nachkommen zu zeugen.

Der **Nacktmull**, eine Nagetierart der ostafrikanischen Halbwüsten, besitzt innerhalb der Säugetiere eine einzigartige Sozialform. Die Kolonien umfassen bis zu 300 Tiere. Dominantes Tier ist ein Weibchen, das als Königin das einzig fruchtbare weibliche Tier ist. Sie bringt pro Jahr 60 Junge zur Welt, die von den jüngeren, sterilen Weibchen des Baus versorgt werden. Ältere Arbeiterinnen beteiligen sich am Ausbau des Gangsystems, größere Individuen bewachen als Soldaten die Eingänge des Baus.

**2** ≡ Begründen Sie kriteriengeleitet, dass der Nacktmull ein eusoziales Säugetier ist.

**1** Bienenkönigin und Arbeiterinnen auf einer Wabe

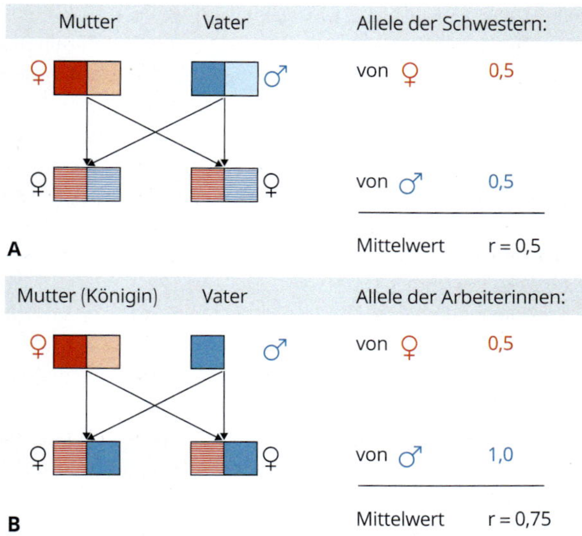


**2** Genetische Verwandschaftsgrade (jedes Kästchen entspricht einem haploiden Chromosomensatz).
**A** Verwandschaftskoeffizient r bei Schwestern, deren Eltern diploid sind. Ihr durchschnittlicher Verwandschaftsgrad beträgt 0,5. Zwischen Eltern und Kindern gilt stets r = 0,5.
**B** Verwandschaftskoeffizient von Schwestern in einem Bienenstaat; der Vater ist haploid, die Mutter (Königin) ist diploid.

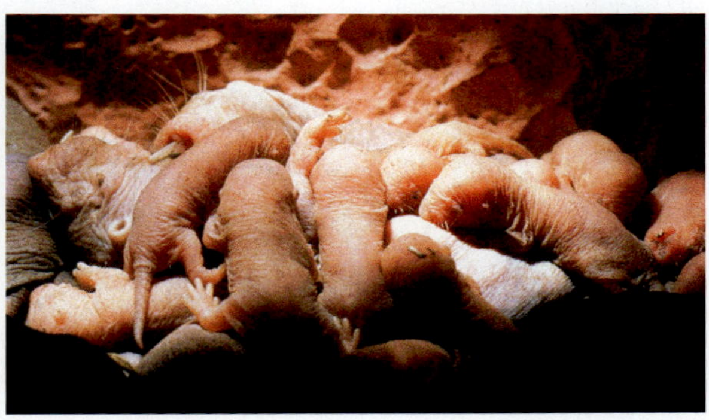

**3** Nacktmulle in einer Kolonie

## VL Materialgebundene Aufgabe

### ❷ Allgemeine Kosten und Nutzen von Signalen

Ein Sender benötigt immer einen relativ aufwendig gestalteten, oft stark spezialisierten Apparat, um ein Signal zu erzeugen und auszusenden. Der Empfänger muss einen ebenfalls aufwendig gestalteten und spezialisierten Apparat zum Empfang und zur Decodierung des ausgesendeten Signals besitzen. Zum Empfang dienen die Sinnesorgane, zur Verarbeitung der Signale das Gehirn. Letzten Endes sollte ein Signal für den Sender immer einen Überlebens- und Fitnessvorteil haben, wodurch im besten Fall beide Kommunikationspartner profitieren.

**Beispiel A:** Hunde, aber auch andere Säugetiere wie Ratten oder Kaninchen beschnuppern sich gegenseitig im Anogenitalbereich, in dem Anal- oder Geschlechtsdrüsen Sekrete absondern. So wird der soziale oder sexuelle Status des Artgenossen ermittelt.
**Beispiel B:** Ein Salamander ist auffällig schwarz-gelb gefärbt, obwohl er so eine gute Beute abgeben würde.
**Beispiel C:** Ein wachsames Erdmännchen erzeugt Alarmrufe, sobald es einen Fressfeind entdeckt.
**Beispiel D:** Berührt ein männlicher Stichling bei einer bestimmten Phase des Balzens mehrmals die Schwanzwurzel des Weibchens, entlässt dieses die Eier ins Nest, wo sie dann vom Männchen besamt werden.

**a)** ≡ Ordnen Sie die vier Beispiele den passenden Signaltypen zu.
**b)** ≡ Stellen Sie für jedes Beispiel Hypothesen über die Kosten für den Sender, um das jeweilige Signal zu generieren und auszusenden, auf. Geben Sie anschließend den Nutzen des Signals für den Sender an und dessen Auswirkung auf seine Fitness.

A

B

C

D

## ⓔ 1.6 Kommunikation

**Hundehalter wissen: Treffen sich zwei Hunde, so steht oftmals das ausgiebige Beschnuppern des Anogenitalbereichs an erster Stelle. Was bedeutet das? Und was hat das mit einem Salamander zu tun?**

### Die Bausteine der Kommunikation

Ein Sender codiert eine Information und sendet sie über einen bestimmten Kanal aus. Der Empfänger benötigt Strukturen, die das Signal aufnehmen, danach muss es decodiert werden. Doch ob die Kommunikation gelungen ist, zeigt sich erst dann, wenn der Empfänger die übertragene Information verarbeitet und verstanden hat. Alle Schritte zusammen ergeben das **Sender-Empfänger-Modell**.

### Welche Signaltypen gibt es?

In der Evolution haben sich unterschiedliche Signale entwickelt, die von Lebewesen auf verschiedenen Wegen ausgesendet werden. Welcher Signaltyp benutzt wird, hängt vom Biotop und von der Situation ab, in der die Kommunikation stattfindet. Man unterscheidet verschiedene Signaltypen (→ **Aufg. 2**):

- optische Signale, etwa Farbe, Form, Aussehen, Bewegungen …
- akustische Signale wie Gesang, Sprache …
- taktile Signale wie Körperberührungen
- chemische Signale wie Geruch, Geschmack

### Ich lächle, also geht's mir gut!?

Setzen Sie schon einmal Ihr „bestes Lächeln" auf und machen gute Miene zum bösen Spiel? Dann sind Sie mit den Grundregeln der Kommunikation vertraut. In dem beschriebenen Fall wollten Sie beim letzten Besuch bei der Großtante lieber zuhause bleiben, anstatt mitzukommen. Aber manche Verpflichtungen lassen sich nur schwer verhindern. Um sich nicht hinterher wieder eine Standpauke von den Eltern einzuholen, warum man den ganzen Tag schlechte Laune verbreitet hat, lächelten Sie stattdessen lieber, auch wenn Ihnen gar nicht danach war. Die Großtante ist zufrieden, und die Eltern auch. Und Sie hatten danach Ihre Ruhe, bezahlt mit einem falschen Lächeln.

❶ ≡ Erstellen Sie ein allgemeines Schema des Sender-Empfänger-Modells in Ihr Heft und übertragen Sie es auf das Beispiel des falschen Lächelns.

## ❸ Differenzierte Sicht auf Kosten und Nutzen von Signalen

Die Kosten und Nutzen verschiedener Signale können nach bestimmten Kriterien bewertet werden. Die folgende Tabelle gibt Aufschluss über unterschiedliche Eigenschaften von Signaltypen:

| | Signaltyp | | | |
|---|---|---|---|---|
| **Eigenschaften** | **optisch** | **akustisch** | **taktil** | **chemisch** |
| energetischer Aufwand bei der Erzeugung | gering | hoch | gering | gering |
| Rate der Signaländerung | schnell | schnell | schnell | langsam |
| Lokalisierbarkeit | hoch | mittel | hoch | variabel |
| Reichweite | ______ | ______ | ______ | ______ |
| Anlocken von Fressfeinden | ______ | ______ | ______ | ______ |
| Funktionalität bei Dunkelheit | ______ | ______ | ______ | ______ |
| Funktionalität bei Lärm | ______ | ______ | ______ | ______ |
| Möglichkeit, Hindernisse zu überwinden | ______ | ______ | ______ | ______ |
| Ausbreitungsgeschwindigkeit | ______ | ______ | ______ | ______ |

**a)** ≡ Übertragen Sie die Tabelle in Ihr Heft (✎). Bewerten Sie dann in Partnerarbeit die noch fehlenden Eigenschaften der Signaltypen und ergänzen Sie diese.

**b)** ≡ Ordnen Sie begründet die verschiedenen Eigenschaften in Kosten und Nutzen für den Sender ein. Markieren Sie die Eigenschaften in Ihrer Tabelle im Heft entsprechend.

**c)** ≡ Erstellen Sie eine differenzierte Kosten-Nutzen-Analyse, indem Sie die Beispiele **A–D** (Beschnuppern bei Hunden, Färbung der Salamander, Rufe des Erdmännchens und Verhalten des Stichlings) aus Aufgabe 2 nochmals unter den hier neu hinzugewonnenen Informationen hinsichtlich der Kosten und Nutzen für den Sender bewerten.

## ❹ Chemische Signale sind an ihren Verwendungszweck angepasst

Die folgende Tabelle gibt Auskunft über die molekularen Eigenschaften bzw. die Zusammensetzung einiger chemischer Signalstoffe bei Säugetieren, die von einem Empfänger über den Geruchssinn aufgenommen werden.

| | Verwendungszwecke | | | |
|---|---|---|---|---|
| **Eigenschaften** | **Reviermarkierung** | **Alarm- bzw. Gefahrensignal** | **Erkennungssignal** | **Anlockung von Sexualpartnern** |
| Molekulargewicht in Dalton | 208,1 | 189,9 | 140,1 | 91 |
| Anzahl an verschiedenen Komponenten im Stoffgemisch | 16,1 | 8,3 | 10,5 | 8,4 |
| Prozentualer Anteil an Carbonylgruppen | 28,0 | 41,9 | 18,3 | 0,0 |

**a)** ≡ Die Persistenz eines chemischen Signals gibt an, ob es lange an der Stelle der Ausbringung verbleibt oder sich leicht verflüchtigt. Stellen Sie eine Hypothese zu dem Zusammenhang zwischen Molekulargewicht und Persistenz eines chemischen Signals auf und begründen Sie damit die gefundenen Messwerte für die verschiedenen Verwendungszwecke.

**b)** ≡ Chemische Signale, die eine hohe Anzahl an verschiedenen Komponenten in ihrem Stoffgemisch aufweisen, finden sich besonders bei der Reviermarkierung sowie bei Erkennungssignalen. Bei Alarmsignalen oder Sexuallockstoffen finden sich hingegen nur vergleichsweise wenige unterschiedliche Komponenten im Stoffgemisch. Begründen Sie die gefundenen Messwerte hinsichtlich der Information, die die Signale jeweils übermitteln sollen.

**c)** ≡ Alarm- und Gefahrensignale mit einem sehr hohen Anteil an Carbonylgruppen sind sehr gut wasserlöslich und werden daher schnell im Nasenschleim gelöst. Erklären Sie die angegebenen Messwerte.

## 5 Wie ehrlich sind Signale ? – Signalfälschung

Die von einem Sender ausgegebenen Signale sind nur dann wertvoll, wenn die Signale langfristig ehrlich und zuverlässig sind. In der Evolution gehen durch Selektion deswegen unehrliche und unzuverlässige Signale in der Regel verloren. Die **Ehrlichkeit** von Signalen ist immer mit Kosten verbunden – sie ist teuer. Es verwundert daher nicht, dass viele Signale gerade bei der Partnerwahl mit der Qualität der Fitness korrelieren. Beispielsweise gibt eine intensivere Rotfärbung bei Stichlingsmännchen (**A**) Auskunft über dessen gesteigerte Kondition. Bei vielen Froschlurchen (**B**) ist die Grundfrequenz des Quakens umso tiefer, je größer die Männchen sind.

Doch kurzfristig kann sich eine **Täuschung** lohnen. Afrikanische Gabelschwanzdrongos (**C**, **D**), zu den Sperlingsvögeln zählende drosselgroße Vögel, sind oft Begleiter kleiner Raubtiere wie zum Beispiel von Erdmännchen. Im Normalfall warnen die Vögel die Erdmännchen vor sich annähernden Fressfeinden durch bestimmte Warnrufe. Die Erdmännchen lassen daraufhin alles „stehen und liegen" und flüchten. Im Normalfall ist Vogelgesang auch ein ehrliches Signal und korreliert etwa bei Blaumeisen mit dem Testosterongehalt der Männchen. Die Drongos aber sind in der Lage, Warnrufe verschiedener anderer Vögel nachzuahmen, auf die die Erdmännchen genauso mit Flucht reagieren. Dabei muss gar keine Bedrohung für die Erdmännchen vorliegen, die Drongos lügen also. Sie tun das vor allem, wenn die Erdmännchen gerade Beute ergattert haben, die sie bei Warnrufen sofort liegen lassen, um vor einer sich nähernden Bedrohung schnell flüchten zu können. Die Drongos stehlen dann den Erdmännchen die Beute, bevor diese aus ihren Unterschlüpfen wieder hervorkommen. Das Diagramm (**D**) zeigt die Wahrscheinlichkeit des Futterstehlens, wenn die Drongos nach dem ersten Alarmruf den Ruf einer anderen Vogelart benutzen.

*Hinweis zum Diagramm D:* Die Linien in den oberen Bereichen der Balken geben den Bereich der Streuung des Messwertes in der Stichprobe an.

**a)** Beschreiben Sie den Zusammenhang zwischen ehrlichen Signalen (**A**, **B**) und der Fitness eines Individuums.

**b)** Beschreiben Sie das Ergebnis des Diagramms **D** und erläutern Sie anschließend den Grund für den geänderten Ruf des Futterstehlens bei den Drongos.

**c)** Stellen Sie eine Hypothese darüber auf, wie die Erdmännchen reagieren könnten, wenn die Drongos immer wieder denselben Alarmruf verwenden würden, obwohl sich keine Bedrohung abzeichnet.

**d)** Das beschriebene Verhalten der Drongos nennt man **Kleptoparasitismus**. Erläutern Sie nach einer Recherche diesen Begriff und beschreiben Sie zwei weitere Beispiele aus dem Tierreich für derartiges Verhalten.

A

B

C

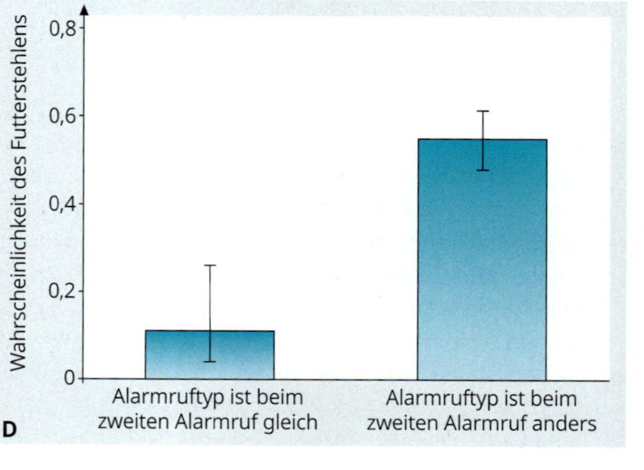

D

## 6 Warum tarnen sich viele Tiere?

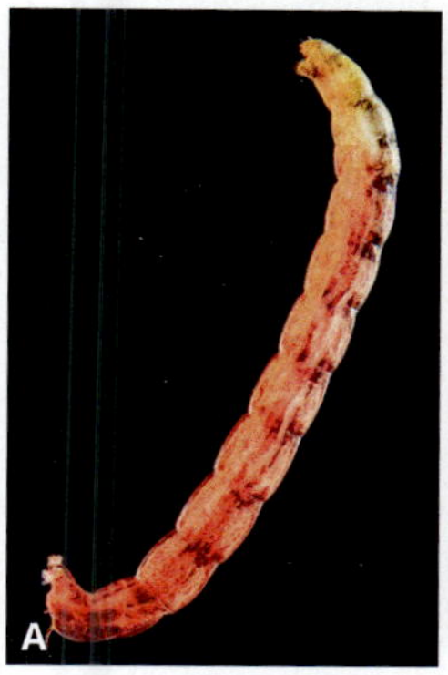


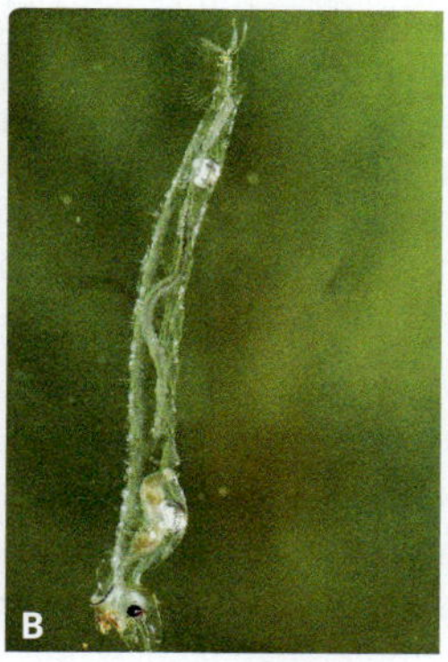


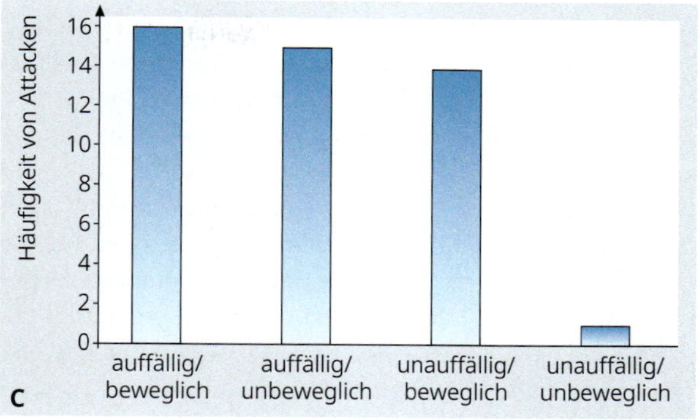


Zuckmückenlarven unterschieden sich in ihrer Färbung (**A**, **B**) und in ihrer Beweglichkeit. In einer Studie untersuchte man die Attacken durch Stichlinge auf Zuckmückenlarven.

≡ Werten Sie das Diagramm **B** über die attackierten Zuckmückenlarven (**A**) aus und begründen Sie damit die Bedeutung der Tarnung für Beutetiere.

## 7 Warum tricksen und täuschen viele Tiere?

Schwebfliege

Stabheuschrecke

Wandelndes Blatt

Tagpfauenauge

Bei wirbellosen Tieren ist die Tarnung auch durch Nachahmung unbelebter Objekte des üblichen Lebensraumes weit verbreitet, dies wird **Mimese** genannt.
Eine weitere Form der Nachahmung ist die **Mimikry**. Besitzen harmlose und genießbare Arten auffällige Warnfarben von wehrhaften oder ungenießbaren Arten, bezeichnet man dieses Phänomen als Bates'sche Mimikry. Bei der Müller'schen Mimikry sind sich wehrhafte oder ungenießbare Arten zum Verwechseln ähnlich.

**a)** ≡ Ordnen Sie die Beispiele **A–D** der Mimese oder einem der beiden Typen der Mimikry begründet zu. Falls nötig recherchieren Sie den nachgeahmten Organismus.

**b)** ≡ Unter den verschiedenen Arten der Feuerwanzen (Pyrrhocoridae) gibt es auffällige äußere Gemeinsamkeiten innerhalb dieser Familie. Sie besitzen alle giftige Drüsensekrete, die sie ungenießbar machen. Recherchieren Sie Vertreter dieser weltweit auftretenden Insekten und beschreiben Sie die äußere Gemeinsamkeit. Begründen Sie den passenden Typ der Mimikry.

## 1.7 Einsatz von Aggression

**Aggressives Verhalten scheint nachteilig und kostspielig zu sein – warum gibt es Aggression? Wie werden Kämpfe vermieden oder zumindest reguliert? Und steigert Aggression vielleicht sogar die Fitness?**

**Information**
**Ritual:**
regelhafte Verhaltensweisen, deren Signale im Laufe der Evolution verstärkt, wiederholt und stereotyper werden. Damit erlangen Rituale für den Empfänger eine hohe Eindeutigkeit.

### Was ist Aggression?

Aggression umfasst in der Biologie alle **Angriffs-** und **Verteidigungsverhaltensweisen**, die dazu dienen, eigene Ziele durchzusetzen. Sie kann dazu führen, dass Konkurrenten vertrieben oder unterworfen werden und der Aggressor Ressourcen für sich beanspruchen kann. Insbesondere bei Konflikten um das Territorium, das Nahrungsangebot oder bei der Partnerwahl tritt aggressives Verhalten auf.

### Intensitätsstufen aggressiven Verhaltens

Kämpfe, bei denen Beteiligte schwerwiegend verletzt oder gar getötet werden, sind sehr kostspielig und sollten nicht häufig vorkommen. Damit es nicht so weit kommt, werden aggressive Verhaltensweisen abgestuft angewandt. Beim **Imponieren** zeigen die Kontrahenten offen und ständig ihre Fähigkeiten und Stärke, um abzuschätzen, ob ein Konflikt überhaupt gewonnen werden könnte. Stellt sich ein Konkurrent der Herausforderung, wird meist zuerst **gedroht**. Hierbei werden bewusst Warnsignale abgegeben oder mögliche Waffen gezeigt. Dabei werden Kampfhandlungen angedeutet, aber nur unvollständig durchgeführt, da sie ritualisiert sind.

Reicht Imponieren und Drohen nicht aus, um die Kräfteverhältnisse zu klären, kann ein **Kommentkampf** die nächste Stufe aggressiven Verhaltens sein. Dabei handelt es sich um ein **Ritual**, das nicht regellos abläuft. Verletzungen treten dabei noch nicht auf, da nur Körperteile angegriffen werden, die unempfindlich sind. Erkennt das unterlegene Tier seine Niederlage an, zeigt es Demutsgesten oder flieht.

Beim **Beschädigungskampf** können die gefährlichen Waffen bis zum äußersten eingesetzt werden. Da schwer verletzte oder gar getötete Individuen zur Schwächung der eigenen Art führen, werden diese Kämpfe oftmals durch weitere Formen der Aggressionskontrolle vermieden.

## Materialgebundene Aufgabe

### 1 Aggressives Verhalten aus verschiedenen Perspektiven betrachtet

A
See-Elefanten-Männchen

B
Hirschmännchen

C
Steinbockmännchen

**a)** ☰ Beschreiben Sie die abgebildeten Situationen und ordnen Sie sie möglichen Intensitätsstufen aggressiven Verhaltens begründet zu.

**b)** ☰ Beschreiben Sie Kosten für die gezeigten Verhaltensweisen und stellen Sie eine Hypothese über ihre Auswirkung auf die Fitness der beteiligten Kontrahenten auf.

**c)** ☰ Beurteilen Sie das Verhalten der männlichen Geweihfliegen (Material D) hinsichtlich der Kosten für das „Geweih", dessen Signalwirkung und die Auswirkung auf die Fitness beider Kontrahenten. Beantworten Sie die Ausgangsfrage.

**Material D**
**Ausgangsfrage:** Kann das kleinere Männchen trotz Flucht einen Fitnessgewinn erzielen?
**Beobachtung:** Männliche Geweihfliegen kämpfen um Territorium und Weibchen. Die Größe des Geweihs, Ausbildungen am Kopf, korreliert mit der Körpergröße. Es ist ein ehrliches Signal und kann nicht gefälscht werden. Treffen sich zwei Männchen mit verschieden großen Geweihen, flieht das kleinere Männchen und überlässt dem größeren damit Territorium und Fortpflanzungspartnerin.

## 1.8 Aggressionskontrolle

**Welche Möglichkeiten bieten sich Tieren, kämpferische Auseinandersetzungen zu vermeiden?**

### Beschwichtigungsverhalten

Zur Minimierung der Aggression können bestimmte Verhaltensweisen schon beim Aufeinandertreffen zweier Individuen erfolgen. Mit **Begrüßungsritualen** und ritualisierten Demutsgesten wird die friedliche Absicht gezeigt und so auch eine mögliche Aggression beim anderen Tier verringert. **Demutsgesten** können auch beginnende Kämpfe schnell und ohne schwerwiegende Verletzungen beenden.

### Rangordnung

Eine durch Kämpfe einmalig festgelegte Rangordnung vermeidet andauernde Konflikte um Territorium, Nahrung oder Fortpflanzungspartner. Stirbt das ranghöchste Tier oder kommen neue Individuen hinzu, kann eine Neuordnung der Hierarchie nötig werden. Durch die Rangordnung entsteht somit eine stabile Gemeinschaft. Meist reicht schon ein geringes Imponieren oder Drohen des ranghöheren Tieres aus, sodass das rangniedrigere Tier seinen Platz wieder einnimmt. Durch eine feste Arbeitsteilung innerhalb der Gruppe werden wichtige Entscheidungen für die Gemeinschaft vom ranghöchsten, erfahrenen Leittier getroffen. Dies ist in der Regel das fähigste und stärkste Tier, es kann so seine Gene bei der Fortpflanzung vor allen anderen weitergeben. In der Verhaltensbiolgie bezeichnet man als Rangordnung eine Hierarchie unter den Mitgliedern einer Guppe, durch die verschiedene Rechte und Pflichten geregelt sind. Dabei kann es, wie bei Hühnern, eine linear absteigende Hierachie von Tier zu Tier geben.

### Territorialität und Migration

Besitzen Gruppen ein **eigenes Revier**, so bietet es ihnen Lebensraum, Schutz vor Feinden, Nahrung und die Möglichkeit, Nachwuchs zu zeugen und zu versorgen. Es verwundert daher nicht, dass Revierbesitzer ihr Territorium gegenüber Eindringlingen verteidigen. Damit von Anfang an klar ist, wer in einem Revier das Sagen hat, werden die Grenzen häufig durch Duftstoffe, akustische oder optische Signale markiert. Besitzt eine Gemeinschaft zu viele Individuen innerhalb eines Reviers, wird es nötig, dem dadurch entstehenden sozialen Stress und dem Ressourcenmangel auszuweichen. Das Konfliktpotential wird dann minimiert, indem Teile der Population auswandern: Die Tiere besetzen durch **Migration** neue Reviere und tragen so auch zur Verbreitung der Art bei.

**1** Hühner im Freiland

1. Stellen Sie mittels einer Recherche die Hackordnung bei Hühnern dar.
2. Vergleichen Sie mittels einer Recherche das Zusammenleben der Hühner mit dem Zusammenleben von Wölfen in freier Wildbahn.

### Materialgebundene Aufgabe

**3 Beispiele für Aggressionskontrolle**

**a)** Beschreiben Sie die jeweiligen Gesten der zwei Wölfe zur Aggressionskontrolle und klären Sie dann, welcher Wolf das dominante und welcher das untergeordnete Individuum ist.

**b)** In Ihrem Kurs sind vielleicht Mitschülerinnen und Mitschüler, die einen Hund als Haustier halten. Andernfalls können Sie auch Hunde im Park oder im Wald beobachten. Tauschen Sie sich untereinander darüber aus, auf welche unterschiedlichen Weisen Hunde Demutsgesten untereinander oder dem Menschen gegenüber zeigen.

## ❶ Untersuchungen zum Verhalten der Mittelmeergrille

Die Mittelmeergrille ist eine nahe Verwandte unserer einheimischen Feldgrille. Sie bewohnt offene Landschaften, wo sie den Tag in Verstecken unter Steinen und Wurzeln verbringt. Die Tiere lassen sich leicht in Gefangenschaft halten und züchten. Innerhalb einer Grillenpopulation herrscht eine Rangordnung, die durch Kämpfe etabliert wird.

**1** Weibchen (links) und Männchen (rechts) der Mittelmeergrille (vergrößert)

*Besonderer Hinweis: Bei diesem Experiment werden lebendige Mittelmeergrillen verwendet, die im Zoofachhandel als Futter für Terrarienbewohner verkauft werden. Erkundigen Sie sich **vor** dem Experiment in der Jahrgangsstufe nach einer möglichen späteren Verwendung der Tiere. Machen Sie sich klar, dass Sie nun mit lebenden Tieren arbeiten. Behandeln Sie die Tiere vorsichtig und mit Sorgfalt, Sie sind für ihr Wohlergehen verantwortlich.*

**Material:** Mittelmeergrillen aus dem Zoofachhandel; ein kleineres und ein größeres Insektenterrarium; Sägespäne; Gartenerde; Eierkarton; Apfelstücke; Haferflocken; mehrere Quadratraster (siehe *Hinweis 1*).

*Hinweis 1:* Laden Sie sich das passende Quadratraster für Ihr Insektenterrarium herunter (✎) und drucken Sie es aus. Verwenden Sie für jeden Versuch ein neues Quadratraster, zeichnen Sie eingesetzte Objekte ein und protokollieren Sie jeweils die Aufenthaltsorte der Insekten. Ergänzend können Sie digitale Hilfsmittel wie eine Kamera nutzen.

*Hinweis 2:* Besorgen Sie einen kleinen Insektenbehälter, ausgestattet mit Bodengrund aus einem Gemisch aus Sägespänen und Gartenerde. Darüber hinaus brauchen Sie einen größeren, leeren Insektenbehälter mit demselben Bodengrund. Wenn im weiteren Verlauf von einem leeren Behälter die Rede ist, ist ein Behälter mit Bodengrund, aber ohne sonstige Gegenstände gemeint. Halten Sie Versteckmöglichkeiten wie einen Eierkarton oder ähnliches sowie Futter in Form von Apfelstücken und Haferflocken bereit.

**Durchführung:**

**a)** ≡ Leiten Sie anhand der Abbildung die Köpermerkmale der männlichen und weiblichen Grillen ab und identifizieren Sie damit die Männchen und die Weibchen.

**b)** ≡ Führen Sie die folgenden Versuche durch. Stellen Sie dabei zu Beginn von jedem Versuch eine Hypothese zu dem erwarteten Verhalten der Tiere auf und prüfen Sie nach dem Versuch, ob Ihre Beobachtung Ihre Hypothese stützt oder widerlegt. Nutzen Sie zur digitalen Protokollierung ein Texterfassungsprogramm.

- **Versuch 1:** Beobachten Sie jeweils ein Männchen und Weibchen in einem kleinen, leeren Behälter und protokollieren und beschreiben Sie alle beobachtbaren Verhaltensweisen möglichst genau.
- **Versuch 2:** Setzen Sie ein Männchen in das leere Terrarium. Protokollieren Sie etwa alle zehn Sekunden durch Markierung auf den Quadratraster den Aufenthaltsort des Tieres. Begründen Sie die bevorzugten Aufenthaltsorte des Tieres.
- **Versuch 3:** Geben Sie nun eine Versteckmöglichkeit in das Terrarium und markieren Sie die Stelle auf dem Quadratraster. Beschreiben Sie das Verhalten des Tieres.
- **Versuch 4:** Geben Sie zusätzlich zur Versteckmöglichkeit eine Futterquelle in das Terrarium. Protokollieren Sie die Aufenthaltsorte im Quadratraster und beschreiben Sie alle beobachtbaren Verhaltensweisen.
- **Versuch 5:** Setzen Sie nun zusätzlich ein Weibchen in das Terrarium und protokollieren Sie wieder. Beschreiben Sie alle beobachtbaren Verhaltensweisen für jedes Tier einzeln.
- **Versuch 6:** Entfernen Sie die Versteckmöglichkeit und die Futterquelle und ersetzen Sie nun das Weibchen gegen ein weiteres Männchen. Protokollieren und beschreiben Sie alle beobachtbaren Verhaltensweisen.
- **Versuch 7:** Wiederholen Sie Versuch 6 mit zwei Weibchen. Protokollolieren und beschreiben Sie.
- **Versuch 8:** Variieren Sie die Versuche 5 (Männchen und Weibchen), 6 (zwei Männchen) und 7 (zwei Weibchen), indem Sie eine oder mehrere Versteckmöglichkeiten und / oder Futterquellen in das Terrarium setzen. Protokollieren und beschreiben Sie alle beobachtbaren Verhaltensweisen.

**c)** ≡ Werten Sie Ihre Versuche aus, indem Sie proximate und ultimate Gründe für die gezeigten Verhaltensweisen in Ihre Überlegungen einbinden.

**d)** ≡ Entwerfen Sie weitere Versuche mit den Mittelmeergrillen, indem Sie zum Beispiel bestimmte Umgebungsvariablen ändern: kleiner oder großer Versuchsbehälter, Lichtintensität, Lichtqualität, Temperatur, Feuchtigkeit … Achten Sie darauf, dass Sie die Tiere nicht unnötigen Gefahren aussetzen.

**e)** ≡ Reflektieren Sie an diesem Beispiel die Möglichkeiten und Grenzen des Erkenntnisgewinnungsprozesses.

## 1.9 Partnerwahl

**Bunte Färbung, auffälliges Muster, sperriges Geweih – wieso fördert die Evolution so merkwürdige Merkmale?**

**„Warum so auffällig, mein Herr?"**
Bei zahlreichen Wirbeltieren konkurrieren die Männchen um die Weibchen zur Fortpflanzung. Um sich von innerartlichen Mitbewerbern abzuheben und um von Weibchen ausgewählt zu werden, haben sich im Laufe der Evolution bei den Männchen dieser Arten auffällige **Ornamente**, **Waffen** oder eine **unterschiedliche Körpergröße** herausgebildet. Diese Entwicklung führte dazu, dass sich die Männchen von den Weibchen phänotypisch unterscheiden. Man spricht vom **Sexualdimorphismus**.

**Sexuelle Selektion**
Bei Ornamenten handelt es sich um Farben, Muster, Körperanhänge, vergrößerte Strukturen oder andere aufwendige körperliche Signale, die bei der Partnerkonkurrenz zum Einsatz kommen. Waffen wie Zähne, Geweihe oder Gehörne können ebenfalls Signale bei der Partnerwahl aussenden. Diese Merkmale können nur durch erhöhte Investition produziert werden. Teilweise sind sie so auffallend, dass sie im übertragenen Sinne eine Einladung für mögliche Fressfeinde darstellen. Wieso werden solche Merkmale nicht von der natürlichen Selektion aussortiert? Die Antwort findet sich in der **sexuellen Selektion**, die die Ausprägung gerade solcher Eigenschaften verstärkt. Die Merkmale müssen also einen Zweck besitzen.

**Handicap-Prinzip**
1975 wurde eine Theorie aufgestellt, die davon ausgeht, dass die Ausbildung von Ornamenten und Waffen vor allem deswegen von der sexuellen Selektion befördert wird, weil sie so kostspielig, auffällig und hinderlich im Alltag sein können. Träger solcher Merkmale müssen folglich besonders gesund und fit sein, wenn sie dadurch einen Überlebensnachteil und eine Fitnessminimierung erlangen. Sie können es sich leisten, solche Eigenschaften zu besitzen.

Die Theorie wird als **Handicap-Prinzip** bezeichnet. Die Weibchen bewerten anhand dieser fälschungssicheren Signale die Qualität der Männchen und wählen sie aus.

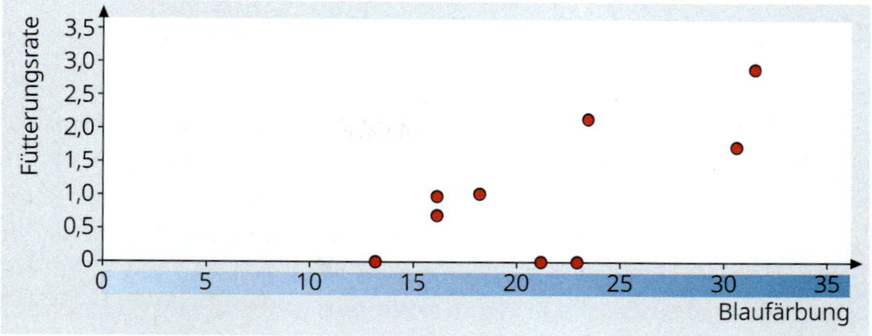


**1** Fütterungsrate in Abhängigkeit der Blaufärbung beim männlichen Azurbischof

Die Männchen des amerikanischen **Azurbischofs** unterscheiden sich im Grad ihrer Blaufärbung. Die am intensivsten blau gefärbten Männchen sind durchschnittlich größer, haben die größten Territorien und somit auch mehr Nahrung zur Verfügung. Zudem findet man einen Zusammenhang zwischen der Blaufärbung und der Fütterungsrate der Männchen bei der Jungenaufzucht (→ **Abb. 1**). Beim nordamerikanischen **Grauen Laubfrosch** präferieren die Weibchen Männchen mit langen Ruffolgen. Im Experiment wurden Eizellen mit Spermien langrufender beziehungsweise kurzrufender Männchen befruchtet. Im Ergebnis entwickelten sich die Kaulquappen besser, die mit Spermien langrufender Männchen befruchtet wurden.

**2** Männlicher Azurbischof

**3** Kaulquappen des Grauen Laubfrosches

**1** Begründen Sie, dass Weibchen stärker gefärbte Azurbischof-Männchen beziehungsweise länger rufende Laubfrosch-Männchen bei der Partnerwahl präferieren.

**2** Erklären Sie, warum die Schwanzfedern des Pfaus nicht immer länger werden, obwohl die Weibchen dies präferieren.

**4** Männlicher Pfau mit Federrad wirbt um ein Weibchen.

## 1.10 Paarungssysteme

**Bei manchen Tierarten leben Weibchen und Männchen nicht nur zur Paarungszeit, sondern auch bei der Jungenaufzucht zusammen. Welche Systeme haben sich dabei im Laufe der Evolution entwickelt?**

**1** **A** Trauerammer; **B** Schnabelfliege

### Polygamie: ein Individuum paart sich mit vielen anderen

Paart sich ein Männchen mit mehreren unterschiedlichen Weibchen, so nennt man dieses Zusammenleben **Polygynie**. Bei der Trauerammer der nordamerikanischen Prärien erkennen die Weibchen die Qualität der von den Männchen besetzten Reviere. Männchen mit günstigen Revieren haben zwei bis drei Weibchen, jene mit schlechten, ressourcenarmen Revieren nur eines. Somit ist deren Fortpflanzungserfolg auch unterschiedlich groß.

Polygynie findet sich häufig im Tierreich, dagegen ist die **Polyandrie** seltener. Sie kommt unter anderem bei Insektenarten vor, bei denen ein Weibchen von mehreren Männchen „Hochzeitsgeschenke" und damit einen erheblichen Beitrag zur Ernährung erhält. Beispielsweise überreichen Männchen bestimmter Arten der Schnabelfliegen während der Paarung eine Schmeißfliege an das Weibchen.

### Der Harem: besondere Form der Polygynie

Bei **polygyn** lebenden Tieren, bei denen die Weibchen besonders große und kräftige Männchen zur Paarung bevorzugen, liegt häufig ein ausgeprägter Sexualdimorphismus vor. Zugleich leben die Gruppenmitglieder oft in einem Harem, bei dem sich der Haremsbesitzer mit allen geschlechtsreifen Weibchen seiner Gruppe paart, das Gruppenterritorium gegen Artgenossen verteidigt und Weibchen und Jungtiere gegenüber Fressfeinden schützt. Diese Form des Zusammenlebens findet sich bei Hirschen, Robben und bei einigen Primaten.

### Monogamie: Bis dass der Tod uns scheidet?

Außer bei Vögeln ist die **Monogamie** im Tierreich selten anzutreffen. Sie bedeutet einen Fortpflanzungsvorteil, wenn beide Eltern Brutpflege betreiben. Bei Säugetierarten beträgt der Anteil des monogamen Zusammenlebens nur etwa 5 Prozent. Die männlichen Säugetiere können sich an der Jungenaufzucht nur kaum beteiligen, weil nur die Mütter Milch produzieren. Bei Monogamie ist der Sexualdimorphismus in der Regel gering oder fehlt ganz. Meist ist eine solche Einehe auf eine Fortpflanzungsperiode beschränkt, seltener ist eine lebenslange Monogamie, wie man sie von Gänsen, Schwänen oder manchen Papageien kennt.

**1** ☰ Erstellen Sie eine Tabelle, in der Sie die Begriffe Monogamie, Polygynie und Polyandrie definieren, mit passenden Symbolen darstellen und je ein Beispiel aufführen.

### Promiskuität: Jeder mit jedem?

Bestehen in Gruppen aus Männchen und Weibchen wechselnde Partnerschaften, so leben die Individuen **promisk**. Beide Geschlechter paaren sich also regelmäßig mit mehr als einem Partner. Dies findet man bei Tierarten, bei denen die weiblichen Tiere über einen längeren Zeitraum empfängnisbereit sind wie bei Schimpansen. Der Fitnessgewinn könnte hier in einer Erhöhung der genetischen Variation liegen. Der Vorteil der Promiskuität für die Weibchen beruht darauf, dass es mit hoher Wahrscheinlichkeit zur Befruchtung kommt und dass sie bei der Jungenaufzucht von mehreren Männchen durch Fürsorgeverhalten und Nahrungsbeschaffung unterstützt werden. Bei Promiskuität kommt es zur **Spermienkonkurrenz**, bei der die in ein Weibchen entlassenen Spermien verschiedener Männchen dort um die Befruchtung der Eizelle konkurrieren.

### Materialgebundene Aufgabe

**2 Konsequenzen verschiedener Paarungssysteme für das Maß an Sexualdimorphismus**

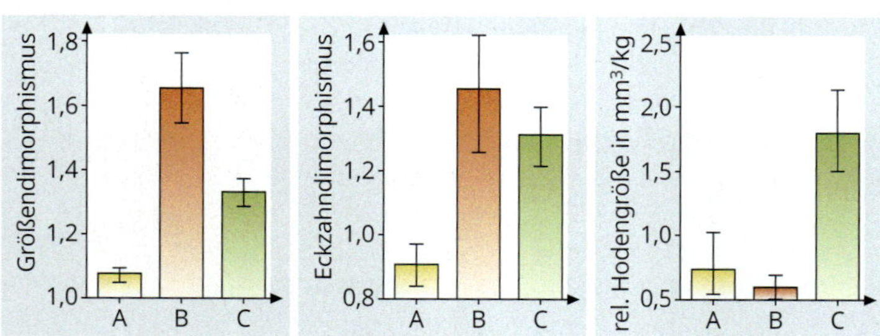


Messungen des Sexualdimorphismus (Männchen zu Weibchen) und Hodengröße bestimmter Primaten. **A** monogam, **B** polygam, **C** promisk

**a)** ☰ Beschreiben Sie die Ergebnisse der drei Diagramme.
**b)** ☰ Begründen Sie das Auftreten der großen Hoden bei den promisken Primaten.
**c)** ☰ Stellen Sie eine Hypothese über den gering auftretenden Sexualdimorphismus bei monogamen Primaten auf.

## 1.11 Elternaufwand

**Insgesamt etwa 160 000 € geben Eltern in Deutschland für ein Kind bis zu seinem 18. Geburtstag durchschnittlich aus. Was kostet eine Jungenaufzucht bei Tieren und welchen Aufwand betreiben die Eltern dabei?**

### Der elterliche Aufwand in der Life-History

Um eigene Gene erfolgreich in die nächste Generation zu bringen, reicht es nicht aus, einen Fortpflanzungspartner zu finden und Nachkommen zu zeugen. Wird nicht sichergestellt, dass diese zumindest teilweise überleben und geschlechtsreif werden, erzielen die Eltern keinen Fitnessgewinn. Daher müssen sie Zeit und Energie investieren, um die Überlebenswahrscheinlichkeit ihrer Jungen zu erhöhen. Das **elterliche Investment** in den Nachwuchs fällt bei vielen Tierarten unterschiedlich intensiv aus, wird aber immer von Kosten-Nutzen-Aspekten, der Life-History und dem Geschlecht des Elters bestimmt. Unter **Life-History** versteht man das Verteilungsproblem, das Lebewesen haben, wenn sie für eine bestimmte Aufgabe lebensnotwendige Ressourcen aufwenden oder beschaffen müssen, wodurch sie diese Energie nicht für andere Aufgaben aufwenden können. Eigenes Wachstum, die Aufrechterhaltung körperlicher Grundfunktionen und alles rund um die Fortpflanzung stehen dabei im energetischen Konflikt miteinander.

### Formen des Elternaufwands

Die verschiedenen Formen des Elternaufwands werden maßgeblich durch evolutiv entstandene **Bauplanmerkmale** der Tiere bestimmt. So sind beispielsweise Fische und Wirbellose **poikilotherm**. Viele Embryonen und Larven von Fischen, die lebend geboren werden, benötigen von ihren Eltern keine Wärme oder Nahrung und die meisten Eier wirbelloser Tiere entwickeln sich ganz ohne Zutun der Eltern. Die Elterntiere sorgen aber oft durch die Wahl des Ortes der Eiablage dafür, dass die Nachkommen gute Überlebenschancen haben. Dies nennt man **Brutfürsorge**.

Säugetiere und Vögel sind **homoiotherm**. Die Eier von Vögeln müssen ausgebrütet und die Jungen oft gefüttert werden. Auch bei Säugetieren ist Zuwendung in Form von Wärme und Säugen unerlässlich für das Überleben der Jungen. Durch **Brutpflege** werden Schutz und Versorgung der Nachkommen gewährleistet.

**1** Eine männliche Geburtshelferkröte mit Gelege auf dem Rücken

**1** ≡ Erläutern Sie die Begriffe Brutfürsorge und Brutpflege am Beispiel des Nilkrokodils. Recherchieren Sie dazu im Internet.

### Entwicklungszustand der Nachkommen

Auch die biologisch determinierte Anzahl an Nachkommen beeinflusst das Verhalten des elterlichen Aufwands. Werden die Jungen lebend geboren, so ist die Anzahl an Nachkommen durch den Körperbau der Mutter begrenzt. Die Anzahl an Nachkommen ist daher im Vergleich zu eierlegenden Tierarten geringer. Der Grad an elterlichem Aufwand fällt in der Regel umso geringer aus, je größer die Zahl an Nachkommen und je kleiner die Eier sind.

Bei Vögeln und Säugetieren wird zwischen **Nesthockern** und **Nestflüchtern** unterschieden. Nesthocker sind erst einmal hilflos, haben die Augen teilweise geschlossen, können ihre Körperwärme noch nicht selbstständig regulieren und benötigen Fütterung. Sie sind daher vollständig auf die Brutpflege der Eltern angewiesen. Nestflüchter hingegen sind so weit in der Entwicklung, dass sie sich selbstständig ernähren und bewegen können.

**2** ≡ Ordnen Sie die in der Randspalte abgebildeten Amsel- und Hühnerküken begründet den Nesthockern oder Nestflüchtern zu und stellen Sie Hypothesen zu dem Verhalten der Eltern auf.

**2 Frisch geschlüpfte Küken.**
**A** Amsel; **B** Huhn

## Materialgebundene Aufgabe

### ❸ Anzahl der Nachkommen und Brutfürsorgeverhalten

Bei der Wirbeltierklasse der Amphibien lässt sich das Verhalten der Brutfürsorge leicht beobachten und über unterschiedliche Arten hinweg vergleichen. Die folgende Tabelle gibt Auskunft über die Anzahl der Nachkommen und die aufgewandte Brutpflege der Eltern.

Alpensalamander

Grasfrosch mit Laich

Teichmolch

| Amphibienart | Anzahl Nachkommen pro Jahr | Beschreibung der Brutfürsorge |
|---|---|---|
| Alpensalamander | 2 | Die Weibchen tragen die Jungtiere im Körper aus, wo sie auch ihre Metamorphose zum Adulttier durchlaufen und dann als voll entwickelte Formen geboren werden. |
| Feuersalamander | 32 | Die Weibchen sind lebend gebärend, sie setzen die Larven in ein Gewässer aus, in dem sie die Metamorphose zum Adulttier durchlaufen. |
| Geburtshelferkröte | 42 | Die Männchen tragen befruchtete Eischnüre so lange mit sich auf dem Rücken herum, bis die Jungen schlüpfen, anschließend werden sie in ein Gewässer abgegeben. |
| Teichmolch | 100 – 300 | Das Weibchen legt die Eier an Wasserpflanzen so ab, dass die möglichst gut versteckt sind. |
| Erdkröte | 2000 – 3600 | Die Eltern überlassen den Laich weitgehend ihrem Schicksal, indem sie die Eier in ein Gewässer entlassen. |
| Grasfrosch | 600 – 3000 | |

≡ Begründen Sie den Zusammenhang zwischen der beobachteten Brutfürsorge und der Anzahl der Nachkommen bei den gelisteten Amphibienarten anhand einer Kosten-Nutzen-Analyse.

**Weitere Einflussfaktoren auf die Entstehung von Brutpflegeverhalten**

Ungünstige Umweltbedingungen, ein hohes Risiko durch Fressfeinde oder die starke Konkurrenz zu Artgenossen befördern ein intensiveres Brutpflegeverhalten. Tierarten entgehen diesen widrigen Umständen häufig durch Angepasstheiten. Die Größe der Eier erhöht sich, oder es findet ein Übergang hin zum Lebendgebären der Jungen statt. Abgelegte Eier werden bewacht und der Nachwuchs wird häufiger gefüttert.

Beispielsweise produzieren Meerschweinchen für kleine Nagetiere auffallend wenige Nachkommen, die bei der Geburt vergleichsweise weit entwickelt sind. Sie werden auch rasch geschlechtsreif und benötigen wenig elterliche Pflege. Diese Besonderheit legt den Schluss nahe, dass die juvenile Sterblichkeit gering, die adulte Mortalität aber hoch sein könnte im Vergleich zu anderen kleinen Nagern.

**Ich, du, wir – „who cares“?**

Eine **uniparentale Fürsorge** kann dann entstehen, wenn ein Elternteil den anderen ohne nennenswerten Fitnessverlust verlassen kann und sich neue Paarungsgelegenheiten ergeben. Welcher Elternteil den anderen im Stich lässt, hängt oft von der Befruchtungsart und vom Zeitpunkt der Eiablage ab. Bei der **inneren** Befruchtung dauert es eine Zeit lang, bis die Eier oder die Jungen den Körper der Mutter verlassen. In dieser Zeitspanne kann der Vater wenig in Fürsorge investieren. So ist es möglich, dass er sich währenddessen nach neuen Paarungsgelegenheiten umsieht und die Mutter verlässt.

Bei **äußerer** Befruchtung sind die geschlechterbetreffenden Fürsorgerollen meist umgekehrt, denn die Befruchtung findet erst nach der Eiablage statt. Somit haben die Weibchen die Möglichkeit, das Männchen frühzeitig mit den Eiern sitzen zu lassen. **Biparentale Fürsorge** ist dann zu erwarten, wenn die Nachkommen mehr Pflege brauchen, als von einem Elternteil geleistet werden kann oder sich keine alternativen Paarungsgelegenheiten ergeben. Bei Vögeln kümmern sich in der Regel immer beide Elternteile um den Nachwuchs. Die Brutpflege ist für einen Elter alleine zu kostspielig und anstrengend, weshalb sich hier auch eher die Monogamie als Paarungssystem durchgesetzt hat.

## ❹ Brutpflegeverhalten bei Eidechsen

Das Brutpflegeverhalten ist dann erfolgreich, wenn die Eltern die Fitness der Nachkommen erhöhen. Manche Reptilien zeigen Brutpflege, indem sie ihre Gelege beziehungsweise Nester verteidigen. In einer 2016 veröffentlichten Studie wurde das Brutpflegeverhalten einer bestimmten Eidechsenart, *Eutropis longicaudata*, auf Taiwan und den umliegenden Inseln Green Island und Orchid Island untersucht. Bei den Untersuchungen konnte nachgewiesen werden, dass die Eidechsen ihre Gelege gegenüber Fressfeinden nur auf der Insel Orchid Island verteidigen.

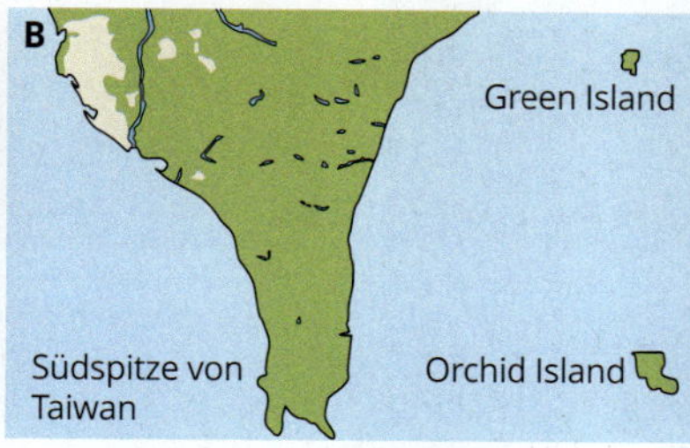

**A** *Eutropis longicaudata*; **B** Untersuchungsgebiet; **C** eierfressende Schlange *Oligodon formosanus*, nur auf Orchid Island

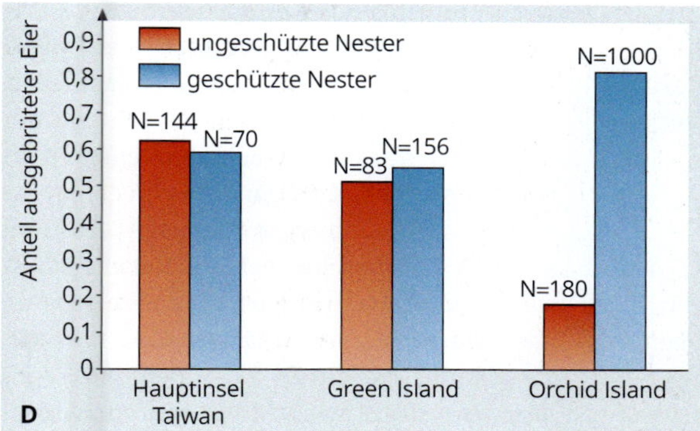


Diagramm **D**: Anzahl geschlüpfter Eidechsen künstlich mit Drahtgitter geschützter Nester im Vergleich zu nicht geschützten Nestern an unterschiedlichen Standorten

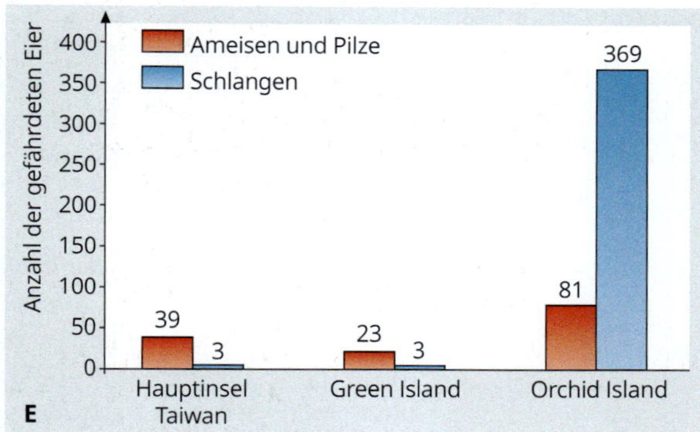


Diagramm **E**: Anzahl der gefährdeten Eier durch bestimmte Fressfeinde oder Pilz-Krankheiten an unterschiedlichen Standorten

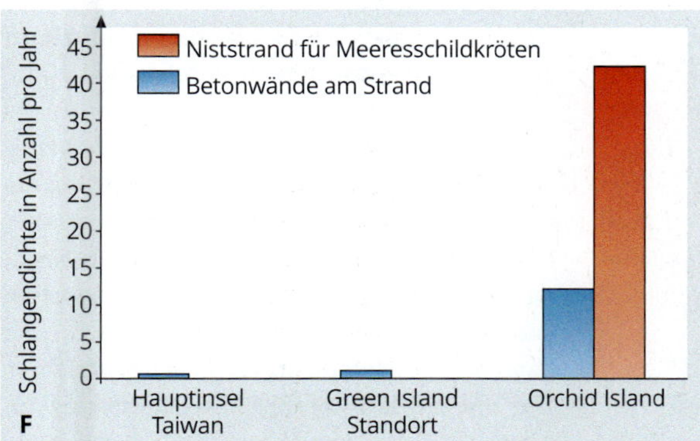


Diagramm **F**: Vorkommen eierfressender Schlangen in Abhängigkeit von Standort und Umgebungsbedingungen

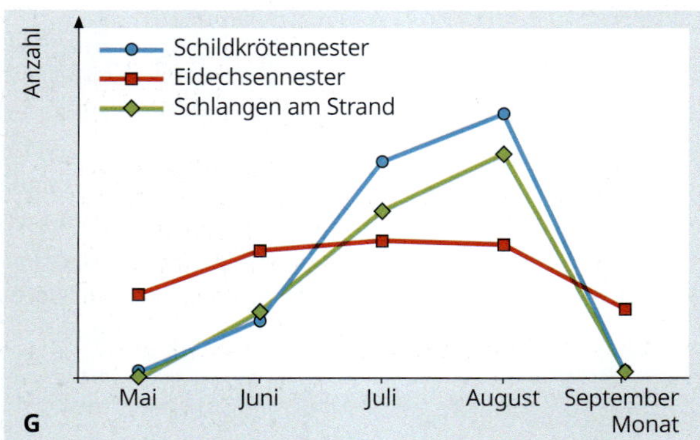


Diagramm **G**: Anzahl der Eidechsen- und Schildkrötennester sowie das Auftreten von Schlangen am Strand auf Orchid Island

≡ Erläutern Sie ausführlich und unter Einbeziehung der gegebenen Informationen im Text und aller vier Diagramme **D–G**, aus welchem Grund die Verteidigung der Eidechsengelege ausschließlich auf der Insel Orchid Island erfolgt und nicht auf der Insel Green Island oder auf der Hauptinsel Taiwan. Gehen Sie dabei auch auf die Bedeutung des Vorkommens von Schildkröten auf der Insel Orchid Island ein.

**1** Meerschweinchenmutter mit Jungtieren

**2** Der Wiesenpieper als Wirtsvogel füttert einen jungen Kuckuck

## 1.12 Eltern-Kind-Konflikt

**Elterliches Investment erhöht die indirekte Fitness der Eltern. Doch zu welchen Kosten? Dieser Eltern-Kind-Konflikt führt zu einem Trade-off für alle Beteiligten.**

### Interessenskonflikte

Elterliches Investment ist der häufigste Typ altruistischen Verhaltens (→ **Seite 258**). Energie und Zeit wird von den Eltern in die Jungen investiert, sie nehmen viele Gefährdungen in Kauf und geben dem Nachwuchs unter anderem Nahrung, Wärme und Schutz. Die Eltern sind mit allen Nachkommen gleichermaßen verwandt und haben damit ein Interesse daran, in den aktuellen und zukünftigen Nachwuchs zu investieren.

Zudem existieren auch Konflikte zwischen den Geschwistern eines Geleges. Jedes einzelne Jungtier versucht, so viel elterliches Investment zu bekommen, wie möglich. Wer bekommt am meisten Nahrung, wer die meiste Aufmerksamkeit? Welche Signale spielen dabei eine Rolle? Gibt es eine Bevorzugung der Eltern für ein bestimmtes Junges?

### Wie sieht der Trade-off aus?

Je älter die Jungen werden, umso mehr Nahrung benötigen sie und umso aufwendiger wird die Nahrungssuche und Pflege für die Eltern. Ab einem bestimmten Zeitpunkt sollten Eltern daher ihr Investment einschränken. Der Nachwuchs hat allerdings ein Interesse daran, dass dieser Zeitpunkt möglichst spät eintritt, weil sie dadurch eigene aufzuwendende Kosten erst einmal nicht entrichten müssen. Die Eltern tragen daher mit sich den Konflikt zwischen dem aktuellen, dem künftigen Nachwuchs in ihrem Leben und ihrer eigenen körperlichen Verfassung aus. Studien an Meerschweinchen haben gezeigt, dass die Mütter das Säugen ihres Nachwuchses zu einem ganz bestimmten Zeitpunkt einstellen: In einem Experiment wurden verschiedenen Müttern Jungtiere unterschiedlichen Entwicklungsstands zum Säugen gegeben. Dabei zeigte sich, dass die Mütter unabhängig vom Entwicklungsstand, der Größe oder dem Alter des Jungtieres das Säugen beendeten. Ausschlaggebender Faktor war lediglich die Zeitdauer, die die Mütter insgesamt in dieser Fortpflanzungsperiode schon für das Säugen von Jungen aufgewandt hatten. Die Mütter haben also in ihren künftigen Nachwuchs investiert und sind dabei einen **Trade-off**, einen Verhaltenskompromiss, zum aktuellen Nachwuchs eingegangen. Obwohl es für die Mütter zuerst sinnvoll erscheint, möglichst lange zu säugen, muss dennoch die Lebenszeitreproduktion der Eltern berücksichtigt werden. Wendet ein Muttertier zu viel Energie für den aktuellen Nachwuchs auf, muss es eventuell in der darauffolgenden Reproduktionsphase aussetzen oder kann dann nur weniger Nachwuchs aufziehen. Der Eltern-Kind-Konflikt kann somit nur anhand des Fortpflanzungserfolges bezogen auf die gesamte Lebensspanne eines Tieres analysiert werden.

**1** ≡ Beschreiben Sie den Eltern-Kind-Konflikt aus biologischer Sicht in Ihrer Familie anhand verschiedener Beispiele: Welchen Trade-off gehen Sie ein, welchen Ihre Eltern?

**Umgehung des Eltern-Kind-Konflikts**
Eine Möglichkeit für Eltern, den Eltern-Kind-Konflikt zu umgehen, ist der **Brutparasitismus**. So legt beispielsweise der Kuckuck ein Ei in ein Nest einer anderen Vogelart. Der Parasit entfernt das dort bereits vorhandene Ei. Der Wirtsvogel bemerkt in der Regel den Tausch nicht und kümmert sich um das Jungtier. Der Kuckuck vermeidet mit diesem Verhalten den enormen Aufwand der Jungenaufzucht.

2 ≡ Recherchieren Sie weitere Bespiele für Brutparasitismus und erklären Sie den Fitnessgewinn aus verhaltensökologischer Sicht.

## Materialgebundene Aufgabe

### 3 Kann Elternaufwand auch adaptiv sein? – Untersuchungen an Zebrafinken zum Eltern-Kind-Konflikt

A

B

Das Brutpflegeverhalten bei Zebrafinken (**A**) wurde dahingehend untersucht, ob die Eltern ihr Investment in die Nachkommen (**B**) an deren Entwicklungsstand im Rahmen des Eltern-Kind-Konfliktes anpassen. Dazu wurden die Jungtiere eines Nestes durch jüngere oder ältere Jungtiere ersetzt und beobachtet, wann die Eltern ihr Investment in Form der Nahrungsbeschaffung einstellten. Vogelfamilien ohne Jungtieraustausch dienten dabei als Kontrollgruppe.

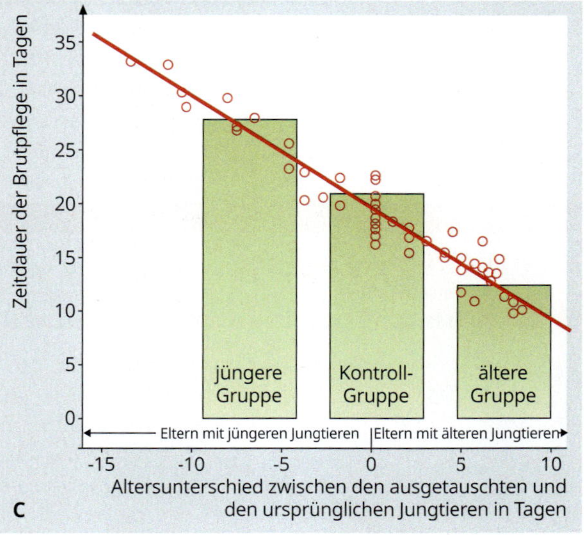

C

Diagramm **C**: Einfluss des Alters der Jungtiere auf die Zeitdauer der Brutpflege bei Vogelfamilien, deren ursprüngliche Jungtiere durch jüngere oder ältere Jungtiere ausgetauscht wurden, im Vergleich zur Kontrollgruppe ohne Austausch.

**a)** ≡ Beschreiben Sie das Diagramm **C** und werten Sie aus, wie und unter welchen Bedingungen die Zebrafinken-Eltern ihr Brutpflegeverhalten anpassen.
Erläutern Sie an diesem Beispiel den Eltern-Kind-Konflikt.

**b)** ≡ Stellen Sie eine Hypothese auf, welche Signale der Jungtiere dazu führen, dass die Eltern ihre Brutpflege verlängern oder verkürzen.

**c)** ≡ Begründen Sie anhand der Daten, dass das Brutpflegeverhalten der Zebrafinken adaptiv ist.

# ⊖ 2 Sozialverhalten bei Menschen und weiteren Primaten

**1 Sozialverhalten. A** Menschenfamilie; **B** Schimpansenfamilie

## 2.1 Neurobiologie und Verhalten

**Auch das Gehirn ist ein Organ, das der Selektion unterliegt, wie alle anderen auch. Welche Gemeinsamkeiten und Unterschiede bestehen innerhalb der Primaten?**

**Wann ist ein Mensch ein Mensch?**
Primaten sind eine Ordnung der Säugetiere. Dazu zählen auch die heutigen Menschen aus der Gattung Homo. Die nächsten lebenden Verwandten der modernen Menschen sind die Schimpansen, von denen wir uns lediglich zu 1,6 Prozent genetisch unterscheiden.

**1** ≡ Recherchieren Sie die Stellung des modernen Menschen im Stammbaum der Primaten und verschaffen Sie sich damit einen Überblick über die Systematik der Menschenaffen.

**Intelligenz als verbindendes Verhaltensmerkmal**
Alle Primaten zeigen eine außerordentlich große Intelligenz und kognitive Fähigkeiten, Probleme verschiedenster Art zu lösen. Ein Vergleich unter Säugetiergehirnen zeigt, dass alle Gehirne, auch das menschliche, denselben Grundbauplan besitzen. Die auffällige Zunahme des Hirnvolumens bei den Primaten ist ein Prozess der graduellen Ausdifferenzierung bereits vorhandener Hirnstrukturen. Bei Primaten hat sich vor allem der **Neokortex** vergrößert, der zur Großhirnrinde gehört und für die Fähigkeit höherer Hirnfunktionen zuständig ist, im weitesten Sinne also das Zentrum intelligenten Handelns darstellt. Der in Aufgabe 2 gezeigte Zusammenhang zeigt, dass die komplexen Sozialsysteme als **exogene Faktoren** das Primatengehirn durch bestimmte Verhaltensweisen „herausfordern“ können.

### Materialgebundene Aufgabe

**2 Zusammenhang zwischen Gruppengröße und Neokortex**

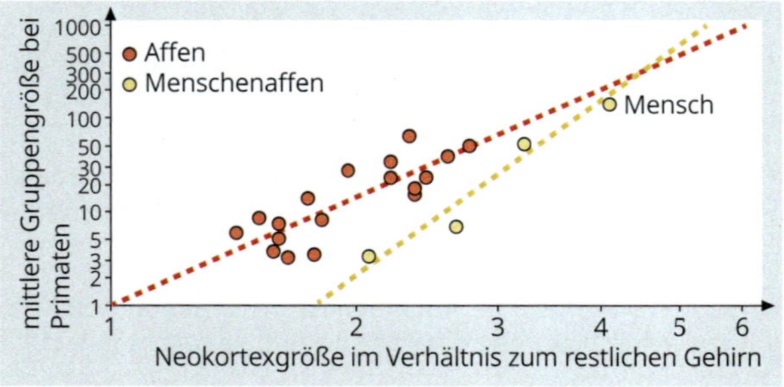


Die Abbildung zeigt den Zusammenhang zwischen der mittleren Gruppengröße bei Primaten und der relativen Größe des Neokortex als Verhältnis zwischen der Größe des Neokortex zum restlichen Gehirn (doppelt logarithmische Darstellung; gestrichelte Linien zeigen gemittelte Werte).

**a)** ≡ Beschreiben Sie den Zusammenhang zwischen Gruppen- und Neokortexgröße.

**b)** ≡ Begründen Sie damit, dass die Menschenaffen „aus der Reihe tanzen“.

## 2.2 Fortpflanzungsverhalten

**Primaten leben in Paarungssystemen. Welche Paarungssysteme unterscheidet man und welches Sexualverhalten zeigen Menschen?**

**Paarungssysteme der Primaten**

Gibbons leben in **monogamen** Kleinfamilien, bestehend aus einem erwachsenen Elternpaar und ein bis drei Jungtieren, die Eltern betreiben **biparentale** Fürsorge. Die **polygynen** Paviane, Orang-Utans und Gorillas leben in einem Harem zusammen. Die großen und kräftigen Männchen konkurrieren um die Gunst der Weibchen, es liegt ein ausgeprägter Sexualdimorphismus vor. Die Weibchen kümmern sich hauptsächlich um die Aufzucht der gemeinsamen Nachkommen. Bei den **polyandrischen** Krallenäffchen sind hingegen nur die Männchen wesentlich für die Aufzucht der Jungtiere zuständig. Sie tragen die Jungen herum und geben sie nur zum Säugen kurzzeitig an die Mutter ab. Bei Schimpansen zeigt sich ein **promiskuitives Verhalten**.

Beim **modernen Menschen** scheint es nicht möglich, eine einzelne Sozialstruktur zu identifizieren. Am häufigsten gibt es monogame Familien und Einmanngruppen mit mehreren Frauen. Es gibt auch Populationen, bei denen Polyandrie oder auch Mehrmänner-Mehrfrauen-Strukturen auftreten. Kulturelle Einflüsse machen einen Vergleich zu nicht-menschlichen Populationen anderer Primaten schwierig, denn menschliche Sitten werden stark von religiösen oder gesetzlichen Regeln beherrscht.

**Sexualverhalten bei Menschen**

Verhaltensweisen werden als evolutionär stabil angesehen, wenn sie zur Erhöhung der Gesamtfitness beitragen. Aus dieser Perspektive bertrachtet, stellt man fest, dass das Sexualverhalten, auch das menschliche, durch Hormone als **endogene** Faktoren und Reize als **exogene** Faktoren gesteuert wird. Man nimmt an, dass beim Menschen ein **Geschlechterkonflikt**, vergleichbar dem der meisten Tiere auftritt. Demnach haben Männer ein höheres Interesse an multiplen Sexualpartnerinnen als Frauen. Grundlage dieser Annahme ist, dass polygyne Männer oder solche mit außerpartnerschaftlichen Partnerinnen potenziell mehr Nachwuchs produzieren als monogame. In der gesamten Geschichte unserer Art trat Polygynie ständig auf, obwohl dieses Verhalten in 83 Prozent vorindustrieller Gesellschaften nachweislich kulturell bestraft wurde. Außerpartnerschaftliche Affären können die Gesamtfitness des Fremdgängers zudem durch geringe Kosten erhöhen, weil er sich oft nicht um die entstandenen Kinder kümmert. Aber die Annahme der Fitnessmaximierung kann nicht jedes menschliche Sexualverhalten erklären. Beispielsweise treffen sich Männer mit Prostituierten, wohlwissend, dass daraus kein Nachwuchs hervorgeht. Es scheint, als bestünde für Männer ein größeres Verlangen nach Sexualaktivität als für Frauen. Die Pornoindustrie nutzt dieses Verhaltensmuster aus, das längst vor der Erfindung des Playboys entstand.

1 ≡ Erklären Sie vor dem Hintergrund des Geschlechterkonflikts den möglichen Grund für das Gefühl der Eifersucht getrennt nach Geschlecht einer heterosexuellen Partnerschaft.

2 ≡ Stellen Sie eine Hypothese über das evolutionär stabile Auftreten von Homosexualität bei Menschen auf.

**Information**

**exogen:**
äußere Beeinflussung von einem System, zum Beispiel wirkt sich die Gruppengröße auf die Gehirnentwicklung eines einzelnen Individuums aus

**endogen:**
innere Beeinflussung von einem System, zum Beispiel bewirken im Körper gebildete Hormone Verhaltensänderungen

### Materialgebundene Aufgabe

**3 Das seltsame Verhalten von Menschen zur Paarungszeit**

In einer Studie wurden 1978 jeweils 48 junge Männer und Frauen, die an der Florida State University studierten, durch ihnen unbekannte und als unterschiedlich attraktiv eingeschätzte Lockvögel im ähnlichen Alter befragt. Der Typ der Anfrage war abgestuft: ob sie ein Date wollen, mit in die Wohnung gehen oder mit ihnen Sex haben möchten. Dabei wurden weibliche Studentinnen immer von männlichen Lockvögeln gefragt und umgekehrt. Die Tabelle zeigt als Ergebnisse der Befragung die positiven Antworten an den Lockvogel.

| | **Anfragetyp** | | |
|---|---|---|---|
| Geschlecht des Lockvogels | Date | Wohnung | Sex |
| männlich | 56 % | 6 % | 0 % |
| weiblich | 50 % | 69 % | 75 % |

**a)** ≡ Beschreiben Sie die Ergebnisse der Befragungen anhand der Tabelle.

**b)** ≡ Bewerten Sie kritisch, ob die Annahme der im Grundtext beschriebenen Fitnessmaximierung für Männer anhand der Daten der Studie überprüft werden kann.

**c)** ≡ Beurteilen Sie den Aufbau und die Methodik der Studie und bewerten Sie dann, ob Sie die Studie heutzutage in gleicher Weise wiederholen würden.

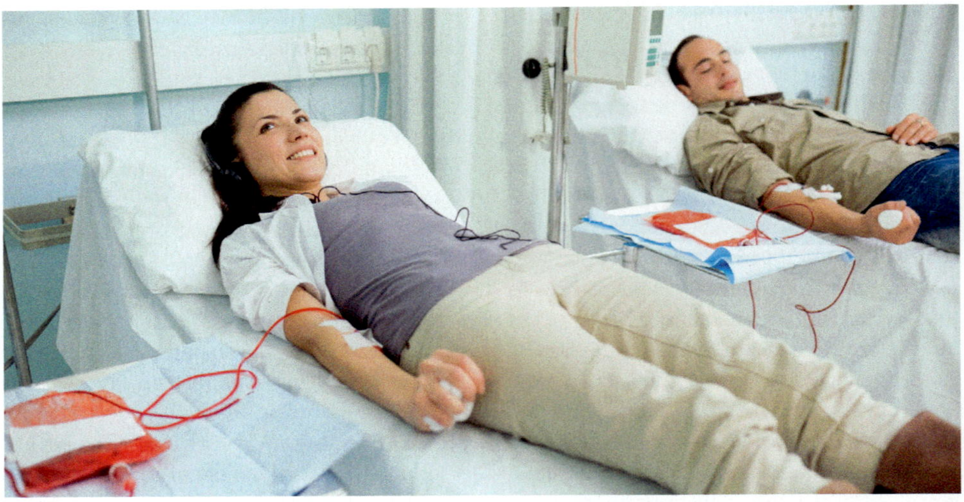

**1** Blutspende

## 2.3 Kooperation bei Primaten

**Knapp die Hälfte aller Menschen in Deutschland hat schon einmal Blut gespendet. Wie hat sich ein Kooperationsverhalten bei Menschen entwickelt?**

### Primaten leben in einer Gemeinschaft

Unsere menschenähnlichen Vorfahren konnten kein Geld, Blut oder Organe spenden oder Kleidung an wohltätige Vereinigungen abgeben. Dennoch musste sich bei unseren menschenähnlichen Vorfahren ein kognitives System entwickelt haben, das kooperatives Verhalten beförderte. Da Primaten überwiegend in einer Gruppe aus mehreren Mitgliedern leben, ist ein Gespür für die Belange anderer Gruppenmitglieder hilfreich. Dazu muss die soziale Beziehung zu allen Mitgliedern eingeschätzt werden können, Gesichtsausdrücke und Stimmungen müssen interpretiert werden. Ist eine soziale Interaktion mit meinen eigenen Interessen vereinbar? Habe ich Verbündete oder Feinde in der Gruppe? Mache ich gute Miene zum bösen Spiel?

Ist ein Mitglied in einer misslichen Lage, so muss diese erst erkannt und bewertet werden, um dann planvoll zu helfen. All diese Überlegungen und Situationen erfordern viel Gehirnkapazität. Solch ein Vorgehen ist aus Sicht evolutiver Mechanismen nachvollziehbar: Helfe ich einem Gruppenmitglied, so steigere ich dessen direkte Fitness – gleichzeitig hoffe ich darauf, dass mir dieses Mitglied in einer eigenen schlechten Situation ebenfalls hilft. Dieses als **Verwandtschaftsselektion** (→ **Seite 259**) bekannte kooperative Verhalten erhöht letztlich die Gesamtfitness aller Gruppenmitglieder und trägt zum Erhalt der eigenen Gene bei.

### Verwandtschaft ist nicht immer wichtig

In der sozialen Primatengruppe helfen sich die Individuen, weil sie oftmals mehr oder weniger miteinander verwandt sind. Das Erkennen der Bedeutung einer Beziehung zwischen Gruppenmitgliedern ist daher unerlässlich, sowohl hinsichtlich der Verwandtschaftsverhältnisse als auch des sozialen Status in der Gruppe.

Doch wie erklärt sich das auf den ersten Blick altruistische Verhalten des Blutspendens bei Menschen? Im Regelfall ist das ein völlig anonymer Prozess, bei dem sich Spender und Begünstigter weder kennen noch davon ausgehen, dass sie miteinander verwandt sind. Weder der indirekte und schon gar nicht der direkte Fitnessgewinn dienen hier als Erklärungsansatz, oder?

1 ≡ Zeigen Sie auf, dass sich der indirekte Fitnessgewinn für einen Blutspendenden durchaus erhöhen kann und binden Sie in Ihre Antwort einen bestimmten Begriff des Altruismus ein.

2 ≡ Studien zeigen, dass Menschen häufiger für wohltätige Zwecke spenden, wenn sie ein Zeichen der Dankbarkeit wie eine Urkunde oder eine Anstecknadel bekommen. Interpretieren Sie diese Beobachtung.

## 2.4 Kommunikation und Aggression bei Primaten

**„Bei Deinem Lächeln geht die Sonne auf!" – Woher stammt diese in jeder Kultur der Erde immer richtig verstandene Mimik? Eine Spurensuche menschlichen Verhaltens.**

**Was für eine Grimasse!**
Die Interpretation von Gesichtsausdrücken ist eine komplexe Fähigkeit unseres Gehirns. Es muss in der Lage sein, eigene Mimiken formen zu lassen und fremde Mimiken richtig zu interpretieren. In einem Experiment aus dem Jahr 1971 wurde einem Rhesusaffen ein akustisches Warnsignal gegeben, bevor er einen Elektroschock bekam. Beim Ertönen des Warnsignals zeigte dieser als „Informant" bezeichnete Affe seine Zähne in einer bestimmten Weise, dem **Angstgrinsen**. Ein weiterer Rhesusaffe saß in einem Nebenraum und konnte den Informant sehen, aber das Warnsignal nicht hören. Dieser als „Antwortgeber" bezeichnete Affe bekam jedes Mal, wenn der Informant einen Elektrostoß bekam, ebenfalls einen. Der Antwortgeber konnte aber über einen Knopf den Elektrostoß für beide verhindern. Er betätigte den Knopf, wenn er das Angstgrinsen des Informanten beobachtete. Er interpretierte die Mimik als Gefahrensignal und handelte. Rhesusaffen, die man zuvor in Isolation aufzog, waren zwar gute Informanten, aber völlig nutzlose Antwortgeber.

1 Beschreiben Sie Situationen, in denen auch Menschen eine Art von Angstgrinsen zeigen könnten.

2 Bewerten Sie die Methodik des Experiments unter ethischen Gesichtspunkten.

**Bitte lächeln – weitere mimische Signale**
Neben dem Angstgrinsen gibt es bei Primaten viele bekannte Mimiken, bei denen die Zähne gezeigt werden, zur Unterordnung oder auch als freundliches Signal. Das vor dem Spielen gezeigte und vom Interaktionspartner daraufhin in gleicher Weise erwiderte **Spielgesicht** signalisiert, dass ein spielerisches Verhalten folgt und keinerlei böse Absicht dabei im Sinn ist. Das Spielgesicht ist bei allen Primaten, aber auch bei einigen anderen Säugetieren wie Löwen bekannt. Das Spielgesicht ist über Artgrenzen hinweg verständlich. Das menschliche **Lächeln** ist vermutlich auf eine solche ursprüngliche Mimik zurückzuführen.

**1** Makaken zeigen Zähne

3 In vielen Sitcoms wird zur Pointe einer komischen Situation ein aufgezeichnetes Lachen eines Publikums eingespielt. Stellen Sie eine Hypothese über die Verwendung dieses Stilmittels auf.

**„Ich kann Dich nicht riechen!" – Oder doch?**
Diese Redewendung betont, wie stark der Geruchssinn unser Handeln, meist unbewusst, beeinflusst. Nicht umsonst ist der Markt für Parfüms, wohlriechende Körperpflegeprodukte oder auch Duftsprays milliardenschwer. Aber schon einmal einen Gorilla in der Parfümerie gesehen? Welche Aufgabe übernimmt der Geruchssinn bei anderen Primaten? Duftstoffe aus Kot, Urin, Speichel oder aus speziellen Drüsen dienen als spezifische Signale. Bei den Kattas auf Madagaskar besteht eine Markierung zur Individualerkennung beispielsweise aus über 200 einzelnen chemischen Substanzen. Männliche Kattas führen „Stinkkämpfe" zur Etablierung ihrer Rangordnung aus: Sie tränken ihre Ringelschwänze mit dem Sekret der Armdrüsen und parfümieren ihren Konkurrenten durch Wedeln in dessen Richtung. Geruchsstoffe geben auch Information über den reproduktiven Zustand, ob die Tiere also bereit für die Paarung sind. Studien haben gezeigt, dass Männchen mit einer hohen genetischen Vielfalt eine größere immunologische Resistenz gegenüber Krankheiten und Parasiten aufweisen und komplexere Duftstoffe absondern. Sie dienen damit als ehrliches und fälschungssicheres Signal an die Weibchen. Durch die Individualerkennung werden so zusätzlich Inzucht und eventuelle Konflikte mit Verwandten vermieden.

4 Stellen Sie eine Hypothese aus soziobiologischer Sicht für das Parfümieren bei Menschen auf.

**2** Angstgrinsen eines Schimpansen

**3** Katta markiert einen Baumstamm

**4** Schimpansen beim „Social Grooming"

## Materialgebundene Aufgabe

**8 Infantizid bei Schimpansen?**

In Freilanduntersuchungen konnte beobachtet werden, dass Schimpansenmütter ihr Verhalten gegenüber ihren Kinder in Abhängigkeit der Gruppenzusammensetzung ändern. Hintegund ist die Gefahr von aggressivem Verhalten von Schimpansenmännchen. Die Grafik zeigt die Distanz zwischen der Mutter und ihrem Nachwuchs in Ruhe oder beim Umherstreifen, wenn die beiden allein sind und bei verschiedener Gruppenzusammensetzungen (nur mit Weibchen, nur mit Männchen, mit Weibchen und Männchen):

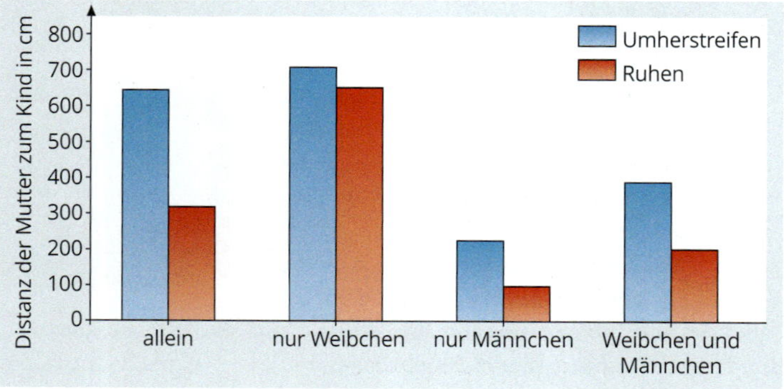


a) ☰ Beschreiben Sie die Ergebnisse der Beobachtungen anhand der Daten aus dem Diagramm.

b) ☰ Beurteilen Sie, ob anhand der gezeigten Daten bewiesen werden kann, dass Infantizid bei Schimpansen vorkommt.

c) ☰ Infantizid wurde tatsächlich bei Schimpansen beobachtet. Erklären Sie das Auftreten von Infantizid aus biologischer Sicht und geben sie proximate und ultimate Ursachen dafür an.

### Sprache als Kommunikationsmittel

Einfache Laute und Rufe sind Primaten angeboren. Taube oder isoliert aufgewachsene Jungtiere produzieren dieselben Laute, obwohl ihnen die Vorbilder dazu fehlen. Zu komplexen vokalen Signalen zählt die Sprache. Sie muss allerdings erst erlernt und kulturell übermittelt werden. Nur Menschen benutzen eine Syntax und kommunizieren über räumlich und zeitlich entfernte Ereignisse. Menschenaffen, vor allem solche in Gefangenschaft, können viele Gesten und Symboliken lernen, entwickelten dabei aber anscheinend nie echte Sprachfähigkeiten. Neueste Untersuchungen zeigten allerdings, dass die vokale Kommunikation nichtmenschlicher Primaten durchaus Regeln und einer Struktur folgt. Kürzlich entdeckte man, dass wildlebende Schimpansen einzelne Laute kombinieren und so neue Lautfolgen bilden, die auch ihre Artgenossen verstehen. Dabei können die Einzellaute etwas anderes bedeuten als dieselben Laute in Kombination. Hierzu muss künftig stärker geforscht werden.

### Kommunikation und Aggression

Soziale Interaktionen bei Primaten dienen häufig der Ausbildung und Aufrechterhaltung des Dominanzgefüges in einer Gruppe. Unterwürfigkeitssignale sind bestimmte Rufe, mit denen das rangniedrigere Tier dem ranghöheren zu verstehen gibt, dass es seinen Rang anerkennt und ihn auch nicht infragestellt. Nähern sich zwei Individuen einer Gruppe an, beobachtete man häufig, dass sie bestimmte Laute äußern, also eine Art von Begrüßung vollziehen. Unterblieben diese Laute, folgte oft ein Akt der Aggression.

**5** ☰ „Social Grooming" (→ **Abb. 4**) ist ein Sozialverhalten bei Primaten, das primär nicht der Körperpflege dient. Es wird sowohl situationsunabhängig, als auch besonders nach aggressiven Konflikten zwischen den beteiligten Konfliktpartnern beobachtet. Stellen Sie eine Hypothese für das Auftreten dieses Kommunikationsmittels, besonders nach Konflikten, auf.

**6** ☰ Auch beim Menschen gibt es Verhaltensweisen, die dem Social Grooming entsprechen. Recherchieren Sie und nennen Sie drei Beispiele.

**7** ☰ Geben Sie drei Beispiele für aggressives Verhalten an, das Sie in der Schule wiederholt beobachten können, und erklären Sie es anhand ihrer proximaten Ursachen.

## 2.5 Sozialverhalten aus verschiedenen Perspektiven betrachtet

**Wird menschliches Verhalten auf rein biologischer Basis erklärt, erzeugt das oft Widerstände. Sind diese berechtigt?**

**Selektion wirkt immer ...**
Konkurrieren wir in einer Gruppe untereinander als Individuum, das aufgrund seiner Allele im *„struggle for life"* (→ **Seite 215**) angepasst wird oder besteht die Konkurrenz eigentlich nicht eher zwischen den Allelen, die mithilfe ihrer Körper, die sie zu diesem Zweck bilden, überleben? Unterm Strich geht es um die Frage: Spielt sich die Selektion auf der Ebene der Individuen oder auf der Ebene der Gene und Allele ab? Diese Frage wurde und wird immer noch diskutiert und ist abhängig von der Perspektive, aus der man auf die Selektion blickt: Ist Fortpflanzungserfolg als die relative Anzahl an überlebensfähigen Nachkommen zu definieren oder als die Anzahl an weitergegebenen Kopien eines Alles?

**... oder doch nicht?**
Arktische Ziesel, bestimmte Eichhörnchen, die unter anderem in Sibirien leben, reagieren auf Schlangen mit Flucht- und Abwehrverhalten in derselben Art und Weise wie Eichhörnchen in anderen Regionen der Erde. Und dies, obwohl es in Sibirien gar keine Schlangen gibt. Bestimmte australische Prachtkäfer kopulieren mit weggeworfenen Bierflaschen, weil diese dieselbe Farbe haben wie ihre weiblichen Fortpflanzungspartnerinnen. Sind Ziesel und Käfer denn nun „perfekt an ihre Umwelt angepasst"?

Selektion kann nur dann wirken, wenn verschiedene Ausprägungsformen existieren, die miteinander konkurrieren. Und damit Vielfalt erzeugt wird, müssen Veränderungen im Genom stattfinden. Unzureichend oder nicht adaptive Merkmale, wie das Verhalten der Eichhörnchen oder der Prachtkäfer, können in der Evolution durchaus überdauern, aber von einer „perfekten Angepasstheit" kann keine Rede sein. Ist keine genomische Veränderung erfolgt, kann Selektion nicht wirken und somit keine Angepasstheiten erzeugen. Vielmehr sind das gesamte Genom und damit alle Merkmale, die daraus für das Individuum hervorgehen, auch das Verhalten, immer Produkte früher stattgefundener Selektion. Und diese kennt die Zukunft nicht.

**1** ≡ Unzureichend oder nicht adaptive Merkmale gibt es auch bei Menschen. Erläutern Sie drei solche Merkmale aus dem Bereich des Sozialverhaltens, die die Gesamtfitness eines Individuums herabsetzen können (→ **Abb. 1**).

**2** ≡ Stellen Sie für jedes Ihrer in Aufgabe 1 gefundene Merkmal eine Hypothese auf, warum dieses Merkmal heutzutage immer noch auftritt, obwohl Individuen doch einer Selektion ausgesetzt sind.

**„Mein Sohn spielt mit Autos!"**
Bin ich nur dann ein „richtiger Mann", wenn ich als Kind mit Autos gespielt habe und als Erwachsener eine Familie gründen will? Bin ich nur dann eine „richtige Frau", wenn ich als Kind mit Puppen gespielt habe und später Kinder bekommen möchte? Und fühle ich mich überhaupt als ein Mann oder eine Frau? Was bin ich eigentlich?
Die Antworten auf diese vielleicht als provokant wahrgenommenen Fragen muss jede und jeder für sich selbst geben. Schwierig wird es, wenn eine mögliche Antwort darauf für „richtig" und „allgemein gültig" erklärt wird und obendrein die Biologie vorgeschoben wird: „Im Biologieunterricht habe ich gelernt, dass der Fortpflanzungserfolg eines Individuums für das Bestehen einer Art im „struggle for life" entscheidend ist." Eine solche Sichtweise ist **biologistisch** – sie schiebt die Biologie als Argument vor. Solche Argumentationen werden so oder so ähnlich häufig eingesetzt, um Verhaltensweisen zu befördern und als positiv zu deklarieren oder Verhalten zu unterdrücken und als negativ zu etikettieren.

**3** ≡ In sozialen Netzwerken finden Sie ein breites Spektrum an Äußerungen zu bestimmten sozialen „Fragen":
- Ist Homosexualität oder Transsexualität natürlich?
- Haben ältere Frauen ihr Recht auf Leben nicht eigentlich verwirkt, weil sie nach der Menopause nicht mehr zur Fortpflanzung fähig, also nicht mehr reproduktiv sind?
- Nichts in den Geisteswissenschaften ergibt Sinn, außer im Lichte der Biologie.

Geben Sie mögliche biologistische Antworten zu den „Fragen" und diskutieren Sie sowohl die „Fragen" als auch die biologistischen Antworten aus ethischer Sicht. ➔

**1 Verhalten.**
**A**: Jugendlicher mit vielen leeren Flaschen; **B**: Jugendlicher in Handschellen; **C:** Mädchen mit Handy

## Einfluss von Verhalten auf die Gesamtfitness eines Lebewesens

**direkte reproduktive Fitness**
Verhaltensanpassungen an die gegebenen Umweltveränderungen ermöglichen eine Erhöhung des Fortpflanzungserfolgs eines Individuums durch Zeugung eigener, fertiler und überlebensfähiger Nachkommen; Messung durch Zählung der direkten Nachkommen.

**indirekte reproduktive Fitness**
Adaptives Verhalten steigert auch die Wahrscheinlichkeit, dass die eigenen Kinder oder nah verwandte Individuen Nachkommen zeugen, wodurch sich die eigene Fitness indirekt erhöht; Messung durch Zählung der indirekten Nachkommen.

**Verhaltensökologische Forschung: Kosten-Nutzen-Analyse und Optimalitätsmodell**

Verhaltensweisen verursachen **Kosten**:
- Herstellung und Aufrechterhaltung von Strukturen, die für das Verhalten notwendig sind; **Beispiele:** Kehlkopf, Stimmbänder zur Kommunikation, ein buntes Gefieder zur Paarungszeit
- Einflüsse des Verhaltens auf die eigene Fitness; **Beispiel**: buntes Gefieder lenkt die Aufmerksamkeit von Fressfeinden auf die Tiere, wodurch mehr davon entdeckt und gefressen werden
- **Nutzen** von Verhalten liegt meist in direktem Vorteil durch das gezeigte Verhalten wie mehr Platz, mehr Futter, mehr Fortpflanzungspartner, wodurch sich die Fitness steigern lassen kann

**Optimalitätsmodell**
- Verhaltensbiologische Beobachtungen werden quantifiziert und in Diagrammen veranschaulicht.
- Hypothesen zum Verhalten werden aufgestellt und überprüft. **Beispiel:** Bei welchem Kosten-Nutzen-Verhältnis wird das Verhalten energieeffizient und der Nutzen für das Individuum maximal?

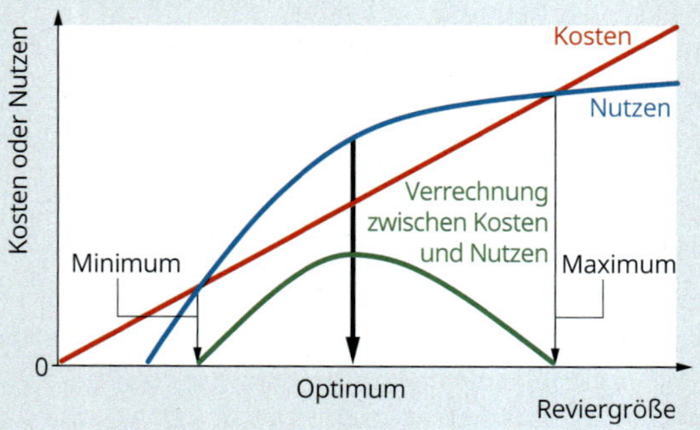


**Überleben des Individuums**

**Energieeffizientes Verhalten** steigert die individuelle Fitness:

- Beim **Nahrungserwerb** werden nur bestimmte Nahrungsquellen genutzt, die möglichst viel Energie bei geringem Aufwand der Beschaffung liefern.
- Bei der **Habitatwahl** werden verschiedene Habitateigenschaften gegeneinander abgewogen, sodass ein möglichst vorteilhaftes Gebiet ausgewählt wird.
- Bei der **Jungenaufzucht** müssen die Interessen der Nachkommen in Beziehung zum Elternaufwand gesetzt werden, sodass die Fitness aller Beteiligten maximiert werden kann.

**Leben in einer Gruppe**

| Gruppenform | Beschreibung | Beispiel |
|---|---|---|
| **Aggregation** | einfachste Form des Zusammenlebens | Ansammlung von Tieren an der Tränke |
| **anonyme Gruppe** | soziale Interaktion zwischen den Mitgliedern, die sich gegenseitig nicht individuell erkennen | Bienen- und Ameisenstaat |
| **individualisierte Gruppe** | soziale Interaktion mit individueller Erkennung | Wolfsrudel, Primatengemeinschaft |

**Lebensaufgaben** sind auf Gruppenmitglieder verteilt, ressourcensparsamer ausführbar

**Vorteile**
- geteilte Wachsamkeit
- Verwirrungseffekt
- gemeinsame Abwehr gegenüber Fressfeinden
- gemeinsame Ressourcenverteidigung

**Nachteile**
- erhöhte Auffälligkeit
- erhöhter Platzbedarf
- sozialer Stress
- Nahrungs- und Ressourcenkonkurrenz
- Fortpflanzungs- und Verwandtenkonkurrenz
- leichtere Übertragung von Krankheiten

Die Vorteile überwiegen oft, sodass sich gemeinschaftliches Zusammenleben positiv auf den gesundheitlichen Zustand und die Gesamtfitness auswirkt.

Mehr dazu auf den Seiten 252–257

### Kooperation und Altruismus

**Kooperation:**
- **Beispiel Nahrungserwerb:** Tiere helfen sich gegenseitig mit Vorteil: die gemeinsame Jagd erhöht den Jagderfolg pro Individuum.
- **Beispiel Verteidigung:** Eine Gruppe von Individuen vertreibt einen Feind.

**Altruismus:**
- **Altruismus:** besondere Form der Hilfe, bei der das helfende Individuum zunächst keinen direkten Vorteil durch sein Verhalten erlangt
- **Reziproker Altruismus:** Verwandtschaftsgrad ist nicht für das Verhalten bestimmend
- **Verwandtschaftsselektion:** Bei altruistischen Verhaltensweisen wird ein zeitlich verzögerter Nutzen erwartet. Je näher die Individuen verwandt sind, umso häufiger wird geholfen. Die eigenen Gene bleiben dadurch häufiger erhalten.
- **Beispiel Jungenaufzucht:** vor allem bei Aufzucht der eigenen Nachkommen, aber auch bei anderen, weniger eng verwandten Individuen

Mehr dazu auf den Seiten 258–261

### ⊖ Kommunikation

**Sender-Empfänger-Modell:**
- **Signale:** werden codiert und ausgesendet
- **Empfänger:** muss Signale decodieren und verarbeiten
- **Signaltypen:** optische, akustische, taktile und chemische, mit unterschiedlichen Kosten und Nutzen

**Signalfälschung:**
**Mimikry und Mimese:** Lebewesen ahmen Signale nach, die falsche Tatsachen vortäuschen, um sich einen Vorteil zu verschaffen.
**Mimikry:** Lebewesen ahmen andere Lebewesen nach:
- Schwebfliege ahmt durch Warnfarben gelb und schwarz gefährliche Wespe nach
- Tagpfauenauge täuscht durch Augenflecken Augen eines Fressfeindes wie einer Schlange vor, wodurch Fressfeinde abgeschreckt werden

**Mimese:** Lebewesen ahmen unbelebte Objekte ihres Lebensraumes nach:
- Wandelndes Blatt sieht aus wie ein Blatt
- Stabheuschrecke wirkt wie ein Ast

Mehr dazu auf den Seiten 262–265

### Aggression

**Aggression** zur Durchsetzung eigener Ziele:
- **Drohen:** abgeben bewusster Warnsignale wie Zeigen von Waffen zur Einschüchterung des Gegners; Kampfhandlungen angedeutet oder unvollständig
- **Kommentkampf:** ritualisierter Kampf mit Regeln und ohne Verletzungsabsicht
- **Beschädigungskampf:** gefährliche Waffen kommen auf Leben und Tod zum Einsatz

**Aggressionskontrolle**: durch **Beschwichtigungsverhalten**, **Rangordnung** oder **Territorialität** wird schädliche oder tödliche Aggression vermieden

Mehr dazu auf den Seiten 267–268

### Fortpflanzung: Partnerwahl, Paarungssysteme und Elternaufwand

**Handicap-Prinzip:** Sexuelle Selektion fördert bei der **Partnerwahl** durch die Weibchen Merkmale wie Ornamente, Waffen oder Sexualdimorphismus bei Männchen, die von der natürlichen Selektion eigentlich aussortiert werden müssten.
**Paarungssystem:** mono-, polygames oder promiskes Zusammenleben als adaptives Verhalten zur Steigerung der Fitness
**Elternaufwand:** Aufzucht von Nachkommen erfordert **elterliches Investment; Brutpflege, Brutfürsorge**; Eltern-Kind-Konflikt: Abwägung der Eltern zwischen eigener Fitness und der Fitness der Nachkommen

Mehr dazu auf den Seiten 269–275

### ⊖ Sozialverhalten bei Primaten

**Intelligenz** als verbindendes Verhaltensmerkmal aller Primaten; Menschenaffen zeigen ein besonders großes Gehirn; positiver Zusammenhang zwischen Sozialsystem und Größe des Neokortex
**Exogene und endogene Ursachen:** äußere Reize führen oder Hormone beeinflussen das Verhalten
**Fortpflanzungsverhalten:** alle möglichen Formen des sozialen Zusammenlebens
**Kooperations-, Kommunikations- und Aggressionsverhalten:** Zusammenarbeit und Altruismus fördern die Gruppengemeinschaft; komplexes Verhalten

Mehr dazu auf den Seiten 276–281

**Das Verhalten von Sonnenbarschen**

An Sonnenbarschen in Nordamerika wurden einige verhaltensbiologische Untersuchungen durchgeführt, die einen Beitrag zum Verständnis der Mechanismen der Verhaltensbiologie leisteten.

## AUFGABEN

1 Erläutern Sie die ultimaten Ursachen des Verhaltens der Nahrungssuche. Gehen Sie anhand der Informationen aus M1 dabei auch darauf ein, dass die Tiere bei Nahrungsknappheit einen Verhaltenskompromiss zeigen. [10 BE]

2 Beschreiben Sie die Bedeutung des Optimalitätsmodells für die Verhaltensökologie. Werten Sie dann die Daten aus M2 aus und beurteilen Sie, ob die vorhergesagten Berechnungen aus dem angewendeten Optimalitätsmodell mit den beobachteten Ergebnissen übereinstimmen. Stellen Sie eine Hypothese für mögliche Abweichungen der Untersuchung aus M2 auf. [12 BE]

3 Vergleichen Sie anhand der Beschreibungen in M3 das Verteidigungsverhalten von Brutnestern bei den beiden genannten Barscharten und beschreiben Sie allgemein wesentliche Eigenschaften des Brutverteidigungsverhaltens der Blauen Sonnenbarsche. [5 BE]

4 Die beiden Barscharten zeigen unterschiedliche Taktiken im Brutverteidigungsverhalten (M3). Planen Sie einen einfachen verhaltensbiologischen Versuch, mit dem der Einfluss der Taktik auf die direkte Fitness der jeweiligen Tiere bestimmt werden kann. [6 BE]

5 Diskutieren Sie ausführlich die Formulierung der den Befragten in M5 vorgelegten Aussage aus wissenschaftlicher Sicht. Beurteilen Sie dann das Umfrageergebnis aus inhaltlicher Sicht auf Grundlage der Verhaltensbiologie und beziehen Sie in Ihre Ausführungen die Messergebnisse aus M4 ein. [7 BE]

6 ⊖ Erstellen Sie unter Einbeziehung von M6 ein Sender-Empfänger-Modell für die Farbsignale beim Blauen Buntbarsch und stellen Sie eine Hypothese über die Kosten und Nutzen dieses Signaltyps auf. Beurteilen Sie anhand von M6, ob bei den Fischen Sexualdimorphismus auftritt. [4 BE]

7 ⊖ Werten Sie das gezeigte Diagramm M7 aus und stellen Sie eine Hypothese auf, ob das Signal an dieser Körperstelle der sexuellen Selektion bei den Männchen bzw. den Weibchen dient. [7 BE]

## MATERIAL

### M1 Nahrungserwerb beim Sonnenbarsch

Der Nahrungserwerb beim nordamerikanischen Blauen Sonnenbarsch (*Lepomis macrochirus*) wurde ausgiebig untersucht. Er ernährt sich überwiegend von energiereicher tierischer Nahrung wie Köcherfliegen, Wasserschnecken und Fischbrut. Eine weitere oft genutzte Nahrungsquelle sind kleine Krebstiere wie Wasserflöhe. Bei Nahrungsknappheit fressen die Tiere auch energiearme pflanzliche Nahrung oder sogar den eigenen Nachwuchs.

Blauer Sonnenbarsch

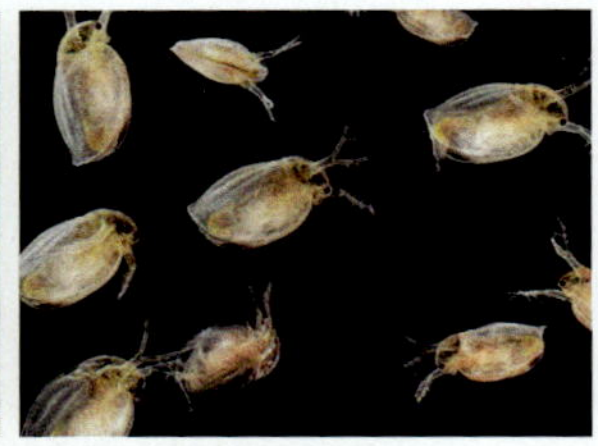
Wasserflöhe

### M2 Modell und Realität bei der Nahrungswahl

Mithilfe einer Kosten-Nutzen-Analyse und dem Optimalitätsmodell wurde der Anteil vorhergesagt, mit dem Blaue Sonnenbarsche ihre optimale Beute auswählen sollten.
Die Sonnenbarsche wurden dafür mit verschieden großen Wasserflöhen in Aquarien unterschiedlicher Beutedichte zusammengegeben und die tatsächliche Anzahl an konsumierten Wasserflöhen gemessen (gerundete Werte).

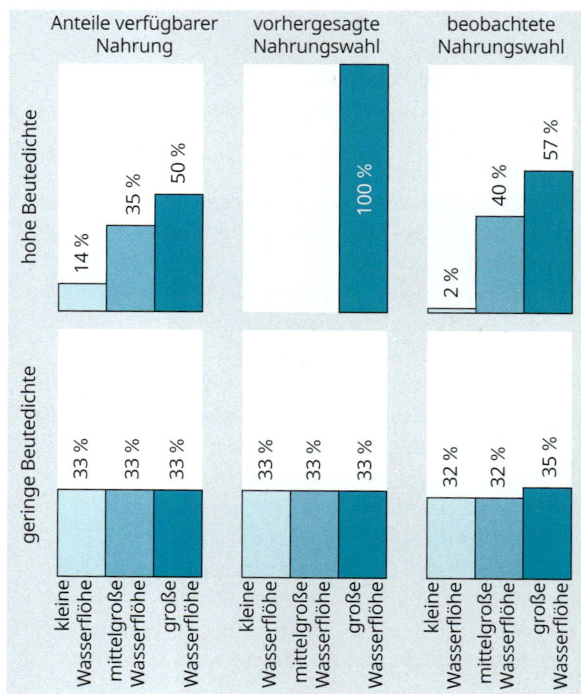

## M3 Brutverhalten beim Sonnenbarschen

Die Blauen Sonnenbarsche verteidigen ihre Brutnester, kleine Mulden am Gewässerboden, gegenüber Bruträubern wie dem Zwergwels, der Jagd auf ihre Eier macht. Die Blauen Sonnenbarsche kooperieren dabei und vertreiben Eindringlinge gemeinsam. Die Barsche besitzen kleine Mäuler, die gerade groß genug sind, um ihre kleine Beute aufzunehmen.

Beim nahen Verwandten der Blauen Sonnenbarsche, dem Gemeinen Sonnenbarsch (*Lepomis gibbosus*), wurde eine solitäre Lebensweise zur Brutzeit beobachtet. Sie besitzen, größere Mäuler und kräftig zubeißende Kiefer mit spitzen Zähnen und sie vertreiben Bruträuber ausschließlich alleine.

Gemeiner Sonnenbarsch

## M4 Messergebnisse zu M3

Messungen haben ergeben, dass die direkte Fitness bei beiden in M3 genannten Barscharten vergleichbar hoch ist.

## M5 Straßenumfrage

Bei einer Straßenumfrage wurde den interviewten Personen M3 als Informationsgrundlage gegeben. Anschließend legte man ihnen folgende Aussage vor:

„Die Gemeinen Sonnenbarsche sind erfolgreicher als die Blauen Sonnenbarsche, weil sie größere Mäuler und Zähne besitzen als die Blauen Sonnenbarsche."

Die befragten Personen wurden nun aufgefordert ihre Zustimmung zur Aussage auf einer Skala von 1 (keine Zustimmung) bis 3 (volle Zustimmung) einzuschätzen:

| **Skala** | 1 | 2 | 3 |
|---|---|---|---|
| **Anteile*** | 12 % | 33 % | 45 % |

*Einige Personen verweigerten die Aussage.

## M6 Farbige Körperstellen beim Blauen Sonnenbarsch

Die Blauen Sonnenbarsche besitzen gefärbte Bereiche am Köper. In einer Studie aus dem Jahr 2010 wurde die Färbung dieser Bereiche zu verschiedenen Entwicklungsstadien der Fische untersucht. Die betrachteten Bereiche sind an unterschiedlichen Stellen des Fischkörpers lokalisiert.

Farbige Körperstellen

## M7 Ergebnis der Farbanalyse

Das Diagramm zeigt die Färbungen an der Schwanzwurzel der Schwanzflosse von Männchen (orange Balken) und Weibchen (gelbe Balken) des Blauen Sonnenbarsches während und außerhalb der Brutzeit und jeweils im noch nicht geschlechtsreifen und geschlechtsreifen Zustand.

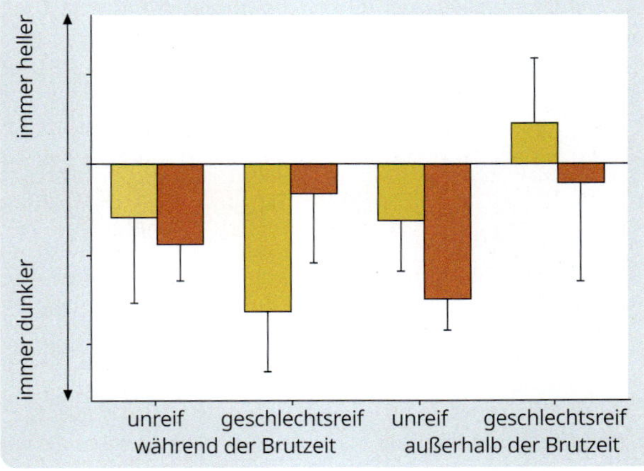

## Biologische Sachverhalte und Zusammenhänge betrachten – Erkenntnisse gewinnen – kommunizieren – bewerten

In Fach Biologie geht es nicht nur darum, biologisches Fachwissen zu erwerben, sondern auch darum, mit diesem Fachwissen umzugehen, zum Beispiel in einer Diskussion zu einem Sachverhalt Stellung zu nehmen, diesen zu präsentieren oder auch zu bewerten.
Auf den Seiten 286–289 finden Sie eine Übersicht über die *prozessbezogenen Kompetenzerwartungen des Lehrplans* mit erklärenden Kommentaren sowie Hinweisen auf jeweils dazu passende Aufgaben im Buch.

## Sachkompetenz

Im Kompetenzbereich „Sachkompetenz" geht es darum, fachlichen Wissens und Verständnis für Zusammenhänge zu erwerben. Dabei geht es nicht nur um den Erwerb des Wissens, sondern auch um die Anwendung in fach- und alltagsbezogenen Kontexten. Die dazugehörigen Aufgaben beschränken sich also nicht auf die reine Reproduktion, sondern erfordern auch den Umgang mit dem Wissen in Transferaufgaben.

### Biologische Sachverhalte betrachten

- *Beschreiben und erläutern Sie biologische Sachverhalte, Phänomene und Anwendungen der Biologie sachgerecht. Zur Strukturierung und Erschließung nutzen Sie Basiskonzepte und binden fachübergreifende Aspekte ein.*
- Die genaue Erfassung und Wiedergabe von Merkmalen und Eigenschaften lebender Systeme ist eine Voraussetzung für ihre spätere Erklärung. Dabei wird die Verwendung der Fachsprache gefordert. Mithilfe der Strukturierung über Basiskonzepte gelingt eine Systematisierung der beschriebenen Phänomene. Sachverhalte können mittels fachübergreifender Bezüge (zum Beispiel Ethik, Geographie, Mathematik, Geschichte) verdeutlicht werden.
- Beispiele: Seite 34, Aufgabe 1; Seite 116, Aufgabe 1b; Seite 188, Exkurs Aufgabe 1; Seite 244, Aufgabe 14.

- *Formulieren Sie zu biologischen Phänomenen sowie Anwendungen der Biologie theoriegeleitet Hypothesen und Aussagen.*
- Beobachtete biologische Phänomene sind zunächst der Anlass, theoriegeleitete Hypothesen aufzustellen, die dann im weiteren durch Experimente überprüft oder widerlegt werden.
- Beispiele: Seite 34, Aufgabe 2; Seite 61, Aufgabe 4; Seite 212, Aufgabe 6.

### Zusammenhänge in lebenden Systemen betrachten

- *Erschließen und erläutern Sie mithilfe von Basiskonzepten strukturiert die Eigenschaften lebender Systeme unter qualitativen und quantitativen Aspekten. Stellen Sie dabei die Vernetzungen zwischen Systemebenen (Molekular- bis Biosphärenebene) her.*
- Beim Vergleich unterschiedlich strukturierter biologischer Systeme lassen sich aufgrund von Zusammenhängen zwischen Struktur und Funktion Eigenschaften qualitativ und quantitativ beschreiben. Die Erklärung der Ursachen biologischer Phänomene erfordert häufig einen Wechsel der Organisationsebene und die Vernetzung von Konzepten unterschiedlicher Organisationsebenen. Wichtige Organisationsebenen biologischer Systeme sind

Biosphäre
Ökosystem
Organismus
Organsystem
Organ
Gewebe
Zelle
Organell
Molekül

- Beispiele: Seite 19, Aufgabe 3; Seite 66, Aufgabe 2d; Seite 72, Aufgabe 9b.

- *Erläutern Sie Prozesse in und zwischen lebenden Systemen sowie zwischen lebenden Systemen und ihrer Umwelt.*
- Biologische Systeme sind offene Systeme, die in einem ständigen Austausch mit anderen biologischen Systemen und der unbelebten Umwelt stehen. Stoffe und Informationen werden ausgetauscht. Innere Zustände können unabhängig von der Umwelt aufrechterhalten oder je nach Bedarf verändert werden.
- Beispiele: Seite 68, Aufgabe 2c; Seite 69, Aufgabe 3a; Seite 74, Aufgabe 1d

- *Erläutern Sie die Entstehung und Bedeutung von Biodiversität sowie Gründe für deren Schutz und nachhaltige Nutzung.*
- Die Biodiversität wird auf den Ebenen der genetischen Vielfalt, der Artenvielfalt und der Vielfalt der Ökosysteme abgebildet. Daraus können Maßnahmen für den Schutz und die nachhaltige Nutzung der Biodiversität abgeleitet werden.
- Beispiele: Seite 107, Aufgabe 3e; Seite 224, Aufgabe 12

## Erkenntnisgewinnungskompetenz

Im Kompetenzbereich „Erkenntnisgewinnungskompetenz" geht es darum, das Verständnis, die Nutzung und die Reflexion naturwissenschaftlicher Denk- und Arbeitsweisen wie zum Beispiel das Experimentieren oder Modellieren und das Wissenschaftsverständnis aus naturwissenschaftlicher Perspektive zu beschreiben, zu erklären und zu verknüpfen.

### Fragestellungen und Hypothesen auf Basis von Beobachtungen und Theorien entwickeln

- *Identifizieren und entwickeln Sie ausgehend von Phänomenen und Beobachtungen Fragestellungen zu biologischen Sachverhalten und stellen Sie theoriegeleitet Hypothesen zu ihrer Bearbeitung auf.*
- Hypothesen, abgeleitet aus Theorien beziehungsweise Modellen, sind der Ausgangspunkt für die Planung von empirischen Untersuchungen, die zur Erfassung von Daten sowie Protokollierung führen.
- Beispiele: Seite 143, Aufgabe 6b, c; Seite 218, Aufgabe 2, a-c; Seite 258, Aufgabe 4b.

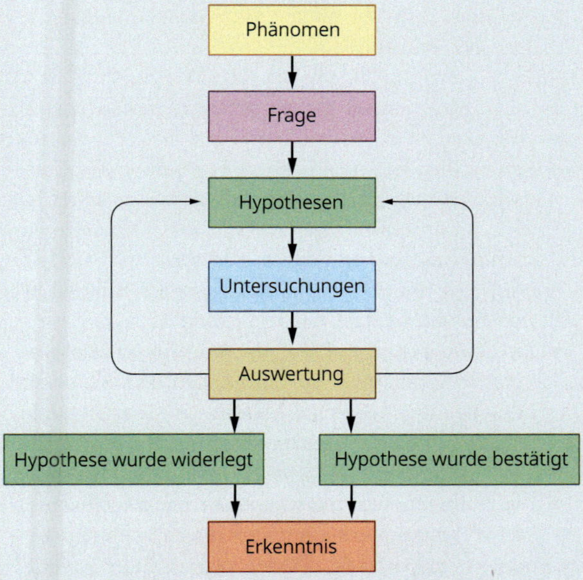


### Fachspezifische Modelle und Verfahren charakterisieren, auswählen und zur Untersuchung von Sachverhalten nutzen

- *Planen Sie hypothesengeleitete Beobachtungen, Vergleiche, Experimente und Modellierungen unter Berücksichtigung des jeweiligen Variablengefüges beziehungsweise der Variablenkontrolle, führen Sie diese durch und protokollieren Sie sie.*
- *Nehmen Sie qualitative und quantitative Daten auch mithilfe digitaler Werkzeuge auf und werten Sie diese aus.*
- *Wenden Sie labor- und freilandbiologische Geräte und Techniken sachgerecht und unter Berücksichtigung der Sicherheitsbestimmungen an.*
- Beim Experimentieren muss die Auswirkung der Änderung einer abhängigen Variable interpretiert werden. Das Ziel von Modellierungen ist, aus der Vorhersage von Eigenschaften des Modells Erkenntnisse über ein Phänomen zu erhalten. Die digitale Auswertung der Daten bildet die Komplexität ab.
- Beispiele: Seite 27, Aufgabe 1; Seite 30, Aufgaben 1–3; Seite 200, Aufgabe 10; Seite 268, Aufgabe 1.

### Erkenntnisprozesse und Ergebnisse interpretieren und reflektieren

- *Finden Sie in erhobenen/recherchierten Daten Strukturen, Beziehungen und Trends, erklären Sie diese theoriebezogen und ziehen Sie Schlussfolgerungen.*
- *Reflektieren Sie die eigenen Ergebnisse und den eigenen Prozess der Erkenntnisgewinnung, indem Sie die Gültigkeit von Daten beurteilen, mögliche Fehlerquellen ermitteln sowie Möglichkeiten und Grenzen von Modellen diskutieren.*
- *Widerlegen oder stützen Sie die Hypothese (Hypothesenrückbezug).*
- *Stellen Sie bei der Interpretation von Untersuchungsbefunden fachübergreifende Bezüge her.*
- Der wissenschaftliche Denk- und Arbeitsprozess verläuft in Zyklen der Erhebung von Daten, deren Interpretation und Stützung, Verfeinerung oder Falsifikation von Hypothesen. Die Erkenntnisse müssen aus persönlicher Perspektive reflektiert und in fachübergreifenden Kontexten interpretiert werden.
- Beispiele: Seite 13, Aufgaben 4, 5; Seite 54, Aufgabe 10; Seite 175, Aufgabe 4; Seite 268, Aufgabe 1b.

### Merkmale wissenschaftlicher Aussagen und Methoden charakterisieren und reflektieren

- *Reflektieren Sie Möglichkeiten und Grenzen des konkreten Erkenntnisgewinnungsprozesses sowie der gewonnenen Erkenntnisse (zum Beispiel Reproduzierbarkeit, Falsifizierbarkeit, Intersubjektivität, logische Konsistenz, Vorläufigkeit).*
- *Reflektieren Sie die Kriterien wissenschaftlicher Wissensproduktion (Evidenzbasierung, Theorieorientierung) sowie die Bedingungen und Eigenschaften biologischer Erkenntnisgewinnung.*
- Naturwissenschaft unterscheidet sich von anderen Wissenssystemen durch die Bedingungen der Wissensproduktion. Zum Verständnis ist es notwendig, die Möglichkeiten/Grenzen der naturwissenschaftlichen Denk- und Arbeitsweisen zu reflektierten.
- Beispiele: Seite 13, Aufgabe 3; Seite 199, Aufgabe 8d; Seite 203, Aufgabe 12d; Seite 206, Aufgabe 6a.

## Kommunikationskompetenz

Im Kompetenzbereich „Kommunikationskompetenz" erlernen Sie den Umgang mit Fachsprache sowie die Nutzung verschiedener Darstellungsformen wie Diagrammen, Grafiken, Abbildungen, Texte, Formeln und wissenschaftliches Argumentieren, um Informationen erschließen, aufbereiten, austauschen und diskutieren zu können. Dabei ist es wichtig, situationsgerecht, sachgerecht und adressatengerecht zu kommunizieren.

### Informationen erschließen

- *Recherchieren Sie zu biologischen Sachverhalten und anwendungsbezogenen Fragestellungen zielgerichtet in analogen und digitalen Medien. Wählen Sie aus für Ihre Zwecke passenden Quellen relevante und aussagekräftige Informationen und Daten aus. Erschließen Sie dabei Informationen aus Darstellungsformen unterschiedlicher Komplexität.*
- *Analysieren Sie Herkunft, Qualität und Vertrauenswürdigkeit von verwendeten Quellen und Medien sowie darin enthaltene Darstellungsformen im Zusammenhang mit der Intention der Autorin/des Autors. Prüfen Sie die Übereinstimmung verschiedener Quellen im Hinblick auf deren Aussagen.*
- Für eine Recherche können Quellen wie Zeitschriften, Datenbanken oder auch Internetseiten verwendet werden. Dabei ist die inhaltliche und adressatenorientierte Passung der Quellen wichtig. Bei der Nutzung mehrerer Quellen ergibt sich eine gewisse Breite an Informationen und damit auch eine Vielfalt an Darstellungsformen. Mittels eines Vergleichs sollten die Inhalte verschiedener Quellen auf die sachliche Korrektheit beziehungsweise Übereinstimmung und die jeweiligen Absichten der Autorinnen und Autoren hin überprüft werden. Kriterien für die Einschätzung einer Quelle können auch die Herkunft der Informationen und die Vertrauenswürdigkeit (werden zitierte Quellen angegeben?) sein.
- Beispiele: Seite 26, Aufgabe 6; Seite 54, Aufgabe 10; Seite 58, Aufgabe 4f, g.

### Informationen aufbereiten

- *Strukturieren und interpretieren Sie ausgewählte Informationen und leiten Sie Schlussfolgerungen ab. Nutzen Sie dabei geeignete Darstellungsformen und überführen Sie diese ineinander.*
- *Unterscheiden Sie zwischen Alltags- und Fachsprache sowie zwischen funktionalen und kausalen Erklärungen. Erklären Sie Sachverhalte aus proximater und ultimater Sicht, ohne dabei finale Begründungen zu nutzen.*
- *Verarbeiten Sie sach-, adressaten- und situationsgerecht Informationen zu biologischen Sachverhalten.*
- Hat man die geeigneten Informationen gefunden, so müssen diese aufbereitet werden. Dabei geht es darum, diese Informationen zu strukturieren, zu interpretieren und daraus Schlussfolgerungen für die Bearbeitung einer biologischen Problemstellung abzuleiten. Dabei wird die Verwendung der Fachsprache gefordert.
- Bei den Erklärungen können verschiedene Sichtweisen eine Rolle spielen. Spricht man über proximate Ursachen, so meint man die unmittelbaren Gründe, die in einer bestimmten Situation wirken; also die Frage nach dem „Wie?". Spricht man über ultimate Ursachen, so beleuchtet man das „Wozu?", also die Zweckursache. Hilfreich ist, sich das an einem Beispiel klarzumachen: Wie funktioniert der Gesang der Amsel? Wozu dient der Gesang der Amsel?
- Die Informationen müssen unter Nutzung geeigneter Darstellungsformen wie Diagrammen, Tabellen, Schemata und Reaktionsgleichungen aufbereitet werden.
- Beispiele: Seite 91, Aufgabe 6c; Seite 103, Aufgabe 4; Seite 243, Aufgabe 9a.

### Informationen austauschen und wissenschaftlich diskutieren

- *Präsentieren Sie biologische Sachverhalte sowie Lern- und Arbeitsergebnisse unter Einsatz sach-, adressaten- und situationsgerechter Darstellungsformen mithilfe analoger und digitaler Medien.*
- *Prüfen Sie die Urheberschaft, belegen Sie verwendete Quellen und kennzeichnen Sie Zitate.*
- *Tauschen Sie sich mit anderen konstruktiv über biologische Sachverhalte aus. Argumentieren Sie dabei wissenschaftlich kriterien- und evidenzbasiert sowie situationsgerecht. Vertreten, reflektieren und korrigieren Sie gegebenenfalls den eigenen Standpunkt.*
- Die aufbereiteten Informationen zu biologischen Sachverhalten werden mit anderen Personen ausgetauscht und diskutiert. Quellen und Zitate werden dabei geprüft und gekennzeichnet. Diese Kommunikationskompetenz ist ein wichtiges Ziel des Biologieunterrichts. Nach der Präsentation und der Übermittlung der Information folgt in aller Regel ein Austausch, bei dem es um den konstruktiven Diskurs von Argumenten als Grundlage für das Vertreten, Reflektieren und gegebenenfalls auch Korrigieren des eigenen Standpunktes geht.
- Beispiele: Seite 59, Aufgabe 6g; Seite 77, Aufgabe 4d; Seite 181, Aufgabe 1; Seite 226, Aufgabe 4b.

## Bewertungskompetenz

Im Kompetenzbereich „Bewertungskompetenz“ werden naturwissenschaftliche Erkenntnisse analysiert, beurteilt und bewertet, um deren Folgen für ökologische, ökonomische und soziale Systeme abschätzen zu können. Diese Kompetenz ist für eine verantwortungsvolle gesellschaftliche Teilhabe heutzutage notwendig, da die Naturwissenschaften mit ihren Erkenntnissen und deren Anwendungen die moderne Gesellschaft beispielsweise in den Bereichen Gesundheit, Technik und Klima prägen.

**Sachverhalte und Informationen multiperspektivisch beurteilen**

- *Analysieren Sie Sachverhalte im Hinblick auf ihre Bewertungsrelevanz und betrachten Sie relevante Sachverhalte aus unterschiedlichen Perspektiven.*
- *Unterscheiden Sie deskriptive und normative Aussagen und identifizieren Sie Werte, die den normativen Aussagen zugrunde liegen.*
- *Beurteilen Sie Quellen hinsichtlich ihrer Herkunft und in Bezug auf spezifische Interessenlagen.*
- *Beurteilen Sie Möglichkeiten und Grenzen biologischer Sichtweisen.*
- Ist die Bewertungsrelevanz eines Sachverhalts festgestellt, so erkennt man oft schnell, dass dieser Sachverhalt aus verschiedenen Perspektiven betrachtet werden kann. Im Diskurs ist die Unterscheidung erklärender, wertfreier Beschreibungen und Aussagen (deskriptiv) von wertenden Aussagen (normativ) klar zu trennen. Wie auch im Bereich der Kommunikation spielen beim Bewerten von Sachverhalten die Quellen der Informationen, also deren Korrektheit, Zuverlässigkeit und Objektivität, eine wichtige Rolle.
- Beispiele: Seiten 76, 77 Aufgabe 1–6; Seite 110, Aufgabe 9; Seite 131, Aufgabe 8d.

**D1: Deskriptive Prämisse**
sachliche Kriterien, die die Voraussetzung für die Entscheidung bilden

**D2: Normbeschreibende Prämisse**
ethische Werte, die für den Sachverhalt relevant sind

\+

**N: Normative Prämisse**
Anwendung der Norm auf den Sachverhalt, kann eine Wertehierarchie enthalten

↓

**C: Conclusio**
Schlussfolgerung, die auf den ethischen Bewertungsvorgang folgt

**Kriteriengeleitet Meinungen bilden und Entscheidungen treffen**

- *Stellen Sie Bewertungskriterien auf, auch unter Berücksichtigung außerfachlicher Aspekte.*
- *Bilden Sie sich kriteriengeleitet Meinungen, indem Sie die Handlungsoptionen auf der Basis reflektierter Wertvorstellungen abwägen, und treffen Sie so Entscheidungen auf der Grundlage von Sachinformationen und Werten.*
- Um sich zu einem Sachverhalt eine Meinung zu bilden ist es wichtig, Bewertungskriterien aufzustellen. In der Gentechnik sind beispielsweise Chancen und Risiken oder auch Kosten und Nutzen mögliche Bewertungskriterien. Aber auch umweltpolitische oder ökonomische Aspekte, beispielsweise bei der Diskussion über grüne Gentechnik, können berücksichtigt werden. Aus der Bewertung dieser Kriterien können Handlungsoptionen abgeleitet werden. Diese Handlungsoptionen können dabei durchaus individuell unterschiedlich ausfallen. Wichtig ist, dass sie mit den Sachinformationen, den genannten Werten und Kriterien begründbar sind.
- Beispiele: Seite 167, Aufgabe 4f; Seite 173, Aufgabe 3d; Seite 179, Aufgabe 4d, e.

**Entscheidungsprozesse und Folgen reflektieren**

- *Reflektieren Sie kurz- und langfristige, lokale und globale Folgen eigener und gesellschaftlicher Entscheidungen.*
- *Reflektieren Sie den Prozess der Bewertung aus persönlicher, gesellschaftlicher und ethischer Perspektive.*
- *Beurteilen und bewerten Sie Auswirkungen von Anwendungen der Biologie im Sinne einer nachhaltigen Entwicklung aus ökologischer, ökonomischer, politischer und sozialer Perspektive.*
- Die individuelle Entscheidung wird nun im Hinblick auf die kurz- und langfristigen oder auch lokalen und globalen Folgen analysiert. Dabei können beispielsweise bei der grünen Gentechnik überfachliche Aspekte wie Nachhaltigkeit (ökologisch), Landwirtschaft (ökonomisch) oder auch soziale Dimensionen wie Bekämpfung des Hungers (politisch und sozial) eine Rolle spielen, bei der roten Gentechnik können medizin-ethische Betrachtungen wie das Wohl des Individuums gegenüber dem Wohl der Gesellschaft eine Rolle spielen. Die persönliche Perspektive kann dabei sehr wohl im Gegensatz zur gesellschaftlichen Sicht stehen.
- Sinnvoll ist, sich dabei auch über den Bewertungsprozess als solches, möglicherweise verbunden mit einem Wechsel der Position, Gedanken zu machen.
- Beispiele: Seite 167, Aufgabe 4g, 4h; Seite 173, Aufgabe 3e ; Seite 179, Aufgabe 4e.

**adaptive Radiation:** Aufspaltung einer Art in mehrere Arten durch evolutive Anpassung an verschiedene ökologische Bedingungen

**Aggression:** alle Verhaltensweisen, bei denen Gegner und Konkurrenten bedroht, zurückgedrängt, verletzt oder getötet werden

**Aggressionskontrolle:** alle Verhaltensweisen, die zu einer Regulation und Abschwächung von → Aggression führen, wie Territorialverhalten

**AIDS (englisch acquired immunodeficiency syndrome):** erworbene Immunschwäche, wird durch → HIV verursacht

**Äquationsteilung:** zweite Teilung der → Meiose, Trennung der → Chromatiden

**Allel:** eine von mehreren Zustandsformen eines → Gens

**Alleldrift:** Veränderung der Allelfrequenz einer Population durch Zufallsprozesse

**Allelfrequenzänderung:** Änderung von Allelhäufigkeiten durch natürliche → Selektion, gilt als eine der Hauptursachen der → Evolution

**allgemeine Transkriptionsfaktoren:** binden an DNA-Sequenzen am → Promotor, sodass die RNA-Polymerase an diesen bindet und die → Transkription starten kann

**Altruismus:** uneigennütziges Verhalten, welches für die Gemeinschaft gewinnbringend und für das ausführende Individuum nachteilig sein kann

**Aminosäuren:** Grundbausteine der → Proteine; an ein zentrales Kohlenstoff-Atom sind eine Aminogruppe, eine Carboxygruppe, ein organischer Rest sowie ein Wasserstoffatom gebunden

**Aminosäuresequenz:** Reihenfolge der Aminosäuren in einem Polypeptid

**Amniozentese:** Entnahme von Fruchtwasser zur → pränatalen Diagnostik

**Anaphase:** Abschnitt der → Mitose und der → Meiose

**Angepasstheit:** Fähigkeit eines Lebewesens, aufgrund seiner genetischen Anlagen in einer gegebenen Umwelt zu überleben und sich fortzupflanzen

**Anode:** bei der Gelelektrophorese eine positiv geladene Elektrode, die negativ geladene Teilchen anzieht

**antagonistische Koevolution:** Zwei verschiedene Arten spezialisieren sich in wechselseitiger Anpassung aufeinander; eine Art erleidet Nachteile durch diese Beziehung

**Antibiotikum:** Stoffwechselprodukt von Pilzen oder Bakterien oder synthetisch hergestellte Substanz, die in geringer Konzentration das Wachstum anderer Mikroorganismen wie Bakterien hemmt oder diese abtötet; wirkt nicht gegen Viren

**Anticodon:** drei → Nukleotide einer → tRNA, die als Gegenstück mit den drei Nukleinbasen des → Codons einer → mRNA korrespondieren

**Antisense-RNA:** einzelsträngige, zu bestimmten Abschnitten einer → mRNA komplementäre RNA

**Anti-Onkogene:** Gene, die bei normaler Aktivität die Bildung von Tumoren unterbinden

**apomorphe Merkmale:** abgeleitete Merkmale, die erstmals bei einer Art aufgetreten sind

**Apoptose:** programmierter Zelltod z. B. während der Keimentwicklung oder aufgrund krankhafter Veränderung der Zellen

**Arbeitsform:** Form der Chromosomen, in der das → Chromatin entspriralisiert als lange Fäden der DNA vorliegt, sodass die → Gene abgelesen werden können

**Artbegriff, morphologischer:** Arten sind Gruppen von Individuen, die sich zwar nicht völlig gleichen, aber in ihren wesentlichen Merkmalen und Verhaltensweisen übereinstimmen

**Artbegriff, populationsgenetischer:** Arten sind reproduktiv voneinander isolierte Fortpflanzungsgemeinschaften mit einem gemeinsamen → Genpool, deren Mitglieder unter natürlichen Bedingungen durch sexuelle Fortpflanzung → Allele austauschen und fruchtbare Nachkommen erzeugen

**Autosom:** → Chromosomen, die nicht an der Bestimmung des Geschlechts beteiligt sind, in menschlichen Körperzellen 22 Paare, auch als Körperchromosomen bezeichnet

**Bakterien:** Gruppe einzelliger, zellkernloser Kleinstlebewesen; zählen zu den → Prokaryoten

**Barr-Körperchen:** inaktiviertes X-Chromosom bei Weibchen

**Basenexzisionsreparatur:** DNA-Reparaturmechanismus, der beschädigte DNA-Basen erkennt und ersetzt

**Basenpaarung, komplementäre:** in der → DNA-Doppelhelix interagieren die Basen miteinander; zwischen Adenin und Thymin treten zwei, zwischen Cytosin und Guanin drei → Wasserstoffbrücken auf; diese Zusammenlagerung der nach dem Schlüssel-Schloss-Modell jeweils passenden Basen nennt man komplementär

**Basensequenz:** Reihenfolge der Basen in → Nukleinsäuren

**Basiskonzepte:** grundlegende Gemeinsamkeiten, Muster und Prinzipien, die man bei biologischen Phänomenen, Lebewesen und Biosystemen findet

**Beschädigungskampf:** aggressive Verhaltensweise, bei der gefährliche Waffen wie Zähne oder Krallen zum Einsatz kommen

**binäre Nomenklatur:** Grundprinzip der wissenschaftlichen Nomenklatur der Systematik, nach dem der Name jeder Art aus zwei Bestandteilen besteht, dem Gattungsnamen und dem Artnamen

**Biodiversität:** Vielfalt des Lebens auf den Ebenen der Gene (genetische Zahl der Varianten innerhalb einer Art), Arten (Artenvielfalt) und Ökosysteme (Menge der verschiedenen Ökosysteme)

**Brutpflege:** Elternaufwand, bei dem die Eltern sich um ihren bereits geborenen oder geschlüpften Nachwuchs kümmern und ihm beispielsweise Wärme, Schutz und Nahrung zukommen lassen

**Capping:** Vorgang während der → Transkription: Schutz des 5'-Endes der prä-mRNA durch Anheftung eines veränderten Guanin-Nukleotids, schützt die → mRNA vor dem Abbau

**cDNA, complementary DNA:** wird in Umkehrung der → Transkription mithilfe des Enzyms → reverse Transkriptase aus → mRNA hergestellt

**Chiasma:** Überkreuzung zweier homologer → Chromatiden

**Chromatid:** einer von zwei identischen Teilen, aus denen → Chromosomen zu Beginn der → Mitose bestehen

**Chromatidentetrade:** der aus vier Chromatiden bestehende Paarungsverband in der Prophase I der Meiose

**Chromatin:** Material, aus dem die → Chromosomen bestehen, Komplex aus → DNA und speziellen → Proteinen

**Chromosom:** fadenartige Struktur aus → DNA und → Histonen im Zellkern von → Eukaryotenzellen; am besten sichtbar im kondensierten Zustand während → Mitose und → Meiose

**codogener Strang:** der → DNA-Einzelstrang, an dem bei der → Transkription die → mRNA gebildet wird; auch Matrizenstrang genannt, 3'→5'-Richtung

**Codon:** aus drei → Nukleotiden bestehender Abschnitt der → mRNA, der bei der → Proteinbiosynthese für eine → Aminosäure codiert

**CRISPR/Cas:** gentechnische Methode, um → DNA gezielt zu schneiden und anschließend zu verändern

**Crossing-over:** Austausch entsprechender Abschnitte homologer → Ein-Chromatid-Chromosomenstücke während der → Meiose

**Cytokinese:** Teilung einer Zelle; das Plasma und andere Bestandteile der Mutterzelle werden auf die Tochterzellen aufgeteilt, indem zwischen ihnen Zellmembranen eingezogen oder ausgebildet werden

**Darwin, Charles (1809–1882):** britischer Naturforscher, der wesentliche Erklärungsansätze zum Ablauf der Evolution lieferte

**Denaturierung:** Konformationsänderung von → Proteinen oder → Nukleinsäuren, die durch Hitze, Änderungen des pH-Wertes oder der Ionenkonzentration hervorgerufen wird und zumeist zu einem Funktionsverlust des betreffenden Moleküls führt; Umkehrung → Renaturierung

**Deletion:** Verlust eines oder mehrerer Nukleotide bis hin zum Segmentverlust bei ein → Chromosom

**Desoxyribose:** aus fünf Kohlenstoffatomen bestehender Zucker; eine Pentose, deren OH-Gruppe am zweiten C-Atom durch ein H-Atom substituiert ist; wesentlicher Baustein der → DNA

**Dichtegradienten-Zentrifugation:** Trennungsverfahren von Makromolekülen aufgrund ihrer Dichte

**dihybrider Erbgang:** Parentalgeneration unterscheidet sich in zwei betrachteten Merkmalen

**diploid:** doppelter Chromosomensatz

**direkte reproduktive Fitness:** Verhaltensanpassungen an die gegebenen Umweltveränderungen ermöglichen eine Erhöhung des Fortpflanzungserfolgs eines Individuums durch Zeugung eigener, fertiler und überlebensfähiger Nachkommen; gemessen als Anzahl direkter Nachkommen.

**DNA (Desoxyribonukleinsäure):** Makromolekül aus vier verschiedenen → Nukleotiden mit den Basen Adenin, Guanin, Cytosin, Thymin, dem Zucker Desoxyribose und der Phosphatgruppe

**DNA-Doppelhelix:** räumliche Struktur der → DNA, bestehend aus zwei Polynukleotid-Strängen, die durch Wasserstoffbrücken (→ Basenpaarung) zusammengehalten werden, schraubenförmig umeinander gedreht

**DNA-Methylierung:** Modifikation der Base Cytosin durch Anhängen einer Methylgruppe

**DNA-Reparatur:** Möglichkeit der Zellen, DNA-Schäden zu beseitigen, zum Beispiel Basenexzisionsreparatur

**DNA-Sequenzierung:** Analyse der Abfolge und Position der Basenpaare der DNA

**Domäne:** höchste Klassifizierungskategorie der systematischen Einteilung von Lebewesen; besteht aus den Gruppen Bakterien, Archaeen und Eukaryoten

**dominant:** ist ein Allel, wenn es bei heterozygotem Vorliegen den → Phänotyp bestimmt

**Dominanz, unvollständige:** bei einer Kreuzung entsteht ein Phänotyp, der in der Merkmalsausprägung als eine Mischung erscheint; Beispiel: bei weiß und rot blühenden Pflanzen besitzen die Nachkommen rosa Blüten

**Drohen:** das Abgeben bewusster Warnsignale wie Zeigen von Waffen zur Einschüchterung des Gegners; Kampfhandlungen angedeutet oder unvollständig

**Duplikation:** Verdoppelung ganzer Abschnitte eines Chromosoms

**Ein-Chromatid-Chromosom:** aus einem → Chromatid bestehendes → Chromosom; entsteht in der Anaphase der → Mitose durch Trennung des → Zwei-Chromatid-Chromosoms; wird in der → Interphase durch Verdopplung wieder zum Zwei-Chromatid-Chromosom

**Elternaufwand:** alle Verhaltensweisen der Eltern, die dazu dienen, die Überlebenswahrscheinlichkeit der Nachkommen zu erhöhen, zum Beispiel → Brutpflege

**Elongation:** bei der → Transkription Verlängerung der RNA durch Anlagerung weiterer RNA-Nukleotide jeweils am 3'-Ende, bei der → Translation Verlängerung des entstehenden Peptids durch Hinzufügen einer weiteren Aminosäure

**Endoplasmatisches Retikulum (ER):** Membransystem in der Zelle von Eukaryoten; es wirkt bei der Synthese, der Umwandlung und dem Transport von Stoffen mit; existiert in zwei Formen, als raues, mit Ribosomen besetztes ER und als glattes ER ohne Ribosomen

**Enhancer (Verstärker):** Kontroll-DNA-Sequenz, die bestimmte → Transkriptionsfaktoren erkennt, die die Geschwindigkeit der → Transkription eines → Gens verstärken können; im Gegensatz zu → Silencer

**Enzym:** komplexe Proteinverbindung, die als Katalysator in der Zelle dient; senkt die Aktivierungsenergie, beschleunigt die Reaktion, ohne nach der Reaktion chemisch verändert zu sein; zeigt Substratspezifität und Wirkungsspezifität; Benennung mit der Endung -ase

**Epigenetik:** regulatorische Prozesse, die zur Veränderung der Aktivität von → Chromosomen und deren → Genen führen, die nicht auf einer Änderung der DNA-Basensequenz beruhen

**Erbinformation:** Gesamtheit der genetischen Steuerinformation einer Zelle

**Erbgang:** anhand des Stammbaums nachzuvollziehender Vererbungsvorgang einer genetisch bedingten Eigenschaft

**Erbsubstanz:** Desoxyribonukleinsäuren; bei RNA-Phagen (einzelsträngige RNA-Phagen, Bakteriophagen) und RNA-Viren Ribonukleinsäure

**Eukaryoten:** ein- und vielzellige Lebewesen, deren Zellen sich durch den Besitz von Zellkern, → Mitochondrien und einer umfangreichen Kompartimentierung von den Zellen der Prokaryoten unterscheiden

**Eutrophierung:** Anreicherung von Nährstoffen in einem Ökosystem; im engeren Sinne anthropogene Erhöhung des Nährstoffgehalts eines Gewässers

**Evolution:** Veränderung der Allelhäufigkeit in einer Population; alle Prozesse, die zur Entstehung des Lebens in seiner heutigen Form und Vielfalt geführt haben

**Evolutionsfaktoren:** jegliche Faktoren, die zu Veränderungen der Allelhäufigkeiten im Genpool einer Population geführt haben und führen

**Exon:** DNA-Abschnitt eines Eukaryotengens, von dem ein Genprodukt hergestellt wird; meist unterbrochen durch nicht codierende Bereiche, die → Introns

**Expression:** im weiteren Sinn, wie eine bestimmte genetische Information in Erscheinung tritt, durch Genexpression wird der Genotyp eines Organismus oder einer Zelle als Phänotyp ausgeprägt, im engeren Sinn → Genexpression

**Falsifizierbarkeit:** Begriff der Wissenschaftstheorie; eine Aussage ist falsifizierbar, wenn es einen Beobachtungssatz gibt, mit dem die Aussage widerlegt werden kann; Nachweis der Ungültigkeit einer Aussage, Methode, These, Hypothese oder Theorie

**Fetus:** Bezeichnung für menschliche Frucht nach der Anlage der Organe bis zur Geburt

**Filialgeneration:** Nachkommen-Generation einer Kreuzung

**Fitness:** Maß für die relative Anzahl der Gene, die ein Individuum durch eigene Fortpflanzung (direkte Fitness) oder durch Unterstützung der Fortpflanzung Verwandter (indirekte Fitness) in den → Genpool der nächsten Generation einbringt; die Summe aus direkter und indirekter Fitness ist die → Gesamtfitness

**Flaschenhalseffekt:** Form der Alleldrift, die sich aus einer drastischen Verkleinerung einer Population, z. B. durch eine Naturkatastrophe, ergibt

**Folgestrang:** der Strang der DNA-Doppelhelix, der während der → Replikation der DNA im Gegensatz zum Leitstrang nur diskontinuierlich synthetisiert wird

**fossil:** Bezeichnung für erhaltene Reste oder Spuren ausgestorbener Lebewesen vergangener Erdzeitalter

**Gelelektrophorese:** Methode zur Auftrennung eines Gemisches gelöster geladener Teilchen wie Nukleinsäuren und Proteinen in einem elektrischen Feld nach ihrer Masse und Ladung

**Gen:** aus → DNA bestehende Einheit der Erbinformation, die für ein Polypeptid oder ein RNA-Molekül codiert

**Gen, konstitutives:** Gen, das mit mehr oder weniger konstanter Geschwindigkeit transkribiert wird

**Gen, reguliertes:** Gen, dessen Transkription durch Regulationsmechanismen gesteuert wird

**Genaktivität, differenzielle:** komplexe und spezifische Kontrolle der → Transkription von Genen (Transkriptionskontrolle) und des Vorhandenseins ihrer Genprodukte (Translationskontrolle); dadurch ist jede Zelle beziehungsweise jeder Zelltyp mit unterschiedlichen Proteinen ausgestattet

**Gendatenbank:** Datenbank, in der genetische Informationen von Organismen wie zum Beispiel der genetische Fingerabdruck einer Person gespeichert werden; Einsatzmöglichkeiten in der Medizin (Verträglichkeit von Organspenden), Kriminalistik, Biologie (Systematik)

**Gene Pharming:** Produktion von Medikamenten in → transgenen Tieren

**Gen-Editierung:** Sammelbegriff für moderne molekularbiologische Verfahren, mit denen → Gene gezielt an- oder ausgeschaltet, eingefügt oder entfernt werden

**genetischer Code:** aus 64 → Codons bestehender Schlüssel für die Übersetzung der genetischen Information in Aminosäuresequenzen

**genetischer Fingerabdruck:** Bezeichnung für ein Muster hochgradig variabler und damit zur Personenidentifizierung geeigneter DNA-Sequenzen

**Genexpression:** die Biosynthese von Proteinen auf Grund spezifischer genetischer Information, das Genprodukt wird über → Transkription und → Translation hergestellt

**Genfluss:** ungehinderter Austausch von Genen zwischen Populationen

**Genkopplung:** gemeinsam vererbte körperliche Merkmale sind eng aneinander gebunden, weil die sie codierenden Gene auf demselben Chromosom liegen

**Genmutation:** Veränderung eines → Gens der → DNA, kann zu veränderten oder funktionslosen Proteinen führen

**Genom:** Gesamtheit der → DNA eines Virus, einer Zelle oder eines Organismus

**Genommutation:** Veränderung der Anzahl einzelner → Chromosomen im Chromosomensatz

**Genotyp:** Gesamtheit aller Erbanlagen eines Individuums

**Genpool:** Gesamtheit der Gene in einer Population

**Genregulation:** Regulation der → Genexpression, also die Steuerung der Genaktivität bei Pro- und Eukaryoten

**Gentechnik:** Verfahren zur gezielten Veränderung des Genoms einer Zelle, das die Isolierung, Neukombination und Übertragung von → DNA mit dem Ziel ihrer → Replikation und → Genexpression beinhaltet

**Gentransfer:** Methoden der natürlichen oder künstlichen Übertragung von Genen von einem Individuum auf ein anderes

**Genwirkkette:** Abfolge mehrerer voneinander abhängiger Stoffwechselreaktionen, die von Produkten verschiedener Gene gesteuert werden; das Zusammenspiel mehrerer Gene erzeugt im Organismus eine bestimmte Wirkung

**Gesamtfitness:** Summe aus → direkter und → indirekter reproduktiver Fitness

**Gonosom:** → Chromosom, das für die Geschlechtsdifferenzierung verantwortlich ist; auch Geschlechtschromosom

**gonosomale Abweichung:** Anomalien in der Anzahl der Gonosomen, die durch vollständige oder teilweise → Deletionen oder → Duplikationen von Gonosomen verursacht werden

**Graue Gentechnik:** Verfahren zur Beseitigung von Abfall mithilfe von Mikroorganismen

**Gründereffekt:** genetische Verarmung durch zufällige Trennung von Individuen einer größeren Population; neue Population wird an einem anderen Ort gebildet

**Grüne Gentechnik:** Verfahren zur Erzeugung gentechnisch veränderter landwirtschaftlicher Produkte

**Habitat:** Aufenthaltsbereich einer Art in einem Biotop

**haploid:** einfacher Chromosomensatz

**Handicap-Prinzip:** Ausprägung von Ornamenten oder Waffen, die im Alltag offensichtlich hinderlich sind wie große

Federn, auffällige Farben und lange Körperanhänge und somit die Fitness eigentlich verringern; die sexuelle → Selektion befördert solche Merkmale, weil sie den körperlichen Zustand des Trägers und damit die Qualität als Fortpflanzungspartner anzeigen

**heterozygot, mischerbig:** bei diploiden Lebewesen zwei verschiedene Allele zu einem Gen

**Heterozygotentest:** Labormethode, mit der ermittelt werden kann, ob ein phänotypisch (in seiner Erscheinung) gesunder Mensch eine → rezessive Erbkrankheit besitzt; Untersuchung des → Genotyps; dient der Früherkennung genetisch bedingter Erkrankungen oder der Weitergabe der Veranlagung an ein gemeinsames Kind

**Histon:** basisches Protein, Bestandteil von → Nukleosomen

**Histon-Acetylierung:** Modifikation der Histone durch Anhängen einer Acetylgruppe

**Histon-Methylierung:** Modifikation der Histone durch Anhängen einer Methylgruppe

**HIV (englisch *human immunodeficiency virus*):** Humanes Immundefekt-Virus, Erreger von → Aids

**Hominiden:** Familie der Primaten, zu der neben den rezenten und fossilen Menschen und ihren direkten Vorfahren heute auch die Menschenaffen gerechnet werden

**Hominini:** Bezeichnung für die Arten der Gattung *Homo* und deren ausgestorbene Vorfahren

**Homologie:** Ähnlichkeit von Merkmalen aufgrund gemeinsamer Abstammung und damit ähnlicher genetischer Ausstattung; im Gegensatz zu Analogie

**homozygot, reinerbig:** bei diploiden Lebewesen zwei identische Allele zu einem Gen

**Humangenetik:** interdisziplinäre Wissenschaft, die sich mit den Grundlagen genetisch bedingter Erkrankungen beschäftigt und medizinische Fachgebiete mit grundlegender Forschung der Naturwissenschaften verbindet

**Human-Genom-Projekt:** Internationales Forschungsprojekt zur Sequenzierung des menschlichen → Genoms

**Hybride:** Organismus, der für ein bestimmtes Gen heterozygot ist, *hier:* aus Kreuzung verschiedener Arten hervorgegangener Organismus

**Hybridisierung, molekulare:** Paarung von komplementären Nukleinsäuresequenzen, zum Beispiel DNA-DNA oder DNA-RNA

**Hypothese:** begründete Vermutung über einen Sachverhalt; naturwissenschaftliche Hypothesen müssen prinzipiell überprüfbar und damit widerlegbar sein

**indirekte reproduktive Fitness:** adaptives Verhalten steigert auch die Wahrscheinlichkeit, dass die eigenen Kinder oder nah verwandte Individuen Nachkommen zeugen, wodurch sich die eigene Fitness indirekt erhöht; gemessen an der Anzahl indirekter Nachkommen

**Initiation:** erster Schritt der → Transkription und der → Translation

**Insertion:** Einbau eines oder mehrerer Nukleotide in die DNA

**interchromosomale Rekombination:** zufällige Durchmischung und Neuverteilung der homologen Chromosomen in der Meiose

**intermediär:** → heterozygote Merkmalsausprägung, die zwischen denen der Eltern liegt

**Interphase:** Teil des Zellzyklus, Abschnitt zwischen zwei Kernteilungen, besteht aus $G_1$-, S- und $G_2$-Phase

**intrachromosomale Rekombination:** Umverteilung von Allelen durch Crossing over

**interspezifisch:** zwischen Arten

**Intersubjektivität:** liegt vor, wenn ein komplexer Sachverhalt für mehrere Betrachter erkennbar und nachvollziehbar ist

**Intron:** nicht codierende Sequenz eines Eukaryoten-Gens; wird transkribiert, aber nicht translatiert; im Gegensatz zu → Exon

**Isolation:** Genfluss zwischen Individuen oder Populationen wird durch Isolation (geografisch, ökologisch) verhindet; trägt zur Artbildung bei

**Karyogramm:** Anordnung der angefärbten → Metaphase-Chromosomen nach Größe, Lage des Zentromers und Bänderung

**Kathode:** bei der Gelelektrophorese eine negativ geladene Elektrode, die positiv geladene Teilchen anzieht

**kbp:** Kilobasenpaare; Einheit für Angaben der Genomgröße; 1 kpb = 1000 Basenpaare

**Keim:** menschliche Frucht von der Befruchtung bis zur Einnistung

**Keimbahn:** Zellenfolge, die von der befruchteten Eizelle über die Urgeschlechtszelle zu neuen Keimzellen führt

**Keimbahnmutation:** Mutation in einer Keimbahnzelle, die an die Nachkommen weitergegeben wird.

**Kernteilung:** → Mitose

**Kettenabbruchmethode:** Methode zur Sequenzierung der → DNA über Abbruchnukleotide

**Kladogramm:** grafische Darstellung von Beziehungen zwischen verschiedenen Gruppen von Organismen auf der Grundlage von gemeinsamen Merkmalen

**Klon:** genetisch identische Zellen oder Individuen

**Knock-Down-Verfahren:** Reduzierung oder Verhinderung der → Genexpression eines oder mehrerer → Gene, beispielsweise durch Behandlung mit Reagenzien oder durch RNA-Interferenz

**Knock-Out-Organismen:** Organismen, bei denen mittels Gentechnik die Funktion eines bestimmten → Gens im → Genom ausgeschaltet wurde

**Knotenpunkte:** in einem Stammbaum Angabe der → apomorphen Merkmale an einer Verzweigung die zur Unterscheidung dienen

**Kodominanz:** zwei Allele eines Gens wirken sich gleich stark auf den Phänotyp aus

**Koevolution:** evolutionärer Prozess mit wechselseitiger Anpassung zweier interagierender Arten

**Kommentkampf:** ritualisierter Kampf mit Regeln und ohne Verletzungsabsicht

**Kommunikation:** alle Verhaltensweisen, die nach dem Sender-Empfänger-Modell zum Austausch von Informationen zwischen verschiedenen Lebewesen führen können

**Kompartiment:** durch eine Biomembran abgegrenzter Reaktionsraum in einer Zelle

**Kompartimentierung:** Unterteilung eines Systems in voneinander abgegrenzte Bereiche oder Räume, in denen verschiedene Vorgänge ablaufen können, ohne sich gegenseitig zu stören

**komplementär:** bezeichnet die → Basen, die zusammen ein Basenpaar ergeben können, also Adenin und Thymin/Uracil sowie Guanin und Cytosin

**Konditionierung:** Form des Lernens von Reiz-Reiz-Verknüpfungen bzw. Reiz-Reaktions-Verknüpfungen durch wiederholte Kopplung von Reizen.

**Konkurrenz:** Wettbewerb zwischen Individuen um begrenzt verfügbare Ressourcen

**Kontrollpunkte:** Zeitpunkte im Verlauf des Zellzyklus, an denen vor dem Übergang in die nächste Phase kritische Prozesse überprüft werden

**Kooperation:** alle Verhaltensweisen eines Lebewesens in einer sozialen Gruppe, die ihm und anderen Gruppenmitgliedern einen Vorteil verschaffen wie der gemeinsame Nahrungserwerb

**Kosten-Nutzen-Analyse:** Auswertung einer Verhaltensweise hinsichtlich seiner Kosten, also der nachteiligen Auswirkungen auf die → Fitness, und seines Nutzens, also den vorteilhaften Auswirkungen auf die Fitness eines Lebewesens

**Kreationismus:** religiöse Auffassung, nach der die Welt und das Leben auf der Erde so entstanden sind, wie es in der Bibel beschrieben wird

**Krebs:** *hier:* die unkontrollierte Vermehrung und das wuchernde Wachstum von Zellen, Absiedelung und Invasion in gesundes Gewebe

**Lamarck, Jean-Baptiste (1744–1829):** französischer Botaniker, Zoologe und Entwicklungsbiologe, der unter anderem von der möglichen Vererbung erworbener Eigenschaften ausging (Lamarckismus)

**Leitstrang:** Strang der DNA-Doppelhelix, der während der → Replikation der → DNA im Gegensatz zum → Folgestrang kontinuierlich synthetisiert wird

**Ligase:** Enzym, das → DNA-Fragmente miteinander verbindet

**Mangelmutanten:** Lebewesen, bei denen infolge einer → Mutation ein bestimmtes Enzym defekt ist oder fehlt und die deshalb bestimmte essentielle Substanzen nicht selbstständig synthetisieren können; sind darauf angewiesen, diese Stoffe aus der Umwelt aufzunehmen

**Matrizenstrang:** der DNA-Einzelstrang einer DNA-Doppelhelix, der bei der → Transkription als Vorlage für die → RNA-Synthese dient

**Meiose:** Zellteilung bei Lebewesen mit geschlechtlicher Fortpflanzung, bei der aus einer diploiden Mutterzelle → haploide Keimzellen, also Eizelle und Spermienzelle, entstehen, unterteilt in Prophase I, Metaphase I, Anaphase I, Telophase I und Prophase II, Metaphase II, Anaphase II, Telophase II

**Mendel, Gregor (1822–1884):** Augustinermönch, große Bedeutung als Entdecker der Regeln der Vererbung (Mendelsche Regeln)

**Metaphase:** → Mitose, → Meiose

**Metastase:** *in der Medizin* die Absiedelung von Tumorzellen, die über das Blut oder die Lymphe im Körper an einen anderen Ort gelangen und dort erneutes Tumorwachstum auslösen

**Mimese:** Tarnung durch Nachahmung unbelebter Objekte des üblichen Lebensraums

**Mimikry:** täuschende Nachahmung von Signalen; zum Beispiel Nachahmung der Warntracht einer wehrhaften Art durch eine harmlose Art

**Missense-Mutation:** → Substitution im Bereich eines Gens führt zu einem Codon, das in eine andere Aminosäure translatiert wird

**mitochondriale DNA:** → mt-DNA

**Mitose:** Teilung des Zellkerns einer Eukaryotenzelle in zwei Tochterkerne vor der Teilung der Zelle, unterteilt in Prophase, Metaphase, Anaphase, Telophase

**Modifikation:** Veränderung im Phänotyp eines Lebewesens, hervorgerufen durch Umwelteinflüsse; wird nicht vererbt, da das Erbgut nicht verändert wird

**Monogamie:** ein Paarungssystem, bei dem zwei Partner zumindest für eine Fortpflanzungsperiode lang gemeinsam Nachkommen zeugen und in dieser Zeit keine anderen Sexualpartner haben

**monogene Vererbung:** die Ausprägung eines Merkmals beruht auf einem Gen

**monohybrider Erbgang:** Parentalgeneration unterscheidet sich in einem betrachteten Merkmal

**monophyletische Gruppe:** → Taxon, welches sämtliche stammesgeschichtlichen Abkömmlinge eines Vorfahren umfasst

**Monosomie:** nummerische Chromosomenanomalie, bei der ein bestimmtes → Chromosom nur einfach vorhanden ist

**Mosaikgen:** veraltete Bezeichnung für ein eukaryotisches → Gen, das auch nichtcodierende Abschnitte, die → Introns , enthält

**mRNA, messenger-RNA, Boten-RNA:** Transkript eines proteincodierenden → Gens

**mtDNA, mitochondriale DNA:** doppelsträngige, meist ringförmige → DNA im Inneren der Mitochondrien

**multiple Allelie:** ein → Gen liegt in mehr als zwei verschiedenen → Allelen vor wie beim AB0-System

**multipotent:** Eigenschaft von → Stammzellen, sich zu verschiedenen Zelltypen einer bestimmten Linie entwickeln zu können; Beispiel: Stammzellen des blutbildenden Systems

**Mutagene:** äußere Faktoren, die Veränderungen am genetischen Material hervorrufen können, Beispiele: Alkohol, Teerstoffe, Nitrosamine

**Mutation:** spontane oder durch → Mutagene verursachte Veränderung der → Basensequenz der → DNA, die auf die Tochterzellen vererbt wird; man unterscheidet Gen-, Chromosomen- und Genommutationen

**mutualistische Koevolution:** zwei verschiedene Arten spezialisieren sich in wechselseitiger Anpassung aufeinander; die wechselseitigen Angepasstheiten nützen allen beteiligten Arten, sie beeinflussen sich immer wieder zum gegenseitigen Vorteil

**naturwissenschaftlicher Erkenntnisgewinn:** Erlangung von Erkenntnissen ausgehend von einer Beobachtung; umfasst Fragestellung, Hypothese, Experimente und ihre Auswertung sowie die Erkenntnis

**Next-Generation-Sequencing:** verschiedene moderne automatisierte Sequenzierungsverfahren, die einen sehr hohen Durchsatz und damit eine schnelle → DNA-Sequenzierung ermöglichen

**Nicht-Schwesterchromatiden:** → Chromatiden, die zu verschiedenen → Zwei-Chromatid-Chromosomen eines homologen Paares gehören.

**Non-Disjunction:** nicht erfolgte Auftrennung der homologen → Zwei-Chromatid-Chromosomen in der Meiose I oder der Zwei-Chromatid-Chromosomen in → Ein-Chromatid-Chromosomen in der Meiose II

**Nonsense-Mutation:** → Substitution im Bereich eines → Gens führt zu einem Stopp-Codon

**normative Aussage:** Aussage, die zu einem bestimmten Verhalten auffordert („So soll es sein!")

**Nukleosomen:** Untereinheit des → Chromatins beziehungsweise der → Chromosomen: Einheit aus → Histonen und etwa zwei Windungen der → DNA

**Nukleinsäuren:** chemische Sammelbezeichnung für → DNA und → RNA

**Nukleosid:** Molekül aus einer organischen stickstoffhaltigen Base und einer Pentose; wird durch Phosphorylierung zum → Nukleotid

**Nukleotid:** Baustein der → Nukleinsäuren, bestehend aus mindestens einer Phosphatgruppe, einem Zucker (Pentose) und einer organischen stickstoffhaltigen Base; man unterscheidet drei Typen:
Nukleosid + 1 Phosphatgruppe: Nukleosidmonophshpat (NMP)
Nukleosid + 2 Phosphatgruppen: Nukleosiddiphshpat (NDP)
Nukleosid + 3 Phosphatgruppen: Nukleosidtriphshpat (NTP)

**Nukleus:** Zellkern

**Okazaki-Fragment:** DNA-Stück, das bei der diskontinuierlichen Replikation entsteht, benötigt einen RNA-Primer

**ökologische Nische:** Gesamtheit der Ansprüche einer Art an die biotische (belebte) und abiotische (unbelebte) Umwelt; bezeichnet keinen Ort

**Onkogene:** → Gen, das an der Auslösung von Krebs beteiligt ist

**Ontogenese:** Entwicklung des einzelnen Lebewesens von der befruchteten Eizelle zum erwachsenen Lebewesen

**Optimalitätsmodell:** mathematische Modellierung der Kosten-Nutzen-Analyse; quantifiziert deren Ergebnis und veranschaulicht dieses beispielsweise in einem Diagramm oder einer Tabelle

**Out-of-Africa-Theorie:** Theorie, nach der der anatomisch moderne Mensch aus Afrika stammt

**Paarungssystem:** mono-, polygames oder promiskes Zusammenleben als adaptives Verhalten zur Steigerung der → Fitness

**Parentalgeneration:** Elterngeneration einer Kreuzung

**PCR (Polymerase-Kettenreaktion, engl.** *polymerase chain reaction***):** Verfahren zur Vervielfältigung kurzer → DNA-Basensequenzen in vitro

**personalisierte Medizin:** Diagnose und medikamentöse Therapie je nach individuellem → Genotyp

**Phagen:** → Viren, die → Bakterien befallen

**Phänotyp:** Gesamtheit aller sichtbaren Merkmale, bei Kreuzungen oft reduziert auf bestimmte Merkmale

**Phylogenese:** stammesgeschichtliche Entwicklung aller Lebewesen und ihrer Verwandtschaftsgruppen

**Plasmid:** kleiner extrachromosomaler DNA-Ring bei Bakterien; Plasmide sind wichtige → Vektoren

**plesiomorphe Merkmale:** ursprüngliche Merkmale, die bereits bei einer frühen Stammart aufgetreten sind

**pluripotent:** Eigenschaft von → Stammzellen, sich in nahezu alle Zelltypen differenzieren zu können; Beispiel: embryonale Stammzellen

**Polyadenylierung:** Modifikation des 3'-Ende der prä-mRNA durch Anheftung von bis zu 200 Adenin-Nukleotiden; schützt die mRNA vor dem Abbau durch Exonukleasen; Vorgang schon während der Transkription

**Polymerase:** Enzym, das die Polymerisation von → Nukleotiden, den Grundbausteinen der → Nukleinsäuren, katalysiert

**Polymerase-Kettenreaktion:** → PCR

**Polyploidie:** mehr als zwei Chromosomensätze besitzend

**Population:** Gesamtheit der Individuen einer Art in einem definierten Gebiet

**posttranslationale Modifikation:** Veränderung von Polypeptiden bei → Eukaryoten im Anschluss an die → Translation

**Prägung, genomische:** Phänomen, dass die Expression von → Genen davon abhängen kann, von welchem Elternteil das Allel stammt

**Präimplantationsdiagnostik (PID):** Diagnostik an einem in vitro befindlichen → Embryo vor seinem Transfer in den mütterlichen Organismus

**Pränataldiagnostik (PND):** invasive und nicht invasive Diagnoseverfahren am → Fetus im Uterus

**Primase:** RNA-Polymerase, die den → Primer bildet

**Primaten:** Ordnung der Säugetiere, zu der Halbaffen, Affen und Menschen gehören

**Primer:** 1) kurzes → RNA-Stück, das sich an ein einzelsträngiges → DNA-Stück anlagert und den Startpunkt für eine → Replikation bildet ; 2) bei der → PCR kurzes DNA-Stück

**Prokaryot:** Lebewesen, dessen Erbmaterial nicht membranumhüllt ist; im Gegensatz zu → Eukaryot

**Promotor:** DNA-Regulationsregion am 5'-Ende eines → Gens, enthält Bindungsstelle für → RNA-Polymerase

**Prophase:** → Mitose, → Meiose

**Protein:** Polypeptidkette in bestimmter räumlicher Konformation, die aus 20 verschiedenen Monomeren, den → Aminosäuren, aufgebaut ist

**Proteinbiosynthese:** Synonym zu Genexpression; Produktion von → Proteinen nach der genetischen Information der → DNA mit den beiden Teilschritten → Transkription und → Translation

**Proto-Onkogen:** → Gene, die das normale Zellwachstum, die Zellteilung und Entwicklung verschiedener Gewebe steuern; durch → Mutationen können sie zu → Onkogenen werden

**proximate Ursachen:** innerliche (zum Beispiel Hormone) und äußerliche (zum Beispiel Farbreize) Faktoren, die eine Reaktion oder Verhaltensweise in Organismen hervorrufen

**Prozessierung:** Entstehung der funktionsfähigen, reifen → RNA in → Eukaryoten durch → Capping, → Polyadenylierung und → Spleißen

**Punktmutation:** → Mutation, die durch die Veränderung einer einzelnen Base hervorgerufen wird

**quantitative Betrachtungen:** Betrachtungen, die beispielsweise die messbare Menge von Dingen, Häufigkeiten von Ereignissen oder Veränderungen beschreiben; quantitative Methoden sind beispielsweise Messungen und Zählungen

**qualitative Betrachtungen:** Betrachtungen, die eher die Beschaffenheit, Eigenschaften, Merkmale oder Güte von Objekten oder Vorgängen beschreiben; qualitative Methoden sind beispielsweise Beobachtungen und Interviews

**Rasterschubmutation:** → Mutation, bei der sich durch das Hinzufügen oder Entfernen einer oder mehrerer Basen das gesamte Leseraster verschiebt

**Reduktionsteilung:** erste Teilung der → Meiose, Halbierung des diploiden Chromosomensatzes

**rekombinante DNA:** aus verschiedenen Fragmenten neu kombinierte → DNA

**Rekombination:** Neukombination des genetischen Materials, zum Beispiel im Rahmen der Meiose; führt zur genetischen Variation einer Art und ist ein wichtiger Evolutionsfaktor

**Renaturierung:** *in der Biochemie:* Wiederherstellung der ursprünglichen Konformation von Biopolymeren (Desoxyribonukleinsäuren, Proteine); → Umkehrung der Denaturierung; Einsatz bei → PCR oder DNA-DNA-Hybridisierung

**Replikation:** identische Verdopplung der → DNA im Verlauf der S-Phase der → Interphase

**reproduktive Isolation:** Arten werden durch Fortpflanzungsbarrieren von anderen Arten abgegrenzt, sodass sich die Genpools nicht vermischen, auch wenn sich die Verbreitungsgebiete überlappen

**Retrovirus:** → Virus mit → RNA als → Genom

**Reverse Transkriptase:** Enzym von Retroviren, mit dem die → RNA in → DNA umgeschrieben wird

**rezessiv:** Eigenschaft eines → Allels in der Ausprägung gegenüber dem anderen Allel zurückzutreten

**Rhesus-Blutgruppensystem:** System, das auf einem Protein-Antigen auf den Erythozyten beruht; trägt die Abkürzung D; Rhesus-positiv: Person besitzt das Rhesusfaktor-D-Antigen, Rhesus-negativ: Person besitzt das Rhesusfaktor-D-Antigen nicht

**Ribosom:** aus zwei Untereinheiten zusammengesetzter, membranloser Zellbestandteil, an dem im Zellplasma die → Proteinbiosynthese erfolgt; prokaryotische Ribosomen (70S): Untereinheiten 50S und 30S; eukaryotische Ribosomen (80S): 60S und 40S

**RNA (Ribonukleinsäure):** einzelsträngiges Makromolekül aus vier verschiedenen Ribonukleotiden, die die Basen Adenin, Guanin, Cytosin und Uracil sowie den Zucker Ribose enthalten

**RNA-Interferenz:** Auswirkungen von kurzen → RNA-Molekülen auf die → Genexpression; natürlicher Vorgang in Zellen, der der zielgerichteten Abschaltung von → Genen dient

**RNA-Polymerase:** → Enzym, das eine → RNA-Kopie von einem DNA-Matrizenstrang synthetisieren kann

**Rote Gentechnik:** Teilbereich der Gentechnik, der sich mit medizinischen und pharmazeutischen Anwendungsbereichen beschäftigt

**Schlüssel-Schloss-Modell:** Grundsatz, wonach bestimmte Moleküle wie Enzym und Substrat in Wechselwirkung treten, wobei sie in ihrer räumlichen Struktur wie Schlüssel und Schloss zusammenpassen

**Schwesterchromatide:** die beiden durch Verdopplung der DNA entstandenen → Chromatiden eines → Chromosoms

**Selektion:** 1) *in der Evolution:* „natürliche Auslese"; zentraler Begriff der Evolutionstheorie; unterschiedlicher Fortpflanzungserfolg der Individuen einer → Population aufgrund unterschiedlicher Angepasstheit; 2) *in der Gentechnik:* Auslese eines → Klons, der die gewünschte → rekombinante DNA enthält; 3) „sexuelle Selektion": Evolutionsfaktor bei der innerartlichen → Konkurrenz um Geschlechtspartner

**Sender-Empfänger-Modell:** grundlegendes Modell der Kommunikation, bei dem ein Sender codierte Informationen über einen bestimmten Kanal aussendet und ein Empfänger diese Nachricht decodiert und verarbeitet

**Silencer (Dämpfer):** → Basensequenz, die bestimmte → Transkriptionsfaktoren erkennt, die die Geschwindigkeit der → Transkription eines → Gens dämpfen können; im Gegensatz zu → Enhancer

**somatische Zelle:** Zelle des Körpers, die keine Geschlechtszelle ist

**Spaltungsregel:** 2. Mendelsche Regel, beschreibt die Vererbung von Merkmalen, wenn die Eltern heterozygot bezüglich eines Merkmals sind und daher bei den Nachkommen ein bestimmtes Spaltungsmuster auftritt

**spezifische Transkriptionsfaktoren:** binden an regulatorische DNA-Abschnitte, die oft weit entfernt vom regulierten → Gen liegen; erhöht der spezifische → Transkriptionsfaktor die → Transkriptionsrate, wird der dazugehörige DNA-Abschnitt als → Enhancer bezeichnet, verringert er sie, so spricht man von einem → Silencer

**Spleißen:** Bezeichnung für das Herausschneiden der → Introns aus der prä-mRNA im Verlauf der → Transkription

**Spleißen, alternatives:** Vorgang im Verlauf der → Transkription; regulierte Nutzung bestimmter → Exons, die aus der reifen → mRNA ausgeschlossen oder in diese aufgenommen werden können

**Stammbaumanalyse:** Rückschlüsse von Beobachtungen des → Phänotyps über mehrere Generationen auf den → Genotyp

**Stammbaum:** im allgemeinen Sinne die baumförmige Darstellung der Abstammung von Lebewesen

**Stammzelle:** Zelle mit der Fähigkeit zu unterschiedlicher Differenzierung

**STR (short tandem repeats):** kurze, sich wiederholende DNA-Sequenzen im nicht codierenden Bereich der → DNA, die für den → genetischen Fingerabdruck genutzt werden

**Substitution:** Austausch einer Base in einer Nukleinsäuresequenz

**Stoppcodon:** Bezeichnung für eines von drei Codonen, die bei einer mRNA die → Termination der → Translation (UAA, UGA, UAG) markieren; codieren nicht für eine bestimmte → Aminosäure

**stumme Mutation:** → Substitution im Bereich eines → Gens führt zu einem → Codon, das aufgrund des degenerierten → genetischen Codes in die gleiche → Aminosäure translatiert wird

**Synthetische Evolutionstheorie:** eine in den 40er-Jahren des 20. Jahrhunderts erfolgte Synthese aus dem Erklärungsansatz der Evolution von DARWINS und den Erkenntnissen anderer Wissenschaften wie Genetik, Populationsökologie und Paläontologie. Hauptaussage: → Evolution findet durch Änderung der Allelhäufigkeiten im → Genpool einer P → opulation statt; Zusammenspiel der → Evolutionsfaktoren.

**Systematik:** Zweig der Biologie, der sich mit der Beschreibung und Klassifizierung der Lebewesen beschäftigt

**TATA-Box:** Nukleotidsequenz im eukaryotischen → Promotor

**Taxon:** Gruppe von Lebewesen, die aufgrund gemeinsamer Merkmale, eine systematische Einheit bildet

**Telomer** Ende eines → Chromosoms

**Telophase:**→ Mitose, → Meiose

**Termination:** Beendigung der → Transkription bzw. der → Translation

**Terminator:** Abschnitt einer genetischen Sequenz auf der → DNA, der das Ende eines → Gens markiert und zur Beendigung der → Transkription führt

**Territorialität:** alle Verhaltensweisen, bei denen das eigene Territorium/Revier gegenüber zumeist innerartlichen Konkurrenten und Eindringlingen gekennzeichnet und verteidigt wird

**Theorie:** in sich widerspruchsfreies System von Hypothesen, das überprüfbare Voraussagen ermöglicht und mit anderen Theorien verträglich ist

**totipotent:** Eigenschaft von → Stammzellen, sich zu einem ganzen Organismus entwickeln zu können; Beispiel: beim Menschen embryonale Zellen bis zum 8-Zell-Stadium

**transgene Lebewesen:** Lebewesen, denen durch künstlichen Gentransfer ein fremdes → Gen eingeschleust wurde

**Transkription:** Teil der → Genexpression, bei dem ein Strang der → DNA in eine komplementäre → mRNA überschrieben wird

**Transkriptionsfaktor:** → Protein, das an der Regulation eines → eukaryotischen → Gens beteiligt ist

**Transkriptionsinitiationskomplex:** Komplex aus Transkriptionsfaktoren, RNA-Polymerase und DNA; notwenditg für die → Initiation der → Transkription

**Transkriptionsrate:** Maß, wieviel → mRNA von einem → Gen durch → Transkription hergestellt wird

**Translation:** Teil der → Genexpression, bei dem die mRNA-Basensequenz mithilfe von → tRNA an einem → Ribosom in die → Aminosäuresequenz eines Polypeptids übersetzt wird

**Translokation:** Verschmelzung der Teile zweier nicht homologer → Chromosomen

**Transportform:** Form der → Chromosomen, in der das → Chromatin aufspiralisiert vorliegt, sodass die Chromosomen bei der Zellteilung auf die Tochterzellen verteilt werden können

**Triplett:** Abschnitt der Basensequenz aus drei → Nukleotiden; codiert für eine Aminosäure

**Trisomie:** nummerische Chromosomenanomalie, bei der ein bestimmtes → Chromosom dreifach vorhanden ist

**tRNA, transfer-RNA:** → RNA-Molekül; Bindeglied zwischen Nukleinsäuresequenz und Aminosäuresequenz während der Translation

**Tumor:** im engeren Sinne Gewebe, das durch unkontrolliertes Zellwachstum entsteht

**Tumorsupressorgene:** wachstumsregulierendes → Gen, dessen Genprodukt die Tumorentstehung hemmt

**ultimate Ursachen:** Einschätzung von Verhaltensweisen, die sich auf die → Fitness eines Individuums und somit auch auf die evolutionäre Entwicklung einer Art auswirken

**Uniformitätsregel:** 1. Mendelsche Regel, beschreibt die Vererbung von Merkmalen, wenn die Eltern homozygot bezüglich eines Merkmals sind; die Nachkommen sind uniform

**Unabhängigkeitsregel:** 3. Mendelsche Regel, beschreibt die Vererbung von zwei verschiedenen nicht gekoppelten Merkmalen; Nachkommen mit neuen Merkmalskombinationen

**Variation:** Unterschiede zwischen den Individuen einer → Population

**Vektor:** → Plasmid oder → Virus zum Einbringen von → RNA oder → DNA in Zellen

**Virus:** nichtzellulärer Partikel, der aus → DNA oder → RNA besteht, die von einer Proteinhülle umschlossen ist; benötigt zu seiner Reproduktion eine Wirtszelle

**Wasserstoffbrücken:** intermolekulare Anziehungskraft zwischen einem kovalent gebundenen Wasserstoffatom und einem freien Elektronenpaar eines stark elektronegativen Atoms (Stickstoff, Sauerstoff und Fluor), das sich in einer Atomgruppierung befindet

**Weiße Gentechnik:** Teilbereich der Gentechnik, der sich mit dem Einsatz gentechnisch veränderter Lebewesen für die industrielle Produktion von Chemikalien und Enzymen beschäftigt

**Wildtyp:** bezeichnet ein nicht mutiertes Lebewesen, aus dem durch eine → Mutation eine Mutante entsteht

**Zellkern:** membranbegrenzter Zellbestandteil in Eukaryotenzellen, der die → Chromosomen enthält

**Zellmembran:** Biomembran, die jede Zelle umgibt

**Zellorganell:** von Biomembran begrenzter Reaktionsraum eukaryotischer Zellen, der eine bestimmte Funktion erfüllt

**Zellplasma:** fachsprachlich Cytoplasma; organische Substanz in pro- und eukaryotischen Zellen, umhüllt von einer Zellmembran, enthält die Organellen

**Zellzyklus:** geordnete Folge von Vorgängen von einer Zellteilung zur nächsten; setzt sich zusammen aus → Mitose, Zellteilung und → Interphase

**Zentromer:** zentrale Verbindungsstelle der beiden → Chromatiden eines → Chromosoms

**Zwei-Chromatid-Chromosom:** aus zwei identischen Chromatiden bestehendes → Chromosom zu Beginn der → Mitose und → Meiose; in der → Anaphase trennen sich die Zwei-Chromatid-Chromosomen in die → Ein-Chromatid-Chromosomen

**Zygote:** befruchtete Eizelle, → diploid; Produkt der Verschmelzung von Eizelle und Spermienzelle

## Seite 64 f. – Speicherung und Realisierung genetischer Information

1 Die DNA ist aus einzelnen Nukleotiden, jeweils bestehend aus dem Zucker Desoxyribose, einer Phosphatgruppe und je einer der organischen Basen Adenin, Thymin, Cytosin oder Guanin, aufgebaut. Über Wasserstoffbrücken heften sich je zwei Basen der gegenüberliegenden Stränge aneinander. Dabei bilden die Basen Guanin und Cytosin beziehungsweise Adenin und Thymin je ein Paar. Es entsteht eine Doppelhelixstruktur.

2 Eigenschaften des genetischen Codes:
- Der genetische Code ist ein Triplett-Code. Jeweils drei Basen codieren für eine Aminosäure.
- Er ist eindeutig. Jedes Codon steht nur für eine Aminosäure.
- Er ist degeneriert. Fast alle Aminosäuren werden durch mehrere Tripletts codiert.
- Er ist kommafrei. Die Codons folgen lückenlos ohne Leerstellen aufeinander.
- Er ist nicht überlappend. Eine Base ist immer nur Bestandteil eines Codons.
- Er ist nahezu universell. Bis auf wenige Ausnahmen nutzen alle Lebewesen denselben genetischen Code.

Mehrere Leseraster sind dadurch möglich, dass die Start-Codons gegeneinander nicht um 3 Basen verschoben sind. Somit ergeben sich andere Tripletts.

3 Die erste AS-Sequenz codiert für das XL-Protein. Die zweite Sequenz passt zu keinem Abschnitt der gezeigten DNA. Die dritte AS-Sequenz ist die des Proteins ALEX. In Abbildung M1a ist erkennbar, dass das Gen an der 20. Base startet. An dieser Position 20 findet sich in M1b erneut ein Startcodon (ATG), aus den dann folgenden Basentripletts lässt sich die Sequenz 3 ablesen.

4 Immunfluoreszenz:

Erster Schritt: Gabe eines Antikörpers (Primärantikörper), der an das gesuchte Protein bindet.

↓

Zweiter Schritt: Gabe eines mit fluoreszierendem Farbstoff beladenen Antikörpers, der sich an den ersten Antikörper bindet.

↓

Dritter Schritt: Untersuchung unter dem Fluoreszenzmikroskop.

Da man von WGA weiß, dass es sich um ein Membranprotein handelt, kann man daraus schließen, dass das ALEX und XL-Protein ebenfalls jeweils in der Zellmembran eingelagert ist. Strukturell müssen beide Proteine viele Aminosäuren mit unpolare Resten aufweisen.

5 Die Proteine müssen nicht unbedingt ähnliche Eigenschaften aufweisen, da durch Verschiebung des Leserasters eine andere Aminosäuresequenz gebildet wird. Werden dennoch ähnliche AS codiert, können ähnliche Eigenschaften vorkommen.

6 Beim alternativen Spleißen führt das Herausschneiden verschiedener Introns oder Exons zu einem anderen Aufbau der RNA. Basierend auf verschiedenen reifen mRNAs werden durch die Translation verschiedene Proteine gebildet. Bei der Verwendung verschiedener Leseraster wird zunächst die identische mRNA gebildet, die Ribosomen setzen aber an verschiedenen Startcodons an dieser an und lesen ein anderes Raster und somit andere Tripletts ab.

7 Eine Hypothese zum Vorteil könnte folgendermaßen lauten: Wenn eine DNA-Sequenz für mehrere Genprodukte codiert, die funktionell und/oder strukturell verwandt sind, kann es sein, dass die Genregulation erleichtert wird.

Die Hypothese zu einem Nachteil könnte heißen: Durch eine Mutation würden zwei Genprodukte anstelle von einem Genprodukt in der gemeinsamen Region verändert.

## Seite 80 f. – Regulation der Genaktivität

1 Der Mechanismus zur Regulation der Genaktivität, der zu den unterschiedlich gefärbten Mäusen mit Avy-Variante des Agouti-Gens führt, ist die DNA-Methylierung. Liegt das IAP unmethyliert vor, bindet die RNA-Polymerase am IAP und startet die Transkription vor dem Agouti-Gen und die Maus ist gelb. Ist das IAP stark methyliert, startet die RNA-Polymerase die Transkription am Agouti-Gen und die Mäuse sind normal Agouti-farben. Ist das IAP teilweise methyliert, startet die Translation teilweise vor dem Gen und teilweise am Agouti-Gen, wodurch die Mäuse gescheckt sind.

Zwei weitere Mechanismen zur Regulation der Genaktivität: Regulation durch Transkriptionsfaktoren, RNA-Interferenz

2 Trächtige gelbe Mäusen mit der Avy-Variante des Agouti-Gens wurden in einem Versuchsansatz mit Futter ohne Folsäure gefüttert. Die Nachkommen dieses Versuchsansatzes waren wieder gelbe Mäuse. In einem weiteren Versuchsansatz wurden die Mäuse mit der Avy-Variante des Agouti-Gens mit Futter mit Folsäure gefüttert. Die Nachkommen dieses Versuchsansatzes waren Agouti-farbene Mäuse.

Genebene: Durch die Gabe von Folsäure wurde das IAP methyliert. Dadurch wurde das Agouti-Gen regulär transkribiert. Zellebene: Das schwarze Eumelanin konnte gebildet werden und wurde in die Haarzellen eingelagert. Phänomenebene: Es konnten trotz kranker, gelber Mütter wieder gesunde, Agouti-farbene, Nachkommen entstehen. Dieses Phänomen macht die Bedeutung der Epigenetik deutlich: Trotz gleicher genetischer Ausstattung können die Mäuse durch den Einfluss der Umwelt, hier die Nahrung, unterschiedliche Eigenschaften aufweisen.

**3** Embryonale Stammzellen werden aus Embryonen entnommen, induziert pluripotente Zellen werden aus adulten Zellen gewonnen. Je nach Entwicklungsstand des Embryos sind diese Stammzellen noch totipotent, das heißt, sie können zu einem vollständigen Lebewesen heranreifen, oder pluripotent, das heißt sie können sich nur noch in unterschiedlichste Zelltypen differenzieren. Im Gegensatz dazu werden induziert pluripotente Stammzellen aus adulten Zellen durch Reprogrammierung mithilfe von Transkriptionsfaktoren gewonnen und sind stets pluripotent.

Mögliche Beurteilung: Stammzellen spielen in der Forschung eine wichtige Rolle. Mithilfe embryonaler Stammzellen können Mäuse als Krankheitsmodelle genutzt werden. So lassen sich beispielsweise die Entstehung oder Therapie von Krankheiten an den Mäusen untersuchen und Rückschlüsse auf die Erkrankungen bei Menschen ziehen. Induziert pluripotente Stammzellen sind wichtig für die Forschung, da auch diese wie embryonale Stammzellen pluripotente Eigenschaften besitzen und mit geringerer ethischer Hürde herzustellen sind.

**4** Beschriftete Skizze:

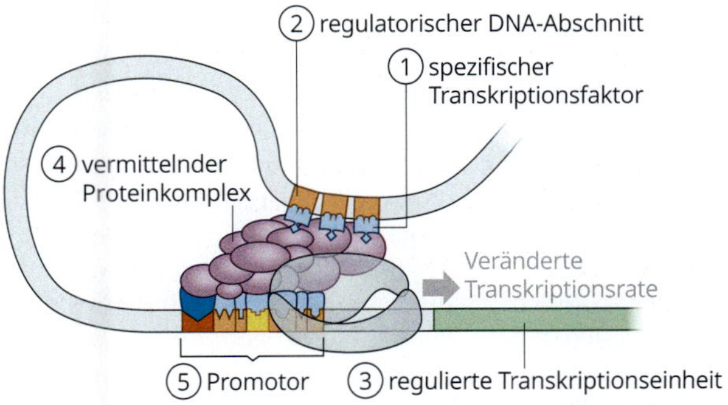


Spezifische Transkriptionsfaktoren (1) binden an regulatorische DNA-Abschnitte (2), die oft weit von der regulierten Transkriptionseinheit (3) entfernt liegen. Anschließend treten diese Transkriptionsfaktoren durch Schlaufenbildung der DNA in Kontakt mit einem Proteinkomplex am Promotorbereich (4), der zwischen den regulatorischen DNA-Abschnitten und dem Promotor (5) vermittelt. Aktivierende spezifische Transkriptionsfaktoren binden an den Enhancer und erhöhen die Transkriptionsrate der Transkriptionseinheit, hemmende spezifische Transkriptionsfaktoren binden an den Silencer und verringern die Transkriptionsrate.

Mögliche Hypothese: Bei der Reprogrammierung von adulten Zellen zu induziert pluripotenten Stammzellen könnten die Transkriptionsfaktoren eine hemmende Wirkung besitzen. Die RNA-Polymerase kann nicht mehr an den Promotor binden und die Transkriptionsrate bestimmter Zielgene wird verringert. Durch die Inaktivierung der Zielgene, die die Differenzierung der Zelle steuern, erhält die Zelle wieder eine Pluripotenz.

**5** Hautzellen werden in einem Versuchsansatz 1 (links) mit den mit SMK und einem weiteren Ansatz 2 (rechts) mit den Transkriptionsfaktoren OKSM versetzt.

In beiden Ansätzen entstehen induziert pluripotente Stammzellen iPS, aus denen Embryonen entstehen können. Während die Mäuse aus dem Versuchsansatz 1 eine hohe Lebenserwartung besitzen, weisen die Mäuse im Versuchsansatz 2 eine geringe Lebenserwartung auf. Daraus lässt sich schließen, dass für die Erzeugung von iPS nur die Transkriptionsfaktoren SMK benötigt werden und dass die so erzeugten iPS eine höhere Qualität besitzen.

Mögliche Bewertung: Für die Forschung an Mäusen spricht: Mäuse vermehren sich schnell, sodass schnelle Ergebnisse erzielt werden können. Mäuse sind ein gutes Forschungsobjekt, da sie dem Menschen ähneln. Manche Erkenntnisse können somit auf den Menschen übertragen werden.

Dagegen spricht jedoch: Es entstehen kranke Mäuse, es sterben Mäuse. Gegen die Forschung an Mäusen spricht heute vor allem auch der fragliche Nutzen. Ergebnisse können oft nicht genau so auf den Menschen übertragen werden. Die Werte „Gesundheit“ und „Leben“ von Menschen haben haben bei vielen Wissenschaftlern einen höheren Stellenwert.

## Seite 100 f. – Vervielfältigung genetischer Information

**1** Das Chromosomenmodell aus Draht eignet sich gut, um die Transportformen der DNA zu verdeutlichen. Der nicht aufgewickelte Draht stellt das Chromatin dar. Durch das Aufwickeln des Drahtes auf einen Stift kann die Kondensation der Chromosomen und damit die Verkürzung dargestellt werden. Der Druckknopf stellt das Zentromer dar, durch das die zwei Chromatiden miteinander verbunden sind. Der kurze und lange Arm des Chromosoms wird durch die Lage des Druckknopfes bestimmt. Durch das Öffnen des Druckknopfes kann gut die Trennung der Zwei-Chromatid-Chromosomen dargestellt werden.

Das Wollfadenmodell eignet sich gut, um die Bedeutung der Replikation der DNA während der Interphase darzustellen. Durch die verschiedenen Farben werden modellhaft die verschiedenen Chromosomen dargestellt. Dadurch kann ein kompletter Chromosomensatz verdeutlicht werden. Durch das Aufteilen und Legen der Fäden wird gezeigt, dass die Tochterzellen nur dann einen identischen Chromosomensatz aufweisen, wenn vor der Mitose die Replikation der DNA erfolgt. Die Farben der Wollfäden müssen also doppelt auf den Tisch gelegt werden. Vernachlässigt wird bei dieser modellhaften Darstellung allerdings, dass es sich um Zwei-Chromatid-Chromosomen handelt. Auch spielt hier die Zustandsform der Chromosomen keine Rolle.

Begründung: Findet erst nach der Teilung die Verdopplung der Chromosomen statt (linke Abbildung), bekommen die beiden Tochterzellen nicht die vollständige genetische Information. Jede Tochterzelle erhält jeweils nur die Hälfte der Chromosomen der Ausgangszelle. Nach der Verdopplung enthalten sie zwar die gleiche Anzahl an Chromosomen, aber nicht die gleichen Chromosomen. Im Modell wird das daran deutlich, dass nach der Teilung und anschließenden Verdopplung der Wollfäden die beiden Wollfäden-Mengen in der unteren Reihe sich in den Farben unterscheiden. Findet die Verdopplung aber vor der Teilung statt (rechte Abbildung), werden alle Chromosomen zunächst am gleichen Ort verdoppelt und dann auf die zwei Tochterzellen aufgeteilt. Beide Tochterzellen enthalten die gleiche genetische Information. Im Modell wird das daran deutlich, dass nach der Verdopplung und anschließenden Teilung der Wollfäden die beiden Wollfäden-Mengen in der unteren Reihe sich in den Farben nicht unterscheiden.

Erklärung: Modelle eignen sich gut für den Erkenntnisgewinn. Ein Modell stellt dabei immer nur einen Ausschnitt der Realität dar, es kann nicht die komplexen biologischen Zusammenhänge darlegen.

**2** Den Molekülen in M2a und M2b fehlt die OH-Gruppe am 3'-Kohlenstoff-Atom der Ribose, an der das nächste Nukleotid angeknüpft würde. Die Bakterien könnten sich nicht weiter teilen und würden absterben.
Bei den dargestellten Nukleotiden handelt es sich um Didesoxycytosin-Triphosphat und Didesoxycytosin-Monophosphat. Die Gabe beider Nukleotide würden zum Abbruch der Replikation führen, wenn die DNA-Polymerase diese Nukleotide in die wachsenden Polynukleotidstränge einbauen würde.

**3** Benennung der Abschnitte: A – $G_1$-Phase: Ein-Chromatid-Chromosomen; B – S-Phase: zunächst Ein-Chromatid-Chromosomen; am Ende Zwei-Chromatid-Chromosomen; C – $G_2$-Phase: Zwei-Chromatid-Chromosomen; D – Mitose/Zellteilung: Trennung der Zwei-Chromatid-Chromosomen zu Ein-Chromatid-Chromosomen

Die Menge des genetischen Materials ist in relativen Einheiten pro Zelle angegeben. Zunächst beträgt die Menge des genetischen Materials pro Zelle 2 relative Einheiten. Die Zelle befindet sich in der $G_1$-Phase, sie vergrößert sich. Die Chromosomen liegen als Ein-Chromatid-Chromosomen vor. Im weiteren Verlauf des Zellzyklus, in der S-Phase, findet die Verdopplung des genetischen Materials statt – die Menge des genetischen Materials verdoppelt sich auf 4 relative Einheiten und die Ein-Chromatid-Chromosomen werden zu Zwei-Chromatid-Chromosomen. Über einen kurzen Zeitraum, in der $G_2$- Phase, bleibt die Menge des genetischen Materials konstant bei vier relativen Einheiten. Es findet ein schnelles Zellwachstum statt. In der nun folgenden Phase findet die Mitose statt, die Zwei-Chromatid-Chromosomen werden getrennt und teilen sich auf die Tochterzellen auf. Die Zellteilung wird durch Bildung neuer Zellmembranen abgeschlossen. Es liegen nun zwei Zellen mit Ein-Chromatid-Chromosomen vor. Die Menge des genetischen Materials pro Zelle hat sich wieder halbiert und liegt bei zwei relativen Einheiten.

**4** Wird bei einer Zellteilung das Plasma nicht gleichmäßig auf beide Tochterzellen verteilt, so entsteht neben einer großen auch eine kleine Tochterzelle. Letztere muss erst zu normaler Größe heranwachsen. Hierfür bildet sie verstärkt Membranbestandteile und Plasma. Deshalb verbleibt die Zelle länger in der G1-Phase als ihre größere Schwesterzelle. In dieser Phase findet neben der Proteinbiosynthese auch die Bildung neuer Zellorganellen und Membranbestandteilen statt.

Erklärung: Sobald die zweite Tochterzelle die für die weitere Zellteilung notwendige Größe erreicht hat, kann auch sie in die S-Phase zur DNA-Replikation und die weiteren Phasen übergehen. Für die Mitose ist eine bestimmte Plasma-Menge Voraussetzung. Diese Phasen S-, $G_2$- und M dauern bei beiden Zellen gleich lang.

**5** In Experiment 1 wurde eine Säugetierzelle, deren Zellkern sich in der S-Phase des Zellzyklus befand, mit einer Säugetierzelle verschmolzen, deren Zellkern sich in der $G_1$-Phase befand. Nach der Verschmelzung wurde beobachtet, dass sich beide Zellkerne in der S-Phase befanden. In einem zweiten Experiment wurde eine Säugetierzelle, deren Zellkern sich in der Prophase befand, mit einer Säugetierzelle verschmolzen, deren Zellkern sich in der $G_1$-Phase befand. Nach der Verschmelzung wurde beobachtet, dass sich beide Zellkerne in der Prophase befanden. Allerdings lag das genetische Material des Zellkerns, der von der $G_1$-Phase in die Prophase übergegangen ist, in Form von Ein-Chromatid- Chromosomen vor und nicht als Zwei-Chromatid-Chromosomen.

Erklärung: Die Regulation des Zellzyklus erfolgt mithilfe von bestimmten Signalmolekülen, sodass die verschiedenen Phasen zeitlich aufeinander abgestimmt und in der richtigen Reihenfolge erfolgen. Diese Kontrolle erfolgt an mehreren Stellen und überprüft den Fortschritt der jeweiligen Phase sowie deren Übergang in die nächste. In Experiment 1 wurde beobachtet, dass sich beide Zellkerne nach der Verschmelzung in der S-Phase befanden. Da sich ein Zellkern noch in der $G_1$-Phase befand, wurden anscheinend Signalmoleküle des Zellkerns der S-Phase ausgeschüttet, sodass der $G_1$-Zellkern unverzüglich in die S-Phase übergegangen ist und DNA repliziert wurde.

In Experiment 2 wurde beobachtet, dass sich beide Zellkerne nach der Verschmelzung in der Prophase, also am Anfang der Mitose, befanden. Auch hier haben anscheinend Signalmoleküle des Zellkerns der Prophase bewirkt, dass im vorherigen $G_1$-Zellkern unverzüglich die Mitose einsetzte (Verdichtung der Chromosomen, Ausbildung eines Spindelapparats). Allerdings gab es hier zuvor keine Verdopplung der DNA, da die S-Phase sozusagen „übersprungen" wurde. Daher weist der Zellkern aus der $G_1$-Phase nach der Verschmelzung nur Ein-Chromatid-Chromosomen und nicht Zwei-Chromatiden-Chromosomen auf.

6 A – 1. PCR-Zyklus; B – 2. PCR-Zyklus;

1 – Denaturierung bei 95 °C; 2 – Hybridisierung bei 60 °C (Mittelwert); 3 – Polymerisation bei 72 °C; 4 – Denaturierung siehe 1

Zahl der DNA-Kopien nach einer Stunde: 4096

## Seite 136 f. – Neukombination und Veränderung genetischer Information

1 Skizze wie Buch Seite 125, Abb. 5

2 Je älter die Befragten sind, desto häufiger geben sie an, dass ein Verbot „sehr wichtig" wäre. Die unter 29-Jährigen sind dagegen stark unterrepräsentiert und halten das Verbot deutlich weniger für „sehr wichtig". Bezüglich der Bildung sind die Unterschiede nicht so deutlich: Menschen mit mittlerer Bildung befürworten das Verbot am stärksten, die mit niedriger Bildung weniger. Darüber hinaus fällt auf, dass die Befragten, die für ein Verbot votiert haben, im finanziell besser situierten Personenkreis leicht unterrepräsentiert sind. Zusammengefasst halten vor allem über 50-Jährige mit mittlerer Bildung und Einkommen bis 3499 € ein Verbot der Gentechnik in der Landwirtschaft für sehr wichtig.

3 Die rote Gentechnik beschäftigt sich mit der Erforschung von Krankheiten und entwickelt Therapiemöglichkeiten. Dies begrüßen viele Menschen, da sie sich Hilfe bei Erkrankungen versprechen, von denen auch sie betroffen sein können und für die es kaum herkömmliche Heilmethoden gibt. In der Landwirtschaft wird die grüne Gentechnik eingesetzt, mit deren Hilfe die landwirtschaftliche Produktion von Nahrungsmitteln verbessert werden soll. Hier befürchten die Menschen eher, dass gentechnisch veränderte Pflanzen dem Körper schaden oder die Umwelt gefährden. Es bestehen genügend Alternativen für eine gentechnikfreie Ernährung, sodass der Handlungsdruck erheblich kleiner ist als bei der Therapie von Krankheiten.

4 Vitamin-A-Mangel kommt vor allem in industriell weniger entwickelten Gebieten wie Südasien, Afrika südlich der Sahara, in einigen Teilen Lateinamerikas, in der Westpazifikregion sowie in Teilen von China vor. In Europa, Russland, Nordamerika, Kanada und Australien spielt er kaum eine Rolle.

Als mögliche Ursache kann eine Mangelernährung vermutet werden. Auffallend ist der Mangel in den asiatischen Ländern, der auf das dort verbreitete Grundnahrungsmittel Reis zurückgeführt werden kann. Dieser enthält kein ß-Carotin, dass im Körper die Vorstufe des Vitamin A darstellt.

Mit dem Goldenen Reis steht eine Reissorte mit einem erhöhten ß-Carotin-Spiegel zur Verfügung. Da der Vitamin-A-Mangel auf den Philippinen besonders gravierende Auswirkungen hat, ist es naheliegend, dort den Anbau durchzuführen.

5 Das CRISPR/Cas-System (A) besteht aus dem Schneideenzym Cas9 und einer darin integrierten Leit-RNA. Die Leit-RNA enthält eine Basensequenz, die zu der, die aus der DNA herausgeschnitten werden soll, komplementär ist. Im Wesentlichen arbeitet das CRISPR/Cas-System in drei Schritten:

Finden der richtigen Stelle (B): Das CRISPR/Cas-System erkennt die richtige Stelle der DNA anhand bestimmter Basenabfolgen. Das Cas9-Enzym öffnet den Doppelstrang und die Erkennungssequenz der Leit-RNA lagert sich komplementär an den Zielabschnitt der DNA.

Schneiden (C): Das Cas9-Enzym schneidet den DNA-Doppelstrang an der entsprechenden Stelle. Es entsteht ein Doppelstrangbruch (D).

Nachfolgender Schritt (E): Reparieren/Editieren: Natürlicherweise wird der entstandene Doppelstrangbruch von zellinternen Reparaturmechanismen repariert. Nutzt man das CRISPR/Cas-System aber, um Zellen gentechnisch zu verändern, wird es im Labor so ergänzt, dass mit seiner Hilfe in die Schnittstelle gezielt neue Gene (Genabschnitte) eingefügt werden können.

6 Biosynthese von ß-Carotin

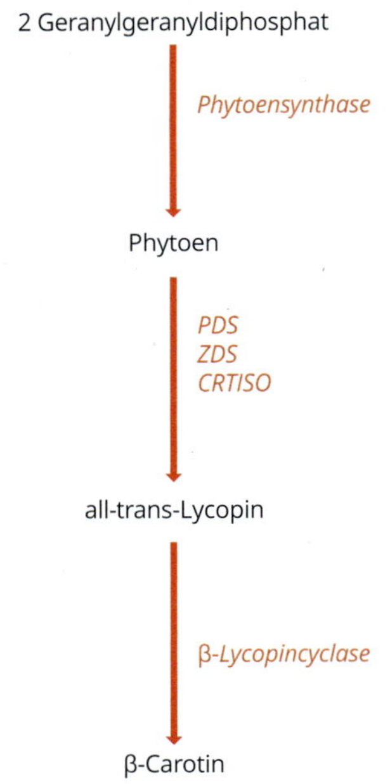


Mögliche Mechanismen der Genregulation der Enzyme PDS, ZDS und CRTISO zu verschiedenen Zeitpunkten: Durch Transkriptionsfaktoren, sogenannte Silencer, kann die Transkription, also das Ablesen des Gens, verhindert werden. Nach der Transkription kann bei der RNA-Prozessierung ebenfalls eine Genregulation stattfinden: je nachdem, wie viele mRNA-Stränge gebildet werden und wie stabil diese sind, wird mehr oder weniger Protein gebildet.

7 Im Golden Rice sind eine effektivere Phytoensynthase sowie zwei bakterielle Enzyme eingebaut. Wichtig ist, dass diese Gene auch im Reiskorn und nicht nur in den grünen Pflanzenteilen exprimiert werden.

## Seite 156 f. – Weitergabe genetischer Information

1 Folgende drei Gründe sprechen für die Maispflanze als geeignetes Forschungsobjekt: Die Pflanze hat getrenntgeschlechtliche Blüten, also männliche und weibliche Blüten. Die Generationsdauer ist mit ca. 100 Tagen kurz. Die Zahl der Nachkommen ist groß, zwei bis drei Kolben mit je ca. 500 Stück

Experiment: Ein Merkmal wie Farbe auswählen → homozygote Rassen züchten, zum Beispiel Sorten mit ausschließlich gelben Maiskörnern (1) und Sorten mit ausschließlich violetten Maiskörnern (2) → männliche Blüten von Maispflanze der Sorte 1 entfernen, weibliche Blüten mit Pollen von Sorte 2 bestäuben → Maiskolben ernten und die Art und Anzahl der Maiskörner bestimmen

2 Es handelt sich um einen dihybriden Erbgang, da zwei Merkmale, nämlich Farbe und Form, untersucht werden. Es handelt es sich um einen dominant-rezessiven Erbgang, da in der $F_1$-Generation alle Nachkommen braun und glatt sind, d. h. die Allele dazu sind dominant, die Allele für gelb und runzlig sind rezessiv. Phänotypen und Genotypen:

- P-Generation: braun und glatt; zum Beispiel VVGG , gelb und runzlig vvgg
- $F_1$-Generation: braun und rund VvGg

3 1. Mendelsche Regel (Uniformitätsregel): Kreuzt man zwei Individuen einer Art, die sich in einem Merkmal unterscheiden, das beide Individuen homozygot aufweisen, so sind die Individuen der $F_1$-Generation im betrachteten Merkmal gleich.

Die 1. Mendelsche Regel kann gestützt werden, auch wenn zwei Merkmale, nämlich Form und Farbe, untersucht wurden. Die Eltern sind bezüglich Form und Farbe homozygot, die Nachkommen in der $F_1$-Generation sind in diesen Merkmalen alle gleich, nämlich violett und glatt.

2. Mendelsche Regel (Spaltungsregel): Kreuzt man mischerbige Lebewesen der $F_1$-Generation miteinander, so spalten sich die Merkmale in der $F_2$-Generation in einem bestimmten Zahlenverhältnis wieder auf, beim dominant-rezessiven Erbgang im Verhältnis 3 : 1

Die 2. Mendelsche Regel kann insofern gestützt werden, dass sich die Merkmale in einem bestimmten Zahlenverhältnis aufteilen. Da es sich hier um einen dihybriden Erbgang handelt, ist das idealtypische Zahlenverhältnis 9:3:3:1 und nicht 3:1. Das Zahlenverhältnis der Merkmale in der $F_2$-Generation weicht allerdings vom idealtypischen Verhältnis 9:3:3:1 leicht ab. Dies liegt am statistischen Charakter der Vererbung. Erst beim Auszählen einer noch größerer Nachkommenzahl kommt man dem idealtypischen Verhältnis näher.

3. Mendelsche Regel (Rekombinantenregel): Kreuzt man Lebewesen eine Art, die sich in mehr als einem Merkmal reinerbig unterscheiden, so können in der $F_2$-Generation neue Merkmalskombinationen auftreten. Die Weitergabe der Erbanlagen, der Allele, erfolgt unabhängig voneinander. Die betreffenden Nachkommen bezeichnet mal als Rekombinanten.

Auch die 3. Mendelsche Regel kann gestützt werden. In der $F_2$-Generation tauchen sowohl die Merkmale der Elterngeneration auf, hier braun und glatt sowie gelb und runzlig, als auch die anderen Kombinationsmöglichkeiten braun und runzlig sowie gelb und glatt.

Begründung: Diese Gesetzmäßigkeiten können erst nach Durchführung und statistischer Auswertung zahlreicher Kreuzungsversuche erkannt werden. Daher spricht man von einem statistischen Charakter der Vererbung.

**4** Pflanze 1 mit gelben, glatten Körnern wird mit Pflanze 2 mit gelben, runzligen Samen gekreuzt.

Dabei handelt es sich um eine Rückkreuzung mit der rezessiven Pflanze 2. Durch die Rückkreuzung mit der rezessiven Pflanze 2 kann der Genotyp der Pflanze 1 bestimmt werden. Dabei sind je nach Genotyp unterschiedliche Genotyen- und Phänotypenverteilungen unter den Nachkommen zu erwarten.

Kreuzungsschema für Genotyp vvGG:

| | | | |
|---|---|---|---|
| $F_1$-Generation | Phänotyp | gelb, glatt x gelb, runzlig | |
| | Genotyp | vvGG | vvgg |
| | Keimzellen | vG | vg |

Kombinationsquadrat für $F_2$-Generation:

| | vg |
|---|---|
| vG | vvGg |

Phänotyp der $F_2$-Generation: uniform, alle gelb, glatt

Vorhersage 1: Liegt der Genotyp vvGG vor, so sind unter den Nachkommen der Rückkreuzung ausschließlich Pflanzen mit gelben, glatten Maiskörnern zu erwarten.

Kreuzungsschema für den Genotyp vvGg:

| | | | |
|---|---|---|---|
| $F_1$-Generation | Phänotyp | gelb, glatt x gelb, runzelig | |
| | Genotyp | vvGg | vvgg |
| | Keimzellen | vG, vg | vg |

Kombinationsquadrat für $F_2$-Generation:

| | vg |
|---|---|
| vG | vvGg |
| vg | vvgg |

Phänotyp der $F_2$-Generation: gelb, glatt : gelb, runzlig 1: 1

Vorhersage 2: Liegt der Genotyp vvGg vor, besitzen 50 Prozent der Nachkommen dieser Rückkreuzung gelbe, glatte und 50 Prozent gelbe, runzlige Maiskörner.

**5** Bei der Kreuzung von Pflanzen mit rotbraunen, geschrumpften Samen mit Pflanzen mit gelben, glatten Samen sind die Samen der Nachkommen in der $F_1$-Generation uniform rotbraun, geschrumpft. Beide Eltern sind also homozygot bezüglich der untersuchten Merkmale. Werden bei der Rückkreuzung Vertreter der $F_1$ mit einer rezessiven Pflanze mit gelben, glatten Samen gekreuzt, so sind unter den Nachkommen Pflanzen mit rotbraunen, geschrumpften Samen und gelben, glatten Samen im Verhältnis 1:1. Es kommt zu keiner freien Kombination der Merkmale, sondern rotbraun und geschrumpft wird immer zusammen vererbt. Dies steht im Widerspruch zur 2. Mendelschen Regel. Diese Beobachtung kann durch neuere Erkenntnisse in der Genetik zum Bau der Chromosomen erklärt werden: Die Gene für rotbraune Maiskörner und geschrumpfte Maiskörner müssen auf einem Chromosom in unmittelbarer Nähe liegen, es liegt eine Genkopplung vor. Bei der Bildung von Keimzellen werden diese Gene nicht verteilt, sondern gemeinsam weitergegeben. Wissen verändert sich somit durch neue Erkenntnisse, hier die Beobachtung bei der Vererbung der Farben und Formen bei Maiskörnern, und Gesetzmäßigkeiten wie die Mendelschen Regeln müssen überdacht und weiterentwickelt werden.

## Seite 184 f. – Genetik menschlicher Erkrankungen und DNA-Analytik

**1** Vervielfältigung der DNA mittels PCR; Denaturierung der DNA durch Erwärmung → Einzelstränge; Verteilung auf vier Ansätze mit DNA-Polymerase, vier DNA-Nukleotide und radioaktiv markiertem DNA-Primer; Zugabe je eines Abbruchnukleotids; Abbruchfragmente entstehen durch Synthese der neuen Stränge; Sichtbarmachen der Sequenz mittels Gelelektrophorese und Autoradiografie durch radioaktiv markierte Primer.

**2**
- Nr.1 Substitution, Austausch der Base gegen eine andere
- Nr. 2 Nonsense-Mutation, Stopp-Codon beendet Proteinbiosynthese, ein stark verkürztes Protein entsteht
- Nr. 3 Insertion, Einbau einer Base in die DNA

Bei Nr. 2 ist sicher eine schwere Form der Krankheit zu erwarten, da das Protein nur verkürzt hergestellt werden kann. Das kann auch bei Nr. 1 geschehen, ist dort aber weniger wahrscheinlich. Bei Nr. 3 kommt es zu einer Verschiebung des Leserasters (Rasterschubmutation), die ebenfalls zu einem schweren Verlauf führt (da an Position 141).

**3** Hier liegt mit großer Wahrscheinlichkeit ein rezessiver Erbgang vor, da gesunde Eltern kranke Kinder bekommen. Beispiele: Eltern 5/6 mit Kindern 1, 11, 16 und Eltern 18/19 mit Kind 22. Der Erbgang ist mit großer Wahrscheinlichkeit X-chromosomal, da nur Söhne erkranken. – Begründungen zum Ausschluss anderer Erbgänge: Eine dominante Vererbung kann ausgeschlossen werden, sonst könnten gesunde Eltern kein krankes Kind bekommen. Ein Y-chromosomaler Erbgang kann ausgeschlossen werden, sonst müssten die Väter 5 und 18 krank sein.

4

| | | | | | | |
|---|---|---|---|---|---|---|
| 1 | 2 | 3 | 4 | 5 | 6 | 7 |
| $X_AY$ | $X_AX_a$ | $X_AY$ | $X_AX_a$ | $X_AY$ | $X_AX_a$ | $X_AY$ |
| 8 | 18 | 19 | 20 | 21 | 22 | 23 |
| $X_AX_a$ | $X_AY$ | $X_AX_a$ | $X_AX_a$/ $X_AX_A$ | $X_AY$ | $X_aY$ | $X_AX_a$/ $X_AX_A$ |

5 Mädchen: Möglichkeiten des Genotyps: $X_AX_a$ und $X_AX_A$ jeweils mit 50-prozentiger Wahrscheinlichkeit und damit 100-prozentig gesund, da rezessive Vererbung

Junge: Möglichkeiten des Genotyps: $X_AY$ und $X_aY$ jeweils mit 50-%iger Wahrscheinlichkeit und damit jeweils zu 50 % gesund/krank, da X-chromosomale Vererbung

6 Der Wunsch ist nachvollziehbar, da die Frau schon einen erkrankten Sohn hat und die Ultraschalluntersuchung kein genaues Ergebnis gebracht hat. Eine weitere Abklärung durch eine Fruchtwasseruntersuchung ist sinnvoll. Allerdings besteht dabei das Risiko einer Fehlgeburt. Möglicherweise könnte man zuvor durch einen Bluttest das Geschlecht des Ungeborenen ermitteln, da wegen des X-chromosomalen Erbgangs bei eine Tochter mit Sicherheit gesund wäre.

7 Beschreibung:
- Kontrollprotein: Vorhandensein des Kontrollproteins zeigt, dass tatsächlich Material aus den Proben gewonnen wurde
- Kontrollperson: Anzeiger für WAS- und Kontrollprotein
- unbehandelter WAS-Patient: kein WAS-Protein
- Behandelter WAS-Patient: WAS-Protein nach 7 Monaten vermindert vorhanden, da Bande nur schwach dargestellt, nach 12 Monaten aber voll ausgeprägt vorhanden, Zustand wie Kontrollperson

8 CRISPR/Cas-System erkennt mithilfe der PAM-Sequenz die richtige Stelle der DNA anhand bestimmter Basenabfolgen → Öffnung des Doppelstrangs → Erkennungssequenz der Leit-RNA lagert sich komplementär an den Zielabschnitt der DNA → Cas-Enzym schneidet den DNA-Doppelstrang an der entsprechenden Stelle, es entsteht ein Doppelstrangbruch → in die Schnittstelle kann gezielt der neue Genabschnitte eingefügt werden → Synthese des fehlenden Strangs anhand der homologen Vorlage

9 Transplantation von Blutstammzellen:
- Vorteil: Heilung der Krankheit
- Nachteile: Die eigenen Zellen müssen vorab mittels Chemotherapie zerstört werden. Es besteht das Restrisiko, dass die transplantierten Zellen nicht angenommen werden

Gentherapie mittels Retroviren:
- Vorteil: vielversprechende Ergebnisse, siehe Gelelektrophorese (M4a)
- Nachteil: starke Nebenwirkungen

Gentherapie mittels CRISPR/Cas-System:
- Vorteil: guter Ansatz
- Nachteil: noch in der Erprobungsphase

Bewertung: Die Transplantation ist ein eher langer nervenaufreibender Weg, erzielt aber gute Ergebnisse. Von der Therapie mit Retroviren ist wegen der Nebenwirkungen eher abzuraten. Die Gentherapie mit CRISPR/Cas muss weiter erforscht werden, bietet aber gute Erfolgsaussichten.

## Seiten 212 f. – Evolutionsforschung

1

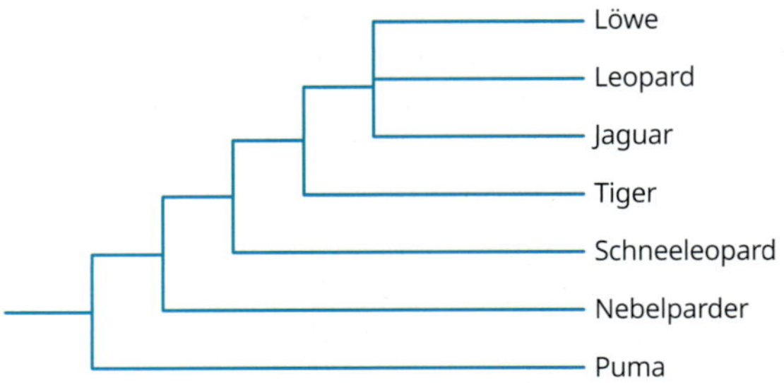


Erklärung der Vorgehensweise: Durch einen Vergleich verschiedener homologer Merkmale, die bei unterschiedlichen Taxa auftreten, lässt sich das oben dargestellte Kladogramm aufstellen. Dabei gilt: Je mehr übereinstimmende Merkmale auftreten, desto näher ist die stammesgeschichtliche Verwandtschaft der untersuchten Taxa. Nach der vorliegenden Tabelle stimmen bei Löwe, Leopard und Jaguar gleich neun Merkmale überein. Eine weitere Abstufung im Verwandtschaftsgrad zwischen diesen drei Arten ist aufgrund der vorliegenden Daten nicht möglich. Löwe, Leopard und Jaguar bilden also eine monophyletische Gruppe. Die weiteren Abstufungen im Verwandtschaftsgrad zu den anderen Katzen ergeben sich aus der Anzahl der Unterschiede zum Löwen: Beim Tiger liegen drei, beim Schneeleopard fünf, beim Nebelparder sieben und beim Puma acht Unterschiede vor.

2 Zunächst müssen die DNA-Sequenzen der zu vergleichenden Arten gewonnen werden. Dazu muss zunächst die DNA isoliert, mithilfe einer PCR vervielfältigt und sequenziert werden. Anschließend werden die ermittelten Basensequenzen miteinander verglichen: Dabei gilt: Je mehr Unterschiede zwischen den Basensequenzen der Lebewesen auftreten, desto länger liegt die Aufspaltung der jeweiligen Entwicklungslinien zurück. Daraus lässt sich eine grafische Darstellung ableiten, die die ermittelte Reihenfolge der Aufspaltungen der Entwicklungslinien abbildet. Es folgt abschließend eine zeitliche Kalibrierung: Der Abgleich mit dem Alter

von sicher datierten Fossilien lässt Rückschlüsse auf den Zeitpunkt der einzelnen Aufspaltungen zu.

3 Vergleich: Das Kladogramm weist den Puma als Außengruppe auf, alle übrigen Arten bilden die Innengruppe. Diese Einteilung entspricht der traditionellen Systematik mit einer Unterscheidung zwischen Kleinkatzen und Großkatzen. Im Stammbaum werden zwei Hauptentwicklungslinien unterschieden, die Pumalinie und die Pantherlinie. Zur Pumalinie gehören Puma, Gepard und Wieselkatze, zur Pantherlinie alle übrigen Arten. Nach dem Kladogramm stimmen Löwe, Jaguar und Leopard in allen angegebenen Merkmalen überein. Nach dem Stammbaum sind Löwe und Leopard näher miteinander verwandt als mit dem Jaguar. Im Kladogramm weist der Nebelparder mehr Unterschiede zu den anderen Großkatzen auf; auch im Stammbaum haben sich Nebelparder und Borneo-Nebelparder früher als die anderen Großkatzen abgespalten. Anders als der Stammbaum liefert das Kladogramm definitionsgemäß keine Hinweise auf den Zeitpunkt der jeweiligen Aufspaltung.

Beurteilung: Kladogramme beruhen auf dem Vergleich morphologischer Merkmale. Diese können nicht per se als eindeutige Belege einer engeren Verwandtschaft angesehen werden. Ähnliche morphologische Merkmale könnten auch Folge ähnlicher Selektionsbedingungen sein, ohne dass eine engere Verwandtschaft tatsächlich vorliegt. Nur wenn Ähnlichkeiten auf Homologie beruhen, können sie als Belege für eine gemeinsame Abstammung angesehen werden.

Der dargestellte Stammbaum beruht auf dem Sequenzvergleich von Kern- beziehungsweise mtDNA. Mutationen verändern die Basensequenz der DNA. Diese Veränderungen erfolgen spontan und zufällig. Besonders aussagekräftig sind Vergleiche von Basensequenzen nichtcodierender DNA-Abschnitte, da sie selektionsneutral sind. Geht man von einer gleichbleibenden Mutationsrate aus, spiegelt die Anzahl der Sequenzunterschiede mehr oder weniger direkt wider, wann sich die Entwicklungslinien der beiden verglichenen Arten getrennt haben („Molekulare Uhr"). Noch aussagekräftiger sind unter Umständen mtDNA-Vergleiche, da die mtDNA rein maternal vererbt wird. Aus diesem Grund werden die Gene ohne Rekombination weitergegeben, und die Veränderungen sind unter Umständen nur auf Mutationen zurückzuführen. Daher sind Stammbäume, die auf Basis molekularer Sequenzvergleiche aufgestellt werden, eindeutiger und aussagekräftiger als solche, die auf dem Vergleich morphologisch-anatomischer Merkmale beruhen.

4 Definitionen: Nach dem morphologischen Artbegriff ist eine Art eine Gruppe von Individuen, die sich zwar nicht völlig gleichen, aber in ihren wesentlichen Merkmalen und Verhaltensweisen übereinstimmen.

Beurteilung: Auf das Beispiel des Königsgepards trifft die morphologische Artdefinition zu, da sich der Königsgepard in einem äußeren Merkmal, der Fellzeichnung, vom Gepard unterscheidet.

5 Auswertung: Die Menschen in Eurasien haben sich mit dem Neandertaler vermischt. Daher ist im Erbgut dieser Menschen heute genetisches Material des Neandertalers enthalten. Afrikaner hatten wohl nie Kontakt zu Neandertalern. Zusätzlich zu den Übereinstimmungen mit den Neandertalern haben Menschen in Melanesien einen Anteil an Genen mit dem Denisova-Menschen gemeinsam. Ihre Vorfahren haben sich also, nachdem sie mit dem Neandertaler zusammentrafen, auch mit den Denisova-Menschen vermischt.

6 Mögliche Hypothese: Vor ca. 2 Millionen Jahren wanderten die ersten Hominiden der Art *Homo erectus* von Afrika nach Asien und verteilten sich. Vor ca. 800 000 Jahren kamen erneut Menschenvorfahren aus Afrika und trafen auf die Menschen der ersten Wanderungsbewegung. Gemeinsam entwickelten sie sich zum Neandertaler und Denisova-Menschen und breiteten sich in Europa und Asien bis Melanesien aus. In der dritten Wanderungsbewegung breitete sich *Homo sapiens* über die Erde aus. Dort, wo bereits Menschenvorfahren lebten, kam es in geringem Ausmaß zu einer Vermischung, im stärkeren Ausmaß zu einer Verdrängung der bisher ausgewanderten Populationen.

7 Prüfung: Da sich die Menschenvorfahren miteinander vermischt haben, ist im biologischen Sinne nicht von einer eigenen Art zu sprechen. Allerdings ist die Anzahl der mtDNA-Unterschiede sehr hoch, sodass auf eine frühe Trennung der Entwicklungslinien von Denisova-Mensch und Homo sapiens geschlossen werden kann.

## Seite 248 f. – Evolutionsmechanismen

1 Hindernisse für die Fortpflanzung der westeuropäischen mit der asiatischen Hausmaus könnten zum Beispiel geografische Barrieren wie Berge, Gewässer oder Schluchten sein (geografische Isolation). Überlappen sich die Verbreitungsgebiete der Mäuse, wovon hier auszugehen ist, so vermischen sich die Genpools der Mäuse auch dann nicht, wenn reproduktive Isolation vorhanden ist:
-Präzygotische Isolation durch Habitatisolation (unterschiedliche Habitate werden besiedelt), mechanische Isolation (Begattungsorgane passen anatomisch nicht zueinander), zeitliche Isolation (Paarungszeit unterscheidet sich), Verhaltensisolation (artspezifische Signale werden gesendet), gametische Isolation (unterschiedliche Erkennungsmuster der Keimzellen).

-Postzygotische Isolation durch Hybridsterblichkeit, Hybridsterilität, Hybridzusammenbruch (Hybride erzeugen weniger F2-Nachkommen)

Erläuterung: Nach dem morphologischen Artbegriff ist eine Art eine Lebensform, die sich äußerlich von anderen Lebewesen unterscheidet. Nach der populationsgenetischen Artdefinition sind Arten Gruppen natürlicher Populationen, deren Individuen sich tatsächlich oder potenziell untereinander kreuzen können und die von anderen solchen Gruppen reproduktiv isoliert sind. Sowohl westeuropäische als auch asiatische Hausmäuse können sich untereinander fortpflanzen und bilden daher laut des populationsgenetischen Artbegriffes eine gemeinsame Art. Die Betrachtung des morphologischen Artbegriffs ist problematisch. Westeuropäische und asiatische Hausmäuse „unterscheiden sich äußerlich". Aufgrund dieser Aussage kann weder eine Zuordnung noch ein Ausschluss zu einer gemeinsamen Art getroffen werden. Welche Unterschiede sind damit gemeint? Wesentliche äußerliche Kriterien oder kleinere Unterschiede in der Fellfarbe?

Hirschmäuse und British-Columbia-Hirschmäuse sehen sich sehr ähnlich. Der morphologische Artbegriff wäre damit erfüllt. Aus dem Infomaterial M1a lässt sich erkennen, dass die beiden Mausarten „sehr nah verwandt sind". M1b zeigt, dass Hirschmäuse in weiten Teilen Nordamerikas, British-Columbia-Hirschmäuse ausschließlich an der Westküste Nordamerikas vorkommen. Überschneidungsgebiete mit Hybriden werden in der Karte aus M1b nicht ausgewiesen. Es ist davon auszugehen, dass sich die genannten Mäuse nicht untereinander fortpflanzen.

2 Nach der synthetischen Evolutionstheorie kann man sich die Entstehung der Hirschmaus und der British-Columbia-Hirschmaus folgendermaßen vorstellen: Ausgangspunkt der Entwicklung war eine Stammpopulation mit einem bestimmten Genpool. Hirschmaus und British-Columbia-Hirschmaus hatten also gemeinsame Vorfahren. Als Folge einer Mutation änderte sich der Genpool der Population. Die genetische Variation innerhalb der Population nahm ab diesem Moment zunächst zu. Das könnte prinzipiell zum Beispiel die Körpergröße der Mäuse oder deren Fellfarbe betreffen. Da die beiden Mausarten sich sehr ähnlich sehen, können auch immunbiologische oder verhaltensbiologische Aspekte eine Rolle spielen. Durch die Evolutionsfaktoren Mutation, Selektion sowie gegebenenfalls Rekombination veränderte sich die Allelhäufigkeit des Genpools nun weiter. Die British-Columbia-Hirschmaus besiedelt die Westküste der USA, die Hirschmaus fast ganz Nordamerika. Diese Information gibt einen Hinweis darauf, dass es im weiteren Verlauf der Evolution möglicherweise aufgrund von Isolation und Alleldrift zu einer Artaufspaltung kam.

3 Das untersuchte Grabungsverhalten ergibt folgende Ergebnisse: Junge Hirschmäuse graben keine, erwachsene nur kurze, einfache Tunnel. Junge Küstenmäuse graben kurze, komplexere Tunnel, erwachsene lange und komplexere Tunnel. Werden beide Mausarten gekreuzt, dann verhalten sich die $F_1$-Hybride in ihrem Grabungsverhalten ausschließlich so wie die Küstenmäuse. Individuen einer $F_2$-Generation zeigen sowohl das Grabungsverhalten der Hirschmäuse als auch das der Küstenmäuse.
M1b zeigt, dass die Küstenmaus im Südosten der USA vorkommt, die Hirschmaus in großen Bereichen Nordamerikas. Beide Mäusearten sind durch ein Gebiet getrennt, in dem keine der beiden Mäusearten vorkommt. M1c zeigt, dass sich Hirschmäuse und Küstenmäuse fortpflanzen und die Hybride ebenfalls fruchtbare Nachkommen hervorbringen können. Ausgehend vom populationsgenetischen Artbegriff kann man in diesem Beispiel eher von Unterarten als von Arten sprechen. Dennoch haben sich im Verlauf der Evolution trotz der starken Ähnlichkeit von Hirschmaus und Küstenmaus gravierende Verhaltensmuster im Grabungsverhalten herausgebildet. An der Küste scheint es von Vorteil zu sein, dass die Tunnel lang und komplex (eventuell mit Fluchttunneln) gebaut werden beziehungsweise auch schon im jungen Alter überhaupt gebaut werden. Dies kann Rückschlüsse liefern auf mögliche Beutegreifer der Küstenmäuse oder auf die klimatischen Verhältnisse. Bei den Hirschmäusen werden die eigenen Ressourcen nicht auf das Graben von langen Tunneln verwendet. Hier scheint es keinen Vorteil zu geben, lange Tunnel zu graben. Kommen Isolationsmechanismen zum Tragen, so kann es in diesem Fall zu einer echten Artaufspaltung kommen.

4 Kreationisten gehen von einem wortwörtlichen Verständnis der Bibel aus und sind überzeugt, dass ein Schöpfer alle Lebewesen unabhängig voneinander erschaffen hat. Sie lehnen eine Evolution der Lebewesen einschließlich des Menschen ab, die zu neuen Arten führen kann. Die Erde sei ein relativ junger Planet, der bereits zu Beginn seiner Erschaffung von allen auf unserer Erde vorkommenden Arten besiedelt worden ist. Kreationisten lehnen die Ergebnisse von Fossilienuntersuchungen und anderen wissenschaftlichen Untersuchungsmethoden der Evolutionsbiologen ab. Anhänger des Intelligent Design sehen sich als naturwissenschaftliche Alternative und sind der Ansicht, dass Lebewesen und ihre Organe viel zu komplex seien, um duch zufällige Mutation und Selektion entstanden sein zu können.
Die moderne Wissenschaft arbeitet hypothesengeleitet. Hypothesen werden durch Experimente gestützt und

daraus folgend Gesetzmäßigkeiten ausgearbeitet, die jederzeit überprüfbar und nachvollziehbar sein müssen. In M1d wird anhand des Beispiels der Hirschmäuse beschrieben, dass Evolution auch sehr schnell ablaufen kann. Dies widerspricht den Ansichten der Kreationisten in vieler Hinsicht. Eine Artbildung ohne Schöpfer schließen sie ohnehin aus und darauf könnte es in dem gezeigten Beispiel möglicherweise hinauslaufen. Und dass eine Evolution so schnell abläuft, praktisch unmittelbar beobachtbar wie im gezeigten Beispiel der Hirschmäuse, schließen Kreationisten aus.

**5** Möglichkeit 1: Geht man bei dem im Material M1d beschriebenen Beispiel davon aus, dass die Mäuse größtenteils zunächst eine mittelbraune Färbung aufgewiesen haben und die sehr hellen Mäuse nicht nur zu einer kleinen Randgruppe gehören, lässt sich auf eine disruptive Selektion schließen. Kennzeichen der disruptiven Selektion ist die Ausbildung von zwei extremen Phänotypen. Die Entwicklung verläuft somit in zwei Richtungen. Bei dem Beispiel mit den Hirschmäusen gibt es eine Entwicklung hin zu einer dunkelbraunen und zu einer sehr hellen Fellfarbe. Ein Mittelwert der Farben scheint in den beschriebenen Lebensräumen der Mäuse keinen Vorteil zu bieten. Dabei kann es passieren, dass sich die Population aufspaltet und es zu einer neuen Artbildung kommt.

Möglichkeit 2: Die transformierende Selektion ist neben der disruptiven Selektion die zweite Möglichkeit. In diesem Fall könnte der Großteil der Mäusepopulation von Anfang an dunkelbraun gewesen sein. In den Sanddünen könnte es bei der beschriebenen Mäusepopulation zu einer transformierenden Selektion gekommen sein. Die transformierende Selektion tritt häufig auf, wenn sich Umweltbedingungen verändern. Der Selektionsdruck auf die Population wirkt von einer Seite. So könnte es sein, dass sich die Fellfarbe ausschließlich in die Richtung der hellbraunen Farbe entwickelt, da alle Mäuse mit dunkelbraunen Fellfarben bei der Tarnung Nachteile mit dieser Angepasstheit haben.

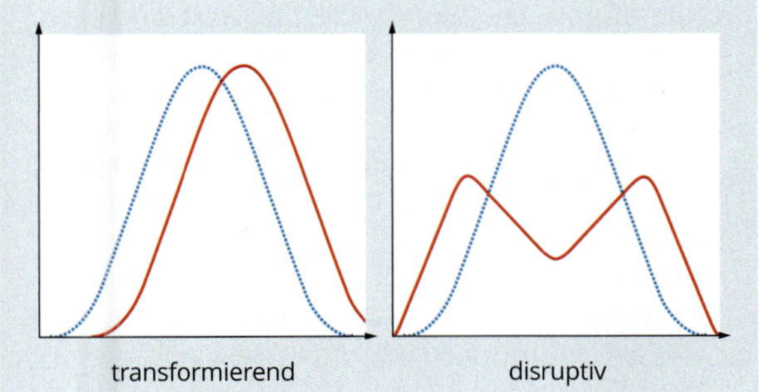


**6** Von Koevolution spricht man, wenn eine Angepasstheit einer Art eine andere Angepasstheit einer zweiten Art bewirkt. Beide Arten üben aufgrund der engen wechselseitigen Beziehung einen starken Evolutionsdruck aufeinander aus. Bei dem Beispiel Maus/*Heligmosomoides polygyros* liegt eine antagonistische Koevolution vor, also eine Beziehung zwischen Wirt und Parasit, bei der die Maus Nachteile durch den Spulwurm erleidet. Der Wurm ist pathogen, kann also auch Krankheiten auslösen. Der Darmspulwurm hat im Laufe der Evolution Angepasstheiten entwickelt wie die Möglichkeit der Bildung von HES, die bei der Maus eine Immunreaktion unterdrückt. Da der Darmspulwurm weltweit bei Mäusen vorkommt und wohl keine Gefahr für den Bestand der Mäusearten darstellt, ist davon auszugehen, dass sich im Laufe der Zeit Abwehrmechanismen bei den Mäusen entwickelt haben, die einen tödlichen Verlauf einer Infektion unwahrscheinlicher machen. Ein weiterer Entwicklungsschritt in der Evolution der Mäuse könnte sein, dass durch eine Mutation das Protein HES im Mauskörper ausgeschaltet wird und das Immunsystem der Maus nun den Darmspulwurm bekämpfen kann.

Das „Wettrüsten“ der beiden Arten geht weiter. M2b liefert genau diesen Hinweis. So verursacht der Darmspulwurm nicht nur Nachteile für die Mäuse. Befallene Mäuse erkranken seltener an Diabetes Typ 1. So kann der Nutzen eines Befalls von *Heligmosomoides polygyros* eventuell größer sein als der Schaden, den er verursacht.

**7** Individuelle Lösungsansätze wie:
(1) Labormäuse besitzen im Vergleich zu ihren natürlichen Verwandten eine viel geringere genetische Vielfalt. Durch Züchtungen der Labormäuse greift der Mensch in Evolutionsprozesse ein. Die genetische Verarmung des Genpools der Labormauspopulationen könnte zu einer stärkeren Anfälligkeit der Labormäuse für Krankheiten führen. Auf der anderen Seite können durch Tierversuche, mit denen Krankheiten und deren Bekämpfungsmöglichkeiten erforscht werden, Menschenleben gerettet werden. Da Labormäuse weltweit in den Labors eingesetzt werden, haben sich genau diese Tiere als Labortiere bewährt.

(2) Der Eingriff des Menschen erfolgt in diesem Fall durch Veränderung von Chromosomen und Einbau von DNA in die Mausgene. Hier wird, anders als bei Züchtungen, direkt in die Erbinformation von lebenden Mäusen eingegriffen. Die Veränderungen sind unmittelbar und schneller als bei den Züchtungen und könnten schlimme Folgen für die Mäuse und die Umwelt haben. Haben wir das Recht in das Leben der Mäuse einzugreifen, um die Gesundheit der Menschen zu beschützen? Gibt es nicht vielleicht schon Alternati-

ven, die zumindest die Anzahl der Versuche reduzieren können? Auf der anderen Seite leben die genetisch veränderten Mäuse in einem abgeschlossen Lebensraum. Bei Beachtung der Sicherheitsvorkehrungen sollte keine größere Gefahr für die Umwelt bestehen. Ist es dann nicht unsere Pflicht, mit Tierversuchen Menschenleben zu retten? Vielleicht sind genau diese Forschungen wichtig für die Bekämpfung einer schlimmen Krankheit. Durch Tierversuche können Forschungen direkt am Menschen (in einem frühen Forschungsstadium) vermieden und Medikamente dadurch sicherer werden.

(3) Die sinkende Zahl zeigt, dass es wohl Alternativen für Tierversuche an Mäusen gibt, zumindest für einen Teil der bisher durchgeführten Versuche. Auch bei dieser Aussage gilt es in der Bewertung, das „Tierwohl" versus „Nutzen für den Menschen" zu betrachten.

**8** Beim Beispiel der Gough-Mäuse trifft die Alleldrift-Form des Gründereffekts auf. Wenn zufällig einzelne Individuen von einer größeren Population getrennt werden, können sie an einem anderen Ort eine neue Population bilden. Der Gründereffekt führt zunächst zu einer genetischen Verarmung der neuen Population und kann zu einer neuen Artbildung führen. Im beschriebenen Beispiel gelangen Hausmäuse zufällig auf die Insel Gough und bilden dort eine neue Hausmauspopulation, die, nun von Meer umgeben, keinen Kontakt mehr zu der ursprünglichen Population hat.

Die Mäuse entwickelten sich in den letzten 150 Jahren zu Riesenmäusen, die auch Vogelküken fressen. LAMARCK hätte die Entwicklung zu Riesenmäusen wie folgt beschrieben: Bedingt durch die neuen Umweltbedingungen auf der Insel Gough wollten sich die Mäuse aktiv perfekt an die veränderten Bedingungen anpassen („inneres Bedürfnis nach Vervollkommnung"). Keine Fressfeinde und ein geändertes Nahrungsangebot führten dazu, dass sich die Mäuse durch den starken Gebrauch der Muskeln vergrößerten und stärker wurden. Diese Eigenschaften werden an die Nachkommen vererbt. DARWIN hätte die Entwicklung der Riesenmäuse wie folgt erklärt: Auf der Insel Gough gibt es im Vergleich zum Festland neue Umweltbedingungen mit begrenzten Ressourcen wie Futter und Wohnraum. Die Individuen der neuen Gough-Mäuse konkurrieren um diese Ressourcen („struggle for life"). Die besser an die neuen Umweltbedingung angepassten Mäuse (die größeren und kräftigeren) erhalten mehr Nahrung und haben bessere Fortpflanzungsmöglichkeiten und daher mehr Nachkommen („survival of the fittest"). Die Größe ist auf der Insel Gough kein Nachteil, da es für die Mäuse keine Fressfeinde gibt. Ganz im Gegenteil, durch die natürliche Selektion setzt sich das Merkmal „Größe" auf der Insel durch.

**9** Impulse für die Bewertung:
Der Mensch greift in die Population der Gough-Mäuse durch Köderausbringung ein. Ziel ist es, die Gough-Mäuse zu töten. Werden alle Tiere getötet, so könnte das gravierende Konsequenzen haben. Die Populationen der Vogelarten auf Gough würden sehr wahrscheinlich größer werden, sodass ein Aussterben der Arten auf der Insel verhindert wird. Das ist der Ansatz, den GIRP verfolgt. Auf der anderen Seite sind die Gough-Mäuse integrierter Bestandteil des Ökosystems der Insel, sodass ein Fehlen eventuell eine starke Zunahme der Zahl anderer Organismen auf der Insel zur Folge hat. Nun sind durch GIRP nicht alle Gough-Mäuse getötet worden. Es kommt dadurch zu einer genetischen Verarmung der überlebenden Population. Eventuell sind die überlebenden Mäuse nun immun gegen die Giftköder. Dann könnte der Mensch in Zukunft bei einem stärkeren Wachstum der Mäusepopulation möglicherweise nicht mehr regulatorisch eingreifen. GIRP erforscht nun die Verbreitung der Mäuse auf der Insel. Neue Forschungsergebnisse können evtl. zu anderen Möglichkeiten führen, die Vögel auf Gough zu schützen.

## Seite 284 f. – Verhaltensökologie

**1** Die proximaten Ursachen des Verhaltens der Nahrungssuche und des Nahrungserwerbs sind hormonell und nervös gesteuert. Ein dadurch endogen ausgelöster Hungerreiz führt zu einem solchen Verhalten, möglicherweise in Kombination mit exogenen Reizen wie der Erkennung von Beute (Bewegung, Form, Farbe, Geruch).

Die ultimaten Ursachen liegen in einer Steigerung der eigenen Fitness. Durch das Stillen des Hungers werden unmittelbar lebenserhaltende Funktionen ermöglicht und gestärkt. Somit überlebt das Individuum und kann seine Alltagsaufgaben (weitere Nahrungssuche, Fortpflanzung, Jungenaufzucht, Verstecken vor Fressfeinden…) besser bestreiten als ein hungerndes Individuum. Die Tiere sind dadurch in einer günstigeren gesundheitlichen Kondition. Die Wahrscheinlichkeit für eine Fortpflanzungsmöglichkeit, die Zeugung von Nachkommen und die Weitergabe von Genen ist somit erhöht.

Der Verhaltenskompromiss bei Nahrungsmangel liegt darin, dass die Tiere eine mögliche Fitnessverringerung in Kauf nehmen. Im Alltag fressen sie häufig tierische Nahrung, die energiereich ist. Die Tiere haben dadurch im Vergleich zur energieaufwendigen Nahrungssuche eine positive Energiebilanz: Im Idealfall nehmen sie mehr Energie zu sich, als sie für die Nahrungssuche aufwenden, zudem sollte die Nahrungssuche insgesamt wenig Zeit beanspruchen.

Bei Nahrungsknappheit steigen die Tiere auf pflanzliche Nahrung um, die energiearm ist. Sie müssen also mehr davon fressen und können somit keine Zeit in ihre anderen Lebensaufgaben (zum Beispiel Fortpflanzung, Jungenaufzucht, Aufmerksamkeit gegenüber Fressfeinden) stecken. Ein Extremfall liegt bei dieser Situation im Fressen der eigenen Brut. Die Eltern verringern dadurch ihre direkte Fitness zugunsten ihres eigenen Überlebens.

2 Das Optimalitätsmodell beschreibt eine Verhaltensweise aus ökonomischer Sicht nach einer Kosten-Nutzen-Analyse. Es modelliert, bei welchem Verhältnis zwischen Kosten und Nutzen einer Verhaltensweise die Fitness eines Individuums maximal wird.

Für die Verhaltensbiologie ist das Modell bedeutsam, weil es Verhaltensweisen quantifiziert und sich so Hypothesen dazu aufstellen und Konsequenzen daraus für ein Lebewesen ziehen lassen, wodurch mathematische Berechnungen über die Fitness eines Individuums möglich werden.

Die Daten aus M2 zeigen die Ergebnisse eines Experiments mit den Blauen Sonnenbarschen und vergleicht die vorhergesagten Verhaltensaktivitäten nach dem angewendeten Optimalitätsmodell mit den tatsächlich beobachteten Verhaltensweisen der Fische.

Für das Experiment werden Wasserflöhe, eine übliche Beute der Fische, in unterschiedlichen Größen und bei unterschiedlichen Beutedichten in Aquarien gegeben: Bei geringer Beutedichte sind die Wasserflöhe aller Größen jeweils gleich oft vorhanden. Im Aquarium mit hoher Beutedichte gab es anteilig umso mehr Wasserflöhe, je größer sie waren.

Das angewendete Optimalitätsmodell sagt bei geringer Beutedichte vorher, dass die Barsche nicht wählerisch bei ihrer Beute sind und alle Wasserflöhe unabhängig ihrer Größe fressen. Das Modell passt sehr gut zu den beobachteten Ergebnissen. Dadurch, dass es nur wenige Beutetiere gibt, fressen die Fische jede Art von Wasserfloh. Sie passen ihr Verhalten des Nahrungserwerbs an die Mangelsituation an. Sie können es sich nicht leisten, nur die großen und damit energiereichen Happen zu suchen und zu fressen, dies würde zu viel Zeit in Anspruch nehmen und es gibt von den großen Wasserflöhen schlicht zu wenig.

Bei hoher Beutedichte mit unterschiedlicher Verfügbarkeit an unterschiedliche großen Wasserflöhen sagt das Modell vorher, dass ausschließlich die großen Wasserflöhe gefressen werden. Die Beobachtung zeigt allerdings, dass lediglich 57 Prozent aller gefressenen Wasserflöhe groß waren. Weitere 40 Prozent hatten eine mittlere beziehungsweise 2 Prozent eine geringe Größe. Hier passt das Modell nicht zur Beobachtung. Idealerweise sollten die Tiere einen energieeffizienten, idealen Zustand anstreben, um ihre Fitness zu maximieren: Sie können bei hoher Beutedichte wählerisch sein und suchen sich nur die großen Wasserflöhe aus, die am meisten Energie bringen und bei denen das Verhältnis zwischen Energie und Nahrungssuche maximal günstig für die Barsche wird. Dass die Beobachtung vom Modell abweicht, kann damit begründet werden, dass die Tiere nicht „allwissend“ sind und u. U. nicht sofort erkennen, dass ein eigentlich ausreichendes Nahrungsangebot vorherrscht. Sie sind daher zunächst nicht wählerisch und fressen alles, was ihnen vor das Maul schwimmt. Das Modell beschreibt also lediglich welche Verhaltensstrategie in der Evolution besonders bevorzugt werden sollte, trotzdem kann eine Abweichung zur Realität bestehen.

3 Die Blauen Sonnenbarsche verteidigen ihre Nester gemeinschaftlich in Kooperation, wohingegen die Gemeinen Sonnenbarsche alleine gegen Eindringlinge vorgehen.

Kooperative Verhaltensweisen haben für die beteiligten Individuen immer Vorteile. Dabei zeigt sich, dass gegenseitiges Helfen im Tierreich häufiger auftritt, je näher verwandt die Tiere untereinander sind. Grundlage für diese Beobachtung ist die Steigerung der Fitness: Eltern, die ihren Nachkommen helfen, steigern ihre reproduktive Fitness, weil sie ihre eigenen Gene an die Kinder erfolgreich weitergeben können.

4 Die direkte Fitness kann auf zwei Wegen bestimmt werden: entweder durch Zählung der bei der Reproduktion gezeugten direkten Nachkommen oder durch genetische Analyse bzgl. Häufigkeit, mit der eigene Allele an die Nachkommen weitergegeben wurden. Die Methode der Zählung der Anzahl der direkten Nachkommen erscheint hier leichter. Ein Versuch dazu sollte gleich viele Paare beider Barscharten betrachten und die Anzahl an überlebensfähigen, fertilen Nachkommen feststellen. Die äußeren Umstände müssen für alle betrachteten Elternpaare vergleichbar sein, so zum Beispiel das Nahrungsangebot, der Fressfeinddruck oder die Umgebungsbedingungen. Diejenige Taktik, aus der mehr Nachkommen hervorgehen, sollte in der Evolution begünstigt sein, da sie die Fitness der Individuen erhöht.

5 Bei der Straßenumfrage gab eine relative Mehrheit von 45 Prozent an, dass sie der vorgelegten Aussage voll zustimmt. Lediglich 12 Prozent der Befragten stimmten der Aussage nicht zu, ein Drittel wollte der Aussage weder voll zustimmen, noch sie völlig ablehnen. 10 Prozent der Befragten gaben keine Antwort zur Aussage ab.

Die vorgelegte Aussage ist aus fachlicher Sicht nicht eindeutig. Der Formulierung, dass eine Art „erfolgreicher“ sei als eine andere, fehlt die argumentative Grundlage, da „erfolgreich“ nicht hinreichend definiert wird. Jede befragte Person kann u. U. darunter etwas anderes verstehen. Bedeutet erfolgreich, dass das Individuum die nächsten zehn Minuten überlebt, dass es die maximal je beobachtete Lebenserwartung erreicht, dass ein Individuum möglichst viele Nachkommen zeugt? Fachlich nicht vorgebildete Personen können daher nur schwerlich den „Erfolg" eines Individuums beurteilen. Unter der Voraussetzung, dass darunter vermutlich der Fortpflanzungserfolg und damit die reproduktive Fitness eines Individuums gemeint ist, kann das Ergebnis von 45 Prozent Zustimmung zur Aussage wie folgt interpretiert werden. Die hohen Zustimmungswerte könnten zum Beispiel damit erklärt werden, dass die Befragten davon ausgehen, dass der Fortpflanzungserfolg eines Lebwesens von dessen „Stärke" abhängt. Die Formulierung „... weil sie [die Gemeinen Sonnenbarsche] größere Mäuler und Zähne besitzen als die Blauen Sonnenbarsche" stellt einen kausalen Zusammenhang zwischen großen Verteidigungsvorrichtungen, den gut einsetzbaren Zähnen, und dem Fortpflanzungserfolg her. In der Quelle M3 wird wenig über die Fressfeinde, die Zwergwelse, genannt, weswegen eine Beurteilung nicht vollständig vorgenommen werden kann. Kann das große Maul mit den Zähnen gegenüber den Welsen überhaupt ein Verteidigungsvorteil sein? Darüber erfährt man nichts. Die hohen Zustimmungswerte zur Aussage liegen also vermutlich dem Fehlschluss zugrunde, dass Kampfkraft und Fortpflanzungserfolg direkt proportional sein müssen. Zudem basiert die Aussage auf keinen gültigen und nachvollziehbaren Definitionen, womit die Umfrage wissenschaftlich angreifbar wird.

Aus verhaltensbiologischer Sicht kann anhand von M4 lediglich gesagt werden, dass beide Verteidigungstaktiken mit einer ähnlich hohen direkten Fitness korrelieren. Ob dieses beobachtbare Ergebnis ausschließlich auf das Verteidigungsverhalten zurückgeführt werden kann, ist nicht ersichtlich. Eventuell gibt es noch weitere Faktoren, die den Fortpflanzungserfolg der Barsche beeinflussen.

**6** Nach dem Sender-Empfänger-Modell codiert ein Sender Informationen und sendet sie über einen bestimmten Kanal aus, hier: optische Farbsignale, die durch Farbstoff in der Haut der Fische eingelagert sind. Der Empfänger besitzt Augen, mit denen er die Farben wahrnehmen kann. Die Informationen müssen noch von ihm decodiert werden.

Die Produktionskosten für die Farbstoffe sind relativ gering, andererseits können durch auffällige Farben Fressfeinde angelockt werden. Der Nutzen der Färbung liegt darin, die Geschlechtsreife und -bereitschaft zu signalisieren, damit eine Fortpflanzung stattfinden kann.

Beim Blauen Sonnenbarsch tritt Sexualdimorphismus auf: Die Männchen sind größer und insgesamt dunkler gefärbt und unterscheiden sich damit phänotypisch von den Weibchen.

**7** Das Diagramm zeigt die Farbänderung an der Schwanzwurzel der Schwanzflosse bei Männchen und Weibchen des Blauen Sonnenbarsches im geschlechtsreifen und -unreifen Zustand während und außerhalb der Brutzeit.

Die sexuellen Selektion befördert Merkmale, die von der natürlichen Selektion eigentlich unterdrückt werden sollten. Dennoch bilden die Fische farbige Körperstellen, sogenannte Ornamente, aus. Nach dem Handicap-Prinzip sind diese Ornamente für den Träger im Alltag hinderlich, sie könnten Fressfeinde auf sie aufmerksam machen. Sie werden trotzdem ausgebildet, weil sie bestimmte Informationen an den Empfänger übermitteln, zum Beispiel über den körperlichen Zustand, die Bereitschaft zur Fortpflanzung ...

Für die sexuelle Selektion sind lediglich geschlechtsreife Individuen zu vergleichen, geschlechtsunreife Tiere können sich noch nicht fortpflanzen, bei ihnen sollten daher auch keine wesentlichen Farbunterschiede während und außerhalb der Brutzeit auftreten. Die Daten aus M7 stützen diese Aussage.

Bei den geschlechtsreifen Männchen zeigt sich im Vergleich während und außerhalb der Brutzeit keine wesentliche Änderung der Färbung an der Schwanzwurzel, ihr Signal dient also vermutlich nicht der sexuellen Selektion.

Bei den Weibchen zeigt sich allerdings, dass sie eine helle Färbung außerhalb der Brutzeit und während der Brutzeit eine ziemlich dunkle Farbe an der untersuchten Körperstelle aufweisen. Dieser große Unterschied deutet darauf hin, dass dieses Farbsignal vermutlich als Signal an die Männchen abzielt, um zum Beispiel Fortpflanzungsbereitschaft zu signalisieren. Bei den Weibchen könnte diese Färbung also der sexuellen Selektion dienen.

**Den Versuchen auf Praktikumsseiten werden Sicherheitsleisten vorangestellt.**

Sie enthalten die GHS-Gefahrensymbole für die im Versuch verwendeten Chemikalien sowie Symbole für Sicherheitsmaßnahmen und Entsorgungshinweise.

**Verwendete Symbole für Sicherheitsmaßnahmen:**

Schutzbrille

Abzug

Die GHS-Gefahrensymbole sind nummeriert von GHS 1 bis GHS 9. Diese Nummern stehen sowohl am Symbol als auch an den entsprechenden Chemikalien unter den in den Praktika aufgeführten Materialien.

**Die GHS-Gefahrensymbole und ihre Bezeichnung sowie Nummern:**

| Symbol | Nummer | Beschreibung | Erklärung/ Bedeutung |
|---|---|---|---|
|  | GHS01 | explodierende Bombe | Explosionsgefahr |
|  | GHS02 | Flamme | entzündlich |
|  | GHS03 | Flamme mit Kreis | brandfördernd |
|  | GHS04 | Gasflasche | Gase, die unter Druck stehen |
|  | GHS05 | Ätzwirkung | hochgradig ätzend |
|  | GHS06 | Totenkopf | giftig, sehr giftig |
|  | GHS07 | Ausrufezeichen | gesundheitsschädlich |
|  | GHS08 | Schaden am Körper | Gesundheitsgefährdung |
|  | GHS09 | abgestorbener Baum, toter Fisch | umweltgefährlich |

**Sicherheitsregeln:**

Beim Experimentieren gibt es wichtige Regeln zu beachten. Diese gelten im Chemie- und im Biologieunterricht:

1. Betreten Sie einen Fachraum nur mit einer Lehrkraft oder ausdrücklicher Erlaubnis.
2. Laufen Sie nicht unaufgefordert herum und rempeln Sie niemanden an.
3. In naturwissenschaftlichen Räumen darf nicht getrunken und gegessen werden.
4. Jacken und Mäntel müssen so aufbewahrt werden, dass sie beim Experimentieren nicht stören.
5. Die Schultaschen sollen so abgestellt werden, dass sie nicht zu Stolperfallen werden.
6. Bewahren Sie bei Feuer und Unfällen Ruhe. Informieren Sie unverzüglich die Lehrkraft. Verlassen Sie den Fachraum auf dem vorgeschriebenen Flucht- und Rettungsweg und gehen Sie zügig bis zum Sammelplatz.
7. Bei Experimenten mit Chemikalien oder mit einer offenen Flamme muss eine Schutzbrille getragen werden.
8. Lange Haare werden zusammengebunden.
9. Lesen Sie die Versuchsanleitung vor Beginn eines Versuchs ausführlich. Stellen Sie dann alle benötigten Geräte und Chemikalien bereit. Benutzen Sie sie erst nach ausdrücklicher Erlaubnis.
10. Halten Sie Ihren Arbeitsplatz stets sauber und aufgeräumt. Reinigen Sie nach den Versuchen alle Geräte und räumen Sie diese wieder ein.
11. Melden Sie es umgehend der Lehrkraft, wenn etwas Gefährliches oder Unerwartetes passiert.

## Zum Umgang mit Chemikalien

1. Chemikalien dürfen nicht angefasst werden.
2. Chemikalien dürfen niemals in Lebensmittelbehältern aufbewahrt werden.
3. Beschriften Sie alle Gefäße, in denen Sie Chemikalien abfüllen, sorgfältig.
4. Sie dürfen keine Geschmacksproben vornehmen.
5. Sie dürfen den Geruch nur nach erteilter Erlaubnis durch vorsichtiges Zufächeln prüfen.
6. Verwenden Sie Chemikalien sehr sparsam, weil nur so die Abfallmenge gering bleibt.
7. Nutzen Sie für die Entnahme jeder Chemikalie einen eigenen Spatellöffel.
8. Chemikalienreste dürfen Sie nicht in die Vorratsgefäße zurückgeben. Sie werden in besonderen Abfallbehältern gesammelt. Beachten Sie die Hinweise der Lehrkraft. Informationen dazu finden Sie auf den Seiten 312 bis 313.
9. Gefährliche Abfälle werden grundsätzlich extra gesammelt und vom Lehrer entsorgt.

# Stoffliste

| Stoff | GHS-Gefahrensymbole, Sicherheitssymbole, Entsorgungssymbole | | | Signalwort | GHS-Gefahrenhinweise (H-Sätze) |
|---|---|---|---|---|---|
| Brennspiritus |  |  |  | Gefahr | H225, H319<br>P210, P280,<br>P305 + P351 + P338, P403 + P235 |
| Eisen(III)-chlorid, $FeCl_3$ |  |  |  | Gefahr | H302, H315, H318<br>P280,<br>P301 + P312 + P330, P302 + P352, P305 + P351 + P338, P310 |
| Essigsäure (w ≈ 50 %) |  |  |  | Gefahr | H290, H314<br>P280,<br>P301 + P330 + P331, P303 + P361 + P353, P305 + P351 + P338, P308 + P310 |
| Ethanol |  |  |  | Gefahr | H225, H319<br>P210, P280,<br>P305 + P351 + P338, P403 + P235 |
| Feinwaschmittel | |  | 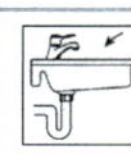 | – | |
| Karminessigsäure |  |  |  | Gefahr | H290, H314<br>P210, P280,<br>P305 + P351 + P338, P403 + P233 |
| Methylenblau-Lösung (w ≤ 5 %) | kein Gefahrstoff nach GHS | – | | – | |

Trotz sorgfältiger Prüfung ist es möglich, dass bei der Zusammenstellung Fehler aufgetreten sind. Die gegebenen Daten sind daher von jeder Lehrkraft zu prüfen.

# Verwendete Symbole für Sicherheitsmaßnahmen

| Symbol | Bedeutung |
|---|---|
|  | Schutzbrille tragen. |
| 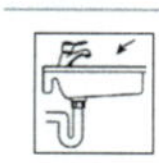 | Entsorgung im Abfluss möglich. |
|  | Entsorgung im Behälter für saure und alkalische Lösungen. |
| 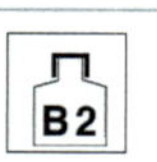 | Entsorgung im Behälter für giftige anorganische Stoffe wie Schwermetallsalze oder Chromate. |

# GHS-Gefahrenhinweise

## H-Sätze

| Gefahr | |
|---|---|
| H 225 | Flüssigkeit und Dampf leicht entzündbar. |
| H 290 | Kann gegenüber Metallen korrosiv sein. |
| H 302 | Gesundheitsschädlich bei Verschlucken. |
| H 314 | Verursacht schwere Verätzungen der Haut und schwere Augenschäden. |
| H 315 | Verursacht Hautreizungen. |
| H 318 | Verursacht schwere Augenschäden. |
| H 319 | Verursacht schwere Augenreizung. |

## P-Sätze

| Gefahr | |
|---|---|
| P 210 | Von Hitze, heißen Oberflächen, Funken, offenen Flammen sowie anderen Zündquellenarten fernhalten. Nicht rauchen. |
| P 280 | Schutzhandschuhe / Schutzkleidung / Augenschutz / Gesichtsschutz tragen. |
| P 301 + P 312 + P 330 | Bei Verschlucken: Bei Unwohlsein: Giftinformationszentrum / Arzt anrufen; Mund ausspülen. |
| P 301 + P 330 + P 331 | Bei Verschlucken: Mund ausspülen. Kein Erbrechen herbeiführen. |
| P 302 + P 352 | Bei Berührung mit der Haut: Mit viel Wasser / ... waschen. |
| P 305 + P 351 + P 338 + P 310 | Bei Kontakt mit den Augen: Einige Minuten lang behutsam mit Wasser spülen. Eventuell vorhandene Kontaktlinsen nach Möglichkeit entfernen. Weiter spülen. Sofort ärztlichen Rat einholen / ärztliche Hilfe hinzuziehen. |
| P 303 + P 361 + P 353 | Bei Berührung mit der Haut [oder dem Haar]: Alle kontaminierten Kleidungsstücke sofort ausziehen. Haut mit Wasser abwaschen [oder duschen]. |
| P 305 + P 351 + P 338 | Bei Kontakt mit den Augen: Einige Minuten lang behutsam mit Wasser spülen. Eventuell vorhandene Kontaktlinsen nach Möglichkeit entfernen. |
| P 308 + P 310 | Bei Exposition oder falls betroffen: Sofort Giftinformationszentrum, Arzt oder ... anrufen. |
| P 403 + P 233 | An einem gut belüfteten Ort aufbewahren. Behälter dicht verschlossen halten. |
| P 403 + P 235 | An einem gut belüfteten Ort aufbewahren. Kühl halten. |

## Symbole



## A



## B



## C



## D



## E

## T



## U



## V



## W



## X



## Y



## Z

|akg-images GmbH, Berlin: 151.1; bilwissedition 200.2; brandstaetter images 214.1; Champollion, Hervé 234.1; Florilegius 200.1. |Alamy Stock Photo, Abingdon/Oxfordshire: Hero Images Inc. 152.1; Miguel Ángel RM 138.2; Science Photo Library/LAGUNA DESIGN 19.6; Shields, Martin 149.3; Zoonar GmbH/Wavebreak Media LTD 278.1. |Alamy Stock Photo (RMB), Abingdon/Oxfordshire: allOver images 235.1; Buiten-Beeld 18.3; Granger Historical Picture Archive 234.3; HHelene 19.1; Imaginechina Limited 159.1; Imo, Thomas 124.1; Ivan M 205.1; Konstantin Nechaev 147.1; Phanie/BURGER 172.1; Photo 12 60.1; Pictorial Press Ltd 144.1. |Atelier tigercolor Tom Menzel, Scharbeutz/Klingberg: 8.1, 15.2, 37.2, 72.2, 85.2, 88.1, 101.2, 101.4, 104.2, 104.4, 108.4, 116.2, 117.1, 121.2, 126.2, 139.1, 139.3, 142.2, 142.3, 149.1, 162.2, 163.4, 164.5, 165.2, 165.5, 167.4, 192.1, 263.2, 268.2, 323.1. |BC GmbH Verlags- und Medien-, Forschungs- und Beratungsgesellschaft, Ingelheim: 30.1, 30.2, 30.3, 30.5, 30.6, 30.7, 30.10, 92.1, 92.2, 92.4, 92.5, 92.6, 311.1, 311.3, 311.4, 311.5, 311.6, 311.7, 311.8, 311.9, 311.10, 311.11, 312.1, 312.2, 312.3, 312.5, 312.6, 312.7, 312.9, 312.10, 312.11, 312.13, 312.14, 312.16, 312.18, 312.19, 312.21. |Bridgeman Images, Berlin: 234.2; The Bridgeman Art Library 214.2; © Archives Charmet 196.1. |fotolia.com, New York: Balog, Daniel 262.3; Jeka84 164.2, 164.3; mirkograul 113.2; Pedant, Christian 241.2; Phimak 242.5; wideworld 265.4. |Gall, Eike, Enkirch: 169.1, 170.1, 197.2. |Getty Images, München: JHU Sheridan Libraries/Gado 257.3; SADURNI, SUMY 257.2. |Getty Images (RF), München: Kladke, Hillary 70.2. |Grabowski, Yvonne, Wuppertal: 38.1, 39.1, 49.2. |Herzig, Wolfgang, Essen: 17.1, 17.2, 17.3, 17.4, 23.1, 24.1, 24.2, 25.1, 26.2, 27.1, 28.1, 28.2, 28.3, 29.3, 29.4, 32.1, 33.1, 33.2, 33.3, 34.2, 34.3, 35.1, 37.1, 37.3, 38.2, 39.2, 40.1, 40.2, 41.1, 43.1, 43.2, 43.3, 45.1, 45.2, 45.3, 45.5, 46.2, 47.2, 49.1, 50.1, 50.2, 50.3, 50.4, 51.2, 52.1, 52.2, 53.1, 54.2, 55.1, 55.2, 56.1, 57.1, 58.1, 59.1, 60.3, 61.1, 62.1, 62.2, 64.1, 65.2, 65.3, 67.2, 70.3, 70.4, 70.5, 72.1, 74.1, 74.2, 75.1, 77.1, 77.2, 78.1, 78.2, 79.1, 79.2, 79.3, 83.1, 83.2, 85.1, 85.3, 86.1, 86.2, 90.1, 90.2, 91.6, 93.1, 94.1, 95.1, 97.1, 102.2, 104.1, 104.3, 105.1, 105.2, 108.3, 111.1, 111.2, 113.3, 116.1, 117.2, 118.1, 119.1, 119.2, 121.1, 121.3, 122.2, 126.3, 127.1, 128.1, 129.1, 130.2, 132.1, 132.2, 132.5, 135.1, 135.2, 153.1, 174.1, 175.1, 175.2, 175.3, 176.1, 177.1, 178.1, 181.1, 189.1, 207.1, 208.1, 208.2, 208.3, 209.2, 209.4, 214.4, 252.1, 253.2, 254.2, 255.1, 258.2, 259.2, 259.4, 260.2, 289.1. |Huk, Thomas Dr., Braunschweig: 60.2. |Imago, Berlin: blickwinkel 264.1. |Imago Editorial, Berlin: Bernhardt, Reiner 80.4; FLPA/Lane, Frank W. 220.2; imagebroker 80.5. |Interfoto, München: 215.1. |iStockphoto.com, Calgary: andresr 102.1; BirdImages 213.2; Dean Yiu 273.1; FatCamera 76.1; guvendemir 18.1; Spondylolithesis 202.2; vichie81 235.2. |Jaenicke, Joachim Dr., Rodenberg: 92.7. |juniors@wildlife Bildagentur GmbH, Hamburg: A.Rouse 202.3; Layer/Geduldig 274.1; Minden Pictures 188.1; Schoeberl, Stefanie 254.1. |Karnath, Brigitte, Wiesbaden: 10.1, 10.4, 14.1, 14.2, 14.3, 14.4, 15.1, 15.3, 30.4, 30.8, 30.9, 30.11, 48.1, 48.2, 70.1, 80.1, 80.2, 80.3, 80.6, 81.1, 81.2, 83.3, 92.3, 98.1, 98.2, 99.1, 100.1, 101.1, 101.3, 103.1, 107.1, 107.2, 107.3, 115.1, 134.1, 136.1, 137.1, 137.2, 138.3, 139.2, 140.1, 140.2, 141.1, 142.4, 143.1, 144.2, 145.1, 145.2, 145.3, 146.1, 147.2, 147.3, 148.1, 149.2, 150.1, 151.2, 154.1, 154.2, 155.1, 156.2, 157.1, 157.2, 157.3, 160.1, 161.3, 162.1, 163.3, 164.4, 165.3, 165.4, 167.1, 167.2, 167.3, 173.1, 173.2, 182.1, 182.2, 182.3, 185.1, 185.2, 185.3, 190.1, 191.1, 194.1, 195.1, 204.1, 206.1, 209.3, 210.1, 211.1, 213.1, 214.3, 218.2, 218.4, 219.1, 220.3, 221.1, 221.2, 221.3, 222.2, 222.3, 223.2, 224.1, 224.2, 224.3, 225.2, 225.4, 226.1, 227.3, 228.1, 229.1, 231.1, 231.2, 232.2, 233.2, 235.4, 239.1, 239.2, 239.3, 240.3, 241.4, 243.1, 243.2, 243.3, 244.4, 244.6, 246.1, 248.3, 249.1, 249.2, 256.2, 256.3, 256.5, 256.6, 261.2, 261.3, 263.1, 264.4, 265.3, 269.1, 270.3, 273.2, 273.4, 273.5, 273.6, 273.7, 275.3, 276.3, 280.3, 282.1, 284.3, 285.1, 285.3, 299.1, 302.1, 304.1, 307.1, 311.2, 312.4, 312.8, 312.12, 312.15, 312.17, 312.20, 312.22, 312.23, 312.24. |Lookphotos, München: Wothe, Konrad 34.1. |Lüddecke, Liselotte, Hannover: 126.1, 199.1. |Mall, Karin, Berlin: 10.2, 10.3, 10.5, 11.1, 12.3, 22.1, 31.2, 32.2, 36.1, 44.5, 58.2, 63.1, 65.1, 66.1, 66.2, 66.3, 69.2, 79.4, 87.1, 89.2, 97.2, 98.3, 100.2, 100.3, 124.3, 125.1, 153.2, 164.1, 184.1, 188.2, 217.1, 287.1. |Masterfile Deutschland GmbH, Mittenwald: Minden Pictures 234.4. |mauritius images GmbH, Mittenwald: Alamy 197.1; ALE 271.3; Blume Bild 265.5; FLPA/imageBROKER/Lane, Frank W. 265.6; imageBROKER/Hinsche, Thomas 215.3, 250.1; imageBROKER/Sommariva, Frank 264.2; imagebroker/Walch, Michaela 272.2; nature picture library/Savoie, Phil 186.1, 233.1; Science Source/Biology Pics 19.5; Vitting, Andreas 18.2. |mauritius images GmbH (RF), Mittenwald: imagebroker/Gigerichova, Lydie 256.4; Johnér 162.3; Science Source/Gaertner, Juan 172.2. |Minkus Images Fotodesignagentur, Isernhagen: 123.1. |OKAPIA KG - Michael Grzimek & Co., Frankfurt/M.: BIOS/Denis-Huot, M. & C. 253.1; BIOS/Heuclin, Daniel 229.2; BIOS/Ruoso, Cyril 237.2; BIOS/Wilson, Stuart 248.1, 248.2; Brinkmann 244.5; Dan McCoy/Rainbow 166.2; Danita Delimont Agency/Oxford, Peter 240.1; Hartl, Andreas 265.2; Holt Studios/Cattlin, Nigel 138.1; McPhoto/Trunk, Alfred 262.2; NAS/Biophoto Associates 29.1, 89.1; Nuridsany, Claude/Pérennou, Marie 220.1; Photo Researchers/Charlie Ott 227.2; Photo Researchers/Martin Shields 227.1; Rainbow/McCoy, Dan 179.1; Schunk, Horst-Jürgen 243.4; Science Source/NAS/Abbey, M. 91.1, 91.2, 91.3, 91.4, 91.5; Thompson, David 262.4. |Picture-Alliance GmbH, Frankfurt a.M.: AP Images/Lewis, Richard 223.3; AP Photo/Hadebe, Themba 209.1; AP Photo/Jaeckle, Christoph 206.2; blickwinkel/Derder, S. 196.5; blickwinkel/J. Fieber 272.1; blickwinkel/W. Buchhorn/F. Hecker 230.1; Brandl, Hans Dieter 271.1; Design Pics/Scott Dickerson 239.4; imageBROKER/Graßmann, Farina 225.5; imageBROKER/Ingo Schulz 238.2; imageBROKER/Jürgen & Christine Sohns 216.1; OKAPIA KG, Germany/Norbert Lange 12.2; Reinhard, Hans 140.3; WILDLIFE/M. Harvey 279.2; Zoonar/Manfred Ruckszio 271.2. |Saile, Stefanie, Berlin: 193.1. |Scheid, Walther-Maria, Berlin: 143.2, 163.1, 163.2. |Science Photo Library, München: Agentur Focus/Look at Sciences 109.1; Austing, Ron 269.2; Becker, David 45.4; Biophoto Associates 22.2; Biozent-

rum/Dept. of Microbiology 29.2; Brackenbury, Dr. John 270.2; Bromhall, Neil 261.4; Brown, A Barrington 26.1; Burgess / Ag.Focus 46.1; Camacho, Tony 279.1, 279.3, 280.2; Cooper, Ashley 269.4; DENNIS KUNKEL MICROSCOPY 22.3; Dennis Kunkel Microscopy 31.1; Dennis Kunkel Miicroscopy 12.1; Devries, John 266.2; Equinox Graphics 82.1; EURELIOS/Dumas, Patrick 73.1; EYE OF SCIENCE 165.1; Fox, Frank 265.1; GJLP 112.1; Gschmeissner, Steve 23.2, 161.1; HELIX ANIMATION 44.7; Kinsman, Edward 285.2; Krasemann, Stephen J. 267.2; Laguna Design 284.2; Marazzi, Dr. P. 280.1; McKeone, Carolyn A. 106.1; Mis, Marek 19.3, 19.4; Moulds, Sidney 19.2; NIBSC 54.1; Pasieka, Alfred 20.1, 44.6; PHANIE/BURGER 161.2; Scott, Gregory K. 284.1; Shields, Martin 176.2; Stewart, Paul D. 198.1; US Department of Energy / Oak Ridge National Laboratory 47.1; VERONICA FALCONIERI HAYS 37.4; Wilmshurst, Roger 274.2. |Se-Jin Lee, Farmington: 68.1. |Shutterstock.com, New York: Abrahamyan, Vahan 196.4; bonchan 130.1; Campbell, Tony 267.1; Emilio100 196.3; Erasmus, Elana 232.1; Everett, Bart 242.1; Lightspring Titel, 122.1; Retterath, Thomas 259.1; Schuppich, M. 124.4; SpotLuda 196.2; svf74 124.2; TippaPatt 142.1; whitetherock photo 168.2. |stock.adobe.com, Dublin: 1STunningART 171.1; AB Photography 203.2; andreipugach 218.1; ArTo 242.7; Bart 275.1; bennytrapp 241.1; Blokhin, Kristina 269.3; Cheung, Eric H. 174.2; Countrypixel 242.4; Damkier, Mikael 168.1; DanitaDelimont.com/Day, Richard and Susan 223.1; David 244.1; deagreez 166.1; Deer, Andrew 202.4; Design Cells 26.3; Donohue, Dennis 203.1; EcoView 202.5; estima 276.2; Fälchle, Jürgen 281.3; foto4440 222.1; fotoparus 230.2; fototrm12 242.3; highwaystarz 152.2; Ilmberger, Andy 237.1; Jargstorff, Wolfgang 132.3, 132.4; JeremyRichards 266.1; joshya 44.8; Larsson, Henrik 230.4; LEX 260.1; Limbach, Alexander 256.1; Louro, Luis 120.1; Ludwig 264.3; Maszlen, Peter 257.1; MaxSafaniuk 240.2; Michal 230.3; Mikhail, Dudarev 229.3; mojolo 235.3; Molecular Science 44.4; molekuul.be 44.2; Müller, Rolf 225.1, 225.3; New Africa 69.1; olgachan 244.2; olympia valla/EyeEm 108.1, 108.2; PIXATERRA 202.1; Porada, Ines 242.6; Radojko, Željko 241.3; rai 237.3; Raths, Alexander 281.2; Rawpixel.com 158.1; Rebel 156.1, 265.7; Rido 276.1; runzelkorn 281.1; schame87 228.3; Schlecht, Martin 262.1; Schuppich, M. 218.3; Siarhei 44.1; slowmotiongli 203.4; Stan 270.1; Stockgalp 228.2; SunnyS 156.3; swisshippo 238.1; tanoochai 275.2; ThomBal 242.2; Tyakht, Victor 259.3; Van De Vin, Marcel /Wirestock 203.3; VetalStock 238.3; Walter_D 51.1; were 258.1; widdri 266.3; Wollentin, Nicolette 201.1; WWC 273.3; www.holgerkirk.de 268.1; Zerbor 44.3. |TopicMedia Service, Mehring-Öd: 215.2; Dr. Wagner 244.3; Löber 261.1; Partsch 272.3; Pforr 113.1. |Wolff, Kai, Dortmund: 67.1, 68.2, 71.1, 78.3.|